实用工程材料简明手册丛书

新编常用建筑五金材料简明手册

宋 伟 主编

中国建材工业出版社

图书在版编目（CIP）数据

新编常用建筑五金材料简明手册/宋伟主编. —北京：中国建材工业出版社，2010.6
（实用工程材料简明手册丛书）
ISBN 978-7-80227-550-8

Ⅰ.①新… Ⅱ.①宋… Ⅲ.①建筑五金-技术手册 Ⅳ.①TU513-62

中国版本图书馆 CIP 数据核字(2010)第065307号

内容提要

本手册依据国家现行标准规范编写，主要介绍了基础材料、钢铁材料、非铁金属材料、机械五金、建筑门窗五金、管材与管件、水暖器材、电气五金、消防器材和火灾自动报警装置以及厨房和卫生间设备等方面的内容。本书内容丰富，信息量大，通俗易懂，可操作性、实用性强。

本手册可作为建筑工程、装饰工程施工人员、管理人员的速查手册，也可作为大专院校师生的参考用书。

新编常用建筑五金材料简明手册
宋 伟 主编

出版发行：中国建材工业出版社
地 址：北京市西城区车公庄大街6号
邮 编：100044
经 销：全国各地新华书店
印 刷：北京鑫正大印刷有限公司
开 本：787mm×1092mm 1/16
印 张：36.5
字 数：931千字
版 次：2010年6月第1版
印 次：2010年6月第1次
书 号：ISBN 978-7-80227-550-8
定 价：75.00元

本社网址：www.jccbs.com.cn

本书如出现印装质量问题，由我社发行部负责调换。联系电话：(010)88386906

《新编常用建筑五金材料简明手册》

编写人员

主　编　宋　伟

编　委　（按姓氏笔画排序）

计春艳　王晓蕾　关　红　齐　艳
孙　博　孙　鹏　初　平　苏　迪
李晓绯　李晓颖　李　鹏　邵英杰
张青青　邹　剑　罗　铖　周　婵
洪　峙　侯　同　徐荣晋　曹丽娟
崔永祥　韩少锋　韩舒宁

前 言

随着建筑业、建筑装饰业的高速发展，我国的建筑五金业也得到了快速发展。建筑五金产品不仅品种规格繁多，性能用途各异，在民用建筑和工程建设中应用十分广泛，而且已成为国计民生、进出口贸易和人民生活不可缺少的物资。为了适应这种新形势，广大建筑工程、装饰工程技术人员迫切需要具有相关数据的参考书籍，为此，我们组织编写了这本《新编常用建筑五金材料简明手册》。

本手册分为10章，根据国家和行业的最新标准、规范编写。主要内容包括：基础材料、钢铁材料、非铁金属材料、机械五金、建筑门窗五金、管材与管件、水暖器材和暖通空调设备、电气五金、消防器材和火灾自动报警装置以及厨房和卫生间设备。

本手册特点是：技术规范新、内容覆盖面广、实用性强、查阅方便快捷等。手册中收录了大量的常用数据、公式以及图表，能够很好地满足不同读者的需求。本手册可作为建筑工程、装饰工程施工人员、管理人员的必备工具书，也可作为大专院校师生的参考用书。

由于编者的经验和学识有限，加之当今我国建筑五金业的飞速发展，尽管编者尽心尽力、反复推敲核实，但仍不免有疏漏之处，恳请广大读者提出批评和指正。

编者

2010.5

目　录

1 基 础 材 料

1.1 管子与管件用螺纹

1. 60°密封管螺纹(表 1-1)

表 1-1 60°密封管螺纹 mm

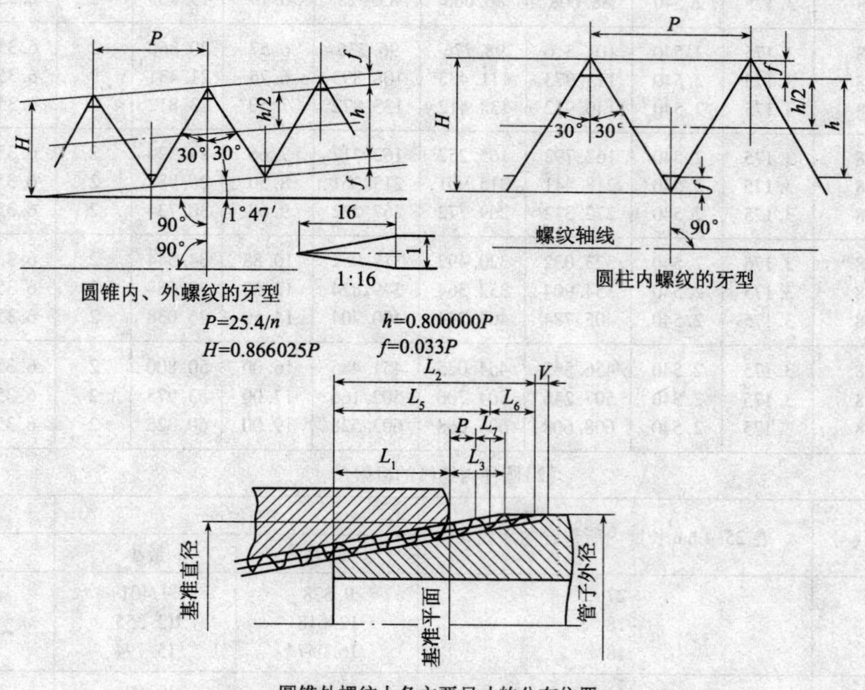

(1)圆锥管螺纹的基本尺寸

螺纹的尺寸代号	25.4mm内包含的牙数 n	螺距 P	牙型高度 h	基准平面内的基本直径 大径 $d=D$	中径 $d_2=D_2$	小径 $d_1=D_1$	基准距离 L_1 圈数	mm	装配余量 L_3 圈数	mm	外螺纹小端面内的基本小径
		mm					圈数	mm	圈数	mm	mm
1/16	27	0.941	0.752	7.894	7.142	6.389	4.32	4.064	3	2.822	6.137
1/8	27	0.941	0.752	10.242	9.489	8.737	4.36	4.102	3	2.822	8.481
1/4	18	1.411	1.129	13.616	12.487	11.358	4.10	5.785	3	4.233	10.996

续表

(1)圆锥管螺纹的基本尺寸

螺纹的尺寸代号	25.4mm内包含的牙数 n	螺距 P	牙型高度 h	基准平面内的基本直径			基准距离 L_1		装配余量 L_3		外螺纹小端面内的基本小径
				大径 $d=D$	中径 $d_2=D_2$	小径 $d_1=D_1$					
		mm					圈数	mm	圈数	mm	mm
3/8	18	1.411	1.129	17.055	15.926	14.797	4.32	6.096	3	4.233	14.417
1/2	14	1.814	1.451	21.224	19.772	18.321	4.48	8.128	3	5.443	17.813
3/4	14	1.814	1.451	26.569	25.117	23.666	4.75	8.618	3	5.443	23.127
1	11.5	2.209	1.767	33.228	31.461	29.694	4.60	10.160	3	6.626	29.060
1¼	11.5	2.209	1.767	41.985	40.218	38.451	4.83	10.668	3	6.626	37.785
1½	11.5	2.209	1.767	48.054	46.287	44.520	4.83	10.668	3	6.626	43.853
2	11.5	2.209	1.767	60.092	58.325	56.558	5.01	11.065	3	6.626	55.867
2½	8	3.175	2.540	72.699	70.159	67.619	5.46	17.335	2	6.350	66.535
3	8	3.175	2.540	88.608	86.068	83.528	6.13	19.463	2	6.350	82.311
3½	8	3.175	2.540	101.316	98.776	96.236	6.57	20.860	2	6.350	94.932
4	8	3.175	2.540	113.973	111.433	108.893	6.75	21.431	2	6.350	107.554
5	8	3.175	2.540	140.952	138.412	135.872	7.50	23.812	2	6.350	134.384
6	8	3.175	2.540	167.792	165.252	162.712	7.66	24.320	2	6.350	161.191
8	8	3.175	2.540	218.441	215.901	213.361	8.50	26.988	2	6.350	211.673
10	8	3.175	2.540	272.312	269.772	267.232	9.68	30.734	2	6.350	265.311
12	8	3.175	2.540	323.032	320.492	317.952	10.88	34.544	2	6.350	315.793
14O.D.	8	3.175	2.540	354.904	352.364	349.824	12.50	39.688	2	6.350	347.345
16O.D.	8	3.175	2.540	405.784	403.244	400.704	14.50	46.038	2	6.350	397.828
18O.D.	8	3.175	2.540	456.565	454.025	451.485	16.00	50.800	2	6.350	448.310
20O.D.	8	3.175	2.540	507.246	504.706	502.166	17.00	53.975	2	6.350	498.792
24O.D.	8	3.175	2.540	608.608	606.068	603.528	19.00	60.325	2	6.350	599.758

(2)圆柱内螺纹的极限尺寸

螺纹的尺寸代号	在25.4mm长度内所包含的牙数 n	中径,mm		小径,mm
		最大	最小	最小
1/8	27	9.578	9.401	8.636
1/4	18	12.618	12.355	11.227
3/8	18	16.057	15.794	14.656
1/2	14	19.941	19.601	18.161
3/4	14	25.288	24.948	23.495
1	11.5	31.668	31.255	29.489
1¼	11.5	40.424	40.010	38.252
1½	11.5	46.494	46.081	44.323
2	11.5	58.531	58.118	56.363
2½	8	70.457	69.860	67.310
3	8	86.365	85.771	83.236
3½	8	99.072	98.479	95.936
4	8	111.729	111.135	108.585

注:1. 本螺纹适用于管子、阀门、管接头、旋塞及其他管路附件的密封螺纹连接。
2. 圆锥管螺纹可参照表中第12栏数据、圆柱内螺纹可参照最小小径数据选择攻丝前的麻花钻直径。
3. 螺纹收尾长度(V)为3.47P。
4. O.D. 是英文管子外径(outside diameter)的缩写。

2. 55°密封管螺纹(表1-2、表1-3)

表1-2 圆柱内螺纹与圆锥外螺纹 mm

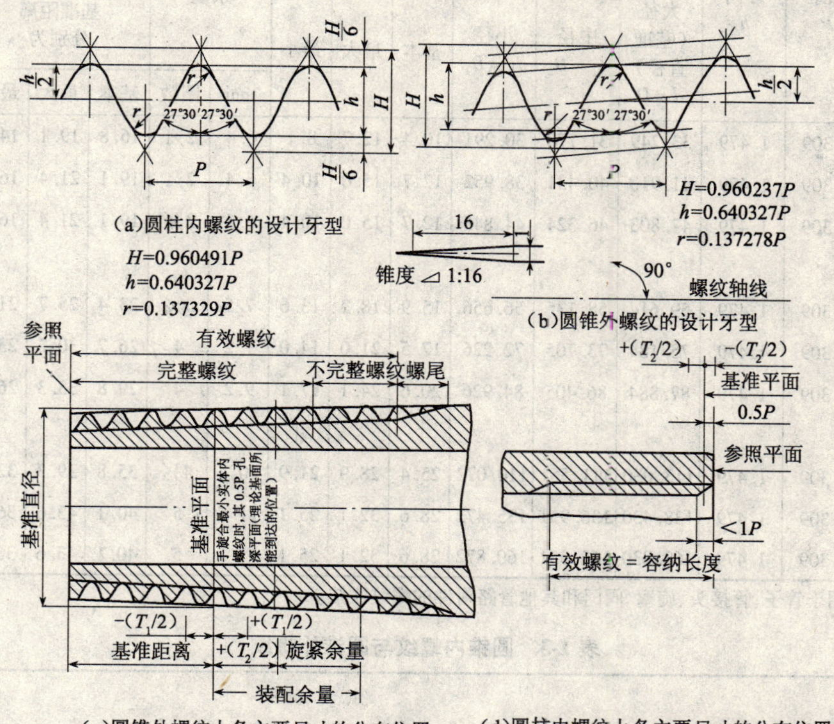

(a)圆柱内螺纹的设计牙型

(b)圆锥外螺纹的设计牙型

(c)圆锥外螺纹上各主要尺寸的分布位置

(d)圆柱内螺纹上各主要尺寸的分布位置

$$D_2=d_2=d-h=d-0.640327P$$

$$D_1=d_1=d-2h=d-1.280654P$$

尺寸代号	每25.4mm内所包含的牙数 n	螺距 P	牙高 h	基准平面内的基本直径			基准距离			装配余量		外螺纹的有效螺纹不小于			圆柱内螺纹直径的极限偏差±径向,mm
				大径(基准直径) $d=D$	中径 $d_2=D_2$	小径 $d_1=D_1$	基本	最大	最小			基准距离分别为			
										mm	圈数	基本	最大	最小	
1/16	18	0.907	0.581	7.723	7.142	6.561	4	4.9	3.1	2.5	2¾	6.5	7.4	5.6	0.071
1/8	28	0.907	0.581	9.728	9.147	8.566	4	4.9	3.1	2.5	2¾	6.5	7.4	5.6	0.071
1/4	19	1.337	0.856	13.157	12.301	11.445	6	7.3	4.7	3.7	2¾	9.7	11	8.4	0.104
3/8	19	1.337	0.856	16.662	15.806	14.950	6.4	7.7	5.1	3.7	2¾	10.1	11.4	8.8	0.104
1/2	14	1.814	1.162	20.955	19.793	18.631	8.2	10.0	6.4	5.0	2¾	13.2	15	11.4	0.142
3/4	14	1.814	1.162	26.441	25.279	24.117	9.5	11.3	7.7	5.0	2¾	14.5	16.3	12.7	0.142

续表

尺寸代号	每25.4mm内所包含的牙数 n	螺距 P	牙高 h	基准平面内的基本直径			基准距离			装配余量		外螺纹的有效螺纹不小于			圆柱内螺纹直径的极限偏差±径向，mm
				大径（基准直径）$d=D$	中径 $d_2=D_2$	小径 $d_1=D_1$	基本	最大	最小	mm	圈数	基准距离分别为 基本	最大	最小	
1	11	2.309	1.479	33.249	31.770	30.291	10.4	12.7	8.1	6.4	2¾	16.8	19.1	14.5	0.180
1¼	11	2.309	1.479	41.910	40.431	38.952	12.7	15.0	10.4	6.4	2¾	19.1	21.4	16.8	0.180
1½	11	2.309	1.479	47.803	46.324	44.845	12.7	15.0	10.4	6.4	2¾	19.1	21.4	16.8	0.180
2	11	2.309	1.479	59.614	58.135	56.656	15.9	18.2	13.6	7.5	3¼	23.4	25.7	21.1	0.180
2½	11	2.309	1.479	75.184	73.705	72.226	17.5	21.0	14.0	9.2	4	26.7	30.2	23.2	0.216
3	11	2.309	1.479	87.884	86.405	84.926	20.6	24.1	17.1	9.2	4	29.8	33.3	26.3	0.216
4	11	2.309	1.479	113.030	111.551	110.072	25.4	28.9	21.9	10.4	4½	35.8	39.3	32.3	0.216
5	11	2.309	1.479	138.430	136.951	135.472	28.6	32.1	25.1	11.5	5	40.1	43.6	36.6	0.216
6	11	2.309	1.479	163.830	162.351	160.872	28.6	32.1	25.1	11.5	5	40.1	43.6	36.6	0.216

注：本螺纹适用于管子、管接头、旋塞、阀门和其他管路附件的螺纹联结。

表 1-3　圆锥内螺纹与圆锥外螺纹　　mm

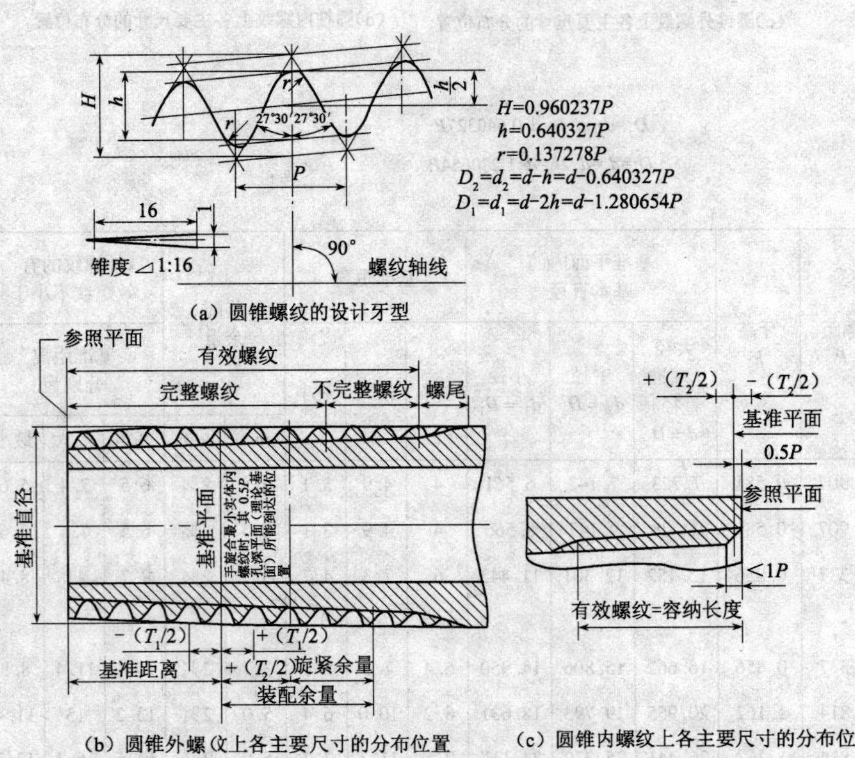

(a) 圆锥螺纹的设计牙型

(b) 圆锥外螺纹上各主要尺寸的分布位置　　(c) 圆锥内螺纹上各主要尺寸的分布位置

续表

尺寸代号	每25.4mm内所包含的牙数 n	螺距 P	牙高 h	基准平面内的基本直径 大径（基准直径）$d=D$	中径 $d_2=D_2$	小径 $d_1=D_1$	距离 基本	最大	最小	装配余量 mm	圈数	外螺纹的有效螺纹不小于基准距离分别为 基本	最大	最小	圆锥内螺纹基准平面轴向位置的极限偏差 $\pm T_2/2$, mm
1/16	28	0.907	0.581	7.723	7.142	6.561	4	4.9	3.1	2.5	2¾	6.5	7.4	5.6	1.1
1/8	28	0.907	0.581	9.728	9.147	8.566	4	4.9	3.1	2.5	2¾	6.5	7.4	5.6	1.1
1/4	19	1.337	0.856	13.157	12.301	11.445	6	7.3	4.7	3.7	2¾	9.7	11	8.4	1.7
3/8	19	1.337	0.856	16.662	15.806	14.950	6.4	7.7	5.1	3.7	2¾	10.1	11.4	8.8	1.7
1/2	14	1.814	1.162	20.955	19.793	18.631	8.2	10.0	6.4	5.0	2¾	13.2	15	11.4	2.3
3/4	14	1.814	1.162	26.441	25.279	24.117	9.5	11.3	7.7	5.0	2¾	14.5	16.3	12.7	2.3
1	11	2.309	1.479	33.249	31.770	30.291	10.4	12.7	8.1	6.4	2¾	16.8	19.1	14.5	2.9
1¼	11	2.309	1.479	41.910	40.431	38.952	12.7	15.0	10.4	6.4	2¾	19.1	21.4	16.8	2.9
1½	11	2.309	1.479	47.803	46.324	44.845	12.7	15.0	10.4	6.4	2¾	19.1	21.4	16.8	2.9
2	11	2.309	1.479	59.614	58.135	56.656	15.9	18.2	13.6	7.5	3¼	23.4	25.7	21.1	2.9
2½	11	2.309	1.479	75.184	73.705	72.226	17.5	21.0	14.0	9.2	4	26.7	30.2	23.2	3.5
3	11	2.309	1.479	87.884	86.405	84.926	20.6	24.1	17.1	9.2	4	29.8	33.3	26.3	3.5
4	11	2.309	1.479	113.030	111.551	110.072	25.4	28.9	21.9	10.4	4½	35.8	39.3	32.3	3.5
5	11	2.309	1.479	138.430	136.951	135.472	28.6	32.1	25.1	11.5	5	40.1	43.6	36.6	3.5
6	11	2.309	1.479	163.830	162.351	160.872	28.6	32.1	25.1	11.5	5	40.1	43.6	36.6	3.5

注：本螺纹适用于管子、阀门、管接头、旋塞及其他管路附件的螺纹联结。

3. 55°非密封管螺纹（表 1-4）

表 1-4 55°非密封管螺纹 mm

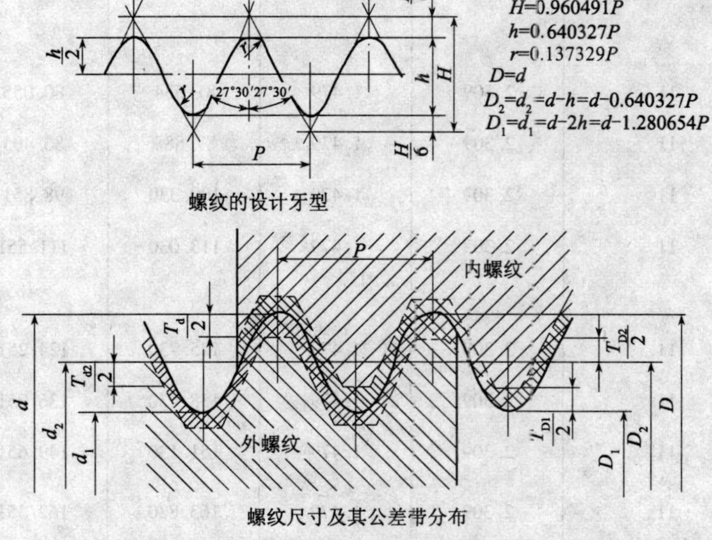

螺纹的设计牙型

螺纹尺寸及其公差带分布

续表

尺寸代号	每25.4mm内所包含的牙数 n	螺距 P	牙高 h	基本直径		
				大径 $d=D$	中径 $d_2=D_2$	小径 $d_1=D_1$
1/16	28	0.907	0.581	7.723	7.142	6.561
1/8	28	0.907	0.581	9.728	9.147	8.566
1/4	19	1.337	0.856	13.157	12.301	11.445
3/8	19	1.337	0.856	16.662	15.806	14.950
1/2	14	1.814	1.162	20.955	19.793	18.631
5/8	14	1.814	1.162	22.911	21.749	20.587
3/4	14	1.814	1.162	26.441	25.279	24.117
7/8	14	1.814	1.162	30.201	29.039	27.877
1	11	2.309	1.479	33.249	31.770	30.291
1⅛	11	2.309	1.479	37.897	36.418	34.939
1¼	11	2.309	1.479	41.910	40.431	38.952
1½	11	2.309	1.479	47.803	46.324	44.845
1¾	11	2.309	1.479	53.746	52.267	50.788
2	11	2.309	1.479	59.614	58.135	56.656
2¼	11	2.309	1.479	65.710	64.231	62.752
2½	11	2.309	1.479	75.184	73.705	72.226
2¾	11	2.309	1.479	81.534	80.055	78.576
3	11	2.309	1.479	87.884	86.405	84.926
3½	11	2.309	1.479	100.330	98.851	97.372
4	11	2.309	1.479	113.030	111.551	110.072
4½	11	2.309	1.479	125.730	124.251	122.772
5	11	2.309	1.479	138.430	136.951	135.472
5½	11	2.309	1.479	151.130	149.651	148.172
6	11	2.309	1.479	163.830	162.351	160.872

1.2 螺纹件结构要素

1. 外螺纹零件的末端(表 1-5、表 1-6)

表 1-5 紧固件公称长度的末端 mm

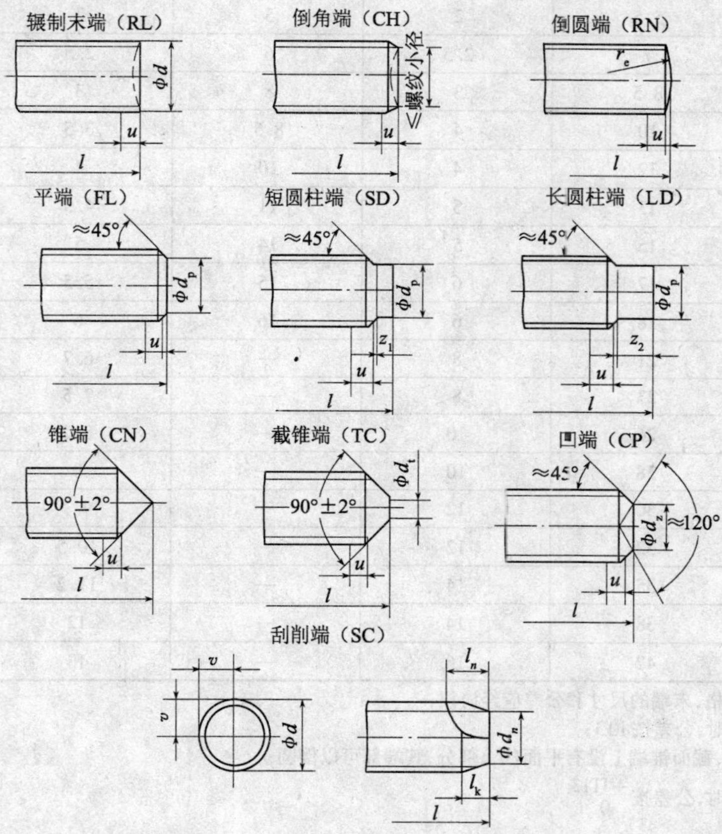

$r_e \approx 1.4d$; $v = 0.5d \pm 0.5$mm; $d_n = d-1.6P$; $l_n \leqslant 5P$; $l_k \leqslant 3P$; $l_n - l_k \geqslant 2P$; P—螺距 l 为紧固件的公称长度；不完整螺纹的长度 $u \leqslant 2P$；对FL、SD、LD和CP 型末端，45°仅指螺纹小径以下的末端部分

螺纹直径 d[①]	d_p(h14[②])	d_t[③](h16)	d_z(h14)	$z_1\left(\begin{matrix}+IT14^{④}\\0\end{matrix}\right)$	$z_2\left(\begin{matrix}+IT14^{④}\\0\end{matrix}\right)$
1.6	0.8	—	0.8	0.4	0.8
1.8	0.9	—	0.9	0.45	0.9
2	1	—	1	0.5	1
2.2	1.2	—	1.1	0.55	1.1
2.5	1.5	—	1.2	0.63	1.25
3	2	—	1.4	0.75	1.5
3.5	2.2	—	1.7	0.88	1.75
4	2.5	—	2	1	2

续表

螺纹直径 d[①]	d_p(h14[②])	d_t[③](h16)	d_z(h14)	$z_1\left(\begin{smallmatrix}+IT14^{④}\\0\end{smallmatrix}\right)$	$z_2\left(\begin{smallmatrix}+IT14^{④}\\0\end{smallmatrix}\right)$
4.5	3	—	2.2	1.12	2.25
5	3.5	—	2.5	1.25	2.5
6	4	1.5	3	1.5	3
7	5	2	4	1.75	3.5
8	5.5	2	5	2	4
10	7	2.5	6	2.5	5
12	8.5	3	8	3	6
14	10	4	8.5	3.5	7
16	12	4	10	4	8
18	13	5	11	4.5	9
20	15	5	14	5	10
22	17	6	15	5.5	11
24	18	6	16	6	12
27	21	8	—	6.7	13.5
30	23	8	—	7.5	15
33	26	10	—	8.2	16.5
36	28	10	—	9	18
39	30	12	—	9.7	19.5
42	32	12	—	10.5	21
45	35	14	—	11.2	22.5
48	38	14	—	12	24
52	42	16	—	13	26

① 对 $d<$ M1.6 的规格，末端的尺寸和公差应经协议；

② 公称尺寸≤1mm 时，公差按 h13；

③ 对 $d\leqslant$ M5 的规格，截面锥端上没有平面(d_t)部分，其端部可以倒圆；

④ 公称尺寸≤1mm 时，公差按 $\begin{smallmatrix}+IT13\\0\end{smallmatrix}$ 。

表 1-6　紧固件公称长度以外的末端　　mm

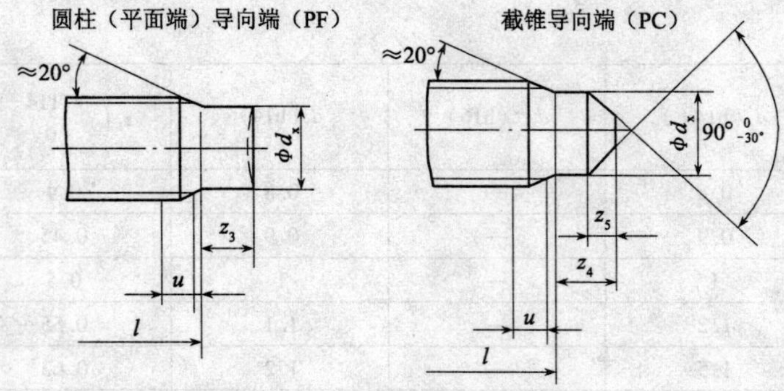

不完整螺纹的长度$u\leqslant 2P$，P为螺距；20°仅指螺纹小径以下的末端部分；端面可以是凹面

续表

(1)粗牙螺纹用圆柱导向端(PF)尺寸											
螺纹规格		M4	M5	M6	M8	M10	M12	M14	M16	M20	M24
d_x ①	max	2.9	3.8	4.5	6.1	7.8	9.4	11.1	13.1	16.3	19.6
	min	2.7	3.6	4.3	5.9	7.6	9.1	10.8	12.8	15.9	19.2
z_3	$^{+IT17}_{0}$	2	2.5	3	4	5	6	7	8	10	12

(2)粗牙螺纹用截锥导向端(PC)尺寸											
螺纹规格		M4	M5	M6	M8	M10	M12	M14	M16	M20	M24
d_x ①	max	2.9	3.8	4.5	6.1	7.8	9.4	11.1	13.1	16.3	19.6
	min	2.7	3.6	4.3	5.9	7.6	9.1	10.8	12.8	15.9	19.2
z_4	$^{+IT17}_{0}$	2	2.5	3	4	5	6	7	8	10	12
z_5	max	1.0	1.50	2	2.5	3.0	3.5	4	4.5	5	6
	min	0.5	0.75	1	1.5	1.5	2.0	2	2.5	3	4

(3)细牙螺纹用截锥导向端(PC)尺寸						
螺纹规格		M8×1	M10×1	M12×1.5	M14×1.5	M16×1.5
d_x	max	6.3	8.0	9.6	11.40	13.50
	min	6.08	7.78	9.38	11.13	13.23
z_4	$^{+IT17}_{0}$	4	5	6	7	8
z_5	max	2.5	3	3.5	4	4.5
	min	1.5	1.5	2	2	2.5

① 在特殊情况下,如有不同要求,其直径尺寸必须单独协议。

2. 普通螺纹收尾、肩距、退刀槽和倒角见表 1-7、表 1-8

表 1-7 外螺纹的收尾、肩距和退刀槽 mm

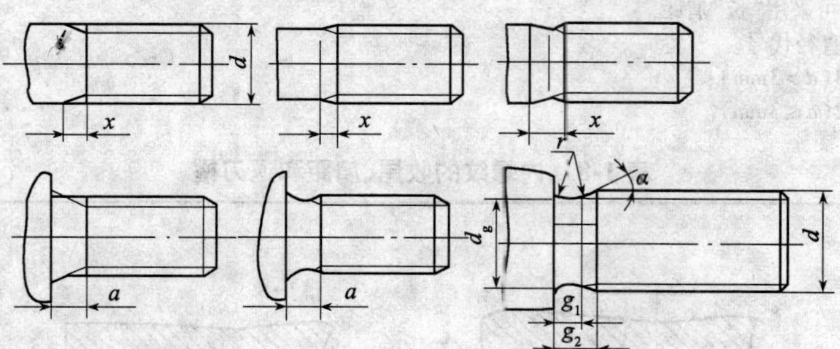

螺距 P	收尾 x,max		肩距 a,max			退刀槽			
	一般	短的	一般	长的	短的	g_1,min	g_2,max	d_g	$r\approx$
0.25	0.6	0.3	0.75	1	0.5	0.4	0.75	$d-0.4$	0.12
0.3	0.75	0.4	0.9	1.2	0.6	0.5	0.9	$d-0.5$	0.16

续表

螺距 P	收尾 x,max		肩距 a,max			退刀槽			
	一般	短的	一般	长的	短的	g_1,min	g_2,max	d_g	$r\approx$
0.35	0.9	0.45	1.05	1.4	0.7	0.6	1.05	$d-0.6$	0.16
0.4	1	0.5	1.2	1.6	0.8	0.6	1.2	$d-0.7$	0.2
0.45	1.1	0.6	1.35	1.8	0.9	0.7	1.35	$d-0.7$	0.2
0.5	1.25	0.7	1.5	2	1	0.8	1.5	$d-0.8$	0.2
0.6	1.5	0.75	1.8	2.4	1.2	0.9	1.8	$d-1$	0.4
0.7	1.75	0.9	2.1	2.8	1.4	1.1	2.1	$d-1.1$	0.4
0.75	1.9	1	2.25	3	1.5	1.2	2.25	$d-1.2$	0.4
0.8	2	1	2.4	3.2	1.6	1.3	2.4	$d-1.3$	0.4
1	2.5	1.25	3	4	2	1.6	3	$d-1.6$	0.6
1.25	3.2	1.6	4	5	2.5	2	3.75	$d-2$	0.6
1.5	3.8	1.9	4.5	6	3	2.5	4.5	$d-2.3$	0.8
1.75	4.3	2.2	5.3	7	3.5	3	5.25	$d-2.6$	1
2	5	2.5	6	8	4	3.4	6	$d-3$	1
2.5	6.3	3.2	7.5	10	5	4.4	7.5	$d-3.6$	1.2
3	7.5	3.8	9	12	6	5.2	9	$d-4.4$	1.6
3.5	9	4.5	10.5	14	7	6.2	10.5	$d-5$	1.6
4	10	5	12	16	8	7	12	$d-5.7$	2
4.5	11	5.5	13.5	18	9	8	13.5	$d-6.4$	2.5
5	12.5	6.3	15	20	10	9	15	$d-7$	2.5
5.5	14	7	16.5	22	11	11	17.5	$d-7.7$	3.2
6	15	7.5	18	24	12	11	18	$d-8.3$	3.2
参考值	$\approx 2.5P$	$\approx 1.25P$	$\approx 3P$	$=4P$	$=2P$	—	$\approx 3P$	—	—

注:1. 应优先选用“一般”长度的收尾和肩距;“短”收尾和“短”肩距仅用于结构受限制的螺纹件上;产品等级为 B 或 C 级的螺纹紧固件可采用“长”肩距。

2. d 为螺纹公称直径代号。

3. d_g 公差为:h13($d>3$mm);

h12($d\leqslant 3$mm)。

表 1-8　内螺纹的收尾、肩距和退刀槽　　mm

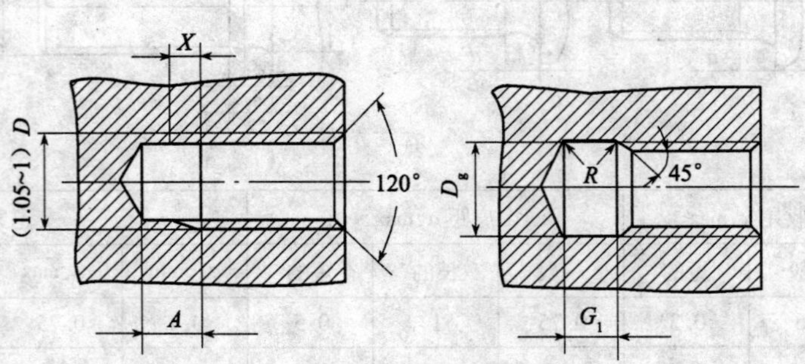

续表

螺距 P	收尾 x max		肩距 A max		退刀槽			
					G_1		D_g	$R\approx$
	一般	短的	一般	长的	一般	短的		
0.25	1	0.5	1.5	2			$D+0.3$	
0.3	1.2	0.6	1.8	2.4				
0.35	1.4	0.7	2.2	2.8				
0.4	1.6	0.8	2.5	3.2				
0.45	1.8	0.9	2.8	3.6				
0.5	2	1	3	4	2	1		0.2
0.6	2.4	1.2	3.2	4.8	2.4	1.2		0.3
0.7	2.8	1.4	3.5	5.6	2.8	1.4		0.4
0.75	3	1.5	3.8	6	3	1.5		0.4
0.8	3.2	1.6	4	6.4	3.2	1.6		0.4
1	4	2	5	8	4	2	$D+0.5$	0.5
1.25	5	2.5	6	10	5	2.5		0.6
1.5	6	3	7	12	6	3		0.8
1.75	7	3.5	9	14	7	3.5		0.9
2	8	4	10	16	8	4		1
2.5	10	5	12	18	10	5		1.2
3	12	6	14	22	12	6		1.5
3.5	14	7	16	24	14	7		1.8
4	16	8	18	26	16	8		2
4.5	18	9	21	29	18	9		2.2
5	20	10	23	32	20	10		2.5
5.5	22	11	25	35	22	11		2.8
6	24	12	28	38	24	12		3
参考值	$=4P$	$=2P$	$\approx(6\sim5)P$	$\approx(8\sim6.5)P$	$=4P$	$=2P$	—	$\approx0.5P$

注：1. 应优先选用“一般”长度的收尾和肩距；容屑需要较大空间时可选用“长”肩距，结构限制时可选用“短”收尾。

2. “短”退刀槽仅在结构受限制时采用。

3. D_g 公差为 H13。

4. D 为螺纹公称直径代号。

1.3 紧固件用螺纹

1. 普通螺纹

各直径的所处位置见图 1-1，其基本尺寸值应符合表 1-9 的规定。

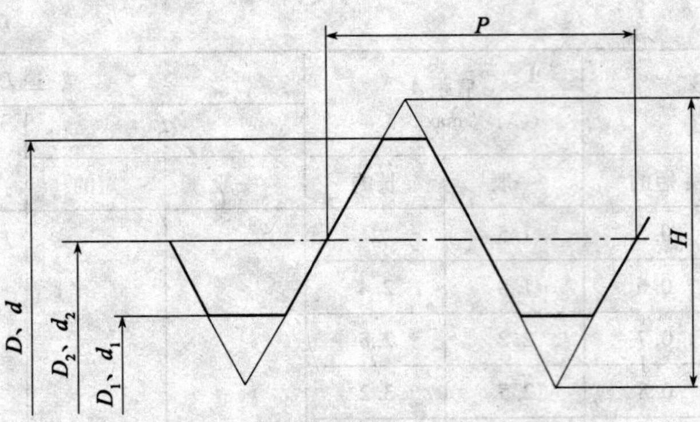

图 1-1　基本尺寸

表 1-9　基本尺寸　　mm

公称直径(大径)D、d	螺距 P	中径 D_2、d_2	小径 D_1、d_1
1	0.25 0.2	0.838 0.870	0.729 0.783
1.1	0.25 0.2	0.938 0.970	0.829 0.883
1.2	0.25 0.2	1.038 1.070	0.929 0.983
1.4	0.3 0.2	1.205 1.270	1.075 1.183
1.6	0.35 0.2	1.373 1.470	1.221 1.383
1.8	0.35 0.2	1.573 1.670	1.421 1.583
2	0.4 0.25	1.740 1.838	1.567 1.729
2.2	0.45 0.25	1.908 2.038	1.713 1.929
2.5	0.45 0.35	2.208 2.273	2.013 2.121
3	0.5 0.35	2.675 2.773	2.459 2.621
3.5	0.6 0.35	3.110 3.273	2.850 3.121
4	0.7 0.5	3.545 3.675	3.242 3.459
4.5	0.75 0.5	4.013 4.175	3.688 3.959
5	0.8 0.5	4.480 4.675	4.134 4.459
5.5	0.5	5.175	4.959
6	1 0.75	5.350 5.513	4.917 5.188

续表

公称直径(大径)D、d	螺距 P	中径 D_2、d_2	小径 D_1、d_1
7	1 0.75	6.350 6.513	5.917 6.188
8	1.25 1 0.75	7.188 7.350 7.513	6.647 6.917 7.188
9	1.25 1 0.75	8.188 8.350 8.513	7.647 7.917 8.188
10	1.5 1.25 1 0.75	9.026 9.188 9.350 9.513	8.376 8.647 8.917 9.188
11	1.5 1 0.75	10.026 10.350 10.513	9.376 9.917 10.188
12	1.75 1.5 1.25 1	10.863 11.026 11.188 11.350	10.106 10.376 10.647 10.917
14	2 1.5 1.25 1	12.701 13.026 13.188 13.350	11.835 12.376 12.647 12.917
15	1.5 1	14.026 14.350	13.376 13.917
16	2 1.5 1	14.701 15.026 15.350	13.835 14.376 14.917
17	1.5 1	16.026 16.350	15.376 15.917
18	2.5 2 1.5 1	16.376 16.701 17.026 17.350	16.294 15.835 16.375 16.917
20	2.5 2 1.5 1	18.376 18.701 19.026 19.350	17.294 17.835 18.376 18.917
22	2.5 2 1.5 1	20.376 20.701 21.026 21.350	19.294 19.835 20.376 20.917
24	3 2 1.5 1	22.051 22.701 23.026 23.350	20.752 21.835 22.376 22.917

续表

公称直径(大径)D、d	螺距 P	中径 D_2、d_2	小径 D_1、d_1
25	2 1.5 1	23.701 24.026 24.350	22.835 23.376 23.917
26	1.5	25.026	24.876
27	3 2 1.5 1	25.051 25.701 26.026 26.350	23.752 24.835 25.376 25.917
28	2 1.5 1	26.701 27.026 27.350	25.835 26.376 26.917
30	3.5 3 2 1.5 1	27.727 28.051 28.701 29.026 29.350	26.211 26.752 27.835 28.376 28.917
32	2 1.5	30.701 31.026	29.835 30.376
33	3.5 3 2 1.5	30.727 31.051 31.701 32.026	29.211 29.752 30.835 31.376
35	1.5	34.026	33.376
36	4 3 2 1.5	33.402 34.051 34.701 35.026	31.670 32.752 33.835 34.376
38	1.5	37.026	36.376
39	4 3 2 1.5	36.402 37.051 37.701 38.026	34.670 35.752 36.835 37.376
40	3 2 1.5	38.051 38.701 39.026	36.752 37.835 38.376
42	4.5 4 3 2 1.5	39.077 39.402 40.051 40.701 41.026	37.129 37.670 38.752 39.835 40.376
45	4.5 4 3 2 1.5	42.077 42.402 43.051 43.701 44.026	40.129 40.670 41.752 42.835 43.376

续表

公称直径(大径)D、d	螺距 P	中径 D_2、d_2	小径 D_1、d_1
48	5 4 3 2 1.5	44.752 45.402 46.051 46.701 47.026	42.587 43.670 44.752 45.835 46.376
50	3 2 1.5	48.051 48.701 49.026	46.752 47.835 48.376
52	5 4 3 2 1.5	48.752 49.402 50.051 50.701 51.026	46.587 47.670 48.752 49.835 50.376
55	4 3 2 1.5	52.402 53.051 53.701 54.026	50.670 51.752 52.835 53.376
56	5.5 4 3 2 1.5	52.428 53.402 54.051 54.701 55.026	50.046 51.670 52.752 53.835 54.376
58	4 3 2 1.5	55.402 56.051 56.701 57.026	53.670 54.752 55.835 56.376
60	5.5 4 3 2 1.5	56.428 57.402 58.051 58.701 59.026	54.046 55.670 56.752 57.835 58.376
62	4 3 2 1.5	59.402 60.051 60.701 61.026	57.670 58.752 59.835 60.376
64	6 4 3 2 1.5	60.103 61.402 62.051 62.701 63.026	57.505 59.670 60.752 61.835 62.376
65	4 3 2 1.5	62.402 63.051 63.701 64.026	60.670 61.752 62.835 63.376

续表

公称直径(大径)D、d	螺距 P	中径 D_2、d_2	小径 D_1、d_1
68	6 4 3 2 1.5	64.103 65.402 66.051 66.701 67.026	61.505 63.670 64.752 65.835 66.376
70	6 4 3 2 1.5	66.103 67.402 68.051 68.701 69.026	63.505 65.670 66.752 67.835 68.376
72	6 4 3 2 1.5	68.103 69.402 70.051 70.701 71.026	65.505 67.670 68.752 69.835 70.376
75	4 3 2 1.5	72.402 73.051 73.701 74.026	70.670 71.752 72.835 73.376
76	6 4 3 2 1.5	72.103 73.402 74.051 74.701 75.026	69.505 71.670 72.752 73.835 74.376
78	2	76.700	75.835
80	6 4 3 2 1.5	76.103 77.402 78.051 78.701 79.026	73.505 75.670 76.752 77.835 78.376
82	2	80.701	79.835
85	6 4 3 2	81.103 82.402 83.051 83.701	78.505 80.670 81.752 82.835
90	6 4 3 2	86.103 87.402 88.051 88.701	83.505 85.670 86.752 87.835
95	6 4 3 2	91.103 92.402 93.051 93.701	88.505 90.670 91.752 92.835
100	6 4 3 2	96.103 97.402 98.051 98.701	93.505 95.670 96.752 97.835

续表

公称直径(大径)D、d	螺距 P	中径 D_2、d_2	小径 D_1、d_1
105	6	101.103	98.505
	4	102.402	100.670
	3	103.051	101.752
	2	103.701	102.835
110	6	106.103	103.505
	4	107.402	105.670
	3	108.051	106.752
	2	108.701	107.835
115	6	111.103	108.505
	4	112.402	110.670
	3	113.051	111.752
	2	113.701	112.835
120	6	116.103	113.505
	4	117.402	115.670
	3	118.051	116.752
	2	118.701	117.835
125	6	121.103	118.505
	4	122.402	120.670
	3	123.051	121.752
	2	123.701	122.835
130	6	126.103	123.505
	4	127.402	125.670
	3	128.051	126.752
	2	128.701	127.835
135	6	131.103	128.505
	4	132.402	130.670
	3	133.051	131.752
	2	133.701	132.835
140	6	136.103	133.505
	4	137.402	135.670
	3	138.051	136.752
	2	138.701	137.835
145	6	141.103	138.505
	4	142.402	140.670
	3	143.051	141.752
	2	143.701	142.835
150	8	144.804	141.340
	6	146.103	143.505
	4	147.402	145.670
	3	148.051	146.752
	2	148.701	147.835
155	6	151.103	148.505
	4	152.402	150.670
	3	153.051	151.752

续表

公称直径（大径）D、d	螺距 P	中径 D_2、d_2	小径 D_1、d_1
160	8 6 4 3	154.804 156.103 157.402 158.051	151.340 153.505 155.670 156.752
165	6 4 3	161.103 162.402 163.051	158.505 160.670 161.752
170	8 6 4 3	164.804 166.103 167.402 168.051	161.340 163.505 165.670 166.752
175	6 4 3	171.103 172.402 173.051	168.505 170.670 171.752
180	8 6 4 3	174.804 176.103 177.402 178.051	171.340 173.505 175.670 176.752
185	6 4 3	181.103 182.402 183.051	178.505 180.670 181.752
190	8 6 4 3	184.804 186.103 187.402 188.051	181.340 183.505 185.670 186.752
195	6 4 3	191.103 192.402 193.051	188.505 190.670 191.752
200	8 6 4 3	194.804 196.103 197.402 198.051	91.340 193.505 195.670 196.752
205	6 4 3	201.103 202.402 203.051	198.505 200.670 201.752
210	8 6 4 3	204.804 206.103 207.402 208.051	201.340 203.505 205.670 206.752
215	6 4 3	211.103 212.402 213.051	208.505 210.670 211.752

续表

公称直径(大径)D、d	螺距 P	中径 D_2、d_2	小径 D_1、d_1
220	8	214.804	211.340
	6	216.103	213.505
	4	217.402	215.670
	3	218.051	216.752
225	6	221.103	218.505
	4	222.402	220.670
	3	223.051	221.752
230	8	224.804	221.340
	6	226.103	223.505
	4	227.402	225.670
	3	228.051	226.752
235	6	231.103	228.505
	4	232.402	230.670
	3	233.051	231.752
240	8	234.804	231.340
	6	236.103	233.505
	4	237.402	235.670
	3	238.051	236.752
245	6	241.103	238.505
	4	242.402	240.670
	3	243.051	241.758
250	8	244.804	241.340
	6	246.103	243.505
	4	247.402	245.670
	3	248.051	246.752
255	6	251.103	248.505
	4	252.402	250.670
260	8	254.804	251.340
	6	256.103	253.505
	4	257.402	255.670
265	6	251.103	258.505
	4	252.402	260.670
270	8	264.804	261.340
	6	266.103	263.505
	4	267.402	265.670
275	6	271.103	268.505
	4	272.402	270.670
280	8	274.804	271.340
	6	276.103	273.505
	4	277.402	275.670
285	6	281.103	278.505
	4	282.402	280.670

续表

公称直径(大径)D、d	螺距 P	中径 D_2、d_2	小径 D_1、d_1
290	8 6 4	284.804 286.103 287.402	281.340 283.505 285.670
295	6 4	291.103 292.402	288.505 290.670
300	8 6 4	294.804 296.103 297.402	291.340 293.505 295.670

2. 自攻螺钉用螺纹

螺纹尺寸如图 1-2 所示，螺纹末端如图 1-3 所示。

自攻螺钉用螺纹规格见表 1-10。

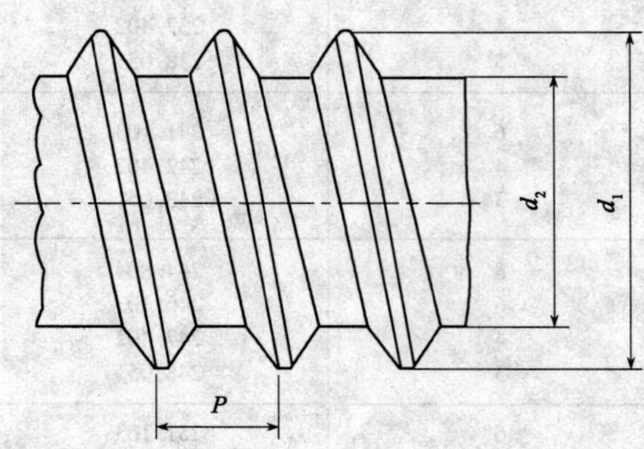

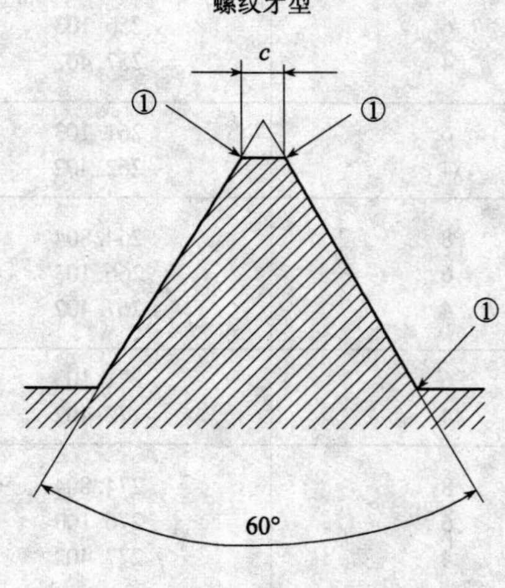

图 1-2 螺纹尺寸

C型[1)]——锥端

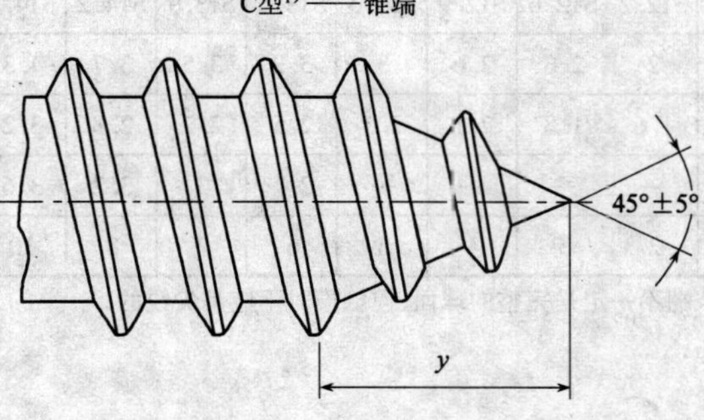

F型——平端

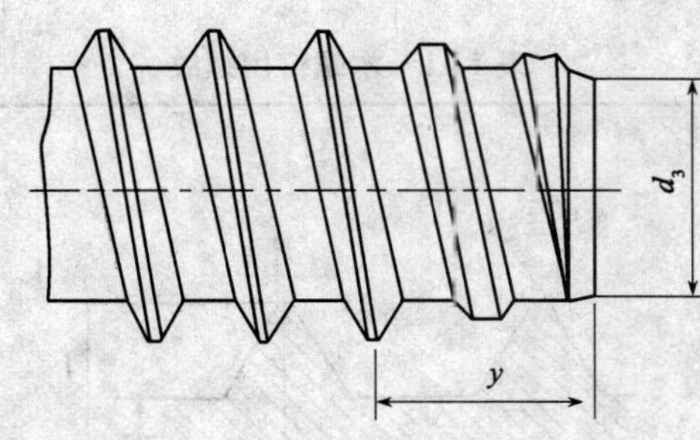

R型——倒圆端

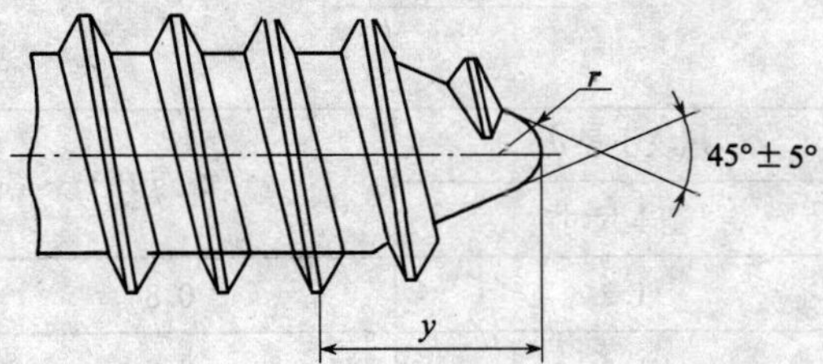

图 1-3 螺纹末端

注：1) 由辗制螺纹形成不超出 C 型锥端顶点多余的金属是允许的。
顶点轻微的倒圆或截锥较理想。

表 1-10 自攻螺钉用螺纹规格 mm

螺纹规格		ST1.5	ST1.9	ST2.2	ST2.6	ST2.9	ST3.3	ST3.5	ST3.9	ST4.2	ST4.8	ST5.5	ST6.3	ST8	ST9.5
P	≈	0.5	0.6	0.8	0.9	1.1	1.3	1.3	1.3	1.4	1.6	1.8	1.8	2.1	2.1
d_1	max	1.52	1.90	2.24	2.57	2.90	3.30	3.53	3.91	4.22	4.80	5.46	6.25	8.00	9.65
	min	1.38	1.76	2.10	2.43	2.76	3.12	3.35	3.73	4.04	4.62	5.28	6.03	7.78	9.43
d_2	max	0.91	1.24	1.63	1.90	2.18	2.39	2.64	2.92	3.10	3.58	4.17	4.88	6.20	7.85
	min	0.84	1.17	1.52	1.80	2.08	2.29	2.51	2.77	2.95	3.43	3.99	4.70	5.99	7.59
d_3	max	0.79	1.12	1.47	1.73	2.01	2.21	2.41	2.67	2.84	3.30	3.86	4.55	5.84	7.44
	min	0.69	1.02	1.37	1.60	1.88	2.08	2.26	2.51	2.69	3.12	3.68	4.34	5.64	7.24
c	max	0.1	0.1	0.1	0.1	0.1	0.1	0.1	0.1	0.1	0.15	0.15	0.15	0.15	0.15
r①	≈	—	—	—	—	—	—	0.5	0.6	0.6	0.7	0.8	0.9	1.1	1.4

续表

螺纹规格		ST1.5	ST1.9	ST2.2	ST2.6	ST2.9	ST3.3	ST3.5	ST3.9	ST4.2	ST4.8	ST5.5	ST6.3	ST8	ST9.5
y 参考②	C 型	1.4	1.6	2	2.3	2.6	3	3.2	3.5	3.7	4.3	5	6	7.5	8
	F 型	1.1	1.2	1.6	1.8	2.1	2.5	2.5	2.7	2.8	3.2	3.6	3.6	4.2	4.2
	R 型	—	—	—	—	—	—	2.7	3	3.2	3.6	4.3	5	6.3	—
号码	No.③	0	1	2	3	4	5	6	7	8	10	12	14	16	20

① r 是参考尺寸，仅供指导。末端不一定是完整的球面，但触摸时不应是尖锐的；
② 不完整螺纹的长度；
③ 以前的螺纹标记，仅为信息。

3. 木螺钉用螺纹（表 1-11）

表 1-11　木螺钉用螺纹　　mm

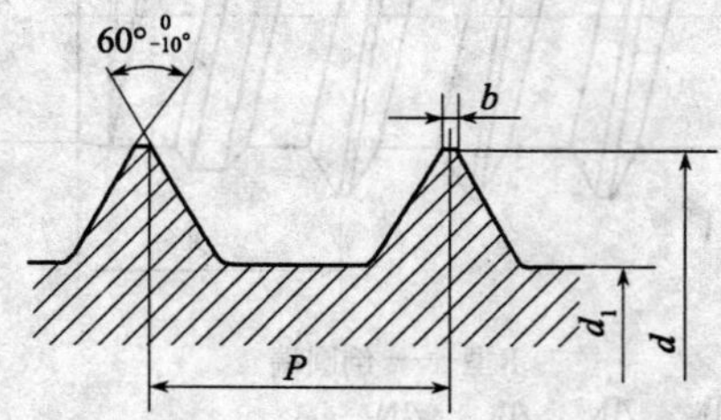

d	螺纹小径 d_1 基本尺寸	螺距 P	b ≤
1.6	1.2	0.8	0.25
2	1.4	0.9	
2.5	1.8	1	
3	2.1	1.2	
3.5	2.5	1.4	0.3
4	2.8	1.6	
4.5	3.2	1.8	
5	3.5	2	
5.5	3.8	2.2	0.3
6	4.2	2.5	
7	4.9	2.8	
8	5.6	3	0.35
10	7.2	3.5	
12	8.7	4	0.4
16	12	5	
20	15	6	

1.4　紧固件的性能与材料

1. 非合金钢与合金钢螺栓、螺钉和螺柱的性能与材料（表 1-12、表 1-13）

表 1-12　螺栓、螺钉和螺柱的机械和物理性能

机械性能和物理性能			性能等级										
			3.6	4.6	4.8	5.6	5.8	6.8	8.8[1] $d\leqslant$ 16[3] mm	8.8[1] $d>$ 16[3] mm	9.8[2]	10.9	12.9
公称抗拉强度 σ_b, MPa			300	400		500		600	800	800	900	1000	1200
最小抗拉强度 σ_{bmin}[4,5], MPa			330	400	420	500	520	600	800	830	900	1040	1220
维氏硬度 HV $F\geqslant98$N	min		95	120	130	155	160	190	250	255	290	320	385
	max		220[6]					250	320	335	360	380	435
布氏硬度 HB $F=30D^2$	min		90	114	124	147	152	181	238	242	276	304	366
	max		209[6]					238	304	318	342	361	414
洛氏硬度 HR	min	HRB	52	67	71	79	82	89	—	—	—	—	—
		HRC	—	—	—	—	—	—	22	23	28	32	39
	max	HRB	95.0[6]					99.5	—	—	—	—	—
		HRC	—					—	32	34	37	39	44
表面硬度 HV0.3	max		—						[7]				
屈服点 σ_s[8], MPa	公称		180	240	320	300	400	480	—	—	—	—	—
	min		190	240	340	300	420	480	—	—	—	—	—
规定非比例伸长应力 $\sigma_{p0.2}$[9]	公称		—					—	640	640	720	900	1080
	min		—					—	640	660	720	940	1100
保证应力	S_p/σ_s 或 $S_p/\sigma_{p0.2}$		0.94	0.94	0.91	0.93	0.90	0.92	0.91	0.91	0.90	0.88	0.88
	S_p, MPa		180	225	310	280	380	440	580	600	650	830	970
破坏扭力矩 M_B, N·m	min		—						按 GB/T 3098.13 规定				
断后伸长率 δ, %	min		25	22	—	20	—	—	12	12	10	9	8
断面收缩率 ψ, %	min		—						52		48	48	44
冲击吸收功 A_{ku}, J	min		—			25	—		30	30	25	20	15
头部坚固性			不得断裂										
螺纹未脱碳层的最小高度 E			—						$\frac{1}{2}H_1$			$\frac{2}{3}H_1$	$\frac{3}{4}H_1$
全脱碳层的最大深度 G, mm			—						0.015				

续表

机械性能和物理性能	性能等级										
	3.6	4.6	4.8	5.6	5.8	6.8	8.8①		9.8②	10.9	12.9
							$d\leqslant$ 16③ mm	$d>$ 16③ mm			
再回火后的硬度	—						回火前后硬度均值之差不大于20HV				
表面缺陷	按 GB/T 5779.1 或 GB/T 5779.3 规定										

① 因超拧造成载荷超出保证载荷时，对螺纹直径 $d\leqslant16$mm 的 8.8 级螺栓，则增加了螺母脱扣的危险。推荐参考 GB/T 3098.2；

② 仅适用于螺纹直径 $d\leqslant16$mm；

③ 对钢结构用螺栓为 12mm；

④ 最小抗拉强度适用于公称长度 $l\geqslant2.5d$ 的产品；最低硬度适用于长度 $l<2.5d$ 以及其他不能进行拉力试验（如头部结构的影响）的产品；

⑤ 对螺栓、螺钉和螺柱的实物进行楔负载试验时，应按 σ_{bmin} 计算；

⑥ 在螺栓、螺钉和螺柱末端测试的硬度的最大值为：250HV、238HB 或 99.5HRB；

⑦ 表面硬度不应比芯部硬度高出 30 个维氏硬度值。10.9 级的表面硬度不应大于 390HV0.3；

⑧ 当不能测定屈服点 σ_s 时，允许以测量规定非比例伸长应力 $\sigma_{p0.2}$ 代替。4.8、5.8 和 6.8 级的 σ_s 值仅为计算用，不是试验数值；

⑨ 按性能等级标记的屈强比和规定非比例伸长应力 $\sigma_{p0.2}$ 适用于机械加工试件。因受试件加工方法和尺寸的影响，这些数值与螺栓和螺钉实物测出的数值是不相同的。

表 1-13　螺栓、双头螺柱和螺钉的荐用材料与热处理

性能等级	材料和热处理	化学成分（质量分数），%					回火温度，℃
		C		P	S	B①	
		min	max	max	max	max	min
3.6②	碳钢	—	0.20	0.05	0.06	0.003	—
4.6②		—	0.55	0.05	0.06	0.003	—
4.8②							
5.6		0.13	0.55	0.05	0.06	0.003	—
5.8②		—	0.55	0.05	0.06		
6.8②							
8.8③	低碳合金钢（如硼、锰或铬），淬火并回火，或中碳钢，淬火并回火	0.15④	0.04	0.035	0.035	0.003	425
		0.25	0.55	0.035	0.035		
9.8	低碳合金钢（如硼、锰或铬），淬火并回火，或中碳钢，淬火并回火	0.15④	0.35	0.035	0.035	0.003	425
		0.25	0.55	0.035	0.035		
$\underline{10.9}$⑤、⑥	低碳合金钢（如硼、锰或铬），淬火并回火	0.15④	0.35	0.035	0.035	0.003	340
10.9⑥	中碳钢，淬火并回火，或低、中碳合金钢（如硼、锰或铬），淬火并回火或合金钢淬火并回火⑦	0.25	0.55	0.035	0.035	0.003	425
		0.20④	0.55	0.035	0.035		
		0.20	0.55	0.035	0.035	0.003	
12.9⑥、⑧、⑨	合金钢，淬火并回火⑦	0.28	0.50	0.035	0.035	0.003	380

① 硼的含量可达 0.005%，其非有效硼可由添加钛和（或）铝控制；

② 这些性能等级允许采用易切钢制造，其硫、磷及铅的最大含量为：硫 0.34%；磷 0.11%；铅 0.35%；

③ 为保证良好的淬透性，螺纹直径超过 20mm 的紧固件，需采用对 10.9 级规定的钢；

④ 含碳量低于 0.25%（桶样分析）的低碳硼合金钢的锰最低含量为：8.8 级为 0.6%，9.8、10.9 和 $\underline{10.9}$ 级为 0.7%；

⑤ 该产品应在性能等级代号下增加一横线标志。$\underline{10.9}$ 级应符合表 1-12 对 10.9 级规定的所有性能，而较低的回火温度对其在提高温度的条件下，将造成不同程度的应力削弱；

⑥ 用于该性能等级的材料应具有良好的淬透性，以保证紧固件螺纹截面的芯部在淬火后、回火前获得约 90% 的马氏体组织；

⑦ 合金钢至少应含有以下元素中的一种元素，其最小含量为：铬 0.30%，镍 0.30%，钼 0.20%，钒 0.10%；

⑧ 考虑承受抗拉应力，12.9 级的表面不允许有金相能测出的白色磷聚集层；

⑨ 该化学成分（质量分数）和回火温度尚在调查研究中。

2. 非合金钢螺母的性能与材料(表 1-14 ~ 表 1-16)

表 1-14 粗牙螺母的机械性能

螺纹规格		性能等级														
		04					05					4				
>	≤	保证应力 S_p, MPa	维氏硬度 HV min	维氏硬度 HV max	螺母 热处理	螺母 型式	保证应力 S_p, MPa	维氏硬度 HV min	维氏硬度 HV max	螺母 热处理	螺母 型式	保证应力 S_p, MPa	维氏硬度 HV min	维氏硬度 HV max	螺母 热处理	螺母 型式
—	M4	380	188	302	不淬火回火	薄型	500	272	353	淬火并回火	薄型	—	—	—	—	—
M4	M7															
M7	M10															
M10	M16															
M16	M39											510	117	302	不淬火回火	1

螺纹规格		性能等级														
		5					6					8				
>	≤	保证应力 S_p, MPa	维氏硬度 HV min	维氏硬度 HV max	螺母 热处理	螺母 型式	保证应力 S_p, MPa	维氏硬度 HV min	维氏硬度 HV max	螺母 热处理	螺母 型式	保证应力 S_p, MPa	维氏硬度 HV min	维氏硬度 HV max	螺母 热处理	螺母 型式
—	M4	520	130	302	不淬火回火	1	600	150	302	不淬火回火	1	800	180	302	不淬火回火	1
M4	M7	580					670					855	200			
M7	M10	590					680					870				
M10	M16	610					700					880				
M16	M39	630	146				720	170				920	233	353	淬火并回火	

螺纹规格		性能等级														
		8					9					10				
>	≤	保证应力 S_p, MPa	维氏硬度 HV min	维氏硬度 HV max	螺母 热处理	螺母 型式	保证应力 S_p, MPa	维氏硬度 HV min	维氏硬度 HV max	螺母 热处理	螺母 型式	保证应力 S_p, MPa	维氏硬度 HV min	维氏硬度 HV max	螺母 热处理	螺母 型式
—	M4	—	—	—	—	—	900	170	302	不淬火回火	2	1040	272	353	淬火并回火	1
M4	M7						915	188				1040				
M7	M10						940					1040				
M10	M16						950					1050				
M16	M39	890	180	302	不淬火回火	2	920					1060				

续表

螺纹规格		性能等级									
		12									
		保证应力 S_p, MPa	维氏硬度 HV		螺母		保证应力 S_p, MPa	维氏硬度 HV		螺母	
>	≤		min	max	热处理	型式		min	max	热处理	型式
—	M4	1140	295	353	淬火并回火	1	1150	272	353	淬火并回火	2
M4	M7	1140					1150				
M7	M10	1140					1160				
M10	M16	1170					1190				
M16	M39	—	—	—	—	—	1200				

注：最低硬度仅对经热处理的螺母或规格太大而不能进行保证载荷试验的螺母，才是强制性的；对其他螺母不是强制性的，是指导性的。对不淬火回火的，而又能满足保证载荷试验的螺母，最低硬度应不作为拒收依据。

表 1-15　细牙螺母的机械性能

螺纹直径 D, mm	性能等级														
	04					05					5				
	保证应力 S_p, MPa	维氏硬度 HV		螺母		保证应力 S_p, MPa	维氏硬度 HV		螺母		保证应力 S_p, MPa	维氏硬度 HV		螺母	
		min	max	热处理	型式		min	max	热处理	型式		min	max	热处理	型式
8≤d≤10	380	188	302	不淬火回火	薄型	500	272	353	淬火并回火	薄型	690	175	302	不淬火回火	1
10<d≤16															
16<d≤33											720	190			
33<d≤39															

螺纹直径 D, mm	性能等级														
	6					8									
	保证应力 S_p, MPa	维氏硬度 HV		螺母		保证应力 S_p, MPa	维氏硬度 HV		螺母		保证应力 S_p, MPa	维氏硬度 HV		螺母	
		min	max	热处理	型式		min	max	热处理	型式		min	max	热处理	型式
8≤d≤10	770	188	302	不淬火①回火	1	955	250	353	淬火并回火	1	890	195	302	不淬火回火	2
10<d≤16	780														
16<d≤33	870	233				1030	295				—	—	—		—
33<d≤39	930					1090									

续表

螺纹直径 D,mm	性能等级														
	10										12				
	保证应力 S_p,MPa	维氏硬度 HV		螺母		保证应力 S_p,MPa	维氏硬度 HV		螺母		保证应力 S_p,MPa	维氏硬度 HV		螺母	
		min	max	热处理	型式		min	max	热处理	型式		min	max	热处理	型式
8≤d≤10	1100	295	353	淬火并回火	1	1055	250	353	淬火并回火	2	1200	295	353	淬火并回火	2
10＜d≤16	1110														
16＜d≤33	—	—	—	—	—	1080	260				—	—	—	—	—
33＜d≤39															

注:最低硬度仅对经热处理的螺母或规格太大而不能进行保证载荷试验的螺母,才是强制性的;对其他螺母不是强制性的,是指导性的。对不淬火回火的,而又能满足保证载荷试验的螺母,最低硬度应不作为拒收依据。

① $D>16$mm 的螺母,可以淬火并回火,由制造者确定。

表 1-16 螺母的材料

性能等级		化学成分,%			
		C max	Mn min	P max	S max
4①、5①、6①	—	0.50	—	0.060	0.150
8、9	04①	0.58	0.25	0.060	0.150
10②	05②	0.58	0.30	0.048	0.058
12②	—	0.58	0.45	0.048	0.058

注:性能等级为 05、8(＞M16 的 1 型螺母)、10 和 12 级螺母应进行淬火并回火处理。

① 该性能等级可以用易切钢制造(供需双方另有协议除外),其硫、磷及铅的最大含量为:硫 0.30%;磷 0.11%;铅 0.35%。

② 为改善螺母的机械性能,必要时可增添合金元素。

3. 非合金钢与合金钢紧定螺钉的性能与材料(表 1-17、表 1-18)

表 1-17 紧定螺钉的机械性能

机械性能			性能等级①			
			14H	22H	33H	45H
维氏硬度 HV10		min	140	220	330	450
		max	290	300	440	560
布氏硬度 HB,$F=30D^2$		min	133	209	314	428
		max	276	285	418	532
洛氏硬度	HRB	min	75	95	—	—
		max	105	②	—	—
	HRC	min	—	②	33	45
		max	—	30	44	53

续表

机械性能	性能等级①			
	14H	22H	33H	45H
螺纹未脱碳层的最小高度 E_{min}	—	$\frac{1}{2}H_1$	$\frac{2}{3}H_1$	$\frac{3}{4}H_1$
全脱碳层的最大深度 G_{max},mm	—	0.015	0.015	③
表面硬度 HV0.3 max	—	320	450	580

① 内六角紧定螺钉没有 14H、22H 和 33H 级。
② 如进行洛氏硬度试验,对 22H 级需要采用 HRB 试验最小值和 HRC 试验最大值。
③ 对 45H 级不允许有全脱碳层。

表 1-18 紧定螺钉的材料和热处理方法

性能等级	材料	热处理	化学成分(质量分数),%			
			C		P	S
			max	min	max	max
14H	碳钢①、②	—	0.50	—	0.11	0.15
22H	碳钢③	淬火并回火	0.50	—	0.05	0.05
33H	碳钢③	淬火并回火	0.50	—	0.05	0.05
45H	合金钢③、④	淬火并回火	0.50	0.19	0.05	0.05

① 使用易切钢时,其铅、磷及硫的最大含量为:铅 0.35%;磷 0.11%;硫 0.34%
② 方头紧定螺钉允许表面硬化。
③ 可以采用最大含铅量为 0.35% 的钢材。
④ 应含有一种或多种铬、镍、钼、钒或硼合金元素。

4. 自攻螺钉的性能与材料(表 1-19)

表 1-19 自攻螺钉的机械性能与材料

螺纹规格		ST2.2	ST2.6	ST2.9	ST3.3	ST3.5	ST3.9	ST4.2	ST4.8	ST5.5	ST6.3	ST8
破坏扭矩(min),N·m		0.45	0.90	1.5	2.0	2.7	3.4	4.4	6.3	10.0	13.6	30.5
渗碳层深度,mm	min	0.04		0.05			0.10				0.15	
	max	0.10		0.18			0.23				0.28	
表面硬度		≥450HV0.3										
芯部硬度		270~390HV5					270~390HV10					
显微组织		在渗碳层与芯层间的显微组织不应呈现带状亚共析铁素体										
材料		冷镦、渗碳钢										

5. 自挤螺钉的性能与材料(表 1-20)

表 1-20 自挤螺钉的机械性能与材料

螺纹公称直径,mm	2	2.5	3	3.5	4	5	6	8	10	12
拧入扭矩 max,N·m	0.3	0.6	1.1	1.7	2.5	5	8.5	21	43	75

续表

破坏扭矩 min,N·m		0.5	1.2	2.1	3.4	4.9	10	17	42	85	150
破坏拉力载荷 min,N		1940	3150	4680	6300	8170	13200	18700	34000	53900	78400
表面渗碳层深度,mm	min	0.04		0.05		0.10		0.15		0.15	
	max	0.12		0.18		0.25		0.28		0.32	
芯部硬度		290~370HV10									
最低表面硬度		450HV0.3									
头部坚固性		用7°楔垫进行试验,头杆结合处不能出现裂缝,只要螺钉头部没有折断,即使在第一扣螺纹处断裂,试验仍应判为合格									
抗氢脆性		电镀后的自挤螺钉应按 GB/T 5267 的规定进行驱氢									
再回火后硬度		再回火后的芯部硬度降低值应不超过20HV									
材料		冷镦、渗碳钢。其化学成分(质量分数):C 为0.15%~0.25%,Mn 为0.70%~1.65%(桶样);C 为0.13%~0.27%,Mn 为0.64%~1.71%(检验)									
热处理		螺钉成品应进行表面淬火和回火处理,最低回火温度为340℃									

6. 不锈钢螺栓、螺钉、螺柱和螺母的性能与材料(表1-21~表1-25)

表1-21 奥氏体钢螺栓、螺钉和螺柱的机械性能

类别	组别	性能等级	螺纹直径	抗拉强度 σ_b①(min),MPa	规定非比例伸长应力 $\sigma_{p0.2}$①(min),MPa	断后伸长量 δ②(min),mm
奥氏体	A1、A2、A3、A4、A5	50	≤M39	500	210	0.6d
		70	≤M24③	700	450	0.4d
		80	≤M24③	800	600	0.3d

① σ_b 和 $\sigma_{p0.2}$ 是根据螺纹的应力截面积计算出来的。
② 按 GB/T 3098.6 的规定测量紧固件实物的长度;d——螺纹公称直径。
③ 螺纹公称直径 $d>24$mm 的紧固件,其机械性能应由供需双方协议,并可按本表给出的组别和性能等级标志。

表1-22 马氏体和铁素体钢螺栓、螺钉和螺柱的机械性能

类别	组别	性能等级	抗拉强度 σ_b①(min),MPa	规定非比例伸长应力 $\sigma_{p0.2}$①(min),MPa	断后伸长量 δ②(min),mm	硬度		
						HB	HRC	HV
马氏体	C1	50	500	250	0.2d	147~209	—	155~220
		70	700	410	0.2d	209~314	20~34	220~330
		110③	1100	820	0.2d	—	36~45	350~440
	C3	80	800	640	0.2d	228~323	21~35	240~340
	C4	50	500	250	0.2d	147~209	—	155~220
		70	700	410	0.2d	209~314	20~34	220~330
铁素体	F1④	45	450	250	0.2d	128~209	—	135~220
		60	600	410	0.2d	171~271	—	180~285

① σ_b 和 $\sigma_{p0.2}$ 是根据螺纹的应力截面积(A_s)计算出来的。
② d—螺纹公称直径。
③ 淬火并回火,最低回火温度为275℃。
④ 螺纹公称直径 $d\leq24$mm。

表 1-23 奥氏体钢螺母机械性能

类别	组别	性能等级		螺纹直径范围 D,mm	保证应力 S_p,MPa	
		1 型螺母 ($m \geqslant 0.8D$)	薄螺母 ($0.5D \leqslant m < 0.8D$)		1 型螺母 ($m \geqslant 0.8D$)	薄螺母 ($0.5D \leqslant m < 0.8D$)
奥氏体	A1、A2、A3、A4、A5	50	025	≤39	500	250
		70	035	≤24①	700	350
		80	040	≤24①	800	400

① 螺纹公称直径 $D > 24$mm 的紧固件,其机械性能应由供需双方协议,并可按本表给出的组别和性能等级标志。

表 1-24 马氏体和铁素体钢螺母机械性能

类别	组别	性能等级		保证应力 S_p,MPa		硬度		
		1 型螺母 ($m \geqslant 0.8D$)	薄螺母 ($0.5D \leqslant m < 0.8D$)	1 型螺母 ($m \geqslant 0.8D$)	薄螺母 ($0.5D \leqslant m < 0.8D$)	HB	HRC	HV
马氏体	C1	50	025	500	250	147 ~ 209	—	155 ~ 220
		70	—	700	—	209 ~ 314	20 ~ 34	220 ~ 330
		110①	055①	1100	550	—	36 ~ 45	350 ~ 440
	C3	80	040	800	400	228 ~ 323	21 ~ 35	240 ~ 340
	C4	50	—	500	—	147 ~ 209	—	155 ~ 220
		70	035	700	350	209 ~ 314	20 ~ 34	220 ~ 330
铁素体	F1②	45	020	450	200	128 ~ 209	—	135 ~ 220
		60	030	600	300	171 ~ 271	—	180 ~ 285

① 淬火并回火,最低回火温度为 275℃;
② 螺纹公称直径 $D \leqslant 24$mm。

表 1-25 不锈钢螺栓、螺钉、螺柱和螺母的材料

类别	组别	化学成分①,%									注
		C	Si	Mn	P	S	Cr	Mo	Ni	Cu	
奥氏体	A1	0.12	1	6.5	0.2	0.15 ~ 0.35	16 ~ 19	0.7	5 ~ 10	1.75 ~ 2.25	②、③、④
	A2	0.1	1	2	0.05	0.03	15 ~ 20	⑤	8 ~ 19	4	⑦、⑧
	A3	0.08	1	2	0.045	0.03	17 ~ 19	⑤	9 ~ 12	1	⑨
	A4	0.08	1	2	0.045	0.03	16 ~ 18.5	2 ~ 3	10 ~ 15	1	⑧、⑩
	A5	0.08	1	2	0.045	0.03	16 ~ 18.5	2 ~ 3	10.5 ~ 14	1	⑨、⑩
马氏体	C1	0.09 ~ 0.15	1	1	0.05	0.03	11.5 ~ 14	—	1	—	⑩
	C3	0.17 ~ 0.25	1	1	0.04	0.03	16 ~ 18	—	1.5 ~ 2.5	—	
	C4	0.08 ~ 0.15	1	1.5	0.06	0.15 ~ 0.35	12 ~ 14	0.6	1	—	②、⑩
铁素体	F1	0.12	1	1	0.04	0.03	15 ~ 18	⑥	1	—	⑪、⑫

① 除已表明者外,均系最大值;
② 硫可用硒代替;
③ 如镍含量低于 8%,则锰的最小含量必须为 5%;

④ 镍含量大于 8% 时,对铜的最小含量不予限制;
⑤ 钼含量可能在制造者的说明书中出现。但对某些使用场合,如有必要限定钼的极限含量,则必须在订单中由用户注明;
⑥ 钼含量可能在制造者的说明书中出现;
⑦ 如铬含量低于 17%,则镍的最小含量应为 12%;
⑧ 对最大含碳量达到 0.03% 的奥氏体不锈钢,氮含量最高可达到 0.22%;
⑨ 为了稳定组织,钛含量应≥5 × C% ~0.8%,并应按本表适当标志,或者铌和(或)钽含量应≥10 × C% ~1.0%,并应按本表适当标志;
⑩ 对较大直径的产品,为达到规定的机械性能,在制造者的说明书中,可能有较高的碳含量,但对奥氏体钢不应超过 0.12%;
⑪ 钛含量可能为≥5 × C% ~0.8%;
⑫ 铌含量可能为≥10 × C% ~1.0%。

7. 不锈钢紧定螺钉的性能与材料(表 1-26、表 1-27)

表 1-26 不锈钢紧定螺钉的机械性能

螺纹公称直径 d	紧定螺钉试件的最小长度,mm				保证扭矩,N·m		HV	HB	HRB	HV	HB	HRB
	平端	锥端	圆柱端	凹端	性能等级		性能等级					
					12H	21H	12H			21H		
1.6	2.5	3	3	2.5	0.03	0.05						
2	4	4	4	3	0.06	0.1						
2.5	4	4	5	4	0.18	0.3						
3	4	5	6	5	0.25	0.42						
4	5	6	8	6	0.8	1.4						
5	6	8	8	6	1.7	2.8						
6	8	8	10	8	3	5	125 ~ 209	123 ~ 213	70 ~ 95	210min	214min	96min
8	10	10	12	10	7	12						
10	12	12	16	12	14	24						
12	16	16	20	16	25	42						
16	20	20	25	20	63	105						
20	25	25	30	25	126	210						
24	30	30	35	30	200	332						

表 1-27 不锈钢紧定螺钉的材料

类别	组别	化学成分①,%									注
		C	Si	Mn	P	S	Cr	Mo	Ni	Cu	
奥氏体	A1	0.12	1	6.5	0.2	0.15 ~ 0.35	16 ~ 19	0.7	5 ~ 10	1.75 ~ 2.25	②、③、④
	A2	0.1	1	2	0.05	0.03	15 ~ 20	⑤	8 ~ 19	4	⑥、⑦
	A3	0.08	1	2	0.045	0.03	17 ~ 19	⑤	9 ~ 12	1	⑧
	A4	0.08	1	2	0.045	0.03	16 ~ 18.5	2 ~ 3	10 ~ 15	1	⑦、⑨
	A5	0.08	1	2	0.045	0.03	16 ~ 18.5	2 ~ 3	10.5 ~ 14	1	⑧、⑨

① 除已表明者外,均系最大值;
② 硫可用硒代替;
③ 如镍含量低于 8%,则锰的最小含量必须为 5%;
④ 镍含量大于 8% 时,对铜的最小含量不予限制;
⑤ 钼含量可能在制造者的说明书中出现。对某些使用场合,如有必要限定钼的极限含量,则必须在订单中由用户注明;

⑥ 如铬含量低于17%，则镍的最小含量应为12%；
⑦ 对最大含碳量达到0.03%的奥氏体不锈钢，氮含量最高可达0.22%；
⑧ 为了稳定组织，钛含量应≥5×C% ~0.8%，并应按本表适当标志，或者铌和（或）钽含量应≥10×C% ~1.0%，并应按本表适当标志；
⑨ 对较大直径的产品，为达到规定的机械性能，在制造者的说明书中，可能有较高的碳含量，但不应超过0.12%。

8. 非铁金属螺栓、螺钉、螺柱和螺母的性能与材料（表1-28、表1-29）

表1-28 非铁金属螺栓、螺钉、螺柱和螺母的机械性能

性能等级	螺纹直径 d，mm	抗拉强度 σ_b(min)，MPa	屈服强度 $\sigma_{0.2}$(min)，MPa	伸长率 δ(min)，%
CU1	≤39	240	160	14
CU2	≤6	440	340	11
	>6 ~39	370	250	19
CU3	≤6	440	340	11
	>6 ~39	370	250	19
CU4	≤12	470	340	22
	>12 ~39	400	200	33
CU5	≤39	590	540	12
CU6	>6 ~39	440	180	18
CU7	>12 ~39	640	270	15
AL1	≤10	270	230	3
	>10 ~20	250	180	4
AL2	≤14	310	205	6
	>14 ~36	280	200	6
AL3	≤6	320	250	7
	>6 ~39	310	260	10
AL4	≤10	420	290	6
	>10 ~39	380	260	10
AL5	≤39	460	380	7
AL6	≤39	510	440	7

表1-29 非铁金属螺栓、螺钉、螺柱和螺母各性能等级适用的材料

性能等级	材料牌号	性能等级	材料牌号
CU1	Cu-ETP 或 Cu-FRHC	AL1	AlMg3
CU2	CuZu37	AL2	AlMg5
CU3	CuZn39Pb3	AL3	AlSi1MgMn
CU4	CuSn6	AL4	AlCu4MgSi
CU5	CuNi1Si	AL5	AlZnMgCu0.5
CU6	CuZn40Mn1Pb	AL6	AlZn5.5MgCu
CU7	CuAl10Ni5Fe4	—	

1.5 角度与斜角系列(表 1-30)

表 1-30 棱体的角度与斜度系列 mm

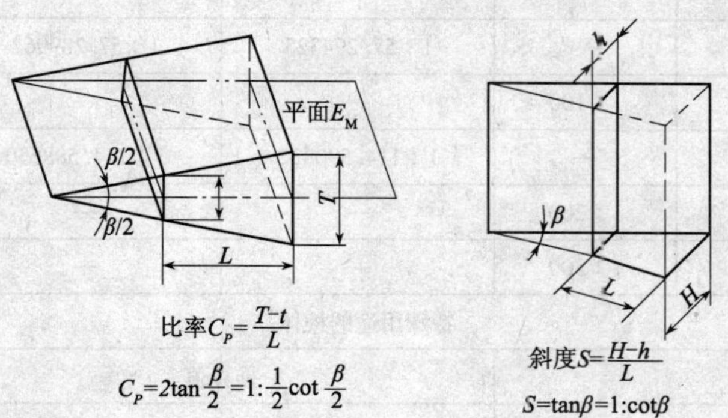

一般用途棱体

基本值			推算值		
β		S	C_p	S	β
系列 1	系列 2				
120°		—	1 : 0.288675	—	—
90°		—	1 : 0.500000	—	—
	75°	—	1 : 0.651613	1 : 0.267949	—
60°		—	1 : 0.866025	1 : 0.577350	—
45°		—	1 : 1.207107	1 : 1.000000	—
	40°	—	1 : 1.373739	1 : 1.191754	—
30°		—	1 : 1.866025	1 : 1.732051	—
20°		—	1 : 2.835641	1 : 2.747477	—
15°		—	1 : 3.797877	1 : 3.732051	—
	10°	—	1 : 5.715026	1 : 5.671282	—
	8°	—	1 : 7.150333	1 : 7.115370	—
	7°	—	1 : 8.174928	1 : 8.144346	—
	6°	—	1 : 9.540568	1 : 9.514364	—
—	—	1 : 10	—	—	5°42′38.1″
5°		—	1 : 11.451883	1 : 11.430052	—
	4°	—	1 : 14.318127	1 : 14.300666	—
	3°	—	1 : 19.094230	1 : 19.081137	—
—	—	1 : 20	—	—	2°51′44.7″
	2°	—	1 : 28.644981	1 : 28.636253	—
—	—	1 : 50	—	—	1°8′44.7″

续表

一般用途棱体					
基本值			推算值		
β		S	C_p	S	β
系列 1	系列 2				
	1°	—	1 : 57. 294325	1 : 57. 289962	—
—	—	1 : 100	—	—	34′22. 6″
	0°30′	—	1 : 114. 590832	1 : 114. 588650	—
—	—	1 : 200	—	—	17′11. 3″
—	—	1 : 500	—	—	6′52. 5″

特殊用途的棱体				
棱体角		推算值		用途
β	β/2	C_p	S	
108°	54°	1 : 0. 363271	—	V 形体
72°	36°	1 : 0. 688191	—	
55°	27°30′	1 : 0. 960491	1 : 0. 700207	燕尾体
50°	25°	1 : 1. 072253	1 : 0. 839100	

注:1. 一般用途棱体的角度与斜度,优先选用第一系列,当不能满足需要时,选用第二系列。

2. 特定用途的棱体,通常只用于表中最后一栏所指的适用范围。

1.6 锥度与锥角系列(表 1-31)

表 1-31 锥度与锥角系列

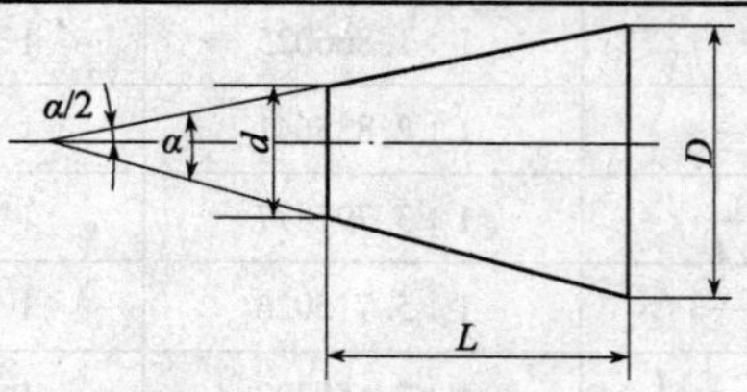

$$锥度C=\frac{D-d}{L}=2\tan\frac{\alpha}{2}=1:\frac{1}{2}\cot\frac{\alpha}{2}$$

一般用途圆锥的锥度与锥角						
基本值		推荐值				应用举例
系列 1	系列 2	圆锥角 α			锥度 C	
		(°)(′)(″)	(°)	rad		
120°		—	—	2. 09439510	1 : 0. 2886751	螺纹孔的内倒角、填料盒内填料的锥度
90°		—	—	1. 57079633	1 : 0. 5000000	沉头螺钉头、螺纹倒角、轴的倒角

续表

一般用途圆锥的锥度与锥角

基本值		推荐值				应用举例
系列1	系列2	圆锥角 α			锥度 C	
		(°)(′)(″)	(°)	rad		
	75°	—	—	1. 30899694	1 : 0. 6516127	车床顶尖、中心孔
60°		—	—	1. 04719755	1 : 0. 8660254	车床顶尖、中心孔
45°		—	—	0. 78539816	1 : 1. 2071068	轻型螺旋管接口的锥形密合
30°		—	—	0. 52359878	1 : 1. 8660254	摩擦离合器
1 : 3		18°55′28. 7199″	18. 92464442°	0. 33029735	—	有极限转矩的摩擦圆锥离合器
	1 : 4	14°15′0. 1177″	14. 25003270°	0. 24870999	—	
1 : 5		11°25′16. 2706″	11. 42118627°	0. 19933730	—	易拆机件的锥形联接，锥形摩擦离合器
	1 : 6	9°31′38. 2202″	9. 52728338°	0. 16628246	—	
	1 : 7	8°10′16. 4408″	8. 17123356°	0. 14261493	—	重型机床顶尖、旋塞
	1 : 8	7°9′9. 6075″	7. 15266875°	0. 12483762	—	联轴器和轴的圆锥面联接
1 : 10		5°43′29. 3176″	5. 72481045°	0. 09991679	—	受轴向力及横向力的锥形零件的接合面、电动机及其他机械的锥形轴端
	1 : 12	4°46′18. 7970″	4. 77188806°	0. 08328516	—	固定球及滚子轴承的衬套
	1 : 15	3°49′5. 8975″	3. 81830487°	0. 06664199	—	受轴向力的锥形零件的接合面、活塞与活塞杆的联接
1 : 20		2°51′51. 0925″	2. 86419237°	0. 04998959	—	机床主轴精度、刀具尾柄、米制锥度铰刀、圆锥螺栓
1 : 30		1°54′34. 8570″	1. 90968251°	0. 03333025	—	装柄的铰刀及扩孔钻
1 : 50		1°8′45. 1586″	1. 14587740°	0. 01999933	—	圆锥销、定位销、圆锥销孔的铰刀
1 : 100		34′22. 6309″	0. 57295302°	0. 00999992	—	承受陡振及静变载荷的不须拆开的联接机件
1 : 200		17′11. 3219″	0. 28647830°	0. 00499999	—	承受陡振及冲击变载荷的需拆开的零件、圆锥螺栓
1 : 500		6′52. 5295″	0. 11459152°	0. 00200000	—	

续表

特定用途的圆锥						
基本值	推荐值				标准号 GB/T(ISO)	用　途
	圆锥角 α			锥度 C		
	(°)(′)(″)	(°)	rad			
11°54′	—	—	0.20769418	1：4.7974511	(5237) (8489-5)	
8°40′	—	—	0.15126187	1：6.5984415	(8489-3) (8489-4) (324.575)	纺织机械和附件
7°	—	—	0.12217305	1：8.1749277	(8489-2)	
1：38	1°30′27.7080″	1.50769667°	0.02631427	—	(368)	
1：64	0°53′42.8220″	0.89522834°	0.01562468	—	(368)	
7：24	16°35′39.4443″	16.59429008°	0.28962500	1：3.4285714	3837.3 (297)	机床主轴 工具配合
1：12.262	4°40′12.1514″	4.67004205°	0.08150761	—	(239)	贾各锥度 No.2
1：12.972	4°24′52.9039″	4.41469552°	0.07705097	—	(239)	贾各锥度 No.1
1：15.748	3°38′13.4429″	3.63706747°	0.06347880	—	(239)	贾各锥度 No.33
6：100	3°26′12.1776″	3.43671600°	0.05998201	1：16.6666667	1962 (594-1) (595-1) (595-2)	医疗设备
1：18.779	3°3′1.2070″	3.05033527°	0.05323839	—	(239)	贾各锥度 No.3
1：19.002	3°0′52.3956″	3.01455434°	0.05261390	—	1443(296)	莫氏锥度 No.5
1：19.180	2°59′11.7258″	2.98659050°	0.05212584	—	1443(296)	莫氏锥度 No.6
1：19.212	2°58′53.8255″	2.98161820°	0.05203905	—	1443(296)	莫氏锥度 No.0
1：19.254	2°58′30.4217″	2.97511713°	0.05192559	—	1443(296)	莫氏锥度 No.4
1：19.264	2°58′24.8644″	2.97357343°	0.05189865	—	(239)	贾各锥度 No.6
1：19.922	2°52′31.4463″	2.87540176°	0.05018523	—	1443(296)	莫氏锥度 No.3
1：20.020	2°51′40.7960″	2.86133223°	0.04993967	—	1443(296)	莫氏锥度 No.2
1：20.047	2°51′26.9283″	2.85748008°	0.04987244	—	1443(296)	莫氏锥度 No.1
1：20.288	2°49′24.7802″	2.82355006°	0.04928025	—	(239)	贾各锥度 No.0
1：23.904	2°23′47.6244″	2.39656232°	0.04182790	—	1443(296)	布朗夏普锥度 No.1 至 No.3
1：28	2°2′45.8174″	2.04606038°	0.03571049	—	(8382)	复苏器(医用)
1：36	1°35′29.2096″	1.59144711°	0.02777599	—	(5356-1)	麻醉器具
1：40	1°25′56.3516″	1.43231989°	0.02499870	—		

注：1. 一般用途圆锥的锥度与锥角系列选用时，应优先选用系列 1，其次选用系列 2。
为便于圆锥件的设计、生产和控制，表中给出了圆锥角或锥度的推算值，其有效位数可按需要确定。
2. 系列 1 中 120°～1：3 的数值近似按 R10/2 优先数系列，1：5～1：500 按 R10/3 优先数系列。
3. 特定用途圆锥主要用于表中最后一栏所指定的用途。

2 钢铁材料

2.1 非合金钢

1. 非合金结构钢

1）非合金钢的牌号和化学成分（熔炼分析）符合表 2-1 的规定。

表 2-1 非合金钢的牌号和化学成分

<table>
<tr><th rowspan="2">牌号</th><th rowspan="2">统一数字代号①</th><th rowspan="2">等级</th><th rowspan="2">厚度（或直径），mm</th><th rowspan="2">脱氧方法</th><th colspan="5">化学成分（质量分数），%，不大于</th></tr>
<tr><th>C</th><th>Si</th><th>Mn</th><th>P</th><th>S</th></tr>
<tr><td>Q195</td><td>U11952</td><td>—</td><td>—</td><td>F、Z</td><td>0.12</td><td>0.30</td><td>0.50</td><td>0.035</td><td>0.040</td></tr>
<tr><td rowspan="2">Q215</td><td>U12152</td><td>A</td><td rowspan="2">—</td><td rowspan="2">F、Z</td><td rowspan="2">0.15</td><td rowspan="2">0.35</td><td rowspan="2">1.20</td><td rowspan="2">0.045</td><td>0.050</td></tr>
<tr><td>U12155</td><td>B</td><td>0.045</td></tr>
<tr><td rowspan="4">Q235</td><td>U12352</td><td>A</td><td rowspan="4">—</td><td rowspan="2">F、Z</td><td>0.22</td><td rowspan="4">0.35</td><td rowspan="4">1.40</td><td rowspan="2">0.045</td><td>0.050</td></tr>
<tr><td>U12355</td><td>B</td><td>0.20②</td><td>0.045</td></tr>
<tr><td>U12358</td><td>C</td><td>Z</td><td rowspan="2">0.17</td><td>0.040</td><td>0.040</td></tr>
<tr><td>U12359</td><td>D</td><td>TZ</td><td>0.035</td><td>0.035</td></tr>
<tr><td rowspan="5">Q275</td><td>U12752</td><td>A</td><td>—</td><td>F、Z</td><td>0.24</td><td rowspan="5">0.35</td><td rowspan="5">1.50</td><td>0.045</td><td>0.050</td></tr>
<tr><td rowspan="2">U12755</td><td rowspan="2">B</td><td>≤40</td><td rowspan="2">Z</td><td>0.21</td><td rowspan="2">0.045</td><td rowspan="2">0.045</td></tr>
<tr><td>>40</td><td>0.22</td></tr>
<tr><td>U12758</td><td>C</td><td rowspan="2">—</td><td>Z</td><td rowspan="2">0.20</td><td>0.040</td><td>0.040</td></tr>
<tr><td>U12759</td><td>D</td><td>TZ</td><td>0.035</td><td>0.035</td></tr>
</table>

① 表中为镇静钢、特殊镇静钢牌号的统一数字，沸腾钢牌号的统一数字代号如下：
Q195F——U11950；
Q215AF——U12150，Q215BF——U12153；
Q235AF——U12350，Q235BF——U12353；
Q275AF——U12750。
② 经需方同意，Q235B 的碳含量可不大于 0.22%。

2）钢材的拉伸和冲击试验结果应符合表 2-2 的规定，弯曲试验结果应符合表 2-3 的规定。

表 2-2 钢材的拉伸和冲击试验结果

<table>
<tr><th rowspan="3">牌号</th><th rowspan="3">等级</th><th colspan="6">屈服强度① R_{eH}，N/mm²，不小于</th><th rowspan="3">抗拉强度② R_m，N/mm²</th><th colspan="5">断后伸长率 A，%，不小于</th><th colspan="2">冲击试验（V 型缺口）</th></tr>
<tr><th colspan="6">厚度（或直径），mm</th><th colspan="5">厚度（或直径），mm</th><th rowspan="2">温度，℃</th><th rowspan="2">冲击吸收功（纵向），J 不小于</th></tr>
<tr><th>≤16</th><th>>16～40</th><th>>40～60</th><th>>60～100</th><th>>100～150</th><th>>150～200</th><th>≤40</th><th>>40～60</th><th>>60～100</th><th>>100～150</th><th>>150～200</th></tr>
<tr><td>Q195</td><td>—</td><td>195</td><td>185</td><td>—</td><td>—</td><td>—</td><td>—</td><td>315～430</td><td>33</td><td>—</td><td>—</td><td>—</td><td>—</td><td>—</td><td>—</td></tr>
</table>

续表

牌号	等级	屈服强度①R_{eH},N/mm^2,不小于						抗拉强度② R_m, N/mm^2	断后伸长率 A,%,不小于					冲击试验(V 型缺口)	
		厚度(或直径),mm							厚度(或直径),mm					温度,℃	冲击吸收功(纵向),J 不小于
		≤16	>16~40	>40~60	>60~100	>100~150	>150~200		≤40	>40~60	>60~100	>100~150	>150~200		
Q215	A	215	205	195	185	175	165	335~450	31	30	29	27	26	—	—
	B													+20	27
Q235	A	235	225	215	215	195	185	370~500	26	25	24	22	21	—	—
	B													+20	27③
	C													0	
	D													-20	
Q275	A	275	265	255	245	225	215	410~540	22	21	20	18	17	—	—
	B													+20	27
	C													0	
	D													-20	

① Q195 的屈服强度值仅供参考,不作交货条件;
② 厚度大于 100mm 的钢材,抗拉强度下限允许降低 20N/mm^2。宽带钢(包括剪切钢板)抗拉强度上限不作交货条件;
③ 厚度小于 25mm 的 Q235B 级钢材,如供方能保证冲击吸收功值合格,经需方同意,可不作检验。

表 2-3　弯曲试验结果

牌号	试样方向	冷弯试验 180°　$B=2a$①	
		钢材厚度(或直径)②,mm	
		≤60	>60~100
		弯心直径 d	
Q195	纵	0	—
	横	0.5a	
Q215	纵	0.5a	1.5a
	横	a	2a
Q235	纵	a	2a
	横	1.5a	2.5a
Q275	纵	1.5a	2.5a
	横	2a	3a

① B 为试样宽度,a 为试样厚度(或直径);
② 钢材厚度(或直径)大于 100mm 时,弯曲试验由双方协商确定。

2. 优质非合金结构钢

(1)优质非合金结构钢常用牌号及应用(表2-4)

表2-4 优质非合金结构钢常用牌号及用途

牌号	用途
08F 08	大多生产成高精度的薄板,用来制造深冲压和深拉延的制品,如各种贮器、搪瓷制品、仪表板等,也用来制造管子、垫片及心部强度要求不高的渗碳零件
10	一般用作拉杆、卡头、钢管垫片、垫圈、铆钉用的冷拔钢、冷轧钢带、钢丝、钢板和型材等,也可用作冷压深冲制品,如炮弹壳、深冲器皿等
15	用来制造机械上的渗碳零件、紧固件、冲模锻件及不需热处理的低载荷零件,如螺栓、螺钉、拉条,法兰盘及化工机械用的贮器、蒸器锅炉等
20	用于不经受很大应力而要求高韧性的各种机械零件,如杠杆、轴套、螺钉、拉杆、起重钩等;也用作制造在6MPa、450℃以下及非腐蚀介质中使用的管子、导管等;还可用于心部强度不大的渗碳零件,如轴套、链条的滚子、轴以及非重要用途的齿轮、链轮等
25	用作热锻和热冲压的机械零件,机床的渗碳零部件,以及重型和中型机械制造中载荷不大的轴、辊子、连接器、垫圈、螺栓、螺钉、螺母等;还可用作铸钢件
30	用作热锻和热冲压的机械零件,冷拉丝杠、重型和一般机械用的轴、拉杆、套环,以及机械用铸件,如汽缸、汽轮机机架、轧钢机机架和零部件、机床机架、飞轮等
35	用作热锻和热冲压的机械零件,冷拉和冷顶锻钢材,无缝钢管、机械制造用的零件,如转轴、曲轴、轴销、杠杆、连杆、横梁、星轮、套筒、轮圈、钩环、垫圈、螺钉、螺母等;还用于铸造汽轮机机身、轧钢机机架、飞轮、均衡器等
40	用来制造机器的运动零件,如辊子、轴、曲柄销、传动轴、活塞杆、连杆、圆盘等,以及火车轴
45	用于制造蒸汽透平机、压缩机、泵的运动零件;还可以用来代替渗碳钢制造齿轮、轴、活塞销等零件,但零件须经高频或火焰表面淬火;并可用作铸件
50	用于耐磨性要求高、动载荷及冲击作用不大的零件,如锻造齿轮、拉杆、轧辊、轴摩擦盘、次要的弹簧、农机上的掘土犁铧、重载荷的心轴与轴等
55	用于制造齿轮、连杆、轮圈、轮缘、扁弹簧及轧辊等,也可用作铸件
60	用于制造轧辊、轴、偏心轴、弹簧圈、弹簧、各种垫圈、离合器、凸轮、钢绳等
65	用于制造汽门弹簧、弹簧圈、轴、轧辊、各种垫圈、凸轮及钢丝绳等
15Mn 20Mn	用于制造对零件心部的力学性能要求较高的渗碳件
30Mn	用于制造螺栓、螺母、螺钉、杠杆、刹车踏板,还可用冷拉钢制作在高应力下工作的细小零件,如农机上的钩环链等
40Mn	用作制造承受疲劳载荷的零件,如轴辊及高应力下工作的螺钉、螺母等
50Mn	用于制造耐磨性要求很高,在高载荷作用下热处理的零件,如齿轮、齿轮轴、摩擦盘和截面在80mm以下的心轴等

(2)优质非合金结构钢的化学成分(表2-5)

表2-5 优质非合金结构钢的化学成分(质量分数)

牌号	化学成分(质量分数),%					
	C	Si	Mn	Cr	Ni	Cu
				≤		
08F	0.05~0.11	≤0.03	0.25~0.50	0.10	0.30	0.25
10F	0.07~0.13	≤0.07	0.25~0.50	0.15	0.30	0.25
15F	0.12~0.18	≤0.07	0.25~0.50	0.25	0.30	0.25
08	0.05~0.11	0.17~0.37	0.35~0.65	0.10	0.30	0.25
10	0.07~0.13	0.17~0.37	0.35~0.65	0.15	0.30	0.25
15	0.12~0.18	0.17~0.37	0.35~0.65	0.25	0.30	0.25
20	0.17~0.23	0.17~0.37	0.35~0.65	0.25	0.30	0.25
25	0.22~0.29	0.17~0.37	0.50~0.80	0.25	0.30	0.25
30	0.27~0.34	0.17~0.37	0.50~0.80	0.25	0.30	0.25
35	0.32~0.39	0.17~0.37	0.50~0.80	0.25	0.30	0.25
40	0.37~0.44	0.17~0.37	0.50~0.80	0.25	0.30	0.25
40	0.42~0.50	0.17~0.37	0.50~0.80	0.25	0.30	0.25
50	0.47~0.55	0.17~0.37	0.50~0.80	0.25	0.30	0.25
55	0.52~0.60	0.17~0.37	0.50~0.80	0.25	0.30	0.25
60	0.57~0.65	0.17~0.37	0.50~0.80	0.25	0.30	0.25
65	0.62~0.70	0.17~0.37	0.50~0.80	0.25	0.30	0.25
70	0.67~0.75	0.17~0.37	0.50~0.80	0.25	0.30	0.25
75	0.72~0.80	0.17~0.37	0.50~0.80	0.25	0.30	0.25
80	0.77~0.85	0.17~0.37	0.50~0.80	0.25	0.30	0.25
85	0.82~0.90	0.17~0.37	0.50~0.80	0.25	0.30	0.25
15Mn	0.12~0.18	0.17~0.37	0.70~1.00	0.25	0.30	0.25
20Mn	0.17~0.23	0.17~0.37	0.70~1.00	0.25	0.30	0.25
25Mn	0.22~0.29	0.17~0.37	0.70~1.00	0.25	0.30	0.25
30Mn	0.27~0.34	0.17~0.37	0.70~1.00	0.25	0.30	0.25
35Mn	0.32~0.39	0.17~0.37	0.70~1.00	0.25	0.30	0.25
40Mn	0.37~0.44	0.17~0.37	0.70~1.00	0.25	0.30	0.25
45Mn	0.42~0.50	0.17~0.37	0.70~1.00	0.25	0.30	0.25
50Mn	0.48~0.56	0.17~0.37	0.70~1.00	0.25	0.30	0.25
60Mn	0.57~0.65	0.17~0.37	0.70~1.00	0.25	0.30	0.25
65Mn	0.62~0.70	0.17~0.37	0.90~1.20	0.25	0.30	0.25
70Mn	0.67~0.75	0.17~0.37	0.90~1.20	0.25	0.30	0.25

注:1. 所列牌号为优质钢。如果是高级优质钢,在牌号后面加“A”(统一数字代号最后一位数字改为“3”);如果是特级优质钢,在牌号后面加“E”(统一数字代号最后一位数字改为“6”);对于沸腾钢,牌号后面为“F”(统一数字代号最后一位数字为“0”);对于半镇静钢,牌号后面为“b”(统一数字代号最后一位数字为“1”);

2. 优质钢:$w_P \leqslant 0.035\%$,$w_S \leqslant 0.035\%$;高级优质钢:$w_P \leqslant 0.030\%$,$w_S \leqslant 0.030\%$;特级优质钢:$w_P \leqslant 0.025\%$,$w_S \leqslant 0.020\%$。

(3)优质非合金结构钢的力学性能(表2-6)

表2-6 优质非合金结构钢的力学性能

牌号	试样毛坯尺寸,mm	推荐热处理,℃			力学性能					钢材交货状态硬度 HBS 10/3000≤	
		正火	淬火	回火	σ_b,MPa	σ_s,MPa	δ_5,%	ψ,%	A_{ku2},J		
					≥					未热处理钢	退火钢
08F	25	930			295	175	35	60		131	
10F	25	930			315	185	33	55		137	
15F	25	920			355	205	29	55		143	
08	25	930			325	195	33	60		131	
10	25	930			335	205	31	55		137	
15	25	920			375	225	27	55		143	
20	25	910			410	245	25	55		156	
25	25	900	870	600	450	275	23	50	71	170	
30	25	880	860	600	490	295	21	50	63	179	
35	25	870	850	600	530	315	20	45	55	197	
40	25	860	840	600	570	335	19	45	47	217	187
45	25	850	840	600	600	355	16	40	39	229	197
50	25	830	830	600	630	375	14	40	31	241	207
55	25	820	820	600	645	380	13	35		255	217
60	25	810			675	400	12	35		255	229
65	25	810			695	410	10	30		255	229
70	25	790			715	420	9	30		269	229
75	试样		820	480	1080	880	7	30		285	241
80	试样		820	480	1080	930	6	30		285	241
85	试样		820	480	1130	980	6	30		302	255
15Mn	25	920			410	245	26	55		163	
20Mn	25	910			450	275	24	50		197	
25Mn	25	900	870	600	490	295	22	50	71	207	
30Mn	25	880	860	600	540	315	20	45	63	217	187
35Mn	25	870	850	600	560	335	18	45	55	229	197
40Mn	25	860	840	600	590	355	17	45	47	229	207
45Mn	25	850	840	600	620	375	15	40	39	241	217
50Mn	25	830	830	600	645	390	13	400	31	255	217
60Mn	25	810			695	410	11	35		269	229
65Mn	25	830			735	430	9	30		285	229
70Mn	25	790			785	450	8	30		285	229

注:1. 对于直径或厚度小于25mm的钢材,热处理是在与成品截面尺寸相同的试样毛坯上进行;
2. 表中所列正火推荐保温时间不少于30min,空冷;淬火推荐保温时间不少于30min,75、80和85钢油冷,其余钢水冷;回火推荐保温时间不少于1h。

3. 非合金工具钢

(1)非合金工具钢常用牌号及用途(表2-7)

表2-7 非合金工具钢常用牌号及用途

牌号	用途
T7	形状简单、承受载荷轻的小型冷作模具及热固性塑料压缩模等
T8	冷镦模、拉伸模、压印模、纸品下料模及热固性塑料压缩模等
T9	冷冲模、冲孔冲头等
T10	冷镦模、拉伸模、压印模、铝合金用冷挤压凹模、纸品下料模及塑料成型模具
T11	冷镦模、软材料用切边模等
T12	冷镦模、拉丝模及塑料成型模具

(2)非合金工具钢的化学成分(表2-8)

表2-8 非合金工具钢的化学成分(质量分数) %

钢号	C	Si	Mn	P≤	S≤
T7	0.65~0.74	≤0.35	≤0.40	0.035	0.030
T8	0.75~0.84	≤0.35	≤0.40	0.035	0.030
T8Mn	0.80~0.90	≤0.35	0.40~0.60	0.035	0.030
T9	0.85~0.94	≤0.35	≤0.40	0.035	0.030
T10	0.95~1.04	≤0.35	≤0.40	0.035	0.030
T11	1.05~1.14	≤0.35	≤0.40	0.035	0.030
T12	1.15~1.24	≤0.35	≤0.40	0.035	0.030
T13	1.25~1.35	≤0.35	≤0.40	0.035	0.030

注:1. 高级优质钢(带"A"的钢号,如T8A):w_P≤0.030%,w_S≤0.020%;
2. 钢中允许残余元素含量:w_{Cr}≤0.25%,w_{Ni}≤0.20%,w_{Cu}≤0.25%;
3. 供制造铅浴钢丝时,钢中残余元素含量:w_{Cr}≤0.10%,w_{Ni}≤0.12%,w_{Cu}≤0.20%,$w_{Cr}+w_{Ni}+w_{Cu}$≤0.40%;
4. 要求检验淬透性时,允许钢中加入少量合金元素。

(3)非合金工具钢的力学性能(表2-9)

表2-9 非合金工具钢的力学性能

<table>
<tr><th rowspan="3">牌号</th><th colspan="2">交货状态</th><th colspan="2">试样淬火</th></tr>
<tr><th>退火</th><th>退火后冷拉</th><th rowspan="2">淬火温度和冷却剂</th><th rowspan="2">洛氏硬度,HRC不小于</th></tr>
<tr><th colspan="2">布氏硬度,HBW,不大于</th></tr>
<tr><td>T7</td><td rowspan="3">187</td><td rowspan="8">241</td><td>800~820℃,水</td><td rowspan="8">62</td></tr>
<tr><td>T8</td><td rowspan="2">780~800℃,水</td></tr>
<tr><td>T8Mn</td></tr>
<tr><td>T9</td><td>192</td><td rowspan="5">760~780℃,水</td></tr>
<tr><td>T10</td><td>197</td></tr>
<tr><td>T11</td><td rowspan="2">207</td></tr>
<tr><td>T12</td></tr>
<tr><td>T13</td><td>217</td></tr>
</table>

2.2 低合金钢

1. 低合金钢常用牌号及用途(表2-10)

表 2-10 低合金钢常用牌号及用途

牌号 新	牌号 旧	用途
Q345	12MnV、14MnNb、16Mn、16MnRE、18Nb	具有良好的综合力学性能，塑性和焊接性良好，冲击韧性较好，一般在热轧或正火状态下使用，适于制作桥梁、船舶、车辆、管道、锅炉、各种容器、油罐、电站、厂房结构、低温压力容器等结构件
Q390	15MnV、15MnTi、16MnNb	具有良好的综合力学性能，焊接性及冲击韧性较好，一般在热轧状态下使用，适于制作锅炉汽包，中、高压石油化工容器、桥梁、船舶、起重机、较高载荷的焊接件、连接构件等
Q420	15MnVN、14MnVTiRE	具有良好的综合力学性能，优良的低温韧性，焊接性好，冷热加工性良好，一般在热轧或正火状态下使用，适于制作高压容器，重型机械、桥梁、船舶、机车车辆、锅炉及其他大型焊接结构件

2. 低合金钢的化学成分(表2-11)

表 2-11 低合金钢的化学成分(质量分数)

牌号	质量等级	C	Si	Mn	P	S	Nb	V	Ti	Cr	Ni	Cu	N	Mo	B	Als
		化学成分①、②(质量分数),%														
					不大于											不小于
Q345	A	≤0.20	≤0.50	≤1.70	0.035	0.035	0.07	0.15	0.20	0.30	0.50	0.30	0.012	0.10	—	—
	B				0.035	0.035										
	C				0.030	0.030										0.015
	D	≤0.18			0.030	0.025										
	E				0.025	0.020										
Q390	A	≤0.20	≤0.50	≤1.70	0.035	0.035	0.07	0.20	0.20	0.30	0.50	0.30	0.015	0.10	—	—
	B				0.035	0.035										
	C				0.030	0.030										0.015
	D				0.030	0.025										
	E				0.025	0.020										
Q420	A	≤0.20	≤0.50	≤1.70	0.035	0.035	0.07	0.20	0.20	0.30	0.80	0.30	0.015	0.20	—	—
	B				0.035	0.035										
	C				0.030	0.030										0.015
	D				0.030	0.025										
	E				0.025	0.020										

续表

牌号	质量等级	化学成分[①,②]（质量分数），%														
		C	Si	Mn	P	S	Nb	V	Ti	Cr	Ni	Cu	N	Mo	B	Als
					不大于											不小于
Q460	C				0.030	0.030										
	D	≤0.20	≤0.60	≤1.80	0.030	0.025	0.11	0.20	0.20	0.30	0.80	0.55	0.015	0.20	0.004	0.015
	E				0.025	0.020										
Q500	C				0.030	0.030										
	D	≤0.18	≤0.60	≤1.80	0.030	0.025	0.11	0.12	0.20	0.60	0.80	0.55	0.015	0.20	0.004	0.015
	E				0.025	0.020										
Q550	C				0.030	0.030										
	D	≤0.18	≤0.60	≤2.00	0.030	0.025	0.11	0.12	0.20	0.80	0.80	0.80	0.015	0.30	0.004	0.015
	E				0.025	0.020										
Q620	C				0.030	0.030										
	D	≤0.18	≤0.60	≤2.00	0.030	0.025	0.11	0.12	0.20	1.00	0.80	0.80	0.015	0.30	0.004	0.015
	E				0.025	0.020										
Q690	C				0.030	0.030										
	D	≤0.18	≤0.60	≤2.00	0.030	0.025	0.11	0.12	0.20	1.00	0.80	0.80	0.015	0.30	0.004	0.015
	E				0.025	0.020										

① 型材及棒材 P、S 含量可提高 0.005%，其中 A 级钢上限可为 0.045%。
② 当细化晶粒元素组合加入时，20(Nb + V + Ti) ≤0.22%，20(Mo + Cr) ≤0.30%。

3. 低合金钢的力学性能（表 2-12）

表 2-12　低合金钢力学性能

牌号	质量等级	拉伸试验												
		屈服强度（R_{eL}），MPa									抗拉强度（R_m），MPa			
		≤16mm	>16 ~ 40mm	>40 ~ 63mm	>63 ~ 80mm	>80 ~ 100mm	>100 ~ 150mm	>150 ~ 200mm	>200 ~ 250mm	>250 ~ 400mm	≤40mm	>40 ~ 63mm	>63 ~ 80mm	>80 ~ 100mm
Q345	A													
	B									—				
	C	≥345	≥335	≥325	≥315	≥305	≥285	≥275	≥265		470 ~ 630	470 ~ 630	470 ~ 630	470 ~ 630
	D									≥265				
	E													

续表

牌号	质量等级	拉伸试验												
		屈服强度(R_{eL}),MPa									抗拉强度(R_m),MPa			
		≤16mm	>16~40mm	>40~63mm	>63~80mm	>80~100mm	>100~150mm	>150~200mm	>200~250mm	>250~400mm	≤40mm	>40~63mm	>63~80mm	>80~100mm
Q390	A B C D E	≥390	≥370	≥350	≥330	≥330	≥310	—	—	—	490~650	490~650	490~650	490~650
Q420	A B C D E	≥420	≥400	≥380	≥360	≥360	≥340	—	—	—	520~680	520~680	520~680	520~680
Q460	C D E	≥460	≥440	≥420	≥400	≥400	≥380	—	—	—	550~720	550~720	550~720	550~720
Q500	C D E	≥500	≥480	≥470	≥450	≥440	—	—	—	—	610~770	600~760	590~750	540~730
Q550	C D E	≥550	≥530	≥520	≥500	≥490	—	—	—	—	670~830	620~810	600~790	590~780
Q620	C D E	≥620	≥600	≥590	≥570	—	—	—	—	—	710~880	690~880	670~860	—
Q690	C D E	≥690	≥670	≥660	≥640	—	—	—	—	—	770~940	750~920	730~900	—

牌号	拉伸试验									冲击吸收能量(KV_2),J			180°弯曲试验[d=弯心直径,a=试样厚度(直径)]	
	抗拉强度(R_m),MPa			断后伸长率(A),%										
	>100~150mm	>150~250mm	>250~400mm	≤40mm	>40~63mm	>63~100mm	>100~150mm	>150~250mm	>250~400mm	12~150mm	>150~250mm	>250~400mm	≤160mm	>16~100mm
Q345	450~600	450~600	—	≥20	≥19	≥19	≥18	≥17	—	—	—	—	2a	3a
			450~600	≥21	≥20	≥20	≥19	≥18	≥17	≥34	≥27	≥27		

续表

<table>
<tr><th rowspan="3">牌号</th><th colspan="9">拉伸试验</th><th rowspan="2" colspan="3">冲击吸收能量(KV_2),J</th><th rowspan="2" colspan="2">180°弯曲试验[d=弯心直径,a=试样厚度(直径)]</th></tr>
<tr><th colspan="3">抗拉强度(R_m),MPa</th><th colspan="6">断后伸长率(A),%</th></tr>
<tr><th>>100~150mm</th><th>>150~250mm</th><th>>250~400mm</th><th>≤40mm</th><th>>40~63mm</th><th>>63~100mm</th><th>>100~150mm</th><th>>150~250mm</th><th>>250~400mm</th><th>12~150mm</th><th>>150~250mm</th><th>>250~400mm</th><th>≤160mm</th><th>>16~100mm</th></tr>
<tr><td rowspan="2">Q390</td><td rowspan="2">470~620</td><td rowspan="2">—</td><td rowspan="2">—</td><td rowspan="2">≥20</td><td rowspan="2">≥19</td><td rowspan="2">≥19</td><td rowspan="2">≥18</td><td rowspan="2">—</td><td rowspan="2">—</td><td>—</td><td rowspan="2">—</td><td rowspan="2">—</td><td rowspan="5">2a</td><td rowspan="5">3a</td></tr>
<tr><td>≥34</td></tr>
<tr><td rowspan="2">Q420</td><td rowspan="2">500~650</td><td rowspan="2">—</td><td rowspan="2">—</td><td rowspan="2">≥19</td><td rowspan="2">≥18</td><td rowspan="2">≥18</td><td rowspan="2">≥18</td><td rowspan="2">—</td><td rowspan="2">—</td><td>—</td><td rowspan="2">—</td><td rowspan="2">—</td></tr>
<tr><td>≥34</td></tr>
<tr><td>Q460</td><td>530~700</td><td>—</td><td>—</td><td>≥17</td><td>≥16</td><td>≥16</td><td>≥16</td><td>—</td><td>—</td><td>≥34</td><td>—</td><td>—</td></tr>
<tr><td rowspan="3">Q500</td><td rowspan="3">—</td><td rowspan="3">—</td><td rowspan="3">—</td><td rowspan="3">≥17</td><td rowspan="3">≥17</td><td rowspan="3">≥17</td><td rowspan="3">—</td><td rowspan="3">—</td><td rowspan="3">—</td><td>≥55</td><td rowspan="3">—</td><td rowspan="3">—</td><td rowspan="12">—</td><td rowspan="12">—</td></tr>
<tr><td>≥47</td></tr>
<tr><td>≥31</td></tr>
<tr><td rowspan="3">Q550</td><td rowspan="3">—</td><td rowspan="3">—</td><td rowspan="3">—</td><td rowspan="3">≥16</td><td rowspan="3">≥16</td><td rowspan="3">≥16</td><td rowspan="3">—</td><td rowspan="3">—</td><td rowspan="3">—</td><td>≥55</td><td rowspan="3">—</td><td rowspan="3">—</td></tr>
<tr><td>≥47</td></tr>
<tr><td>≥31</td></tr>
<tr><td rowspan="3">Q620</td><td rowspan="3">—</td><td rowspan="3">—</td><td rowspan="3">—</td><td rowspan="3">≥15</td><td rowspan="3">≥15</td><td rowspan="3">≥15</td><td rowspan="3">—</td><td rowspan="3">—</td><td rowspan="3">—</td><td>≥55</td><td rowspan="3">—</td><td rowspan="3">—</td></tr>
<tr><td>≥47</td></tr>
<tr><td>≥31</td></tr>
<tr><td rowspan="3">Q690</td><td rowspan="3">—</td><td rowspan="3">—</td><td rowspan="3">—</td><td rowspan="3">≥14</td><td rowspan="3">≥14</td><td rowspan="3">≥14</td><td rowspan="3">—</td><td rowspan="3">—</td><td rowspan="3">—</td><td>≥55</td><td rowspan="3">—</td><td rowspan="3">—</td></tr>
<tr><td>≥47</td></tr>
<tr><td>≥31</td></tr>
</table>

注:1. 按热轧、控轧、正火轧制或正火加回火、热机械轧制(TMCP)或热机械轧制加回火状态交货。

2. 宽度不小于600mm扁平材,拉伸试验取横向试样;宽度小于600mm的扁平材、型材及棒材取纵向试样,断后伸长率最小值相应提高1%(绝对值)。

3. 厚度>250~400mm的数值适用于扁平材。

2.3 合金钢

1. 合金结构钢

(1)合金结构钢常用牌号及用途(表2-13)

表2-13 合金结构钢常用牌号及用途

牌号	用 途
20Mn2	用于制造截面尺寸小于50mm的渗碳零件,如渗碳的小齿轮、小轴、力学性能要求不高的十字头销、活塞销、柴油机套筒、汽门顶杆、变速齿轮操纵杆、钢套,热轧及正火状态下用于制造螺栓、螺钉、螺帽及铆焊件等

续表

牌号	用　途
30Mn2	用于制造汽车、拖拉机中的车架、纵横梁、变速箱齿轮、轴、冷镦螺栓、较大截面的调质件，也可制造心部强度较高的渗碳件，如起重机的后车轴等
35Mn2	制造小于直径20mm的较小零件时，可代替40Cr，用于制造直径小于15mm的各种冷镦螺栓、机械性能要求较高的小轴、轴套、小连杆、操纵杆、曲轴、风机配件、农机中的锄铲柄、锄铲
40Mn2	月于制造重载工作的各种机械零件，如曲轴、车轴、轴、半轴、杠杆、连杆、操纵杆、蜗杆、活塞杆、承载的螺栓、螺钉、加固环、弹簧，当制造直径小于40mm的零件时，其静强度及疲劳性能与40Cr相近，因而可代替40Cr制作小直径的重要零件
45Mn2	用于制造承受高应力和耐磨损的零件，如果制作直径小于60mm的零件，可代替40Cr使用，在汽车、拖拉机及通用机械中，常用于制造轴、车轴、万向接头轴、蜗杆、齿轮轴、齿轮、连杆盖、摩擦盘、车厢轴、电车和蒸汽机车轴、重负载机架、冷拉状态中的螺栓和螺帽等
50Mn2	用于制造高应力、高磨损工作的大型零件，如通用机械中的齿轮轴、曲轴、各种轴、连杆、蜗杆、万向接头轴、齿轮等、汽车的传动轴、花键轴，承受强烈冲击负荷的心轴，重型机械中的滚动轴承支撑的主轴、轴及大型齿轮以及用于制造手卷簧、扳弹簧等，如果用于制作直径小于80mm的零件，可代替45Cr使用
27SiMn	用于制造高韧性、高耐磨的热冲压件，不需热处理或正火状态下使用的零件，如拖拉机履带销
35SiMn	在调质状态下用于制造中速、中负载的零件，在淬火回火状态下用于制造高负载、小冲击震动的零件以及制作截面较大、表面淬火的零件，如汽轮机的主轴和轮毂（直径小于250mm，工作温度小于400℃）、叶轮（厚度小于170mm）以及各种重要紧固件，通用机械中的传动轴、主轴、心轴、连杆、齿轮、蜗杆、电车轴、发电机轴、曲轴、飞轮及各种锻件，农机中的锄铲柄、犁辕等耐磨件.另外还可制作薄壁无缝钢管
42SiMn	在高频淬火及中温回火状态下，用于制造中速、中载的齿轮传动件，在调质后高频淬火、低温回火状态下，用于制造较大截面的表面高硬度、较高耐磨的零件，如齿轮、主轴、轴等，在淬火后低、中温回火状态下，用于制造中速、重载的零件，如主轴、齿轮、液压泵转子、滑块等
20MnV	用于制造高压容器、锅炉、大型高压管道等的焊接构件（工作温度不超过450～475℃），还用于制造冷轧、冷拉、冷冲压加工的零件，如齿轮、自行车链条、活塞销等，还广泛用于制造直径小于20mm的矿用链环
20SiMn2MoV	在低温回火状态下可代替调质状态下使用的35CrMo、35CrNi3MoA、40CrNiMoA等中碳合金结构钢使用，用于制造较重载荷、应力状况复杂或低温下长期工作的零件，如石油机械中的吊卡、吊环、射孔器以及其他较大截面的连接件
25SiMn2MoV	用途和20SiMn2MoV基本相同，用该钢制成的石油钻机吊环等零件，使用性能良好，较之35CrNi3Mo和40CrNiMo制作的同类零件更安全可靠，且质量小，节省材料
37SiMn2MoV	调质处理后，用于制造重载、大截面的重要零件，如重型机器中的齿轮、轴、连杆、转子、高压无缝钢管等，石油化工用的高压容器及大螺栓，制作高温条件下的大螺栓紧固件（工作温度低于450℃），淬火低温回火后可作为超高强度钢使用，可代替35CrMo、40CrNiMo使用
20MnTiB	较多地用于制造汽车拖拉机中尺寸较小、中载的各种齿轮及渗碳零件，可代替20CrMnTi使用
25MnTiBRE	常用以代替20CrMnTi、20CrMo使用，用于制造中载的拖拉机齿轮（渗碳），推土机和中、小汽车变速箱齿轮和轴等渗碳、氰化零件
15MnVB	采用淬火低温回火，用以制造高强度的重要螺栓零件，如汽车上的汽缸盖螺栓、半轴螺栓、连杆螺栓，亦可用于制造中负载的渗碳零件
20MnVB	常用于制造较大载荷的中小渗碳零件，如重型机床上的轴、大模数齿轮、汽车后桥的主、从动齿轮
40B	用于制造比40钢截面大、性能要求高的零件，如轴、拉杆、齿轮、凸轮、拖拉机曲轴柄等，制作小截面尺寸零件，可代替40Cr使用

续表

牌号	用途
45B	用于制造截面较大、强度要求较高的零件，如拖拉机的连杆、曲轴及其他零件，制造小尺寸、且性能不高的零件，可代替40Cr使用
50B	用于代替50、50Mn、50Mn2，制造强度较高、淬透性较高、截面尺寸不大的各种零件，如凸轮、轴、齿轮、转向拉杆等
40MnB	用于制造拖拉机、汽车及其他通用机器设备中的中小重要调质零件，如汽车半轴、转向轴、花键轴、蜗杆和机床主轴、齿轴等，可代替40Cr制造较大截面的零件，如卷扬机中轴，制造小尺寸零件时，可代替40CrNi使用
45MnB	用于代替40Cr、45Cr和45Mn2，制造中、小截面的耐磨的调质件及高频淬火件，如钻床主轴、拖拉机拐轴、机床齿轮、凸轮、花键轴、曲轴、惰轮、左右分离叉、轴套等
40MnVB	常用于代替40Cr、45Cr及38CrSi，制造低温回火、中温回火及高温回火状态的零件，还可代替42CrMo、40CrNi制作重要调质件，如机床和汽车上的齿轮、轴等
38CrSi	一般用于制造直径30～40mm，强度和耐磨性要求较高的各种零件，如拖拉机、汽车等机器设备中的小模数齿轮、拨叉轴、履带轴、小轴、起重钩、螺栓、进气阀、铆钉机压头等
20CrMn	用于制造重载大截面的调质零件及小截面的渗碳零件，还可在制造中等负载、冲击较小的中小零件时，代替20CrNi使用，如齿轮、轴、摩擦轮、蜗杆调速器的套筒等
20CrMnSi	用于制造强度较高的焊接件、韧性较好的受拉力的零件以及厚度小于16mm的薄板冲压件、冷拉零件、冷冲零件，如矿山设备中的较大截面的链条、链环、螺栓等
30CrMnSi	多用于制造高负载、高速的各种重要零件，如齿轮、轴、离合器、链轮、砂轮轴、轴套、螺栓、螺母等，也用于制造耐磨、工作温度不高的零件、变载荷的焊接构件，如高压鼓风机的叶片、阀板以及非腐蚀管道用管
35CrMnSi	用于制造中速、重载、高强度的零件及高强度构件，如飞机起落架等高强度零件、高压鼓风机叶片，在制造中小截面零件时，可以部分替代相应的铬镍钼合金钢使用
40CrV	用于制造变载、高负荷的各种重要零件，如机车连杆、曲轴、推杆、螺旋桨、横梁、轴套支架、双头螺柱、螺钉、不渗碳齿轮、经氮化处理的各种齿轮和销子、高压锅炉水泵轴（直径小于30mm）、高压汽缸、钢管以及螺栓（工作温度小于420℃，300大气压）等
50CrVA	用于制造工作温度低于210℃的各种弹簧以及其他机械零件，如内燃机气门弹簧、喷油嘴弹簧、锅炉安全阀弹簧、轿车缓冲弹簧
20CrMnTi	是应用广泛、用量很大的一种合金结构钢，用于制造汽车、拖拉机中的截面尺寸小于30mm的中载或重载、冲击耐磨且高速的各种重要零件，如齿轮轴、齿圈、齿轮、十字轴、滑动轴承支撑的主轴、蜗杆、爪牙离合器，有时，还可以代替20SiMnVB、20MnTiB使用
30CrMnTi	用于制造心部强度特高的渗碳零件，如齿轮轴、齿轮、蜗杆等，也可做调质零件，如汽车、拖拉机上较大截面的主动齿轮等
12CrMo	正火回火后用于制造蒸汽温度510℃的锅炉及汽轮机之主汽管，管壁温度不超过540℃的各种导管、过热器管，淬火回火后还可制造各种高温弹性零件
15CrMo	正火及高温回火后用于制造蒸汽温度至510℃的锅炉过热器、中高压蒸汽导管及联箱，蒸汽温度至510℃的主汽管，淬火回火后，可用于制造常温工作的各种重要零件

续表

牌号	用 途
20CrMo	用于制造化工设备中非腐蚀介质及工作温度250℃以下、氮氢介质的高压管和各种紧固件，汽轮机、锅炉中的叶片、隔板、锻件、轧制型材，一般机器中的齿轮、轴等重要渗碳零件，还可以替代1Cr13钢使用，制造中压、低压汽轮机处在过热蒸汽区压力级工作叶片
30CrMo	用于制造300大气压，工作温度400℃以下的导管，锅炉、汽轮机中工作温度低于450℃的紧固件，工作温度低于500℃、高压用的螺母及法兰，通用机械中受载荷大的主轴、轴、齿轮、螺栓、螺柱、操纵轮，化工设备中低于250℃、氮氢介质中工作的高压导管以及焊接件
35CrMo	用于制造承受冲击、弯扭、高载荷的各种机器中的重要零件，如轧钢机人字齿轮、曲轴、锤杆、连杆、紧固件，汽轮发动机主轴、车轴，发动机传动零件，大型电动机轴，石油机械中的穿孔器，工作温度低于400℃的锅炉用螺栓，低于510℃的螺母，化工机械中高压无缝壁厚的导管(温度450～500℃，无腐蚀性介质)等，还可代替40CrNi用于制造高载荷传动轴。汽轮发电机转子，大截面齿轮、支承轴(直径小于500mm)等
42CrMo	一般用于制造比35CrMo强度要求更高、断面尺寸较大的重要零件，如轴、齿轮、连杆、变速箱齿轮、增压器齿轮、发动机汽缸、弹簧、弹簧夹、1200～2000mm石油钻杆接头，打捞工具以及代替含镍较高的调质钢使用
20CrMnMo	常用于制造高硬度、高强度、高韧性的较大的重要渗碳件(其要求均高于15CrMnMo)，如曲轴、凸轮轴、连杆、齿轮轴、齿轮、销轴、还可代替12Cr2Ni4使用
40CrMnMo	用于制造重载、截面较大的齿轮轴、齿轮、大卡车的后桥半轴、轴、偏心轴、连杆、汽轮机的类似零件，还可代替40CrNiMo使用
12CrMoV	用于制造汽轮机温度540℃的主汽管道，转向导叶环，汽轮机隔板以及温度≤570℃的各种过热器管、导管
12Cr1MoV	用于制造工作温度不超过570～585℃的高压设备中的过热钢管、导管、散热器管及有关的锻件
25Cr2MoVA	用于制造高温条件下的螺母(≤550℃)、螺栓、螺柱(<530℃)，长期工作温度至510℃左右的紧固件，汽轮机整体转子、套筒、主汽阀、调节阀，还可作为氮化钢，用以制作阀杆、齿轮等
38CrMoAl	用于制造高疲劳强度、高耐磨性、热处理后尺寸精确、强度较高的各种尺寸不大的氮化零件，如汽缸套、座套、底盖、活塞螺栓、检验规、精密磨床主轴、车床主轴、搪杆、精密丝杠和齿轮、蜗杆、高压阀门、阀杆、仿模、滚子、样板、汽轮机的调速器、转动套、固定套、塑料挤压机上的一些耐磨零件
15Cr	用于制造表面耐磨、心部强度和韧性较高、较高工作速度但断面尺寸在30mm以下的各种渗碳零件，如曲柄销、活塞销、活塞环、联轴器、小凸轮轴、小齿轮、滑阀、活塞、衬套、轴承圈、螺钉、铆钉等，还可以用作淬火钢，制造要求一定强度和韧性，但变形要求较宽的小型零件
20Cr	用于制造小截面(<30mm)、形状简单、较高转速、载荷较小、表面耐磨、心部强度较高的各种渗碳或氰化零件，如小齿轮、小轴、阀、活塞销、衬套棘轮、托盘、凸轮、蜗杆、爪形离合器等，对热处理变形小，耐磨性高的零件，渗碳后应高频表面淬火，如小模数(<3)齿轮、花键轴、轴等，也可作调质钢用于制造低速、中载(冲击)的零件
30Cr	用于制造耐磨或受冲击的各种零件，如齿轮、滚子、轴、杠杆、摇杆、连杆、螺栓、螺母等，还可用作高频表面淬火用钢，制造耐磨、表面高硬度的零件
35Cr	用于制造齿轮、轴、滚子、螺栓以及其他重要调质件，用途和30Cr基本相同
40Cr	使用最广泛的钢种之一，调质处理后用于制造中速、中载的零件，如机床齿轮、轴、蜗杆、花键轴、顶针套等，调质并表面高频淬火后用于制造表面高硬度、耐磨的零件，如齿轮、轴、主轴、曲轴、心轴、套筒、销子、连杆、螺钉、螺母、进气阀等，经淬火及中温回火后用于制造重载、中速冲击的零件，如油泵转子、滑块、齿轮、主轴、套环等，经淬火及低温回火后用于制造重载、低冲击、耐磨的零件，如蜗杆、主轴、轴、套环等，氰化处理后制造尺寸较大，低温韧性较高的传动零件，如轴、齿轮等，40Cr的代用钢有40MnB、45MnB、35SiMn、42SiMn、40MnVB、42MnV、40MnMoB、40MnWB等

续表

牌号	用　途
45Cr	与40Cr的用途相似，主要用于制造表面高频淬火的轴、齿轮、套筒、销子等
50Cr	用于制造重载、耐磨的零件，如600mm以下的热轧辊、传动轴、齿轮、止推环、支承辊的心轴、柴油机连杆、挺杆、拖拉机离合器、螺栓、重型矿山机械中耐磨、高强度的油膜轴承套、齿轮，也可制作高频表面淬火零件、中等弹性的弹簧等
20CrNi	用于制造重载大型重要的渗碳零件，如花键轴、对轴、键、齿轮、活塞销，也可用于制造高冲击韧性的调质零件
40CrNi	用于制造锻造和冷冲压且截面尺寸较大的重要调质件，如连杆、圆盘、曲轴、齿轮、轴、螺钉等
45CrNi	用于制造各种重要的调质件，和40CrNi用途相近，如制造变速箱曲轴，内燃机曲轴，汽车、拖拉机主轴、连杆、气门及螺栓等
12CrNi2	适于制造心部韧性较高，强度要求不高的受力复杂的中、小渗碳或氰化零件，如活塞销、轴套、推杆、小轴、小轮齿、齿套等
12CrNi3	用于制造表面硬度高、心部力学性能良好、重负荷、冲击、磨损等要求的各种渗碳或氰化零件，如传动轴、主轴、凸轮轴、心轴、连杆、齿轮、轴套、滑轮、气阀托盘、油泵转子、活塞胀圈、活塞销、万向联轴器十字头、重要螺杆、调节螺钉
30CrNi3	用于制造大型、载荷较高的重要零件或热锻、热冲压的负荷高的零件，如轴、蜗杆、连杆、曲轴、传动轴、方向轴、前轴、齿轮、键、螺栓、螺母等
37CrNi3	用于制造重载、冲击、截面较大的零件或低温受冲击的零件或热锻、热冲压的零件，如转子轴、叶轮、重要的紧固件等
12Cr2Ni4	采用渗碳及二次淬火、低温回火后，用于制造高载荷的大型渗碳件，如各种齿轮、蜗轮、蜗杆、轴、方向接手叉等，也可经淬火及低温回火之后使用，制造高强度，高韧性的机械构件
20Cr2Ni4	用于制造要求高于12Cr2Ni4性能的大型渗碳件，如大型齿轴、轴等，也可用作强度、韧性均高的调质件
35CrMoV	用于制造高应力下的重要零件，如500～520℃以下工作的汽轮机叶轮、高级涡轮鼓风机和压缩机的转子、盖盘、轴盘、发电机轴、强力发动机的零件

(2)合金结构钢的化学成分(表2-14)

表2-14　合金结构钢的化学成分

牌号	化学成分(质量分数),%							
	C	Si	Mn	Cr	Mo	Ni	V	其他
20Mn2	0.17～0.24	0.17～0.37	1.40～1.80					
30Mn2	0.27～0.34	0.17～0.37	1.40～1.80					
35Mn2	0.32～0.39	0.17～0.37	1.40～1.80					
40Mn2	0.37～0.44	0.17～0.37	1.40～1.80					
45Mn2	0.42～0.49	0.17～0.37	1.40～1.80					
50Mn2	0.47～0.55	0.17～0.37	1.40～1.80					
20MnV	0.17～0.24	0.17～0.37	1.30～1.60				0.07～0.12	
27SiMn	0.24～0.32	1.10～1.40	1.10～1.40					

续表

牌号	化学成分(质量分数),%							
	C	Si	Mn	Cr	Mo	Ni	V	其他
35SiMn	0.32 ~ 0.40	1.10 ~ 1.40	1.10 ~ 1.40					
42SiMn	0.39 ~ 0.45	1.10 ~ 1.40	1.10 ~ 1.40					
20SiMn2MoV	0.17 ~ 0.23	0.90 ~ 1.20	2.20 ~ 2.60		0.30 ~ 0.40		0.50 ~ 0.12	
25SiMn2MoV	0.22 ~ 0.28	0.90 ~ 1.20	2.20 ~ 2.60		0.30 ~ 0.40		0.05 ~ 0.12	
37SiMn2MoV	0.33 ~ 0.39	0.60 ~ 0.90	1.60 ~ 1.90		0.40 ~ 0.50		0.05 ~ 0.12	
40B	0.37 ~ 0.44	0.17 ~ 0.37	0.60 ~ 0.90					B 0.0005 ~ 0.0035
45B	0.42 ~ 0.49	0.17 ~ 0.37	0.60 ~ 0.90					B 0.0005 ~ 0.0035
50B	0.47 ~ 0.55	0.17 ~ 0.37	0.60 ~ 0.90					B 0.0005 ~ 0.0035
40MnB	0.37 ~ 0.44	0.17 ~ 0.37	1.10 ~ 1.40					B 0.0005 ~ 0.0035
45MnB	0.42 ~ 0.49	0.17 ~ 0.37	1.10 ~ 1.40					B 0.0005 ~ 0.0035
20MnMoB	0.16 ~ 0.22	0.17 ~ 0.37	0.90 ~ 1.20		0.20 ~ 0.30			B 0.0005 ~ 0.0035
15MnVB	0.12 ~ 0.18	0.17 ~ 0.37	1.20 ~ 1.60				0.07 ~ 0.12	B 0.0005 ~ 0.0035
20MnVB	0.17 ~ 0.23	0.17 ~ 0.37	1.20 ~ 1.60				0.07 ~ 0.12	B 0.0005 ~ 0.0035
40MnVB	0.37 ~ 0.44	0.17 ~ 0.37	1.10 ~ 1.40				0.05 ~ 0.10	B 0.0005 ~ 0.0035
20MnTiB	0.17 ~ 0.24	0.17 ~ 0.37	1.30 ~ 1.60					B 0.0005 ~ 0.0035; Ti 0.04 ~ 0.10
25MnTiBRE	0.22 ~ 0.28	0.20 ~ 0.45	1.30 ~ 1.60					B 0.0005 ~ 0.0035; Ti 0.04 ~ 0.10
15Cr	0.12 ~ 0.18	0.17 ~ 0.37	0.40 ~ 0.70	0.70 ~ 1.00				
15CrA	0.12 ~ 0.17	0.17 ~ 0.37	0.40 ~ 0.70	0.70 ~ 1.00				
20Cr	0.18 ~ 0.24	0.17 ~ 0.37	0.50 ~ 0.80	0.70 ~ 1.00				
30Cr	0.27 ~ 0.34	0.17 ~ 0.37	0.50 ~ 0.80	0.80 ~ 1.10				
35Cr	0.32 ~ 0.39	0.17 ~ 0.37	0.50 ~ 0.80	0.80 ~ 1.10				
40Cr	0.37 ~ 0.44	0.17 ~ 0.37	0.50 ~ 0.80	0.80 ~ 1.10				
45Cr	0.42 ~ 0.49	0.17 ~ 0.37	0.50 ~ 0.80	0.80 ~ 1.10				
50Cr	0.47 ~ 0.54	0.17 ~ 0.37	0.50 ~ 0.80	0.80 ~ 1.10				

续表

牌号	化学成分(质量分数),%							
	C	Si	Mn	Cr	Mo	Ni	V	其他
38CrSi	0. 35 ~ 0. 43	1. 00 ~ 1. 30	0. 30 ~ 0. 60	1. 30 ~ 1. 60				
12CrMo	0. 08 ~ 0. 15	0. 17 ~ 0. 37	0. 40 ~ 0. 70	0. 40 ~ 0. 70	0. 40 ~ 0. 55			
15CrMo	0. 12 ~ 0. 18	0. 17 ~ 0. 37	0. 40 ~ 0. 70	0. 80 ~ 1. 10	0. 40 ~ 0. 55			
20CrMo	0. 17 ~ 0. 24	0. 17 ~ 0. 37	0. 40 ~ 0. 70	0. 80 ~ 1. 10	0. 15 ~ 0. 25			
30CrMo	0. 26 ~ 0. 34	0. 17 ~ 0. 37	0. 40 ~ 0. 70	0. 80 ~ 1. 10	0. 15 ~ 0. 25			
30CrMoA	0. 26 ~ 0. 33	0. 17 ~ 0. 37	0. 40 ~ 0. 70	0. 80 ~ 1. 10	0. 15 ~ 0. 25			
35CrMo	0. 32 ~ 0. 40	0. 17 ~ 0. 37	0. 40 ~ 0. 70	0. 80 ~ 1. 10	0. 15 ~ 0. 25			
42CrMo	0. 38 ~ 0. 45	0. 17 ~ 0. 37	0. 50 ~ 0. 80	0. 90 ~ 1. 20	0. 15 ~ 0. 25			
12CrMoV	0. 08 ~ 0. 15	0. 17 ~ 0. 37	0. 40 ~ 0. 70	0. 30 ~ 0. 60	0. 25 ~ 0. 35		0. 15 ~ 0. 30	
35CrMoV	0. 30 ~ 0. 38	0. 17 ~ 0. 37	0. 40 ~ 0. 70	1. 00 ~ 1. 30	0. 20 ~ 0. 30		0. 10 ~ 0. 20	
12Cr1MoV	0. 08 ~ 0. 15	0. 17 ~ 0. 37	0. 40 ~ 0. 70	0. 90 ~ 1. 20	0. 25 ~ 0. 35		0. 15 ~ 0. 30	
25Cr2MoVA	0. 22 ~ 0. 29	0. 17 ~ 0. 37	0. 40 ~ 0. 70	1. 50 ~ 1. 80	0. 25 ~ 0. 35		0. 15 ~ 0. 30	
25Cr2Mo1VA	0. 22 ~ 0. 29	0. 17 ~ 0. 37	0. 50 ~ 0. 80	2. 10 ~ 2. 50	0. 90 ~ 1. 10		0. 30 ~ 0. 50	
38CrMoAl	0. 35 ~ 0. 42	0. 20 ~ 0. 45	0. 30 ~ 0. 60	1. 35 ~ 1. 65	0. 15 ~ 0. 25			Al 0. 70 ~ 1. 10
40CrV	0. 37 ~ 0. 44	0. 17 ~ 0. 37	0. 50 ~ 0. 80	0. 80 ~ 1. 10			0. 10 ~ 0. 20	
50CrVA	0. 47 ~ 0. 54	0. 17 ~ 0. 37	0. 50 ~ 0. 80	0. 80 ~ 1. 10			0. 10 ~ 0. 20	
15CrMn	0. 12 ~ 0. 18	0. 17 ~ 0. 37	1. 10 ~ 1. 40	0. 40 ~ 0. 70				
20CrMn	0. 17 ~ 0. 23	0. 17 ~ 0. 37	0. 90 ~ 1. 20	0. 90 ~ 1. 20				
40CrMn	0. 37 ~ 0. 45	0. 17 ~ 0. 37	0. 90 ~ 1. 20	0. 90 ~ 1. 20				
20CrMnSi	0. 17 ~ 0. 23	0. 90 ~ 1. 20	0. 80 ~ 1. 10	0. 80 ~ 1. 10				
25CrMnSi	0. 22 ~ 0. 28	0. 90 ~ 1. 20	0. 80 ~ 1. 10	0. 80 ~ 1. 10				
30CrMnSi	0. 27 ~ 0. 34	0. 90 ~ 1. 20	0. 80 ~ 1. 10	0. 80 ~ 1. 10				
30CrMnSiA	0. 28 ~ 0. 34	0. 90 ~ 1. 20	0. 80 ~ 1. 10	0. 80 ~ 1. 10				
35CrMnSiA	0. 32 ~ 0. 39	1. 10 ~ 1. 40	0. 80 ~ 1. 10	1. 10 ~ 1. 40				
20CrMnMo	0. 17 ~ 0. 23	0. 17 ~ 0. 37	0. 90 ~ 1. 20	1. 10 ~ 1. 40	0. 20 ~ 0. 30			
40CrMnMo	0. 37 ~ 0. 45	0. 17 ~ 0. 37	0. 90 ~ 1. 20	0. 90 ~ 1. 20	0. 20 ~ 0. 30			
20CrMnTi	0. 17 ~ 0. 23	0. 17 ~ 0. 37	0. 80 ~ 1. 10	1. 00 ~ 1. 30				Ti 0. 04 ~ 0. 10
30CrMnTi	0. 24 ~ 0. 32	0. 17 ~ 0. 37	0. 80 ~ 1. 10	1. 00 ~ 1. 30				Ti 0. 04 ~ 0. 10
20CrNi	0. 17 ~ 0. 23	0. 17 ~ 0. 37	0. 40 ~ 0. 70	0. 45 ~ 0. 75		1. 00 ~ 1. 40		
40CrNi	0. 37 ~ 0. 44	0. 17 ~ 0. 37	0. 50 ~ 0. 80	0. 45 ~ 0. 75		1. 00 ~ 1. 40		
45CrNi	0. 42 ~ 0. 49	0. 17 ~ 0. 37	0. 50 ~ 0. 80	0. 45 ~ 0. 75		1. 00 ~ 1. 40		
50CrNi	0. 47 ~ 0. 54	0. 17 ~ 0. 37	0. 50 ~ 0. 80	0. 45 ~ 0. 75		1. 00 ~ 1. 40		
12CrNi2	0. 10 ~ 0. 17	0. 17 ~ 0. 37	0. 30 ~ 0. 60	0. 60 ~ 0. 90		1. 50 ~ 1. 90		

续表

牌号	化学成分(质量分数),%							
	C	Si	Mn	Cr	Mo	Ni	V	其他
12CrNi3	0.10~0.17	0.17~0.37	0.30~0.60	0.60~0.90		2.75~3.15		
20CrNi3	0.17~0.24	0.17~0.37	0.30~0.60	0.60~0.90		2.75~3.15		
30CrNi3	0.27~0.33	0.17~0.37	0.30~0.60	0.60~0.90		2.75~3.15		
37CrNi3	0.34~0.41	0.17~0.37	0.30~0.60	1.20~1.60		3.00~3.50		
12Cr2Ni4	0.10~0.16	0.17~0.37	0.30~0.60	1.25~1.65		3.25~3.65		
20Cr2Ni4	0.17~0.23	0.17~0.37	0.30~0.60	1.25~1.65		3.25~3.65		
20CrNiMo	0.17~0.23	0.17~0.37	0.60~0.95	0.40~0.70	0.20~0.30	0.35~0.75		
40CrNiMoA	0.37~0.44	0.17~0.37	0.50~0.80	0.60~0.90	0.15~0.25	1.25~1.65		
18CrNiMnMoA	0.15~0.21	0.17~0.37	1.10~1.40	1.00~1.30	0.20~0.30	1.00~1.30		
45CrNiMoVA	0.42~0.49	0.17~0.37	0.50~0.80	0.80~1.10	0.20~0.30	1.30~1.80	0.10~0.20	
18Cr2Ni4WA	0.13~0.19	0.17~0.37	0.30~0.60	1.35~1.65		4.00~4.50		W0.80~1.20
25Cr2Ni4WA	0.21~0.28	0.17~0.37	0.30~0.60	1.35~1.65		4.00~4.50		W0.80~1.20

注:1. 带“A”字标志的牌号仅能作为高级优质钢订货,其他牌号按优质钢订货。

2. 根据需方要求,可对表中各牌号按高级优质钢(指不带“A”)或特级优质钢(全部牌号)订货,只需在所订牌号后加“A”或“B”字标志(对有“A”字牌号应先去掉“A”)。需方对表中牌号化学成分提出其他要求可按特殊要求订货。

3. 稀土成分按0.05%计算量加入,成品分析结果供参考。

(3)合金结构钢的力学性能(表2-15)

表2-15 合金结构钢的力学性能

牌号	试样毛坯尺寸,mm	热处理					力学性能					钢材退火或高温回火供应状态布氏硬度HB100/3000 ≤
		淬火			回火		抗拉强度σ_b,MPa	屈服点σ_s,MPa	断后伸长率δ_5,%	断面收缩率ψ,%	冲击吸收功A_{ku2},J	
		加热温度,℃		冷却剂	加热温度,℃	冷却剂	≥					
		第一次淬火	第二次淬火									
20Mn2	15	850	—	水、油	200	水、空	785	590	10	40	47	187
		880	—	水、油	440	水、空						
30Mn2	25	840	—	水	500	水	785	635	12	45	63	207
35Mn2	25	840	—	水	500	水	835	685	12	45	55	207
40Mn2	25	840	—	水、油	540	水	885	735	12	45	55	217
45Mn2	25	840	—	油	550	水、油	885	735	10	45	47	217
50Mn2	25	820	—	油	550	水、油	930	735	9	40	39	229
20MnV	15	880	—	水、油	200	水、空	785	590	10	40	55	187
27SiMn	25	920	—	水	450	水、油	980	835	12	40	39	217
35SiMn	25	900	—	水	570	水、油	885	735	15	45	47	229
42SiMn	25	880	—	水	590	水	885	735	15	40	47	229

续表

牌号	试样毛坯尺寸,mm	热处理					力学性能					钢材退火或高温回火供应状态布氏硬度HB100/3000 ≤
		淬火			回火		抗拉强度σ_b,MPa	屈服点σ_s,MPa	断后伸长率δ_5,%	断面收缩率ψ,%	冲击吸收功A_{ku2},J	
		加热温度,℃		冷却剂	加热温度,℃	冷却剂	≥					
		第一次淬火	第二次淬火									
20SiMn2MoV	试样	900	—	油	200	水、空	1380	—	10	45	55	269
25SiMn2MoV	试样	900	—	油	200	水、空	1470	—	10	40	47	269
37SiMn2MoV	25	870	—	水、油	650	水、空	980	835	12	50	63	269
40B	25	840	—	水	550	水	785	635	12	45	55	207
45B	25	840	—	水	550	水	835	685	12	45	47	217
50B	20	840	—	油	600	空	785	540	10	45	39	207
40MnB	25	850	—	油	500	水、油	980	785	10	45	47	207
45MnB	25	840	—	油	500	水、油	1030	835	9	40	39	217
20MnMoB	15	880	—	油	2000	油、空	1080	885	10	50	55	207
15MnVB	15	860	—	油	200	水、空	885	635	10	45	55	207
20MnVB	15	860	—	油	200	水、空	1085	885	10	45	55	207
40MnVB	25	850	—	油	520	水、油	980	785	10	45	47	207
20MnTiB	15	860	—	油	200	水、空	1130	930	10	45	55	187
25MnTiBRE	试样	860	—	油	200	水、空	1380	—	10	40	47	229
15Cr	15	880	780 ~ 820	水、油	200	水、空	735	490	11	45	55	179
15CrA	15	880	770 ~ 820	水、油	180	油、空	685	490	12	45	55	179
20Cr	15	880	780 ~ 820	水、油	200	水、空	835	540	10	40	47	179
30Cr	25	860	—	油	500	水、油	885	685	11	45	47	187
35Cr	25	860	—	油	500	水、油	930	735	11	45	47	207
40Cr	25	850	—	油	520	水、油	980	785	9	45	47	207
45Cr	25	840	—	油	520	水、油	1030	835	9	40	39	217
50Cr	25	830	—	油	520	水、油	1080	930	9	40	39	229
38CrSi	25	900	—	油	600	水、油	980	835	12	50	55	255
12CrMo	30	900	—	空	650	空	410	265	24	60	110	179
15CrMo	30	900	—	空	650	空	440	295	22	60	94	179
20CrMo	15	880	—	水、油	500	水、油	885	685	12	50	78	197
30CrMo	25	880	—	水、油	540	水、油	930	785	12	50	63	229
30CrMoA	15	880	—	油	540	水、油	930	735	12	50	71	229
35CrMo	25	850	—	油	550	水、油	980	835	12	45	63	229

续表

牌号	试样毛坯尺寸,mm	热处理					力学性能					钢材退火或高温回火供应状态布氏硬度HB100/3000 ≤
		淬火			回火		抗拉强度σ_b,MPa	屈服点σ_s,MPa	断后伸长率δ_5,%	断面收缩率ψ,%	冲击吸收功A_{ku2},J	
		加热温度,℃		冷却剂	加热温度,℃	冷却剂						
		第一次淬火	第二次淬火				≥					
42CrMo	25	850	—	油	560	水、油	1080	930	12	45	63	217
12CrMoV	30	970	—	空	750	空	440	225	22	50	78	241
35CrMoV	25	900	—	油	630	水、油	1080	930	10	50	71	241
12Cr1MoV	30	970	—	空	750	空	490	245	22	50	71	179
25Cr2MoVA	25	900	—	油	640	空	930	785	14	55	63	241
25Cr2Mo1VA	25	1040	—	空	700	空	735	590	16	50	47	241
38CrMoAl	30	940	—	水、油	640	水、油	980	835	14	50	71	229
40CrV	25	880	—	油	650	水、油	885	735	10	50	71	241
50CrVA	25	860	—	油	500	水、油	1280	1130	10	40	—	255
15CrMn	15	880	—	油	200	水、空	785	590	12	50	47	179
20CrMn	15	850	—	油	200	水、空	930	735	10	45	47	187
40CrMn	25	840	—	油	550	水、油	980	835	9	45	47	229
20CrMnSi	25	880	—	油	480	水、油	785	635	12	45	55	207
25CrMnSi	25	880	—	油	480	水、油	1080	885	10	40	39	217
30CrMnSi	25	880	—	油	520	水、油	1080	885	10	45	39	229
30CrMnSiA	25	880	—	油	540	水、油	1080	835	10	45	39	229
35CrMnSiA	试样	加热到880℃，于280~310℃等温淬火					1620	1280	9	40	31	241
	试样	950	890	油	230	空、油						
20CrMnMo	15	850	—	油	200	水、空	1180	885	10	45	55	217
40CrMnMo	25	850	—	油	600	水、油	980	785	10	45	63	217
20CrMnTi	15	880	870	油	200	水、空	1080	860	10	45	55	217
30CrMnTi	试样	880	850	油	200	水、空	1470	—	9	40	47	229
20CrNi	25	850	—	水、油	460	水、油	785	590	10	50	63	197
40CrNi	25	820	—	油	500	水、油	980	785	10	45	55	241
45CrNi	25	820	—	油	530	水、油	980	785	10	45	55	255
50CrNi	25	820	—	油	500	水、油	1080	835	8	40	39	255
12CrNi2	15	860	780	水、油	200	水、空	785	590	12	50	63	207
12CrNi3	15	860	780	油	200	水、空	930	685	11	50	71	217
20CrNi3	25	830	—	水、油	480	水、油	930	735	11	55	78	241
30CrNi3	25	820	—	油	500	水、油	980	785	9	45	63	241
37CrNi3	25	820	—	油	500	水、油	1130	980	10	50	47	269

续表

牌号	试样毛坯尺寸，mm	热处理					力学性能					钢材退火或高温回火供应状态布氏硬度 HB100/3000 ≤
		淬火			回火		抗拉强度 σ_b，MPa	屈服点 σ_s，MPa	断后伸长率 δ_5，%	断面收缩率 ψ，%	冲击吸收功 A_{ku2}，J	
		加热温度，℃		冷却剂	加热温度，℃	冷却剂	≥					
		第一次淬火	第二次淬火									
12Cr2Ni4	15	860	780	油	200	水、空	1080	835	10	50	71	269
20Cr2Ni4	15	880	780	油	200	水、空	1180	1080	10	45	63	269
20CrNiMo	15	850	—	油	200	空	980	785	9	40	47	197
40CrNiMoA	25	850	—	油	600	水、油	980	835	12	55	78	269
18CrMnNiMoA	15	830	—	油	200	空	1180	885	10	45	71	269
45CrNiMoVA	试样	860	—	油	460	油	1470	1330	7	35	31	269
18Cr2Ni4WA	15	950	850	空	200	水、空	1180	835	10	45	78	269
25Cr2Ni4WA	25	850	—	油	550	水、油	1080	930	11	45	71	269

注：1. 表中所列热处理温度允许调整范围：淬火 ±15℃，低温回火 ±20℃，高温回火 ±50℃。

2. 硼钢在淬火前可先经正火，正火温度应不高于其淬火温度，铬锰钛钢第一次淬火可用正火代替。

3. 拉伸试验时试样钢上不能发现屈服，无法测定屈服点 σ_s 情况下，可以测规定残余伸长应为 $\sigma_{r0.2}$。

2. 合金工具钢

(1)合金工具钢常用牌号及用途(表 2-16)

表 2-16　合金工具钢常用牌号及用途

牌号	用途
9SiCr	低压力工作条件下的冷镦模
Cr2	冷冲模、切边模、低压力下的冷镦模、冷挤压凹模、拉丝模等
9Cr2	冲孔模及冲头、钢印等
Cr12	冷冲模、冲头、下料模、冷镦模、冷挤压模的冲头和凹模、粉末冶金用冷压模、拉丝模等
Cr12MoV Cr12Mo1V1	形状复杂、截面较大、工作条件繁重的冷冲模，如冲孔凹模、下料模、滚边模，以及冷镦模、冷挤压模、拉丝模、拉伸模、粉末冶金用冷压模以及陶土模；Cr12MoV 也用于塑料成型模具
Cr5Mo1V	重载荷、高精度的冷作模具，如冷冲模、冷镦模、拉伸模、粉末冶金用冷压模等
9Mn2V	各种小型冷作模具，也用于塑料成型模具
CrWMn	形状复杂、高精度的冷冲模，以及切边模、冷镦模、冷挤压模的凹模、拉丝模、拉伸模等，也用于塑料成型模具
9CrWMn	性能、用途和 CrWMn 钢相近
Cr4W2MoV	可代替 Cr12、Cr12MoV 钢用作硅钢片冲裁模，还用于冷锻模、拉拔模、冷挤压模、搓丝模等
6Cr4W3Mo2VNb	冷挤压模冲头和凹模、粉末冶金用冷压模冲头，也用于冷镦模、冷冲模、切边模等，还用于温热挤压模
6W6Mo5Cr4V	用于各种冷作模具和冲头，其使用寿命与 W18Cr4V、Cr12MoV 钢相比，可显著提高，也用于温热挤压模

续表

牌号	用途
7CrSiMnMoV	火焰淬火模具钢，用于大型镶块模具，以及冲压模、下料模、切纸刀、陶土模等
7Cr7Mo2V2Si	高冲击载荷下要求强韧性的冷冲模和冷镦模，如汽车板簧的冲孔冲头、标准件与钢球的冷镦模等，也用于压印模、拉伸凸模
Cr2Mn2SiWMoV	薄钢板与铝合金的冲压模、低应力或较高应力工作条件下的冷镦模等，也用于热固性成型塑料模具
3Cr2Mo	常用的预硬型塑料模具钢，用于模具尺寸较大或形状复杂、对尺寸精度与表面粗糙度要求较高的塑料模具，如中、小型热塑性塑料注射模等
06Ni6CrMoVTiAl	用于制造形状复杂、精密、高寿命塑料模具的马氏体时效钢
1Ni3Mn2MoAlCu	镜面塑料模具钢，属于析出硬化型时效钢一类.用于制造要求高镜面、高精度的各种塑料模具，如光学系统各种镜片、电话机、收录机、洗衣机等仪表家电的塑料壳体模具
5CrNiMnMoVSCa(5NiSCa)	预硬化易切削塑料模具钢，用于中、大型热塑性塑料注射模等
8Cr2MnWMoVS	预硬化易切削塑料模具钢，用于热固性成型塑料模具，以及要求高耐磨性、高强度的塑料模具，也用于冷作模具
7Mn15Cr2Al3V2WMo	无磁模具钢，主要用于磁性材料与磁性塑料的压制成形模具
5CrMnMo	形状较简单、厚度≤250mm 的小型锤锻模，也用于热切边模
5CrNiMo	形状较简单、厚度 250～350mm 的中型锤锻模，也用于热切边模
3Cr2W8V	工作温度较高(≥550℃)，并承受静载荷较高而冲击载荷较低的锻造压力机模(镶块)，也用于铜合金热挤压模、压铸模
5Cr4Mo3SiMnVAl	较高工作温度、高磨损条件下的模具
3Cr3Mo3W2V	铜合金、轻金属的热挤压模、压铸模
5Cr4W5Mo2V	用于热挤压模具，使用寿命比 3Cr2W8V 钢显著提高
8Cr3	承受冲击载荷不大、工作温度≤500℃的热作模具，如热切边模、螺栓与螺钉热顶锻模、热弯与热剪切用成形冲模等
4CrMnSiMoV	大、中型锤锻模、压力机锻模，也用于校正模、平锻模和弯曲模等
4Cr3Mo3SiV	热挤压模芯棒、挤压缸内套及垫块等
4Cr5MoSiV	型腔复杂、承受冲击载荷较大的锤锻模，锻造压力机整体模具或镶块，以及热挤压模、压铸模，也用于高耐磨塑料模具
4Cr5MoSiV1	用途与 4Cr5MoSiV 相近，由于钢中钒含量提高，其热硬性与耐磨性更好些
4Cr5W2VSi	高速锤锻模与冲头、热挤压模与芯棒、非铁金属压铸模等

(2)合金工具钢的化学成分(表 2-17)

表 2-17 合金工具钢的化学成分(质量分数) %

钢组	牌号[①]	C	Si	Mn	Cr	Mo	W	V	其他[②]
量具刃具用钢	9SiCr	0.85～0.95	1.20～1.60	0.30～0.60	0.95～1.25	—	—	—	—
	8MnSi	0.75～0.85	0.30～0.60	0.80～1.10	—	—	—	—	—
	Cr06	1.30～1.45	≤0.40	≤0.40	0.50～0.70	—	—	—	—
	Cr2	0.95～1.10	≤0.40	≤0.40	1.30～1.65	—	—	—	—
	9Cr2	0.80～0.95	≤0.40	≤0.40	1.30～1.70	—	—	—	—
	W	1.05～1.25	≤0.40	≤0.40	0.10～0.30	—	0.80～1.20	—	—

续表

钢组	牌号①	C	Si	Mn	Cr	Mo	W	V	其他②
耐冲击工具用钢	4CrW2Si	0.35~0.45	0.80~1.10	≤0.40	1.00~1.30	—	2.00~2.50	—	—
	5CrW2Si	0.45~0.55	0.50~0.80	≤0.40	1.00~1.30	—	2.00~2.50	—	—
	6CrW2Si	0.55~0.65	0.50~0.80	≤0.40	1.10~1.30	—	2.20~2.70	—	—
	6CrMnSi2Mo1	0.50~0.65	1.75~2.25	0.60~1.00	0.10~0.50	0.20~1.35	—	0.15~0.35	—
	5Cr3Mn1SiMo1V	0.45~0.55	0.20~1.00	0.20~0.90	3.00~3.50	1.30~1.80	—	≤0.35	—
冷作模具钢	Cr12	2.00~2.30	≤0.40	≤0.40	11.50~13.00	—	—	—	
	Cr12Mo1V1	1.40~1.60	≤0.60	≤0.60	11.00~13.00	0.70~1.20	—	0.50~1.10	Co≤1.00
	Cr12MoV	1.45~1.70	≤0.40	≤0.40	11.00~12.50	0.40~0.60	—	0.15~0.30	
	Cr5Mo1V	0.95~1.05	≤0.50	≤1.00	4.75~5.50	0.90~1.40	—	0.15~0.50	
	9Mn2V	0.85~0.95	≤0.40	1.70~2.00	—	—	—	0.10~0.25	
	CrWMn	0.90~1.05	≤0.40	0.80~1.10	0.90~1.20	—	1.20~1.60	—	
	9CrWMn	0.85~0.95	≤0.40	0.90~1.20	0.50~0.80	—	0.50~0.80	—	
	Cr4W2MoV	1.12~1.25	0.40~0.70	≤0.40	3.50~4.00	0.80~1.20	1.90~2.60	0.80~1.10	Nb0.20~0.35
	7CrSiMnMoV	0.65~0.75	0.85~1.15	0.65~1.05	0.90~1.20	0.20~0.50	—	0.15~0.30	
	6Cr4W3Mo2VNb	0.60~0.70	≤0.40	≤0.40	3.80~4.40	1.80~2.50	2.50~3.50	0.80~1.20	
	6W6Mo5Cr4V	0.55~0.65	≤0.40	≤0.60	3.70~4.30	4.50~5.50	6.00~7.00	0.70~1.10	

钢组	牌号①	C	Si	Mn	Cr	Mo	W	V	Al	其他②
热作模具钢	5CrMnMo	0.50~0.60	0.25~0.60	1.20~1.60	0.60~0.90	0.15~0.30	—	—	—	
	5CrNiMo	0.50~0.60	≤0.40	0.50~0.80	0.50~0.80	0.15~0.30	—	—	—	
	3Cr2W8V	0.30~0.40	≤0.40	≤0.40	2.20~2.70	—	7.50~9.00	0.20~0.50	—	
	5Cr4Mb3SiMnVAl	0.47~0.57	0.80~1.10	0.80~1.10	3.80~4.30	2.80~3.40	—	0.80~1.20	0.30~0.70	
	3Cr3Mo3W2V	0.32~0.42	0.60~0.90	≤0.65	2.80~3.30	2.50~3.00	1.20~1.80	0.80~1.20	—	Ni1.40~1.80
	5Cr4W5Mo2V	0.40~0.50	≤0.40	≤0.40	3.40~4.40	1.50~2.10	4.50~5.30	0.70~1.10	—	
	8Cr3	0.75~0.85	≤0.40	≤0.40	3.20~3.80	—	—	—	—	
	4CrMnSiMoV	0.35~0.45	0.80~1.10	0.80~1.10	1.30~1.50	0.40~0.60	—	0.20~0.40	—	
	4Cr3Mo3SiV	0.35~0.45	0.80~1.20	0.25~0.70	3.00~3.75	2.00~3.00	—	0.25~0.75	—	
	4Cr5MoSiV	0.33~0.43	0.80~1.20	0.20~0.50	4.75~5.50	1.10~1.60	—	0.30~0.60	—	
	4Cr5MoSiV1	0.32~0.45	0.80~1.20	0.20~0.50	4.75~5.50	1.10~1.75	—	0.80~1.20	—	
	4Cr5W2VSi	0.32~0.42	0.80~1.20	≤0.40	4.50~5.50	—	1.60~2.40	0.60~1.00	—	
无磁模具钢	7Mn15Cr2-Al3V2WMo	0.65~0.75	≤0.80	14.50~16.50	2.00~2.50	0.50~0.80	0.50~0.80	1.50~2.00	2.30~3.30	—
塑料模具钢	3Cr2Mo	0.28~0.40	0.20~0.80	0.60~1.00	1.40~2.00	0.30~0.55	—	—		
	3Cr2MnNiMo	0.32~0.40	0.20~0.40	1.10~1.50	1.70~2.00	0.25~0.40	—	—		Ni0.85~1.15

① 钢中 w_P≤0.030%，w_S≤0.030%；

② 钢中允许残余元素含量：w_{Cu}≤0.30%；$w_{Cu}+w_{Ni}$≤0.55%；5CrNiMo 钢经供需双方同意，允许 w_V<0.20%。

(3)合金工具钢的硬度(表2-18)

表2-18　合金工具钢的交货硬度与淬火硬度

牌号	交货状态	试样淬火		
	布氏硬度 HBW10/3000	淬火温度,℃	冷却介质	洛氏硬度 HRC 不小于
9SiCr	241~197	820~860	油	62
8MnSi	≤229	800~820	油	60
Cr06	241~187	780~810	水	64
Cr2	229~179	830~860	油	62
9Cr2	217~179	820~850	油	62
W	229~187	800~830	水	62
4CrW2Si	217~179	860~900	油	53
5CrW2Si	255~207	860~900	油	55
6CrW2Si	285~229	860~900	油	57
6CrMnSi2Mo1V	≤229	677℃±15℃预热,885℃(盐浴)或900℃(炉控气氛)±6℃加热,保温5~15min油冷,58~204℃回火		58
5Cr3Mn1SiMo1V	—	677℃±15℃预热,941℃(盐浴)或955℃(炉控气氛)±6℃加热,保温5~15min空冷,56~204℃回火		56
Cr12	269~217	950~1000	油	60
Cr12Mo1V1	≤255	820℃±15℃预热,1000℃(盐浴)或1010℃(炉控气氛)±6℃加热,保温10~20min油冷,200℃±6℃回火		59
Cr12MoV	255~207	950~1000	油	58
Cr5Mo1V	≤255	790℃±15℃预热,940℃(盐浴)或950℃(炉控气氛)±6℃加热,保温5~15min空冷,200℃±6℃回火		60
9Mn2V	≤229	780~810	油	62
CrWMn	255~207	800~830	油	62
9CrWMn	241~197	800~830	油	62
Cr4W2MoV	≤269	960~980、1020~1040	油	60
6Cr4W3Mo2VNb	≤255	1100~1160	油	60
6W6Mo5Cr4V	≤269	1180~1200	油	60
7CrSiMnMoV	≤235	淬火:870~900 回火:150±10	油冷或空冷 空冷	60
5CrMnMo	241~197	820~850	油	—
5CrNiMo	241~197	830~860	油	
3Cr2W8V	≤255	1075~1125	油	
5Cr4Mo3SiMnVAl	≤255	1090~1120	油	
3Cr3Mo3W2V	≤255	1060~1130	油	
5Cr4W5Mo2V	≤269	1100~1150	油	

续表

牌号	交货状态	试样淬火		
	布氏硬度 HBW10/3000	淬火温度,℃	冷却介质	洛氏硬度 HRC 不小于
8Cr3	255~207	850~880	油	—
4CrMnSiMoV	241~197	870~930	油	
4Cr3Mo3SiV	≤229	790℃±15℃预热,1010℃(盐浴)或1020℃(炉控气氛)±6℃加热,保温5~15min空冷,550℃±6℃回火		
4Cr5MoSiV	≤235	790℃±15℃预热,1000℃(盐浴)或1010℃(炉控气氛)±6℃加热,保温5~15min空冷,550℃±6℃回火		
4Cr5W2VSi	≤229	1030~1050	油或空	
7Mn15Cr2Al3V2WMo	—	1170~1190 固溶 650~700 时效	水 空	45
3Cr2Mo	—	—		—
3Cr2MnNiMo	—			—

注:1. 保温时间是指试样达到加热温度后保持的时间。

(1)试样在盐浴中进行,在该温度保持时间为5min,对Cr12Mo1V1钢是10min。

(2)试样在炉控气氛中进行,在该温度保持时间为:5~15min,对Cr12Mo1V1钢是10~20min。

2. 回火温度200℃时应一次回火2h,550℃时应二次回火,每次2h。

3. 7Mn15Cr2Al3V2WMo钢可以热轧状态供应,不作交货硬度。

3. 不锈钢

(1)不锈钢的化学成分(表2-19~表2-23)

(2)不锈钢的力学性能(表2-24~表2-27)

2.4 型钢

1. 热轧圆钢和方钢的截面形状见图2-1。

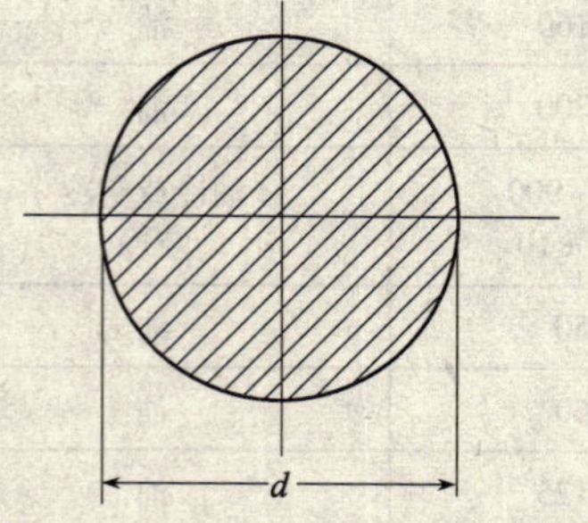

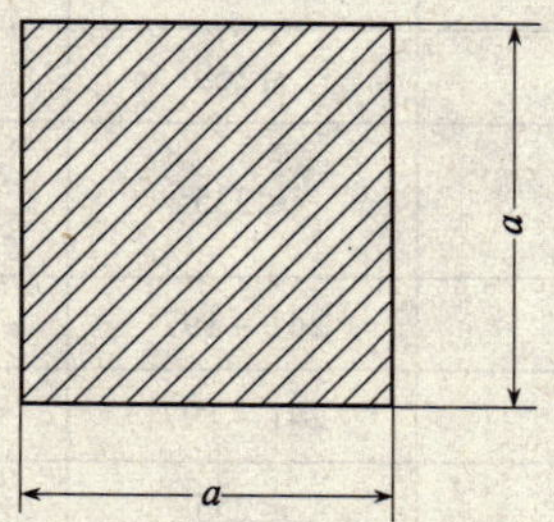

图2-1 截面形状

d—圆钢直径;a—方钢边长

热轧圆钢和方钢的尺寸及理论重量见表2-28。

表 2-19 奥氏体型不锈钢的化学成分

GB/T 20878 中序号	统一数字代号	新牌号	旧牌号	化学成分(质量分数),%										
				C	Si	Mn	P	S	Ni	Cr	Mo	Cu	N	其他元素
1	S35350	12Cr17Mn6Ni5N	1Cr17Mn6Ni5N	0.15	1.00	5.50~7.50	0.050	0.030	3.50~5.50	16.00~18.00	—	—	0.05~0.25	
3	S35450	12Cr18Mn9Ni5N	1Cr18Mn8Ni5N	0.15	1.00	7.50~10.00	0.050	0.030	4.00~6.00	17.00~19.00	—	—	0.05~0.25	—
9	S30110	12Cr17Ni7	1Cr17Ni7	0.15	1.00	2.00	0.045	0.030	6.00~8.00	16.00~18.00	—	—	0.10	—
13	S30210	12Cr18Ni9	1Cr18Ni9	0.15	1.00	2.00	0.045	0.030	8.00~10.00	17.00~19.00	—		0.10	—
15	S30317	Y12Cr18Ni9	Y1Cr18Ni9	0.15	1.00	2.00	0.20	≥0.15	8.00~10.00	17.00~19.00	(0.60)	—		
16	S30327	Y12Cr18Ni9Se	Y1Cr18Ni9Se	0.15	1.00	2.00	0.20	0.060	8.00~10.00	17.00~19.00	—			Se≥0.15
17	S30408	06Cr19Ni10	0Cr18Ni9	0.08	1.00	2.00	0.045	0.030	8.00~11.00	18.00~20.00	—	—		
18	S30403	022Cr19Ni10	00Cr19Ni10	0.030	1.00	2.00	0.045	0.030	8.00~12.00	18.00~20.00	—			—
22	S30488	06Cr18Ni9Cu3	0Cr18Ni9Cu3	0.08	1.00	2.00	0.045	0.030	8.50~10.50	17.00~19.00		3.00~4.00	—	
23	S30458	06Cr19Ni10N	0Cr19Ni9N	0.08	1.00	2.00	0.045	0.030	8.00~11.00	18.00~20.00	—		0.10~0.16	—
24	S30478	06Cr19Ni9NbN	0Cr19Ni10NbN	0.08	1.00	2.00	0.045	0.030	7.50~10.50	18.00~20.00		—	0.15~0.30	Nb 0.15
25	S30453	022Cr19Ni10N	00Cr18Ni10N	0.030	1.00	2.00	0.045	0.030	8.00~11.00	18.00~20.00			0.10~0.16	—
26	S30510	10Cr18Ni12	1Cr18Ni12	0.12	1.00	2.00	0.045	0.030	10.50~13.00	17.00~19.00		—	—	—
32	S30908	06Cr23Ni13	0Cr23Ni13	0.08	1.00	2.00	0.045	0.030	12.00~15.00	22.00~24.00		—		
35	S31008	06Cr25Ni20	0Cr25Ni20	0.08	1.50	2.00	0.045	0.030	19.00~22.00	24.00~26.00	—			—
38	S31608	06Cr17Ni12Mo2	0Cr17Ni12Mo2	0.08	1.00	2.00	0.045	0.030	10.00~14.00	16.00~18.00	2.00~3.00			—
39	S31603	022Cr17Ni12Mo2	00Cr17Ni14Mo2	0.030	1.00	2.00	0.045	0.030	10.00~14.00	16.00~18.00	2.00~3.00	—	—	—
41	S31668	06Cr17Ni12Mo2Ti	0Cr18Ni12Mo3Ti	0.08	1.00	2.00	0.045	0.030	10.00~14.00	16.00~18.00	2.00~3.00	—	—	Ti≥5C
43	S31658	06Cr17Ni12Mo2N	0Cr17Ni12Mo2N	0.08	1.00	2.00	0.045	0.030	10.00~13.00	16.00~18.00	2.00~3.00	—	0.10~0.16	—
44	S31653	022Cr17Ni12Mo2N	00Cr17Ni13Mo2N	0.030	1.00	2.00	0.045	0.030	10.00~13.00	16.00~18.00	2.00~3.00	—	0.10~0.16	—
45	S31688	06Cr18Ni12Mo2Cu2	0Cr18Ni12Mo2Cu2	0.08	1.00	2.00	0.045	0.030	10.00~14.00	17.00~19.00	1.20~2.75	1.00~2.50	—	—

续表

GB/T 20878 中序号	统一数字代号	新牌号	旧牌号	化学成分(质量分数),%										
				C	Si	Mn	P	S	Ni	Cr	Mo	Cu	N	其他元素
46	S31683	022Cr18Ni14Mo2Cu2	00Cr18Ni14Mo2Cu2	0.030	1.00	2.00	0.045	0.030	12.00~16.00	17.00~19.00	1.20~2.75	1.00~2.50	—	—
49	S31708	06Cr19Ni13Mo3	0Cr19Ni13Mo3	0.08	1.00	2.00	0.045	0.030	11.00~15.00	18.00~20.00	3.00~4.00	—	—	—
50	S31703	022Cr19Ni13Mo3	00Cr19Ni13Mo3	0.030	1.00	2.00	0.045	0.030	11.00~15.00	18.00~20.00	3.00~4.00	—	—	—
52	S31794	03Cr18Ni16Mo5	0Cr18Ni16Mo5	0.04	1.00	2.50	0.045	0.030	15.00~17.00	16.00~19.00	4.00~6.00	—	—	—
55	S32168	06Cr18Ni11Ti	0Cr18Ni10Ti	0.08	1.00	2.00	0.045	0.030	9.00~12.00	17.00~19.00	—	—	—	Ti 5C~0.70
62	S34778	06Cr18Ni11Nb	0Cr18Ni11Nb	0.08	1.00	2.00	0.045	0.030	9.00~12.00	17.00~19.00	—	—	—	Nb 10C~1.10
64	S38148	06Cr18Ni13Si4①	0Cr18Ni13Si4①	0.08	3.00~5.00	2.00	0.045	0.030	11.50~15.00	15.00~20.00	—	—	—	—

注:1. 表中所列成分除标明范围或最小值外,其余均为最大值。括号内数值为可加入或允许含有的最大值。

2. 本标准牌号与国外标准牌号对照参见 GB/T 20878。

① 必要时,可添加上表以外的合金元素。

表 2-20　奥氏体-铁素体型不锈钢的化学成分

GB/T 20878 中序号	统一数字代号	新牌号	旧牌号	化学成分(质量分数),%										
				C	Si	Mn	P	S	Ni	Cr	Mo	Cu	N	其他元素
67	S21860	14Cr18Ni11Si4AlTi	1Cr18Ni11Si4AlTi	0.10~0.18	3.40~4.00	0.80	0.035	0.030	10.00~12.00	17.50~19.50	—	—	—	Ti 0.40~0.70 Al 0.10~0.30
68	S21953	022Cr19Ni5Mo3Si2N	00Cr18Ni5Mo3Si2	0.030	1.30~2.00	1.00~2.00	0.035	0.030	4.50~5.50	18.00~19.50	2.50~3.00	—	0.05~0.12	—
70	S22253	022Cr22Ni5Mo3N		0.030	1.00	2.00	0.030	0.020	4.50~6.50	21.00~23.00	2.50~3.50	—	0.08~0.20	—
71	S22053	022Cr23Ni5Mo3N		0.030	1.00	2.00	0.030	0.020	4.50~6.50	22.00~23.00	3.00~3.50	—	0.14~0.20	—
73	S22553	022Cr25Ni6Mo2N		0.030	1.00	2.00	0.035	0.030	5.50~6.50	24.00~26.00	1.20~2.50	—	0.10~0.20	—
75	S25554	03Cr25Ni6Mo3Cu2N		0.04	1.00	1.50	0.035	0.030	4.50~6.50	24.00~27.00	2.90~3.90	1.50~2.50	0.10~0.25	—

注:表中所列成分除标明范围或最小值外,其余均为最大值。

表 2-21 铁素体型不锈钢的化学成分

GB/T 20878 中序号	统一数字代号	新牌号	旧牌号	化学成分(质量分数),%										
				C	Si	Mn	P	S	Ni	Cr	Mo	Cu	N	其他元素
78	S11348	06Cr13Al	0Cr13Al	0.08	1.00	1.00	0.040	0.030	(0.60)	11.50~14.50	—	—	—	Al 0.10~0.30
83	S11203	022Cr12	00Cr12	0.030	1.00	1.00	0.040	0.030	(0.60)	11.00~13.50	—	—	—	—
85	S11710	10Cr17	1Cr17	0.12	1.00	1.00	0.040	0.030	(0.60)	15.00~18.00	—	—	—	—
86	S11717	Y10Cr17	Y1Cr17	0.12	1.00	1.25	0.060	≥0.15	(0.60)	16.00~18.00	(0.06)	—	—	—
88	S11790	10Cr17Mo	1Cr17Mo	0.12	1.00	1.00	0.040	0.030	(0.60)	15.00~18.00	0.75~1.25	—	—	—
94	S12791	008Cr27Mo①	00Cr27Mo①	0.010	0.40	0.40	0.030	0.020	—	25.00~27.50	0.75~1.50	—	0.015	—
95	S13091	008Cr30Mo2①	00Cr30Mo2①	0.010	0.40	0.40	0.030	0.020	—	28.50~32.00	1.50~2.50	—	0.015	—

注:表中所列成分除标明范围或最小值外,其余均为最大值。括号内数值为可加入或允许含有的最大值。

① 允许含有小于或等于0.50%镍,小于或等于0.20%铜,而 Ni + Cu≤0.50%,必要时,可添加上表以外的合金元素。

表 2-22 马氏体型不锈钢的化学成分

GB/T 20878 中序号	统一数字代号	新牌号	旧牌号	化学成分(质量分数),%										
				C	Si	Mn	P	S	Ni	Cr	Mo	Cu	N	其他元素
96	S40310	12Cr12	1Cr12	0.15	0.50	1.00	0.040	0.030	(0.60)	11.50~13.00	—	—	—	—
97	S41008	06Cr13	0Cr13	0.08	1.00	1.00	0.040	0.030	(0.60)	11.50~13.50	—	—	—	—
98	S41010	12Cr13①	1Cr13①	0.08~0.15	1.00	1.00	0.040	0.030	(0.60)	11.50~13.50	—	—	—	—
100	S41617	Y12Cr13	Y1Cr13	0.15	1.00	1.25	0.060	≥0.15	(0.60)	12.00~14.00	(0.60)	—	—	—
101	S42020	20Cr13	2Cr13	0.16~0.25	1.00	1.00	0.040	0.030	(0.60)	12.00~14.00	—	—	—	—
102	S42030	30Cr13	3Cr13	0.26~0.35	1.00	1.00	0.040	0.030	(0.60)	12.00~14.00	—	—	—	—
103	S42037	Y30Cr13	Y3Cr13	0.26~0.35	1.00	1.25	0.060	≥0.15	(0.60)	12.00~14.00	(0.60)	—	—	—
104	S42040	40Cr13	4Cr13	0.36~0.45	0.60	0.80	0.040	0.030	(0.60)	12.00~14.00	—	—	—	—
106	S43110	14Cr17Ni2	1Cr17Ni2	0.11~0.17	0.80	0.80	0.040	0.030	1.50~2.50	16.00~18.00	—	—	—	—

续表

GB/T 20878 中序号	统一数字代号	新牌号	旧牌号	化学成分(质量分数),%										
				C	Si	Mn	P	S	Ni	Cr	Mo	Cu	N	其他元素
107	S43120	17Cr16Ni2		0.12～0.22	1.00	1.50	0.040	0.030	1.50～2.50	15.00～17.00	—	—	—	—
108	S44070	68Cr17	7Cr17	0.60～0.75	1.00	1.00	0.040	0.030	(0.60)	16.00～18.00	(0.75)	—	—	—
109	S44080	85Cr17	8Cr17	0.75～0.95	1.00	1.00	0.040	0.030	(0.60)	16.00～18.00	(0.75)	—	—	—
110	S44096	108Cr17	11Cr17	0.95～1.20	1.00	1.00	0.040	0.030	(0.60)	16.00～18.00	(0.75)	—	—	—
111	S44097	Y108Cr17	Y11Cr17	0.95～1.20	1.00	1.25	0.060	≥0.15	(0.60)	16.00～18.00	(0.75)	—	—	—
112	S44090	95Cr18	9Cr18	0.90～1.00	0.80	0.80	0.040	0.030	(0.60)	17.00～19.00	—	—	—	—
115	S45710	13Cr13Mo	1Cr13Mo	0.08～0.18	0.60	1.00	0.040	0.030	(0.60)	11.50～14.00	0.30～0.60	—	—	—
116	S45830	32Cr13Mo	3Cr13Mo	0.28～0.35	0.80	1.00	0.040	0.030	(0.60)	12.00～14.00	0.50～1.00	—	—	—
117	S45990	102Cr17Mo	9Cr18Mo	0.95～1.10	0.80	0.80	0.040	0.030	(0.60)	16.00～18.00	0.40～0.70	—	—	—
118	S46990	90Cr18MoV	9Cr18MoV	0.85～0.95	0.80	0.80	0.040	0.030	(0.60)	17.00～19.00	1.00～1.30	—	—	V0.07～0.12

注:表中所列成分除标明范围或最小值外,其余均为最大值。括号内数值为可加入或允许含有的最大值。

① 相对于 GB/T 20878 调整成分牌号。

表 2-23　沉淀硬化型不锈钢的化学成分

GB/T 20878 中序号	统一数字代号	新牌号	旧牌号	化学成分(质量分数),%										
				C	Si	Mn	P	S	Ni	Cr	Mo	Cu	N	其他元素
136	S51550	05Cr15Ni5Cu4Nb		0.07	1.00	1.00	0.040	0.030	3.50～5.50	14.00～15.50	—	2.50～4.50	—	Nb 0.15～0.45
137	S51740	05Cr17Ni4Cu4Nb	0Cr17Ni4Cu4Nb	0.07	1.00	1.00	0.040	0.030	3.00～5.00	15.00～17.50	—	3.00～5.00	—	Nb 0.15～0.45
138	S51770	07Cr17Ni7Al	0Cr17Ni7Al	0.09	1.00	1.00	0.040	0.030	6.50～7.75	16.00～18.00	—	—	—	Al 0.75～1.50
139	S51570	07Cr15Ni7Mo2Al	0Cr15Ni7Mo2Al	0.09	1.00	1.00	0.040	0.030	6.50～7.75	14.00～16.00	2.00～3.00	—	—	Al 0.75～1.50

注:表中所列成分除标明范围或最小值外,其余均为最大值。

表 2-24 经固溶处理的奥氏体型钢棒或试样的力学性能[①]

GB/T 20878 中序号	统一数字代号	新牌号	旧牌号	规定非比例延伸强度 $R_{p0.2}$[②],N/mm²	抗拉强度 R_m,N/mm²	断后伸长率 A,%	断面收缩率 Z[③],%	硬度[②] HBW	HRB	HV
				不小于				不大于		
1	S35350	12Cr17Mn6Ni5N	1Cr17Mn6Ni5N	275	520	40	45	241	100	253
3	S35450	12Cr18Mn9Ni5N	1Cr18Mn8Ni5N	275	520	40	45	207	95	218
9	S30110	12Cr17Ni7	1Cr17Ni7	205	520	40	60	187	90	200
13	S30210	12Cr18Ni9	1Cr18Ni9	205	520	40	60	187	90	200
15	S30317	Y12Cr18Ni9	Y1Cr18Ni9	205	520	40	50	187	90	200
16	S30327	Y12Cr18Ni9Se	Y1Cr18Ni9Se	205	520	40	50	187	90	200
17	S30408	06Cr19Ni10	0Cr18Ni9	205	520	40	60	187	90	200
18	S30403	022Cr19Ni10	00Cr19Ni10	175	480	40	60	187	90	200
22	S30488	06Cr18Ni9Cu3	0Cr18Ni9Cu3	175	480	40	60	187	90	200
23	S30458	06Cr19Ni10N	0Cr19Ni9N	275	550	35	50	217	95	220
24	S30478	06Cr19Ni9NbN	0Cr19Ni10NbN	345	685	35	50	250	100	260
25	S30453	022Cr19Ni10N	00Cr18Ni10N	245	550	40	50	217	95	220
26	S30510	10Cr18Ni12	1Cr18Ni12	175	480	40	60	187	90	200
32	S30908	06Cr23Ni13	0Cr23Ni13	205	520	40	60	187	90	200
35	S31008	06Cr25Ni20	0Cr25Ni20	205	520	40	50	187	90	200
38	S31608	06Cr17Ni12Mo2	0Cr17Ni12Mo2	205	520	40	60	187	90	200
39	S31603	022Cr17Ni12Mo2	00Cr17Ni14Mo2	175	480	40	60	187	90	200
41	S31668	06Cr17Ni12Mo2Ti	0Cr18Ni12Mo3Ti	205	530	40	55	187	90	200
43	S31658	06Cr17Ni12Mo2N	0Cr17Ni12Mo2N	275	550	35	50	217	95	220
44	S31653	022Cr17Ni12Mo2N	00Cr17Ni13Mo2N	245	550	40	50	217	95	220
45	S31688	06Cr18Ni12Mo2Cu2	0Cr18Ni12Mo2Cu2	205	520	40	60	187	90	200

续表

GB/T 20878 中序号	统一数字代号	新牌号	旧牌号	规定非比例延伸强度 $R_{p0.2}$②,N/mm²	抗拉强度 R_m,N/mm²	断后伸长率 A,%	断面收缩率 Z③,%	硬度② HBW	硬度② HRB	硬度② HV
				不小于				不大于		
46	S31683	022Cr18Ni14Mo2Cu2	00Cr18Ni14Mo2Cu2	175	480	40	60	187	90	200
49	S31708	06Cr19Ni13Mo3	0Cr19Ni13Mo3	205	520	40	60	187	90	200
50	S31703	022Cr19Ni13Mo3	00Cr19Ni13Mo3	175	480	40	60	187	90	200
52	S31794	03Cr18Ni16Mo5	0Cr18Ni16Mo5	175	480	40	45	187	90	200
55	S32168	06Cr18Ni11Ti	0Cr18Ni10Ti	205	520	40	50	187	90	200
62	S34778	06Cr18Ni11Nb	0Cr18Ni11Nb	205	520	40	50	187	90	200
64	S38148	06Cr18Ni13Si4	0Cr18Ni13Si4	205	520	40	60	207	95	218

① 本表仅适用于直径、边长、厚度或对边距离小于或等于180mm的钢棒，大于180mm的钢棒，可改锻成180mm的样坯检验，或由供需双方协商，规定允许降低其力学性能的数值。
② 规定非比例延伸强度和硬度，仅当需方要求时(合同中注明)才进行测定，且供方可根据钢棒的尺寸或状态任选一种方法测定硬度。
③ 扁钢不适用，但需方要求时，由供需双方协商。

表2-25　经固溶处理的奥氏体-铁素体型钢棒或试样的力学性能①

GB/T 20878 中序号	统一数字代号	新牌号	旧牌号	规定非比例延伸强度 $R_{p0.2}$②,N/mm²	抗拉强度 R_m,N/mm²	断后伸长率 A,%	断面收缩率 Z③,%	冲击吸收功 A_{ku2}④,J	硬度② HBW	硬度② HRB	硬度② HV
				不小于					不大于		
67	S21860	14Cr18Ni11Si4AlTi	1Cr18Ni11Si4AlTi	440	715	25	40	63	—	—	—
68	S21953	022Cr19Ni5Mo3Si2N	00Cr18Ni5Mo3Si2	390	590	20	40	—	290	30	300
70	S22253	022Cr22Ni5Mo3N		450	620	25	—	—	290	—	—
71	S22053	022Cr23Ni5Mo3N		450	655	25	—	—	290	—	—
73	S22553	022Cr25Ni6Mo2N		450	620	20	—	—	260	—	—
75	S25554	03Cr25Ni6Mo3Cu2N		550	750	25	—	—	290	—	—

① 本表仅适用于直径、边长、厚度或对边距离小于或等于75mm的钢棒。大于75mm的钢棒，可改锻成75mm的样坯检验或由供需双方协商，规定允许降低其力学性能的数值。
② 规定非比例延伸强度和硬度，仅当需方要求时(合同中注明)才进行测定，且供方可根据钢棒的尺寸或状态任选一种方法测定硬度。
③ 扁钢不适用，但需方要求时，由供需双方协商确定。
④ 直径或对边距离小于等于16mm的圆钢、六角钢、八角钢和边长或厚度小于等于12mm的方钢、扁钢不做冲击试验。

表 2-26 经退火处理的铁素体型钢棒或试样的力学性能①

GB/T 20878 中序号	统一数字代号	新牌号	旧牌号	规定非比例延伸强度 $R_{p0.2}$②,N/mm²	抗拉强度 R_m,N/mm²	断后伸长率 A,%	断面收缩率 Z③/%	冲击吸收功 A_{ku2}④,J	硬度② HBW
				不小于					不大于
78	S11348	06Cr13Al	0Cr13Al	175	410	20	60	78	183
83	S11203	022Cr12	00Cr12	195	360	22	60	—	183
85	S11710	10Cr17	1Cr17	205	450	22	50	—	183
86	S11717	Y10Cr17	Y1Cr17	205	450	22	50	—	183
88	S11790	10Cr17Mo	1Cr17Mo	205	450	22	60	—	183
94	S12791	008Cr27Mo	00Cr27Mo	245	410	20	45	—	219
95	S13091	008Cr30Mo2	00Cr30Mo2	295	450	20	45	—	228

① 本表仅适用于直径、边长、厚度或对边距离小于或等于75mm的钢棒，大于75mm的钢棒，可改锻成75mm的样坯检验或由供需双方协商，规定允许降低其力学性能的数值。
② 规定非比例延伸强度和硬度，仅当需方要求时（合同中注明）才进行测定。
③ 扁钢不适用，但需方要求时，由供需双方协商确定。
④ 直径或对边距离小于等于16mm的圆钢、六角钢、八角钢和边长或厚度小于等于12mm的方钢、扁钢不做冲击试验。

表 2-27 经热处理的马氏体型钢棒或试样的力学性能①

GB/T 20878 中序号	统一数字代号	新牌号	旧牌号	组别	经淬火回火后试样的力学性能和硬度							退火后钢棒的硬度③
					规定非比例延伸强度 $R_{p0.2}$,N/mm²	抗拉强度 R_m,N/mm²	断后伸长率 A,%	断面收缩率 Z②,%	冲击吸收功 A_{ku2}④,J	HBW	HRC	HBW
					不小于							不大于
96	S40310	12Cr12	1Cr12		390	590	25	55	118	170	—	200
97	S41008	06Cr13	0Cr13		345	490	24	60	—	—	—	183
98	S41010	12Cr13	1Cr13		345	540	22	55	78	159	—	200
100	S41617	Y12Cr13	Y1Cr13		345	540	17	45	55	159	—	200
101	S42020	20Cr13	2Cr13		440	640	20	50	63	192	—	223

续表

GB/T 20878 中序号	统一数字代号	新牌号	旧牌号	组别	经淬火回火后试样的力学性能和硬度							退火后钢棒的硬度③
					规定非比例延伸强度 $R_{p0.2}$,N/mm²	抗拉强度 R_m,N/mm²	断后伸长率 A,%	断面收缩率 Z②,%	冲击吸收功 A_{ku2}④,J	HBW	HRC	HBW
					不小于							不大于
102	S42030	30Cr13	3Cr13		540	735	12	40	24	217	—	235
103	S42037	Y30Cr13	Y3Cr13		540	735	8	35	24	217	—	235
104	S42040	40Cr13	4Cr13		—	—	—	—	—	—	50	235
106	S43110	14Cr17Ni2	1Cr17Ni2		—	1080	10	—	39	—	—	285
107	S43120	17Cr16Ni2⑤		1	700	900~1050	12	45	25(A_{KV})	—	—	295
				2	600	800~950	14					
108	S44070	68Cr17	7Cr17		—	—	—	—	—	—	54	255
109	S44080	85Cr17	8Cr17		—	—	—	—	—	—	56	255
110	S44096	108Cr17	11Cr17		—	—	—	—	—	—	58	269
111	S44097	Y108Cr17	Y11Cr17		—	—	—	—	—	—	58	269
112	S44090	95Cr18	9Cr18		—	—	—	—	—	—	55	255
115	S45710	13Cr13Mo	1Cr13Mo		490	690	20	56	78	192	—	200
116	S45830	32Cr13Mo	3Cr13Mo		—	—	—	—	—	—	50	207
117	S45990	102Cr17Mo	9Cr18Mo		—	—	—	—	—	—	55	269
118	S46990	90Cr18MoV	9Cr18MoV		—	—	—	—	—	—	55	269

① 本表仅适用于直径、边长、厚度或对边距离小于或等于75mm的钢棒。大于75mm的钢棒,可改锻成75mm的样坯检验或由供需双方协商,规定允许降低其力学性能的数值。
② 扁钢不适用,但需方要求时,由供需双方协商确定。
③ 采用750℃退火时,其硬度由供需双方协商。
④ 直径或对边距离小于等于16mm的圆钢、六角钢、八角钢和边长或厚度小于等于12mm的方钢、扁钢不做冲击试验。
⑤ 17Cr16Ni2钢的性能组别应在合同中注明,未注明时,由供方自行选择。

表 2-28 热轧圆钢和方钢的尺寸及理论重量

圆钢公称直径 d 方钢公称边长 a, mm	理论重量, kg/m		圆钢公称直径 d 方钢公称边长 a, mm	理论重量, kg/m	
	圆钢	方钢		圆钢	方钢
5.5	0.186	0.237	33	6.71	8.55
6	0.222	0.283	34	7.13	9.07
6.5	0.260	0.332	35	7.55	9.62
7	0.302	0.385	36	7.99	10.2
8	0.395	0.502	38	8.90	11.3
9	0.499	0.636	40	9.86	12.6
10	0.617	0.785	42	10.9	13.8
11	0.746	0.950	45	12.5	15.9
12	0.888	1.13	48	14.2	18.1
13	1.04	1.33	50	15.4	19.6
14	1.21	1.54	53	17.3	22.0
15	1.39	1.77	55	18.6	23.7
16	1.58	2.01	56	19.3	24.6
17	1.78	2.27	58	20.7	26.4
18	2.00	2.54	60	22.2	28.3
19	2.23	2.83	63	24.5	31.2
20	2.47	3.14	65	26.0	33.2
21	2.72	3.46	68	28.5	36.3
22	2.98	3.80	70	30.2	38.5
23	3.26	4.15	75	34.7	44.2
24	3.55	4.52	80	39.5	50.2
25	3.85	4.91	85	44.5	56.7
26	4.17	5.31	90	49.9	63.6
27	4.49	5.72	95	55.6	70.8
28	4.83	6.15	100	61.7	78.5
29	5.18	6.60	105	68.0	86.5
30	5.55	7.06	110	74.6	95.0
31	5.92	7.54	115	81.5	104
32	6.31	8.04	120	88.8	113

续表

圆钢公称直径 d 方钢公称边长 a,mm	理论重量,kg/m		圆钢公称直径 d 方钢公称边长 a,mm	理论重量,kg/m	
	圆钢	方钢		圆钢	方钢
125	96.3	123	200	247	314
130	104	133	210	272	
135	112	143	220	298	
140	121	154	230	326	
145	130	165	240	355	
150	139	177	250	385	
155	148	189	260	417	
160	158	201	270	449	
165	168	214	280	483	
170	178	227	290	518	
180	200	254	300	555	
190	223	283	310	592	

注:表中钢的理论重量是按密度为 7.85g/cm³ 计算。

2. 六角钢和八角钢的截面形状(图 2-2)

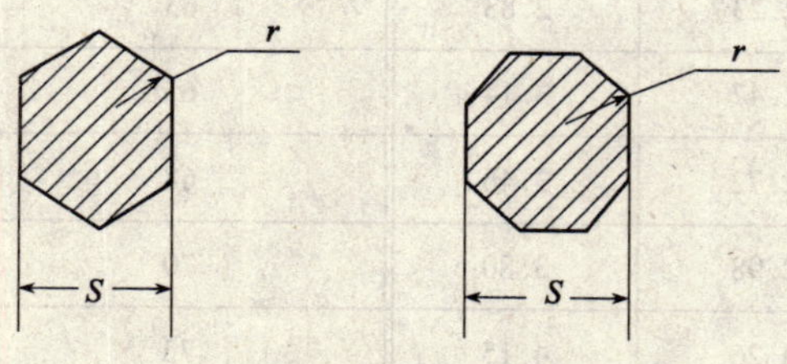

S—对边距离；r—圆角半径

图 2-2 六角钢和八角钢的截面形状

六角钢和八角钢的截面尺寸、理论重量及允许偏差应符合表 2-29 的规定。

表 2-29 六角钢和八角钢的截面尺寸、理论重量及允许偏差

对边距离 S,mm	允许偏差,mm			截面面积 A,cm²		理论重量,kg/m	
	1 组	2 组	3 组	六角钢	八角钢	六角钢	八角钢
8 9 10 11 12	±0.25	±0.35	±0.40	0.5543 0.7015 0.866 1.048 1.247	— — — — —	0.435 0.551 0.680 0.823 0.979	— — — — —

续表

对边距离 S, mm	允许偏差,mm			截面面积 A,cm²		理论重量,kg/m	
	1组	2组	3组	六角钢	八角钢	六角钢	八角钢
13	±0.25	±0.35	±0.40	1.464	—	1.05	—
14				1.697	—	1.33	—
15				1.949	—	1.53	—
16				2.217	2.120	1.74	1.66
17				2.503	—	1.96	—
18	±0.25	±0.35	±0.40	2.806	2.683	2.20	2.16
19				3.126	—	2.45	—
20				3.464	3.312	2.72	2.60
21	±0.30	±0.40	±0.50	3.819	—	3.00	—
22				4.192	4.008	3.29	3.15
23				4.581	—	3.60	—
24				4.988	—	3.92	—
25				5.413	5.175	4.25	4.06
26				5.854	—	4.60	—
27				6.314	—	4.96	—
28				6.790	6.492	5.33	5.10
30				7.794	7.452	6.12	5.85
32	±0.40	±0.50	±0.60	8.868	8.479	6.96	6.66
34				10.011	9.572	7.86	7.51
36				11.223	10.731	8.81	8.42
38				12.505	11.956	9.82	9.39
40				13.85	13.25	10.88	10.40
42				15.28	—	11.99	—
45				17.54	—	13.77	—
48				19.95	—	15.66	—
50				21.65	—	17.00	—
53	±0.60	±0.70	±0.80	24.33	—	19.10	—
56				27.16	—	21.32	—
58				29.13	—	22.87	—
60				31.18	—	24.50	—
63				34.37	—	26.98	—
65				36.59	—	28.72	—
68				40.04	—	31.43	—
70				42.43	—	33.30	—

注:表中的理论重量按密度7.85g/cm³ 计算。表中截面面积(A)计算公式:

$$A = \frac{1}{4}nS^2\tan\frac{\phi}{2} \times \frac{1}{100}$$

$$六角形\ A = \frac{3}{2}S^2\tan30° \times \frac{1}{100} \approx 0.866S^2 \times \frac{1}{100}$$

$$八角形\ A = 2S^2\tan22°30' \times \frac{1}{100} \approx 0.828S^2 \times \frac{1}{100}$$

式中 n—正 n 边形边数;

ϕ—正 n 边形圆内角;$\phi = \frac{360°}{n}$。

3. 热轧等边角钢(表 2-30)

表 2-30　热轧等边角钢

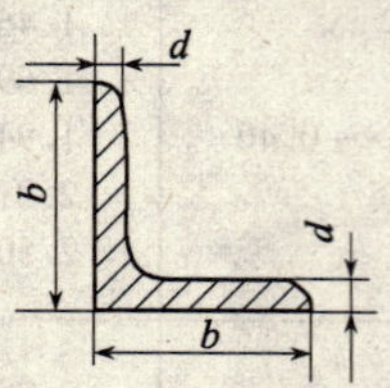

型号	截面尺寸,mm		理论重量,kg/m
	b	d	
2	20	3 4	0.889 1.145
2.5	25	3 4	1.124 1.459
3.0	30	3 4	1.373 1.786
3.6	36	3 4 5	1.656 2.163 2.654
4	40	3 4 5	1.852 2.422 2.976
4.5	45	3 4 5 6	2.088 2.736 3.369 3.985
5	50	3 4 5 6	2.332 3.059 3.770 4.465
5.6	56	3 4 5 6 7 8	2.624 3.446 4.251 5.040 5.812 6.568
6	60	5 6 7 8	4.576 5.427 6.262 7.081
6.3	63	4 5 6 7 8 10	4.978 6.143 7.288 8.412 9.515 11.657

续表

型号	截面尺寸,mm		理论重量,kg/m
	b	*d*	
7	70	4	4.372
		5	5.397
		6	6.406
		7	7.398
		8	8.373
7.5	75	5	5.818
		6	6.905
		7	7.976
		8	9.030
		9	10.068
		10	11.089
8	80	5	6.211
		6	7.376
		7	8.525
		8	9.658
		9	10.774
		10	11.874
9	90	6	8.350
		7	9.656
		8	10.946
		9	12.219
		10	13.476
		12	15.940
10	100	6	9.366
		7	10.830
		8	12.276
		9	13.708
		10	15.120
		12	17.898
		14	20.611
		16	23.257
11	110	7	11.928
		8	13.535
		10	16.690
		12	19.782
		14	22.809
12.5	125	8	15.504
		10	19.133
		12	22.696
		14	26.193
		16	29.625
14	140	10	21.488
		12	25.522
		14	29.490
		16	33.393

续表

型号	截面尺寸,mm		理论重量,kg/m
	b	d	
15	150	8 10 12 14 15 16	18.644 23.058 27.406 31.688 33.804 35.905
16	160	10 12 14 16	24.729 29.391 33.987 38.518
18	180	12 14 16 18	33.159 38.383 43.542 48.634
20	200	14 16 18 20 24	42.894 48.680 54.401 60.056 71.168
22	220	16 18 20 22 24 26	53.901 60.250 66.533 72.751 78.902 84.987
25	250	18 20 24 26 28 30 32 35	68.956 76.180 90.433 97.461 104.422 111.318 118.149 128.271

注:等边角钢按理论重量或实际重量交货。理论重量按钢的密度 7.85g/cm³ 计算。

4. 热轧不等边角钢(表 2-31)

表 2-31 热轧不等边角钢

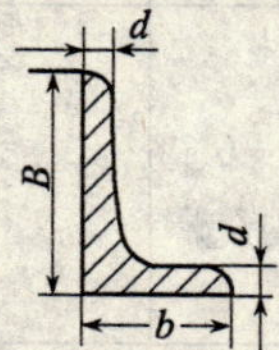

型号	尺寸,mm			理论重量,kg/m	型号	尺寸,mm			理论重量,kg/m
	B	b	d			B	b	d	
2.5/1.6	25	16	3 4	0.912 1.176	3.2/2	32	20	3 4	1.171 1.522

续表

型号	尺寸,mm			理论重量,kg/m
	B	b	d	
4/2.5	40	25	3 4	1.484 1.936
4.5/2.8	45	28	3 4	1.687 2.203
5/3.2	50	32	3 4	1.908 2.494
5.6/3.6	56	36	3 4 5	2.153 2.818 3.466
6.3/4	63	40	4 5 6 7	3.185 3.920 4.638 5.339
7/4.5	70	45	4 5 6 7	3.570 4.403 5.218 6.011
7.5/5	75	50	5 6 8 10	4.808 5.699 7.431 9.098
8/5	80	50	5 6 7 8	5.005 5.935 6.848 7.745
9/5.6	90	56	5 6 7 8	5.661 6.717 7.756 8.779
10/6.3	100	63	6 7 8 10	7.550 8.722 9.878 12.142
10/8	100	80	6 7 8 10	8.350 9.656 10.946 13.476
11/7	110	70	6 7 8 10	8.350 9.656 10.946 13.476
12.5/8	125	80	7 8 10 12	11.066 12.551 15.474 18.330
14/9	140	90	8 10 12 14	14.160 17.475 20.724 23.908
15/9	150	90	8 10 12 14 15 16	14.788 18.260 21.666 25.007 26.652 28.281
16/10	160	100	10 12 14 16	19.872 23.592 27.247 30.835
18/11	180	110	10 12 14 16	22.273 26.440 30.589 34.649
20/12.5	200	125	12 14 16 18	29.761 34.436 39.045 43.588

注:不等边角钢按理论重量或实际重量交货。理论重量按密度7.85g/cm^{3}计算。

5. 热轧工字钢(表 2-32)

表 2-32 热轧工字钢

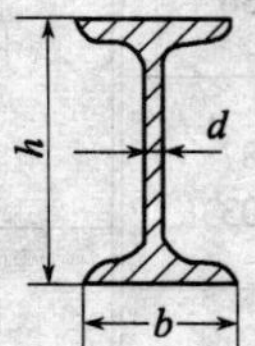

型号	尺寸,mm			理论重量,kg/m	型号	尺寸,mm			理论重量,kg/m
	h	b	d			h	b	d	
10	100	68	4.5	11.261	32c	320	134	13.5	62.765
12	120	74	5.0	13.987	36a	360	136	10.0	60.037
12.6	126	74	5	14.223	36b	360	138	12.0	65.689
14	140	80	5.5	16.890	36c	360	140	14.0	71.341
16	160	88	6.0	20.513	40a	400	142	10.5	67.598
18	180	94	6.5	24.143	40b	400	144	12.5	73.878
20a	200	100	7.0	27.929	40c	400	146	14.5	80.158
20b	200	102	9.0	31.069	45a	450	150	11.5	80.420
22a	220	110	7.5	33.070	45b	450	152	13.5	87.485
22b	220	112	9.5	36.524	45c	450	154	15.5	94.550
24a	240	116	8.0	37.477	50a	500	158	12.0	93.654
24b	240	118	10.0	41.245	50b	500	160	14.0	101.504
25a	250	116	8.0	38.105	50c	500	162	16.0	109.354
25b	250	118	10.0	42.030	55a	550	166	12.5	105.335
27a	270	122	8.5	42.825	55b	550	168	14.5	113.970
27b	270	124	10.5	47.064	55c	550	170	16.5	122.605
28a	280	122	8.5	43.492	56a	560	166	12.5	106.316
28b	280	124	10.5	47.888	56b	560	168	14.5	115.108
30a	300	126	9.0	48.084	56c	560	170	16.5	123.900
30b	300	128	11.0	52.794	63a	630	176	13.0	121.407
30c	300	130	13.0	57.504	63b	630	178	15.0	131.298
32a	320	130	9.5	52.717	63c	630	180	17.0	141.189
32b	320	132	11.5	57.741					

注:工字钢按理论重量或实际重量交货。理论重量按钢的密度 7.85g/cm^3 计算。

6. 热轧槽钢(表 2-33)

表 2-33　热轧槽钢

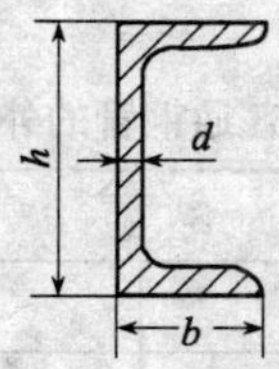

型号	尺寸,mm			理论重量,kg/m	型号	尺寸,mm			理论重量,kg/m
	h	*b*	*d*			*h*	*b*	*d*	
5	50	37	4.5	5.438	25b	250	80	9.0	31.335
6.3	63	40	4.8	6.634	25c	250	82	11.0	35.260
6.5	65	40	4.3	6.709	27a	270	82	7.5	30.838
8	80	43	5.0	8.045	27b	270	84	9.5	35.077
10	100	48	5.3	10.007	27c	270	86	11.5	39.316
12	120	53	5.5	12.059	28a	280	82	7.5	31.427
12.6	126	53	5.5	12.318	28b	280	84	9.5	35.823
14a	140	58	6.0	14.535	28c	280	86	11.5	40.219
14b	140	60	8.0	16.733	30a	300	85	7.5	34.463
16a	160	63	6.5	17.240	30b	300	87	9.5	39.173
16b	160	65	8.5	19.752	30c	300	89	11.5	43.883
18a	180	68	7.0	20.174	32a	320	88	8.0	38.083
18b	180	70	9.0	23.000	32b	320	90	10.0	43.107
20a	200	73	7.0	22.637	32c	320	92	12.0	48.131
20b	200	75	9.0	25.777	36a	360	96	9.0	47.814
22a	220	77	7.0	24.999	36b	360	98	11.0	53.466
22b	220	79	9.0	28.453	36c	360	100	13.0	59.118
24a	240	78	7.0	26.860	40a	400	100	10.5	58.928
24b	240	80	9.0	30.628	40b	400	102	12.5	65.208
24c	240	82	11.0	34.396	40c	400	104	14.5	71.488
25a	250	78	7.0	27.410					

注:槽钢按理论重量或实际重量交货。理论重量按钢的密度 7.85g/cm^3 计算。

2.5 钢管

1. 普通钢管的外径和壁厚(表2-34)

表 2-34 普通钢管的外径和壁厚 mm

外径			壁厚
系列1	系列2	系列3	
	6		0.25~2.0
	7		0.25~2.5(2.6)
	8		0.25~2.5(2.6)
	9		0.25~2.8
10(10.2)			0.25~3.5(3.6)
	11		0.25~3.5(3.6)
	12		0.25~4.0
	13(12.7)		0.25~4.0
13.5			0.25~4.0
		14	0.25~4.0
	16		0.25~5.0
17(17.2)			0.25~5.0
		18	0.25~5.0
	19		0.25~6.0
	20		0.25~6.0
21(21.3)			0.40~6.0
		22	0.40~6.0
	25		0.40~7.0(7.1)
		25.4	0.40~7.0(7.1)
27(26.9)			0.40~7.0(7.1)
	28		0.40~7.0(7.1)
		30	0.40~8.0
	32(31.8)		0.40~8.0
34(33.7)			0.40~8.0
		35	0.40~(8.8)9.0
	38		0.40~10
	40		0.40~10
42(42.4)			1.0~10
		45(44.5)	1.0~12(12.5)

续表

外径			壁厚
系列1	系列2	系列3	
48(48.3)			1.0~12(12.5)
	51		1.0~12(12.5)
		54	1.0~14(14.2)
	57		1.0~14(14.2)
60(60.3)			1.0~16
	63(63.5)		1.0~16
	65		1.0~16
	68		1.0~16
	70		1.0~17(17.5)
		73	1.0~19
76(76.1)			1.0~20
	77		1.4~20
	80		1.4~20
		83(82.5)	1.4~22(22.2)
	85		1.4~22(22.2)
89(88.9)			1.4~24
	95		1.4~24
	102(101.6)		1.4~28
		108	1.4~30
114(114.3)			1.5~30
	121		1.5~32
	127		1.8~32
	133		2.5(2.6)~36
140(139.7)			2.9(3.0)~36
		142(141.3)	2.9(3.0)~36
	146		2.9(3.0)~40
		152(152.4)	2.9(3.0)~40
		159	3.5(3.6)~45
168(168.3)			3.5(3.6)~45
		180(177.8)	3.5(3.6)~50
		194(193.7)	3.5(3.6)~50
	203		3.5(3.6)~55
219(219.1)			6.0~55
		232	6.0~65

续表

外径			壁厚
系列 1	系列 2	系列 3	
		245(244.5)	6.0~65
		267(267.4)	6.0~65
273			6.3(6.5)~85
	299(298.5)		7.5~100
		302	7.5~100
		318.5	7.5~100
325(323.9)			7.5~100
	340(339.7)		8.0~100
	351		8.0~100
356(355.6)			8.8(9.0)~100
		368	8.8(9.0)~100
	377		8.8(9.0)~100
	402		8.8(9.0)~100
406(406.4)			8.8(9.0)~100
		419	8.8(9.0)~100
	426		8.8(9.0)~100
	450		8.8(9.0)~100
457			8.8(9.0)~100
	473		8.8(9.0)~100
	480		8.8(9.0)~100
	500		8.8(9.0)~110
508			8.8(9.0)~110
	530		8.8(9.0)~120
		560(559)	8.8(9.0)~120
610			8.8(9.0)~120
	630		9~120
		660	9~120
		699	12(12.5)~120
711			12(12.5)~120
	720		12(12.5)~120
	762		20~120
		788.5	20~120
813			20~120
		864	20~120

续表

外径			壁厚
系列1	系列2	系列3	
914			25~120
		965	25~120
1016			25~120

注:1. 壁厚系列:0.25,0.30,0.40,0.50,0.60,0.80,1.0,1.2,1.4,1.5,1.6,1.8,2.0,2.2(2.3),2.5(2.6),2.8,(2.9),3.0,3.2,3.5(3.6),4.0,4.5,5.0,(5.4)5.5,6.0,(6.3)6.5,7.0(7.1),7.5,8.0,8.5,(8.8)9.0,9.5,10,11,12(12.5),13,14(14.2),15,16,17(17.5),18,19,20,22(22.2),24,25,26,28,30,32,34,36,38,40,42,45,48,50,55,60,65,70,75,80,85,90,95,100,110,120mm。

2. 括号内尺寸为相应的 ISO 4200 的规格。

2. 精密钢管的外径和壁厚(表2-35)

表2-35 精密钢管的外径和壁厚 mm

外径		壁厚
系列2	系列3	
4		0.5~(1.2)
5		0.5~(1.2)
6		0.5~2.0
8		0.5~2.5
10		0.5~2.5
12		0.5~3.0
12.7		0.5~3.0
	14	0.5~(3.5)
16		0.5~4
	18	0.5~(4.5)
20		0.5~5
	22	0.5~5
25		0.5~6
	28	0.5~8
	30	0.5~8
32		0.5~8
	35	0.5~8
38		0.5~10
40		0.5~10
42		(0.8)~10
	45	(0.8)~12.5
48		(0.8)~12.5

续表

外径		壁厚
系列2	系列3	
50		(0.8)~12.5
	55	(0.8)~(14)
60		(0.8)~16
63		(0.8)~16
70		(0.8)~16
76		(0.8)~16
80		(0.8)~(18)
	90	(1.2)~(22)
100		(1.2)~25
	110	(1.2)~25
120		(1.8)~25
130		(1.8)~25
	140	(1.8)~25
150		(1.8)~25
160		(1.8)~25
170		(3.5)~25
	180	5~25
190		(5.5)~25
200		6~25
	220	(7)~25
	240	(7)~25
	260	(7)~25

注:1. 壁厚系列:0.5,(0.8),1.0,(1.2),1.5,(1.8),2.0,(2.2),2.5,(2.8),3.0,(3.5),4,(4.5),5,(5.5),6,(7),8,(9),10,(11),12.5,(14),16,(18),20,(22),25mm。

2. 括号内尺寸不推荐使用。

3. 不锈钢管的外径和壁厚(表2-36)

表2-36 不锈钢管的外径和壁厚 mm

外径			壁厚
系列1	系列2	系列3	
	6		0.5~1.2
	7		0.5~1.2
	8		0.5~1.2
	9		0.5~1.2

续表

外径			壁厚
系列 1	系列 2	系列 3	
10(10.2)			0.5~2.0
	12		0.5~2.0
	12.7		0.5~3.2
13(13.5)			0.5~3.2
		14	0.5~3.5(3.6)
	16		0.5~4.0
17(17.2)			0.5~4.0
		18	0.5~4.5
	19		0.5~4.5
	20		0.5~4.5
21(21.3)			0.5~5.0
		22	0.5~5.0
	24		0.5~5.0
	25		0.5~6.0
		25.4	1.0~6.0
27(26.9)			1.0~6.0
		30	1.0~(6.3)6.5
	32(31.8)		1.0~(6.3)6.5
34(33.7)			1.0~(6.3)6.5
		35	1.0~(6.3)6.5
	38		1.0~(6.3)6.5
	40		1.0~(6.3)6.5
42(42.4)			1.0~7.5
		45(44.5)	1.0~8.5
48(48.3)			1.0~8.5
	51		1.0~(8.8)9.0
		54	1.6~10
	57		1.6~10
60(60.3)			1.6~10
	64(63.5)		1.6~10
	68		1.6~12(12.5)
	70		1.6~12(12.5)
		73	1.6~12(12.5)
76(76.1)			1.6~12(12.5)

续表

外径			壁厚
系列1	系列2	系列3	
		83(82.5)	1.6~14(14.2)
89(88.9)			1.6~14(14.2)
	95		1.6~14(14.2)
	102(101.6)		1.6~14(14.2)
	108		1.6~14(14.2)
114(114.3)			1.6~14(14.2)
	127		1.6~14(14.2)
	133		1.6~14(14.2)
140(139.7)			1.6~16
	146		1.6~16
	152		1.6~16
	159		1.6~16
168(168.3)			1.6~18
	180		2.0~18
	194		2.0~18
219(219.1)			2.0~28
	245		2.0~28
273			2.0~28
325(323.9)			2.5(2.6)~28
	351		2.5(2.6)~28
356(355.6)			2.5(2.6)~28
	377		2.5(2.6)~28
406(406.4)			2.5(2.6)~28
	426		3.2~20

注:1. 壁厚系列:0.5,0.6,0.7,0.8,0.9,1.0,1.2,1.4,1.5,1.6,2.0,2.2(2.3),2.5(2.6),2.8(2.9),3.0,3.2,3.5(3.6),4.0,4.5,5.0,5.5(5.6),6.0,(6.3)6.5,7.0(7.1),7.5,8.0,8.5,8.8(9.0),9.5,10,11,12(12.5),14 (14.2),15,16,17(17.5),18,20,22(22.2),24,25,26,28mm。

2. 括号内尺寸为相应的英制单位。

4. 输送流体用无缝钢管(表2-37)

表2-37　输送流体用无缝钢管的力学性能

牌号	质量等级	拉伸性能					冲击试验	
		抗拉强度 R_m,MPa	下屈服强度①R_{eL},MPa			断后伸长率 A,%	温度,℃	吸收能量 KV_2,J
			壁厚,mm					
			≤16	>16~30	>30			
			不小于					不小于
10	—	335~475	205	195	185	24	—	—
20	—	410~530	245	235	225	20	—	—

续表

牌号	质量等级	拉伸性能					冲击试验	
		抗拉强度 R_m,MPa	下屈服强度[①] R_{eL},MPa			断后伸长率 A,%	温度,℃	吸收能量 KV_2,J
			壁厚,mm					
			≤16	>16~30	>30			
			不小于					不小于
Q295	A	390~570	295	275	255	22	—	—
	B						+20	34
Q345	A	470~630	345	325	295	20	—	—
	B						+20	34
	C					21	0	
	D						-20	
	E						-40	27
Q390	A	490~650	390	370	350	18	—	—
	B						+20	34
	C					19	0	
	D						-20	
	E						-40	27
Q420	A	520~680	420	400	380	18	—	—
	B						+20	34
	C					19	0	
	D						-20	
	E						-40	27
Q460	C	550~720	460	440	420	17	0	34
	D						-20	
	E						-40	27

① 拉伸试验时,如不能测定屈服强度,可测定规定非比例延伸强度 $R_{p0.2}$ 代替 R_{eL}。

5. 结构用无缝钢管(表 2-38)

表 2-38 结构用无缝钢管中合金钢钢管的力学性能

牌号	推荐的热处理制度[①]					拉伸性能			钢管退火或高温回火交货状态布氏硬度 HBW
	淬火(正火)			回火		抗拉强度 R_m,MPa	下屈服强度[②] R_{eL},MPa	断后伸长率 A,%	
	温度,℃		冷却剂	温度,℃	冷却剂				
	第一次	第二次				不小于			不大于
40Mn2	840	—	水、油	540	水、油	885	735	12	217
45Mn2	840	—	水、油	550	水、油	885	735	10	217
27SiMn	920	—	水	450	水、油	980	835	12	217

续表

牌号	推荐的热处理制度[1]					拉伸性能			钢管退火或高温回火交货状态布氏硬度HBW
	淬火(正火)			回火		抗拉强度 R_m,MPa	下屈服强度[6] R_{eL},MPa	断后伸长率 A,%	
	温度,℃		冷却剂	温度,℃	冷却剂				
	第一次	第二次				不小于			不大于
40MnB[2]	850	—	油	500	水、油	980	785	10	207
45MnB[2]	840	—	油	500	水、油	1030	835	9	217
20Mn2B[2,5]	880	—	油	200	水、空	980	785	10	187
20Cr[3,5]	880	800	水、油	200	水、空	835	540	10	179
						785	490	10	179
30Cr	860	—	油	500	水、油	885	685	11	187
35Cr	860	—	油	500	水、油	930	735	11	207
40Cr	850	—	油	520	水、油	980	785	9	207
45Cr	840	—	油	520	水、油	1030	835	9	217
50Cr	830	—	油	520	水、油	1080	930	9	229
38CrSi	900	—	油	600	水、油	980	835	12	255
12CrMo	900	—	空	650	空	410	265	24	179
15CrMo	900	—	空	650	空	440	295	22	179
20CrMo[3,5]	880	—	水、油	500	水、油	885	685	11	197
						845	635	12	197
35CrMo	850	—	油	550	水、油	980	835	12	229
42CrMo	850	—	油	560	水、油	1080	930	12	217
12CrMoV	970	—	空	750	空	440	225	22	241
12Cr1MoV	970	—	空	750	空	490	245	22	179
38CrMoAl[5]	940	—	水、油	640	水、油	980	835	12	229
						930	785	14	229
50CrVA	860	—	油	500	水、油	1275	1130	10	255
20CrMn	850	—	油	200	水、空	930	735	10	187
20CrMnSi[5]	880	—	油	480	水、油	785	635	12	207
30CrMnSi[3,5]	880	—	油	520	水、油	1080	885	8	229
						980	835	10	229
35CrMnSiA[5]	880	—	油	230	水、空	1620	—	9	229
20CrMnTi[4,5]	880	870	油	200	水、空	1080	835	10	217
30CrMnTi[4,5]	880	850	油	200	水、空	1470	—	9	229
12CrNi2	860	780	水、油	200	水、空	785	590	12	207
12CrNi3	860	780	油	200	水、空	930	685	11	219
12Cr2Ni4	860	780	油	200	水、空	1080	835	10	269

续表

牌号	推荐的热处理制度[①]					拉伸性能			钢管退火或高温回火交货状态布氏硬度 HBW
	淬火(正火)			回火		抗拉强度 R_m,MPa	下屈服强度[⑥] R_{eL},MPa	断后伸长率 A,%	
	温度,℃		冷却剂	温度,℃	冷却剂				
	第一次	第二次				不小于			不大于
40CrNiMoA	850	—	油	600	水、油	980	835	12	269
45CrNiMoVA	860	—	油	460	油	1470	1325	7	269

① 表中所列热处理温度允许调整范围:淬火±20℃,低温回火±30℃,高温回火=50℃。
② 含硼钢在淬火前可先正火,正火温度应不高于其淬火温度。
③ 按需方指定的一组数据交货:当需方未指定时,可按其中任一组数据交货。
④ 含铬锰钛钢第一次淬火可用正火代替。
⑤ 于280~320℃等温淬火。
⑥ 拉伸试验时,如不能测定屈服强度,可测定规定非比例延伸强度 $R_{p0.2}$ 代替 R_{eL}。

6. 不锈钢无缝钢管(表2-39、表2-40)

表2-39 钢管的外径、壁厚允许偏差 mm

热轧(挤、扩)钢管				冷拔(轧)钢管			
尺寸		允许偏差		尺寸		允许偏差	
		普通级	高级			普通级	高级
公称外径 D	68~159 >159~426	±1.25% D ±1.5% D	±1.0% D	公称外径 D	10~30 >30~50 >50	±0.30 ±0.40 ±0.9% D	±0.20 ±0.30 ±0.8% D
公称壁厚 S	<15	+15% S -12.5% S	±12.5% S	公称壁厚 S	≤3	±14% S	+12.5% S -10% S
	≥15	+20% S -15% S			>3	+12.5% S -10% S	±10% S

表2-40 全长允许偏差 mm

全长允许偏差等级	全长允许偏差,mm
L1	0~20
L2	0~10
L3	0~5

注:如合同未注明全长允许偏差等级,钢管全长允许偏差按L1执行。

7. 不锈钢小直径无缝钢管(表2-41)

表2-41 不锈钢小直径无缝钢管的外径和壁厚 mm

外径	壁厚	外径	壁厚	外径	壁厚	外径	壁厚
0.30	0.10	0.45	0.10,0.15	0.60	0.10~0.20	0.90	0.10~0.30
0.35	0.10	0.50	0.10,0.15	0.70	0.10~0.25	1.00	0.10~0.35
0.40	0.10,0.15	0.55	0.10,0.15	0.80	0.10~0.25	1.20	0.10~0.45

续表

外径	壁厚	外径	壁厚	外径	壁厚	外径	壁厚
1.60	0.10~0.55	3.00	0.10~1.00	4.00	0.10~1.00	5.50	0.15~1.00
2.00	0.10~0.70	3.20	0.10~1.00	4.20	0.10~1.00	6.00	0.15~0.45
2.20	0.10~0.80	3.40	0.10~1.00	4.50	0.10~1.00		
2.50	0.10~1.00	3.60	0.10~1.00	4.80	0.10~1.00		
2.80	0.10~1.00	3.80	0.10~1.00	5.00	0.15~1.00		

注：1. 壁厚系列：0.10,0.15,0.20,0.25,0.30,0.35,0.40,0.45,0.50,0.55,0.60,0.70,0.80,0.90,1.00mm。

2. 钢管的通常长度为500~4000mm。

3. 钢管以硬态交货。如需方要求软态或半冷硬状态交货须在合同中注明。

2.6 钢丝

1. 冷拉圆钢丝（表2-42）

表2-42 冷拉圆钢丝的尺寸及理论重量

直径 mm	理论重量 kg/km	直径 mm	理论重量 kg/km	直径 mm	理论重量 kg/km	直径 mm	理论重量 kg/km
0.050	0.016	0.25	0.385	1.0	6.162	4.5	124.8
0.055	0.019	0.28	0.484	1.1	7.458	5.5	186.5
0.063	0.024	0.30	0.555	1.2	8.878	6.0	221.9
0.070	0.030	0.32	0.631	1.4	12.08	6.3	244.7
0.080	0.039	0.35	0.754	1.6	15.79	7.0	302.1
0.090	0.050	0.40	0.989	1.8	19.98	8.0	394.6
0.10	0.062	0.45	1.248	2.0	24.66	5.0	154.2
0.11	0.075	0.50	1.539	2.2	29.84	9.0	499.4
0.12	0.089	0.55	1.868	2.5	38.54	10	616.5
0.14	0.121	0.60	2.220	2.8	48.34	11	746.0
0.16	0.158	0.63	2.447	3.0	55.49	12	887.8
0.18	0.199	0.70	3.021	3.2	63.13	14	1208.1
0.20	0.246	0.80	3.948	3.5	75.52	16	1578.6
0.22	0.298	0.90	4.993	4.0	98.67		

注：理论重量按钢的密度7.85kg/dm^{3}计算。

2. 一般用途低碳钢丝

冷拉普通用钢丝、制钉用钢丝、建筑用钢丝、退火钢丝、镀锌钢丝的力学性能应符合表2-43的规定。

表 2-43 一般用途低碳钢丝的力学性能

公称直径 mm	抗拉强度,MPa					180°弯曲试验,次		伸长率,%（标距 100mm）	
	冷拉普通钢丝	制钉用钢丝	建筑用钢丝	退火钢丝	镀锌钢丝	冷拉普通用钢丝	建筑用钢丝	建筑用钢丝	镀锌钢丝
≤0.30	≤980		—			见注	—		≥10
>0.30~0.80	≤980	—	—				—		
>0.80~1.20	≤980	880~1320						—	
>1.20~1.80	≤1060	785~1220	—			≥6	—		
>1.80~2.50	≤1010	735~1170	—	295~540	295~540		—		
>2.50~3.50	≤960	685~1120	≥550						≥12
>3.50~5.00	≤890	590~1030	≥550			≥4	≥4	≥2	
>5.00~6.00	≤790	540~930	≥550						
>6.00	≤690	—				—		—	

注:对于直径小于等于 0.80mm 的冷拉普通用钢丝用打结拉伸试验代替弯曲试验。打结钢丝进行拉伸试验时所能承受的拉力不低于不打结破断拉力的 50%。

2.7 钢板与钢带

1. 热轧钢板和钢带的尺寸、外形、重量及允许偏差(表 2-44 ~ 表 2-58)。

表 2-44 单轧钢板的厚度允许偏差(N 类) mm

公称厚度	下列公称宽度的厚度允许偏差			
	≤1500	>1500~2500	>2500~4000	>4000~4800
3.00~5.00	±0.45	±0.55	±0.65	—
>5.00~8.00	±0.50	±0.60	±0.75	—
>8.00~15.0	±0.55	±0.65	±0.80	±0.90
>15.0~25.0	±0.65	±0.75	±0.90	±1.10
>25.0~40.0	±0.70	±0.80	±1.00	±1.20
>40.0~60.0	±0.80	±0.90	±1.10	±1.30
>60.0~100	±0.90	±1.10	±1.30	±1.50
>100~150	±1.20	±1.40	±1.60	±1.80
>150~200	±1.40	±1.60	±1.80	±1.90
>200~250	±1.60	±1.80	±2.00	±2.20
>250~300	±1.80	±2.00	±2.20	±2.40
>300~400	±2.00	±2.20	±2.40	±2.60

表 2-45　单轧钢板的厚度允许偏差(A 类)　　mm

公称厚度	下列公称宽度的厚度允许偏差			
	≤1500	>1500~2500	>2500~4000	>4000~4800
3.00~5.00	+0.55 -0.35	+0.70 -0.40	+0.85 -0.45	—
>5.00~8.00	+0.65 -0.35	+0.75 -0.45	+0.95 -0.55	—
>8.00~15.0	+0.70 -0.40	+0.85 -0.45	+1.05 -0.55	+1.20 -0.60
>15.0~25.0	+0.85 -0.45	+1.00 -0.50	+1.15 -0.65	+1.50 -0.70
>25.0~40.0	+0.90 -0.50	+1.05 -0.55	+1.30 -0.70	+1.60 -0.80
>40.0~60.0	+1.05 -0.55	+1.20 -0.60	+1.45 -0.75	+1.70 -0.90
>60.0~100	+1.20 -0.60	+1.50 -0.70	+1.75 -0.85	+2.00 -1.00
>100~150	+1.60 -0.80	+1.90 -0.90	+2.15 -1.05	+2.40 -1.20
>150~200	+1.90 -0.90	+2.20 -1.00	+2.45 -1.15	+2.50 -1.30
>200~250	+2.20 -1.00	+2.40 -1.20	+2.70 -1.30	+3.00 -1.40
>250~300	+2.40 -1.20	+2.70 -1.30	+2.95 -1.45	+3.20 -1.60
>300~400	+2.70 -1.30	+3.00 -1.40	+3.25 -1.55	+3.50 -1.70

表 2-46　单轧钢板的厚度允许偏差(B 类)　　mm

<table>
<tr><th rowspan="2">公称厚度</th><th colspan="8">下列公称宽度的厚度允许偏差</th></tr>
<tr><th colspan="2">≤1500</th><th colspan="2">>1500~2500</th><th colspan="2">>2500~4000</th><th colspan="2">>4000~4800</th></tr>
<tr><td>3.00~5.00</td><td rowspan="12">-0.30</td><td>+0.60</td><td rowspan="12">-0.30</td><td>+0.80</td><td rowspan="12">-0.30</td><td>+1.00</td><td colspan="2">—</td></tr>
<tr><td>>5.00~8.00</td><td>+0.70</td><td>+0.90</td><td>+1.20</td><td colspan="2">—</td></tr>
<tr><td>>8.00~15.0</td><td>+0.80</td><td>+1.00</td><td>+1.30</td><td rowspan="10">-0.30</td><td>+1.50</td></tr>
<tr><td>>15.0~25.0</td><td>+1.00</td><td>+1.20</td><td>+1.50</td><td>+1.90</td></tr>
<tr><td>>25.0~40.0</td><td>+1.10</td><td>+1.30</td><td>+1.70</td><td>+2.10</td></tr>
<tr><td>>40.0~60.0</td><td>+1.30</td><td>+1.50</td><td>+1.90</td><td>+2.30</td></tr>
<tr><td>>60.0~100</td><td>+1.50</td><td>+1.80</td><td>+2.30</td><td>+2.70</td></tr>
<tr><td>>100~150</td><td>+2.10</td><td>+2.50</td><td>+2.90</td><td>+3.30</td></tr>
<tr><td>>150~200</td><td>+2.50</td><td>+2.90</td><td>+3.30</td><td>+3.50</td></tr>
<tr><td>>200~250</td><td>+2.90</td><td>+3.30</td><td>+3.70</td><td>+4.10</td></tr>
<tr><td>>250~300</td><td>+3.30</td><td>+3.70</td><td>+4.10</td><td>+4.50</td></tr>
<tr><td>>300~400</td><td>+3.70</td><td>+4.10</td><td>+4.50</td><td>+4.90</td></tr>
</table>

表 2-47 单轧钢板的厚度允许偏差(C 类) mm

公称厚度	下列公称宽度的厚度允许偏差							
	≤1500		>1500~2500		>2500~4000		>4000~4800	
3.00~5.00	0	+0.90	0	+1.10	0	+1.30	0	—
>5.00~8.00		+1.00		+1.20		+1.50		—
>8.00~15.0		+1.10		+1.30		+1.60		+1.80
>15.0~25.0		+1.30		+1.50		+1.80		+2.20
>25.0~40.0		+1.40		+1.60		+2.00		+2.40
>40.0~60.0		+1.60		+1.80		+2.20		+2.60
>60.0~100		+1.80		+2.20		+2.60		+3.00
>100~150		+2.40		+2.80		+3.20		+3.60
>150~200		+2.80		+3.20		+3.60		+3.80
>200~250		+3.20		+3.60		+4.00		+4.40
>250~300		+3.60		+4.00		+4.40		+4.80
>300~400		+4.00		+4.40		+4.80		+5.20

表 2-48 钢带(包括连轧钢板)的厚度允许偏差 mm

公称厚度	钢带厚度允许偏差①							
	普通精度 PT. A				较高精度 PT. B			
	公称宽度				公称宽度			
	600~1200	>1200~1500	>1500~1800	>1800	600~1200	>1200~1500	>1500~1800	>1800
0.8~1.5	±0.15	±0.17	—	—	±0.10	±0.12	—	—
>1.5~2.0	±0.17	±0.19	±0.21	—	±0.13	±0.14	±0.14	—
>2.0~2.5	±0.18	±0.21	±0.23	±0.25	±0.14	±0.15	±0.17	±0.20
>2.5~3.0	±0.20	±0.22	±0.24	±0.26	±0.15	±0.17	±0.19	±0.21
>3.0~4.0	±0.22	±0.24	±0.26	±0.27	±0.17	±0.18	±0.21	±0.22
>4.0~5.0	±0.24	±0.26	±0.28	±0.29	±0.19	±0.21	±0.22	±0.23
>5.0~6.0	±0.26	±0.28	±0.29	±0.31	±0.21	±0.22	±0.23	±0.25
>6.0~8.0	±0.29	±0.30	±0.31	±0.35	±0.23	±0.24	±0.25	±0.28
>8.0~10.0	±0.32	±0.33	±0.34	±0.40	±0.26	±0.26	±0.27	±0.32
>10.0~12.5	±0.35	±0.36	±0.37	±0.43	±0.28	±0.29	±0.30	±0.36
>12.5~15.0	±0.37	±0.38	±0.40	±0.46	±0.30	±0.31	±0.33	±0.39
>15.0~25.4	±0.40	±0.42	±0.45	±0.50	±0.32	±0.34	±0.37	±0.42

① 规定最小屈服强度 R_e≥345MPa 的钢带,厚度偏差应增加 10%。

表 2-49 切边单轧钢板的宽度允许偏差 mm

公称厚度	公称宽度	允许偏差
3~16	≤1500	$^{+10}_{0}$
	>1500	$^{+15}_{0}$
>16	≤2000	$^{+20}_{0}$
	>2000~3000	$^{+25}_{0}$
	>3000	$^{+30}_{0}$

表 2-50 不切边钢带(包括连轧钢板)的宽度允许偏差 mm

公称宽度	允许偏差
≤1500	$^{+20}_{0}$
>1500	$^{+25}_{0}$

表 2-51 切边钢带(包括连轧钢板)的宽度允许偏差 mm

公称宽度	允许偏差
≤1200	$^{+3}_{0}$
>1200~1500	$^{+5}_{0}$
>1500	$^{+6}_{0}$

表 2-52 纵切钢带的宽度允许偏差 mm

公称宽度	公称厚度		
	≤4.0	>4.0~8.0	>8.0
120~160	$^{+1}_{0}$	$^{+2}_{0}$	$^{+2.5}_{0}$
>160~250	$^{+1}_{0}$	$^{+2}_{0}$	$^{+2.5}_{0}$
>250~600	$^{+2}_{0}$	$^{+2.5}_{0}$	$^{+3}_{0}$
>600~900	$^{+2}_{0}$	$^{+2.5}_{0}$	$^{+3}_{0}$

表 2-53 单轧钢板的长度允许偏差 mm

公称长度	允许偏差
2000~4000	$^{+20}_{0}$
>4000~6000	$^{+30}_{0}$
>6000~8000	$^{+40}_{0}$
>8000~10000	$^{+50}_{0}$
>10000~15000	$^{+75}_{0}$
>15000~20000	$^{+100}_{0}$
>20000	由供需双方协商

表 2-54　连轧钢板的长度允许偏差　mm

公称长度	允许偏差
2000～8000	+0.5%×公称长度
>8000	$^{+40}_{0}$

表 2-55　单轧钢板的不平度　mm

公称厚度	钢类 L				钢类 H			
	下列公称宽度钢板的不平度，不大于							
	≤3000		>3000		≤3000		>3000	
	测量长度							
	1000	2000	1000	2000	1000	2000	1000	2000
3～5	9	14	15	24	12	17	19	29
>5～8	8	12	14	21	11	15	18	26
>8～15	7	11	11	17	10	14	16	22
>15～25	7	10	10	15	10	13	14	19
>25～40	6	9	9	13	9	12	13	17
>40～400	5	8	8	11	8	11	11	15

表 2-56　连轧钢板的不平度　mm

公称厚度	公称宽度	不平度，不大于		
		规定的屈服强度，R_e		
		<220MPa	220～320MPa	>320MPa
≤2	≤1200	21	26	32
	>1200～1500	25	31	36
	>1500	30	38	45
>2	≤1200	18	22	27
	>1200～1500	23	29	34
	>1500	28	35	42

表 2-57　钢带（包括纵切钢带）和连轧钢板的镰刀弯　mm

产品类型	公称长度	公称宽度	镰刀弯，不大于		测量长度
			切边	不切边	
连轧钢板	<5000	≥600	实际长度×0.3%	实际长度×0.4%	实际长度
	≥5000	≥600	15	20	任意 5000mm 长度
钢带	—	≥600	15	20	任意 5000mm 长度
	—	<600	15	—	—

表 2-58 塔形高度 mm

公称宽度	切边	不切边
≤1000	20	50
>1000	30	60

2. 碳素工具钢热轧钢板(表 2-59)

表 2-59 碳素工具钢热轧钢板的硬度

牌号	布氏硬度 HBS≤	尺寸规格	化学成分
T7、T7A、T8、T8A、T8Mn	207	按 GB/T 709 的规定	按 GB/T 1298 的规定
T9、T9A、T10、T10A	223		
T11、T11A、T12、T12A、T13、T13A	229		

注:钢板应在退火状态下交货。经供需双方协议,钢板也可在其他状态下交货。

3. 优质非合金结构钢热轧薄钢板和钢带(表 2-60)

表 2-60 优质非合金结构钢热轧薄钢板和钢带的尺寸规格、化学成分以及拉伸性能

牌号	拉延级别				
	Z	S 和 P	Z	S	P
	抗拉强度 R_m,MPa		断后伸长率 A,% ≥		
08、08Al	275~410	≥300	36	35	34
10	280~410	≥335	36	34	32
15	300~430	≥370	34	32	30
20	340~480	≥410	30	28	26
25	—	≥450	—	26	24
30	—	≥490	—	24	22
35	—	≥530	—	22	20
40	—	≥570	—	—	19
45	—	≥600	—	—	17
50	—	≥610	—	—	16
尺寸规格	钢板和钢带的尺寸、外形及允许偏差应符合 GB/T 709 的规定,45、50 牌号的钢板和钢带厚度允许偏差可增加 10%				
化学成分	各牌号化学成分应符合 GB/T 699 的规定。在保证性能的前提下,08、08Al 牌号的热轧钢板和钢带的碳、锰含量下限不限,08Al 酸溶铝含量为 0.015%~0.060%。				

注:拉延级别:Z—最深拉延级;S—深拉延级;P—普通拉延级。

4. 合金结构钢热轧厚钢板(表 2-61)

表 2-61 合金结构钢热轧厚钢板的力学性能

牌号	力学性能			牌号	力学性能		
	抗拉强度 σ_b,MPa	伸长率 δ,% ≥	布氏硬度 HB		抗拉强度 σ_b,MPa	伸长率 δ,% ≥	布氏硬度 HB
45Mn2	600 ~ 850	13	—	30Cr	500 ~ 700	19	—
27SiMn	550 ~ 800	18	—	35Cr	550 ~ 750	18	—
40B	500 ~ 700	20	—	40Cr	550 ~ 800	16	—
45B	550 ~ 750	18	—	20CrMnSiA	450 ~ 700	21	—
50B	550 ~ 750	16	—	25CrMnSiA	500 ~ 700	20	152 ~ 221
15Cr	400 ~ 600	21	—	30CrMnSiA	550 ~ 750	19	152 ~ 221
20Cr	400 ~ 650	20	—	35CrMnSiA	600 ~ 800	16	—

注:1. 尺寸规格按 GB/T 709 的规定。化学成分符合 GB/T 3077 的规定。
2. 本表为退火状态交货钢板的性能,布氏硬度值仅当需方要求时才测定。
3. 正火状态交货的钢板,伸长率符合本表规定条件下,抗拉强度上限允许较本表提高 50MPa。
4. 厚度大于 20mm 的钢板,厚度每增加 1mm,伸长率允许较本表降低 0.25%(绝对值),但不得超过 2%。
5. 对于 25CrMnSiA,淬火:850 ~ 890℃,油冷、回火:450 ~ 550℃,水或油冷,其抗拉强度 σ_b 为 1000MPa,伸长率 δ 为 10%,冲击功 A_{KU} 为 39J。
对于 30CrMnSiA,淬火:860 ~ 900℃,油冷、回火:470 ~ 570℃,油冷,其 σ_b 为 1000MPa,δ 为 10%,A_{KU} 为 39J。
6. 供冲压用的厚度不大于 10 mm 的钢板,应在冷状态下进行弯曲试验。弯心直径 $d = 2a$(a 为试样厚度)。
7. 按需方要求,可检验钢板脱碳层深度。厚度不大于 20 mm,全脱碳层(铁素体)深度每面不超过标称厚度的 2.5%,两面之和不超过 4%;厚度大于 20 mm 钢板,每面不超过标称厚度的 2.0%。

5. 不锈钢热轧钢板和钢带(表 2-62 ~ 表 2-77)

表 2-62 公称尺寸范围 mm

形态	公称厚度	公称宽度
厚钢板	>3.0 ~ ≤200	≥600 ~ ≤2500
宽钢带、卷切钢板、纵剪宽钢带	≥2.0 ~ ≤13.0	≥600 ~ ≤2500
窄钢带、卷切钢带	≥2.0 ~ ≤13.0	<600

表 2-63 钢带、卷切钢板和卷切钢带的厚度允许偏差 mm

公称厚度	公称宽度							
	≤1200		>1200 ~ ≤1500		>1500 ~ ≤1800		>1800 ~ ≤2500	
	普通精度	较高精度	普通精度	较高精度	普通精度	较高精度	普通精度	较高精度
>2.0 ~ ≤2.5	±0.22	±0.20	±0.25	±0.23	±0.29	±0.27	—	—
>2.5 ~ ≤3.0	±0.25	±0.23	±0.28	±0.26	±0.31	±0.28	±0.33	±0.31
>3.0 ~ ≤4.0	±0.28	±0.26	±0.31	±0.28	±0.33	±0.31	±0.35	±0.32
>4.0 ~ ≤5.0	±0.31	±0.28	±0.33	±0.30	±0.36	±0.33	±0.38	±0.35
>5.0 ~ ≤6.0	±0.33	±0.31	±0.36	±0.33	±0.38	±0.35	±0.40	±0.37
>6.0 ~ ≤8.0	±0.38	±0.35	±0.39	±0.36	±0.40	±0.37	±0.46	±0.43
>8.0 ~ ≤10.0	±0.42	±0.39	±0.43	±0.40	±0.45	±0.41	±0.53	±0.49
>10.0 ~ ≤13.0	±0.45	±0.42	±0.47	±0.44	±0.49	±0.45	±0.57	±0.53

注:钢带包括窄钢带、宽钢带及纵剪宽钢带。

表 2-64　窄钢带、卷切钢带高级精度的厚度允许偏差　mm

公称厚度	厚度允许偏差
≥2.0～≤4.0	±0.17
>4.0～≤5.0	±0.18
>5.0～≤6.0	±0.20
>6.0～≤8.0	±0.21
>8.0～≤10.0	±0.23
>10.0～≤13.0	±0.25

注：表中所列厚度允许偏差仅对同一牌号、同一尺寸订货量大于两个钢卷的合同有效，其他情况由供需双方协商确定并在合同中注明。

表 2-65　冷轧用宽钢带的同卷厚度差　mm

公称厚度	同卷厚度差		
	宽度≤1200	1200<宽度≤1500	1500<宽度≤2500
≥2.0～≤3.0	≤0.22	≤0.27	≤0.33
>3.0～≤13.0	≤0.28	≤0.32	≤0.40

表 2-66　冷轧用窄钢带的同卷厚度差　mm

公称厚度	同卷厚度差
≤4.0	0.14
>4.0～≤13.0	0.17

表 2-67　厚钢板的宽度允许偏差　mm

公称厚度	公称宽度	宽度允许偏差
≥2～≤4	≤800 >800	+5 +8
>4～≤16	≤1500 >1500	+8 +13
>16～≤60	所有宽度	+28
>60	所有宽度	+32

表 2-68　宽钢带、卷切钢板、纵剪宽钢带的宽度允许偏差　mm

公称宽度	轧制边	切边
≥600～≤2500	$^{+20}_{0}$	$^{+5}_{0}$

注：切边宽钢带及卷切钢板的宽度允许偏差仅适用于厚度不大于10的产品，当厚度大于10时由供需双方协商确定。

表 2-69　窄钢带及卷切钢带的宽度允许偏差　mm

边缘状态	公称宽度	宽度允许偏差				
		厚度≤3.0	3.0<厚度≤5.0	5.0<厚度≤7.0	7.0<厚度≤8.0	8.0<厚度≤13.0
切边(EC)	<250	$^{+0.5}_{0}$	$^{+0.7}_{0}$	$^{+0.8}_{0}$	$^{+0.12}_{0}$	$^{+1.8}_{0}$
	≥250～<600	$^{+0.6}_{0}$	$^{+0.8}_{0}$	$^{+1.0}_{0}$	$^{+1.4}_{0}$	$^{+2.0}_{0}$
不切边(EM)	由供需双方协商，并在合同中注明					

表 2-70 厚钢板、卷切钢板及卷切钢带的长度允许偏差 mm

公称长度	长度允许偏差
<2000	$^{+10}_{0}$
≥2000 ~ <20000	$^{+0.005\times公称长度}_{0}$

表 2-71 厚钢板、宽钢带及卷切钢板的镰刀弯 mm

形态	公称长度	边缘状态	测量长度	镰刀弯
宽钢带	—	切边(纵剪)	任意5000	≤15
		不切边	任意5000	≤20
厚钢板、卷切钢板	<5000	切边或不切边	实际长度 L	≤长度×0.4%
	≥5000	切边(纵剪)	任意5000	≤15
	≥5000	不切边	任意5000	≤20

表 2-72 窄钢带及卷切钢带的镰刀弯 mm

	公称厚度	公称宽度	任意2000长度上的镰刀弯
卷切钢带	≥2	<40	≤10
		≥40 ~ ≤600	≤8
	<2	由供需双方协商确定	
窄钢带	由供需双方协商确定		

注:长度不足2000的卷切钢带的镰刀弯按2000执行。

表 2-73 厚钢板的不平度 mm

厚度	每米不平度
≤25	≤15
>25	由供需双方协商确定

表 2-74 卷切钢板的不平度 mm

公称厚度	公称宽度	不平度	
		普通级	较高级(PG)
≤13.0	≥600 ~ ≤1200	26	23
	>1200 ~ ≤1500	33	30
	>1500	42	38

表 2-75　奥氏体型钢的化学成分

GB/T 20878 中序号	新牌号	旧牌号	化学成分(质量分数),%										
			C	Si	Mn	P	S	Ni	Cr	Mo	Cu	N	其他元素
9	12Cr17Ni7	1Cr17Ni7	0.15	1.00	2.00	0.045	0.030	6.00~8.00	16.00~18.00	—	—	0.10	—
10	022Cr17Ni7①		0.030	1.00	2.00	0.045	0.030	6.00~8.00	16.00~18.00	—	—	0.20	—
11	022Cr17Ni7N①		0.030	1.00	2.00	0.045	0.030	6.00~8.00	16.00~18.00	—	—	0.07~0.20	—
13	12Cr18Ni9	1Cr18Ni9	0.15	0.75	2.00	0.045	0.030	8.00~10.00	17.00~19.00	—	—	0.10	—
14	12Cr18Ni9Si3	1Cr18Ni9Si3	0.15	2.00~3.00	2.00	0.045	0.030	8.00~10.00	17.00~19.00	—	—	0.10	—
17	06Cr19Ni10①	0Cr18Ni9	0.08	0.75	2.00	0.045	0.030	8.00~10.50	18.00~20.00	—	—	0.10	—
18	022Cr19Ni10①	00Cr19Ni10	0.030	0.75	2.00	0.045	0.030	8.00~12.00	18.00~20.00	—	—	0.10	—
19	07Cr19Ni10①		0.04~0.10	0.75	2.00	0.045	0.030	8.00~10.50	18.00~20.00	—	—	—	—
20	05Cr19Ni10Si2N		0.04~0.06	1.00~2.00	0.80	0.045	0.030	9.00~10.00	18.00~19.00	—	—	0.12~0.18	Ce:0.03~0.08
23	06Cr19Ni10N①	0Cr19Ni9N	0.08	0.75	2.00	0.045	0.030	8.00~10.50	18.00~20.00	—	—	0.10~0.16	—
24	06Cr19Ni9NbN①	0Cr19Ni10NbN	0.08	1.00	2.50	0.045	0.030	7.50~10.50	18.00~20.00	—	—	0.15~0.30	Nb:0.15
25	022Cr19Ni10N①	00Cr18Ni10N	0.030	0.75	2.00	0.045	0.030	8.00~12.00	18.00~20.00	—	—	0.10~0.16	—
26	10Cr18Ni12	1Cr18Ni12	0.12	0.75	2.00	0.045	0.030	10.50~13.00	17.00~19.00	—	—	—	—
32	06Cr23Ni13	0Cr23Ni13	0.08	0.75	2.00	0.045	0.030	12.00~15.00	22.00~24.00	—	—	—	—
35	06Cr25Ni20	0Cr25Ni20	0.08	1.50	2.00	0.045	0.030	19.00~22.00	24.00~26.00	—	—	—	—
36	022Cr25Ni22Mo2N①		0.020	0.50	2.00	0.030	0.010	20.50~23.50	24.00~26.00	1.60~2.60	—	0.09~0.15	—
38	06Cr17Ni12Mo2①	0Cr17Ni12Mo2	0.08	0.75	2.00	0.045	0.030	10.00~14.00	16.00~18.00	2.00~3.00	—	0.10	—
39	022Cr17Ni12Mo2①	00Cr17Ni12Mo2	0.030	0.75	2.00	0.045	0.030	10.00~14.00	16.00~18.00	2.00~3.00	—	0.10	—
41	06Cr17Ni12Mo2Ti①	0Cr18Ni12Mo3Ti	0.08	0.75	2.00	0.045	0.030	10.00~14.00	16.00~18.00	2.00~3.00	—	—	Ti≥5C
42	06Cr17Ni12Mo2Nb		0.08	0.75	2.00	0.045	0.030	10.00~14.00	16.00~18.00	2.00~3.00	—	0.10	Nb:10C~1.10
43	06Cr17Ni12Mo2N①	0Cr17Ni12Mo2N	0.08	0.75	2.00	0.045	0.030	10.00~14.00	16.00~18.00	2.00~3.00	—	0.10~0.16	—
44	022Cr17Ni12Mo2N①	00Cr17Ni13Mo2N	0.030	0.75	2.00	0.045	0.030	10.00~14.00	16.00~18.00	2.00~3.00	—	0.10~0.16	—
45	06Cr18Ni12Mo2Cu2	0Cr18Ni12Mo2Cu2	0.08	1.00	2.00	0.045	0.030	10.00~14.00	17.00~19.00	1.20~2.75	1.00~2.50	—	—
48	015Cr21Ni26Mo5Cu2		0.020	1.00	2.00	0.045	0.030	23.00~28.00	19.00~23.00	4.00~5.00	1.00~2.00	0.10	—

续表

GB/T 20878 中序号	新牌号	旧牌号	化学成分(质量分数),%										
			C	Si	Mn	P	S	Ni	Cr	Mo	Cu	N	其他元素
49	06Cr19Ni13Mo3①	0Cr19Ni13Mo3	0.08	0.75	2.00	0.045	0.030	11.00~15.00	18.00~20.00	3.00~4.00	—	0.10	—
50	022Cr19Ni13Mo3	00Cr19Ni13Mo3	0.030	0.75	2.00	0.045	0.030	11.00~15.00	18.00~20.00	3.00~4.00	—	0.10	—
53	022Cr19Ni16Mo5N		0.030	0.75	2.00	0.045	0.030	13.50~17.50	17.00~20.00	4.00~5.00	—	0.10~0.20	—
54	022Cr19Ni13Mo4N		0.030	0.75	2.00	0.045	0.030	11.00~15.00	18.00~20.00	3.00~4.00	—	0.10~0.22	—
55	06Cr18Ni11Ti①	0Cr18Ni10Ti	0.08	0.75	2.00	0.045	0.030	9.00~12.00	17.00~19.00	—	—	0.10	Ti≥5C
58	015Cr24Ni22Mo8-Mn3CuN		0.020	0.50	2.00~4.00	0.030	0.005	21.00~23.00	24.00~25.00	7.00~8.00	0.30~0.60	0.45~0.55	—
61	022Cr24Ni17Mo5-Mn6NbN		0.030	1.00	5.00~7.00	0.030	0.010	16.00~18.00	23.00~25.00	4.00~5.00	—	0.40~0.60	Nb:0.10
62	06Cr18Ni11Nb①	0Cr18Ni11Nb	0.08	0.75	2.00	0.045	0.030	9.00~13.00	17.00~19.00	—	—	—	Nb:10C~1.00

注:表中所列成分除标明范围或最小值,其余均为最大值。

① 为相对于 GB/T 20878 调整化学成分的牌号。

表 2-76 奥氏体-铁素体型钢的化学成分

GB/T 20878 中序号	新牌号	旧牌号	化学成分(质量分数),%										
			C	Si	Mn	P	S	Ni	Cr	Mo	Cu	N	其他元素
67	14Cr18Ni11Si4AlTi	1Cr18Ni11Si4AlTi	0.10~0.18	3.40~4.00	0.80	0.035	0.030	10.00~12.00	17.50~19.50	—	—	—	Ti:0.40~0.70 Al:0.10~0.30
68	022Cr19Ni5Mo3Si2N	00Cr18Ni5Mo3Si2	0.030	1.30~2.00	1.00~2.00	0.030	0.030	4.50~5.50	18.00~19.50	2.50~3.00	—	0.05~0.10	—
69	12Cr21Ni5Ti	1Cr21Ni5Ti	0.09~0.14	0.80	0.80	0.035	0.030	4.80~5.80	20.00~22.00	—	—	—	Ti:5(C-0.02)~0.80
70	022Cr22Ni5Mo3N		0.030	1.00	2.00	0.030	0.020	4.50~6.50	21.00~23.00	2.50~3.50	—	0.08~0.20	—
71	022Cr23Ni5Mo3N		0.030	1.00	2.00	0.030	0.020	4.50~6.50	22.00~23.00	3.00~3.50	—	0.14~0.20	—
72	022Cr23Ni4MoCuN		0.030	1.00	2.00	0.040	0.030	3.00~5.50	21.50~24.50	0.05~0.60	0.05~0.60	0.05~0.20	—

续表

GB/T 20878 中序号	新牌号	旧牌号	化学成分(质量分数),%										
			C	Si	Mn	P	S	Ni	Cr	Mo	Cu	N	其他元素
73	022Cr25Ni6Mo2N		0.030	1.00	2.00	0.030	0.030	5.50~6.50	24.00~26.00	1.50~2.50	—	0.10~0.20	—
74	022Cr25Ni7Mo4WCuN		0.030	1.00	1.00	0.030	0.010	6.00~8.00	24.00~26.00	3.00~4.00	0.50~1.00	0.20~0.30	W:0.50~1.00
75	03Cr25Ni6Mo3Cu2N		0.04	1.00	1.50	0.040	0.030	4.50~6.50	24.00~27.00	2.90~3.90	1.50~2.50	0.10~0.25	—
76	022Cr25Ni7Mo4N		0.030	0.80	1.20	0.035	0.020	6.00~8.00	24.00~26.00	3.00~5.00	0.50	0.24~0.32	—

注:表中所列成分除标明范围或最小值,其余均为最大值。

表 2-77 铁素体型钢的化学成分

GB/T 20878 的序号	新牌号	旧牌号	化学成分(质量分数),%										
			C	Si	Mn	P	S	Ni	Cr	Mo	Cu	N	其他元素
78	06Cr13Al	0Cr13Al	0.08	1.00	1.00	0.040	0.030	(0.60)	11.50~14.50	—	—	—	Al:0.10~0.30
80	022Cr11Ti		0.030	1.00	1.00	0.040	0.020	(0.60)	10.50~11.70	—	—	0.030	Ti≥8(C+N),Ti:0.15~0.50;Cb:0.10
81	022Cr11NbTi		0.030	1.00	1.00	0.040	0.020	(0.60)	10.50~11.70	—	—	0.030	Ti+Nb:[8(C+N)+0.08]~0.75
82	022Cr12Ni		0.030	1.00	1.50	0.040	0.015	0.30~1.00	10.50~12.50	—	—	0.030	—
83	022Cr12	00Cr12	0.030	1.00	1.00	0.040	0.030	(0.60)	11.00~13.50	—	—	—	—
84	10Cr15	1Cr15	0.12	1.00	1.00	0.040	0.030	(0.60)	14.00~16.00	—	—	—	—
85	10Cr17	1Cr17	0.12	1.00	1.00	0.040	0.030	0.75	16.00~18.00	—	—	—	—
87	022Cr17Ti①	00Cr17	0.030	0.75	1.00	0.035	0.030	—	16.00~19.00	—	—	—	Ti 或 Nb:0.10~1.00
88	10Cr17Mo	1Cr17Mo	0.12	1.00	1.00	0.040	0.030	—	16.00~18.00	0.75~1.25	—	—	—
90	019Cr18MoTi		0.025	1.00	1.00	0.040	0.030	—	16.00~19.00	0.75~1.50	—	0.025	Ti,Nb,Zr 或其组合:8(C+N)~0.80
91	022Cr18NbTi		0.030	1.00	1.00	0.040	0.015	—	17.50~18.50	—	—	—	Ti:0.10~0.60 Nb:≥0.30+3C
92	019Cr19Mo2NbTi	00Cr18Mo2	0.025	1.00	1.00	0.040	0.030	1.00	17.50~19.50	1.75~2.50	—	0.035	(Ti+Nb):[0.20+4(C+N)]~0.80
94	008Cr27Mo	00Cr27Mo	0.010	0.40	0.40	0.030	0.020		25.00~27.50	0.75~1.50	—	0.015	(Ni+Cu)≤0.50
95	008Cr30Mo2	00Cr30Mo2	0.010	0.40	0.40	0.030	0.020		28.50~32.00	1.50~2.50	—	0.015	(Ni+Cu)≤0.50

注:表中所列成分除标明范围或最小值,其余均为最大值。括号内值为允许含有的最大值。

① 为相对于 GB/T 20878 调整化学成分的牌号。

6. 冷轧钢板和钢带的尺寸、外形、重量及允许偏差

1）产品形态、边缘形态所对应的尺寸精度的分类按表2-78确定。

表2-78 产品形态、边缘形态所对应的尺寸精度的分类

<table>
<tr><th rowspan="3">产品形态</th><th colspan="9">分类及代号</th></tr>
<tr><th rowspan="2">边缘状态</th><th colspan="2">厚度精度</th><th colspan="2">宽度精度</th><th colspan="2">长度精度</th><th colspan="2">不平度精度</th></tr>
<tr><th>普通</th><th>较高</th><th>普通</th><th>较高</th><th>普通</th><th>较高</th><th>普通</th><th>较高</th></tr>
<tr><td rowspan="2">钢带</td><td>不切边 EM</td><td>PT. A</td><td>PT. B</td><td>PW. A</td><td>—</td><td>—</td><td>—</td><td>—</td><td>—</td></tr>
<tr><td>切边 EC</td><td>PT. A</td><td>PT. B</td><td>PW. A</td><td>PW. B</td><td>—</td><td>—</td><td>—</td><td>—</td></tr>
<tr><td rowspan="2">钢板</td><td>不切边 EM</td><td>PT. A</td><td>PT. B</td><td>PW. A</td><td>—</td><td>PL. A</td><td>PL. B</td><td>PF. A</td><td>PF. B</td></tr>
<tr><td>切边 EC</td><td>PT. A</td><td>PT. B</td><td>PW. A</td><td>PW. B</td><td>FL. A</td><td>PL. B</td><td>PF. A</td><td>PF. B</td></tr>
<tr><td>纵切钢带</td><td>切边 EC</td><td>PT. A</td><td>PT. B</td><td>PW. A</td><td>—</td><td>—</td><td>—</td><td>—</td><td>—</td></tr>
</table>

2）厚度允许偏差：规定的最小屈服强度小于280MPa的钢板和钢带的厚度允许偏差应符合表2-79的规定。

表2-79 最小屈服强度小于280MPa的钢板和钢带的厚度允许偏差 mm

<table>
<tr><th rowspan="4">公称厚度</th><th colspan="6">厚度允许偏差①</th></tr>
<tr><th colspan="3">普通精度 PT. A</th><th colspan="3">较高精度 PT. B</th></tr>
<tr><th colspan="3">公称宽度</th><th colspan="3">公称宽度</th></tr>
<tr><th>≤1200</th><th>>1200~1500</th><th>>1500</th><th>≤1200</th><th>>1200~1500</th><th>>1500</th></tr>
<tr><td>≤0.40</td><td>±0.04</td><td>±0.05</td><td>±0.06</td><td>±0.025</td><td>±0.035</td><td>±0.045</td></tr>
<tr><td>>0.40~0.60</td><td>±0.05</td><td>±0.06</td><td>±0.07</td><td>±0.035</td><td>±0.045</td><td>±0.050</td></tr>
<tr><td>>0.60~0.80</td><td>±0.06</td><td>±0.07</td><td>±0.08</td><td>±0.040</td><td>±0.050</td><td>±0.050</td></tr>
<tr><td>>0.80~1.00</td><td>±0.07</td><td>±0.08</td><td>±0.09</td><td>±0.045</td><td>±0.060</td><td>±0.060</td></tr>
<tr><td>>1.00~1.20</td><td>±0.08</td><td>±0.09</td><td>±0.10</td><td>±0.055</td><td>±0.070</td><td>±0.070</td></tr>
<tr><td>>1.20~1.60</td><td>±0.10</td><td>±0.11</td><td>±0.11</td><td>±0.070</td><td>±0.080</td><td>±0.080</td></tr>
<tr><td>>1.60~2.00</td><td>±0.12</td><td>±0.13</td><td>±0.13</td><td>±0.080</td><td>±0.090</td><td>±0.090</td></tr>
<tr><td>>2.00~2.50</td><td>±0.14</td><td>±0.15</td><td>±0.15</td><td>±0.100</td><td>±0.110</td><td>±0.110</td></tr>
<tr><td>>2.50~3.00</td><td>±0.16</td><td>±0.17</td><td>±0.17</td><td>±0.110</td><td>±0.120</td><td>±0.120</td></tr>
<tr><td>>3.00~4.00</td><td>±0.17</td><td>±0.19</td><td>±0.19</td><td>±0.140</td><td>±0.150</td><td>±0.150</td></tr>
</table>

① 距钢带焊缝处15m内的厚度允许偏差比表中规定值增加60%；距钢带两端各15m内的厚度允许偏差比表中规定值增加60%。

3）宽度允许偏差：切边钢板、钢带的宽度允许偏差应符合表2-80的规定；不切边钢板、钢带的宽度允许偏差由供需双方商定。

表 2-80 切边钢板、钢带的宽度允许偏差 mm

公称宽度	宽度允许偏差	
	普通精度 PW. A	较高精度 PW. B
≤1200	$^{+4}_{0}$	$^{+2}_{0}$
>1200~1500	$^{+5}_{0}$	$^{+2}_{0}$
>1500	$^{+6}_{0}$	$^{+3}_{0}$

4)纵切钢带的宽度允许偏差应符合表 2-81 的规定。

表 2-81 纵切钢带的宽度允许偏差 mm

公称厚度	宽度允许偏差				
	公称宽度				
	≤125	>125~250	>250~400	>400~600	>600
≤0.40	$^{+0.3}_{0}$	$^{+0.6}_{0}$	$^{+1.0}_{0}$	$^{+1.5}_{0}$	$^{+2.0}_{0}$
>0.40~1.0	$^{+0.5}_{0}$	$^{+0.8}_{0}$	$^{+1.2}_{0}$	$^{+1.5}_{0}$	$^{+2.0}_{0}$
>1.0~1.8	$^{+0.7}_{0}$	$^{+1.0}_{0}$	$^{+1.5}_{0}$	$^{+2.0}_{0}$	$^{+2.5}_{0}$
>1.8~4.0	$^{+1.0}_{0}$	$^{+1.3}_{0}$	$^{+1.7}_{0}$	$^{+2.0}_{0}$	$^{+2.5}_{0}$

5)长度允许偏差:钢板的长度允许偏差应符合表 2-82 的规定。

表 2-82 钢板的长度允许偏差 mm

公称长度	长度允许偏差	
	普通精度 PL. A	高级精度 PL. B
≤2000	$^{+5}_{0}$	$^{+3}_{0}$
>2000	$^{+0.3\%}_{0}$ ×公称长度	$^{+0.15\%}_{0}$ ×公称长度

6)不平度:钢板的不平度应符合表 2-83 的规定。

表 2-83 钢板的不平度 mm

规定的最小屈服强度,MPa	公称宽度	不平度 不大于					
		普通精度 PF. A			较高精度 PF. B		
		公称厚度					
		<0.70	0.70~<1.20	≥1.20	<0.70	0.70~<1.20	≥1.20
<280	≤1200	12	10	8	5	4	3
	>1200~1500	15	12	10	6	5	4
	>1500	19	17	15	8	7	6
280~<360	≤1200	15	13	10	8	6	5
	>1200~1500	18	15	13	9	8	6
	>1500	22	20	19	12	10	9

7. 优质碳素结构钢冷轧薄钢板和钢带(表2-84)

表2-84 优质碳素结构钢冷轧薄钢板和钢带的尺寸规格、化学成分和拉伸性能

牌号	拉延级别				
	Z	S和P	Z	S	P
	抗拉强度,MPa		伸长率δ_{10},% ≥		
08F	275~365	275~380	34	32	30
08、08Al、10F	275~390	275~410	32	30	28
10	295~410	295~430	30	29	28
15F	315~450	315~430	29	28	27
15	335~450	335~470	27	26	25
20	355~490	355~500	26	25	24
25	—	390~540	—	24	23
30	—	440~590	—	22	21
35	—	490~635	—	20	19
40	—	510~650	—	—	18
45	—	530~685	—	—	16
50	—	540~715	—	—	14
化学成分	符合GB/T 699的规定				
尺寸规格	按GB/T 708的规定(厚度不大于4 mm)				

注:1. 厚度小于2mm的钢板和钢带,伸长率允许比本表的规定降低1%(绝对值)。
2. 正火状态下供应的钢板和钢带,其他要求符合本表规定时,抗拉强度允许比本表上限的规定提高50MPa。
3. 拉延级别:Z—最深拉延级;S—深拉延级;P—普通拉延级。
4. 产品适于汽车、航空工业部门以及其他工业部门应用。

8. 合金结构钢薄钢板(表2-85)

表2-85 合金结构钢薄钢板的工艺性能

牌号	σ_b,MPa	δ_{10},%	牌号	σ_b,MPa	δ_{10},%
12Mn2A	390~570	≥22	45B	540~685	≥16
16Mn2A	490~635	≥18	50B、50BA	540~715	≥14
45Mn2A①	590~835	≥12	15Cr①、15CrA①	390~590	≥19
35B	490~635	≥19	20Cr	390~590	≥18
40B	510~655	≥16	30Cr①	490~685	≥17
35Cr①	540~735	≥16	20CrMnSiA	440~685	≥18
38CrA	540~735	≥16	25CrMnSiA	490~685	≥18
40Cr	540~785	≥14	30CrMnSi、30CrMnSiA	490~735	≥16
35CrMnSiAl①	590~785	≥14			

注:1. 钢板为热轧或冷轧,厚度不大于4 mm,其尺寸规格应符合GB/T 708的规定。
2. 牌号的化学成分符合GB/T 3077的规定,其中12Mn2A、16Mn2A、38CrA三个牌号的化学成分按YB/T 5132的规定。

3. 钢板厚度不大于0.9 mm时，伸长率仅供参考。
4. 钢板应热处理(正火，退火，正火后回火或高温回火)后交货，在保证符合 YB/T 5132 其他规定条件时，可以不经热处理交货。
5. 表面质量按Ⅰ组(冷轧)、Ⅱ组(冷轧)供应的钢板应按酸洗后交货；Ⅲ组(冷轧或热轧)，Ⅳ组(热轧)表面的钢板不经酸洗交货，按需方要求也可酸洗交货。
6. 本表未列入的牌号的性能指标，按供需双方协议。

① 性能指标只供参考，不作报废依据。

9. 不锈钢冷轧钢板

不同冷作硬化状态钢板和钢带的力学性能应符合表2-86～表2-89的规定。

表2-86 低冷作硬化状态的钢材力学性能

GB/T 20878 中序号	新牌号	旧牌号	规定非比例延伸强度 $R_{p0.2}$，MPa	抗拉强度 R_m，MPa	断后伸长率 A，% 厚度 <0.4mm	厚度 ≥0.4mm～<0.8mm	厚度 ≥0.8mm
			不小于				
9	12Cr17Ni7	1Cr17Ni7	515	860	25	25	25
10	022Cr17Ni7		515	825	25	25	25
11	022Cr17Ni7N		515	825	25	25	25
13	12Cr18Ni9	1Cr18Ni9	515	860	10	10	12
17	06Cr19Ni10	0Cr18Ni9	515	860	10	10	12
18	022Cr19Ni10	00Cr19Ni10	515	860	8	8	10
23	06Cr19Ni10N	0Cr19Ni9N	515	860	12	12	12
25	022Cr19Ni10N	00Cr18Ni10N	515	860	10	10	12
38	06Cr17Ni12Mo2	0Cr17Ni12Mo2	515	860	10	10	10
39	022Cr17Ni12Mo2	00Cr17Ni14Mo2	515	860	8	8	8
41	06Cr17Ni12Mo2Ti	0Cr18Ni12Mo3Ti	515	860	12	12	12

表2-87 半冷作硬化状态的钢材力学性能

GB/T 20878 中序号	新牌号	旧牌号	规定非比例延伸强度 $R_{p0.2}$，MPa	抗拉强度 R_m，MPa	断后伸长率 A，% 厚度 <0.4mm	厚度 ≥0.4mm～<0.8mm	厚度 ≥0.8mm
			不小于		不小于		
9	12Cr17Ni7	1Cr17Ni7	760	1035	15	18	18
10	022Cr17Ni7		690	930	20	20	20
11	022Cr17Ni7N		690	930	20	20	20
13	12Cr18Ni9	1Cr18Ni9	760	1035	9	10	10
17	06Cr19Ni10	0Cr18Ni9	760	1035	6	7	7
18	022Cr19Ni10	00Cr19Ni10	760	1035	5	6	6
23	06Cr19Ni10N	0Cr19Ni9N	760	1035	6	8	8

续表

GB/T 20878中序号	新牌号	旧牌号	规定非比例延伸强度 $R_{p0.2}$,MPa	抗拉强度 R_m,MPa	断后伸长率 A,%		
					厚度<0.4mm	厚度≥0.4mm~<0.8mm	厚度≥0.8mm
			不小于		不小于		
25	022Cr19Ni10N	00Cr18Ni10N	760	1035	6	7	7
38	06Cr17Ni12Mo2	0Cr17Ni12Mo2	760	1035	6	7	7
39	022Cr17Ni12Mo2	00Cr17Ni14Mo2	760	1035	5	6	6
43	06Cr17Ni12Mo2N	0Cr17Ni12Mo2N	760	1035	6	8	8

表 2-88 冷作硬化状态的钢材力学性能

GB/T 20878中序号	新牌号	旧牌号	规定非比例延伸强度 $R_{p0.2}$,MPa	抗拉强度 R_m,MPa	断后伸长率 A,%		
					厚度<0.4mm	厚度≥0.4mm~<0.8mm	厚度≥0.8mm
			不小于		不小于		
9	12Cr17Ni7	1Cr17Ni7	935	1205	10	12	12
13	12Cr18Ni9	1Cr18Ni9	935	1205	5	6	6

表 2-89 特别冷作硬化状态的钢材力学性能

GB/T 20878中序号	新牌号	旧牌号	规定非比例延伸强度 $R_{p0.2}$,MPa	抗拉强度 R_m,MPa	断后伸长率 A,%		
					厚度<0.4mm	厚度≥0.4mm~<0.8mm	厚度≥0.8mm
			不小于		不小于		
9	12Cr17Ni7	1Cr17Ni7	965	1275	8	9	9
13	12Cr18Ni9	1Cr18Ni9	965	1275	3	4	4

10. 冷轧电镀锡钢板及钢带

钢板及钢带的分类及代号应符合表 2-90 的规定。

表 2-90 冷轧电镀锡钢板及钢带

(1)尺寸规格		
公称厚度,mm	一次冷轧板:0.15~0.60;二次冷轧板:0.12~0.36	
板卷内径,mm	406、420、450、508	
(2)分类及代号		
分类方式	类别	代号
原板钢种	—	MR,L,D
调质度	一次冷轧钢板及钢带	T-1,T-1.5,T-2,T-2.5,T-3,T-3.5,T-4,T-5
	二次冷轧钢板及钢带	DR-7M,DR-8,DR-8M,DR-9,DR-9M,DR-10

续表

(2)分类及代号

分类方式	类别	代号
退火方式	连续退火	CA
	罩式退火	BA
差厚镀锡标识	薄面标识方法	D
	厚面标识方法	A
表面状态	光亮表面	B
	粗糙表面	R
	银色表面	S
	无光表面	M
钝化方式	化学钝化	CP
	电化学钝化	CE
	低铬钝化	LCr
边部形状	直边	SL
	花边	WL

(3)镀锡量代号、公称镀锡量及最小平均镀锡量

镀锡方式	镀锡量代号	公称镀锡量,g/m^2	最小平均镀锡量,g/m^2
等厚镀锡	1.1/1.1	1.1/1.1	0.90/0.90
	2.2/2.2	2.2/2.2	1.80/1.80
	2.8/2.8	2.8/2.8	2.45/2.45
	5.6/5.6	5.6/5.6	5.05/5.05
	8.4/8.4	8.4/8.4	7.55/7.55
	11.2/11.2	11.2/11.2	10.1/10.1
差厚镀锡	1.1/2.8	1.1/2.8	0.90/2.45
	1.1/5.6	1.1/5.6	0.90/5.05
	2.8/5.6	2.8/5.6	2.45/5.05
	2.8/8.4	2.8/8.4	2.45/7.55
	5.6/8.4	5.6/8.4	5.05/7.55
	2.8/11.2	2.8/11.2	2.45/10.1
	5.6/11.2	5.6/11.2	5.05/10.1
	8.4/11.2	8.4/11.2	7.55/10.1
	2.8/15.1	2.8/15.1	2.45/13.6
	5.6/15.1	5.5/15.1	5.05/13.6

(4)镀锡量的允许偏差

单面镀锡量(m)的范围,g/m^2	最小平均镀锡量相对于公称镀锡量的百分比,%
$1.0 \leq m < 2.8$	80

续表

(4)镀锡量的允许偏差	
单面镀锡量(m)的范围,g/m²	最小平均镀锡量相对于公称镀锡量的百分比,%
$2.8\leq m<5.6$	87
$5.6\leq m$	90
(5)一次冷轧钢板及钢带的硬度	
调质度代号	表面硬度 HR30Tm①
T-1	49 ±4
T-1.5	51 ±4
T-2	53 ±4
T-2.5	55 ±4
T-3	57 ±4
T-3.5	59 ±4
T-4	61 ±4
T-5	65 ±4
(6)二次冷轧钢板及钢带的硬度	
调质度代号	表面硬度 HR30Tm①
DR-7M	71 ±5
DR-8/DR-8M	73 ±5
DR-9	76 ±5
DR-9M	77 ±5
DR-10	80 ±5

① 硬度为 2 个试样的平均值,允许其中 1 个试验值超出规定允许范围 1 个单位。

11. 冷轧低碳钢板及钢带(表 2-91)

表 2-91 冷轧低碳钢板及钢带

(1)尺寸规格(符合 GB/T 708 的规定)	
牌号	公称厚度,mm
DC01、DC03、DC04、DC05、DC06、DC07	0.30 ~ 3.5

(2)力学性能

牌号	屈服强度① R_{eL}或 $R_{p0.2}$,MPa 不大于	抗拉强度 R_m,MPa	断后伸长率 A_{80},% ($L_0=80$mm,$b=20$mm) 不小于	r_{90}值 不小于	n_{90}值 不小于
DC01	280	270 ~ 410	28	—	—
DC03	240	270 ~ 370	34	1.3	—
DC04	210	270 ~ 350	38	1.6	0.18
DC05	180	270 ~ 330	40	1.9	0.20

续表

(2)力学性能

牌号	屈服强度①R_{eL}或$R_{p0.2}$，MPa 不大于	抗拉强度R_m，MPa	断后伸长率A_{80}，%（L_0 = 80mm，b = 20mm）不小于	r_{90}值 不小于	n_{90}值 不小于
DC06	170	270～330	41	2.1	0.22
DC07	150	250～310	44	2.5	0.23

(3)化学成分

牌号	C	Mn	P	S	Al_t	Ti
DC01	≤0.12	≤0.60	≤0.045	≤0.045	≥0.020	—
DC03	≤0.10	≤0.45	≤0.035	≤0.035	≥0.020	—
DC04	≤0.08	≤0.40	≤0.030	≤0.030	≥0.020	—
DC05	≤0.06	≤0.35	≤0.025	≤0.025	≥0.015	—
DC06	≤0.02	≤0.30	≤0.020	≤0.020	≥0.015	≤0.30
DC07	≤0.01	≤0.25	≤0.020	≤0.020	≥0.015	≤0.20

注：1. 对于牌号 DC01、DC03 和 DC04，当 C≤0.01 时，Al_t≥0.015。DC01、DC03、DC04 和 DC05 也可以添加 Nb 或 Ti。

2. 当厚度大于 0.50mm 且不大于 0.70mm 时，断后伸长率最小值可以降低 2%（绝对值）；当厚度不大于 0.50mm 时，断后伸长率最小值可以降低 4%（绝对值）。

3. r_{90}值和n_{90}值的要求仅适用于厚度不小于 0.50mm 的产品。当厚度大于 2.0mm 时，r_{90}值可以降低 0.2。

4. 钢板及钢带以退火后平整状态交货。

5. 钢板及钢带通常涂油供货，所涂油膜应能用碱水溶液去除，在通常的包装、运输、装卸和储存条件下，供方应保证自生产完成之日起 6 个月内不生锈。如需方要求不涂油供货，应在订货时协商。

① 无明显屈服时采用$R_{p0.2}$，否则采用R_{eL}。当厚度大于 0.50mm 且不大于 0.70mm 时，屈服强度上限值可以增加 20MPa；当厚度不大于 0.50mm 时，屈服强度上限值可以增加 40MPa。经供需双方协商同意，DC01、DC03、DC04 屈服强度的下限值可设定为 140MPa，DC05、DC06 屈服强度的下限值可设定为 120MPa，DC07 屈服强度的下限值可设定为 100MPa。

3 非铁金属材料

3.1 加工铜及铜合金

1. 加工铜及铜合金常用牌号(表3-1)

表3-1 加工铜及铜合金常用牌号

品 种	组 别	代 号	产 品 形 状
加工铜	纯铜	T1	板、带、箔、管
		T2	板、带、箔、管、棒、线、型
		T3	板、带、箔、管、棒、线
	无氧铜	TU0、TU1	板、带、箔、管、棒、线
		TU2	板、带、管、棒、线
	磷脱氧铜	TP1	板、带、管
		TP2	板、带、管
	银铜	TAg0.1	板、管、线
加工黄铜	普通黄铜	H96	板、带、管、棒、线
		H90	板、带、棒、线、管、箔
		H85	管
		H80	板、带、管、棒、线
		H70	板、带、管、棒、线
		H68	板、带、箔、管、棒、线
		H65	板、带、线、管、箔
		H63	板、带、管、棒、线
		H62	板、带、管、棒、线、型、箔
		H59	板、带、线、管
	镍黄铜	HNi65-5	板、棒
		HNi56-3	棒
	铁黄铜	HFe59-1-1	板、棒、管
		HFe58-1-1	棒
	铅黄铜	HPb89-2	棒
		HPb66-0.5	管
		HPb63-3	板、带、棒、线

续表

品种	组别	代号	产品形状
加工黄铜	铅黄铜	HPb63-0.1	管、棒
		HPb62-0.8	线
		HPb62-3	棒
		HPb62-2	板、带、棒
		HPb61-1	板、带、棒、线
		HPb60-2	板、带
		HPb59-3	板、带、管、棒、线
		HPb59-1	板、带、管、棒、线
	铝黄铜	HAl77-2	管
		HAl67-2.5	板、棒
		HAl66-6-3-2	板、棒
		HAl61-4-3-1	管
		HAl60-1-1	板、棒
		HAl59-3-2	板、管、棒
	锰黄铜	HMn62-3-3-0.7	管
		HMn58-2	板、带、棒、线、管
		HMn57-3-1	板、棒
		HMn55-3-1	板、带
	锡黄铜	HSn90-1	板、带
		HSn70-1	管
		HSn62-1	板、带、棒、线、管
		HSn60-1	线、管
	加砷黄铜	H85A	管
		H70A	管
		H68A	管
	硅黄铜	HSi80-3	棒
加工青铜	锡青铜	QSn1.5-0.2	管
		QSn4-0.3	管
		QSn4-3	板、带、箔、棒、线
		QSn4-4-2.5	板、带
		QSn4-4-4	板、带
		QSn6.5-0.1	板、带、箔、棒、线、管
		QSn6.5-0.4	板、带、箔、棒、线、管
		QSn7-0.2	板、带、箔、棒、线
		QSn8-0.3	板、带

续表

品种	组别	代号	产品形状
加工青铜	铝青铜	QAl5	板、带
		QAl7	板、带
		QAl9-2	板、带、箔、棒、线
		QAl9-4	管、棒
		QAl9-5-1-1	棒
		QAl10-3-1.5	管、棒
		QAl10-4-4	管、棒
		QAl10-5-5	棒
		QAl11-6-6	棒
	铍青铜	QBe2	板、带、棒
		QBe1.9	板、带
		QBe1.9-0.1	带
		QBe1.7	板、带
		QBe0.6-2.5	板、带
		QBe0.4-1.8	带
		QBe0.3-1.5	板、带
	硅青铜	QSi3-1	板、带、箔、棒、线、管
		QSi1-3	棒
		QSi3.5-3-1.5	管
	锰青铜	QMn5	板、带
		QMn1.5	板、带
		QMn2	板、带
	锆青铜	QZr0.2	棒
		QZr0.4	棒
	铬青铜	QCr0.5	板、棒、线、管
		QCr0.6-0.4-0.05	棒
		QCr1	棒、线、管
		QCr0.5-0.2-0.1	板、棒、线
	镉青铜	QCd1	板、带、棒、线
	镁青铜	QMg0.8	线
	铁青铜	QFe2.5	带
	碲青铜	QTe0.5	棒
加工白铜	普通白铜	B0.6	线
		B5	管、棒
		B19	板、带
		B25	板
		B30	板、管、线

续表

品种	组别	代号	产品形状
加工白铜	铁白铜	BFe30-1-1	板、管
		BFe10-1-1	板、管
		BFe5-1.5-0.5	管
	锰白铜	BMn3-12	板、带、线
		BMn40-1.5	板、带、箔、棒、线、管
		BMn43-0.5	线
	锌白铜	BZn18-18	板、带
		BZn18-26	板、带
		BZn15-20	板、带、箔、管、棒、线
		BZn15-21-1.8	棒
		BZn15-24-1.5	棒
	铝白铜	BAl13-3	棒
		BAl6－1.5	板

2. 加工铜及铜合金的化学成分(表3-2)

表3-2 加工铜及铜合金的化学成分(质量分数) %

1)加工铜

代号	Cu + Ag	P	Ag	Bi	Sb	As	Fe	Ni	Pb	Sn	S	Zn	O
T1	99.95	0.001	—	0.001	0.002	0.002	0.005	0.002	0.003	0.002	0.005	0.005	0.02
T2	99.90	—	—	0.001	0.002	0.002	0.005	—	0.005	—	0.005	—	—
T3	99.70	—	—	0.002	—	—	—	—	0.01	—	—	—	—
TU0	Cu99.99	0.0003	0.0025	0.0001	0.0004	0.0005	0.0010	0.0010	0.0005	0.0002	0.0015	0.0001	0.0005
	Se:0.0003 Te:0.0002 Mn:0.00005 Cd:0.0001												
TU1	99.97	0.002	—	0.001	0.002	0.002	0.004	0.002	0.003	0.002	0.004	0.003	0.002
TU2	99.95	0.002	—	0.001	0.002	0.002	0.004	0.002	0.004	0.002	0.004	0.003	0.003
TP1	99.90	0.004～0.012	—	—	—	—	—	—	—	—	—	—	—
TP2	99.9	0.015～0.040	—	—	—	—	—	—	—	—	—	—	—
TAg0.1	Cu99.5	—	0.06～0.12	0.002	0.005	0.01	0.05	0.2	0.01	0.05	0.01	—	0.1

续表

2)加工黄铜

代　号	Cu	Fe①	Pb	Al	Mn	Sn	Ni④	Zn	杂质	其　他
H96	95.0~97.0	0.10	0.03	—	—	—	0.5	余量	0.2	—
H90	88.0~91.0	0.10	0.03	—	—	—	0.5	余量	0.2	—
H85	84.0~86.0	0.10	0.03	—	—	—	0.5	余量	0.3	—
H80②	79.0~81.0	0.10	0.03	—	—	—	0.5	余量	0.3	—
H70②	68.5~71.5	0.10	0.03	—	—	—	0.5	余量	0.3	—
H68	67.0~70.0	0.10	0.03	—	—	—	0.5	余量	0.3	—
H65	63.5~68.0	0.10	0.03	—	—	—	0.5	余量	0.3	—
H63	62.0~65.0	0.15	0.08	—	—	—	0.5	余量	0.5	—
H62	60.5~63.5	0.15	0.08	—	—	—	0.5	余量	0.5	—
H59	57.0~60.0	0.3	0.5	—	—	—	0.5	余量	1.0	—
HNi65-5	64.0~67.0	0.15	0.03	—	—	—	5.0~6.5	余量	0.3	—
HNi56-3	54.0~58.0	0.15~0.5	0.2	0.3~0.5	—	—	2.0~3.0	余量	0.6	—
HFe59-1-1	57.0~60.0	0.6~1.2	0.20	0.1~0.5	0.5~0.8	0.3~0.7	0.5	余量	0.3	—
HFe58-1-1	56.0~58.0	0.7~1.3	0.7~1.3	—	—	—	0.5	余量	0.5	—
HPb89-2	87.5~90.5⑤	0.10	1.3~2.5	—	—	—	0.7	余量	—	—
HPb66-0.5	65.0~68.0⑤	0.07	0.25~0.7	—	—	—	—	余量	—	—
HPb63-3	62.0~65.0	0.10	2.4~3.0	—	—	—	0.5	余量	0.75	—
HPb63-0.1	61.5~63.5	0.15	0.05~0.3	—	—	—	0.5	余量	0.5	—
HPb62-0.8	60.0~63.0	0.2	0.5~1.2	—	—	—	0.5	余量	0.75	—
HPb62-3	60.0~63.0⑥	0.35	2.5~3.7	—	—	—	—	余量	—	—
HPb62-2	60.0~63.0⑥	0.15	1.5~2.5	—	—	—	—	余量	—	—
HPb61-1	58.0~62.0⑤	0.15	0.6~1.2	—	—	—	—	余量	—	—

续表

2)加工黄铜

代号	Cu	Fe[①]	Pb	Al	Mn	Sn	Ni[④]	Zn	杂质	其他
HPb60-2	58.0~61.0[⑥]	0.30	1.5~2.5	—	—	—	—	余量	—	—
HPb59-3	57.5~59.5	0.50	2.0~3.0	—	—	—	0.5	余量	1.2	—
HPb59-1	57.0~60.0	0.5	0.8~1.9	—	—	—	1.0	余量	1.0	—
HAl77-2	76.0~79.0[⑥]	0.06	0.07	1.8~2.5	—	—	—	余量	—	As0.02~0.06
HAl67-2.5	66.0~68.0	0.6	0.5	2.0~3.0	—	—	0.5	余量	1.5	
HAl66-6-3-2	64.0~68.0	2.0~4.0	0.5	6.0~7.0	1.5~2.5	—	0.5	余量	1.5	
HAl61-4-3-1	59.0~62.0	0.3~1.3	—	3.5~4.5	—	—	2.5~4.0	余量	0.7	Si0.5~1.5;Co0.5~1.0
HAl60-1-1	58.0~61.0	0.70~1.50	0.40	0.70~1.50	0.1~0.6	—	0.5	余量	0.7	—
HAl59-3-2	57.0~60.0	0.50	0.10	2.5~3.5	—	—	2.0~3.0	余量	0.9	—
HMn62-3-3-0.7	60.0~63.0	0.1	0.05	2.4~3.4	2.7~3.7	0.1	0.5	余量	1.2	Si0.5~1.5
HMn58-2[③]	57.0~60.0	1.0	0.1	—	1.0~2.0	—	0.5	余量	1.2	—
HMn57-3-1[③]	55.0~58.5	1.0	0.2	0.5~1.5	2.5~3.5	—	0.5	余量	1.3	—
HMn55-3-1[③]	53.0~58.0	0.5~1.5	0.5	—	3.0~4.0	—	0.5	余量	1.5	—
HSn90-1	88.0~91.0	0.10	0.03	—	—	0.25~0.75	0.5	余量	0.2	—
HSn70-1	69.0~71.0	0.10	0.05	—	—	0.8~1.3	0.5	余量	0.3	As0.03~0.06
HSn62-1	61.0~63.0	0.10	0.10	—	—	0.7~1.1	0.5	余量	0.3	—
HSn60-1	59.0~61.0	0.10	0.30	—	—	1.0~1.5	0.5	余量	1.0	—
H85A	84.0~86.0	0.10	0.03	—	—	—	0.5	余量	0.3	As0.02~0.08
H70A	68.5~71.5[⑦]	0.05	0.05	—	—	—	—	余量	—	As0.02~0.08
H68A	67.0~70.0	0.10	0.03	—	—	—	0.5	余量	0.3	As0.03~0.06
HSi80-3	79.0~81.0	0.6	0.1	—	—	—	0.5	余量	1.5	Si2.5~4.0

续表

3)加工青铜

代　号	Sn	Al	Be	Si	Mn	Zn	Ni	Fe	Pb	P	Cu	杂质	其 他
QSn1. 5-0. 2	1. 0 ~ 1. 7	—	—	—	—	0. 30	0. 2	0. 10	0. 05	0. 03 ~ 0. 35	余量⑥	—	—
QSn4-0. 3	3. 5 ~ 4. 9	—	—	—	—	0. 30	0. 2	0. 10	0. 05	0. 03 ~ 0. 35	余量⑥	—	—
QSn4-3	3. 5 ~ 4. 5	0. 002	—	—	—	2. 7 ~ 3. 3	0. 2	0. 05	0. 02	0. 03	余量	0. 2	—
QSn4-4-2. 5	3. 0 ~ 5. 0	0. 002	—	—	—	3. 0 ~ 5. 0	0. 2	0. 05	1. 5 ~ 3. 5	0. 03	余量	0. 2	—
QSn4-4-4	3. 0 ~ 5. 0	0. 002	—	—	—	3. 0 ~ 5. 0	0. 2	0. 05	3. 5 ~ 4. 5	0. 03	余量	0. 2	—
QSn6. 5-0. 1	6. 0 ~ 7. 0	0. 002	—	—	—	0. 3	0. 2	0. 05	0. 02	0. 10 ~ 0. 25	余量	0. 1	—
QSn6. 5-0. 4	6. 0 ~ 7. 0	0. 002	—	—	—	0. 3	0. 2	0. 02	0. 02	0. 26 ~ 0. 40	余量	0. 1	—
QSn7-0. 2	6. 0 ~ 8. 0	0. 01	—	—	—	0. 3	0. 2	0. 05	0. 02	0. 10 ~ 0. 25	余量	0. 15	—
QSn8-0. 3	7. 0 ~ 9. 0	—	—	—	—	0. 20	0. 2	0. 10	0. 05	0. 03 ~ 0. 35	余量⑥	—	—
QAl5	0. 1	4. 0 ~ 6. 0	—	0. 1	0. 5	0. 5	0. 5	0. 5	0. 03	0. 01	余量	1. 6	—
QAl7	—	6. 0 ~ 8. 5	—	0. 10	—	0. 20	0. 5	0. 50	0. 02	—	余量⑥	—	—
QAl9-2	0. 1	8. 0 ~ 10. 0	—	0. 1	1. 5 ~ 2. 5	1. 0	0. 5	0. 5	0. 03	0. 01	余量	1. 7	—
QAl9-4	0. 1	8. 0 ~ 10. 0	—	0. 1	0. 5	1. 0	0. 5	2. 0 ~ 4. 0	0. 01	0. 01	余量	1. 7	—
QAl9-5-1-1	0. 1	8. 0 ~ 10. 0	—	0. 1	0. 5 ~ 1. 5	0. 3	4. 0 ~ 6. 0	0. 5 ~ 1. 5	0. 01	0. 01	余量	0. 6	As0. 01
QAl10-3-1. 5⑨	0. 1	8. 5 ~ 10. 0	—	0. 1	1. 0 ~ 2. 0	0. 5	0. 5	2. 0 ~ 4. 0	0. 03	0. 01	余量	0. 75	—
QAl10-4-4⑩	0. 1	9. 5 ~ 11. 0	—	0. 1	0. 3	0. 5	3. 5 ~ 5. 5	3. 5 ~ 5. 5	0. 02	0. 01	余量	1. 0	—
QAl10-5-5	0. 20	8. 0 ~ 11. 0	—	0. 25	0. 5 ~ 2. 5	0. 50	4. 0 ~ 6. 0	4. 0 ~ 6. 0	0. 05	—	余量	1. 2	Mg0. 10
QAl11-6-6	0. 2	10. 0 ~ 11. 5	—	0. 2	0. 5	0. 6	5. 0 ~ 6. 5	5. 0 ~ 6. 5	0. 05	0. 1	余量	1. 5	—

续表

3)加工青铜

代　号	Sn	Al	Be	Si	Mn	Zn	Ni	Fe	Pb	P	Cu	杂质	其　他
QBe2	—	0.15	1.80 ~ 2.1	0.15	—	—	0.2 ~ 0.5	0.15	0.005	—	余量	0.5	—
QBe1.9	—	0.15	1.85 ~ 2.1	0.15	—	—	0.2 ~ 0.4	0.15	0.005	—	余量	0.5	Ti0.10 ~ 0.25
QBe1.9-0.1	—	0.15	1.85 ~ 2.1	0.15	—	—	0.2 ~ 0.4	0.15	0.005	—	余量	0.5	Ti0.10 ~ 0.25 Mg0.07 ~ 0.13
QBe1.7	—	0.15	1.6 ~ 1.85	0.15	—	—	0.2 ~ 0.4	0.15	0.005	—	余量	0.5	Ti0.10 ~ 0.25
QBe0.6-2.5	—	0.20	0.40 ~ 0.7	0.20	—	—	—	0.10	—	—	余量⑥	—	Co2.4 ~ 2.7
QBe0.4-1.8	—	0.20	0.20 ~ 0.6	0.20	—	—	1.4 ~ 2.2	0.10	—	—	余量⑥	—	Co0.30
QBe0.3-1.5	—	0.20	0.25 ~ 0.50	0.20	—	—	—	0.10	—	—	余量	—	Co1.40 ~ 1.70 Ag0.90 ~ 1.10
QSi3-1⑧	0.25	—	—	2.7 ~ 3.5	1.0 ~ 1.5	0.5	0.2	0.3	0.03	—	余量	1.1	—
QSi1-3	0.1	0.02	—	0.6 ~ 1.1	0.1 ~ 0.4	0.2	2.4 ~ 3.4	0.1	0.15	—	余量	0.5	—
QSi3.5-3-1.5	0.25	—	—	3.0 ~ 4.0	0.5 ~ 0.9	2.5 ~ 3.5	0.2	1.2 ~ 1.8	0.03	0.03	余量	1.1	As0.002 Sb0.002
QMn1.5	0.05	0.07	—	0.1	1.20 ~ 1.80	—	0.1	0.1	0.01	—	余量	0.3	Cr0.1; Sb0.005; Bi0.002; S0.01
QMn2	0.05	0.07	—	0.1	1.5 ~ 2.5	—	—	0.1	0.01	—	余量	0.5	Sb0.05; Bi0.002; As0.01
QMn5	0.1	—	—	0.1	4.5 ~ 5.5	0.4	—	0.35	0.03	0.01	余量	0.9	Sb0.002
QZr0.2	0.05	—	—	—	—	—	0.2	0.05	0.01	—	余量	0.5	Zr0.15 ~ 0.30; Sb0.005; Bi0.002; S0.01

续表

3)加工青铜

代号	Sn	Al	Be	Si	Mn	Zn	Ni	Fe	Pb	P	Cu	杂质	其他
QZr0. 4	0. 05	—	—	—	—	—	0. 2	0. 05	0. 01	—	余量	0. 5	Zr0. 30 ~ 0. 50; Sb0. 005; Bi0. 002; S0. 01
QCr0. 5	—	—	—	—	—	—	0. 05	0. 1	—	—	余量	0. 5	Cr0. 4 ~ 1. 1
QCr0. 5-0. 2-0. 1	—	0. 1 ~ 0. 25	—	—	—	—	—	—	—	—	余量	0. 5	Cr0. 4 ~ 1. 0; Mg0. 1 ~ 0. 25
QCr0. 6-0. 4-0. 05	—	—	—	0. 05	—	—	—	0. 05	—	0. 01	余量	0. 5	Zr0. 3 ~ 0. 6; Cr0. 4 ~ 0. 8; Mg0. 04 ~ 0. 08
QCr1	—	—	—	0. 10	—	—	—	0. 10	0. 05	—	余量[6]	—	Cr0. 6 ~ 1. 2
QCd1	—	—	—	—	—	—	—	0. 02	—	—	余量[6]	—	Cd0. 7 ~ 1. 2
QMg0. 8	0. 002	—	—	—	—	0. 005	0. 006	0. 005	0. 005	—	余量	0. 3	Mg0. 70 ~ 0. 85; Sb0. 005; Bi0. 002; S0. 005
QFe2. 5	—	—	—	—	—	0. 05 ~ 0. 20	—	2. 1 ~ 2. 6	0. 03	0. 015 ~ 0. 15	97. 0	—	—
QTe0. 5	—	—	—	—	—	—	—	—	—	0. 004 ~ 0. 012	99. 90[11]	—	Te0. 40 ~ 0. 70

4)加工白铜

代号	Ni + Co	Fe	Mn	Zn	Pb	Al	Si	P	S	C	Mg	Cu	杂质总和	其他
B0. 6	0. 57 ~ 0. 63	0. 005	—	—	0. 005	—	0. 002	0. 002	0. 005	0. 002	—	余量	0. 1	—
B5	4. 4 ~ 5. 0	0. 20	—	—	0. 01	—	—	0. 01	0. 01	0. 03	—	余量	0. 5	—
B19[12]	18. 0 ~ 20. 0	0. 5	0. 5	0. 3	0. 005	—	0. 15	0. 01	0. 01	0. 05	0. 05	余量	1. 8	—
B25	24. 0 ~ 26. 0	0. 5	0. 5	0. 3	0. 005	—	0. 15	0. 01	0. 01	0. 05	0. 05	余量	1. 8	Sn0. 03
B30	29 ~ 33	0. 9	1. 2	—	0. 05	—	0. 15	0. 006	0. 01	0. 05	—	余量	—	—

续表

4)加工白铜

代号	Ni + Co	Fe	Mn	Zn	Pb	Al	Si	P	S	C	Mg	Cu	杂质总和	其他
BFe5-1.5-0.5	4.8 ~ 6.2	1.3 ~ 1.7	0.30 ~ 0.8	1.0	0.05	—	—	—	—	—	—	余量[⑥]	—	—
BFe10-1-1	9.0 ~ 11.0	1.0 ~ 1.5	0.5 ~ 1.0	0.3	0.02	—	0.15	0.006	0.01	0.05	—	余量	0.7	Sn0.03
BFe30-1-1	29.0 ~ 32.0	0.5 ~ 1.0	0.5 ~ 1.2	0.3	0.02	—	0.15	0.006	0.01	0.05	—	余量	0.7	Sn0.03
BMn3-12[⑬]	2.0 ~ 3.5	0.20 ~ 0.50	11.5 ~ 13.5	—	0.020	0.2	0.1 ~ 0.3	0.005	0.020	0.05	0.03	余量	0.5	—
BMn40-1.5[⑬]	39.0 ~ 41.0	0.50	1.0 ~ 2.0	—	0.005	—	0.10	0.005	0.02	0.10	0.05	余量	0.9	—
BMn43-0.5[⑬]	42.0 ~ 44.0	0.15	0.10 ~ 1.0	—	0.002	—	0.10	0.002	0.01	0.10	0.05	余量	0.6	—
BZn18-18	16.5 ~ 19.5	0.25	0.50	余量	0.05	—	—	—	—	—	—	63.5 ~ 66.5[⑥]	—	—
BZn18-26	16.5 ~ 19.5	0.25	0.50	余量	0.05	—	—	—	—	—	—	53.5 ~ 56.5[⑥]	—	—
BZn15-20	13.5 ~ 16.5	0.5	0.3	余量	0.02	—	0.15	0.005	0.01	0.03	0.05	62.0 ~ 65.0	0.9	Bi0.002;As0.010;Sb0.002
BZn15-21-1.8	14.0 ~ 16.0	0.3	0.5	余量	1.5 ~ 2.0	—	0.15	—	—	—	—	60.0 ~ 63.0	0.9	—
BZn15-24-1.5	12.5 ~ 15.5	0.25	0.05 ~ 0.5	余量	1.4 ~ 1.7	—	—	0.02	0.005	—	—	58.0 ~ 60.0	0.75	—
BAl13-3	12.0 ~ 15.0	1.0	0.50	—	0.003	2.3 ~ 3.0	—	0.01	—	—	—	余量	1.9	—
BAl6-1.5	5.5 ~ 6.5	0.50	0.20	—	0.003	1.2 ~ 1.8	—	—	—	—	—	余量	1.1	—

注:铋、锑和砷可不分析,但供方必须保证不大于界限值。

① 抗磁用黄铜的铁的质量分数不大于0.030%。

② 特殊用途的H70、H80的杂质最大值为:Fe0.07%、Sb0.002%、P0.005%、As0.005%、S0.002%、杂质总和为0.20%。

③ 供异型铸造和热锻用的HMn57-3-1和HMn58-2的磷的质量分数不大于0.03%。供特殊使用的HMn55-3-1的铝的质量分数不大于0.1%。

④ 无对应外国牌号的黄铜(镍为主成分者除外)的镍含量计入铜中。

⑤ Cu + 所列出元素总和≥99.6%;

⑥ Cu + 所列出元素总和≥99.5%;

⑦ Cu + 所列出元素总和≥99.7%。

⑧ QSi3-1的铁的质量分数不大于0.030%。

⑨ 非耐磨材料用QAl10-3-1.5,其锌的质量分数可达1%,但杂质总和应不大于1.25%。

⑩ 经双方协商,焊接或特殊要求的QAl10-4-4,其锌的质量分数不大于0.2%。

⑪ 包括Te + Sn。

⑫ 特殊用途的B19白铜带,可供应硅的质量分数不大于0.05%的材料。

⑬ BMn3-12合金、作热电偶用的BMn40-1.5和BMn43-0.5合金,为保证电气性能,对规定有最大值和最小值的成分,允许略微超出表列的规定。

3.2 变形铝及铝合金

1. 铝及铝合金加工产品常用牌号(表3-3)

2. 变形铝及铝合金的化学成分(表3-4、表3-5)

3.3 非铁金属管材

1. 铜及铜合金无缝管材外形尺寸及允许偏差

1)挤制铜及铜合金圆形管的规格应符合表3-5的规定。
2)拉制铜及铜合金圆形管的规格应符合表3-6的规定。

表3-3 铝及铝合金加工产品常用牌号

品种	牌号	产品形状
工业用高纯铝	1A85、1A90、1A93、1A97、1A99	板、带、箔、管
工业用纯铝	1060、1050A、1035、8A06	板、箔、管、线、棒
	1A30	板、带、箔
	1100	板、带
包覆铝	7A01 1A50	包覆板
防锈铝	5A02	板、箔、管、棒、型、线、锻件
	5A03	板、棒、型、管
	5A05	板、棒、管
	5B05	线材
	5A06	板、棒、管、型、锻件、模锻
	5A12	厚板、型、棒
	5B06、5A13、5A33	线、棒
	5A43	板
	3A21	板、带、箔
	5083、5056	板、带、管

续表

品　　种	牌　　号	产　品　形　状
硬铝	2A01	线材
	2A02	棒、带、冲压叶片
	2A04	线材
	2B11 2B12	线材
	2A10	线材
	2A11	板、棒、管、型、锻件
	2A12	板、棒、管、型、箔、线
	2A06	板材
	2A16	板、棒、型、锻件
	2A17	板、棒、锻件
锻铝	6A02	板、棒、管、型、锻件
	6B02	板、带
	6070	板、型材
	2A50	棒、锻件
	2B50	锻件
	2A70	板、棒、锻件、模锻件
	2A80	棒、锻件、模锻件
	2A90	棒、锻件、模锻件
	2A14	棒、锻件、模锻件
	4A11	棒、锻件
	6061 6063	型、板、带、管
超硬铝	7A03	线材
	7A04	板、棒、管、型、锻件
	7A09	板、棒、管、型
	7A10	板、管、锻件
	7003	型材
特殊铝	4A01	线材
	4A13 4A17	板、带、箔、焊线
	5A41	板
	5A66	板、带

表 3-4 变形铝及铝合金的化学成分

牌号	化学成分(质量分数),%													
	Si	Fe	Cu	Mn	Mg	Cr	Ni	Zn		Ti	Zr	其他		Al
												单个	合计	
1035	0.35	0.6	0.10	0.05	0.05	—	—	0.10	0.05V	0.03	—	0.03	—	99.35
1040	0.30	0.50	0.10	0.05	0.05	—	—	0.10	0.05V	0.03	—	0.03	—	99.40
1045	0.30	0.45	0.10	0.05	0.05	—	—	0.05	0.05V	0.03	—	0.03	—	99.45
1050	0.25	0.40	0.05	0.05	0.05	—	—	0.05	0.05V	0.03	—	0.03	—	99.50
1050A	0.25	0.40	0.05	0.05	0.05	—	—	0.07	—	0.05	—	0.03	—	99.50
1060	0.25	0.35	0.05	0.03	0.03	—	—	0.05	0.05V	0.03	—	0.03	—	99.60
1065	0.25	0.30	0.05	0.03	0.03	—	—	0.05	0.05V	0.03	—	0.03	—	99.65
1070	0.20	0.25	0.04	0.03	0.03	—	—	0.04	0.05V	0.03	—	0.03	—	99.70
1070A	0.20	0.25	0.03	0.03	0.03	—	—	0.07	—	0.03	—	0.03	—	99.70
1080	0.15	0.15	0.03	0.02	0.02	—	—	0.03	0.03Ga,0.05V	0.03	—	0.02	—	99.80
1080A	0.15	0.15	0.03	0.02	0.02	—	—	0.06	0.03Ga[1]	0.02	—	0.02	—	99.80
1085	0.10	0.12	0.03	0.02	0.02	—	—	0.03	0.03Ga,0.05V	0.02	—	0.01	—	99.85
1100	0.95Si + Fe		0.05 ~ 0.20	0.05	—	—	—	0.10	①	—	—	0.05	0.15	99.00
1200	1.00Si + Fe		0.05	0.05	—	—	—	0.10	—	0.05	—	0.05	0.15	99.00
1200A	1.00Si + Fe		0.10	0.30	0.30	0.10	—	0.10	—	—	—	0.05	0.15	99.00
1120	0.10	0.40	0.05 ~ 0.35	0.01	0.20	0.01	—	0.05	0.03Ga,0.05B,0.02V + Ti	—	—	0.03	0.10	99.20
1230[2]	0.70Si + Fe		0.10	0.05	0.05	—	—	0.10	0.05V	0.03	—	0.03	—	99.30
1235	0.65Si + Fe		0.05	0.05	0.05	—	—	0.10	0.05V	0.06	—	0.03	—	99.35

续表

牌号	化学成分(质量分数),%													
	Si	Fe	Cu	Mn	Mg	Cr	Ni	Zn		Ti	Zr	其他		Al
												单个	合计	
1435	0.15	0.30~0.50	0.02	0.05	0.05	—	—	0.10	0.05V	0.03	—	0.03	—	99.35
1145	0.55Si+Fe		0.05	0.05	0.05	—	—	0.05	0.05V	0.03	—	0.03	—	99.45
1345	0.30	0.40	0.10	0.05	0.05	—	—	0.05	0.05V	0.03	—	0.03	—	99.45
1350	0.10	0.40	0.05	0.01	—	0.01	—	0.05	0.03Ga,0.05B,0.02V+Ti	—	—	0.03	0.10	99.50
1450	0.25	0.40	0.05	0.05	0.05	—	—	0.07	①	0.10~0.20	—	0.03	—	99.50
1260	0.40Si+Fe		0.04	0.01	0.03	—	—	0.05	0.05V[1]	0.03	—	0.03	—	99.60
1370	0.10	0.25	0.02	0.01	0.02	0.01	—	0.04	0.03Ga,0.02B,0.02V+Ti	—	—	0.02	0.10	99.70
1275	0.08	0.12	0.05~0.10	0.02	0.02	—	—	0.03	0.03Ga,0.03V	0.02	—	0.01	—	99.75
1185	0.15Si+Fe		0.01	0.02	0.02	—	—	0.03	0.03Ga,0.05V	0.02	—	0.01	—	99.85
1285	0.08③	0.08③	0.02	0.01	0.01	—	—	0.03	0.03Ga,0.05V	0.02	—	0.01	—	99.85
1385	0.05	0.12	0.02	0.01	0.02	0.01	—	0.03	0.03Ga,0.03V+Ti④	—	—	0.01	—	99.85
2004	0.02	0.20	5.5~6.5	0.10	0.50	—	—	0.10	—	0.05	0.30~0.50	0.05	0.15	余量
2011	0.40	0.7	5.0~6.0	—	—	—	—	0.30	⑤	—	—	0.05	0.15	余量
2014	0.50~1.2	0.7	3.9~5.0	0.40~1.2	0.20~0.3	0.10	—	0.25	⑥	0.15	—	0.05	0.15	余量
2014A	0.50~0.9	0.50	3.9~5.0	0.40~1.2	0.20~0.3	0.10	0.10	0.25	—	0.15	0.20 Zr+Ti	0.05	0.15	余量

续表

牌号	化学成分(质量分数),%													
	Si	Fe	Cu	Mn	Mg	Cr	Ni	Zn		Ti	Zr	其他		Al
												单个	合计	
2214	0.50~1.2	0.30	3.9~5.0	0.40~1.2	0.20~0.3	0.10	—	0.25	⑥	0.15	—	0.05	0.15	余量
2017	0.20~0.8	0.7	3.5~4.5	0.40~1.0	0.40~0.3	0.10	—	0.25	⑥	0.15	—	0.05	0.15	余量
2017A	0.20~0.8	0.7	3.5~4.5	0.40~1.0	0.40~1.0	0.10	—	0.25	—	—	0.25 Zr+Ti	0.05	0.15	余量
2117	0.8	0.7	2.2~3.0	0.20	0.20~0.50	0.10	—	0.25	—	—	—	0.05	0.15	余量
2218	0.9	1.0	3.5~4.5	0.20	1.2~1.8	0.10	1.7~2.3	0.25	—	—	—	0.05	0.15	余量
2618	0.10~0.25	0.9~1.3	1.9~2.7	—	1.3~1.8	—	0.9~1.2	0.10	—	0.04~0.10	—	0.05	0.15	余量
2618A	0.15~0.25	0.9~1.4	1.8~2.7	0.25	1.2~1.8	—	0.8~1.4	0.15	—	0.02	0.25 Zr+Ti	0.05	0.15	余量
2219	0.20	0.30	5.8~6.8	0.20~0.40	0.02	—	—	0.10	0.05~0.15V	0.02~0.10	0.10~0.25	0.05	0.15	余量
2519	0.25⑦	0.30⑦	5.3~6.4	0.10~0.50	0.05~0.40	—	—	0.10	0.05~0.15V	0.02~0.10	0.10~0.25	0.05	0.15	余量
2024	0.50	0.50	3.8~4.9	0.30~0.9	1.2~1.8	0.10	—	0.25	⑥	0.15	—	0.05	0.15	余量
2024A	0.15	0.20	3.7~4.5	0.15~0.8	1.2~1.5	0.10	—	0.25	—	0.15	—	0.05	0.15	余量
2124	0.20	0.30	3.8~4.9	0.30~0.9	1.2~1.8	0.10	—	0.25	⑥	0.15	—	0.05	0.15	余量
2324	0.10	0.12	3.8~4.4	0.30~0.9	1.2~1.8	0.10	—	0.25	—	0.15	—	0.05	0.15	余量

续表

牌号	化学成分(质量分数),%											其他		Al
	Si	Fe	Cu	Mn	Mg	Cr	Ni	Zn		Ti	Zr	单个	合计	
2524	0.06	0.12	4.0 ~ 4.5	0.45 ~ 0.7	1.2 ~ 1.6	0.05	—	0.15	—	0.10	—	0.05	0.15	余量
3002	0.08	0.10	0.15	0.05 ~ 0.25	0.05 ~ 0.20	—	—	0.05	0.05V	0.03	—	0.03	0.10	余量
3102	0.40	0.7	0.10	0.05 ~ 0.40	—	—	—	0.30	—	0.10	—	0.05	0.15	余量
3003	0.6	0.7	0.05 ~ 0.20	1.0 ~ 1.5	—	—	—	0.10	—	—	—	0.05	0.15	余量
3103	0.50	0.7	0.10	0.9 ~ 1.5	0.30	0.10	—	0.20	①	—	0.10 Zr-Ti	0.05	0.15	余量
3103A	0.50	0.7	0.10	0.7 ~ 1.4	0.30	0.10	—	0.20	—	0.10	0.10 Zr-Ti	0.05	0.15	余量
3203	0.6	0.7	0.05	1.0 ~ 1.5	—	—	—	0.10	①	—	—	0.05	0.15	余量
3004	0.30	0.7	0.25	1.0 ~ 1.5	0.8 ~ 1.3	—	—	0.25	—	—	—	0.05	0.15	余量
3004A	0.40	0.7	0.25	0.8 ~ 1.5	0.8 ~ 1.5	0.10	—	0.25	0.03Pb	0.05	—	0.05	0.15	余量
3104	0.6	0.8	0.05 ~ 0.25	0.8 ~ 1.4	0.8 ~ 1.3	—	—	0.25	0.05Ga, 0.05V	0.10	—	0.05	0.15	余量
3204	0.30	0.7	0.10 ~ 0.25	0.8 ~ 1.5	0.8 ~ 1.5	—	—	0.25	—	—	—	0.05	0.15	余量
3005	0.6	0.7	0.30	1.0 ~ 1.5	0.20 ~ 0.6	0.10	—	0.25	—	0.10	—	0.05	0.15	余量
3105	0.6	0.7	0.30	0.30 ~ 0.8	0.20 ~ 0.8	0.20	—	0.40	—	0.10	—	0.05	0.15	余量

续表

牌号	化学成分(质量分数),%													
	Si	Fe	Cu	Mn	Mg	Cr	Ni	Zn		Ti	Zr	其他 单个	其他 合计	Al
3105A	0.6	0.7	0.30	0.30~0.8	0.20~0.8	0.20	—	0.25	—	0.10	—	0.05	0.15	余量
3006	0.50	0.7	0.10~0.30	0.50~0.8	0.30~0.6	0.20	—	0.15~0.40	—	0.10	—	0.05	0.15	余量
3007	0.50	0.7	0.05~0.30	0.30~0.8	0.6	0.20	—	0.40	—	0.10	—	0.05	0.15	余量
3107	0.6	0.7	0.05~0.15	0.40~0.9	—	—	—	0.20	—	0.10	—	0.05	0.15	余量
3207	0.30	0.45	0.10	0.40~0.8	0.10	—	—	0.10	—	—	—	0.05	0.10	余量
3207A	0.35	0.6	0.25	0.30~0.8	0.4	0.20	—	0.25	—	—	—	0.05	0.15	余量
3307	0.6	0.8	0.30	0.50~0.9	0.30	0.20	—	0.40	—	0.10	—	0.05	0.15	余量
4004②	9.0~10.5	0.8	0.25	0.10	1.0~2.0	—	—	0.20	—	—	—	0.05	0.15	余量
4032	11.0~13.5	1.0	0.50~1.3	—	0.8~1.3	0.10	0.50~1.3	0.25	—	—	—	0.05	0.15	余量
4043	4.5~6.0	0.8	0.30	0.05	0.05	—	—	0.10	①	0.20	—	0.05	0.15	余量
4043A	4.5~6.0	0.6	0.30	0.15	0.20	—	—	0.10	①	0.15	—	0.05	0.15	余量
4343	6.8~8.2	0.8	0.25	0.10	—	—	—	0.20	—	—	—	0.05	0.15	余量
4045	9.0~11.0	0.8	0.30	0.05	0.05	—	—	0.10	—	0.20	—	0.05	0.15	余量

续表

牌号	化学成分(质量分数),%													
	Si	Fe	Cu	Mn	Mg	Cr	Ni	Zn		Ti	Zr	其他		Al
												单个	合计	
4047	11.0 ~ 13.0	0.8	0.30	0.15	0.10	—	—	0.20	①	—	—	0.05	0.15	余量
4047A	11.0 ~ 13.0	0.6	0.30	0.15	0.10	—	—	0.20	①	0.15	—	0.05	0.15	余量
5005	0.30	0.7	0.20	0.20	0.50 ~ 1.1	0.10	—	0.25	—	—	—	0.05	0.15	余量
5005A	0.30	0.45	0.05	0.15	0.7 ~ 1.1	0.10	—	0.20	—	—	—	0.05	0.15	余量
5205	0.15	0.7	0.03 ~ 0.10	0.10	0.6 ~ 1.0	0.10	—	0.05	—	—	—	0.05	0.15	余量
5006	0.40	0.8	0.10	0.40 ~ 0.8	0.8 ~ 1.3	0.10	—	0.25	—	0.10	—	0.05	0.15	余量
5010	0.40	0.7	0.25	0.10 ~ 0.30	0.20 ~ 0.6	0.15	—	0.30	—	0.10	—	0.05	0.15	余量
5019	0.40	0.50	0.10	0.10 ~ 0.6	4.5 ~ 5.6	0.20	—	0.20	0.10 ~ 0.6Mn + Cr	0.20	—	0.05	0.15	余量
5049	0.40	0.50	0.10	0.50 ~ 1.1	1.6 ~ 2.5	0.30	—	0.20	—	0.10	—	0.05	0.15	余量
5050	0.40	0.7	0.20	0.10	1.1 ~ 1.8	0.10	—	0.25	—	—	—	0.05	0.15	余量
5050A	0.40	0.7	0.20	0.30	1.1 ~ 1.8	0.10	—	0.25	—	—	—	0.05	0.15	余量
5150	0.08	0.10	0.10	0.03	1.3 ~ 1.7	—	—	0.10	—	0.06	—	0.03	0.10	余量
5250	0.08	0.10	0.10	0.04 ~ 0.15	1.3 ~ 1.8	—	—	0.05	0.03Ga, 0.05V	—	—	0.03	0.10	余量

续表

牌号	化学成分(质量分数),%													
	Si	Fe	Cu	Mn	Mg	Cr	Ni	Zn		Ti	Zr	其他		Al
												单个	合计	
5051	0.40	0.7	0.25	0.20	1.7 ~ 2.2	0.10	—	0.25	—	0.10	—	0.05	0.15	余量
5251	0.40	0.50	0.15	0.10 ~ 0.50	1.7 ~ 2.4	0.15	—	0.15	—	0.15	—	0.05	0.15	余量
5052	0.25	0.40	0.10	0.10	2.2 ~ 2.8	0.15 ~ 0.35	—	0.10	—	—	—	0.05	0.15	余量
5154	0.25	0.40	0.10	0.10	3.1 ~ 3.9	0.15 ~ 0.35	—	0.20	①	0.20	—	0.05	0.15	余量
5154A	0.50	0.50	0.10	0.50	3.1 ~ 3.9	0.25	—	0.20	0.10 ~ 0.50Mn + Cr①	0.20	—	0.05	0.15	余量
5454	0.25	0.40	0.10	0.50 ~ 1.0	2.4 ~ 3.0	0.05 ~ 0.20	—	0.25	—	0.20	—	0.05	0.15	余量
5554	0.25	0.40	0.10	0.50 ~ 1.0	2.4 ~ 3.0	0.05 ~ 0.20	—	0.25	①	0.05 ~ 0.20	—	0.05	0.15	余量
5754	0.40	0.40	0.10	0.50	2.6 ~ 3.6	0.30	—	0.20	0.10 ~ 0.6Mn + Cr	0.15	—	0.05	0.15	余量
5056	0.30	0.40	0.10	0.05 ~ 0.20	4.5 ~ 5.6	0.05 ~ 0.20	—	0.10	—	—	—	0.05	0.15	余量
5356	0.25	0.40	0.10	0.05 ~ 0.20	4.5 ~ 5.5	0.05 ~ 0.20	—	0.10	①	0.06 ~ 0.20	—	0.05	0.15	余量
5456	0.25	0.40	0.10	0.50 ~ 1.0	4.7 ~ 5.5	0.05 ~ 0.20	—	0.25	—	0.20	—	0.05	0.15	余量
5059	0.45	0.50	0.25	0.6 ~ 1.2	5.0 ~ 6.0	0.25	—	0.40 ~ 0.9	—	0.20	0.05 ~ 0.25	0.05	0.15	余量
5082	0.20	0.35	0.15	0.15	4.0 ~ 5.0	0.15	—	0.25	—	0.10	—	0.05	0.15	余量

续表

牌号	化学成分(质量分数),%													
	Si	Fe	Cu	Mn	Mg	Cr	Ni	Zn		Ti	Zr	其他		Al
												单个	合计	
5182	0.20	0.35	0.15	0.20~0.50	4.0~5.0	0.10	—	0.25	—	0.10	—	0.05	0.15	余量
5083	0.40	0.40	0.10	0.40~1.0	4.0~4.9	0.05~0.25	—	0.25	—	0.15	—	0.05	0.15	余量
5183	0.40	0.40	0.10	0.50~1.0	4.3~5.2	0.05~0.25	—	0.25	①	0.15	—	0.05	0.15	余量
5383	0.25	0.25	0.20	0.7~1.0	4.0~5.2	0.25	—	0.40	—	0.15	0.20	0.05	0.15	余量
5086	0.40	0.50	0.10	0.20~0.7	3.5~4.5	0.05~0.25	—	0.25	—	0.15	—	0.05	0.15	余量
6101	0.30~0.7	0.50	0.10	0.03	0.35~0.8	0.03	—	0.10	0.06B	—	—	0.03	0.10	余量
6101A	0.30~0.7	0.40	0.05	—	0.40~0.9	—	—	—	—	—	—	0.03	0.10	余量
6101B	0.30~0.6	0.10~0.30	0.05	0.05	0.35~0.6	—	—	0.10	—	—	—	0.03	0.10	余量
6201	0.50~0.9	0.50	0.10	0.03	0.6~0.9	0.03	—	0.10	0.06B	—	—	0.03	0.10	余量
6005	0.6~0.9	0.35	0.10	0.10	0.40~0.6	0.10	—	0.10	—	0.10	—	0.05	0.15	余量
6005A	0.50~0.9	0.35	0.30	0.50	0.40~0.7	0.30	—	0.20	0.12~0.50Mn+Cr	0.10	—	0.05	0.15	余量
6105	0.6~1.0	0.35	0.10	0.15	0.45~0.8	0.10	—	0.10	—	0.10	—	0.05	0.15	余量
6106	0.30~0.6	0.35	0.25	0.05~0.20	0.40~0.8	0.20	—	0.10	—	—	—	0.05	0.10	余量

续表

牌号	化学成分(质量分数),%													
	Si	Fe	Cu	Mn	Mg	Cr	Ni	Zn		Ti	Zr	其他		Al
												单个	合计	
6009	0.6 ~ 1.0	0.50	0.15 ~ 0.6	0.20 ~ 0.8	0.40 ~ 0.8	0.10	—	0.25	—	0.10	—	0.05	0.15	余量
6010	0.8 ~ 1.2	0.50	0.15 ~ 0.6	0.20 ~ 0.8	0.6 ~ 1.0	0.10	—	0.25	—	0.10	—	0.05	0.15	余量
6111	0.6 ~ 1.1	0.40	0.50 ~ 0.9	0.10 ~ 0.45	0.50 ~ 1.0	0.10	—	0.15	—	0.10	—	0.05	0.15	余量
6016	1.0 ~ 1.5	0.50	0.20	0.20	0.25 ~ 0.6	0.10	—	0.20	—	0.15	—	0.05	0.15	余量
6043	0.40 ~ 0.9	0.50	0.30 ~ 0.9	0.35	0.6 ~ 1.2	0.15	—	0.20	0.40 ~ 0.7Bi 0.20 ~ 0.40Sn	0.15	—	0.05	0.15	余量
6351	0.7 ~ 1.3	0.50	0.10	0.40 ~ 0.8	0.40 ~ 0.8	—	—	0.20	—	0.20	—	0.05	0.15	余量
6060	0.30 ~ 0.6	0.10 ~ 0.30	0.10	0.10	0.35 ~ 0.6	0.05	—	0.15	—	0.10	—	0.05	0.15	余量
6061	0.40 ~ 0.8	0.7	0.15 ~ 0.40	0.15	0.8 ~ 1.2	0.04 ~ 0.35	—	0.25	—	0.15	—	0.05	0.15	余量
6061A	0.40 ~ 0.8	0.7	0.15 ~ 0.40	0.15	0.8 ~ 1.2	0.04 ~ 0.35	—	0.25	⑧	0.15	—	0.05	0.15	余量
6262	0.40 ~ 0.8	0.7	0.15 ~ 0.40	0.15	0.8 ~ 1.2	0.04 ~ 0.14	—	0.25	⑨	0.15	—	0.05	0.15	余量
6063	0.20 ~ 0.6	0.35	0.10	0.10	0.45 ~ 0.9	0.10	—	0.10	—	0.10	—	0.05	0.15	余量
6063A	0.30 ~ 0.6	0.15 ~ 0.35	0.10	0.15	0.6 ~ 0.9	0.05	—	0.15	—	0.10	—	0.05	0.15	余量

续表

牌号	化学成分(质量分数),%													
	Si	Fe	Cu	Mn	Mg	Cr	Ni	Zn		Ti	Zr	其他		Al
												单个	合计	
6463	0.20～0.6	0.15	0.20	0.05	0.45～0.9	—	—	0.05	—	—	—	0.05	0.15	余量
6463A	0.20～0.6	0.15	0.25	0.05	0.30～0.9	—	—	0.05	—	—	—	0.05	0.15	余量
6070	1.0～1.7	0.50	0.15～0.40	0.40～1.0	0.50～1.2	0.10	—	0.25	—	0.15	—	0.05	0.15	余量
6181	0.8～1.2	0.45	0.10	0.15	0.6～1.0	0.10	—	0.20	—	0.10	—	0.05	0.15	余量
6181A	0.7～1.1	0.15～0.50	0.25	0.40	0.6～1.0	0.15	—	0.30	0.10V	0.25	—	0.05	0.15	余量
6082	0.7～1.3	0.50	0.10	0.40～1.0	0.6～1.2	0.25	—	0.20	—	0.10	—	0.05	0.15	余量
6082A	0.7～1.3	0.50	0.10	0.40～1.0	0.6～1.2	0.25	—	0.20	⑧	0.10	—	0.05	0.15	余量
7001	0.35	0.40	1.6～2.6	0.20	2.6～3.4	0.18～0.35	—	6.8～8.0	—	0.20	—	0.05	0.15	余量
7003	0.30	0.35	0.20	0.30	0.50～1.0	0.20	—	5.0～6.5	—	0.20	0.05～0.25	0.05	0.15	余量
7004	0.25	0.35	0.05	0.20～0.7	1.0～2.0	0.05	—	3.8～4.6	—	0.05	0.10～0.20	0.05	0.15	余量
7005	0.35	0.40	0.10	0.20～0.7	1.0～1.8	0.06～0.20	—	4.0～5.0	—	0.01～0.06	0.08～0.20	0.05	0.15	余量
7020	0.35	0.40	0.20	0.05～0.50	1.0～1.4	0.10～0.35	—	4.0～5.0	⑩	—	—	0.05	0.15	余量

续表

牌号	化学成分(质量分数),%													
	Si	Fe	Cu	Mn	Mg	Cr	Ni	Zn		Ti	Zr	其他		Al
												单个	合计	
7021	0.25	0.40	0.25	0.10	1.2 ~ 1.8	0.05	—	5.0 ~ 6.0	—	0.10	0.08 ~ 0.18	0.05	0.15	余量
7022	0.50	0.50	0.50 ~ 1.0	0.10 ~ 0.40	2.6 ~ 3.7	0.10 ~ 0.30	—	4.3 ~ 5.2	—	—	0.20 Ti-Zr	0.05	0.15	余量
7039	0.30	0.40	0.10	0.10 ~ 0.40	2.3 ~ 3.3	0.15 ~ 0.25	—	3.5 ~ 4.5	—	0.10	—	0.05	0.15	余量
7049	0.25	0.35	1.2 ~ 1.9	0.20	2.0 ~ 2.9	0.10 ~ 0.22	—	7.2 ~ 8.2	—	0.10	—	0.05	0.15	余量
7049A	0.40	0.50	1.2 ~ 1.9	0.50	2.1 ~ 3.1	0.05 ~ 0.25	—	7.2 ~ 8.4	—	—	0.25 Zr-Ti	0.05	0.15	余量
7050	0.12	0.15	2.0 ~ 2.6	0.10	1.9 ~ 2.6	0.04	—	5.7 ~ 6.7	—	0.06	0.08 ~ 0.15	0.05	0.15	余量
7150	0.12	0.15	1.9 ~ 2.5	0.10	2.0 ~ 2.7	0.04	—	5.9 ~ 6.9	—	0.06	0.08 ~ 0.15	0.05	0.15	余量
7055	0.10	0.15	2.0 ~ 2.6	0.05	1.8 ~ 2.3	0.04	—	7.6 ~ 8.4	—	0.06	0.08 ~ 0.25	0.05	0.15	余量
7072②	0.7Si + Fe		0.10	0.10	0.10	—	—	0.8 ~ 1.3	—	—	—	0.05	0.15	余量
7075	0.40	0.50	1.2 ~ 2.0	0.30	2.1 ~ 2.9	0.18 ~ 0.28	—	5.1 ~ 6.1	⑪	0.20	—	0.05	0.15	余量
7175	0.15	0.20	1.2 ~ 2.0	0.10	2.1 ~ 2.9	0.18 ~ 0.28	—	5.1 ~ 6.1	—	0.10	—	0.05	0.15	余量
7475	0.10	0.12	1.2 ~ 1.9	0.06	1.9 ~ 2.6	0.18 ~ 0.25	—	5.2 ~ 6.2	—	0.06	—	0.05	0.15	余量

续表

牌号	化学成分(质量分数),%													
	Si	Fe	Cu	Mn	Mg	Cr	Ni	Zn		Ti	Zr	其他		Al
												单个	合计	
7085	0.06	0.08	1.3~2.0	0.04	1.2~1.8	0.04	—	7.0~8.0	—	0.06	0.08~0.15	0.05	0.15	余量
8001	0.17	0.45~0.7	0.15	—	—	—	0.9~1.3	0.05	⑫	—	—	0.05	0.15	余量
8006	0.40	1.2~2.0	0.30	0.30~1.0	0.10	—	—	0.10	—	—	—	0.05	0.15	余量
8011	0.50~0.9	0.6~1.0	0.10	0.20	0.05	0.05	—	0.10	—	0.08	—	0.05	0.15	余量
8011A	0.40~0.8	0.50~1.0	0.10	0.10	0.10	0.10	—	0.10	—	0.05	—	0.05	0.15	余量
8014	0.30	1.2~1.6	0.20	0.20~0.6	0.10	—	—	0.10	—	0.10	—	0.05	0.15	余量
8021	0.15	1.2~1.7	0.05	—	—	—	—	—	—	—	—	0.05	0.15	余量
8021B	0.40	1.1~1.7	0.05	0.03	0.01	0.03	—	0.05	—	0.05	—	0.03	0.10	余量
8050	0.15~0.30	1.1~1.2	0.05	0.45~0.55	0.05	0.05	—	0.10	—	—	—	0.05	0.15	余量
8150	0.30	0.9~1.3	—	0.20~0.7	—	—	—	—	—	0.05	—	0.05	0.15	余量
8079	0.05~0.30	0.7~1.3	0.05	—	—	—	—	0.10	—	—	—	0.05	0.15	余量
8090	0.20	0.30	1.0~1.6	0.10	0.6~1.3	0.10	—	0.25	⑬	0.10	0.04~0.16	0.05	0.15	余量

续表

牌号	化学成分(质量分数),%													
	Si	Fe	Cu	Mn	Mg	Cr	Ni	Zn		Ti	Zr	其他		Al
												单个	合计	
1A99	0.003	0.003	0.005	—	—	—	—	0.001	—	0.002	—	0.002	—	99.99
1B99	0.0013	0.0015	0.0030	—	—	—	—	0.001	—	0.001	—	0.001	—	99.993
1C99	0.0010	0.0010	0.0015	—	—	—	—	0.001	—	0.001	—	0.001	—	99.995
1A97	0.015	0.015	0.005	—	—	—	—	0.001	—	0.002	—	0.005	—	99.97
1B97	0.015	0.030	0.005	—	—	—	—	0.001	—	0.005	—	0.005	—	99.97
1A95	0.030	0.030	0.010	—	—	—	—	0.003	—	0.008	—	0.005	—	99.95
1B95	0.030	0.040	0.010	—	—	—	—	0.003	—	0.008	—	0.005	—	99.95
1A93	0.040	0.040	0.010	—	—	—	—	0.005	—	0.010	—	0.007	—	99.93
1B93	0.040	0.050	0.010	—	—	—	—	0.005	—	0.010	—	0.007	—	99.93
1A90	0.060	0.060	0.010	—	—	—	—	0.008	—	0.015	—	0.01	—	99.90
1B90	0.060	0.060	0.010	—	—	—	—	0.008	—	0.010	—	0.01	—	99.90
1A85	0.08	0.10	0.01	—	—	—	—	0.01	—	0.01	—	0.01	—	99.85
1A80	0.15	0.15	0.03	0.02	0.02	—	—	0.03	0.03Ga,0.05V	0.03	—	0.03	—	99.80
1A80A	0.15	0.15	0.03	0.02	0.02	—	—	0.06	0.03Ga	0.02	—	0.03	—	99.80
1A60	0.11	0.25	0.01	—	—	—	—	—	—	0.02V+Ti+Mn+Cr	—	0.03	—	99.60
1A50	0.30	0.30	0.01	0.05	0.05	—	—	0.03	0.45Fe+Si	—	—	0.03	—	99.50
1R50	0.11	0.25	0.01	—	—	—	—	—	0.03~0.30RE	0.02V+Ti+Mn+Cr	—	0.03	—	99.50
1R35	0.25	0.35	0.05	0.03	0.03	—	—	0.05	0.10~0.25RE,0.05V	0.03	—	0.03	—	99.35
1A30	0.10~0.20	0.15~0.30	0.05	0.01	0.01	—	0.01	0.02	—	0.02	—	0.03	—	99.30

续表

牌号	化学成分(质量分数),%													
	Si	Fe	Cu	Mn	Mg	Cr	Ni	Zn		Ti	Zr	其他 单个	其他 合计	Al
1B30	0.05 ~ 0.15	0.20 ~ 0.30	0.03	0.12 ~ 0.18	0.03	—	—	0.03	—	0.02 ~ 0.05	—	0.03	—	99.30
2A01	0.50	0.50	2.2 ~ 3.0	0.20	0.20 ~ 0.50	—	—	0.10	—	0.15	—	0.05	0.10	余量
2A02	0.30	0.30	2.6 ~ 3.2	0.45 ~ 0.7	2.0 ~ 2.4	—	—	0.10	—	0.15	—	0.05	0.10	余量
2A04	0.30	0.30	3.2 ~ 3.7	0.50 ~ 0.8	2.1 ~ 2.6	—	—	0.10	0.001 ~ 0.01Be⑭	0.05 ~ 0.40	—	0.05	0.10	余量
2A06	0.50	0.50	3.8 ~ 4.3	0.50 ~ 1.0	1.7 ~ 2.3	—	—	0.10	0.001 ~ 0.005Be⑭	0.03 ~ 0.15	—	0.05	0.10	余量
2B06	0.20	0.30	3.8 ~ 4.3	0.40 ~ 0.9	1.7 ~ 2.3	—	—	0.10	0.0002 ~ 0.005Be	0.10	—	0.05	0.10	余量
2A10	0.25	0.20	3.9 ~ 4.5	0.30 ~ 0.50	0.15 ~ 0.30	—	—	0.10	—	0.15	—	0.05	0.10	余量
2A11	0.7	0.7	3.8 ~ 4.8	0.40 ~ 0.8	0.40 ~ 0.8	—	0.10	0.30	0.7Fe + Ni	0.15	—	0.05	0.10	余量
2B11	0.50	0.50	3.8 ~ 4.5	0.40 ~ 0.8	0.40 ~ 0.8	—	—	0.10	—	0.15	—	0.05	0.10	余量
2A12	0.50	0.50	3.8 ~ 4.9	0.30 ~ 0.9	1.2 ~ 1.8	—	0.10	0.30	0.50Fe + Ni	0.15	—	0.05	0.10	余量
2B12	0.50	0.50	3.8 ~ 4.5	0.30 ~ 0.7	1.2 ~ 1.6	—	—	0.10	—	0.15	—	0.05	0.10	余量
2D12	0.20	0.30	3.8 ~ 4.9	0.30 ~ 0.9	1.2 ~ 1.8	—	0.05	0.10	—	0.10	—	0.05	0.10	余量
2E12	0.06	0.12	4.0 ~ 4.6	0.40 ~ 0.7	1.2 ~ 1.8	—	—	0.15	0.0002 ~ 0.005Be	0.10	—	0.10	0.15	余量

续表

牌号	化学成分(质量分数),%												
	Si	Fe	Cu	Mn	Mg	Cr	Ni	Zn		Ti	Zr	其他 单个	其他 合计	Al
2A13	0.7	0.6	4.0~5.0	—	0.30~0.50	—	—	0.6	—	0.15	—	0.05	0.10	余量
2A14	0.6~1.2	0.7	3.9~4.8	0.40~1.0	0.40~0.8	—	0.10	0.30	—	0.15	—	0.05	0.10	余量
2A16	0.30	0.30	6.0~7.0	0.40~0.8	0.05	—	—	0.10	—	0.10~0.20	0.20	0.05	0.10	余量
2B16	0.25	0.30	5.8~6.8	0.20~0.40	0.05	—	—	—	0.05~0.15V	0.08~0.20	0.10~0.25	0.05	0.10	余量
2A17	0.30	0.30	6.0~7.0	0.40~0.8	0.25~0.45	—	—	0.10	—	0.10~0.20	—	0.05	0.10	余量
2A20	0.20	0.30	5.8~6.8	—	0.02	—	—	0.10	0.05~0.15V 0.001~0.01B	0.07~0.16	0.10~0.25	0.05	0.15	余量
2A21	0.20	0.20~0.6	3.0~4.0	0.05	0.8~1.2	—	1.8~2.3	0.20	—	0.05	—	0.05	0.15	余量
2A23	0.05	0.06	1.8~2.8	0.20~0.6	0.6~1.2	—	—	0.15	0.30~0.9Li	0.15	0.06~0.16	0.10	0.15	余量
2A24	0.20	0.30	3.8~4.8	0.6~0.9	1.2~1.8	0.10	—	0.25	—	0.20Ti+Zr	0.08~0.12	0.05	0.15	余量
2A25	0.06	0.06	3.6~4.2	0.50~0.7	1.0~1.5	—	0.06	—	—	—	—	0.05	0.10	余量
2B25	0.05	0.15	3.1~4.0	0.20~0.8	1.2~1.8	—	0.15	0.10	0.0003~0.0008Be	0.03~0.07	0.08~0.25	0.05	0.10	余量
2A39	0.05	0.06	3.4~5.0	0.30~0.8	0.30~0.8	—	—	0.30	0.30~0.6Ag	0.15	0.10~0.25	0.10	0.15	余量
2A40	0.25	0.35	4.5~5.2	0.40~0.6	0.50~1.0	0.10~0.20	—	—	—	0.04~0.12	0.10~0.25	0.05	0.15	余量

续表

牌号	化学成分(质量分数),%													
	Si	Fe	Cu	Mn	Mg	Cr	Ni	Zn		Ti	Zr	其他		Al
												单个	合计	
2A49	0.25	0.8~1.2	3.2~3.8	0.30~0.6	1.8~2.2	—	0.8~1.2	—	—	0.08~0.12	—	0.05	0.15	余量
2A50	0.7~1.2	0.7	1.8~2.6	0.40~0.8	0.40~0.8	—	0.10	0.30	0.7Fe+Ni	0.15	—	0.05	0.10	余量
2B50	0.7~1.2	0.7	1.8~2.6	0.40~0.8	0.40~0.8	0.01~0.20	0.10	0.30	0.7Fe+Ni	0.02~0.10	—	0.05	0.10	余量
2A70	0.35	0.9~1.5	1.9~2.5	0.20	1.4~1.8	—	0.9~1.5	0.30	—	0.02~0.10	—	0.05	0.10	余量
2B70	0.25	0.9~1.4	1.8~2.7	0.20	1.2~1.8	—	0.8~1.4	0.15	0.05Pb,0.05Sn	0.10	0.20 Ti+Zr	0.05	0.15	余量
2D70	0.10~0.25	0.9~1.4	2.0~2.6	0.10	1.2~1.8	0.10	0.9~1.4	0.10	—	0.05~0.10	—	0.05	0.10	余量
2A80	0.50~1.2	1.0~1.6	1.9~2.5	0.20	1.4~1.8	—	0.9~1.5	0.30	—	0.15	—	0.05	0.10	余量
2A90	0.50~1.0	0.50~1.0	3.5~4.5	0.20	0.40~0.8	—	1.8~2.3	0.30	—	0.15	—	0.05	0.10	余量
2A97	0.15	0.15	2.0~3.2	0.20~0.6	0.25~0.50	—	—	0.17~1.0	0.001~0.10Be 0.8~2.3Li	0.001~0.10	0.08~0.20	0.05	0.15	余量
3A21	0.6	0.7	0.20	1.0~1.6	0.05	—	—	0.10[15]	—	0.15	—	0.05	0.10	余量
4A01	4.5~6.0	0.6	0.20	—	—	—	—	0.10 Zn+Sn	—	0.15	—	0.05	0.15	余量
4A11	11.5~13.5	1.0	0.50~1.3	0.20	0.8~1.3	0.10	0.50~1.3	0.25	—	0.15	—	0.05	0.15	余量
4A13	6.8~8.2	0.50	0.15 Cu+Zn	0.50	0.05	—	—	—	0.10Ca	0.15	—	0.05	0.15	余量

续表

牌号	化学成分(质量分数),%													
	Si	Fe	Cu	Mn	Mg	Cr	Ni	Zn		Ti	Zr	其他		Al
												单个	合计	
4A17	11.0~12.5	0.50	0.15 Cu+Zn	0.50	0.05	—	—	—	0.10Ca	0.15	—	0.05	0.15	余量
4A91	1.0~4.0	0.7	0.7	1.2	1.0	0.20	0.20	1.2	—	0.20	—	0.05	0.15	余量
5A01	0.40Si+Fe		0.10	0.30~0.7	6.0~7.0	0.10~0.20	—	0.25	—	0.15	0.10~0.20	0.05	0.15	余量
5A02	0.40	0.40	0.10	或Cr 0.15~0.40	2.0~2.8	—	—	—	0.6Si+Fe	0.15	—	0.05	0.15	余量
5B02	0.40	0.40	0.10	0.20~0.6	1.8~2.6	0.05	—	0.20	—	0.10	—	0.05	0.10	余量
5A03	0.50~0.8	0.50	0.10	0.30~0.6	3.2~3.8	—	—	0.20	—	0.15	—	0.05	0.10	余量
5A05	0.50	0.50	0.10	0.30~0.6	4.8~5.5	—	—	0.20	—	—	—	0.05	0.10	余量
5B05	0.40	0.40	0.20	0.20~0.6	4.7~5.7	—	—	—	0.6 Si+Fe	0.15	—	0.05	0.10	余量
5A06	0.40	0.40	0.10	0.50~0.8	5.8~6.8	—	—	0.20	0.0001~0.005Be[⑭]	0.02~0.10	—	0.05	0.10	余量
5B06	0.40	0.40	0.10	0.50~0.8	5.8~6.8	—	—	0.20	0.0001~0.005Be[⑭]	0.10~0.30	—	0.05	0.10	余量
5A12	0.30	0.30	0.05	0.40~0.8	8.3~9.6	—	0.10	0.20	0.005Be 0.004~0.05Sb	0.05~0.15	—	0.05	0.10	余量
5A13	0.30	0.30	0.05	0.40~0.8	9.2~10.5	—	0.10	0.20	0.005Be 0.004~0.05Sb	0.05~0.15	—	0.05	0.10	余量

续表

牌号	化学成分(质量分数),%											其他		Al
	Si	Fe	Cu	Mn	Mg	Cr	Ni	Zn		Ti	Zr	单个	合计	
5A25	0.20	0.30	—	0.05 ~ 0.50	5.0 ~ 6.3	—	—	—	0.0002 ~ 0.002Be 0.10 ~ 0.40Sc	0.10	0.06 ~ 0.20	0.10	0.15	余量
5A30	0.40Si + Fe		0.10	0.50 ~ 1.0	4.7 ~ 5.5	—	—	0.25	0.05 ~ 0.20Cr	0.03 ~ 0.15	—	0.05	0.10	余量
5A33	0.35	0.35	0.10	0.10	6.0 ~ 7.5	—	—	0.50 ~ 1.5	0.0005 ~ 0.005Be[14]	0.05 ~ 0.15	0.10 ~ 0.30	0.05	0.10	余量
5A41	0.40	0.40	0.10	0.30 ~ 0.6	6.0 ~ 7.0	—	—	0.20	—	0.02 ~ 0.10	—	0.05	0.10	余量
5A43	0.40	0.40	0.10	0.15 ~ 0.40	0.6 ~ 1.4	—	—	—	—	0.15	—	0.05	0.15	余量
5A56	0.15	0.20	0.10	0.30 ~ 0.40	5.5 ~ 6.5	0.10 ~ 0.20	—	0.50 ~ 1.0	—	0.10 ~ 0.18	—	0.05	0.15	余量
5A66	0.005	0.01	0.005	—	1.5 ~ 2.0	—	—	—	—	—	—	0.005	0.01	余量
5A70	0.15	0.25	0.05	0.30 ~ 0.7	5.5 ~ 6.3	—	—	0.05	0.15 ~ 0.30Sc 0.0005 ~ 0.005Be	0.02 ~ 0.05	0.05 ~ 0.15	0.05	0.15	余量
5B70	0.10	0.20	0.05	0.15 ~ 0.40	5.5 ~ 6.5	—	—	0.05	0.20 ~ 0.40Sc 0.0005 ~ 0.005Be	0.02 ~ 0.05	0.10 ~ 0.20	0.05	0.15	余量
5A71	0.20	0.30	0.05	0.30 ~ 0.7	5.8 ~ 6.8	0.10 ~ 0.20	—	0.05	0.20 ~ 0.35Sc 0.0005 ~ 0.005Be	0.05 ~ 0.15	0.05 ~ 0.15	0.05	0.15	余量
5B71	0.20	0.30	0.10	0.30	5.8 ~ 6.8	0.30	—	0.30	0.30 ~ 0.50Sc 0.0005 ~ 0.005Be 0.003B	0.02 ~ 0.05	0.08 ~ 0.15	0.05	0.15	余量
5A90	0.15	0.20	0.05	—	4.5 ~ 6.0	—	—	—	0.005Na 1.9 ~ 2.3Li	0.10	0.08 ~ 0.15	0.05	0.15	余量

续表

牌号	化学成分(质量分数),%													
	Si	Fe	Cu	Mn	Mg	Cr	Ni	Zn		Ti	Zr	其他		Al
												单个	合计	
6A01	0. 40 ~ 0. 9	0. 35	0. 35	0. 50	0. 40 ~ 0. 8	0. 30	—	0. 25	0. 50Mn + Cr	—	—	0. 05	0. 10	余量
6A02	0. 50 ~ 1. 2	0. 50	0. 20 ~ 0. 6	或 Cr 0. 15 ~ 0. 35	0. 45 ~ 0. 9	—	—	0. 20	—	0. 15	—	0. 05	0. 10	余量
6B02	0. 7 ~ 1. 1	0. 40	0. 10 ~ 0. 40	0. 10 ~ 0. 30	0. 40 ~ 0. 8	—	—	0. 15	—	0. 01 ~ 0. 04	—	0. 05	0. 10	余量
6R05	0. 40 ~ 0. 9	0. 30 ~ 0. 50	0. 15 ~ 0. 25	0. 10	0. 20 ~ 0. 6	0. 10	—	—	0. 10 ~ 0. 20RE	0. 10	—	0. 05	0. 15	余量
6A10	0. 7 ~ 1. 1	0. 50	0. 30 ~ 0. 8	0. 30 ~ 0. 9	0. 7 ~ 1. 1	0. 05 ~ 0. 25	—	0. 20	—	0. 02 ~ 0. 10	0. 04 ~ 0. 20	0. 05	0. 15	余量
6A51	0. 50 ~ 0. 7	0. 50	0. 15 ~ 0. 35	—	0. 45 ~ 0. 6	—	—	0. 25	0. 15 ~ 0. 35Sn	0. 01 ~ 0. 04	—	0. 05	0. 15	余量
6A60	0. 7 ~ 1. 1	0. 30	0. 6 ~ 0. 8	0. 50 ~ 0. 7	0. 7 ~ 1. 0	—	—	0. 20 ~ 0. 40	0. 30 ~ 0. 50Ag	0. 04 ~ 0. 12	0. 10 ~ 0. 20	0. 05	0. 15	余量
7A01	0. 30	0. 30	0. 01	—	—	—	—	0. 9 ~ 1. 3	0. 45Si + Fe	—	—	0. 03	—	余量
7A03	0. 20	0. 20	1. 8 ~ 2. 4	0. 10	1. 2 ~ 1. 6	0. 05	—	6. 0 ~ 6. 7	—	0. 02 ~ 0. 08	—	0. 05	0. 10	余量
7A04	0. 50	0. 50	1. 4 ~ 2. 0	0. 20 ~ 0. 6	1. 8 ~ 2. 8	0. 10 ~ 0. 25	—	5. 0 ~ 7. 0	—	0. 10	—	0. 05	0. 10	余量
7B04	0. 10	0. 05 ~ 0. 25	1. 4 ~ 2. 0	0. 20 ~ 0. 6	1. 8 ~ 2. 8	0. 10 ~ 0. 25	0. 10	5. 0 ~ 6. 5	—	0. 05	—	0. 05	0. 10	余量
7C04	0. 30	0. 30	1. 4 ~ 2. 0	0. 30 ~ 0. 50	2. 0 ~ 2. 6	0. 10 ~ 0. 25	—	5. 5 ~ 6. 5	—	—	—	0. 05	0. 10	余量

续表

牌号	化学成分(质量分数),%												
	Si	Fe	Cu	Mn	Mg	Cr	Ni	Zn		Ti	Zr	其他		Al
												单个	合计	
7D04	0.10	0.15	1.4~2.2	0.10	2.0~2.6	0.05	—	5.5~6.7	0.02~0.07Be	0.10	0.08~0.16	0.05	0.10	余量
7A05	0.25	0.25	0.20	0.15~0.40	1.1~1.7	0.05~0.15	—	4.4~5.0	—	0.02~0.06	0.10~0.25	0.05	0.15	余量
7B05	0.30	0.35	0.20	0.20~0.7	1.0~2.0	0.30	—	4.0~5.0	0.10V	0.20	0.25	0.05	0.10	余量
7A09	0.50	0.50	1.2~2.0	0.15	2.0~3.0	0.16~0.30	—	5.1~6.1	—	0.10	—	0.05	0.10	余量
7A10	0.30	0.30	0.50~1.0	0.20~0.35	3.0~4.0	0.10~0.20	—	3.2~4.2	—	0.10	—	0.05	0.10	余量
7A12	0.10	0.06~0.15	0.8~1.2	0.10	1.6~2.2	0.05	—	6.3~7.2	0.0001~0.002Be	0.03~0.06	0.10~0.18	0.05	0.10	余量
7A15	0.50	0.50	0.50~1.0	0.10~0.40	2.4~3.0	0.10~0.30	—	4.4~5.4	0.005~0.01Be	0.05~0.15	—	0.05	0.15	余量
7A19	0.30	0.40	0.80~0.30	0.30~0.50	1.3~1.9	0.10~0.20	—	4.5~5.3	0.0001~0.004Be[14]	—	0.08~0.20	0.05	0.15	余量
7A31	0.30	0.6	0.10~0.40	0.20~0.40	2.5~3.3	0.10~0.20	—	3.6~4.5	0.0001~0.001Be[14]	0.02~0.10	0.08~0.25	0.05	0.15	余量
7A33	0.25	0.30	0.25~0.55	0.05	2.2~2.7	0.10~0.20	—	4.6~5.4	—	0.05	—	0.05	0.10	余量
7B50	0.12	0.15	1.8~2.6	0.10	2.0~2.8	0.04	—	6.0~7.0	0.0002~0.002Be	0.10	0.08~0.16	0.10	0.15	余量

续表

序号	牌号	化学成分(质量分数),%														备注
		Si	Fe	Cu	Mn	Mg	Cr	Ni	Zn		Ti	Zr	其他		Al	
													单个	合计		
7A52	0.25	0.30	0.05~0.20	0.20~0.50	2.0~2.8	0.15~0.25	—	4.0~4.8	—	0.05~0.18	0.05~0.15	0.05	0.15	余量	LC52	
7A55	0.10	0.10	1.8~2.5	0.05	1.8~2.8	0.04	—	7.5~8.5	—	0.01~0.05	0.08~0.20	0.10	0.15	余量	—	
7A68	0.15	0.35	2.0~2.6	0.15~0.40	1.6~2.5	0.10~0.20	—	6.5~7.2	0.005Be	0.05~0.20	0.05~0.20	0.05	0.15	余量	—	
7B68	0.05	0.05	2.0~2.6	0.05	1.8~2.8	0.04	—	7.8~9.0	—	0.01~0.05	0.08~0.25	0.10	0.15	余量	—	
7D68	0.12	0.25	2.0~2.6	0.10	2.3~3.0	0.05	—	8.0~9.0	0.0002~0.002Be	0.03	0.10~0.20	0.05	0.10	余量	7A60	
7A85	0.05	0.08	1.2~2.0	0.10	1.2~2.0	0.05	—	7.0~8.2	—	0.05	0.08~0.16	0.05	0.15	余量	—	
7A88	0.50	0.75	1.0~2.0	0.20~0.6	1.5~2.8	0.05~0.20	0.20	4.5~6.0	—	0.10	—	0.10	0.20	余量	—	
8A01	0.05~0.30	0.18~0.40	0.15~0.35	0.08~0.35	—	—	—	—	—	0.01~0.03	—	0.05	0.15	余量	—	
8A06	0.55	0.50	0.10	0.10	0.10	—	—	0.10	1.0Si+Fe	—	—	0.05	0.15	余量	L6	

① 焊接电极及填料焊丝的 w(Be) ≤0.0003%。
② 主要用作包覆材料。
③ w(Si + Fe) ≤0.14%。
④ w(B) ≤0.02%。
⑤ w(Bi):0.20% ~0.6%,w(Pb):0.20% ~0.6%。
⑥ 经供需双方协商并同意,挤压产品与锻件的 w(Zr + Ti)最大可达0.20%。
⑦ w(Si + Fe) ≤0.40%。
⑧ w(Pb) ≤0.003%。
⑨ w(Bi):0.40% ~0.7%,w(Pb):0.40% ~0.7%。
⑩ w(Zr):0.08% ~0.20%,w(Zr + Ti):0.08% ~0.25%。
⑪ 经供需双方协商并同意,挤压产品与锻件的 w(Zr + Ti)最大可达0.25%。
⑫ w(B) ≤0.001%,w(Cd) ≤0.003%,w(Co) ≤0.001%,w(Li) ≤0.008%。
⑬ w(Li):2.2% ~2.7%。
⑭ 铍含量均按规定加入,可不作分析。
⑮ 做铆钉线材的3A21合金,锌含量不大于0.03%。

表 3-5 挤制铜及铜合金圆形管规格

mm

公称外径	公称壁厚																										
	1.5	2.0	2.5	3.0	3.5	4.0	4.5	5.0	6.0	7.5	9.0	10.0	12.5	15.0	17.5	20.0	22.5	25.0	27.5	30.0	32.5	35.0	37.5	40.0	42.5	45.0	50.0
20,21,22	○	○	○	○		○																					
23,24,25,26	○	○	○	○	○	○																					
27,28,29			○	○	○	○	○	○	○																		
30,32			○	○	○	○	○	○	○																		
34,35,36			○	○	○	○	○	○	○																		
38,40,42,44			○	○	○	○	○	○	○	○	○	○															
45,46,48			○	○	○	○	○	○	○	○	○	○															
50,52,54,55			○	○	○	○	○	○	○	○	○	○	○	○	○												
56,58,60						○	○	○	○	○	○	○	○	○	○												
62,64,65,68,70						○	○	○	○	○	○	○	○	○	○	○											
72,74,75,78,80						○	○	○	○	○	○	○	○	○	○	○	○	○									
85,90										○		○	○	○	○	○	○	○	○	○							
95,100										○		○	○	○	○	○	○	○	○	○							
105,110												○	○	○	○	○	○	○	○	○							
115,120												○	○	○	○	○	○	○	○	○	○	○	○				

续表

公称外径	公称壁厚																									
	1.5	2.0	2.5	3.0	3.5	4.0	4.5	5.0	6.0	7.5	9.0	10.0	12.5	15.0	17.5	20.0	22.5	25.0	27.5	30.0	32.5	35.0	37.5	40.0	42.5	45.0	50.0
125,130												○	○	○	○	○	○	○	○	○	○	○					
135,140												○	○	○	○	○	○	○	○	○	○	○	○				
145,150												○	○	○	○	○	○	○	○	○	○	○					
155,160												○	○	○	○	○	○	○	○	○	○	○	○	○	○		
165,170												○	○	○	○	○	○	○	○	○	○	○	○	○	○		
175,180												○	○	○	○	○	○	○	○	○	○	○	○	○	○		
185,190,195,200												○	○	○	○	○	○	○	○	○	○	○	○	○	○	○	
210,220												○	○	○	○	○	○	○	○	○	○	○	○	○	○	○	
230,240,250												○	○	○		○		○	○	○	○	○	○	○	○	○	○
260,280												○	○	○		○		○		○							
290,300																○		○		○							

注："○"表示推荐规格，需要其他规格的产品应由供需双方商定。

表 3-6　拉制铜及铜合金圆形管规格

mm

公称外径	公称壁厚																									
	0.2	0.3	0.4	0.5	0.6	0.75	1.0	1.25	1.5	2.0	2.5	3.0	3.5	4.0	4.5	5.0	6.0	7.0	8.0	9.0	10.0	11.0	12.0	13.0	14.0	15.0
3,4	○	○	○	○	○	○	○	○																		
5,6,7	○	○	○	○	○	○	○	○	○																	
8,9,10,11, 12,13,14,15	○	○	○	○	○	○	○	○	○	○	○	○														
16,17,18,19,20		○	○	○	○	○	○	○	○	○	○	○	○	○	○											
21,22,23,24,25, 26,27,28,29,30			○	○	○	○	○	○	○	○	○	○	○	○	○	○										
31,32,33,34,35, 36,37,38,39,40			○	○	○	○	○	○	○	○	○	○	○	○	○	○										
42,44,45,46, 48,49,50						○	○	○	○	○	○	○	○	○	○	○	○									
52,54,55,56,58,60						○	○	○	○	○	○	○	○	○	○	○	○	○	○							
62,64,65,66,68,70							○	○	○	○	○	○	○	○	○	○	○	○	○	○	○	○				
72,74,75,76,78,80										○	○	○	○	○	○	○	○	○	○	○	○	○	○	○		
82,84,85,86,88,90, 92,94,96,100										○	○	○	○	○	○	○	○	○	○	○	○	○	○	○	○	○
105,110,115,120,125, 130,135,140,145,150										○	○	○	○	○	○	○	○	○	○	○	○	○	○	○	○	○
155,160,165,170,175, 180,185,190,195,200												○	○	○	○	○	○	○	○	○	○	○	○	○	○	○
210,220,230,240,250												○	○	○	○	○	○	○	○	○	○	○	○	○	○	○
260,270,280,290,300, 310,320,330,340,350,360														○	○	○										

注:“○”表示推荐规格,需要其他规格的产品应由供需双方商定。

3)挤制圆形管材的外径允许偏差应符合表3-7的规定。

4)拉制圆形管材的平均外径允许偏差应符合表3-8的规定。

表3-7 挤制圆形管材的外径允许偏差

公称外径	外径允许偏差(±)	
	纯铜管、青铜管	黄铜管
20~22	0.22	0.25
23~26	0.25	0.25
27~29	0.25	0.25
30~33	0.30	0.30
34~37	0.30	0.35
38~44	0.35	0.40
45~49	0.35	0.45
50~55	0.45	0.50
56~60	0.60	0.60
61~70	0.70	0.70
71~80	0.80	0.82
81~90	0.90	0.92
91~100	1.0	1.1
101~120	1.2	1.3
121~130	1.3	1.5
131~140	1.4	1.6
141~150	1.5	1.7
151~160	1.6	1.9
161~170	1.7	2.0
171~180	1.8	2.1
181~190	1.9	2.2
191~200	2.0	2.2
201~220	2.2	2.3
221~250	2.5	2.5
251~280	2.8	2.8
281~300	3.0	—

注:1. 当要求外径偏差全为正(+)或全为负(-)时,其允许偏差为表中对应数值的2倍。

2. 当外径和壁厚之比不小于10时,挤制黄铜管的短轴尺寸不应小于公称外径的95%。此时,外径允许偏差应为平均外径允许偏差。

3. 当外径和壁厚之比不小于15时,挤制纯铜管和青铜管的短轴尺寸不应小于公称外径的95%。此时,外径允许偏差应为平均外径允许偏差。

表 3-8 拉制圆形管材的平均外径允许偏差 mm

公称外径	平均外径允许偏差(±),不大于	
	普通级	高精级
3~15	0.06	0.05
>15~25	0.08	0.06
>25~50	0.12	0.08
>50~75	0.15	0.10
>75~100	0.20	0.13
>100~125	0.28	0.15
>125~150	0.35	0.18
>150~200	0.50	—
>200~250	0.65	—
>250~360	0.40	—

注:当要求外径偏差全为正(+)或全为负(-)时,其允许偏差为表中对应数值的2倍。

5)拉制矩(方)形管材的两平行外表面间距允许偏差见表3-9。

表 3-9 拉制矩(方)形管材的两平行外表面间距允许偏差 mm

尺寸 a 和 b	允许偏差(±),不大于		示意图
	普通级	高精级	
≤3.0	0.12	0.08	
>3.0~16	0.15	0.10	
>16~25	0.18	0.12	
>25~50	0.25	0.15	
>50~100	0.35	0.20	

注:1. 当两平行外表面间距的允许偏差要求全为正或全为负时,其允许偏差为表中对应数值的2倍。
2. 公称尺寸 a 对应的公差也适用 a',公称尺寸 b 对应的公差也适用 b'。

6)挤制圆形管材的壁厚允许偏差应符合表3-10的规定。

7)拉制圆形管材的壁厚允许偏差应符合表3-11的规定。

表 3-10 挤制圆形管材的壁厚允许偏差 mm

材料名称	公称外径	公称壁厚,不大于												
		1.5	2.0	2.5	3.0	3.5	4.0	4.5	5.0	6.0	7.5	9.0	10.0	12.5
		壁厚允许偏差(±)												
纯铜管	20~300	—	—	—	—	—	—	—	0.5	0.6	0.75	0.9	1.0	1.2
黄、青铜管	20~280	0.25	0.30	0.40	0.45	0.5	0.5	0.6	0.6	0.7	0.75	0.9	1.0	1.3

材料名称	公称外径	公称壁厚,不大于													
		15.0	17.5	20.0	22.5	25.0	27.5	30.0	32.5	35.0	37.5	40.0	42.5	45.0	50.0
		壁厚允许偏差(±)													
纯铜管	20~300	1.4	1.6	1.8	1.8	2.0	2.2	2.4	—	—	—	—	—	—	—
黄、青铜管	20~280	1.5	1.8	2.0	2.3	2.5	2.8	3.0	3.3	3.5	3.8	4.0	4.3	4.4	4.5

注:当要求壁厚偏差全为正(+)或全为负(-)时,其允许偏差为表中对应数值的2倍。

表 3-11　拉制圆形管材的壁厚允许偏差　mm

公称外径	公称壁厚									
	0.20～0.40		>0.40～0.60		>0.60～0.90		>0.90～1.5		>1.5～2.0	
	壁厚允许偏差(±),%									
	普通级	高精级	普通级	高精级	普通级	高精级	普通级	高精级	普通级	高精级
3～15	12	10	12	10	12	9	12	7	10	5
>15～25	—	—	12	10	12	9	12	7	10	6
>25～50	—	—	12	10	12	10	12	8	10	6
>50～100	—	—	—	—	12	10	12	9	10	8
>100～175	—	—	—	—	—	—	—	—	11	10
>175～250	—	—	—	—	—	—	—	—	—	—
>250～360	供需双方协商									

公称外径	公称壁厚											
	>2.0～3.0		>3.0～4.0		>4.0～5.5		>5.5～7.0		>7.0～10.0		>10.0	
	壁厚允许偏差(±),%											
	普通级	高精级	普通级	高精级	普通级	高精级	普通级	高精级	普通级	高精级	普通级	高精级
3～15	10	5	—	—	—	—	—	—	—	—	—	—
>15～25	10	5	10	5	10	5	—	—	—	—	—	—
>25～50	10	6	10	5	10	5	10	5	—	—	—	—
>50～100	10	8	10	6	10	5	10	5	10	5	10	5
>100～175	11	9	10	7	10	7	10	6	10	6	10	5
>175～250	12	10	11	9	10	8	10	7	10	6	10	6
>250～360	供需双方协商											

注:当要求壁厚偏差全为正(+)或全为负(-)时,其允许偏差为表中对应数值的2倍。

8)铜及铜合金无缝矩(方)形管材的壁厚允许偏差应符合表3-12的规定。

表 3-12　矩(方)形铜及铜合金管的壁厚允许偏差　mm

壁厚	两平行外表面间的距离									
	0.80～3.0		>3.0～16		>16～25		>25～50		>50～100	
	壁厚允许偏差(±)									
	普通级	高精级	普通级	高精级	普通级	高精级	普通级	高精级	普通级	高精级
≤0.4	0.06	0.05	0.08	0.05	0.11	0.06	0.12	0.08	—	—
>0.4～0.6	0.10	0.08	0.10	0.06	0.12	0.08	0.15	0.09	—	—
>0.6～0.9	0.11	0.09	0.13	0.09	0.15	0.09	0.18	0.10	0.20	0.15
>0.9～1.5	0.12	0.10	0.15	0.10	0.18	0.12	0.25	0.12	0.28	0.20
>1.5～2.0	—	—	0.18	0.12	0.23	0.15	0.28	0.20	0.30	0.20
>2.0～3.0	—	—	0.25	0.20	0.30	0.20	0.35	0.25	0.40	0.25
>3.0～4.0	—	—	0.30	0.25	0.35	0.25	0.40	0.28	0.45	0.30
>4.0～5.5	—	—	0.50	0.28	0.55	0.30	0.60	0.33	0.65	0.38
>5.5～7.0	—	—	—	—	0.65	0.38	0.75	0.40	0.85	0.45

注:1. 当壁厚偏差要求全为正或全为负时,应将此值加倍;
2. 对于矩形管,由较大尺寸来确定壁厚允许偏差,适用于所有管壁。

9)定尺或倍尺长度(合同中议定)的拉制直管,其长度允许偏差应符合表3-13的规定。

表3-13 拉制直管的长度允许偏差 mm

长度	长度允许偏差,不大于		
	外径≤25	外径>25~100	外径>100
≤600	2	3	4
>600~2000	4	4	6
>2000~4000	6	6	6
>4000	12	12	12

注:1. 表中偏差为正偏差。如果要求负偏差,可采用相同的值,如果要求正和负偏差,则应为所列值的一半。
2. 倍尺长度应加入锯切分段时的锯切量。每一锯切量为5mm。

10)外径不大于30mm、壁厚不大于3mm的拉制铜管,可供应长度不短于6000mm的盘管,其长度允许偏差应符合表3-14的规定。

表3-14 盘管的长度允许偏差 mm

长度	长度允许偏差,不大于
≤12000	300
>12000~30000	600
>30000	长度的3%

注:表中偏差为正偏差。如果要求负偏差,可采用相同的值;如果要求正和负偏差,则应为所列值的一半。

11)矩(方)形管材的长度允许偏差应符合表3-15的规定。

表3-15 矩(方)形管材的长度允许偏差 mm

长度	最大对边距	
	≤25	>25~100
	长度允许偏差,不大于	
≤150	0.8	1.5
>150~600	1.5	2.5
>600~2000	2.5	3.0
>2000~4000	6.0	6.0
>4000~12000	12	12
>12000	盘状供货,+0.2%	

注:1. 表中的偏差全为正;如果要求偏差全为负,可采用相同的值;如果偏差采用正和负,则应为表中值的一半。
2. 长度在12000mm以下的管材,一般采用直条状供货。
3. 倍尺长度应加入锯切分段时的锯切量,每一锯切量为5mm。

12)对于未退火的拉制圆形直条管,其圆度应符合表3-16的规定。

表3-16 未退火的拉制直管圆度 mm

公称壁厚和公称外径之比	圆度,mm,不大于	
	普通级	高精级
0.01~0.03	≤外径的3%	≤外径的1.5%
>0.03~0.05	≤外径的2%	≤外径的1.0%
>0.05~0.10	≤外径的1.5%或0.10(取较大者)	≤外径的0.8%或0.05(取较大者)
>0.10	≤外径的1.5%或0.10(取较大者)	≤外径的0.7%或0.05(取较大者)

13)未退火的拉制直管的直度应符合表3-17的规定。全长直度不应超过每米直度与总长度(m)的乘积。

表3-17 硬状态和半硬状态的拉制直管的直度 mm

公称外径	每米直度,不大于	
	高精级	普通级
≤80	3	4
>80~150	5	6
>150	7	10

14)挤制管材的直度应符合表3-18的规定。

表3-18 挤制管材的直度 mm

公称外径	每米直度(不大于)
≤40	4
>40~80	7
>80~150	10
>150	15

15)圆形管材的切斜度应符合表3-19的规定。

表3-19 圆形管材的切斜度 mm

外径	切斜度,不大于
≤16	0.40
>16	外径的2.5%

16)矩(方)形管材切斜度应符合表3-20的规定。

表3-20 矩(方)形管材切斜度 mm

两最大平行外表面间距	切斜度,不大于
≤6.0	0.40
>6.0	两最大平行外表面间距的2.5%

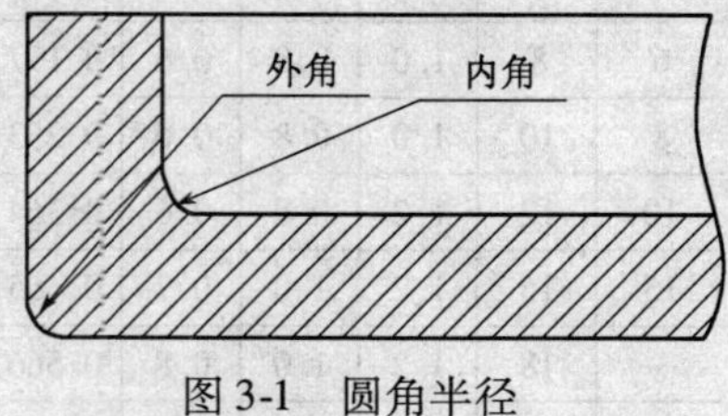

图3-1 圆角半径

17)矩形和方形管的内、外角如图3-1所示。允许圆角半径应不超过表3-21的规定。

表3-21 矩形和方形管材方角的允许圆角半径 mm

壁厚	允许圆角半径,不大于	
	普通级	
	外角	内角
≤1.5	2.0	1.5
>1.5~3.0	3.0	2.5
>3.0~5.0	4.0	3.0
>5.0~7.0	5.0	4.0

续表

壁厚	高精级	
	外角	内角
≤1.5	1.2	0.80
>1.5~3.0	1.6	1.00
>3.0~5.0	2.4	1.20
>5.0~7.0	3.0	1.50

2. 无缝铜水管和铜气管

(1)管材的牌号、状态和规格

表 3-22　管材的牌号、状态和规格

牌号	状态	种类	规格,mm		
			外径	壁厚	长度
TP2 TU2	硬(Y)	直管	6~325	0.6~8	≤6000
	半硬(Y_2)		6~159		
	软(M)		6~108		
	软(M)	盘管	≤28		≥15000

(2)管材的外形尺寸系列(表 3-23)

表 3-23　管材的外形尺寸系列

公称尺寸DN,mm	公称外径,mm	壁厚,mm			理论重量,kg/m			最大工作压力 p,N/mm²								
								硬态(Y)			半硬态(Y_2)			软态(M)		
		A型	B型	C型	A型	B型	C型	A型	B型	C型	A型	B型	C型	A型	B型	C型
4	6	1.0	0.8	0.6	0.140	0.117	0.091	24.00	18.80	13.7	19.23	14.9	10.9	15.8	12.3	8.95
6	8	1.0	0.8	0.6	0.197	0.162	0.125	17.50	13.70	10.0	13.89	10.9	7.98	11.4	8.95	6.57
8	10	1.0	0.8	0.6	0.253	0.207	0.158	13.70	10.70	7.94	10.87	8.55	6.30	8.95	7.04	5.19
10	12	1.2	0.8	0.6	0.364	0.252	0.192	13.67	8.87	6.65	1.87	7.04	5.21	8.96	5.80	4.29
15	15	1.2	1.0	0.7	0.465	0.393	0.281	10.79	8.87	6.11	8.55	7.04	4.85	7.04	5.80	3.99
—	18	1.2	1.0	0.8	0.566	0.477	0.386	8.87	7.31	5.81	7.04	5.81	4.61	5.80	4.79	3.80
20	22	1.5	1.2	0.9	0.864	0.701	0.535	9.08	7.19	5.32	7.21	5.70	4.22	6.18	4.70	3.48
25	28	1.5	1.2	0.9	1.116	0.903	0.685	7.05	5.59	4.62	5.60	4.44	3.30	4.61	3.65	2.72
32	35	2.0	1.5	1.2	1.854	1.411	1.140	7.54	5.54	4.44	5.98	4.44	3.52	4.93	3.65	2.90
40	42	2.0	1.5	1.2	2.247	1.706	1.375	6.23	4.63	3.68	4.95	3.68	2.92	4.08	3.03	2.41
50	54	2.5	2.0	1.2	3.616	2.921	1.780	6.06	4.81	2.85	4.81	3.77	2.26	3.96	3.14	1.86
65	67	2.5	2.0	1.5	4.529	3.652	2.759	4.85	3.85	2.87	3.85	3.06	2.27	3.17	3.05	1.88
—	76	2.5	2.0	1.5	5.161	4.157	3.140	4.26	3.38	2.52	3.38	2.69	2.00	2.80	2.68	1.65
80	89	2.5	2.0	1.5	6.074	4.887	3.696	3.62	2.88	2.15	2.87	2.29	1.71	2.36	2.28	1.41
100	108	3.5	2.5	1.5	10.274	7.408	4.487	4.19	2.97	1.77	3.33	2.36	1.40	2.74	1.94	1.16
125	133	3.5	2.5	1.5	12.731	9.164	5.540	3.38	2.40	1.43	2.68	1.91	1.14	—	—	—
150	159	4.0	3.5	2.0	17.415	15.287	8.820	3.23	2.82	1.60	2.56	2.24	1.27	—	—	—

续表

公称尺寸DN, mm	公称外径, mm	壁厚, mm			理论重量, kg/m			最大工作压力 p, N/mm^2								
								硬态(Y)			半硬态(Y_2)			软态(M)		
		A 型	B 型	C 型	A 型	B 型	C 型	A 型	B 型	C 型	A 型	B 型	C 型	A 型	B 型	C 型
200	219	6.0	5.0	4.0	35.898	30.055	24.156	3.53	2.93	2.33	—	—	—	—	—	—
250	267	7.0	5.5	4.5	51.122	40.399	33.180	3.37	2.64	2.15	—	—	—	—	—	—
—	273	7.5	5.8	5.0	55.932	43.531	37.640	3.54	2.16	1.53	—	—	—	—	—	—
300	325	8.0	6.5	5.5	71.234	58.151	49.359	3.16	2.56	2.16	—	—	—	—	—	—

注:1. 最大计算工作压力 p,是指工作条件为65℃时,硬态(Y)允许应力为63N/mm^2;半硬态(Y_2)允许应力为50N/mm^2;软态(M)允许应力为41.2N/mm^2;

2. 加工铜的密度值取8.94g/cm^3,作为计算每米铜管重量的依据;

3. 客户需要其他规格尺寸的管材,供需双方协商解决。

3. 铝及铝合金热挤压圆管尺寸规格(表3-24)

表3-24 铝及铝合金热挤压圆管尺寸规格

外径, mm	壁厚, mm	外径, mm	壁厚, mm
25	5.0	85	5.0~25.0
28	5.0,6.0	90	
30	5.0~8.0	95	5.0~27.5
32		100	5.0~30.0
34	5.0~10.0	105	5.0~32.5
36		110	
38		115	
40	5.0~12.5	120	7.5~32.5
42		125	
45	5.0~15.0	130	7.5~32.5
48	5.0~15.0	135	10.0~32.5
50		140	
52		145	
55		150	10.0~35.0
58		155	10.0~35.0
60	5.0~17.5	160	10.0~40.0
62		165	
65	5.0~20.0	170	
70		175	
75	5.0~22.5	180	10.0~40.0
80	5.0~22.5	185	
		190	
		195	
		200	

注:1. 外径 ϕ25 ~ ϕ80 mm 壁厚尺寸系列为:5.0mm,6.0mm,7.0mm,8.0mm,9.0mm,10.0mm,12.5mm,15.0mm,17.0mm,20.0mm,22.5mm。

2. 外径 ϕ85 ~ ϕ200mm 壁厚尺寸系列为:5.0mm,7.5mm,10.0mm,12.5mm,15.0mm,17.5mm,20.0mm,22.5mm,25.0mm,27.5mm,30.0mm,32.5mm,35.0mm,37.5mm,40.0mm。

3. 管材长度:0.3~6m。

4. 铝及铝合金拉制圆管尺寸规格(表 3-25)

表 3-25　铝及铝合金拉制圆管尺寸规格

<table>
<tr><th>外径,mm</th><th>壁厚,mm</th><th>外径,mm</th><th>壁厚,mm</th><th>外径,mm</th><th>壁厚,mm</th></tr>
<tr><td>6</td><td>0.5~1.0</td><td>30</td><td rowspan="14">0.75~5.0</td><td>60</td><td>0.75~5.0</td></tr>
<tr><td>8</td><td>0.5~2.0</td><td>32</td><td>65</td><td rowspan="3">1.5~5.0</td></tr>
<tr><td>10</td><td>0.5~2.5</td><td>34</td><td>70</td></tr>
<tr><td>12</td><td rowspan="3">0.5~3.0</td><td>35</td><td>75</td></tr>
<tr><td>14</td><td>36</td><td>80</td><td rowspan="4">2.0~5.0</td></tr>
<tr><td>15</td><td>38</td><td>85</td></tr>
<tr><td>16</td><td rowspan="2">0.5~3.5</td><td>40</td><td>90</td></tr>
<tr><td>18</td><td>42</td><td>95</td></tr>
<tr><td>20</td><td>0.5~4.0</td><td>45</td><td>100</td><td rowspan="3">2.5~5.0</td></tr>
<tr><td>22</td><td rowspan="3">0.5~5.0</td><td>48</td><td>105</td></tr>
<tr><td>24</td><td>50</td><td>110</td></tr>
<tr><td>25</td><td>52</td><td>115</td><td>3.0~5.0</td></tr>
<tr><td>26</td><td rowspan="2">0.75~5.0</td><td>55</td><td>120</td><td>3.5~5.0</td></tr>
<tr><td>28</td><td>58</td><td></td><td></td></tr>
</table>

注:1. 壁厚尺寸系列:0.5mm,0.75mm,1.0mm,1.5mm,2.0mm,2.5mm,3.0mm,3.5mm,4.0mm,4.5mm,5.0mm。
2. 管材长度为 2~5.5m。

5. 铝及铝合金热挤压无缝圆管(表 3-26)

表 3-26　铝及铝合金热挤压无缝圆管的牌号和状态

合　金　牌　号	状　态
1070A 1060 1100 1200 2A11 2017 2A12 2024 3003 3A21 5A02 5052 5A03 5A05 5A06 5083 5086 5454 6A02 6061 6063 7A09 7075 7A15 8A06	H112、F
1070A 1060 1050A 1035 1100 1200 2A11 2017 2A12 2024 5A06 5083 5454 5086 6A02	O
2A11 2017 2A12 6A02 6061 6063	T4
6A02 6061 6063 7A04 7A09 7075 7A15	T6

注:1. 用户如果需要其他合金状态,可经双方协商确定。
2. 状态代号:H112—加工硬化状态,适用于热加工成形的产品;F—自由加工状态;O—退火状态;T4—固溶处理后自然时效至基本稳定的状态;T6—固溶处理后进行人工时效的状态。

6. 铝及铝合金拉制无缝圆管(表 3-27)

表 3-27 铝及铝合金拉制无缝圆管的牌号和状态

牌号	状态
1035 1050 1050A 1060 1070 1070A 1100 1200 8A06	O、H14
2017 2024 2A11 2A12	O、T4
3003 3A21	O、H14
5052 5A02	O、H14
5A03	O、H34
5A05 5056 5083	O、H32
5A06	O
6061 6A02	O、T4、T6
6063	O、T6

注:1. 表中未列入的合金,状态可由供需双方协商后在合同中注明。
2. 状态代号:O—退火状态;H14—单纯加工硬化状态;H32、H34—加工硬化后经低温热处理至力学性能稳定的状态,H34 加工硬化程度大于 H32;T4—固溶处理后自然时效至基本稳定的状态;T6—固溶处理后进行人工时效的状态。

3.4 非铁金属棒材及线材

1. 铜及铜合金拉制棒

1)棒材的牌号、状态和规格应符合表 3-28 的规定。

表 3-28 牌号、状态和规格

牌号	状态	直径(或对边距离),mm	
		圆形棒、方形棒、六角形棒	矩形棒
T2、T3、TP2、H96、TU1、TU2	Y(硬) M(软)	3 ~ 80	3 ~ 80
H90	Y(硬)	3 ~ 40	—
H80、H65	Y(硬) M(软)	3 ~ 40	—
H68	Y_2(半硬) M(软)	3 ~ 80 13 ~ 35	—
H62	Y_2(半硬)	3 ~ 80	3 ~ 80
HPb59-1	Y_2(半硬)	3 ~ 80	3 ~ 80

续表

牌号	状态	直径(或对边距离),mm	
		圆形棒、方形棒、六角形棒	矩形棒
H63、HPb63-0.1	Y_2(半硬)	3~40	—
HPb63-3	Y(硬) Y_2(半硬)	3~30 3~60	3~80
HPb61-1	Y_2(半硬)	3~20	—
HFe59-1-1、HFe58-1-1、HSn62-1、HMn58-2	Y(硬)	4~60	—
QSn6.5-0.1、QSn6.5-0.4、QSn4-3、QSn4-0.3、QSi3-1、QAl9-2、QAl9-4、QAl10-3-1.5、QZr0.2、QZr0.4	Y(硬)	4~40	—
QSn7-0.2	Y(硬) T(特硬)	4~40	—
QCd1	Y(硬) M(软)	4~60	—
QCr0.5	Y(硬) M(软)	4~40	—
QSi1.8	Y(硬)	4~15	
BZn15-20	Y(硬) M(软)	4~40	
BZn15-24-1.3	T(特硬) Y(硬) M(软)	3~18	—
BFe30-1-1	Y(硬) M(软)	16~50	—
BMn40-1.5	Y(硬)	7~40	—

注:经双方协商,可供其他规格棒材,具体要求应在合同中注明。

2)矩形棒材的宽高比应符合表3-29的规定。

表3-29 矩形棒截面的宽高比

高度,mm	宽度/高度,不大于
≤10	2.0
>10~≤20	3.0
>20	3.5

注:经双方协商,可供其他规格棒材,具体要求应在合同中注明。

3)圆形棒、方形棒和六角棒材料的尺寸及其允许偏差见表3-30。

表3-30 圆形棒、方形棒和六角棒材料的尺寸及其允许偏差 mm

直径(或对边距)	圆形棒				方形棒或六角形棒			
	紫黄铜类		青白铜类		紫黄铜类		青白铜类	
	高精级	普通级	高精级	普通级	高精级	普通级	高精级	普通级
≥3~≤6	±0.02	±0.04	±0.03	±0.06	±0.04	±0.07	±0.06	±0.10
>6~≤10	±0.03	±0.05	±0.04	±0.06	±0.04	±0.08	±0.08	±0.11
>10~≤18	±0.03	±0.06	±0.05	±0.08	±0.05	±0.10	±0.10	±0.13
>18~≤30	±0.04	±0.07	±0.06	±0.10	±0.06	±0.10	±0.10	±0.15
>30~≤50	±0.08	±0.10	±0.09	±0.10	±0.12	±0.13	±0.13	±0.16
>50~≤80	±0.10	±0.12	±0.12	±0.15	±0.15	±0.24	±0.24	±0.30

注:1. 单向偏差为表中数值的2倍。
2. 棒材直径或对边距允许偏差等级应在合同中注明,否则按普通级精度供货。

4)矩形棒材的尺寸及其允许偏差见表3-31。

表3-31 矩形棒材的尺寸及其允许偏差 mm

宽度或高度	紫黄铜类		青铜类	
	高精级	普通级	高精级	普通级
3	±0.08	±0.10	±0.12	±0.15
>3~≤6	±0.08	±0.10	±0.12	±0.15
>6~≤10	±0.08	±0.10	±0.12	±0.15
>10~≤18	±0.11	±0.14	±0.15	±0.18
>18~≤30	±0.18	±0.21	±0.20	±0.24
>30~≤50	±0.25	±0.30	±0.30	±0.38
>50~≤80	±0.30	±0.35	±0.40	±0.50

注:1. 单向偏差为表中数值的2倍。
2. 矩形棒的宽度或高度允许偏差等级应在合同中注明,否则按普通级精度供货。

5)多边形棒材的横截面的棱角处允许有圆角,其最大圆角半径 R 不应超过表3-32的规定。

表3-32 方形、矩形棒和六角形棒的圆角半径 mm

截面的名义宽度(对边距离)	3~6	>6~10	>10~18	>18~30	>30~50	>50~80
圆角半径	0.5	0.8	1.2	1.8	2.8	4.0

注:此项供方可不检验,但必须保证。

6)棒材的直度(软态棒材除外)应符合表3-33的规定。

表 3-33　棒材的直度　mm

长　度	圆形棒				方形棒、六角形棒、矩形棒	
	3～≤20		>20～80			
	全长直度	每米直度	全长直度	每米直度	全长直度	每米直度
<1000	≤2	—	≤1.5	—	≤5	—
≥1000～<2000	≤3	—	≤2	—	≤8	—
≥2000～<3000	≤6	≤3	≤4	≤3	≤12	≤5
≥3000	≤12	≤3	≤8	≤3	≤15	≤5

7)圆形棒、方形棒和六角形棒材的力学性能见表 3-34。

表 3-34　圆形棒、方形棒和六角形棒材的力学性能　mm

牌　号	状　态	直径、对边距,mm	抗拉强度 R_m,N/mm²	断后伸长率 A,%	布氏硬度 HBW
			不小于		
T2　T3	Y	3～40	275	10	—
		40～60	245	12	—
		60～80	210	16	—
	M	3～80	200	40	—
TU1　TU2　TP2	Y	3～80	—	—	—
H96	Y	3～40	275	8	—
		40～60	245	10	—
		60～80	205	14	—
	M	3～80	200	40	—
H90	Y	3～40	330	—	—
H80	Y	3～40	390	—	—
	M	3～40	275	50	—
H68	Y_2	3～12	370	18	—
		12～40	315	30	—
		40～80	295	34	—
	M	13～35	295	50	—
H65	Y	3～40	390	—	—
	M	3～40	295	44	—
H62	Y_2	3～40	370	18	—
		40～80	335	24	—
HPb61-1	Y_2	3～20	390	11	—
HPb59-1	Y_2	3～20	420	12	—
		20～40	390	14	—
		40～80	370	19	—

续表

牌　　号	状　　态	直径、对边距,mm	抗拉强度 R_m,N/mm²	断后伸长率 A,%	布氏硬度 HBW
			不小于		
HPb63-0.1 H63	Y_2	3~20	370	18	—
		20~40	340	21	—
HPb63-3	Y	3~15	490	4	—
		15~20	450	9	—
		20~30	410	12	—
	Y_2	3~20	390	12	—
		20~60	360	16	—
HSn62-1	Y	4~40	390	17	—
		40~60	360	23	—
HMn58-2	Y	4~12	440	24	—
		12~40	410	24	—
		40~60	390	29	—
HFe58-1-1	Y	4~40	440	11	—
		40~60	390	13	—
HFe59-1-1	Y	4~12	490	17	—
		12~40	440	19	—
		40~60	410	22	—
QAl9-2	Y	4~40	540	16	—
QAl9-4	Y	4~40	580	13	—
QAl10-3-1.5	Y	4~40	630	8	—
QSi3-1	Y	4~12	490	13	—
		12~40	470	19	—
QSi1.8	Y	3~15	500	15	—
QSn6.5-0.1 QSn6.5-0.4	Y	3~12	470	13	—
		12~25	440	15	—
		25~40	410	18	—
QSn7-0.2	Y	4~40	440	19	130~200
	T	4~40	—	—	≥180
QSn4-0.3	Y	4~12	410	10	—
		12~25	390	13	—
		25~40	355	15	—
QSn4-3	Y	4~12	430	14	—
		12~25	370	21	—
		25~35	335	23	—
		35~40	315	23	—

续表

牌号	状态	直径、对边距,mm	抗拉强度 R_m,N/mm²	断后伸长率 A,%	布氏硬度 HBW
			不小于		
QCd1	Y	4~60	370	5	≥100
	M	4~60	215	36	≤75
QCr0.5	Y	4~40	390	5	—
	M	4~40	230	40	—
QZr0.2 QZr0.4	Y	3~40	294	5	130①
BZn15-20	Y	4~12	440	6	—
		12~25	390	8	—
		25~40	345	13	—
	M	3~40	295	33	—
BZn15-24-1.5	T	3~18	590	3	—
	Y	3~18	440	5	—
	M	3~18	295	30	—
BFe30-1-1	Y	16~50	490	—	—
	M	16~50	345	25	—
BMn40-1.5	Y	7~20	540	6	—
		20~30	490	8	—
		30~40	440	11	—

注:直径或对边距离小于10mm的棒材不做硬度试验。

① 此硬度值为经淬火处理及冷加工时效后的性能参考值。

2. 铝及铝合金挤压棒材(表3-35)

表3-35 铝及铝合金挤压棒材

牌号	供应状态	规格,mm				优选直径尺寸系列,mm
		圆棒直径		方棒、六角棒内切圆直径		
		普通棒材	高强度棒材	普通棒材	高强度棒材	
1070A, 1060, 1050A, 1035, 1200, 8A06, 5A02, 5A03, 5A05, 5A06, 5A12, 3A21, 5052,5083,3003	H112 F O	5~600	—	5~200	—	5,5.5,6,6.5,7,7.5,8, 8.5,9,9.5,10,10.5,11, 11.5,12,13,14,15,16, 17,18,19,20,21,22,24, 25,26,27,28,30,32,34, 35,36,38,40,41,42,45, 46,48,50,51,52,55,58, 59,60,62,63,65
2A70, 2A80, 2A90, 4A11, 2A02, 2A06, 2A16	H112,F	5~600	—	5~200	—	
	T6	5~150	—	5~120	—	
7A04, 7A09, 6A02, 2A50,2A14	H112,F	5~600	20~160	5~200	20~100	
	T6	5~150	20~120	5~120	20~100	

续表

牌号	供应状态	规格,mm				优选直径尺寸系列,mm
		圆棒直径		方棒、六角棒内切圆直径		
		普通棒材	高强度棒材	普通棒材	高强度棒材	
2A11,2A12	H112,F	5~600	20~160	5~200	20~100	70, 75, 80, 85, 90, 95, 100, 105, 110, 115, 120, 125, 130, 135, 140, 145, 150, 160, 170, 180, 190, 200, 210, 220, 230, 240, 250, 260, 270, 280, 290, 300, 320, 330, 340, 350, 360, 370, 380, 390, 400, 450, 480, 500, 520, 550, 600
	T4	5~150	20~120	5~120	20~100	
2A13	H112,F	5~600	—	5~200	—	
	T4	5~150	—	5~120	—	
6063	T5,T6	5~25	—	5~25	—	
	F	5~600	—	5~200	—	
6061	H112,F	5~600	—	5~200	—	
	T6	5~150	—	5~120	—	
	T4					

注:1. 化学成分按 GB/T 3190—1996 的规定。

2. 供应状态:H112—加工硬化状态,适用于热加工成型的产品;F—自由加工状态;O—退火状态;T6—固溶热处理后进行人工时效的状态;T4—固溶热处理后自然时效至基本稳定的状态;T5—高温成型冷却后进行人工时效的状态。

3. 铜线(表 3-36)

表 3-36 铜及铜合金线材

类别	牌号	状态	直径(对边距),mm
纯铜线	T2、T3	软(M),半硬(Y_2),硬(Y)	0.05~8.0
	TU1、TU2	软(M),硬(Y)	0.05~8.0
黄铜线	H62、H63、H65	软(M),1/8 硬(Y_8),1/4 硬(Y_4),半硬(Y_2),3/4 硬(Y_1),硬(Y)	0.05~13.0
		特硬(T)	0.05~4.0
	H68、H70	软(M),1/8 硬(Y_8),1/4 硬(Y_4),半硬(Y_2),3/4 硬(Y_1),硬(Y)	0.05~8.5
		特硬(T)	0.1~6.0
	H80、H85、H90、H96	软(M),半硬(Y_2),硬(Y)	0.05~12.0
	HSn60-1、HSn62-1	软(M),硬(Y)	0.5~6.0
	HPb63-3、HPb59-1	软(M),半硬(Y_2),硬(Y)	
	HPb59-3	半硬(Y_2),硬(Y)	1.0~8.5
	HPb61-1	半硬(Y_2),硬(Y)	0.5~8.5
	HPb62-0.8	半硬(Y_2),硬(Y)	0.5~6.0
	HSb60-0.9、HSb61-0.8-0.5、HBi60-1.3	半硬(Y_2),硬(Y)	0.8~12.0
	HMn62-13	软(M),1/4 硬(Y_4),半硬(Y_2),3/4 硬(Y_1),硬(Y)	0.5~6.0

续表

类别	牌号	状态	直径(对边距),mm
青铜线	QSn6.5-0.1、QSn6.5-0.4、QSn7-0.2、QSn5-0.2、QSi3-1	软(M),1/4 硬(Y_4),半硬(Y_2),3/4 硬(Y_1),硬(Y)	0.1~8.5
	QSn4-3	软(M),1/4 硬(Y_4),半硬(Y_2),3/4 硬(Y_1)	0.1~8.5
		硬(Y)	0.1~6.0
	QSn4-4-4	半硬(Y_2),硬(Y)	0.1~8.5
	QSn15-1-1	软(M),1/4 硬(Y_4),半硬(Y_2),3/4 硬(Y_1),硬(Y)	0.5~6.0
	QAl7	半硬(Y_2),硬(Y)	1.0~6.0
	QAl9-2	硬(Y)	0.6~6.0
	QCr1、QCr1-0.18	固溶+冷加工+时效(CYS), 固溶+时效+冷加工(CSY)	1.0~12.0
	QCr4.5-2.5-0.6	软(M),固溶+冷加工+时效(CYS), 固溶+时效+冷加工(CSY)	0.5~6.0
	QCd1	软(M),硬(Y)	0.1~6.0
白铜线	B19	软(M),硬(Y)	0.1~6.0
	BFe10-1-1、BFe30-1-1		
	BMn3-12	软(M),硬(Y)	0.05~6.0
	BMn40-1.5		
	BZn9-29、BZn12-26、BZn15-20、BZn18-20	软(M),1/8 硬(Y_8),1/4 硬(Y_4), 半硬(Y_2),3/4 硬(Y_1),硬(Y)	0.1~8.0
		特硬(T)	0.5~4.0
	BZn22-16、BZn25-18	软(M),1/8 硬(Y_8),1/4 硬(Y_4), 半硬(Y_2),3/4 硬(Y_1),硬(Y)	0.1~8.0
		特硬(T)	0.1~4.0
	BZn40-20	软(M),1/4 硬(Y_4),半硬(Y_2), 3/4 硬(Y_1),硬(Y)	1.0~6.0

4. 铝及铝合金线(表3-37)

表3-37　铝及铝合金线的牌号、状态及尺寸规格

牌号[1]	状态[1]	直径[1],mm
1035	O	0.8~20.0
	H18	0.8~1.6
		>1.6~3.0
		>3.0~20.0
	H14	3.0~20.0

续表

牌号[①]	状态[①]	直径[①],mm
1350	O	9.5~25.0
	H12[②]、H22[②]	
	H14、H24	
	H16、H26	
	H19	1.2~6.5
1A50	O、H19	0.8~20.0
1050A、1060、1070A、1200	O、H18	0.8~20.0
	H14	3.0~20.0
1100	O	0.8~1.6
		>1.6~20.0
		>20.0~25.0
	H18	0.8~20.0
	H14	3.0~20.0
2A01、2A04、2B11、2B12、2A10	H14、T4	1.6~20.0
2A14、2A16、2A20	O、H18	0.8~20.0
	H14	
	H12	7.0~20.0
3003	O、H14	1.6~25.0
3A21	O、H18	0.8~20.0
	H14	0.8~1.6
		>1.6~20.0
	H12	7.0~20.0
4A01、4043、4047	O、H18	0.8~20.0
	H14	
	H12	7.0~20.0
5A02	O、H18	0.8~20.0
	H14	0.8~1.6
		>1.6~20.0
	H12	7.0~20.0
5A03	O、H18	0.8~20.0
	H14	
	H12	7.0~20.0
5A05	H18	0.8~7.0
	O、H14	0.8~1.6
		>1.6~7.0
		>7.0~20.0
	H12	>7.0~20.0

续表

牌　　号①	状　　态①	直　　径①,mm
5B05、5A06	O	0.8~20.0
	H18	0.8~7.0
	H14	0.8~7.0
	H12	1.6~7.0
		>7.0~20.0
5005、5052、5056	O	1.6~25.0
5B06、5A33、5183、5356、5554、5A56	O	0.8~20.0
	H18	0.8~7.0
	H14	
	H12	>7.0~20.0
6061	O	0.8~1.6
		>1.6~20.0
		>20.0~25.0
	H18	0.8~1.6
		>1.6~20.0
	H14	3.0~20.0
	T6	1.6~20.0
6A02	O、H18	0.8~20.0
	H14	3.0~20.0
7A03	H14、T6	1.6~20.0
8A06	O、H18	0.8~20.0
	H14	3.0~20.0

① 需要其他合金、规格、状态的线材时,供需双方协商并在合同中注明。

② 供方可以1350-H22线材替代需方订购的1350-H12线材;或以1350-H12线材替代需方订购的1350-H22线材,但同一份合同,只能供应同一个状态的线材。

3.5 非铁金属板材及带材

1. 一般用途的加工铜及铜合金板材(表3-38)

表3-38　一般用途的加工铜及铜合金板材的品种、牌号及规格

品　种	牌　　号	制造方法	厚度,mm	宽度,mm	长度,mm	厚度尺寸系列,mm
纯铜板	T_2、T_3、TP_1、TP_2、TU_1、TU_2	热轧	4~60	≤3000	≤6000	0.20,0.22,0.25,0.30,0.32,0.34,0.35,0.40,0.45,0.50,0.52,0.57,0.60,0.65,0.70
		冷轧	0.2~12	≤3000	≤6000	
黄铜板	H59、H62、H65、H68、H70、H80	热轧	4~60	≤3000	≤6000	

续表

品 种	牌 号	制造方法	厚度,mm	宽度,mm	长度,mm	厚度尺寸系列,mm
黄铜板	H90、H96、HPb59-1、HSn62-1、HMn58-2	冷轧	0.2~10	≤3000	≤6000	0.72, 0.75, 0.80, 0.85, 0.90, 0.95, 1.00, 1.10, 1.13, 1.20, 1.22, 1.30, 1.35, 1.40, 1.45, 1.50, 1.60, 1.65, 1.80, 2.00, 2.20, 2.25, 2.50, 2.75, 2.80, 3.00, 3.50, 4.00, 4.5, 5.0, 5.5, 6.0, 6.5, 7.0, 7.5, 8.0, 8.5, 9.0, 10, 11, 12, 13, 14, 15, 16, 17, 18, 19, 20, 21, 22, 23, 24, 25, 26, 27, 28, 29, 30, 32, 34, 35, 36, 38, 40, 42, 44, 45, 46, 48, 50, 52, 54, 55, 56, 58, 60
	HMn57-3-1、HMn55-3-1、HAl60-1-1、HAl67-2.5、HAl66-6-3-2、HNi65-5	热轧	4~40	≤1000	≤2000	
青铜板	QAl5、QAl7、QAl9-2、QAl9-4	冷轧	0.4~12	≤1000	≤2000	
	QSn6.5-0.1、QSn6.5-0.4、QSn4-3、QSn4-0.3、QSn7-0.2	热轧	9~50	≤600	≤2000	
		冷轧	0.2~12			
白铜板	BAl6-1.5、BAl12-3	冷轧	0.5~12	≤600	≤1500	
	BZn15-20	冷轧	0.5~10	≤600	≤1500	
	B5、B19、BFe10-1-1、BFe30-1-1	热轧	7~60	≤2000	≤4000	
		冷轧	0.5~10	≤600	≤1500	

注:化学成分按 GB/T 5231—2001 的规定。

2. 一般用途的加工铜及铜合金带材的品种、牌号及规格(表 3-39)

表 3-39 一般用途的加工铜及铜合金带材的品种、牌号及规格

品 种	牌 号	厚度,mm	宽度,mm	厚度尺寸系列,mm
纯铜带	T_2、T_3、TP_1、TP_2、TU_1、TU_2	0.05~3.00	≤1000	0.05, 0.06, 0.07, 0.08, 0.09, 0.10, 0.12, 0.15, 0.18, 0.20, 0.22, 0.25, 0.30, 0.32, 0.35, 0.40, 0.45, 0.50, 0.52, 0.55, 0.57, 0.60, 0.65, 0.70, 0.72, 0.75, 0.80, 0.85, 0.90, 0.93, 1.00, 1.10, 1.13, 1.20, 1.22, 1.30, 1.35, 1.40, 1.45, 1.50, 1.60, 1.65, 1.80, 2.00, 2.20, 2.25, 2.50, 2.75, 2.80, 3.00
黄铜带	H59、H62、H65、H68、H70、H80、H90、H96、HPb59-1、HSn62-1、HMn58-2	0.05~3.00	≤600	
青铜带	QAl5、QAl7、QAl9-2、QAl9-4	0.05~1.20	≤300	
	QSn6.5-0.1、QSn6.5~0.4、QSn7-0.2、QSn4-3、QSn4-0.3	0.05~3.0	≤600	
	QCd-1	0.05~1.20	≤300	
	QMn1.5、QMn5	0.10~1.20	≤300	
	QSi3-1	0.05~1.20	≤300	
	QSn4-4-2.5、QSn4-4-4	0.8~1.20	≤200	
白铜带	BZn15-20	0.05~1.20	≤300	
	B5、B19、BFe10-1-1、BFe30-1-1、BMn3-12、BMn40-1.5	0.05~1.20	≤300	

注:化学成分按 GB/T 5231—2001 的规定。

3. 铜及铜合金带材(表3-40)

表3-40 铜及铜合金带材的品种、牌号及规格

牌号	状态	厚度,mm	宽度,mm
T_2、T_3、TU_1、TU_2、TP_1、TP_2	软(M)、1/4硬(Y_4)、半硬(Y_2)、硬(Y)、特硬(T)	>0.15~<0.50	≤600
		0.50~3.0	≤1200
H96、H80、H59	软(M)、硬(Y)	>0.15~<0.50	≤600
		0.50~3.0	≤1200
H85、H90	软(M)、半硬(Y_2)、硬(Y)	>0.15~<0.50	≤600
		0.50~3.0	≤1200
H70、H68、H65	软(M)、1/4硬(Y_4)、半硬(Y_2)、硬(Y)、特硬(T)、弹硬(TY)	>0.15~<0.50	≤600
		0.50~3.0	≤1200
H63、H62	软(M)、半硬(Y_2)、硬(Y)、特硬(T)	>0.15~<0.50	≤600
		0.50~3.0	≤1200
HPb59-1、HMn58-2	软(M)、半硬(Y_2)、硬(Y)	>0.15~0.20	≤300
		>0.20~2.0	≤550
HPb59-1	特硬(T)	0.32~1.5	≤200
HSn62-1	硬(Y)	>0.15~0.20	≤300
		>0.20~2.0	≤550
QAl5	软(M)、硬(Y)	>0.15~1.2	≤300
QAl7	半硬(Y_2)、硬(Y)		
QAl19-2	软(M)、硬(Y)、特硬(T)		
QAl19-4	硬(Y)		
QSn6.5-0.1	软(M)、1/4硬(Y_4)、半硬(Y_2)、硬(Y)、特硬(T)、弹硬(TY)	>0.15~2.0	≤610
Sn7-0.2、QSn6.5-0.4、QSn4-3、QSn4-0.3	软(M)、硬(Y)、特硬(T)	>0.15~2.0	≤610
QSn8-0.3	软(M)、1/4硬(Y_4)、半硬(Y_2)、硬(Y)、特硬(T)	>0.15~2.6	≤610
QSn4-4-4、QSn4-4-2.5	软(M)、1/3硬(Y_3)、半硬(Y_2)、硬(Y)	0.8~1.2	≤200
QCd1	硬(Y)	>0.15~1.2	≤300
QMn1.5	软(M)	>0.15~1.2	
QMn5	软(M)、硬(Y)		
QSi3-1	软(M)、硬(Y)、特硬(T)	>0.15~1.2	≤300
BZn18-17	软(M)、半硬(Y_2)、硬(Y)	>0.15~1.2	≤610
BZn15-20	软(M)、半硬(Y_2)、硬(Y)、特硬(T)	>0.15~1.2	≤400
B5、B19、BFe10-1-1、BFe30-1-1、BMn40-1.5、BMn3-12	软(M)、硬(Y)		
BAl13-3	淬火+冷加工+人工时效(CYS)	>0.15~1.2	≤300
BAl6-1.5	硬(Y)		

4. 铝及铝合金轧制板材

1）铝及铝合金划分为A、B两类，如表3-41所示。

表3-41 铝及铝合金划分

牌号系列	铝或铝合金类别	
	A	B
1×××	所有	
2×××		所有
3×××	Mn的最大规定值不大于1.8%，Mg的最大规定值不大于1.8%，Mn的最大规定值与Mg的最大规定值之和不大于2.3%	A类外的其他合金
4×××	Si的最大规定值不大于2%	A类外的其他合金
5×××	Mg的最大规定值不大于1.8%，Mn的最大规定值不大于1.8%，Mg的最大规定值与Mn的最大规定值之和不大于2.3%	A类外的其他合金
6×××	—	所有
7×××	—	所有
8×××	不可热处理强化的合金	可热处理强化的合金

2）板、带材的尺寸偏差等级划分如表3-42所示。

表3-42 板、带材的尺寸偏差等级划分

尺寸偏差	偏差等级	
	板材	带材
厚度偏差	冷轧板材：高精级、普通级 热轧板材：不分级	冷轧带材：高精级、普通级 热轧带材：不分级
宽度偏差	剪切板材：高精级、普通级 其他板材：不分级	高精级、普通级
长度偏差	不分级	不分级
不平度	高精级、普通级	不分级
侧边弯曲度	高精级、普通级	高精级、普通级
对角线	高精级、普通级	不分级

3）板、带材的牌号、相应的铝和铝合金类别、状态及厚度规格应符合表3-43的规定。

表3-43 板、带材的牌号、相应的铝和铝合金类别、状态及厚度规格

牌号	类别	状态	板材厚度，mm	带材厚度，mm
1A97、1A93、1A90、1A85	A	F	>4.50～150.00	—
		H112	>4.50～80.00	—
1235	A	H12、H22	>0.20～4.50	>0.20～4.50
		H14、H24	>0.20～3.00	>0.20～3.00
		H16、H26	>0.20～4.00	>0.20～4.00
		H18	>0.20～3.00	>0.20～3.00

续表

牌号	类别	状态	板材厚度,mm	带材厚度,mm
1070	A	F	>4.50~150.00	>2.50~8.00
		H112	>4.50~75.00	
		O	>0.20~50.00	>0.20~6.00
		H12、H22、H14、H24	>0.20~6.00	>0.20~6.00
		H16、H26	>0.20~4.00	>0.20~4.00
		H18	>0.20~3.00	>0.20~3.00
1060	A	F	>4.50~150.00	>2.50~8.00
		H112	>4.50~80.00	
		O	>0.20~80.00	>0.20~6.00
		H12、H22	>0.50~6.00	>0.50~6.00
		H14、H24	>0.20~6.00	>0.20~6.00
		H16、H26	>0.20~4.00	>0.20~4.00
		H18	>0.20~3.00	>0.20~3.00
1050、1050A	A	F	>4.50~150.00	>2.50~8.00
		H112	>4.50~75.00	
		O	>0.20~50.00	>0.20~6.00
		H12、H22、H14、H24	>0.20~6.00	>0.20~6.00
		H16、H26	>0.20~4.00	>0.20~4.00
		H18	>0.20~3.00	>0.20~3.00
1145	A	F	>4.50~150.00	>2.50~8.00
		H112	>4.50~25.00	
		O	>0.20~10.00	>0.20~6.00
		H12、H22、H14、H24、H16、H26、H18	>0.20~4.50	>0.20~4.50
1100	A	F	>4.50~150.00	>2.50~8.00
		H112	>6.00~80.00	—
		O	>0.20~80.00	>0.20~6.00
		H12、H22	>0.20~6.00	>0.20~6.00
		H14、H24、H16、H26	>0.20~4.00	>0.20~4.00
		H18	>0.20~3.00	>0.20~3.00
1200	A	F	>4.50~150.00	>2.50~8.00
		H112	>6.00~80.00	—
		O	>0.20~50.00	>0.20~6.00
		H111	>0.20~50.00	
		H12、H22、H14、H24	>0.20~6.00	>0.20~6.00
		H16、H26	>0.20~4.00	>0.20~4.00
		H18	>0.20~3.00	>0.20~3.00

续表

牌号	类别	状态	板材厚度,mm	带材厚度,mm
2017	B	F	>4.50~150.00	—
		H112	>4.50~80.00	—
		O	>0.50~25.00	>0.50~6.00
		T3、T4	>0.50~6.00	—
2A11	B	F	>4.50~150.00	—
		H112	>4.50~80.00	—
		O	>0.50~10.00	>0.50~6.00
		T3、T4	>0.50~10.00	—
2014	B	F	>4.50~150.00	—
		O	>0.50~25.00	—
		T6、T4	>0.50~12.50	—
		T3	>0.50~6.00	—
2024	B	F	>4.50~150.00	—
		O	>0.50~45.00	>0.50~6.00
		T3	>0.50~12.50	—
		T3(工艺包铝)	>4.00~12.50	—
		T4	>0.50~6.00	—
3003	A	F	>4.30~150.00	>2.50~8.00
		H112	>6.00~80.00	—
		O	>0.20~50.00	>0.20~6.00
		H12、H22、H14、H24	>0.20~6.00	>0.20~6.00
		H16、H26、H18	>0.20~4.00	>0.20~4.00
		H28	>0.20~3.00	>0.20~3.00
3004、3104	A	R	>6.30~80.00	>2.50~8.00
		H112	>6.00~80.00	—
		O	>0.20~50.00	>0.20~6.00
		H111	>0.20~50.00	—
		H12、H22、H32、H14	>0.20~6.00	>0.20~6.00
		H24、H34、H16、H26、H36、H18	>0.20~3.00	>0.20~3.00
		H28、H38	>0.20~1.50	>0.20~1.50
3005	A	O、H111、H12、H22、H14	>0.20~6.00	>0.20~6.00
		H111	>0.20~6.00	—
		H16	>0.20~4.00	>0.20~4.00
		H24、H26、H18、H28	>0.20~3.00	>0.20~3.00

续表

牌号	类别	状态	板材厚度,mm	带材厚度,mm
3105	A	O、H12、H22、H14、H24、H16、H26、H18	>0.20~3.00	>0.20~3.00
		H111	>0.20~3.00	—
		H28	>0.20~1.50	>0.20~1.50
3102	A	H18	>0.20~3.00	>0.20~3.00
5182	B	O	>0.20~3.00	>0.20~3.00
		H111	>0.20~3.00	—
		H19	>0.20~1.50	>0.20~1.50
5A03	B	F	>4.50~150.00	—
		H112	>4.50~50.00	—
		O、H14、H24、H34	>0.50~4.50	>0.50~4.50
5A05、5A06	B	F	>4.50~150.00	—
		O	>0.50~4.50	>0.50~4.50
		H112	>4.50~50.00	—
5082	B	F	>4.50~150.00	—
		H18、H38、H19、H39	>0.20~0.50	>0.20~0.50
5005	A	F	>4.50~150.00	>2.50~8.00
		H112	>6.00~80.00	—
		O	>0.20~50.00	>0.20~6.00
		H111	>0.20~50.00	—
		H12、H22、H32、H14、H24、H34	>0.20~6.00	>0.20~6.00
		H16、H26、H36	>0.20~4.00	>0.20~4.00
		H18、H28、H38	>0.20~3.00	>0.20~3.00
5052	B	F	>4.50~150.00	>2.50~8.00
		H112	>6.00~80.00	—
		O	>0.20~50.00	>0.20~6.00
		H111	>0.20~50.00	—
		H12、H22、H32、H14、H24、H34	>0.20~6.00	>0.20~6.00
		H16、H26、H36	>0.20~4.00	>0.20~4.00
		H18、H38	>0.20~3.00	>0.20~3.00
5086	B	F	>4.50~150.00	—
		H112	>6.00~50.00	—
		O/H111	>0.20~80.00	—
		H12、H22、H32、H14、H24、H34	>0.20~6.00	—
		H16、H26、H36	>0.20~4.00	—
		H18	>0.20~3.00	—

续表

牌号	类别	状态	板材厚度,mm	带材厚度,mm
5083	B	F	>4.50~150.00	—
		H112	>6.00~50.00	—
		O	>0.20~80.00	>0.50~4.00
		H111	>0.20~80.00	—
		H12、H14、H24、H34	>0.20~6.00	—
		H22、H32	>0.20~6.00	>0.50~4.00
		H16、H26、H36	>0.20~4.00	—
6061	B	F	>4.50~150.00	>2.50~8.00
		O	>0.40~40.00	>0.40~6.00
		T4、T6	0.40~12.50	—
6063	B	O	>0.50~20.00	—
		T4、T6	0.50~10.00	—
6A02	B	F	>4.50~150.00	—
		H112	>4.50~80.00	—
		O、T4、T6	>0.50~10.00	—
6082	B	F	>4.50~150.00	—
		O	0.40~25.00	—
		T4、T6	>0.40~12.50	—
7075	B	F	>6.00~100.00	—
		O(正常包铝)	>0.50~25.00	—
		O(不包铝或工艺包铝)	>0.50~50.00	—
		T6	>0.50~6.00	—
8A06	A	F	>4.50~150.00	>2.50~8.00
		H112	>4.50~80.00	—
		O	>0.20~10.00	—
		H14、H24、H18	>0.20~4.50	—
8011A	A	O	>0.20~3.00	>0.20~3.00
		H111	>0.20~3.00	—
		H14、H24、H18	>0.20~3.00	>0.20~3.00

4）板、带材的厚度与其对应的宽度和长度应符合表3-44的规定。

表3-44　板、带材的厚度与其对应的宽度和长度

板、带材厚度	板材的宽度和长度		带材的宽度和内径	
	板材的宽度	板材的长度	带材的宽度	带材的内径
>0.20~0.50	500~1660	1000~4000	1660	φ75、φ150、φ200、φ300、φ405、φ505、φ610、φ650、φ750
>0.50~0.80	500~2000	1000~10000	2000	
>0.80~1.20	500~2200	1000~10000	2200	
>1.20~8.00	500~2400	1000~10000	2400	
>1.20~150.00	500~2400	1000~10000	—	—

注：带材是否带套筒及套筒材质，由供需双方商定后在合同中注明。

5）3102、3104、8011A合金的化学成分应符合表3-45的规定。

表3-45　3102、3104、8011A合金的化学成分

牌号	质量分数,%												
	Si	Fe	Cu	Mn	Mg	Cr	Zn	Ga	V	Ti	其他杂质①		Al②
											单个	合计	
3102	≤0.40	≤0.7	≤0.10	0.05~0.40	—	—	≤0.30	—		≤0.10	≤0.05	≤0.15	余量
3104	≤0.6	≤0.8	0.05~0.25	0.8~1.4	0.8~1.3	—	≤0.25	≤0.05	≤0.05	≤0.10	≤0.05	≤0.15	余量
8011A	0.40~0.8	0.50~1.0	≤0.10	≤0.10	≤0.10	≤0.10	≤0.10	—		≤0.05	≤0.05	≤0.15	余量

① 其他杂质指表中未列出或未规定数值的金属元素。

② 铝的质量分数为100%与等于或大于0.010%的所有金属元素总和的差值，求和前各元素数值要表示到0.0*x*%。

4 机 械 五 金

4.1 螺栓和螺柱

1. 螺栓、螺柱的类型和规格(表 4-1)

表 4-1 螺栓、螺柱的类型和规格

类 型	名 称	规格范围	
		d,mm	l,mm
六角头	六角头螺栓,C 级	M5 ~ M64	25 ~ 500
	六角头螺栓,全螺纹,C 级		10 ~ 500
	六角头螺栓	M1.6 ~ M64	12 ~ 500
	六角头螺栓,全螺纹	M1.6 ~ M64	2 ~ 200
	六角头螺栓,细牙	M8 ×1 ~ M64 ×4	35 ~ 500
	六角头螺栓,细牙全螺纹		16 ~ 500
	六角头螺栓,细杆,B 级	M3 ~ M20	20 ~ 150
六角法兰面	六角法兰面螺栓,加大系列,B 级	M5 ~ M20	10 ~ 200
	六角法兰面螺栓,加大系列,细杆,B 级		30 ~ 200
六角头头部带孔、带槽	六角头头部带孔螺栓,细杆,B 级	M6 ~ M20	25 ~ 150
	六角头头部带孔螺栓,A 和 B 级	M6 ~ M48	30 ~ 400
	六角头头部带孔螺栓,细牙 A 和B 级	M8 ×1 ~ M48 ×3	35 ~ 400
	六角头头部带槽螺栓,A 和 B 级	M3 ~ M12	6 ~ 100
六角头螺杆带孔	六角头螺杆带孔螺栓,A 和 B 级	M6 ~ M48	30 ~ 300
	六角头螺杆带孔螺栓,细牙,A 和 B 级	M8 ×1 ~ M48 ×3	35 ~ 300
	六角头螺杆带孔螺栓,细杆,B 级	M6 ~ M20	25 ~ 150
十字槽凹穴六角头	十字槽凹穴六角头螺栓	M4 ~ M8	8 ~ 60
六角头铰制孔	六角头铰制孔用螺栓,A 和 B 级	M6 ~ M48	25 ~ 300
	六角头螺杆带孔铰制孔用螺栓,A 和 B 级		
方头	方头螺栓,C 级	M10 ~ M48	20 ~ 300
	小方头螺栓,B 级	M5 ~ M48	20 ~ 300

续表

类型	名称	规格范围	
		d,mm	l,mm
沉头	沉头方颈螺栓	M6 ~ M20	25 ~ 200
	沉头带榫螺栓	M6 ~ M24	25 ~ 200
	沉头双榫螺栓	M6 ~ M12	25 ~ 80
半圆头	半圆头带榫螺栓	M6 ~ M24	20 ~ 200
	半圆头方颈螺栓	M6 ~ M20	16 ~ 200
	大半圆头方颈螺栓,C 级	M5 ~ M20	20 ~ 200
	大半圆头带榫螺栓	M6 ~ M24	20 ~ 200
T 形槽	T 形槽用螺栓	M5 ~ M48	25 ~ 300
地脚用	地脚螺栓	M6 ~ M48	80 ~ 1500
铰链用	活节螺栓	M4 ~ M36	20 ~ 300
钢结构用	钢结构用扭剪型高强度螺栓连接副	M16 ~ M30	40 ~ 220
双头螺柱	等长双头螺柱 B 级	M2 ~ M56	10 ~ 500
	等长双头螺柱 C 级	M8 ~ M48	100 ~ 2500
	双头螺柱: $b_m = 1d$ $b_m = 1.25d$ $b_m = 1.5d$ $b_m = 2d$	 M5 ~ M48 M5 ~ M48 M2 ~ M48 M2 ~ M48	 16 ~ 300 16 ~ 300 12 ~ 300 12 ~ 300
	螺杆	M4 ~ M42 M8 × 1 ~ M42 × 3	1000 ~ 4000

2. A 级和 B 级六角头螺栓(表 4-2)

表 4-2 A 级和 B 级六角头螺栓 mm

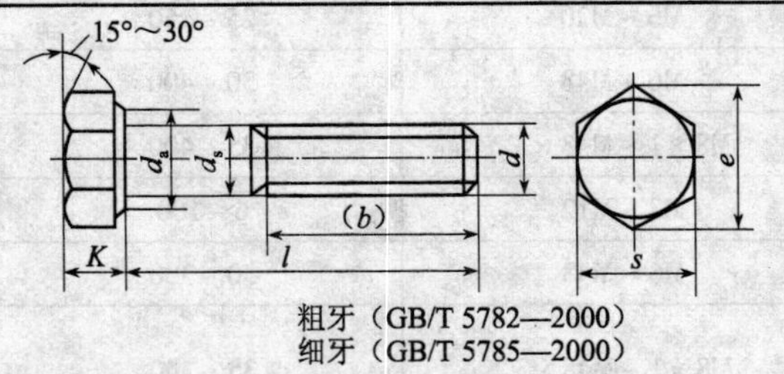

粗牙(GB/T 5782—2000)
细牙(GB/T 5785—2000)

用途

与螺母配合,利用螺纹连接方法,使两个零件(结构件)连接成为一个整体。A 级和 B 级的螺栓,主要适用于表面光洁、对精度要求高的机器、设备上。螺栓上的螺纹,一般均为粗牙普通螺纹;细牙普通螺纹螺栓的自锁性较好,主要适用于薄壁零件或承受交变载荷、振动和冲击载荷的零件,还可用于微调机构的调整

		M1.6	M2	M2.5	M3	(M3.5)	M4	M5	M6	M8	M10	M12	(M14)	M16
螺纹规格(6g)	d	M1.6	M2	M2.5	M3	(M3.5)	M4	M5	M6	M8	M10	M12	(M14)	M16
	d × P	—	—	—	—	—	—	—	—	M8 × 1	M10 × 1	M12 × 1.5	(M14 × 1.5)	M16 × 1.5
		—	—	—	—	—	—	—	—	—	M10 × 1.25	M12 × 1.25	—	—
b(参考)	l≤125	9	10	11	12	13	14	16	18	22	26	30	34	38
	125 < l≤200	15	16	17	18	19	20	22	24	28	32	36	40	44
	l > 200	28	29	30	31	32	33	35	37	41	45	49	53	57

续表

螺纹规格(6g)															
螺纹规格(6g)	d		M1.6	M2	M2.5	M3	(M3.5)	M4	M5	M6	M8	M10	M12	(M14)	M16
	d×P		—	—	—	—	—	—	—	—	M8×1	M10×1	M12×1.5	(M14×1.5)	M16×1.5
			—	—	—	—	—	—	—	—	—	M10×1.25	M12×1.25	—	—
d_a	max		2	2.6	3.1	3.6	4.1	4.7	5.7	6.8	9.2	11.2	13.7	15.7	17.7
d_s	max		1.60	2.00	2.50	3.00	3.50	4.00	5.00	6.00	8.00	10.00	12.00	14.00	16.00
e min	A级		3.41	4.32	5.45	6.01	6.58	7.66	8.79	11.05	14.38	17.77	20.03	23.36	26.75
	B级		3.28	4.18	5.31	5.88	6.44	7.50	8.63	10.89	14.20	17.59	19.85	22.78	26.17
s	max		3.20	4.00	5.00	5.50	6.00	7.00	8.00	10.00	13.00	16.00	18.00	21.00	24.00
	min	A级	3.02	3.82	4.82	5.32	5.82	6.78	7.78	9.78	12.73	15.73	17.73	20.67	23.67
		B级	2.90	3.70	4.70	5.20	5.70	6.64	7.64	9.64	12.57	15.57	17.57	20.16	23.16
K 公称			1.1	1.4	1.7	2	2.4	2.8	3.5	4	5.3	6.4	7.5	8.8	10
l[①]长度范围	A级		12~16	16~20	16~25	20~30	20~35	25~40	25~50	30~60	40~80	45~100	50~120	60~140	65~150
	B级		—	—	—	—	—	—	—	—	—	—	—	—	160

螺纹规格(6g)										
螺纹规格(6g)	d		(M18)	M20	(M22)	M24	(M27)	M30	(M33)	M36
	d×P		(M18×1.5)	M20×2	(M22×1.5)	M24×2	(M27×2)	M30×2	(M33×2)	M36×3
			—	M20×1.5	—	—	—	—	—	—
b(参考)	l≤125		42	46	50	54	60	66	—	—
	125<l≤200		48	52	56	60	66	72	78	84
	l>200		61	65	69	73	79	85	91	97
d_a	max		20.2	22.4	24.4	26.4	30.4	33.4	36.4	39.4
d_s	max		18	20	22	24	27	30	33	36
e min	A级		30.14	33.53	37.72	39.98	—	—	—	—
	B级		29.56	32.95	37.29	39.55	45.2	50.85	55.37	60.79
s	max		27	30	34	36	41	46	50	55
	min	A级	26.67	29.67	33.38	35.38	—	—	—	—
		B级	26.16	29.16	33	35	40	45	49	53.8
K 公称			11.5	12.5	14	15	17	18.7	21	22.5
l[①]长度范围	A级		70~150	80~150	90~150	90~150	100~150	110~150	130~150	140~150
	B级		160~180	160~200	160~220	160~240	160~260	160~300	160~320	160~360[②]

螺纹规格(6g)									
螺纹规格(6g)	d	(M39)	M42	(M45)	M48	(M52)	M56	(M60)	M64
	d×P	(M39×3)	M42×3	(M45×3)	M48×3	(M52×4)	M56×4	(M60×4)	M64×4
b(参考)	l≤125	—	—	—	—	—	—	—	—
	125<l≤200	90	96	102	108	116	—	—	—
	l>200	103	109	115	121	129	137	145	153
d_a	max	42.4	45.6	48.6	52.6	56.6	63	67	71
d_s	max	39	42	45	48	52	56	60	64

续表

螺纹规格(6g)	d		(M39)	M42	(M45)	M48	(M52)	M56	(M60)	M64
	d×P		(M39×3)	M42×3	(M45×3)	M48×3	(M52×4)	M56×4	(M60×4)	M64×4
e	min	A级	—	—	—	—	—	—	—	—
		B级	66.44	71.3	76.95	82.6	88.25	93.56	99.21	104.86
s	max		60	65	70	75	80	85	90	95
	min	A级	—	—	—	—	—	—	—	—
		B级	58.8	63.1	68.1	73.1	78.1	82.8	87.8	92.8
K	公称		25	26	28	30	33	35	38	40
l①长度范围		A级	—	—	—	—	—	—	—	—
		B级	150~380	160~440	180~440	180~480	200~480	220~500	240~500	260~500

注:尽可能不采用括号内的规格。

① 长度系列为20~50(5进位)、(55)、60、(65)、70~160(10进位)、180~400mm(20进位);

② GB/T 5785—2000规定为160~300。

3. C级六角头螺栓的型式与尺寸(表4-3)

表4-3 C级六角头螺栓的型式与尺寸 mm

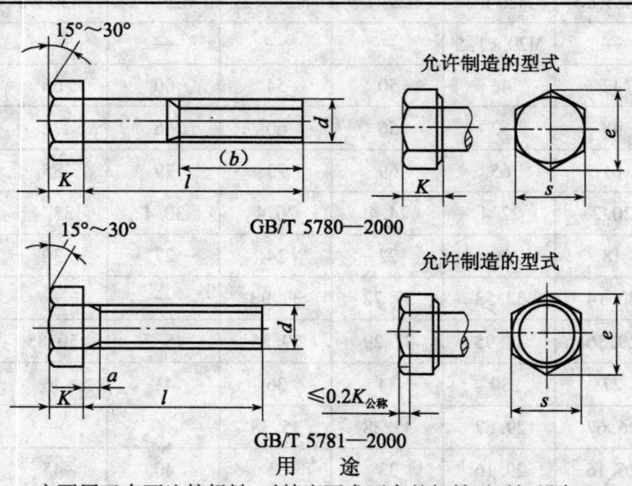

用 途

主要用于表面比较粗糙、对精度要求不高的钢铁、机械、设备上

螺纹规格 d(8g)		M5	M6	M8	M10	M12	(M14)	M16	(M18)	M20	(M22)	M24	(M27)
b	l≤125	16	18	22	26	30	34	38	42	46	50	54	60
	125<l≤200	22	24	28	32	36	40	44	48	52	56	60	66
	l>200	35	37	41	45	49	53	57	61	65	69	73	79
a	max	2.4	3	4	4.5	5.3	6	6	7.5	7.5	7.5	9	9
e	min	8.63	10.89	14.2	17.59	19.85	22.78	26.17	29.56	32.95	37.29	39.55	45.2
K	公称	3.5	4	5.3	6.4	7.5	8.8	10	11.5	12.5	14	15	17
s	max	8	10	13	16	18	21	24	27	30	34	36	41
	min	7.64	9.64	12.57	15.57	17.57	20.16	23.16	26.16	29.16	33	35	40

续表

螺纹规格 d(8g)		M5	M6	M8	M10	M12	(M14)	M16	(M18)	M20	(M22)	M24	(M27)
l①	GB/T 5780	25 ~ 50	30 ~ 60	40 ~ 80	45 ~ 100	55 ~ 120	60 ~ 140	65 ~ 160	80 ~ 180	80 ~ 200	90 ~ 220	100 ~ 240	110 ~ 260
	GB/T 5781	10 ~ 50	12 ~ 60	16 ~ 80	20 ~ 100	25 ~ 120	30 ~ 140	30 ~ 160	35 ~ 180	40 ~ 200	45 ~ 220	50 ~ 240	55 ~ 280

螺纹规格 d(8g)		M30	(M33)	M36	(M39)	M42	(M45)	M48	(M52)	M56	(M60)	M64
b	$l \leqslant 125$	66	—	—	—	—	—	—	—	—	—	—
	$125 < l \leqslant 200$	72	78	84	90	96	102	108	116	—	—	—
	$l > 200$	85	91	97	103	109	115	121	129	137	145	153
a	max	10.5	10.5	12	12	13.5	13.5	15	15	16.5	16.5	18
e	min	50.85	55.37	60.79	66.44	71.3	76.95	82.6	88.25	93.56	99.21	104.86
K	公称	18.7	21	22.5	25	26	28	30	33	35	38	40
s	max	46	50	55	60	65	70	75	80	85	90	95
	min	45	49	53.8	58.8	63.1	68.1	73.1	78.1	82.8	87.8	92.8
l①	GB/T 5780	120 ~ 300	130 ~ 320	140 ~ 360	150 ~ 400	180 ~ 420	180 ~ 440	200 ~ 480	200 ~ 500	240 ~ 500	240 ~ 500	260 ~ 500
	GB/T 5781	60 ~ 300	65 ~ 360	70 ~ 360	80 ~ 400	80 ~ 420	90 ~ 440	100 ~ 480	100 ~ 500	110 ~ 500	120 ~ 500	120 ~ 500

注:尽可能不采用括号内的规格。

① 长度系列为 10、12、16、20 ~ 50(5 进位)、(55)、60、(65)、70 ~ 150(10 进位)、180 ~ 500mm(20 进位)。

4. B 级六角法兰面螺栓的型式与尺寸(表 4-4)

表 4-4　B 级六角法兰面螺栓的型式与尺寸　mm

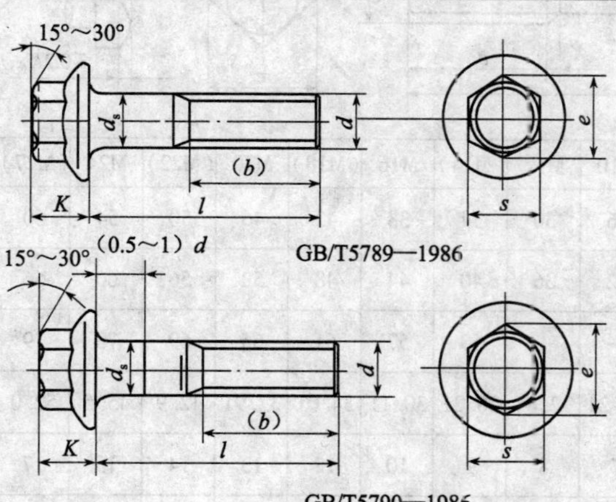

GB/T5789—1986

GB/T5790—1986

螺纹规格 d(6g)		M5	M6	M8	M10	M12	(M14)	M16	M20
b(参考)	$l \leqslant 125$	16	18	22	26	30	34	38	46
	$125 < l \leqslant 200$	—	—	28	32	36	40	44	52
d_a max	A 型	5.7	6.8	9.2	11.2	13.7	15.7	17.7	22.4
	B 型	6.2	7.4	10	12.6	15.2	17.7	20.7	25.7

续表

螺纹规格 d(6g)		M5	M6	M8	M10	M12	(M14)	M16	M20
c	min	1	1.1	1.2	1.5	1.8	2.1	2.4	3
d_c	max	11.8	14.2	18	22.3	26.6	30.5	35	43
d_u	max	5.5	6.6	9	11	13.5	15.5	17.5	22
d_s	max	5	6	8	10	12	14	16	20
f	max	1.4		2			3		4
e	min	8.56	10.8	14.08	16.32	19.68	22.58	25.94	32.66
K	max	5.4	6.6	8.1	9.2	10.4	12.4	14.1	17.7
s	max	8	10	13	15	18	21	24	30
l①长度范围	GB/T 5789	10~50	12~60	16~80	20~100	25~120	30~140	35~160	40~200
	GB/T 5790	30~50	35~60	40~80	45~100	50~120	55~140	60~160	70~200

注：尽可能不采用括号内的规格。

① 公称长度系列为10、12、16、20~50(5进位)、(55)、60、(65)、70~200mm(10进位)。

5. C级方头螺栓的型式与尺寸(表4-5)

表4-5　C级方头螺栓的型式与尺寸　　mm

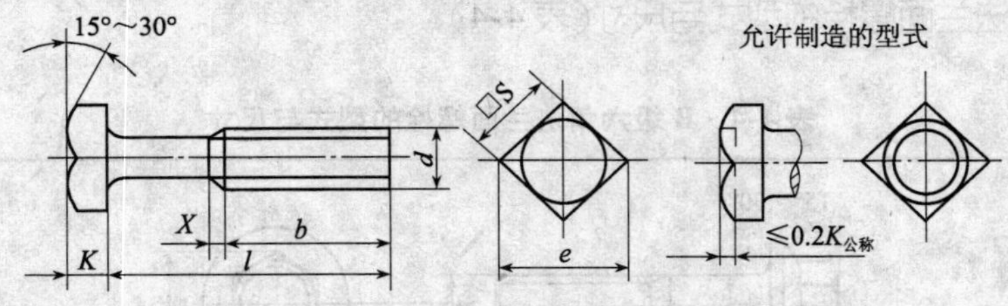

螺纹规格 d(8g)		M10	M12	(M14)	M16	(M18)	M20	(M22)	M24	(M27)	M30	M36	M42	M48
b(参考)	l≤125	26	30	34	38	42	46	50	54	60	66	78	—	—
	125<l≤200	32	36	40	44	48	52	56	60	66	72	84	96	108
	l>200	—	—	53	57	61	65	69	73	79	85	97	109	121
e	min	20.24	22.84	26.21	30.11	34.01	37.91	42.9	45.5	52.0	58.5	69.94	82.03	95.03
K		7	8	9	10	12	13	14	15	17	19	23	26	30
S	max	16	18	21	24	27	30	34	36	41	46	55	65	75
X	max	3.8	4.2	5			6.3		7.5		8.8	10	11.3	12.5
l①长度范围		20~100	25~120	25~140	30~160	35~180	35~200	50~220	55~240	60~260	60~300	80~300	80~300	110~300

注：尽可能不采用括号内的规格。

① 长度系列为10、12、16、20~50(5进位)、(55)、60、(65)、70~150(10进位)、180~500mm(20进位)。

6. 沉头方颈螺栓的型式与尺寸(表4-6)

表4-6　沉头方颈螺栓的型式与尺寸　　mm

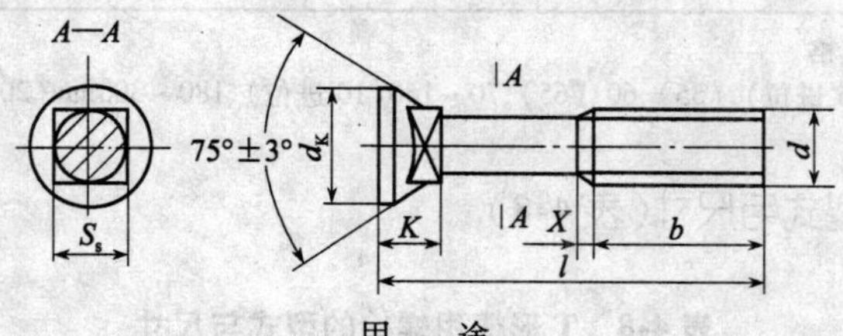

用　途

主要用于铁木结构的连接

螺纹规格 d(8g)		M6	M8	M10	M12	M16	M20
b(参考)	l≤125	18	22	26	30	38	46
	125<l≤200	—	28	32	36	44	52
d_K	max	11.05	14.55	17.55	21.65	28.65	36.8
K	max	6.1	7.25	8.45	11.05	13.05	15.05
S_s	max	6.36	8.36	10.36	12.43	16.43	20.52
X	max	2.5	3.2	3.8	4.2	5	6.3
l①长度范围		25~60	25~80	30~100	30~120	45~160	55~200

注:尽可能不采用括号内的规格。

① 公称长度系列为25~50(5进位)、(55)、60、(65)、70~160(10进位)、180、200mm。

7. 半圆头方颈螺栓的型式与尺寸(表4-7)

表4-7　半圆头方颈螺栓的型式与尺寸　　mm

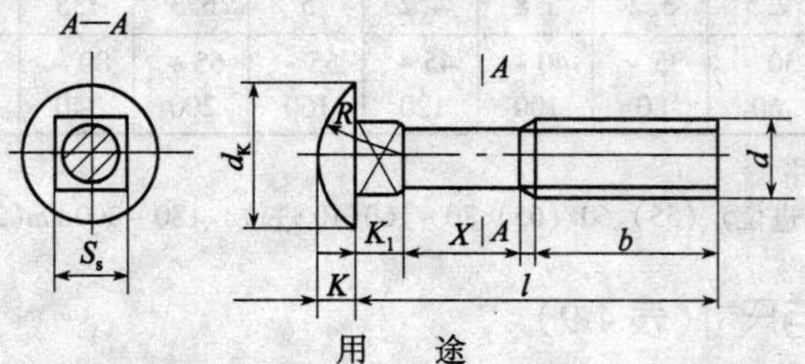

用　途

用于铁木结构连接,如汽车车身、纺织机械、救生艇的连接等

螺纹规格 d(8g)		M6	M8	M10	M12	(M14)	M16	M20
b(参考)	l≤125	18	22	26	30	34	38	46
	125<l≤200	—	28	32	36	40	44	52
d_K	max	13.1	17.1	21.3	25.3	29.3	33.6	41.6
K_1	max	4.4	5.4	6.4	8.45	9.45	10.45	12.55
K	max	4.08	5.28	6.48	8.9	9.9	10.9	13.1
S_s	max	6.3	8.36	10.36	12.43	14.43	16.43	20.52
R		7	9	11	13	15	18	22

续表

螺纹规格 d(8g)	M6	M8	M10	M12	(M14)	M16	M20
X max	2.5	3.2	3.8	4.2	5		6.3
l①长度范围	16~60	16~80	25~100	30~120	40~140	45~160	60~200

注:尽可能不采用括号内的规格。

① 公称长度系列为25~50(5进位)、(55)、60、(65)、70~160(10进位)、180~300mm(20进位)

8. T形槽用螺栓的型式与尺寸(表4-8)

表4-8 T形槽用螺栓的型式与尺寸 mm

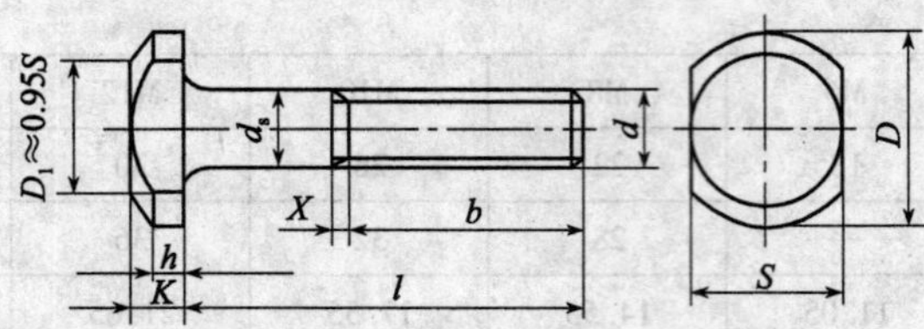

螺纹规格 d(6g)		M5	M6	M8	M10	M12	M16	M20	M24	M30	M36	M42	M48
b(参考)	$l \leqslant 125$	16	18	22	26	30	38	46	54	66	78	—	—
	$125 < l \leqslant 200$	—	—	28	32	36	44	52	60	72	84	96	108
	$l > 200$	—	—	—	—	—	57	65	73	85	97	109	121
d_s	max	5	6	8	10	12	16	20	24	30	36	42	48
D		12	16	20	25	30	38	46	58	75	85	95	105
K	max	4.24	5.24	6.24	7.29	9.29	12.35	14.35	16.35	20.42	24.42	28.42	32.50
h		2.8	3.4	4.1	4.8	6.5	9	10.4	11.8	14.5	18.5	22	26
S	公称	9	12	14	18	22	28	34	44	57	67	76	86
X	max	2	2.5	3.2	3.8	4.2	5	6.3	7.5	8.8	10	11.3	12.5
l①长度范围		25~50	30~60	35~80	40~100	45~120	55~160	65~200	80~240	90~300	110~300	130~300	140~300

注:尽可能不采用括号内的规格。

① 公称长度系列为25~50(5进位)、(55)、60、(65)、70~160(10进位)、180~300mm(20进位)。

9. 地脚螺栓的型式与尺寸(表4-9)

表4-9 地脚螺栓的型式与尺寸 mm

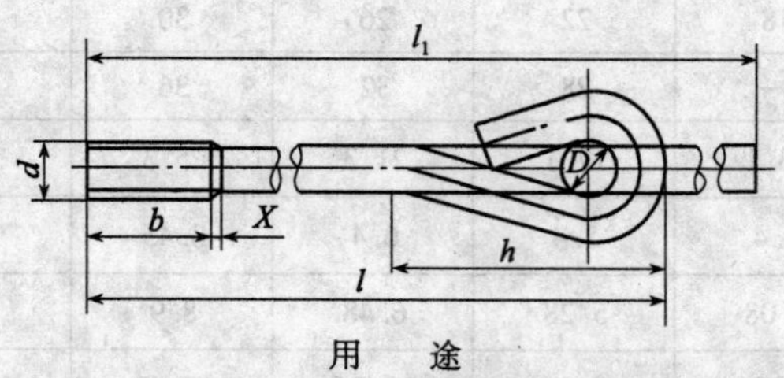

用 途

专供埋于混凝土地基中,作固定各种机器、设备的底座用

续表

螺纹规格 d(8g)		M6	M8	M10	M12	M16	M20	M24	M30	M36	M42	M48
b	max	27	31	36	40	50	58	68	80	94	106	118
	min	24	28	32	36	44	52	60	72	84	96	108
D		10		15	20		30		45	60		70
h		41	46	65	82	93	127	139	192	244	261	302
l_1		$l+37$		$l+53$	$l+72$		$l+110$		$l+165$	$l+217$		$l+225$
X	max	2.5	3.2	3.8	4.2	5	6.3	7.5	8.8	10	11.3	12.5
l[①]长度范围		80 ~ 160	120 ~ 220	160 ~ 300	160 ~ 400	220 ~ 500	300 ~ 600	300 ~ 800	400 ~ 1000	500 ~ 1000	600 ~ 1250	600 ~ 1500

① 公称长度系列为 80、120、160、220、300、400、500、600、800、1000、1250、1500mm。

10. 活节螺栓的型式与尺寸（表 4-10）

表 4-10 活节螺栓的型式与尺寸 mm

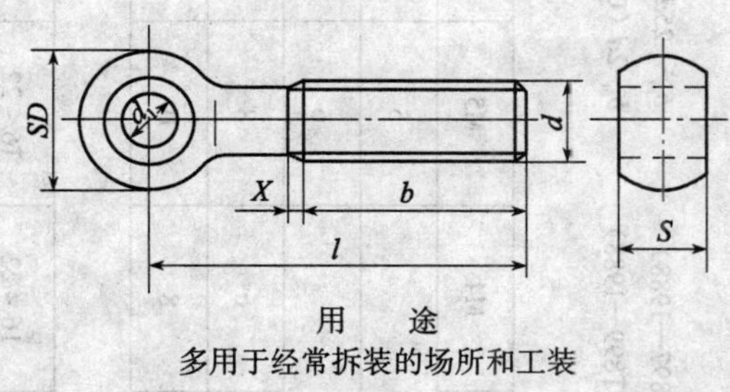

用 途

多用于经常拆装的场所和工装

螺纹规格 d(8g)		M4	M5	M6	M8	M10	M12	M16	M20	M24	M30	M36
d	公称	3	4	5	6	8	10	12	16	20	25	30
S	公称	5	6	8	10	12	14	18	22	26	34	40
b		14	16	18	22	26	30	38	52	60	72	84
D		8	10	12	14	18	20	28	34	42	52	64
X	max	1.75	2	2.5	3.2	3.8	4.2	5	6.3	7.5	8.8	10
l[①]长度范围		20 ~ 35	25 ~ 45	30 ~ 55	35 ~ 70	40 ~ 110	50 ~ 130	60 ~ 160	70 ~ 180	90 ~ 260	110 ~ 300	130 ~ 300

注：尽可能不采用括号内的规格。

① 公称长度系列为 20 ~ 50（5 进位）、(55)、60、(65)、70 ~ 160（10 进位）、180 ~ 300mm（20 进位）。

11. 双头螺栓的型式与尺寸（表 4-11）

表 4-11　双头螺栓的型式与尺寸

mm

A型　　B型

b_m=1d（GB/T897—1988）
b_m=1.5d（GB/T899—1988）
b_m=1.25d（GB/T898—1988）
b_m=2d（GB/T900—1988）

螺纹规格 d(6g)		M2	M2.5	M3	M4	M5	M6	M8	M10	M12	(M14)	M16
b_m 公称	GB/T 897					5	6	8	10	12	14	16
	GB/T 898					6	8	10	12	15	18	20
	GB/T 899	3	3.5	4.5	6	8	10	12	15	18	21	24
	GB/T 900	4	5	6	8	10	12	16	20	24	28	32
X	max	2.5P										
$\frac{l^{①}}{b}$ $\frac{长度范围}{螺纹长度}$		$\frac{12\sim16}{6}$ $\frac{18\sim25}{10}$	$\frac{14\sim18}{8}$ $\frac{20\sim30}{11}$	$\frac{16\sim20}{6}$ $\frac{22\sim40}{12}$	$\frac{16\sim22}{8}$ $\frac{25\sim40}{14}$	$\frac{16\sim22}{10}$ $\frac{25\sim50}{16}$	$\frac{20\sim22}{10}$ $\frac{25\sim30}{14}$ $\frac{32\sim75}{18}$	$\frac{20\sim22}{12}$ $\frac{25\sim30}{16}$ $\frac{32\sim90}{22}$	$\frac{25\sim28}{14}$ $\frac{30\sim38}{16}$ $\frac{40\sim120}{26}$ $\frac{130}{32}$	$\frac{25\sim30}{16}$ $\frac{32\sim40}{20}$ $\frac{45\sim120}{30}$ $\frac{130\sim180}{36}$	$\frac{30\sim35}{18}$ $\frac{38\sim45}{25}$ $\frac{50\sim120}{34}$ $\frac{130\sim180}{40}$	$\frac{30\sim38}{20}$ $\frac{40\sim55}{30}$ $\frac{60\sim120}{38}$ $\frac{130\sim200}{44}$

续表

螺纹规格 d(6g)		(M18)	M20	(M22)	M24	(M27)	M30	(M33)	M36	(M39)	M42	M48
b_m 公称	GB/T 897	18	20	22	24	27	30	33	36	39	42	48
	GB/T 898	22	25	28	30	35	38	41	45	49	52	60
	GB/T 899	27	30	33	36	40	45	49	54	58	63	72
	GB/T 900	36	40	44	48	54	60	66	72	78	84	96
X	max						2.5P					
$\frac{l^{①}}{b}$ $\frac{长度范围}{螺纹长度}$		$\frac{35\sim40}{22}$ $\frac{45\sim60}{35}$ $\frac{65\sim120}{42}$ $\frac{130\sim200}{48}$	$\frac{35\sim40}{25}$ $\frac{45\sim65}{35}$ $\frac{70\sim120}{46}$ $\frac{130\sim200}{52}$	$\frac{40\sim45}{30}$ $\frac{50\sim70}{40}$ $\frac{75\sim120}{50}$ $\frac{130\sim200}{56}$	$\frac{45\sim50}{30}$ $\frac{55\sim75}{45}$ $\frac{80\sim120}{54}$ $\frac{130\sim200}{60}$	$\frac{50\sim60}{35}$ $\frac{65\sim85}{50}$ $\frac{90\sim120}{60}$ $\frac{130\sim200}{66}$	$\frac{60\sim65}{40}$ $\frac{70\sim90}{50}$ $\frac{95\sim120}{66}$ $\frac{130\sim200}{72}$ $\frac{210\sim250}{85}$	$\frac{65\sim70}{45}$ $\frac{75\sim95}{60}$ $\frac{100\sim120}{72}$ $\frac{130\sim200}{78}$ $\frac{210\sim300}{91}$	$\frac{65\sim75}{45}$ $\frac{80\sim110}{60}$ $\frac{120}{78}$ $\frac{130\sim200}{84}$ $\frac{210\sim300}{97}$	$\frac{70\sim80}{50}$ $\frac{85\sim110}{65}$ $\frac{120}{84}$ $\frac{130\sim200}{90}$ $\frac{210\sim300}{103}$	$\frac{70\sim80}{50}$ $\frac{85\sim110}{70}$ $\frac{120}{90}$ $\frac{130\sim200}{96}$ $\frac{210\sim300}{109}$	$\frac{80\sim90}{60}$ $\frac{95\sim110}{80}$ $\frac{120}{102}$ $\frac{130\sim200}{108}$ $\frac{210\sim300}{121}$

注：1. 尽可能不采用括号内的规格。

2. 旋入机体端可以采用过渡或过盈配合螺纹：GB/T 897～899，GM、G2M；GB/T 900：GM、G3M、YM。

3. 旋入螺母端可以采用细牙螺纹。

① 公称长度系列为 12、(14)、16、(18)、20、(22)、25、(28)、30、(32)、35、(38)、40、45、50、(55)、60、(65)、70、(75)、80、(85)、90、(95)、100～260(10 进位)、280、300mm。

12. B 级等长双头螺栓的型式与尺寸(表 4-12)

表 4-12　B 级等长双头螺栓的型式与尺寸　　mm

用　　途

主要用于带螺纹孔的被连接件不能或不便安装带头螺栓的场合,等长双头螺柱两端均配螺母

螺纹规格 d(6g)	M2	M2.5	M3	M4	M5	M6	M8	M10	M12	(M14)	M16	(M18)
b	10	11	12	14	16	18	28	32	36	40	44	48
X　max	1.5P											
l[①]长度范围	10~60	10~80	12~250	16~300	20~300	25~300	32~300	40~300	50~300	60~300	60~300	60~300

螺纹规格 d(6g)	M20	(M22)	M24	(M27)	M30	(M33)	M36	(M39)	M42	M48	M56
b	52	56	60	66	72	78	84	89	96	108	124
X　max	1.5P										
l[①]长度范围	70~300	80~300	90~300	100~300	120~400	140~400	140~500	140~500	140~500	150~500	190~500

注:尽可能不采用括号内的规格。

① 公称长度系列为 10、12、(14)、16、(18)、20、(22)、25、(28)、30、(32)、35、(38)、40、45、50、(55)、60、(65)、70、(75)、80、(85)、90、(95)、100~260(10 进位)、280、300、320、350、380、400、420、450、480、500mm。

13. C 级等长双头螺柱的型式与尺寸(表 4-13)

表 4-13　C 级等长双头螺柱的型式与尺寸　　mm

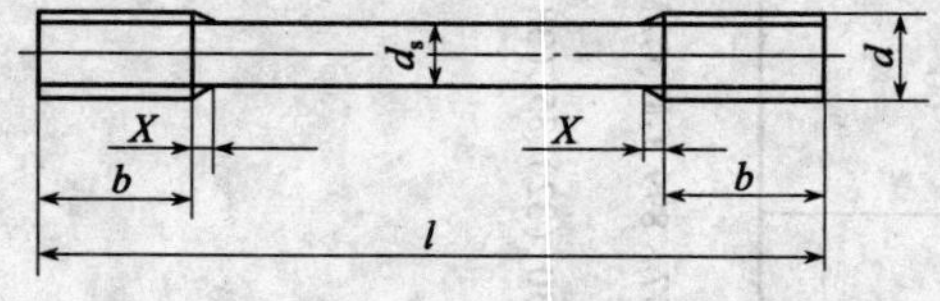

用　　途

用于被连接的一端不能用带头螺栓、螺钉并要经常拆卸的铁木结构的连接

螺纹规格 d(8g)		M8	M10	M12	(M14)	M16	(M18)	M20	(M22)
b	标准	22	26	30	34	38	42	46	50
	加长	41	45	49	53	57	61	65	69
X	max	1.5P							
l[①]长度范围		100~600	100~800	150~1200	150~1200	200~1500	200~1500	260~1500	260~1800

螺纹规格 d(8g)		M24	(M27)	M30	(M33)	M36	(M39)	M42	M48
b	标准	54	60	66	72	78	84	90	102
	加长	73	79	85	91	97	103	109	121
X	max	1.5P							
l[①]长度范围		300~1800	300~2000	350~2500	350~2500	350~2500	350~2500	500~2500	500~2500

注:尽可能不采用括号内的规格。

① 公称长度系列为 100~200(10 进位)、220~320(20 进位)、350、380、400、420、450、480、500~1000(50 进位)、1100~2500mm(100 进位)。

4.2　螺钉

1. 开槽圆柱头螺钉的型式与尺寸(表 4-14)

表 4-14　开槽圆柱头螺钉的型式与尺寸　　mm

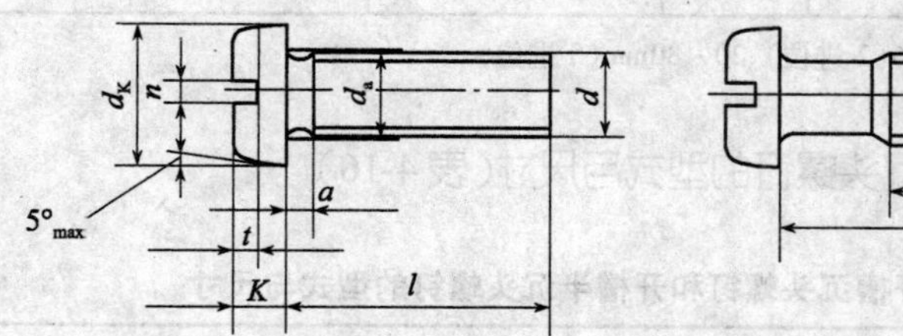

螺纹规格 d(6g)		M1.6	M2	M2.5	M3	M4	M5	M6	M8	M10
a	max	0.7	0.8	0.9	1	1.4	1.6	2	2.5	3
b	min	25	25	25	25	38	38	38	38	38
d_K	max	3.00	3.80	4.50	5.50	7	8.5	10	13	16
d_a	max	2	2.6	3.1	3.6	4.7	5.7	6.8	9.2	11.2
K	max	1.10	1.40	1.80	2.00	2.6	3.3	3.9	5	6
n	公称	0.4	0.5	0.6	0.8	1.2	1.2	1.6	2	2.5
t	min	0.45	0.6	0.7	0.85	1.1	1.3	1.6	2	2.4
l①商品规格范围		2~16	3~20	3~25	4~30	5~40	6~50	8~60	10~80	12~80

① 公称长度系列为:2~5(1进位)、6~16(2进位)、20~80mm(5进位)。

2. 开槽盘头螺钉的型式与尺寸(表 4-15)

表 4-15　开槽盘头螺钉的型式与尺寸　　mm

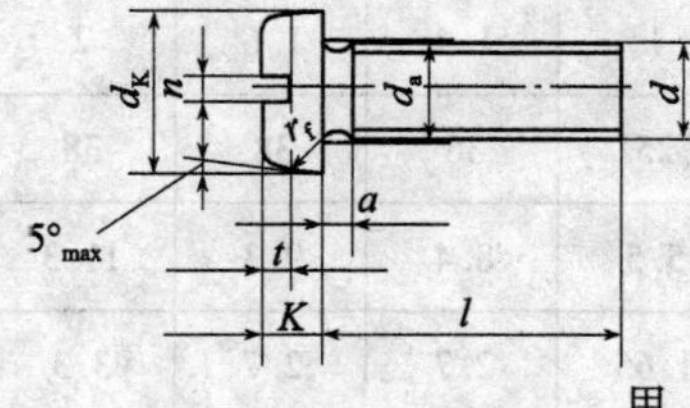

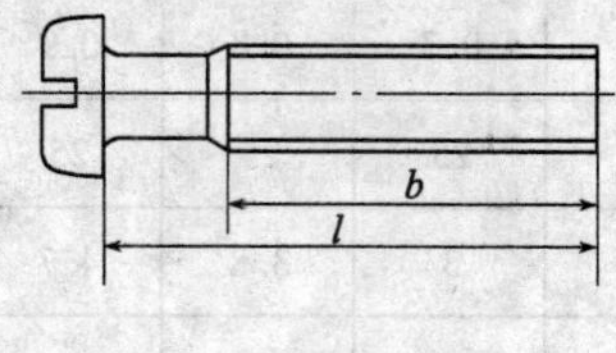

用　途

应用最广的一种螺钉。利用螺纹连接方法,使两个零件连接成一个整体。旋下螺钉,即可使两个零件分开

螺纹规格 d(6g)		M1.6	M2	M2.5	M3	M4	M5	M6	M8	M10
a	max	0.7	0.8	0.9	1	1.4	1.6	2	2.5	3
b	min	25	25	25	25	38	38	38	38	38
d_K	max	3.2	4	5	5.6	8	9.5	12	16	20
d_a	max	2	2.6	3.1	3.6	4.7	5.7	6.8	9.2	11.2
K	max	1	1.3	1.5	1.8	2.4	3	3.6	4.8	6

续表

螺纹规格 d(6g)		M1.6	M2	M2.5	M3	M4	M5	M6	M8	M10
n	公称	0.4	0.5	0.6	0.8	1.2	1.2	1.6	2	2.5
r_f	（参考）	0.5	0.6	0.8	0.9	1.2	1.5	1.8	2.4	3
t	min	0.35	0.5	0.6	0.7	1	1.2	1.4	1.9	2.4
l①商品规格范围		2~16	2.5~20	3~25	4~30	5~40	6~50	8~60	10~80	12~80

① 公称长度系列为:2、2.5、3、4、5、6~16(2 进位)、20~80mm(5 进位)。

3. 开槽沉头螺钉和开槽半沉头螺钉的型式与尺寸(表4-16)

表4-16 开槽沉头螺钉和开槽半沉头螺钉的型式与尺寸 mm

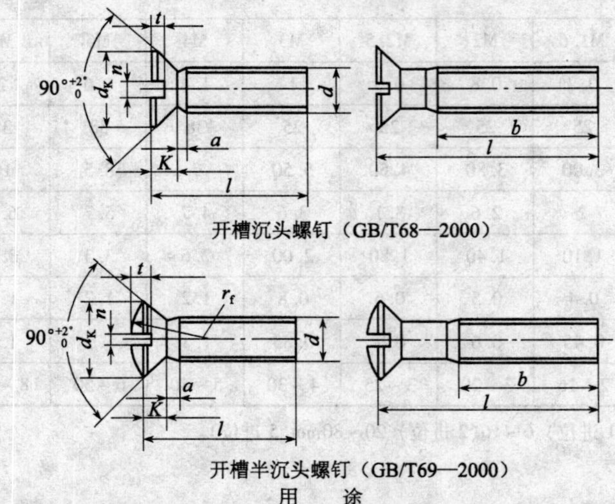

开槽沉头螺钉（GB/T68—2000）

开槽半沉头螺钉（GB/T69—2000）

用 途

沉头螺钉主要用于不允许钉头露出的场合。半沉头螺钉与沉头螺钉相似,但头部弧形顶端略露在外面,比较美观和光滑,多用于仪器或比较精密的机件上

螺纹规格 d(6g)		M1.6	M2	M2.5	M3	M4	M5	M6	M8	M10
a	max	0.7	0.8	0.9	1	1.4	1.6	2	2.5	3
b	min	25	25	25	25	38	38	38	38	38
d_K	max	3	3.8	4.7	5.5	8.4	9.3	11.3	15.8	18.3
K	max	1	1.2	1.5	1.65	2.7	2.7	3.3	4.65	5
n	公称	0.4	0.5	0.6	0.8	1.2	1.2	1.6	2	2.5
r_f	≈	3	4	5	6	9.5	9.5	12	16.5	19.5
t min	GB/T 69	0.64	0.8	1	1.2	1.6	2	2.4	3.2	3.8
	GB/T 68	0.32	0.4	0.5	0.6	1	1.1	1.2	1.8	2
l①商品规格范围		2.5~16	3~20	4~25	5~30	6~40	8~50	8~60	10~80	12~80

① 公称长度系列为:2.5、3、4、5、6~16(2 进位)、20~80mm(5 进位)。

4. 十字槽盘头螺钉的型式与尺寸（表 4-17）

表 4-17 十字槽盘头螺钉的型式与尺寸 mm

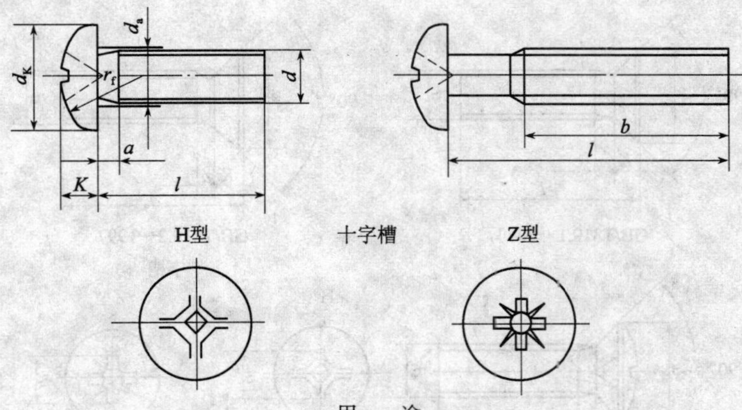

用 途

与开槽盘头螺钉相同。其特点是头部制成十字槽，槽形强度好，便于实现自动化装拆螺钉，但须用相应规格的十字形螺钉旋具配合使用

螺纹规格 d(6g)		M1.6	M2	M2.5	M3	M4	M5	M6	M8	M10
a	max	0.7	0.8	0.9	1	1.4	1.6	2	2.5	3
b	min	25	25	25	25	38	38	38	38	38
d_a	max	2	2.6	3.1	3.6	4.7	5.7	6.8	9.2	11.2
d_K	max	3.2	4	5	5.6	8	9.5	12	16	20
K	max	1.3	1.6	2.1	2.4	3.1	3.7	4.6	6	7.5
r_f	≈	2.5	3.2	4	5	6.5	8	10	13	16
十字槽 槽号 No.		0		1		2		3	4	
十字槽 插入深度 H型	min	0.7	0.9	1.15	1.4	1.9	2.4	3.1	4	5.2
十字槽 插入深度 H型	max	0.95	1.2	1.55	1.8	2.4	2.9	3.6	4.6	5.8
十字槽 插入深度 Z型	min	0.65	1.17	1.25	1.5	1.89	2.29	3.03	4.05	5.24
十字槽 插入深度 Z型	max	0.90	1.42	1.50	1.75	2.34	2.74	3.46	4.50	5.69
l①商品规格范围		3～16	3～20	3～25	4～30	5～40	6～45	8～60	10～60	12～60

① 公称长度系列为：3、4、5、6～16（2 进位）、20～60mm（5 进位）。

5. 十字槽沉头螺钉和十字槽半沉头螺钉的型式与尺寸（表4-18）

表4-18　十字槽沉头螺钉和十字槽半沉头螺钉的型式与尺寸　　mm

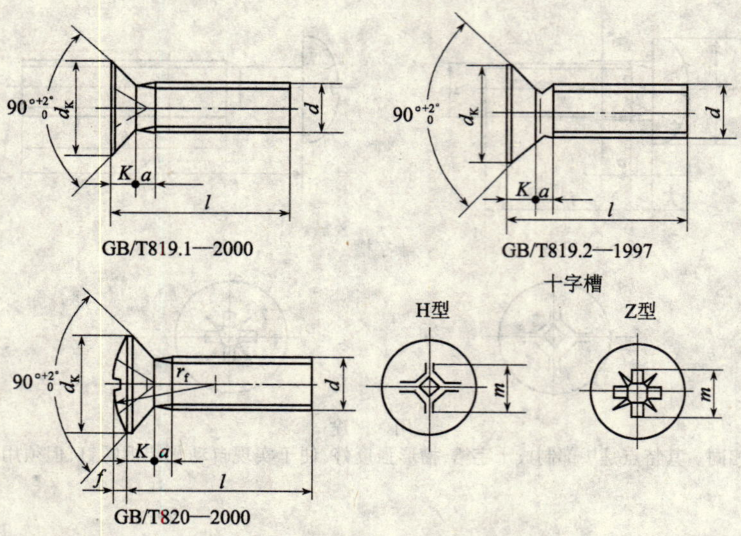

GB/T819.1—2000　GB/T819.2—1997　GB/T820—2000

螺纹规格 d(6g)		M1.6	M2	M2.5	M3	(M3.5)	M4	M5	M6	M8	M10
a	max	0.7	0.8	0.9	1	1.2	1.4	1.6	2	2.5	3
b	min	25	25	25	25	38	38	38	38	38	38
d_K	max	3	3.8	4.7	5.5	7.3	8.4	9.3	11.3	15.8	18.3
K	max	1	1.2	1.5	1.65	2.35	2.7	2.7	3.3	4.65	5
r_f	≈	3	4	5	6	8.5	9.5	9.5	12	16.5	19.5
十字槽 槽号 No.		0		1		2			3	4	
十字槽 插入深度 GB/T 819.1 H型	min	0.6	0.9	1.4	1.7	1.9	2.1	2.7	3	4	5.1
十字槽 插入深度 GB/T 819.1 H型	max	0.9	1.2	1.8	2.1	2.4	2.6	3.2	3.5	4.6	5.7
十字槽 插入深度 GB/T 819.1 Z型	min	0.7	0.95	1.48	1.76	1.75	2.06	2.6	3	4.15	5.19
十字槽 插入深度 GB/T 819.1 Z型	max	0.95	1.2	1.73	2.01	2.2	2.51	3.05	3.45	4.6	5.64
十字槽 插入深度 GB/T 819.2 系列1 H型	min	—	0.9	1.4	1.7	1.9	2.1	2.7	3	4	5.1
十字槽 插入深度 GB/T 819.2 系列1 H型	max	—	1.2	1.8	2.1	2.4	2.6	3.2	3.5	4.6	5.7
十字槽 插入深度 GB/T 819.2 系列1 Z型	min	—	0.95	1.48	1.76	1.75	2.06	2.60	3.00	4.15	5.19
十字槽 插入深度 GB/T 819.2 系列1 Z型	max	—	1.2	1.73	2.01	2.20	2.51	3.05	3.45	4.60	5.64
十字槽 插入深度 GB/T 819.2 系列2 H型	min	—	0.9	1.25	1.4	1.6	2.1	2.3	2.8	3.9	4.8
十字槽 插入深度 GB/T 819.2 系列2 H型	max	—	1.2	1.55	1.8	2.1	2.6	2.8	3.3	4.4	5.3
十字槽 插入深度 GB/T 819.2 系列2 Z型	min	—	0.95	1.22	1.48	1.61	2.06	2.27	2.73	3.87	4.78
十字槽 插入深度 GB/T 819.2 系列2 Z型	max	—	1.20	1.47	1.73	2.05	2.51	2.72	3.18	4.32	5.23
十字槽 插入深度 GB/T 820 H型	min	0.9	1.2	1.5	1.8	2.25	2.7	2.9	3.5	4.75	5.5
十字槽 插入深度 GB/T 820 H型	max	1.2	1.5	1.85	2.2	2.75	3.2	3.4	4	5.25	6

续表

<table>
<tr><td colspan="5">螺纹规格 d(6g)</td><td>M1.6</td><td>M2</td><td>M2.5</td><td>M3</td><td>(M3.5)</td><td>M4</td><td>M5</td><td>M6</td><td>M8</td><td>M10</td></tr>
<tr><td rowspan="2">十字槽</td><td rowspan="2">插入深度</td><td rowspan="2">GB/T 820</td><td rowspan="2">Z型</td><td>min</td><td>0.95</td><td>1.15</td><td>1.5</td><td>1.83</td><td>2.25</td><td>2.65</td><td>2.9</td><td>3.4</td><td>4.75</td><td>5.6</td></tr>
<tr><td>max</td><td>1.2</td><td>1.4</td><td>1.75</td><td>2.08</td><td>2.70</td><td>3.1</td><td>3.35</td><td>3.85</td><td>5.2</td><td>6.05</td></tr>
<tr><td colspan="5">l[①]商品规格范围</td><td>3~16</td><td>3~20</td><td>3~25</td><td>4~30</td><td>5~35</td><td>5~40</td><td>6~50</td><td>8~60</td><td>10~60</td><td>12~60</td></tr>
</table>

注：1. 仅 GB/T 819.2 有(M3.5)的规格。

2. GB/T 819.1 为钢 4.8；GB/T 819.2 为钢 8.9、不锈钢 A2-70 和有色金属 CU2、CU3；GB/T 820 为钢 4.8 和不锈钢 A2-70、A2-50。

① 公称长度系列为：3、4、5、6~16(2进位)、20~60mm(5进位)。

6. 十字槽圆柱头螺钉的型式与尺寸(表 4-19)

表 4-19 十字槽圆柱头螺钉的型式与尺寸 mm

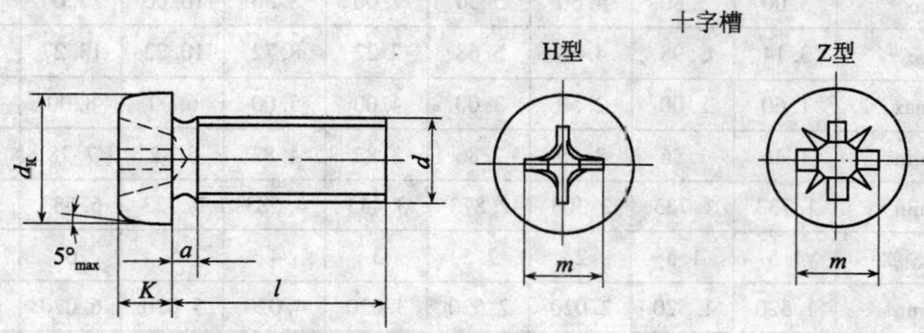

用途

与开槽圆柱头螺钉相同。其特点是十字槽拧紧时对中性好，易实现自动装配，生产率高，槽的强度高，不易打滑

<table>
<tr><td colspan="4">螺纹规格 d(6g)</td><td>M2.5</td><td>M3</td><td>(M3.5)</td><td>M4</td><td>M5</td><td>M6</td><td>M8</td></tr>
<tr><td colspan="3">a</td><td>max</td><td>0.9</td><td>1</td><td>1.2</td><td>1.4</td><td>1.6</td><td>2</td><td>2.5</td></tr>
<tr><td colspan="3">b</td><td>min</td><td>25</td><td>25</td><td>38</td><td>38</td><td>38</td><td>38</td><td>38</td></tr>
<tr><td colspan="3">d_K</td><td>max</td><td>4.50</td><td>5.50</td><td>6.00</td><td>7.00</td><td>8.50</td><td>10.00</td><td>13.00</td></tr>
<tr><td colspan="3">k</td><td>max</td><td>1.80</td><td>2.00</td><td>2.40</td><td>2.60</td><td>3.30</td><td>3.9</td><td>5.0</td></tr>
<tr><td rowspan="7">十字槽</td><td colspan="3">槽号 No.</td><td>1</td><td>2</td><td>2</td><td>2</td><td>2</td><td>3</td><td>3</td></tr>
<tr><td rowspan="3">H型</td><td colspan="2">m(参考)</td><td>2.7</td><td>3.5</td><td>3.8</td><td>4.1</td><td>4.8</td><td>6.2</td><td>7.7</td></tr>
<tr><td rowspan="2">插入深度</td><td>min</td><td>1.20</td><td>0.86</td><td>1.15</td><td>1.45</td><td>2.14</td><td>2.25</td><td>3.73</td></tr>
<tr><td>max</td><td>1.62</td><td>1.43</td><td>1.73</td><td>2.03</td><td>2.73</td><td>2.86</td><td>4.36</td></tr>
<tr><td rowspan="3">Z型</td><td colspan="2">m(参考)</td><td>2.4</td><td>3.5</td><td>3.7</td><td>4.0</td><td>4.6</td><td>6.1</td><td>7.5</td></tr>
<tr><td rowspan="2">插入深度</td><td>min</td><td>1.10</td><td>1.22</td><td>1.34</td><td>1.60</td><td>2.26</td><td>2.46</td><td>3.88</td></tr>
<tr><td>max</td><td>1.35</td><td>1.47</td><td>1.80</td><td>2.06</td><td>2.72</td><td>2.92</td><td>4.34</td></tr>
<tr><td colspan="4">l[①]通用规格范围</td><td>3~25</td><td>4~30</td><td>5~35</td><td>5~40</td><td>6~50</td><td>8~60</td><td>10~80</td></tr>
</table>

注：尽可能不采用括号内的规格。

① 公称长度系列为：3、4、5、6~16(2进位)、20~50(5进位)、60、70、80mm。

7. 内六角圆柱头螺钉的型式与尺寸(表4-20)

表4-20　内六角圆柱头螺钉的型式与尺寸　　mm

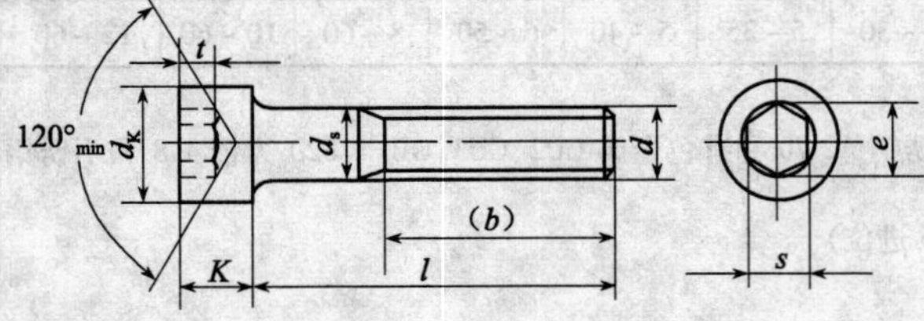

用　　途

与沉头螺钉相似,钉头埋入机件中,连接强度大,但须用相应规格的内六角扳手装拆螺钉。一般多用于各种机床及其附件上

螺纹规格 d①(6g)		M1.6	M2	M2.5	M3	M4	M5	M6	M8	M10	M12
b(参考)		15	16	17	18	20	22	24	28	32	36
d_K	max②	3.00	3.80	4.50	5.50	7.00	8.50	10.00	13.00	16.00	18.00
	max③	3.14	3.98	4.68	5.68	7.22	8.72	10.22	13.27	16.27	18.27
d_s	max	1.60	2.00	2.50	3.00	4.00	5.00	6.00	8.00	10.00	12.00
	min	1.46	1.86	2.36	2.86	3.82	4.82	5.82	7.78	9.78	11.73
e	min	1.733	1.733	2.303	2.873	3.443	4.583	5.723	6.683	9.149	11.429
s	公称	1.5	1.5	2	2.5	3	4	5	6	8	10
	min	1.520	1.520	2.020	2.520	3.020	4.020	5.020	6.020	8.025	10.025
t	min	0.7	1	1.1	1.3	2	2.5	3	4	5	6
l④长度范围		2.5~16	3~20	4~25	5~30	6~40	8~50	10~60	12~80	16~100	20~120
螺纹规格 d①(6g)		(M14)	M16	M20	M24	M30	M36	M42	M48	M56	M64
b(参考)		40	44	52	60	72	84	96	108	124	140
d_K	max②	21.00	24.00	30.00	36.00	45.00	54.00	63.00	72.00	84.00	96.00
	max③	21.33	24.33	30.33	36.39	45.39	54.46	63.46	72.46	84.54	96.54
d_s	max	14.00	16.00	20.00	24.00	30.00	36.00	42.00	48.00	56.00	64.00
	min	13.73	15.73	19.67	23.67	29.67	35.61	41.61	47.61	55.54	63.54
e	min	13.716	15.996	19.437	21.734	25.154	30.854	36.571	41.131	46.831	52.531
s	公称	12	14	17	19	22	27	32	36	41	46
	min	12.032	14.032	17.05	19.065	22.065	27.065	32.08	36.08	41.08	46.08
t	min	7	8	10	12	15.5	19	24	28	34	38
l④长度范围		25~140	25~160	30~200	40~200	45~200	55~200	60~300	70~300	80~300	90~300

① 螺纹公差:12.9级为5g6g,其他等级为6g。

② 用于光滑头部。

③ 用于滚花头部。

④ 长度系列为2.5、3~6(1进位)、8、10、12、16、20~70(5进位)、80~160(10进位)、180~300mm(20进位)。

8. 内六角平圆头螺钉的型式与尺寸（表4-21）

表4-21 内六角平圆头螺钉的型式与尺寸 mm

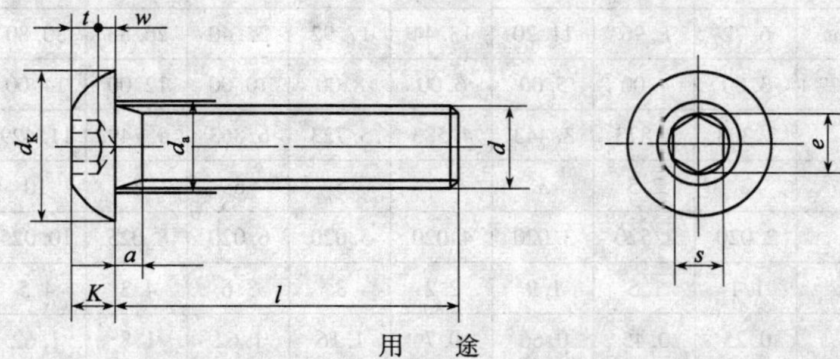

用 途

与沉头螺钉相似，头部可埋入零件沉孔中，外形平滑，结构紧凑。内六角可承受较大的拧紧力矩，连接强度高，可替代六角头螺栓

螺纹规格 d①		M3	M4	M5	M6	M8	M10	M12	M16
a	max	1.0	1.4	1.6	2	2.5	3.0	3.5	4
d_a	max	3.6	4.7	5.7	6.8	9.2	11.2	14.2	18.2
d_K	max	5.7	7.6	9.5	10.5	14.0	17.5	21.0	28.0
e②	min	2.303	2.873	3.443	4.583	5.723	6.863	9.149	11.429
s③	公称	2	2.5	3	4	5	6	8	10
	min	2.020	2.520	3.020	4.020	5.020	6.020	8.025	10.025
t	min	1.04	1.3	1.56	2.08	2.6	3.12	4.16	5.2
w	min	0.2	0.3	0.38	0.74	1.05	1.45	1.63	2.25
l④商品规格范围		6～12	8～16	10～30	10～30	10～40	16～40	16～50	20～50

① 螺纹公差：12.9级为5g6g，其他等级为6g。
② $e_{min}=1.14s_{min}$。
③ s 用综合测量方法进行检验。
④ 长度系列为6～12（2进位）、16、20～50mm（5进位。）

9. 内六角沉头螺钉的型式与尺寸（表4-22）

表4-22 内六角沉头螺钉的型式与尺寸 mm

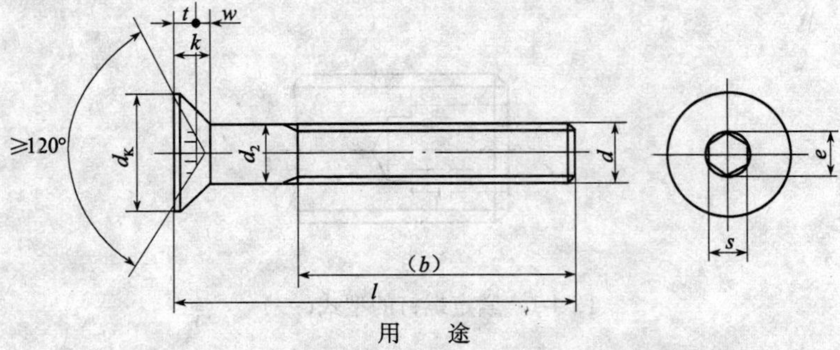

用 途

与沉头螺钉相似，钉头可埋入构件内，连接强度大，头部用内六角扳手拧动

续表

螺栓规格 d①		M3	M4	M5	M6	M8	M10	M12	(M14)	M16	M20
b	(参考)	18	20	22	24	28	32	36	40	44	52
d	max	3.3	4.4	5.5	6.6	8.54	10.62	13.5	15.5	17.5	22
d_K	理论值 max	6.72	8.96	11.20	13.44	17.92	22.40	26.88	30.80	33.60	40.32
d_2	max	3.00	4.00	5.00	6.00	8.00	10.00	12.00	14.00	16.00	20.00
e②	min	2.303	2.873	3.443	4.583	5.723	6.863	9.149	11.429	11.429	13.716
s③	公称	2	2.5	3	4	5	6	8	10	10	12
	min	2.020	2.520	3.020	4.020	5.020	6.020	8.025	10.025	10.025	12.032
t	min	1.1	1.5	1.9	2.2	3	3.6	4.3	4.5	4.8	5.6
w	min	0.25	0.45	0.66	0.7	1.16	1.62	1.8	1.62	2.2	2.2
l④商品规格范围		8~30	8~40	8~50	8~60	10~80	12~100	20~100	25~100	30~100	35~100

注：尽可能不采用括号内的规格。

① 螺纹公差：12.9 级为 5g6g，其他等级为 6g。

② $e_{min}=1.14s_{min}$。

③ s 用综合测量方法进行检验。

④ 长度系列为 6~12（2 进位）、16、20~50mm（5 进位）。

10. 内六角紧定螺钉的型式与尺寸

1）内六角平端紧定螺钉的型式与尺寸见图 4-1 和表 4-23。

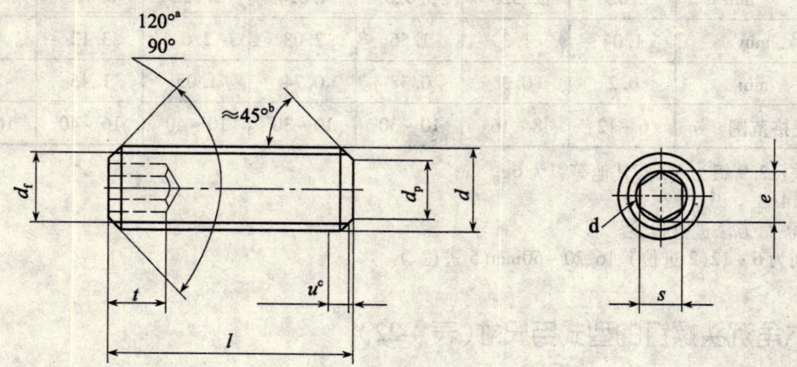

允许制造的内六角型式

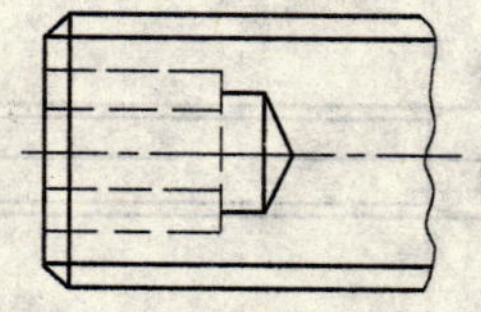

图 4-1　紧定螺钉的型式（一）

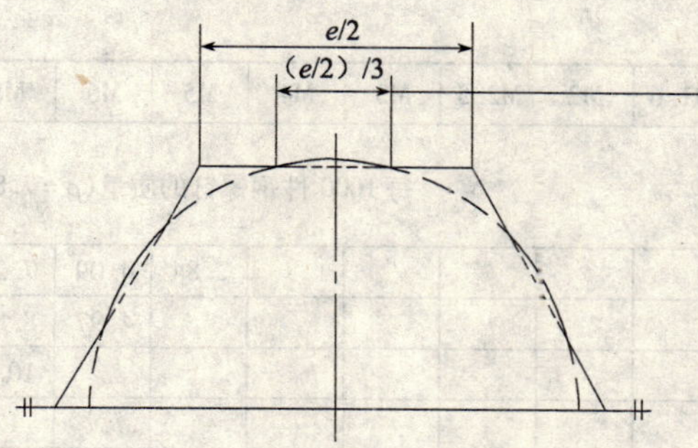

注：对切制内六角，当尺寸达到最大极限时，由钻孔造成的过切不应超过内六角任何一面长度（e/2）的1/3。

a 公称长度l在表4-23阴影部分的短螺钉应制成120°。

b 45°仅适用于螺纹小径以内的末端部分。

c 不完整螺纹的长度$u \leqslant 2P$。

d 内六角口部允许稍许倒圆或沉孔。

图 4-1　紧定螺钉的型式（二）

表 4-23　内六角平端紧定螺钉的尺寸　mm

螺纹规格 d			M1.6	M2	M2.5	M3	M4	M5	M6	M8	M10	M12	M16	M20	M24
P①			0.35	0.4	0.45	0.5	0.7	0.8	1	1.25	1.5	1.75	2	2.5	3
d_p	max		0.80	1.00	1.50	2.00	2.50	3.50	4.00	5.50	7.00	8.50	12.0	15.0	18.0
	min		0.55	0.75	1.25	1.75	2.25	3.20	3.70	5.20	6.64	8.14	11.57	14.57	17.57
d_f	min		≈螺纹小径												
e②,③	min		0.809	1.011	1.454	1.733	2.303	2.873	3.443	4.583	5.723	6.863	9.149	11.429	13.716
s③	公称		0.7	0.9	1.3	1.5	2	2.5	3	4	5	6	8	10	12
	max		0.724	0.913	1.300	1.58	2.08	2.58	3.08	4.095	5.14	6.14	8.175	10.175	12.212
	min		0.710	0.887	1.275	1.52	2.02	2.52	3.02	4.02	5.02	6.02	8.025	10.025	12.032
t	min④		0.7	0.8	1.2	1.2	1.5	2	2	3	4	4.8	6.4	8	10
	min⑤		1.5	1.7	2	2	2.5	3	3.5	5	6	8	10	12	15
l			每1000件钢螺钉的质量（$\rho = 7.85\text{kg/dm}^3$）≈kg												
公称	min	max													
2	1.8	2.2	0.021	0.029											
2.5	2.3	2.7	0.025	0.037	0.063										
3	2.8	3.2	0.029	0.044	0.075	0.1									
4	3.76	4.24	0.037	0.059	0.1	0.14	0.22								
5	4.76	5.24	0.046	0.074	0.125	0.18	0.3	0.44							
6	5.76	6.24	0.054	0.089	0.15	0.22	0.38	0.56	0.76						
8	7.71	8.29	0.07	0.119	0.199	0.3	0.54	0.8	1.11	1.89					
10	9.71	10.29		0.148	0.249	0.38	0.7	1.04	1.46	2.52	3.78				
12	11.65	12.35			0.299	0.46	0.86	1.28	1.81	3.15	4.78	6.8			
16	15.65	16.35				0.62	1.18	1.76	2.51	4.41	6.78	9.6	16.3		
20	19.58	20.42					1.49	2.24	3.21	5.67	8.76	12.4	21.5	32.3	

续表

螺纹规格 d			M1.6	M2	M2.5	M3	M4	M5	M6	M8	M10	M12	M16	M20	M24
l			每1000件钢螺钉的质量($\rho=7.85kg/dm^3$)≈kg												
公称	min	max													
25	24.58	25.42						2.84	4.09	7.25	11.2	15.9	28	42.6	57
30	29.58	30.42							4.97	8.82	13.7	19.4	34.6	52.9	72
35	34.5	35.5								10.4	16.2	22.9	41.1	63.2	87
40	39.5	40.5								12	18.7	26.4	47.7	73.5	102
45	44.5	45.5									21.2	29.9	54.2	83.8	117
50	49.5	50.5									23.7	33.4	60.7	94.1	132
55	54.4	55.6										36.8	67.3	104	147
60	59.4	60.6										40.3	73.7	115	162

注:阶梯实线间为商品长度规格。

① P—螺距。

② $e_{min}=1.14s_{min}$。

③ 内六角尺寸 e 和 s 的综合测量见 ISO 23429:2004。

④ 适用于公称长度处于阴影部分的螺钉。

⑤ 适用于公称长度在阴影部分以下的螺钉。

2)内六角锥端紧定螺钉的型式与尺寸见图4-2和表4-24。

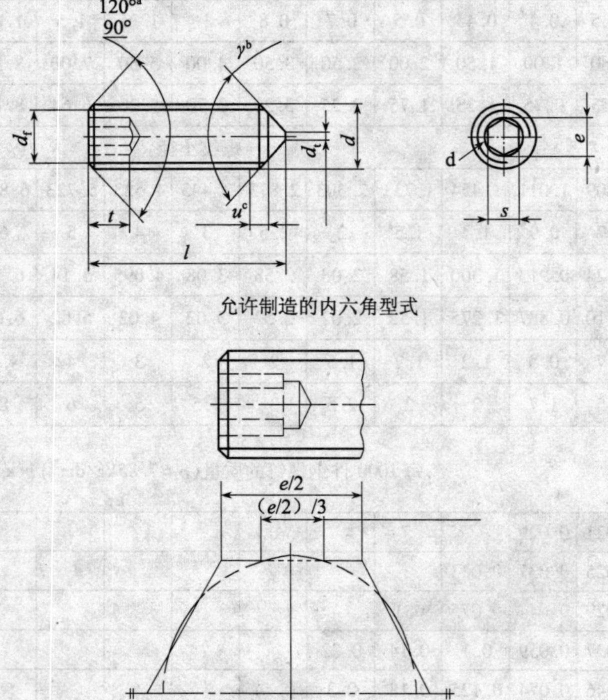

注:对切制内六角,当尺寸达到最大极限时,由钻孔造成的过切不应超过内六角任何一面长度($e/2$)的1/3。

a 公称长度l在表4-24阴影部分的短螺钉应制成120°。

b γ角仅适用于螺纹小径以内的末端部分;γ=120°适用于在表4-24阴影部分的公称长度,而γ=90°用于其余长度。

c 不完整螺纹的长度$u\leq 2P$。

d 内六角口部允许稍许倒圆或沉孔。

图4-2 内六角锥端紧定螺钉的型式

表 4-24　内六角锥端紧定螺钉的尺寸　mm

螺纹规格 d			M1.6	M2	M2.5	M3	M4	M5	M6	M8	M10	M12	M16	M20	M24
P①			0.35	0.4	0.45	0.5	0.7	0.8	1	1.25	1.5	1.75	2	2.5	3
d_t	max		0.4	0.5	0.65	0.75	1	1.25	1.5	2	2.5	3	4	5	6
d_f	min		≈螺纹小径												
e②,③	min		0.809	1.011	1.454	1.733	2.303	2.873	3.443	4.583	5.723	6.863	9.149	11.429	13.716
s③	公称		0.7	0.9	1.3	1.5	2	2.5	3	4	5	6	8	10	12
	max		0.724	0.913	1.300	1.58	2.08	2.58	3.08	4.095	5.14	6.14	8.175	10.175	12.212
	min		0.710	0.887	1.275	1.52	2.02	2.52	3.02	4.02	5.02	6.02	8.025	10.025	12.032
t	min④		0.7	0.8	1.2	1.2	1.5	2	2	3	4	4.8	6.4	8	10
	min⑤		1.5	1.7	2	2	2.5	3	3.5	5	6	8	10	12	15
l			每1000件钢螺钉的质量（$\rho=7.85\text{kg/dm}^3$）≈kg												
公称	min	max													
2	1.8	2.2	0.021	0.029											
2.5	2.3	2.7	0.025	0.037	0.063										
3	2.8	3.2	0.029	0.044	0.075	0.09									
4	3.76	4.24	0.037	0.059	0.1	0.13	0.18								
5	4.76	5.24	0.046	0.074	0.125	0.17	0.26	0.37							
6	5.76	6.24	0.054	0.089	0.15	0.21	0.34	0.49	0.69						
8	7.71	8.29	0.07	0.119	0.199	0.29	0.5	0.73	1.04	1.72					
10	9.71	10.29		0.148	0.249	0.37	0.66	0.97	1.39	2.35	3.41				
12	11.65	12.35			0.299	0.45	0.82	1.21	1.74	2.98	4.42	6.1			
16	15.65	16.35				0.61	1.14	1.69	2.44	4.24	6.43	8.9	14.9		
20	19.58	20.42					1.46	2.17	3.14	5.5	8.44	11.7	20.1	30.4	
25	24.58	25.42						2.77	4.02	7.08	10.9	15.3	26.6	40.7	54.2
30	29.58	30.42							4.89	8.65	13.5	18.8	33.1	51	68.7
35	34.5	35.5								10.2	16	22.3	39.6	61.3	83.2
40	39.5	40.5								11.8	18.5	25.8	46.1	71.6	97.7
45	44.5	45.5									21	29.3	52.6	81.9	112
50	49.5	50.5									23.5	32.8	59.1	92.2	127
55	54.4	55.6										36.3	65.6	103	141
60	59.4	60.6										39.8	72.2	113	156

注：阶梯实线间为商品长度规格。

① P—螺距。

② $e_{min}=1.14s_{min}$。

③ 内六角尺寸 e 和 s 的综合测量见 ISO 23429:2004。

④ 适用于公称长度处于阴影部分的螺钉。

⑤ 适用于公称长度在阴影部分以下的螺钉。

3)内六角圆柱端紧定螺钉的型式与尺寸见图4-3和表4-25。

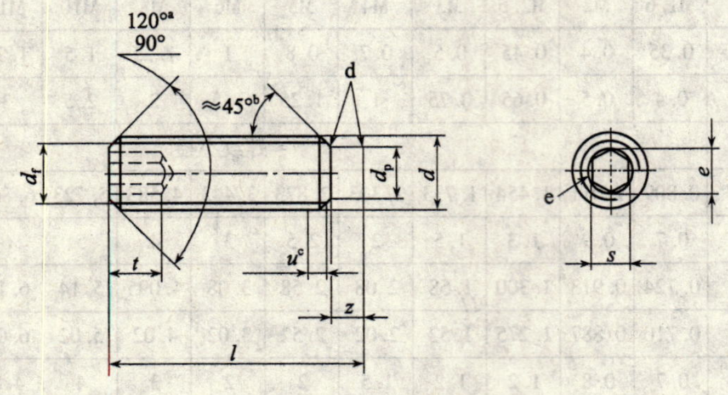

允许制造的内六角型式

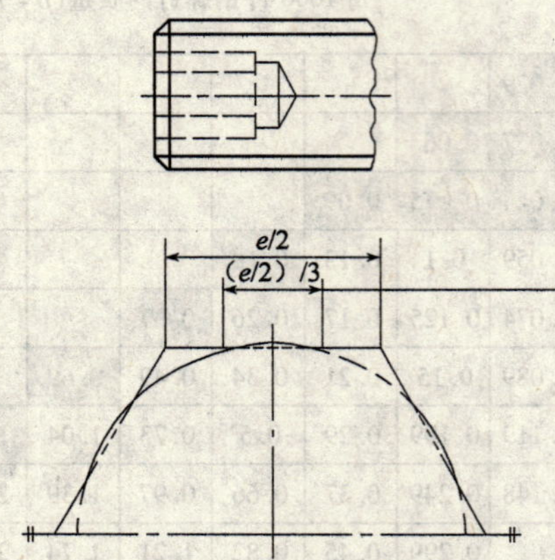

注：对切制内六角，当尺寸达到最大极限时，由钻孔造成的过切不应超过内六角任何一面长度（e/2）的1/3。

a 公称长度l在表4-25阴影部分的短螺钉应制成120°。

b 45°仅适用于螺纹小径以内的末端部分。

c 不完整螺纹的长度$u \leqslant 2P$。

d 稍许倒圆。

e 内六角口部允许稍许倒圆或沉孔。

图4-3 内六角圆柱端紧定螺钉的型式

表4-25 内六角圆柱端紧定螺钉的尺寸 mm

螺纹规格 d		M1.6	M2	M2.5	M3	M4	M5	M6	M8	M10	M12	M16	M20	M24
P①		0.35	0.4	0.45	0.5	0.7	0.8	1	1.25	1.5	1.75	2	2.5	3
d_p	max	0.80	1.00	1.50	2.00	2.50	3.5	4.0	5.5	7.0	8.5	12.0	15.0	18.0
	min	0.55	0.75	1.25	1.75	2.25	3.2	3.7	5.2	6.64	8.14	11.57	14.57	17.57
d_f	min	≈螺纹小径												
e②,③	min	0.809	1.011	1.454	1.733	2.303	2.873	3.443	4.583	5.723	6.863	9.149	11.429	13.716
s③	公称	0.7	0.9	1.3	1.5	2	2.5	3	4	5	6	8	10	12
	max	0.724	0.913	1.300	1.58	2.08	2.58	3.08	4.095	5.14	6.14	8.175	10.175	12.212
	min	0.710	0.887	1.275	1.52	2.02	2.52	3.02	4.02	5.02	6.02	8.025	10.025	12.032

续表

螺纹规格 d			M1.6	M2	M2.5	M3	M4	M5	M6	M8	M10	M12	M16	M20	M24
t		min④	0.7	0.8	1.2	1.2	1.5	2	2	3	4	4.8	6.4	8	10
		min①	1.5	1.7	2	2	2.5	3	3.5	5	6	8	10	12	15
z	短圆柱端④	max	0.65	0.75	0.88	1.00	1.25	1.50	1.75	2.25	2.75	3.25	4.3	5.3	6.3
		min	0.40	0.50	0.63	0.75	1.00	1.25	1.50	2.00	2.50	3.0	4.0	5.0	6.0
	长圆柱端⑤	max	1.05	1.25	1.50	1.75	2.25	2.75	3.25	4.3	5.3	6.3	8.36	10.36	12.43
		min	0.80	1.00	1.25	1.50	2.00	2.50	3.0	4.0	5.0	6.0	8.0	10.0	12.0
l			每1000件钢螺钉的质量（$\rho=7.85kg/dm^3$）≈kg												
公称	min	max													
2	1.8	2.2	0.024												
2.5	2.3	2.7	0.028	0.046											
3	2.8	3.2	0.029	0.053	0.085										
4	3.76	4.24	0.037	0.059	0.11	0.12									
5	4.76	5.24	0.046	0.074	0.125	0.161	0.239								
6	5.76	6.24	0.054	0.089	0.15	0.186	0.319	0.528							
8	7.71	8.29	0.07	0.119	0.199	0.266	0.442	0.708	1.07	1.58					
10	9.71	10.29		0.148	0.249	0.346	0.602	0.948	1.29	2.31	3.6				
12	11.65	12.35			0.299	0.427	0.763	1.19	1.63	2.58	4.78	6.06			
16	15.65	16.35				0.586	1.08	1.67	2.31	3.94	6.05	8.94	15		
20	19.58	20.42					1.4	2.15	2.99	5.2	8.02	11	20.3	28.3	
25	24.58	25.42						2.75	3.84	6.78	10.5	14.6	25.1	38.6	55.4
30	29.58	30.42							4.69	8.35	13	18.2	31.7	45.5	69.9
35	34.5	35.5								9.93	15.5	21.8	38.3	55.8	78.4
40	39.5	40.5								11.5	18	25.4	44.9	66.1	92.9
45	44.5	45.5									20.5	29	51.5	76.4	107
50	49.5	50.5									23	32.6	58.1	86.7	122
55	54.4	55.6										36.2	64.7	97	136
60	59.4	60.6										39.8	71.3	107	151

注：阶梯实线间为商品长度规格。

① P—螺距。

② $e_{min}=1.14s_{min}$。

③ 内六角尺寸 e 和 s 的综合测量见 ISO 23429:2004。

④ 适用于公称长度处于阴影部分的螺钉。

⑤ 适用于公称长度在阴影部分以下的螺钉。

4）内六角凹端紧定螺钉的型式与尺寸见图4-4和表4-26。

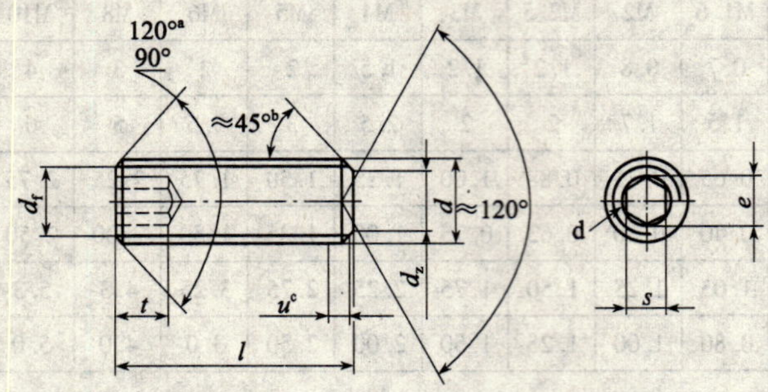

允许制造的内六角型式

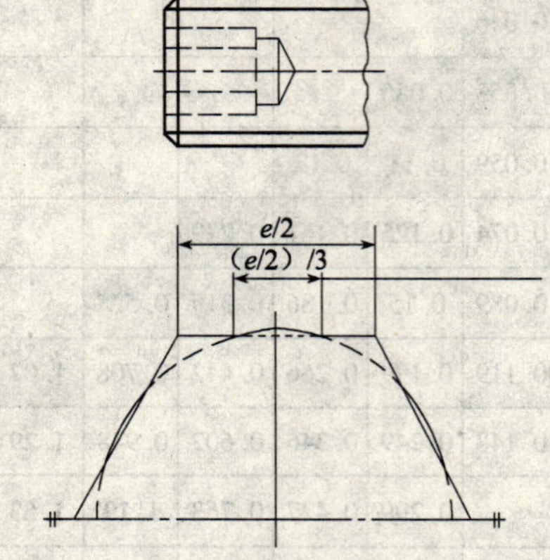

注：对切制内六角，当尺寸达到最大极限时，由钻孔造成的过切不应超过内六角任何一面长度（$e/2$）的1/3。

a 公称长度l在表4-26阴影部分的短螺钉应制成120°。

b 45°仅适用于螺纹小径以内的末端部分。

c 不完整螺纹的长度$u \leqslant 2P$。

d 内六角口部允许稍许倒圆或沉孔。

图4-4 内六角凹端紧定螺钉的型式

表4-26 内六角凹端紧定螺钉的尺寸 mm

螺纹规格 d		M1.6	M2	M2.5	M3	M4	M5	M6	M8	M10	M12	M16	M20	M24
P①		0.35	0.4	0.45	0.5	0.7	0.8	1	1.25	1.5	1.75	2	2.5	3
d_z	max	0.80	1.00	1.20	1.40	2.00	2.50	3.0	5.0	6.0	8.0	10.0	14.0	16.0
	min	0.55	0.75	0.95	1.15	1.75	2.25	2.75	4.7	5.7	7.64	9.64	13.57	15.57
d_f	min	≈螺纹小径												
e②,③	min	0.809	1.011	1.454	1.733	2.303	2.873	3.443	4.583	5.723	6.863	9.149	11.429	13.716
s③	公称	0.7	0.9	1.3	1.5	2	2.5	3	4	5	6	8	10	12
	max	0.724	0.913	1.300	1.58	2.08	2.58	3.08	4.095	5.14	6.14	8.175	10.175	12.212
	min	0.710	0.887	1.275	1.52	2.02	2.52	3.02	4.02	5.02	6.02	8.025	10.025	12.032

续表

螺纹规格 *d*			M1.6	M2	M2.5	M3	M4	M5	M6	M8	M10	M12	M16	M20	M24
t	min④		0.7	0.8	1.2	1.2	1.5	2	2	3	4	4.8	6.4	8	10
	min⑤		1.5	1.7	2	2	2.5	3	3.5	5	6	8	10	12	15
l			每1000件钢螺钉的质量($\rho = 7.85\text{kg/dm}^3$)≈kg												
公称	min	max													
2	1.8	2.2	0.019	0.029											
2.5	2.3	2.7	0.025	0.037	0.063										
3	2.8	3.2	0.029	0.044	0.075	0.1									
4	3.76	4.24	0.037	0.059	0.1	0.14	0.23								
5	4.76	5.24	0.046	0.074	0.125	0.18	0.305	0.42							
6	5.76	6.24	0.054	0.089	0.15	0.22	0.38	0.54	0.74						
8	7.71	8.29	0.07	0.119	0.199	0.3	0.53	0.78	1.09	1.88					
10	9.71	10.29		0.148	0.249	0.38	0.68	1.02	1.44	2.51	3.72				
12	11.65	12.35			0.299	0.46	0.83	1.26	1.79	3.14	4.73	6.7			
16	15.65	16.35				0.62	1.13	1.74	2.49	4.4	6.73	9.5	15.7		
20	19.58	20.42					1.4	2.22	3.19	5.66	8.72	12.3	20.9	31.1	
25	24.58	25.42						2.82	4.07	7.24	11.2	15.8	27.4	41.4	55.4
30	29.58	30.42							4.94	8.81	13.7	19.3	33.9	51.7	70.3
35	34.5	35.5								10.4	16.2	22.7	40.4	62	85.3
40	39.5	40.5								12	18.7	26.2	46.9	72.3	100
45	44.5	45.5									21.2	29.7	53.3	82.6	115
50	49.5	50.5									23.6	33.2	59.8	92.6	130
55	54.4	55.6										36.6	66.3	103	145
60	59.4	60.6										40.1	72.8	114	160

注:阶梯实线间为商品长度规格。

① *P*—螺距。

② $e_{\min} = 1.14 s_{\min}$。

③ 内六角尺寸 *e* 和 *s* 的综合测量见 ISO 23429:2004。

④ 适用于公称长度处于阴影部分的螺钉。

⑤ 适用于公称长度在阴影部分以下的螺钉。

11. 自钻自攻螺钉的型式与尺寸

1) 十字槽盘头自钻自攻螺钉的型式与尺寸见图 4-5 和表 4-27。

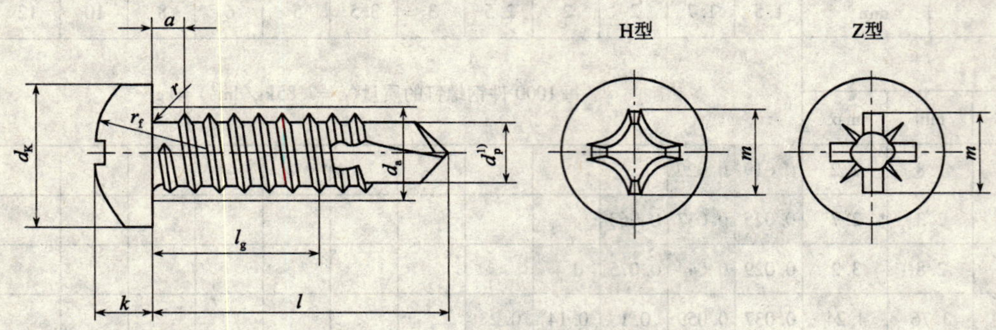

图 4-5 十字槽盘头自钻自攻螺钉的型式

1) 钻头部分（直径 d_p）的工作性能按 GB/T 3098.11 规定。

表 4-27 十字槽盘头自钻自攻螺钉尺寸 mm

螺纹规格			ST2.9	ST3.5	ST4.2	ST4.8	ST5.5	ST6.3
P①			1.1	1.3	1.4	1.6	1.8	1.8
a②		max	1.1	1.3	1.4	1.6	1.8	1.8
d_a		max	3.5	4.1	4.9	5.6	6.3	7.3
d_K		max	5.6	7.00	8.00	9.50	11.00	12.00
		min	5.3	6.64	7.64	9.14	10.57	11.57
k		max	2.40	2.60	3.1	3.7	4.0	4.6
		min	2.15	2.35	2.8	3.4	3.7	4.3
r		min	0.1	0.1	0.2	0.2	0.25	0.25
r_f		≈	5	6	6.5	8	9	10
十字槽	槽号 No.		1	2			3	
	H型	m 参考	3	3.9	4.4	4.9	6.4	6.9
		插入深度 max	1.8	1.9	2.4	2.9	3.1	3.6
		插入深度 min	1.4	1.4	1.9	2.4	2.6	3.1
	Z型	m 参考	3	4	4.4	4.8	6.2	6.8
		插入深度 max	1.75	1.9	2.35	2.75	3.00	3.50
		插入深度 min	1.45	1.5	1.95	2.3	2.55	3.05
钻削范围（板厚）③		≥	0.7	0.7	1.75	1.75	1.75	2
		≤	1.9	2.25	3	4.4	5.25	6
l			l_g④ min					
公称	min	max						
9.5	8.75	10.25	3.25	2.85				
13	12.1	13.9	6.6	6.2	4.3	3.7		

续表

螺纹规格			ST2.9	ST3.5	ST4.2	ST4.8	ST5.5	ST6.3
l			l_g④ min					
公称	min	max						
16	15.1	16.9	9.6	9.2	7.3	5.8	6	
19	18	20	12.5	12.1	10.3	8.7	8	7
22	21	23		15.1	13.3	11.7	11	10
25	24	26		18.1	16.3	14.7	14	13
32	30.75	33.25			23	21.5	21	20
38	36.75	39.25			29	27.5	27	26
45	43.75	46.25				34.5	34	33
50	48.75	51.25				39.5	39	38

① P—螺距。
② a—最末一扣完整螺纹至支承面的距离。
③ 为确定公称长度 l，需对每个板的厚度加上间隙或夹层厚度。
④ l_g—第一扣完整螺纹至支承面的距离。

2）十字槽沉头自钻自攻螺钉的型式与尺寸见图 4-6 和表 4-28。

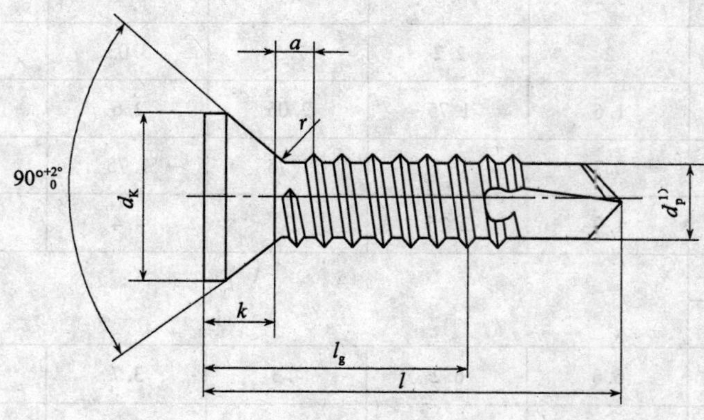

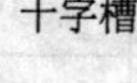

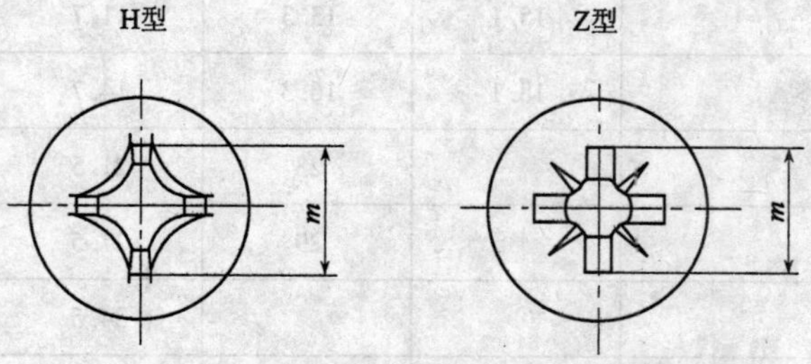

图 4-6　十字槽沉头自钻自攻螺钉的型式

1）钻头部分（直径 d_p）的工作性能按 GB/T 3098.11 规定。

表 4-28　十字槽沉头自钻自攻螺钉尺寸　　mm

螺纹规格			ST2.9	ST3.5	ST4.2	ST4.8	ST5.5	ST6.3
P[①]			1.1	1.3	1.4	1.6	1.8	1.8
a[②]		max	1.1	1.3	1.4	1.6	1.8	1.8
d_K	理论值[③]	max	6.3	8.2	9.4	10.4	11.5	12.6
	实际值	max	5.5	7.3	8.4	9.3	10.3	11.3
		min	5.2	6.9	8.0	8.9	9.9	10.9
k		max	1.7	2.35	2.6	2.8	3	3.15
r		max	1.2	1.4	1.6	2	2.2	2.4
十字槽	槽号 No.		1	2			3	
	H 型	m 参考	3.2	4.4	4.6	5.2	6.6	6.8
		插入深度 max	2.1	2.4	2.6	3.2	3.3	3.5
		插入深度 min	1.7	1.9	2.1	2.7	2.8	3.0
	Z 型	m 参考	3.2	4.3	4.6	5.1	6.5	6.8
		插入深度 max	2	2.2	2.5	3.05	3.2	3.45
		插入深度 min	1.6	1.75	2.05	2.6	2.75	3.00
钻削范围（板厚）[④]		≥	0.7	0.7	1.75	1.75	1.75	2
		≤	1.9	2.25	3	4.4	5.25	6

l 公称	l min	l max	l_g[⑤] min ST2.9	ST3.5	ST4.2	ST4.8	ST5.5	ST6.3
13	12.1	13.9	6.6	6.2	4.3	3.7		
16	15.1	16.9	9.6	9.2	7.3	5.8	5	
19	18	20	12.5	12.1	10.3	8.7	8	7
22	21	23		15.1	13.3	11.7	11	10
25	24	26		18.1	16.3	14.7	14	13
32	30.75	33.25			23	21.5	21	20
38	36.75	39.25			29	27.5	27	26
45	43.75	46.25				34.5	34	33
50	48.75	51.25				39.5	39	38

① P—螺距。

② a—最末一扣完整螺纹至支承面的距离。

③ 见 GB/T 5279。

④为确定公称长度 l，需对每个板的厚度加上间隙或夹层厚度。

⑤l_g—第一扣完整螺纹至支承面的距离。

3）十字槽半沉头自钻自攻螺钉的型式与尺寸见图 4-7 和表 4-29。

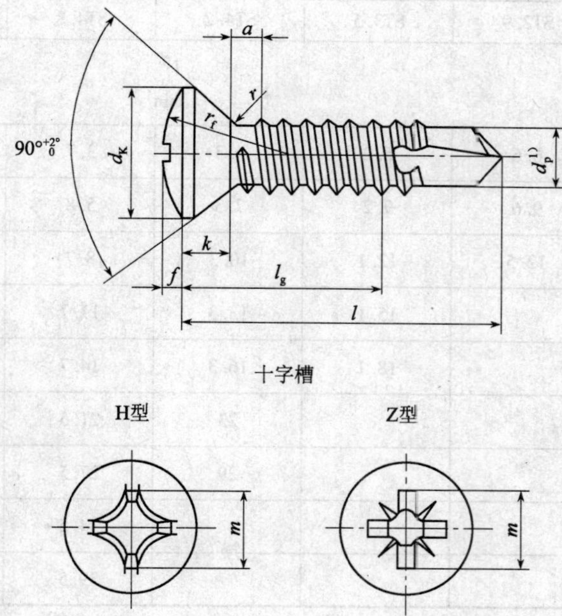

图 4-7 十字槽半沉头自钻自攻螺钉的型式

1）钻头部分（直径 d_p）的工作性能按 GB/T 3098.11 规定。

表 4-29 十字槽半沉头自钻自攻螺钉尺寸 mm

螺纹规格				ST2.9	ST3.5	ST4.2	ST4.8	ST5.5	ST6.3
P[①]				1.1	1.3	1.4	1.6	1.8	1.8
a[②]			max	1.1	1.3	1.4	1.6	1.8	1.8
d_K	理论值[③]		max	6.3	8.2	9.4	10.4	11.5	12.6
	实际值		max	5.5	7.3	8.4	9.3	10.3	11.3
			min	5.2	6.9	8.0	8.9	9.9	10.9
f			≈	0.7	0.8	1	1.2	1.3	1.4
k			max	1.7	2.35	2.6	2.8	3	3.15
r			max	1.2	1.4	1.6	2	2.2	2.4
r_f			≈	6	8.5	9.5	9.5	11	12
十字槽	槽号 No.			1		2		3	
	H 型	m 参考		3.4	4.8	5.2	5.4	6.7	7.3
		插入深度	max	2.2	2.75	3.2	3.4	3.45	4.0
			min	1.8	2.25	2.7	2.9	2.95	3.5
	Z 型	m 参考		3.3	4.8	5.2	5.6	6.6	7.2
		插入深度	max	2.1	2.70	3.10	3.35	3.40	3.85
			min	1.8	2.25	2.65	2.90	2.95	3.40
钻削范围（板厚）[④]		≥		0.7	0.7	1.75	1.75	1.75	2
		≤		1.9	2.25	3	4.4	5.25	6

续表

螺纹规格			ST2.9	ST3.5	ST4.2	ST4.8	ST5.5	ST6.3
l			l_g[⑤] min					
公称	min	max						
13	12.1	13.9	6.6	6.2	4.3	3.7		
16	15.1	16.9	9.6	9.2	7.3	5.8	5	
19	18	20	12.5	12.1	10.3	8.7	8	7
22	21	23		15.1	13.3	11.7	11	10
25	24	26		18.1	16.3	14.7	14	13
32	30.75	33.25			23	21.5	21	20
38	36.75	39.25			29	27.5	27	26
45	43.75	46.25				34.5	34	33
50	48.75	51.25				39.5	39	38

① P—螺距。
② a—最末一扣完整螺纹至支承面的距离。
③ 见 GB/T 5279。
④ 为确定公称长度 l,需对每个板的厚度加上间隙或夹层厚度。
⑤ l_g—第一扣完整螺纹至支承面的距离。

4)六角法兰面自钻自攻螺钉的型式与尺寸见图4-8 和表4-30。

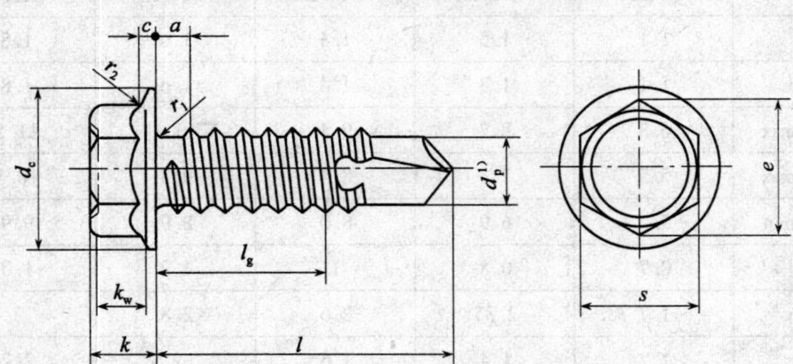

图4-8　六角法兰面自钻自攻螺钉的型式

1)钻头部分(直径 d_p)的工作性能按 GB/T 3098.11 规定。

表4-30　六角法兰面自钻自攻螺钉尺寸　　mm

螺纹规格		ST2.9	ST3.5	ST4.2	ST4.8	ST5.5	ST6.3
P[①]		1.1	1.3	1.4	1.6	1.8	1.8
a[②]	max	1.1	1.3	1.4	1.6	1.8	1.8
d_c	max	6.3	8.3	8.8	10.5	11	13.5
	min	5.8	7.6	8.1	9.8	10	12.2

续表

螺纹规格		ST2.9	ST3.5	ST4.2	ST4.8	ST5.5	ST6.3
c	min	0.4	0.6	0.8	0.9	1	1
s	公称 = max	4.00	5.50	7.00	8.00	8.00	10.00
	min	3.82	5.32	6.78	7.78	7.78	9.78
e	min	4.28	5.96	7.59	8.71	8.71	10.95
k	公称 = max	2.8	3.4	4.1	4.3	5.4	5.9
	min	2.5	3.0	3.6	3.8	4.8	5.3
k_w③	min	1.3	1.5	1.8	2.2	2.7	3.1
r_1	max	0.4	0.5	0.6	0.7	0.8	0.9
r_2	max	0.2	0.25	0.3	0.3	0.4	0.5
钻削范围（板厚）④	≥	0.7	0.7	1.75	1.75	1.75	2
	≤	1.9	2.25	3	4.4	5.25	6

l⑤			l_g⑥ min					
公称	min	max						
9.5	8.75	10.25	3.25	2.85				
13	12.1	13.9	6.6	6.2	4.3	3.7		
16	15.1	16.9	9.6	9.2	7.3	5.8	5	
19	18	20	12.5	12.1	10.3	8.7	8	7
22	21	23		15.1	13.3	11.7	11	10
25	24	26		18.1	16.3	14.7	14	13
32	30.75	33.25			23	21.5	21	20
38	36.75	39.25			29	27.5	27	26
45	43.75	46.25				34.5	34	33
50	48.75	51.25				39.5	39	38

注：产品通过了《六面法兰面自钻自攻螺钉》GB/T 15856.4—2002 附录 A（标准的附录）的检验，则应视为满足了尺寸 e、c 和 k_w 的要求。

① P—螺距。

② a—最末一扣完整螺纹至支承面的距离。

③ k_w—扳拧高度。

④ 为确定公称长度 l，需对每个板的厚度加上间隙或夹层厚度。

⑤ $l>50$mm 的长度规格，由供需双方协议。但其长度规格应符合 l = 55、60、65、70、75、80、85、90、95、100、110、120、130、140、150、160、170、180、190、200mm。

⑥ l_g—第一扣完整螺纹至支承面的距离。

5）六角凸缘自钻自攻螺钉的型式与尺寸见图 4-9 和表 4-31。

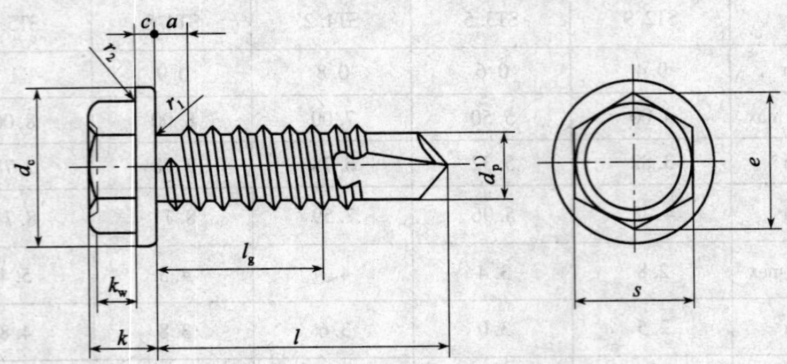

图 4-9　六角凸缘自钻自攻螺钉的型式

1）钻头部分（直径 d_p）的工作性能按 GB/T 3098.11 规定。

表 4-31　六角凸缘自钻自攻螺钉尺寸　　mm

螺纹规格			ST2.9	ST3.5	ST4.2	ST4.8	ST5.5	ST6.3
P①			1.1	1.3	1.4	1.6	1.8	1.8
a②	max		1.1	1.3	1.4	1.6	1.8	1.8
d_c	max		6.3	8.3	8.8	10.5	11	13.5
	min		5.8	7.6	8.1	9.8	10	12.2
c	min		0.4	0.6	0.8	0.9	1	1
s	公称 = max		4.00③	5.50	7.00	8.00	8.00	10.00
	min		3.82	5.32	6.78	7.78	7.78	9.78
e	min		4.28	5.96	7.59	8.71	8.71	10.95
k	公称 = max		2.8	3.4	4.1	4.3	5.4	5.9
	min		2.5	3.0	3.6	3.8	4.8	5.3
k_w④	min		1.3	1.5	1.8	2.2	2.7	3.1
r_1	max		0.4	0.5	0.6	0.7	0.8	0.9
r_2	max		0.2	0.25	0.3	0.3	0.4	0.5
钻削范围（板厚）⑤	⩾		0.7	0.7	1.75	1.75	1.75	2
	⩽		1.9	2.25	3	4.4	5.25	6
l			l_g⑥ min					
公称	min	max						
9.5	8.75	10.25	3.25	2.85				
13	12.1	13.9	6.6	6.2	4.3	3.7		

续表

螺纹规格			ST2.9	ST3.5	ST4.2	ST4.8	ST5.5	ST6.3
l			l_g⑥ min					
公称	min	max						
16	15.1	16.9	9.6	9.2	7.3	5.8	5	
19	18	20	12.5	12.1	10.3	8.7	8	7
22	21	23		15.1	13.3	11.7	11	10
25	24	26		18.1	16.3	14.7	14	13
32	30.75	33.25			23	21.5	21	20
38	36.75	39.25			29	27.5	27	26
45	43.75	46.25				34.5	34	33
50	48.75	51.25				39.5	39	38

① P—螺距。

② a—最末一扣完整螺纹至支承面的距离。

③ 该尺寸与 GB/T 5285 对六角头自攻螺钉规定的 $s=5$mm 不一致。GB/T 16824.1 对六角凸缘自攻螺钉规定的 $s=4$mm 在世界范围内业已采用,因此也适用于《六角凸缘自钻自攻螺钉》(GB 15856.5—2002)。

④ k_w—扳拧高度。

⑤ 为确定公称长度 l,需对每个板的厚度加上间隙或夹层厚度。

⑥ l_g—第一扣完整螺纹至支承面的距离。

12. 墙板自攻螺钉的型式与尺寸(表 4-32)

表 4-32 墙板自攻螺钉的型式与尺寸 mm

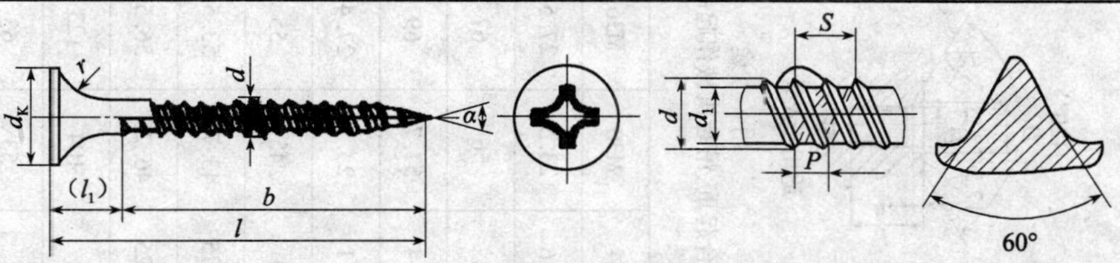

螺纹规格 d			3.5	3.9	4.2
P			1.4	1.6	1.7
S①			2.8	3.2	3.4
d_K	max		8.58	8.58	8.58
r	≈		4.5	5.0	5.0
d	max		3.65	3.95	4.30
d_1	min		2.33	2.59	2.78
α			22°~28°		
十字槽(H 型)	槽号 No.		2		
	插入深度	max	3.1		
		min	2.5		
l②商品规格范围			19~45	35~55	40~70

注:l≤50mm 的螺钉制出全螺纹,l_1≈6mm,l>50mm 的螺钉,b≥45mm。

① S—导程。

② 公称长度系列为:19、25、(32)、35、(38)、40~60(5 进位)、70mm。

13. 吊环螺钉的型式与尺寸(表 4-33)

表 4-33　吊环螺钉的型式与尺寸

mm

用　途

配合起重、吊装机械作起吊重物用

规格 d(8g)		M8	M10	M12	M16	M20	M24	M30	M36	M42	M48	M56	M64	M72×6	M80×6	M100×6
d_1	min	7.6	9.6	11.6	13.6	15.6	19.6	23.5	27.5	31.2	37.1	41.4	46.9	58.8	66.8	73.6
D_1	公称	20	24	28	34	40	48	56	67	80	95	112	125	140	160	200
d_2	max	21.1	25.1	29.1	35.2	41.4	49.4	57.7	69	82.4	97.7	114.7	128.4	143.8	163.8	204.2
h_1	max	7	9	11	13	15.1	19.1	23.2	27.4	31.7	36.9	39.9	44.1	52.4	57.4	62.4
l	公称	16	20	22	28	35	40	45	55	65	70	80	90	100	115	140
	min	15.1	18.95	20.95	26.95	33.75	38.75	43.75	53.5	63.5	68.5	78.5	88.25	98.25	113.25	138
	max	16.9	21.05	23.05	29.05	36.25	41.25	46.25	56.5	66.5	71.5	81.5	91.75	101.75	116.75	142
d_4(参考)		36	44	52	62	72	88	104	123	144	171	196	221	260	296	350
h		18	22	26	31	36	44	53	63	74	87	100	115	130	150	175
a_1	max	3.75	4.5	5.25	6	7.5	9	10.5	12	13.5	15	16.5	18	18	18	18

续表

规格 d(8g)		M8	M10	M12	M16	M20	M24	M30	M36	M42	M48	M56	M64	M72×6	M80×6	M100×6
d_3	公称(max)	6	7.7	9.4	13	16.4	19.6	25	30.8	35.6	41	48.3	55.7	63.7	71.7	91.7
	min	5.82	7.48	9.18	12.73	16.13	19.27	24.67	29.91	35.21	40.61	47.91	55.24	63.24	71.24	91.16
a	max	2.5	3	3.5	4	5	6	7	8	9	10	11	12	12	12	12
D		M8	M10	M12	M16	M20	M24	M30	M36	M42	M48	M56	M64	M72×6	M80×6	M100×6
D_2	公称(min)	13	15	17	22	28	32	38	45	52	60	68	75	85	95	115
	max	13.43	15.43	17.52	22.52	28.52	32.62	38.62	45.62	52.74	60.74	68.74	75.74	85.87	95.87	115.87
h_2	公称(min)	2.5	3	3.5	4.5	5	7	8	9.5	10.5	11.5	12.5	13.5	14	14	14
	max	2.9	3.4	3.98	4.98	5.48	7.58	8.58	10.08	11.2	12.2	13.2	14.2	14.7	14.7	14.7
起吊重量/t≤	单螺钉起吊	0.16	0.25	0.4	0.63	1.0	1.6	2.5	4	6.3	8	10	16	20	25	40
	双螺钉起吊	0.08	0.125	0.2	0.32	0.5	0.8	1.25	2	3.2	4	5	8	10	12.5	20

注：M8～M36 为商品紧固件规格。

4.3 螺母

1. 六角法兰面螺母的型式与尺寸(表4-34)

表4-34 六角法兰面螺母的型式与尺寸 mm

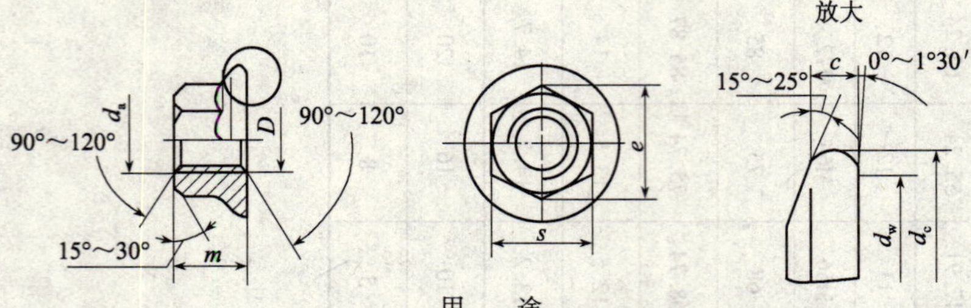

用 途

与螺栓、螺柱、螺钉配合使用,联接紧固构件。六角法兰螺母防松性能较好,可省去弹簧垫圈

螺纹规格 D(6H)		M5	M6	M8	M10	M12	(M14)	M16	M20
c	min	1	1.1	1.2	1.5	1.8	2.1	2.4	3
d_c	max	11.8	14.2	17.9	21.8	26	29.9	34.5	42.8
d_w	min	9.8	12.2	15.8	19.6	23.8	27.6	31.9	39.9
e	min	8.79	11.05	14.38	16.64	20.03	23.36	26.75	32.95
s	max	8	10	13	15	18	21	24	30
	min	7.78	9.78	12.73	14.73	17.73	20.67	23.67	29.16
m	max	5	6	8	10	12	14	16	20
	min	4.7	5.7	7.64	9.64	11.57	13.3	15.3	18.7

注:尽可能不采用括号内的规格。

2. C级方螺母的型式与尺寸(表4-35)

表4-35 C级方螺母的型式与尺寸 mm

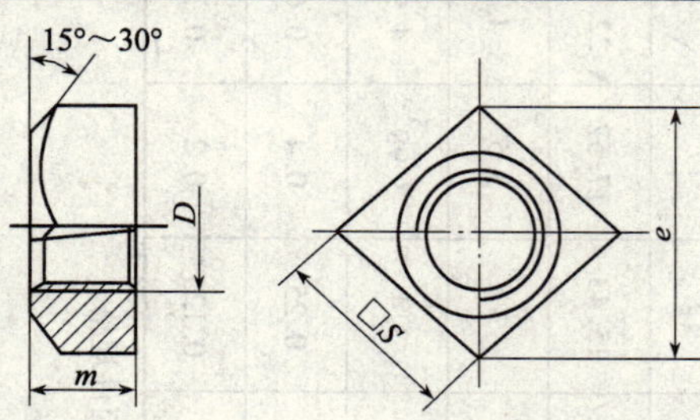

螺纹规格 D(7H)		M3	M4	M5	M6	M8	M10	M12	(M14)	M16	(M18)	M20	(M22)	M24
S	max	5.5	7	8	10	13	16	18	21	24	27	30	34	36
	min	5.2	6.64	7.64	9.64	12.57	15.57	17.57	20.16	23.16	26.16	29.16	33	35

续表

螺纹规格 D(7H)		M3	M4	M5	M6	M8	M10	M12	(M14)	M16	(M18)	M20	(M22)	M24
m	max	2.4	3.2	4	5	6.5	8	10	11	13	15	16	18	19
	min	1.4	2	2.8	3.8	5.0	6.5	8.5	9.2	11.2	13.2	14.2	16.2	16.9
e	min	6.76	8.63	9.93	12.53	16.34	20.24	22.84	25.21	30.11	34.01	37.91	42.9	45.5

注：尽可能不采用括号内的规格。

3. 圆螺母的型式与尺寸（表 4-36）

表 4-36　圆螺母的型式与尺寸　　mm

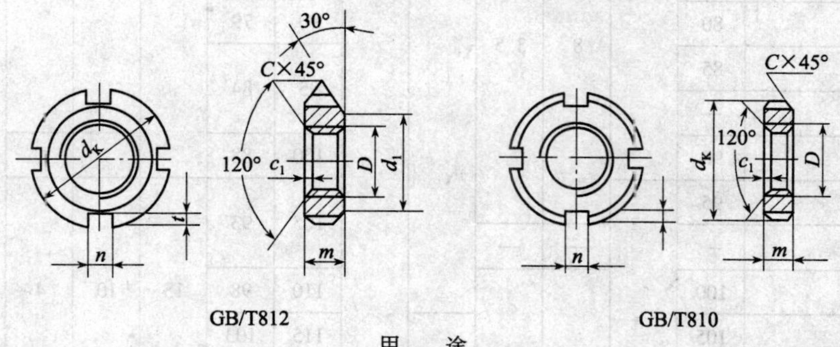

GB/T812　　　　GB/T810

用　途

成对地用于机器的轴类零件上，用以防止轴向位移；也常配合止退垫圈，用于装有滚动轴承的轴上，锁紧轴承内圈。圆螺母的装拆须用专用的钩形扳手。小圆螺母的外径和厚度比普通圆螺母小，用于强度要求较低的场合

<table>
<tr><th rowspan="2">螺纹规格
$D \times P$(6H)</th><th colspan="6">小圆螺母（GB/T 810—1988）</th><th colspan="7">圆螺母（GB/T 812—1988）</th></tr>
<tr><th>d_K</th><th>m</th><th>n
min</th><th>t
min</th><th>C</th><th>c_1</th><th>d_K</th><th>d_1</th><th>m</th><th>n
min</th><th>t
min</th><th>C</th><th>c_1</th></tr>
<tr><td>M10×1</td><td>20</td><td rowspan="6">6</td><td rowspan="4">4</td><td rowspan="4">2</td><td rowspan="8">0.5</td><td rowspan="15">0.5</td><td>22</td><td>16</td><td rowspan="6">8</td><td rowspan="3">4</td><td rowspan="3">2</td><td rowspan="7">0.5</td><td rowspan="15">0.5</td></tr>
<tr><td>M12×1.25</td><td>22</td><td>25</td><td>19</td></tr>
<tr><td>M14×1.5</td><td>25</td><td>28</td><td>20</td></tr>
<tr><td>M16×1.5</td><td>28</td><td>30</td><td>22</td><td rowspan="8">5</td><td rowspan="8">2.5</td></tr>
<tr><td>M18×1.5</td><td>30</td><td rowspan="8">5</td><td rowspan="8">2.5</td><td>32</td><td>24</td></tr>
<tr><td>M20×1.5</td><td>32</td><td>35</td><td>27</td></tr>
<tr><td>M22×1.5</td><td>35</td><td rowspan="9">8</td><td>38</td><td>30</td><td rowspan="9">10</td></tr>
<tr><td>M24×1.5</td><td>38</td><td rowspan="2">42</td><td rowspan="2">34</td><td rowspan="7">1</td></tr>
<tr><td>M25×1.5①</td><td>—</td><td rowspan="7">1</td></tr>
<tr><td>M27×1.5</td><td>42</td><td>45</td><td>37</td></tr>
<tr><td>M30×1.5</td><td>45</td><td>48</td><td>40</td></tr>
<tr><td>M33×1.5</td><td>48</td><td rowspan="2">52</td><td rowspan="2">43</td><td rowspan="4">6</td><td rowspan="4">3</td></tr>
<tr><td>M35×1.5①</td><td>—</td><td>—</td><td>—</td></tr>
<tr><td>M36×1.5</td><td>52</td><td rowspan="2">6</td><td rowspan="2">3</td><td>55</td><td>46</td></tr>
<tr><td>M39×1.5</td><td>55</td><td>58</td><td>49</td><td>1.5</td></tr>
</table>

续表

螺纹规格 $D\times P$(6H)	小圆螺母(GB/T 810—1988)						圆螺母(GB/T 812—1988)						
	d_K	m	n min	t min	C	c_1	d_K	d_1	m	n min	t min	C	c_1
M40×1.5①	—						58	49					
M42×1.5	58	8	6	3			62	53	10	6	3		
M45×1.5	62					0.5	68	59					
M48×1.5	68						72	61					0.5
M50×1.5①	—		—	—									
M52×1.5	72						78	67					
M55×2①	—									8	3.5		
M56×2	78	10			1		85	74	12				
M60×2	80		8	3.5			90	79					
M64×2	85						95	84					
M65×2①	—												
M68×2	90						100	88					
M72×2	95						105	93					
M75×2①	—		—	—								1.5	
M76×2	100						110	98	15	10	4		
M80×2	105	12					115	103					
M85×2	110		10	4			120	108					
M90×2	115					1	125	112					1
M95×2	120						130	117		12	5		
M100×2	125						135	122	18				
M105×2	130		12	5			140	127					
M110×2	135				1.5		150	135					
M115×2	140	15					155	140					
M120×2	145						160	145	22	14	6		
M125×2	150						165	150					
M130×2	160		14	6			170	155					
M140×2	170						180	165					
M150×2	180	18					200	180	26				
M160×3	195						210	190					
M170×3	205						220	200		16	7		
M180×3	220		16	7	2	1.5	230	210				2	1.5
M190×3	230	22					240	220	30				
M200×3	240						250	230					

① GB/T 812 的规格，仅用于滚动轴承锁紧装置。

4. 蝶形螺母

1)蝶形螺母——圆翼的型式与尺寸见图4-10和表4-37。

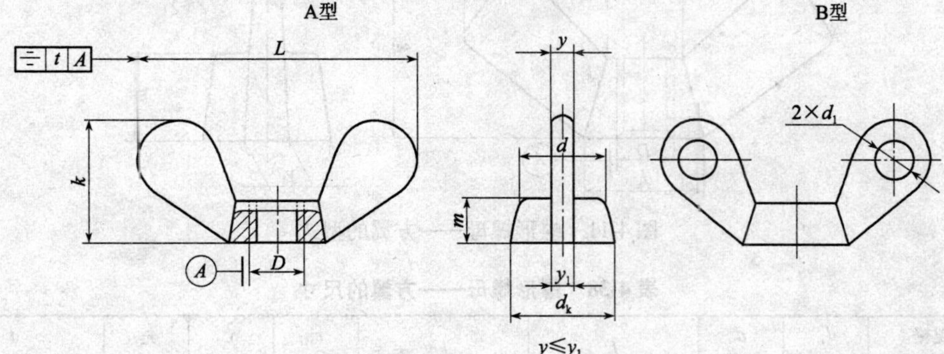

图4-10　蝶形螺母——圆翼的型式

表4-37　蝶形螺母——圆翼的尺寸

mm

螺纹规格 D	d_k min	d ≈	L		k		m min	y max	y_1 max	d_1 max	t max
M2	4	3	12		6		2	2.5	3	2	0.3
M2.5	5	4	16		8		3	2.5	3	2.5	0.3
M3	5	4	16	±1.5	8		3	2.5	3	3	0.4
M4	7	6	20		10		4	3	4	4	0.4
M5	8.5	7	25		12	±1.5	5	3.5	4.5	4	0.5
M6	10.5	9	32		15		6	4	5	5	0.5
M8	14	12	40		20		8	4.5	5.5	6	0.6
M10	18	15	50		25		10	5.5	6.5	7	0.7
M12	22	18	60	±2	30		12	7	8	8	1
(M14)	26	22	70		35		14	8	9	9	1.1
M16	26	22	70		35		14	8	9	10	1.2
(M18)	30	25	80		40	±2	16	8	10	10	1.4
M20	34	28	90		45		18	9	11	11	1.5
(M22)	38	32	100	±2.5	50		20	10	12	11	1.6
M24	43	36	112		56		22	11	13	12	1.8

注:尽可能不采用括号内的规格。

2）蝶形螺母——方翼的型式与尺寸见图 4-11 和表 4-38。

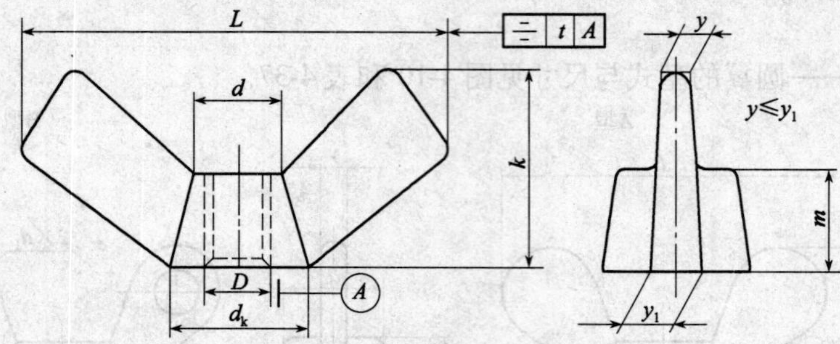

图 4-11 蝶形螺母——方翼的型式

表 4-38 蝶形螺母——方翼的尺寸 mm

螺纹规格 D	d_k min	d ≈	L		k		m min	y max	y_1 max	t max
M3	6.5	4	17	±1.5	9	±1.5	3	3	4	0.4
M4	6.5	4	17		9		3	3	4	0.4
M5	8	6	21		11		4	3.5	4.5	0.5
M6	10	7	27		13		4.5	4	5	0.5
M8	13	10	31		16		6	4.5	5.5	0.6
M10	16	12	36	±2	18		7.5	5.5	6.5	0.7
M12	20	16	48		23		9	7	8	1
（M14）	20	16	48		23		9	7	8	1.1
M16	27	22	68		35	±2	12	8	9	1.2
（M18）	27	22	68		35		12	8	9	1.4
M20	27	22	68		35		12	8	9	1.5

注：尽可能不采用括号内的规格。

3）蝶形螺母——冲压的型式与尺寸见图 4-12 和表 4-39。

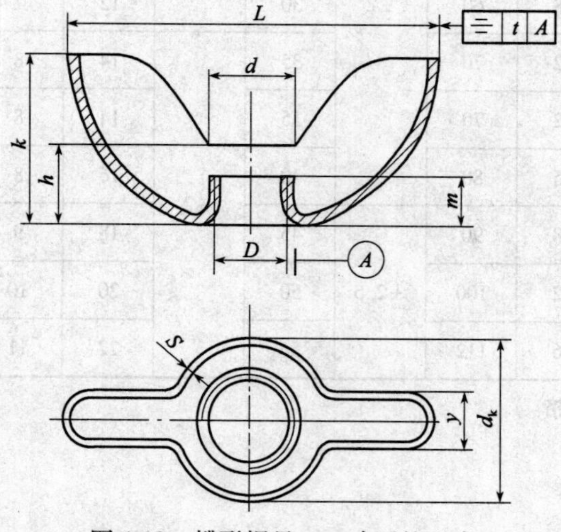

图 4-12 蝶形螺母——冲压的型式

表 4-39　蝶形螺母——冲压的尺寸　　mm

螺纹规格 D	d_k max	d ≈	L		k		h ≈	y max	A 型(高型) m		A 型(高型) S	B 型(低型) m		B 型(低型) S	t max
M3	10	5	16	±1	6.5	±1	2	4	3.5	±0.5	1	1.4	±0.3	0.8	0.4
M4	12	6	19		8.5		2.5	5	4			1.6			0.4
M5	13	7	22		9		3	5.5	4.5			1.8			0.5
M6	15	9	25		9.5		3.5	6	5	±0.8		2.4	±0.4	1	0.5
M8	17	10	28		11		5	7	6		1.2	3.1	±0.5	1.2	0.6
M10	20	12	35	±1.5	12		6	8	7			3.8			0.7

4)蝶形螺母——压铸的型式与尺寸见图 4-13 和表 4-40。

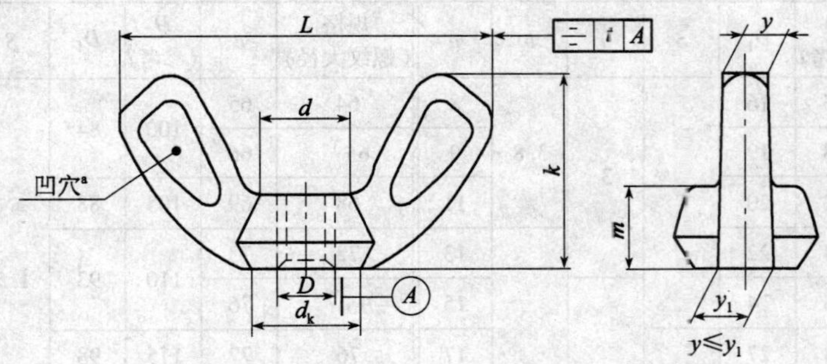

图 4-13　蝶形螺母——压铸的型式

a　有无凹穴及其型式与尺寸,由制造者确定。

表 4-40　蝶形螺母——压铸的尺寸　　mm

螺纹规格 D	d_k max	d ≈	L		k		m min	y max	y_1 max	t max
M3	5	4	16	±1.5	8.5	±1.5	2.4	2.5	3	0.4
M4	7	6	21		11		3.2	3	4	0.4
M5	8.5	7	21		11		4	3.5	4.5	0.5
M6	10.5	9	23		14		5	4	5	0.5
M8	13	10	30		16		6.5	4.5	5.5	0.6
M10	16	12	37	±2	19		8	5.5	6.5	0.7

4.4 垫圈与挡圈

1. 圆螺母用止动垫圈的型式与尺寸（表4-41）

表4-41 圆螺母用止动垫圈的型式与尺寸 mm

规格（螺纹大径）	d	D（参考）	D_1	S	h	b	a
10	10.5	25	16	1	3	3.8	8
12	12.5	28	19				9
14	14.5	32	20				11
16	16.5	34	22			4.8	13
18	18.5	35	24		4		15
20	20.5	38	27	1			17
22	22.5	42	30				19
24	24.5	45	34				21
25①	25.5	45	34				22
27	27.5	48	37		5		24
30	30.5	52	40			5.7	27
33	33.5	56	43	1.5			30
35①	35.5						32
36	36.5	60	46				33
39	39.5	62	49				36
40①	40.5						37
42	42.5	66	53				39
45	45.5	72	59				42
48	48.5	76	61			7.7	45
50①	50.5						47
52	52.5	82	67		6		49
55①	56						52
56	57	90	74				53
60	61	94	79				57

规格（螺纹大径）	d	D（参考）	D_1	S	h	b	a
64	65	100	84	1.5	6	7.7	61
65①	66						62
68	69	105	88			9.6	65
72	73	110	93		7		69
75①	76						71
76	77	115	98				72
80	81	120	103				76
85	86	125	108				81
90	91	130	112	2		11.6	86
95	96	135	117				91
100	101	140	122				96
105	106	145	127				101
110	111	156	135			13.5	106
115	116	160	140				111
120	121	166	145				116
125	126	170	150				121
130	131	176	155				126
140	141	186	165				136
150	151	206	180	2.5		15.5	146
160	161	216	190		8		156
170	171	226	200				166
180	181	236	210				176
190	191	246	220				186
200	201	256	230				196

① 仅用于滚动轴承锁紧装置。

2. 孔用弹性挡圈的型式与尺寸(表4-42)

表4-42 孔用弹性挡圈的型式与尺寸 mm

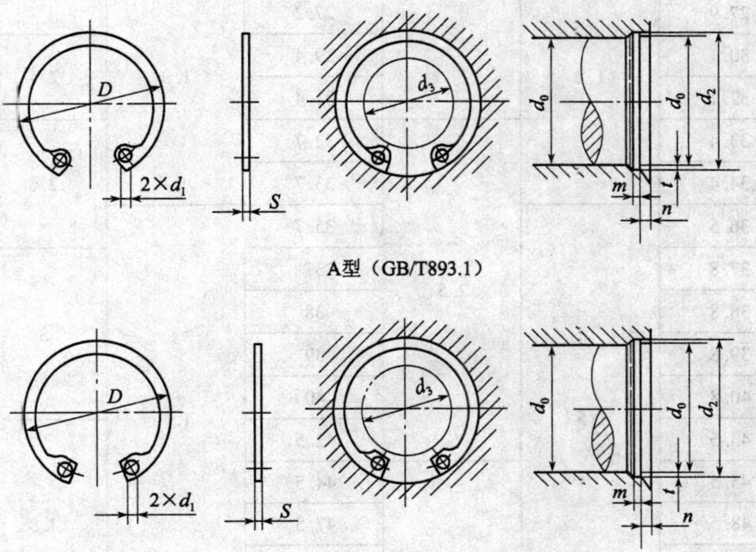

A型 (GB/T893.1)

B型 (GB/T893.2)

用 途

用于固定装在孔内的零件(如滚动轴承外圈)的位置,防止零件退出孔外。装拆挡圈时应采用专用工具——孔用挡圈钳来进行

孔径 d_0	挡圈			沟槽(推荐)			轴 $d_3\leqslant$
	D	S	d_1	d_2	m	$n\geqslant$	
8	8.7	0.6	1	8.4	0.7	0.6	2
9	9.8			9.4			
10	10.8	0.8	1.5	10.4	0.9		
11	11.8			11.4			3
12	13.0			12.5		0.9	4
13	14.1		1.7	13.6			
14	15.1	1		14.6	1.1		5
15	16.2			15.7		1.2	6
16	17.3			16.8			7
17	18.3			17.8			8
18	19.5			19		1.5	9
19	20.5		2	20			10
20	21.5			21			
21	22.5			22			11
22	23.5			23			12
24	25.9	1.2		25.2	1.3	1.8	13

续表

孔径 d_0	挡圈			沟槽(推荐)			轴 $d_3 \leqslant$
	D	S	d_1	d_2	m	$n \geqslant$	
25	26.9	1.2	2	26.2	1.3	1.8	14
26	27.9			27.2			15
28	30.1			29.4		2.1	17
30	32.1			31.4			18
31	33.4		2.5	32.7		2.6	19
32	34.4			33.7			20
34	36.5	1.5		35.7	1.7		22
35	37.8			37		3	23
36	38.8			38			24
37	39.8			39			25
38	40.8			40			26
40	43.5			42.5		3.8	27
42	45.5		3	44.5			29
45	48.5			47.5			31
47	50.5			49.5			32
48	51.5			50.5			33
50	54.2	2		53	2.2	4.5	36
52	56.2			55			38
55	59.2			58			40
56	60.2			59			41
58	62.2			61			43
60	64.2			63			44
62	66.2			65			45
63	67.2			66			46
65	69.2	2.5		68	2.7		48
68	72.5			71			50
70	74.5			73			53
72	76.5			75			55
75	79.5			78			56
78	82.5			81			60
80	85.5			83.5		5.3	63
82	87.5			85.5			65
85	90.5			88.5			68
88	93.5			91.5			70
90	95.5			93.5			72

续表

孔径 d_0	挡圈			沟槽(推荐)			轴 $d_3 \leqslant$
	D	S	d_1	d_2	m	$n \geqslant$	
92	97.5	2.5	3	95.5	2.7	5.3	73
95	100.5			98.5			75
98	103.5			101.5			78
100	105.5			103.5			80
102	108	3	4	106	3.2	6	82
105	112			109			83
108	115			112			86
110	117			114			88
112	119			116			89
115	122			119			90
120	127			124			95
125	132			129			100
130	137			134			105
135	142			139			110
140	147			144			115
145	152			149			118
150	158			155		7.5	121
155	164			160			125
160	169			165			130
165	174.5			170			136
170	179.5			175			140
175	184.5			180			142
180	189.5			185			145
185	194.5			190			150
190	199.5			195			155
195	204.5			200			157
200	209.5			205			165

注：1. GB/T 983.2 的孔径范围为 20～200mm；
2. d_3 为允许套入的最大轴径。

3. 轴用弹性挡圈的型式与尺寸(表 4-43)

表 4-43　轴用弹性挡圈的型式与尺寸　　mm

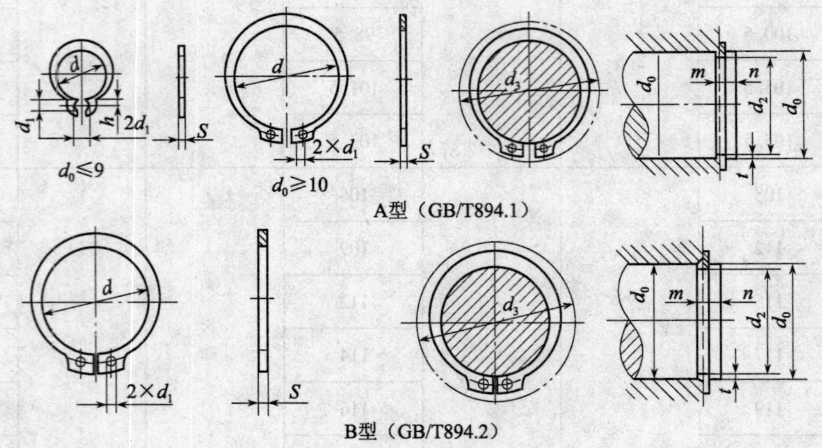

A型（GB/T894.1）

B型（GB/T894.2）

用　　途

用于固定装在轴上的零件(如滚动轴承内圈)的位置,防止零件退出轴外。装拆挡圈时应采用专用工具——轴用挡圈钳来进行

<table>
<tr><th rowspan="2">轴径 d_0</th><th colspan="4">挡　　圈</th><th colspan="3">沟槽(推荐)</th><th rowspan="2">孔 d_3 ≥</th></tr>
<tr><th>d</th><th>S</th><th>d_1</th><th>h</th><th>d_2</th><th>m</th><th>n≥</th></tr>
<tr><td>3</td><td>2.7</td><td rowspan="2">0.4</td><td rowspan="3">1</td><td>0.95</td><td>2.8</td><td rowspan="2">0.5</td><td rowspan="3">0.3</td><td>7.2</td></tr>
<tr><td>4</td><td>3.7</td><td>1.1</td><td>3.8</td><td>8.8</td></tr>
<tr><td>5</td><td>4.7</td><td rowspan="3">0.6</td><td>1.25</td><td>4.8</td><td rowspan="3">0.7</td><td>10.7</td></tr>
<tr><td>6</td><td>5.6</td><td rowspan="4">1.2</td><td>1.35</td><td>5.7</td><td rowspan="2">0.5</td><td>12.2</td></tr>
<tr><td>7</td><td>6.5</td><td>1.55</td><td>6.7</td><td>13.8</td></tr>
<tr><td>8</td><td>7.4</td><td rowspan="2">0.8</td><td>1.6</td><td>7.6</td><td rowspan="2">0.9</td><td rowspan="3">0.6</td><td>15.2</td></tr>
<tr><td>9</td><td>8.4</td><td>1.65</td><td>8.6</td><td>16.4</td></tr>
<tr><td>10</td><td>9.3</td><td rowspan="13">1</td><td rowspan="3">1.5</td><td rowspan="13">—</td><td>9.6</td><td rowspan="13">1.1</td><td>17.6</td></tr>
<tr><td>11</td><td>10.2</td><td>10.5</td><td rowspan="2">0.8</td><td>18.9</td></tr>
<tr><td>12</td><td>11</td><td>11.5</td><td>19.6</td></tr>
<tr><td>13</td><td>11.9</td><td rowspan="6">1.7</td><td>12.4</td><td rowspan="2">0.9</td><td>20.8</td></tr>
<tr><td>14</td><td>12.9</td><td>13.4</td><td>22</td></tr>
<tr><td>15</td><td>13.8</td><td>14.3</td><td>1.1</td><td>23.2</td></tr>
<tr><td>16</td><td>14.7</td><td>15.2</td><td rowspan="2">1.2</td><td>24.4</td></tr>
<tr><td>17</td><td>15.7</td><td>16.2</td><td>25.6</td></tr>
<tr><td>18</td><td>16.5</td><td>17</td><td rowspan="5">1.5</td><td>27</td></tr>
<tr><td>19</td><td>17.5</td><td rowspan="4">2</td><td>18</td><td>28</td></tr>
<tr><td>20</td><td>18.5</td><td>19</td><td>29</td></tr>
<tr><td>21</td><td>19.5</td><td>20</td><td>31</td></tr>
<tr><td>22</td><td>20.5</td><td>21</td><td>32</td></tr>
</table>

续表

轴径 d_0	挡圈				沟槽(推荐)			孔 $d_3 \geqslant$
	d	S	d_1	h	d_2	m	$n \geqslant$	
24	22.2				22.9			34
25	23.2				23.9		1.7	35
26	24.2				24.9			36
28	25.9	1.2	2		26.6	1.3		38.4
29	26.9				27.6		2.1	39.8
30	27.9				28.5			42
32	29.6				30.3		2.6	44
34	31.5				32.3			46
35	32.2				33			48
36	33.2				34		3	49
37	34.2		2.5		35			50
38	35.2	1.5			36	1.7		51
40	36.5				37.5			53
42	38.5				39.5		3.8	56
45	41.5				42.5			59.4
48	44.5				45.5			62.8
50	45.8			—	47			64.8
52	47.8				49			67
55	50.8				52			70.4
56	51.8	2			53	2.2		71.7
58	53.8				55			73.6
60	55.8				57			75.8
62	57.8				59		4.5	79
63	58.8		3		60			79.6
65	60.8				62			81.6
68	63.5				65			85
70	65.5				67			87.2
72	67.5				69			89.4
75	70.5	2.5			72	2.7		92.8
78	73.5				75			96.2
80	74.5				76.5			98.2
82	76.5				78.5		5.3	101
85	79.5				81.5			104
88	82.5				84.5			107.3

续表

轴径 d_0	挡圈				沟槽(推荐)			孔 $d_3 \geqslant$
	d	S	d_1	h	d_2	m	$n \geqslant$	
90	84.5	2.5	3	—	86.5	2.7	5.3	110
95	89.5				91.5			115
100	94.5				96.5			121
105	98	3			101	3.2	6	132
110	103		4		106			136
115	108				111			142
120	113				116			145
125	118				121			151
130	123				126			158
135	128				131			162.8
140	133				136			168
145	138				141			174.4
150	142				145		7.5	180
155	146				150			186
160	151				155			190
165	155.5				160			195
170	160.5				165			200
175	165.5				170			206
180	170.5				175			212
185	175.5				180			218
190	180.5				185			223
195	185.5				190			229
200	190.5				195			235

注：1. GB/T 984.2 的孔径范围为 20～200mm。

2. d_3 为允许套入的最小孔径。

4.5 铆钉

1. 半圆头铆钉的型式与尺寸(表 4-44)

2. 沉头铆钉的型式与尺寸(表 4-45)

表 4-44 半圆头铆钉的型式与尺寸

mm

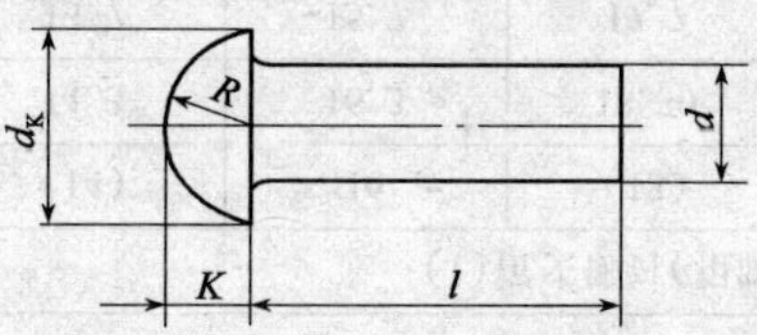

用途
应用最广的一种铆接用紧固件。用于锅炉、容器、桥梁和桁架等钢结构上作铆接用紧固件。铆接的特点是不可拆卸的，如要把两个被铆接件分开，必须把铆钉破坏掉。精制铆钉表面粗糙度较小，尺寸精度较高，用于对尺寸精度和表面状况要求较高的场合

(1)半圆头铆钉(粗制)

d	公称	12	(14)	16	(18)	20	(22)	24	(27)	30	36
	max	12.3	14.3	16.3	18.3	20.35	22.35	24.35	27.35	30.35	36.4
	min	11.7	13.7	15.7	17.7	19.65	21.65	23.65	26.65	29.65	35.6
d_K	max	22	25	30	33.4	36.4	40.4	44.4	49.4	54.8	63.8
	min	20	23	28	30.6	33.6	37.6	41.6	46.6	51.2	60.2
K	max	8.5	9.5	10.5	13.3	14.8	16.3	17.8	20.2	22.2	26.2
	min	7.5	8.5	9.5	11.7	13.2	14.7	16.2	17.8	19.8	23.8
R	≈	11	12.5	15.5	16.5	18	20	22	26	27	32
l 商品规格范围		20 ~ 90	22 ~ 100	26 ~ 110	32 ~ 150		38 ~ 180	52 ~ 180	55 ~ 180		58 ~ 200

(2)半圆头铆钉

d	公称	0.6	0.8	1	(1.2)	1.4	(1.6)	2	2.5	3	(3.5)	4	5	6	8	10	12	(14)	16
	max	0.64	0.84	1.06	1.26	1.46	1.66	2.06	2.56	3.06	3.58	4.08	5.08	6.08	8.1	10.1	12.12	14.12	16.12
	min	0.56	0.76	0.94	1.14	1.34	1.54	1.94	2.44	2.94	3.42	3.92	4.92	5.92	7.9	9.9	11.88	13.88	15.88

续表

(2)半圆头铆钉																			
d_K	max	1.3	1.6	2	2.3	2.7	3.2	3.74	4.84	5.54	6.59	7.39	9.09	11.35	14.35	17.35	21.42	24.42	29.42
	min	0.9	1.2	1.6	1.9	2.3	2.8	3.26	4.36	5.06	6.01	6.81	8.51	10.65	13.65	16.65	20.58	23.58	28.58
K	max	0.5	0.6	0.7	0.8	0.9	1.2	1.4	1.8	2	2.3	2.6	3.2	3.84	5.04	6.24	8.29	9.59	10.29
	min	0.3	0.4	0.5	0.6	0.7	0.8	1	1.4	1.6	1.9	2.2	2.8	3.36	4.56	5.76	7.71	8.71	9.71
R	≈	0.58	0.74	1	1.2	1.4	1.6	1.9	2.5	2.9	3.1	3.8	4.7	6	8	9	11	12.5	15.5
l	通用规格范围	1~6	1.5~8	2~8	2.5~8	3~12	3~12	—	—	—	—	—	—	—	—	—	20~90	22~100	26~110
	商品规格范围	—	—	—	—	—	—	3~16	5~20	5~26	7~26	7~50	7~55	8~60	16~65	16~85	—	—	—

注：尽可能不采用括号内的规格。

表 4-45　沉头铆钉的型式与尺寸

mm

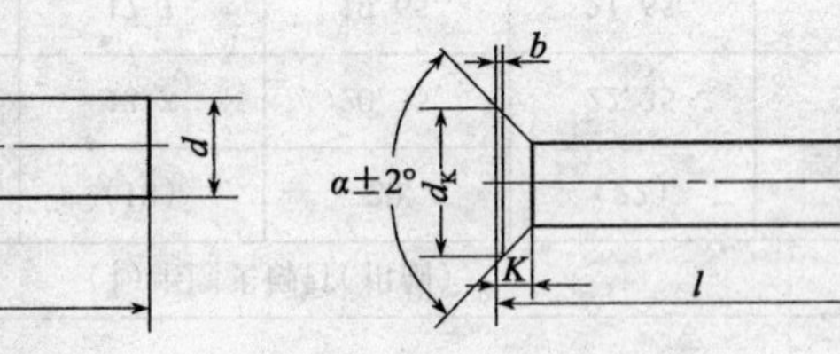

(1)沉头铆钉(粗制)(GB/T 865—1986)											
d	公称	12	(14)	16	(18)	20	(22)	24	(27)	30	36
	max	12.3	14.3	16.3	18.30	20.35	22.35	24.35	27.35	30.35	36.4
	min	11.7	13.7	15.7	17.7	19.65	21.65	23.65	26.65	29.65	35.6
d_K	max	19.6	22.5	25.7	29	33.4	37.4	40.4	44.4	51.4	59.8
	min	17.6	20.6	23.7	27	30.6	34.6	37.6	41.6	48.6	56.2

续表

(1)沉头铆钉(粗制)(GB/T 865—1986)

b	max	0.6	0.6	0.6	0.8	0.8	0.8	0.8	0.8	0.8	0.8
K	≈	6	7	8	9	11	12	13	14	17	19
l①商品规格范围		20 ~ 75	20 ~ 100	24 ~ 100	28 ~ 150	30 ~ 150	38 ~ 180	50 ~ 180	55 ~ 180	60 ~ 200	65 ~ 200

(2)沉头铆钉

	公称	1	(1.2)	1.4	(1.6)	2	2.5	3	(3.5)	4	5	6	8	10	12	(14)	16
d	max	1.06	1.26	1.46	1.66	2.06	2.56	3.06	3.58	4.08	5.08	6.08	8.1	10.1	12.12	14.12	16.12
	min	0.94	1.14	1.34	1.54	1.94	2.44	2.94	3.42	3.92	4.92	5.92	7.9	9.9	11.88	13.88	15.88
d_K	max	2.03	2.23	2.83	3.03	4.05	4.75	5.35	6.28	7.18	8.98	10.62	14.22	17.82	18.86	21.76	24.96
	min	1.77	1.97	2.57	2.77	3.75	4.45	5.05	5.92	6.82	8.62	10.18	13.78	17.38	18.34	21.24	24.44
α		90°													60°		
b	max	0.2	0.2	0.2	0.2	0.2	0.2	0.2	0.4	0.4	0.4	0.4	0.4	0.4	0.5	0.5	0.5
K	≈	0.5	0.5	0.7	0.7	1	1.1	1.2	1.4	1.6	2	2.4	3.2	4	6	7	8
l②	商品规格范围	—	—	—	—	3.5 ~ 16	5 ~ 18	5 ~ 22	6 ~ 24	6 ~ 30	6 ~ 50		12 ~ 60	16 ~ 75	—	—	—
	通用规格范围	2 ~ 8	2.5 ~ 8	3 ~ 12	—	—	—	—	—	—	—	—	—	—	18 ~ 75	20 ~ 100	24 ~ 100

注:尽可能不采用括号内的规格。

① 公称长度系列为:20 ~ 32(2 进位)、35、38、40、42、45、48、50、52、55、58、60 ~ 100(5 进位)、100 ~ 200mm(10 进位)。

② 公称长度系列为:2 ~ 4(0.5 进位)、5 ~ 20(1 进位)、22 ~ 52(2 进位)、55、58 ~ 62(2 进位)、65、68、70 ~ 100mm(5 进位)。

3. 平头铆钉的型式与尺寸(表4-46)

表4-46 平头铆钉的型式与尺寸 mm

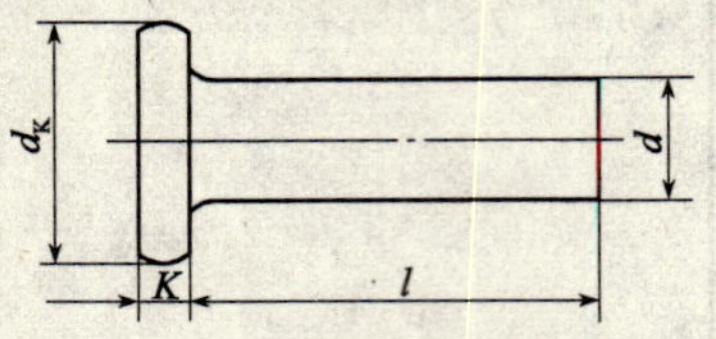

用 途

用于打包钢带、木桶、木盆的箍圈等肩薄件的铆接

d	公称	2	2.5	3	(3.5)	4	5	6	8	10
	max	2.06	2.56	3.06	3.58	4.08	5.08	6.08	8.1	10.1
	min	1.94	2.44	2.94	3.42	3.92	4.92	5.92	7.9	9.9
d_K	max	4.24	5.24	6.24	7.29	8.29	10.29	12.35	16.35	20.42
	min	3.76	4.76	5.76	6.71	7.71	9.71	11.65	15.65	19.58
K	max	1.2	1.4	1.6	1.8	2	2.2	2.6	3	3.44
	min	0.8	1	1.2	1.4	1.6	1.8	2.2	2.6	2.96
l①商品规格范围		4~8	5~10	6~14	6~18	8~22	10~26	12~30	16~30	20~30

注:尽可能不采用括号内的规格。

① 公称长度系列为:4~20(1进位)、22~30mm(2进位)。

4. 抽芯铆钉

1)开口型沉头抽芯铆钉51级尺寸见图4-14表4-47。

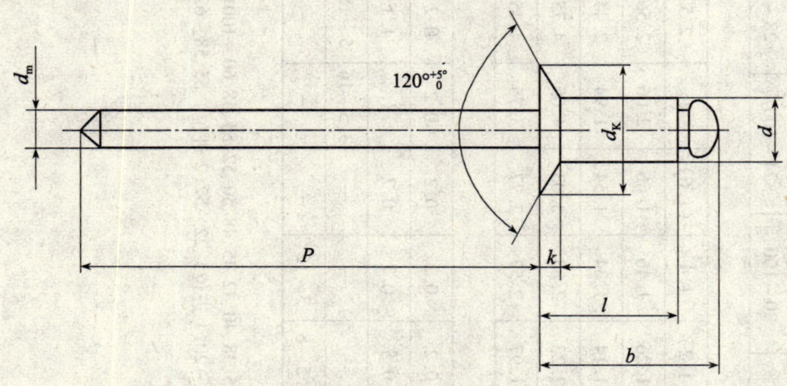

图4-14 铆钉尺寸

表4-47 铆钉尺寸 mm

钉体	d	公称	3	3.2	4	4.8	5
		max	3.08	3.28	4.08	4.88	5.08
		min	2.85	3.05	3.85	4.65	4.85
	d_K	max	6.3	6.7	8.4	10.1	10.5
		min	5.4	5.8	6.9	8.3	8.7
	k	max	1.3	1.3	1.7	2	2.1

续表

钉芯	d	公称	3	3.2	4	4.8	5
	d_m	max	2.05	2.15	2.75	3.2	3.25
	p	min	25			27	
盲区长度	b	max	$l_{max}+4$	$l_{max}+4$	$l_{max}+4.5$	$l_{max}+5$	$l_{max}+5$
铆钉长度 l			推荐的铆接范围[①]				
公称 = min	max						
6	7		1.5~3.0		1.0~2.5	—	
8	9		3.0~5.0		2.5~4.5	2.5~4.0	
10	11		5.0~6.5		4.5~6.5	4.0~6.0	
12	13		6.5~8.5		6.5~8.5	6.0~8.0	
14	15		8.5~10.5		8.5~10.0	—	
16	17		10.5~12.5		10.0~12.0	8.0~11.0	
18	19		—		—	11.0~13.0	

① 符合本表尺寸和《开口型沉头抽芯铆钉 51级》GB/T 12617.4—2006第4章规定的材料组合与性能等级的铆钉铆接范围，用最小和最大铆接长度表示。最小铆接长度仅为推荐值。某些使用场合可能使用更小的长度。

铆钉孔直径：用于被铆接件的铆钉孔直径（d_{h1}）如图4-15所示，其尺寸在表4-48中给出。

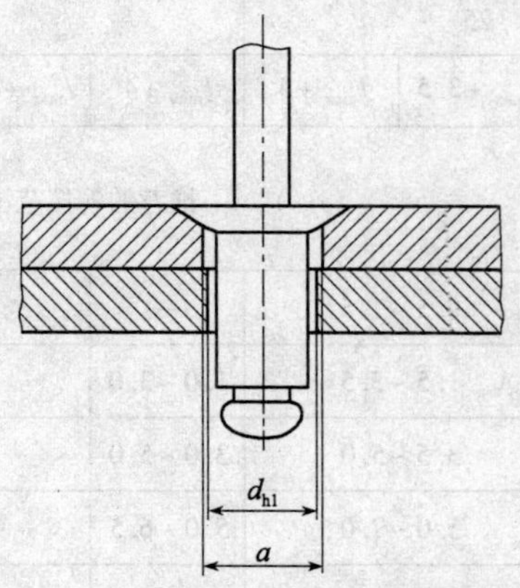

图4-15 为便于对中加大的铆钉孔

a—加大的铆钉孔

表4-48 铆钉孔直径 mm

公称直径 d	d_{h1} min	d_{h1} max
3	3.1	3.2
3.2	3.3	3.4
4	4.1	4.2
4.8	4.9	5.0
5	5.1	5.2

2）开口型平圆头抽芯铆钉 10、11 级尺寸见图 4-16 和表 4-49。

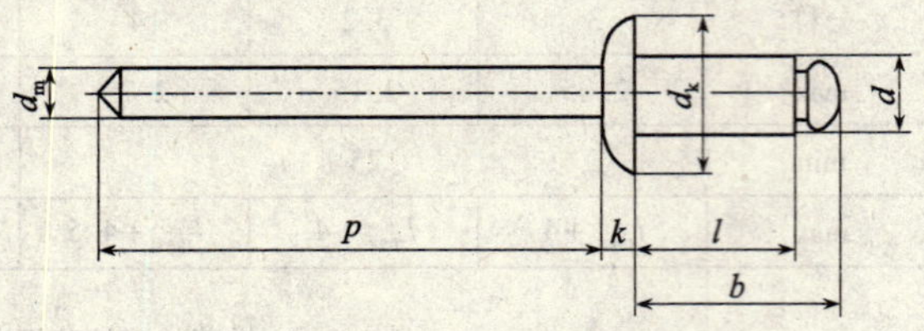

图 4-16　铆钉尺寸

表 4-49　开口型平圆头抽芯铆钉 10、11 级尺寸　　mm

钉体	d	公称	2.4	3	3.2	4	4.8	5	6	6.4
		max	2.48	3.08	3.28	4.08	4.88	5.08	6.08	6.48
		min	2.25	2.85	3.05	3.85	4.65	4.85	5.85	6.25
	d_k	max	5.0	6.3	6.7	8.4	10.1	10.5	12.6	13.4
		min	4.2	5.4	5.8	6.9	8.3	8.7	10.8	11.6
	k	max	1	1.3	1.3	1.7	2	2.1	2.5	2.7
钉芯	d_m	max	1.55	2	2	2.45	2.95	2.95	3.4	3.9
	p	min	25			27				
盲区长度	b	max	$l_{max}+3.5$	$l_{max}+3.5$	$l_{max}+4$	$l_{max}+4$	$l_{max}+4.5$	$l_{max}+4.5$	$l_{max}+5$	$l_{max}+5.5$
铆钉长度 l①			推荐的铆接范围②							
公称 = min		max								
4		5	0.5～2.0	0.5～1.5		—	—		—	—
6		7	2.0～4.0	1.5～3.5		1.0～3.0	1.5～2.5		—	—
8		9	4.0～6.0	3.5～5.0		3.0～5.0	2.5～4.0		2.0～3.0	—
10		11	6.0～8.0	5.0～7.0		5.0～6.5	4.0～6.0		3.0～5.0	—
12		13	8.0～9.5	7.0～9.0		6.5～8.5	6.0～8.0		5.0～7.0	3.0～6.0
16		17	—	9.0～13.0		8.5～12.5	8.0～12.0		7.0～11.0	6.0～10.0
20		21	—	13.0～17.0		12.5～16.5	12.0～15.0		11.0～15.0	10.0～14.0
25		26	—	17.0～22.0		16.5～21.0	15.0～20.0		15.0～20.0	14.0～18.0
30		31	—	—		—	20.0～25.0		20.0～25.0	18.0～23.0

① 公称长度大于 30mm 时，应按 5mm 递增。为确认其可行性以及铆接范围可向制造者咨询。

② 符合本表尺寸和《开口型平圆头抽芯铆钉　10、11 级》GB/T 12618.1—2006 第 4 章规定的材料组合与性能等级的铆钉铆接范围，用最小和最大铆接长度表示。最小铆接长度仅为推荐值。某些使用场合可能使用更小的长度。

铆钉孔直径:用于被铆接件的铆钉孔直径(d_{h1})如图 4-17 所示,其尺寸见表 4-50。

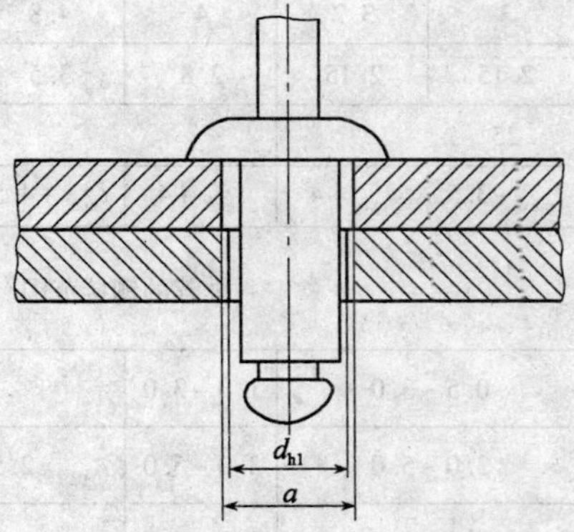

图 4-17 为便于对中加大的铆钉孔

a—加大的铆钉孔

表 4-50 铆钉孔直径 mm

公称直径 d	d_{h1} min	d_{h1} max
2.4	2.5	2.6
3	3.1	3.2
3.2	3.3	3.4
4	4.1	4.2
4.8	4.9	5.0
5	5.1	5.2
6	6.1	6.2
6.4	6.5	6.6

3)开口型平圆头抽芯铆钉 30 级铆钉尺寸见图 4-18 和表 4-41。

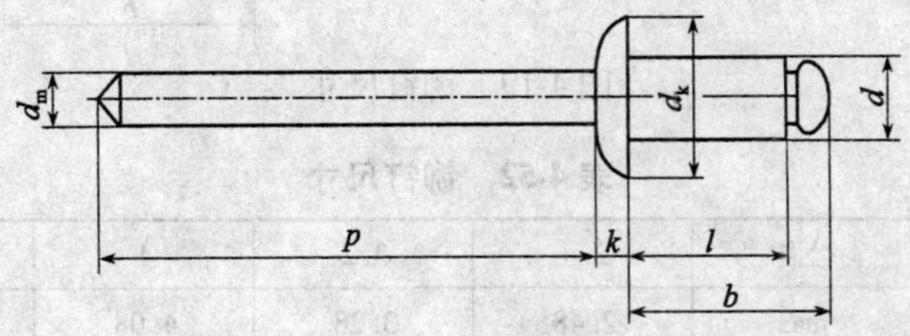

图 4-18 铆钉尺寸

表 4-51 铆钉尺寸 mm

钉体	d	公称	2.4	3	3.2	4	4.8	5	6	6.4
		max	2.48	3.08	3.28	4.08	4.88	5.08	6.08	6.48
		min	2.25	2.85	3.05	3.85	4.65	4.85	5.85	6.25
	d_k	max	5.0	6.3	6.7	8.4	10.1	10.5	12.6	13.4
		min	4.2	5.4	5.8	6.9	8.3	8.7	10.8	11.6
	k	max	1	1.3	1.3	1.7	2	2.1	2.5	2.7

续表

钉芯	d	公称	2.4	3	3.2	4	4.8	5	6	6.4
	d_m	max	1.5	2.15	2.15	2.8	3.5	3.5	3.4	4
	p	min	25				27			
盲区长度	b	max	$l_{max}+3.5$	$l_{max}+3.5$	$l_{max}+4$	$l_{max}+4$	$l_{max}+4.5$	$l_{max}+4.5$	$l_{max}+5$	$l_{max}+5.5$
铆钉长度 l[①]			推荐的铆接范围[②]							
公称 = min		max								
6		7	0.5~3.5	0.5~3.0		1.0~3.0	—		—	—
8		9	3.5~5.5	3.0~5.0		3.0~5.0	2.5~4.0		—	—
10		11	—	5.0~6.5		5.0~6.5	4.0~6.0		3.0~4.0	3.0~4.0
12		13	5.5~9.5	6.5~8.0		6.5~9.0	6.0~8.0		4.0~6.0	4.0~6.0
16		17	—	8.0~12.0		9.0~12.0	8.0~11.0		6.0~10.0	6.0~9.0
20		21	—	12.0~16.0		12.0~16.0	11.0~15.0		10.0~14.0	9.0~13.0
25		26	—	—		—	15.0~19.5		14.0~19.0	13.0~19.0
30		31	—	—		16.0~25.0	19.5~25.0		19.0~24.0	19.0~24.0

① 公称长度大于30mm 时，应按5mm 递增。为确认其可行性以及铆接范围可向制造者咨询。
② 符合本表尺寸和《开口型平圆头抽芯铆钉 30级》GB/T 12618.2—2006 第4章规定的材料组合与性能等级的铆钉铆接范围，用最小和最大铆接长度表示。最小铆接长度仅为推荐值。某些使用场合可能使用更小的长度。

4）开口型平圆头抽芯铆钉12级铆钉尺寸见图4-19和表4-52。

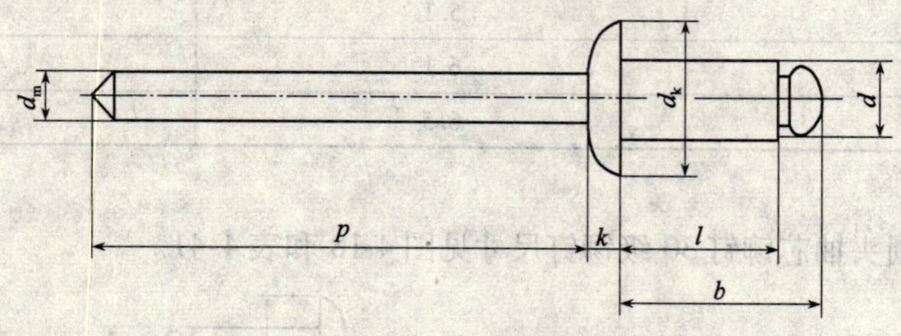

图4-19 铆钉尺寸

表4-52 铆钉尺寸

mm

钉体	d	公称	2.4	3.2	4	4.8	6.4
		max	2.48	3.28	4.08	4.88	6.48
		min	2.25	3.05	3.85	4.65	6.25
	d_k	max	5.0	6.7	8.4	10.1	13.4
		min	4.2	5.8	6.9	8.3	11.6
	k	max	1	1.3	1.7	2	2.7
钉芯	d_m	max	1.6	2.1	2.55	3.05	4
	p	min	25			27	
盲区长度	b	max	$l_{max}+3$	$l_{max}+3$	$l_{max}+3.5$	$l_{max}+4$	$l_{max}+5.5$

续表

铆钉长度 l		推荐的铆接范围①				
公称 = min	max					
5	6	—	0.5～1.5	—	—	—
6	7	0.5～3.0	1.5～3.5	1.0～3.0	1.5～2.5	—
8	9	—	3.5～5.0	3.0～5.0	2.5～4.0	—
9	10	3.0～6.0	—	—	—	—
10	11	—	5.0～7.0	5.0～6.5	4.0～6.0	—
12	13	6.0～9.0	7.0～9.0	5.5～8.5	6.0～8.0	3.0～6.0
16	17	—	9.0～13.0	8.5～12.5	8.0～12.0	6.0～10.0
20	21	—	13.0～17.0	12.5～16.5	12.0～15.00	10.0～14.0
25	26	—	17.0～22.0	16.5～21.5	15.0～20.0	14.0～18.0
30	31	—	—	—	20.0～25.0	18.0～23.0

① 符合本表尺寸和《开口型平圆头抽芯铆钉　12 级》GB/T 12618.3—2006 第 4 章规定的材料组合与性能等级的铆钉铆接范围，用最小和最大铆接长度表示。最小铆接长度仅为推荐值。某些使用场合可能使用更小的长度。

铆钉孔直径：用于被铆接件的铆钉孔直径（d_{h1}）如图 4-20 所示，其尺寸见表 4-53。

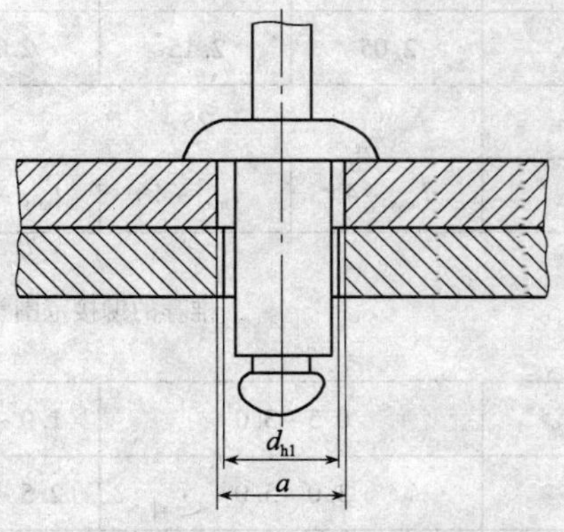

图 4-20　为便于对中加大的铆钉孔

a—加大的铆钉孔

表 4-53　铆钉孔直径　mm

公称直径 d	d_{h1}	
	min	max
2.4	2.5	2.6
3.2	3.3	3.4
4	4.1	4.2
4.8	4.9	5.0
6.4	6.5	6.6

5)开口型平圆头抽芯铆钉51级铆钉尺寸见图4-21和表5-54。

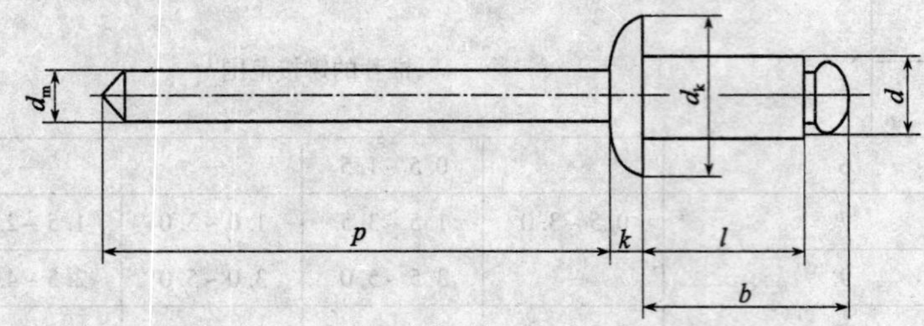

图4-21　铆钉尺寸

4-54　铆钉尺寸　mm

钉体	d	公称	3	3.2	4	4.8	5
		max	3.08	3.28	4.08	4.88	5.08
		min	2.85	3.05	3.85	4.65	4.85
	d_k	max	6.3	6.7	8.4	10.1	10.5
		min	5.4	5.8	6.9	8.3	8.7
	k	max	1.3	1.3	1.7	2	2.1
钉芯	d_m	max	2.05	2.15	2.75	3.2	3.25
	p	min	25			27	
盲区长度	b	max	$l_{max}+4$	$l_{max}+4$	$l_{max}+4.5$	$l_{max}+5$	$l_{max}+5$
铆钉长度 l①			推荐的铆接范围②				
公称 = min	max						
6	7		0.5~3.0		1.0~2.5	1.5~2.0	
8	9		3.0~5.0		2.5~4.5	2.0~4.0	
10	11		5.0~6.5		4.5~6.5	4.0~6.0	
12	13		6.5~8.5		6.5~8.5	6.0~8.0	
14	15		8.5~10.5		8.5~10.0	—	
16	17		10.5~12.5		10.0~12.0	8.0~11.0	
18	19		—		12.0~14.0	11.0~13.0	
20	21		—		14.0~16.0	13.0~16.0	
25	26		—		16.0~21.0	16.0~19.0	

① 公称长度大于30mm时,应按5mm递增。为确认其可行性以及铆接范围可向制造者咨询。

② 符合本表尺寸和《开口型平圆头抽芯铆钉　51级》GB/T 12618.4—2006第4章规定的材料组合与性能等级的铆钉铆接范围,用最小和最大铆接长度表示。最小铆接长度仅为推荐值。某些使用场合可能使用更小的长度。

铆钉孔直径:用于被铆接件的铆钉孔直径(d_{h1})如图4-22所示,其尺寸见表4-55。

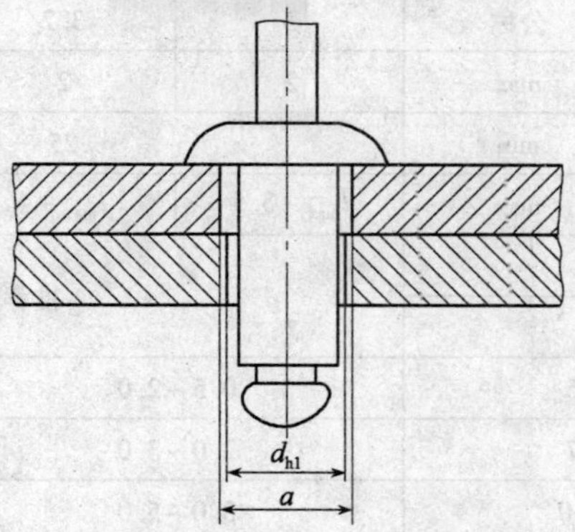

图4-22 为便于对中加大的铆钉孔

a—加大的铆钉孔

表4-55 铆钉孔直径 mm

公称直径 d	d_{h1}	
	min	max
3	3.1	3.2
3.2	3.3	3.4
4	4.1	4.2
4.8	4.9	5.0
6	5.1	5.2

6)开口型平圆头抽芯铆钉20、21、22级铆钉尺寸见图4-23和表4-56。

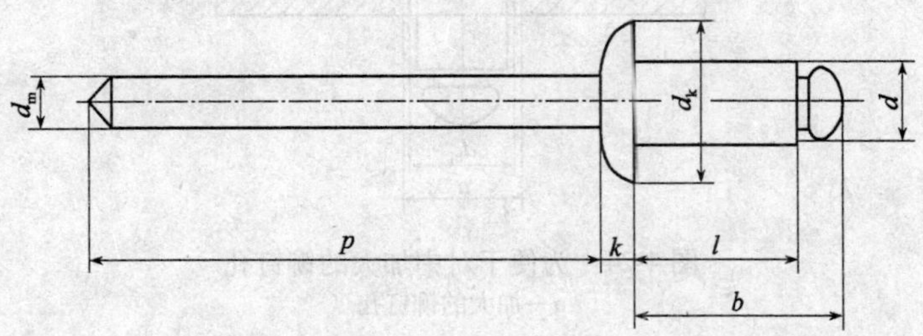

图4-23 铆钉尺寸

表4-56 铆钉尺寸 mm

钉体	d	公称	3	3.2	4	4.8
		max	3.08	3.28	4.08	4.88
		min	2.85	3.05	3.85	4.65
	d_h	max	6.3	6.7	8.4	10.1
		min	5.4	5.8	6.9	8.3
	k	max	1.3	1.3	1.7	2

续表

<table>
<tr><td rowspan="3">钉芯</td><td>d</td><td>公称</td><td>3</td><td>3.2</td><td>4</td><td>4.8</td></tr>
<tr><td>d_m</td><td>max</td><td>2</td><td>2</td><td>2.45</td><td>2.95</td></tr>
<tr><td>p</td><td>min</td><td colspan="3">25</td><td>27</td></tr>
<tr><td>盲区长度</td><td>b</td><td>max</td><td>$l_{max}+3.5$</td><td>$l_{max}+4$</td><td>$l_{max}+4$</td><td>$l_{max}+4.5$</td></tr>
<tr><td colspan="3">铆钉长度 l</td><td colspan="4" rowspan="2">推荐的铆接范围[①]</td></tr>
<tr><td>公称 = min</td><td colspan="2">max</td></tr>
<tr><td>5</td><td colspan="2">6</td><td colspan="2">0.5 ~ 2.0</td><td>1.0 ~ 2.5</td><td>—</td></tr>
<tr><td>6</td><td colspan="2">7</td><td colspan="2">2.0 ~ 3.0</td><td>2.5 ~ 3.5</td><td>—</td></tr>
<tr><td>8</td><td colspan="2">10</td><td colspan="2">3.0 ~ 5.0</td><td>3.0 ~ 5.0</td><td>2.5 ~ 4.0</td></tr>
<tr><td>10</td><td colspan="2">11</td><td colspan="2">5.0 ~ 7.0</td><td>5.0 ~ 7.0</td><td>4.0 ~ 6.0</td></tr>
<tr><td>12</td><td colspan="2">13</td><td colspan="2">7.0 ~ 9.0</td><td>7.0 ~ 8.5</td><td>6.0 ~ 8.0</td></tr>
<tr><td>14</td><td colspan="2">15</td><td colspan="2">9.0 ~ 11.0</td><td>8.5 ~ 10.0</td><td>8.0 ~ 10.0</td></tr>
<tr><td>16</td><td colspan="2">17</td><td colspan="2">—</td><td>10.0 ~ 12.5</td><td>10.0 ~ 12.0</td></tr>
<tr><td>18</td><td colspan="2">19</td><td colspan="2">—</td><td>—</td><td>12.0 ~ 14.0</td></tr>
<tr><td>20</td><td colspan="2">21</td><td colspan="2">—</td><td>—</td><td>14.0 ~ 16.0</td></tr>
</table>

① 符合本表尺寸和《开口型平圆头抽芯铆钉 20、21、22 级》GB/T 12618.5—2006 第 4 章规定的材料组合与性能等级的铆钉铆接范围，用最小和最大铆接长度表示。最小铆接长度仅为推荐值。某些使用场合可能使用更小的长度。

铆钉孔直径：用于被铆接件的铆钉孔直径（d_{h1}）如图 4-24 所示，其尺寸见表 4-57。

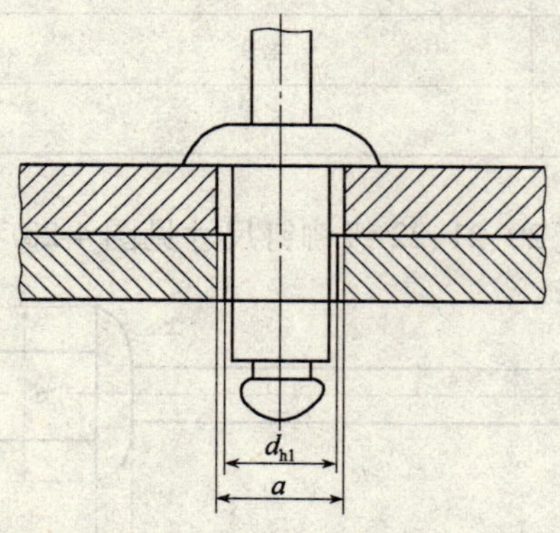

图 4-24 为便于对中加大的铆钉孔

a—加大的铆钉孔

表 4-57 铆钉孔直径 mm

公称直径 d	d_{h1}	
	min	max
3	3.1	3.2
3.2	3.3	3.4
4	4.1	4.2
4.8	4.9	5.0

7）开口型平圆头抽芯铆钉 40、41 级铆钉尺寸见图 4-25 和表 4-58。

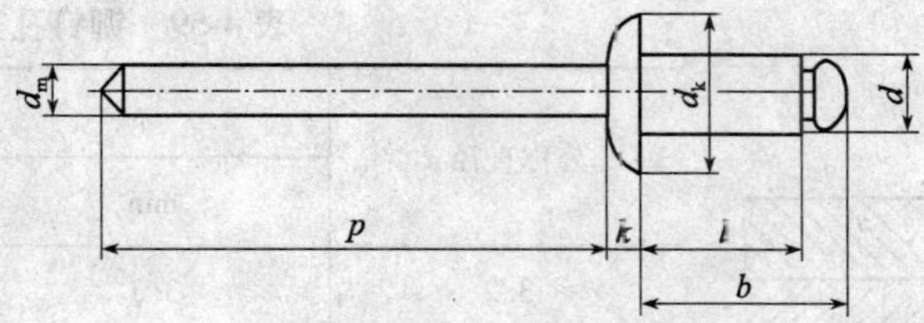

图 4-25 铆钉尺寸

表 4-58 开口型平圆头抽芯铆钉 40、41 级铆钉尺寸 mm

钉体	d	公称	3.2	4	4.8	6.4
		max	3.28	4.08	4.88	6.48
		min	3.05	3.85	4.65	6.25
	d_h	max	6.7	8.4	10.1	13.4
		min	5.8	6.9	8.3	11.6
	k	max	1.3	1.7	2	2.7
钉芯	d_m	max	2.15	2.75	3.2	3.9
	p	min	25	27		
盲区长度	b	max	$l_{max}+4$	$l_{max}+4$	$l_{max}+4.5$	$l_{max}+5.5$

铆钉长度 l		推荐的铆接范围[①]			
公称 = min	max				
5	6	1.0 ~ 3.0	1.0 ~ 3.0	—	—
6	7	—	—	2.0 ~ 4.0	—
8	9	3.0 ~ 5.0	3.0 ~ 5.0	—	—
10	11	5.0 ~ 7.0	5.0 ~ 7.0	4.0 ~ 6.0	—
12	13	7.0 ~ 9.0	7.0 ~ 9.0	6.0 ~ 8.0	3.0 ~ 6.0
14	15	—	9.0 ~ 10.5	8.0 ~ 10.0	—
16	17	—	10.5 ~ 12.5	10.0 ~ 12.0	—
18	19	—	12.5 ~ 14.5	12.0 ~ 14.0	6.0 ~ 12.0
20	21	—	14.5 ~ 16.5	14.0 ~ 16.0	—

① 符合本表尺寸和《开口型平圆头抽芯铆钉 40、41 级》GB/T 12618.6—2006 第 4 章规定的材料组合与性能等级的铆钉铆接范围，用最小和最大铆接长度表示。最小铆接长度仅为推荐值。某些使用场合可能使用更小的长度。

铆钉孔直径：用于被铆接件的铆钉孔直径（d_{h1}）如图 4-26 所示，其尺寸见表 4-59。

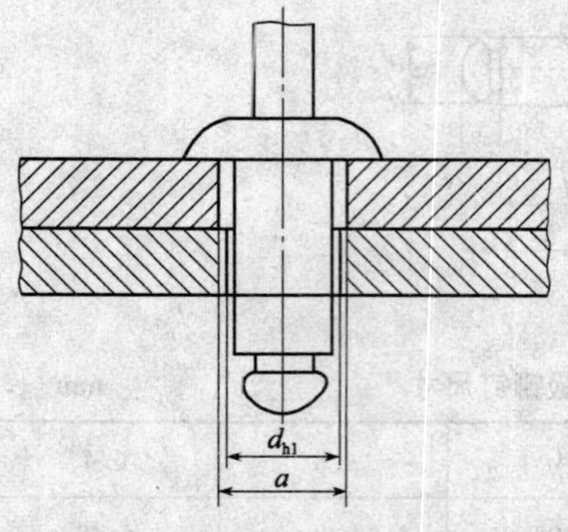

图 4-26 为便于对中加大的铆钉孔
a—加大的铆钉孔

表 4-59 铆钉孔直径 mm

公称直径 d	d_{h1}	
	min	max
3.2	3.3	3.4
4	4.1	4.2
4.8	4.9	5.0
6.4	6.5	6.6

5. 击芯铆钉的型式与尺寸（表 4-60）

表 4-60 击芯铆钉的型式与尺寸 mm

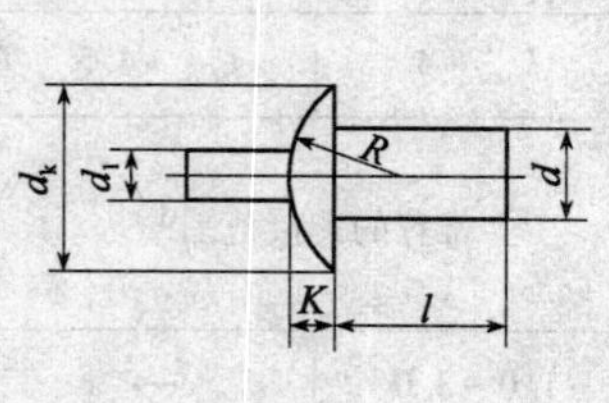

扁圆头（GB/T15855.1）

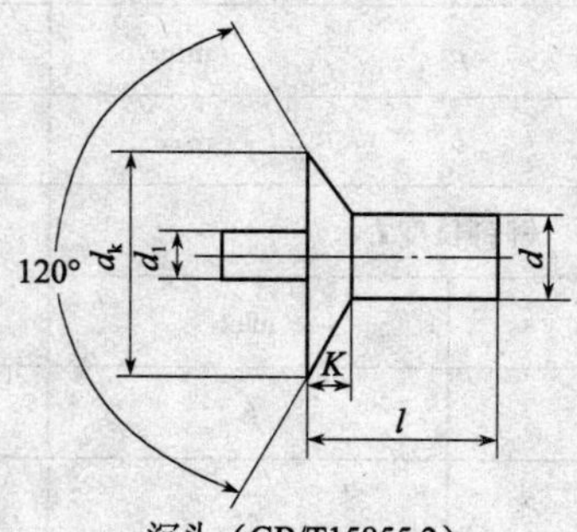

沉头（GB/T15855.2）

用　途

用于铆接两个零件，使之成为一件整体。将铆钉插入零件的铆钉孔中，用手锤敲击钉芯头部，使钉芯端面与铆钉头端面平齐，即完成铆接操作，甚为方便。特别适用于不便采用普通铆钉或抽芯铆钉的场合

d	公称	3	4	5	（6）	6.4
	min	2.94	3.92	4.92	5.92	6.32
	max	3.06	4.08	5.08	6.08	6.48
d_k	max	6.24	8.29	9.89	12.35	13.29
	min	5.76	7.71	9.31	11.65	12.71
K	max	1.4	1.7	2	2.4	3
d_1（参考）		1.8	2.18	2.8	3.6	3.8
R ≈		5	6.8	8.7	9.3	9.3
l[①]商品规格范围		6～15	6～20	8～32	8～45	

注：尽可能不采用括号内的规格。
① 公称长度系列为：6～45mm（1mm 进位）。

4.6 销

1. 普通圆柱销的型式与尺寸(表4-61)

表4-61 普通圆柱销的型式与尺寸 mm

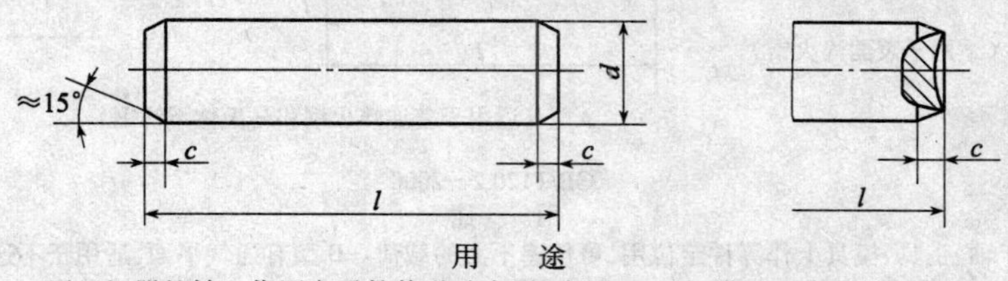

用 途

用于机器的轴上作固定零件传递动力用,或用于工具、横具上作零件定位用

(1)不淬硬钢和奥氏体不锈钢圆柱销(GB/T 119.1—2000)

d(m6、h8)①	0.6	0.8	1	1.2	1.5	2	2.5	3	4	5
c ≈	0.12	0.16	0.2	0.25	0.3	0.35	0.4	0.5	0.63	0.8
l②商品规格范围	2~6	2~8	4~10	4~12	4~16	6~20	6~24	8~30	8~40	10~50
d(m6、h8)①	6	8	10	12	16	20	25	30	40	50
c ≈	1.2	1.6	2	2.5	3	3.5	4	5	6.3	8
l②商品规格范围	12~60	14~80	18~95	22~140	26~180	35~200	50~200	60~200	80~200	95~200

(2)淬硬钢和马氏体不锈钢圆柱销(GB/T 119.2—2000)

d(m6)①	1	1.5	2	2.5	3	4	5	6	8	10	12	16	20
c ≈	0.2	0.3	0.35	0.4	0.5	0.63	0.8	1.2	1.6	2	2.5	3	3.5
l②商品规格范围	3~10	4~16	5~20	6~24	8~30	10~40	12~50	14~60	18~80	22~100	26~100	40~100	50~100

① 其他公差由供需双方协议。

② 公称长度系列为:2、3、4、5、6~32(2进位)、35~100(5进位)、120~200(20进位),大于200mm,按20进位。

2. 内螺纹圆柱销的型式与尺寸(表4-62)

表4-62 内螺纹圆柱销的型式与尺寸 mm

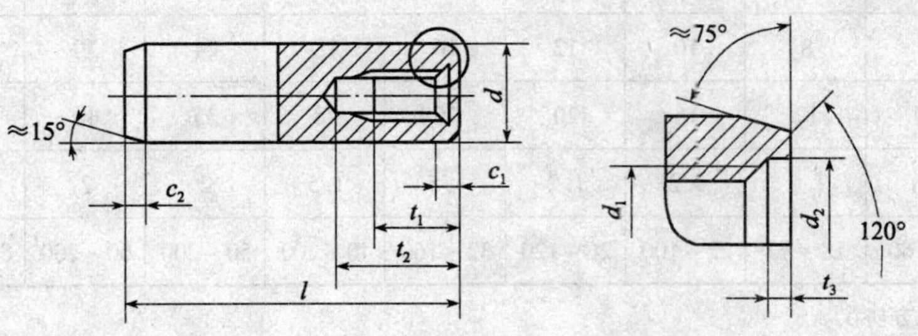

GB/T120.1—2000

续表

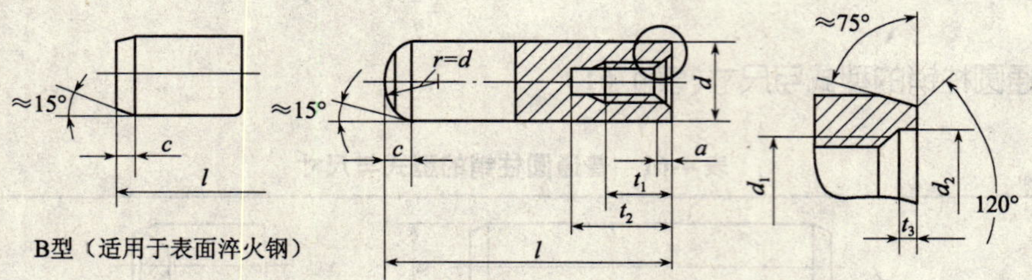

B型（适用于表面淬火钢）

A型（适用于普通淬火钢和马氏体不锈钢）

GB/T120.2—2000

用　途

用于轴、工具、模具上作零件定位用，可传递不大的载荷。B型有通气平面，适用于不通孔

(1)不淬硬钢和奥氏体不锈钢内螺纹圆柱销（GB/T 120.1—2000）

d(m6①)	6	8	10	12	16	20	25	30	40	50
c_1 ≈	0.8	1	1.2	1.6	2	2.5	3	4	5	6.3
c_2 ≈	1.2	1.6	2	2.5	3	3.5	4	5	6.3	8
d_1	M4	M5	M6	M6	M8	M10	M16	M20	M20	M24
d_2	4.3	5.3	6.4	6.4	8.4	10.5	17	21	21	25
t_1	6	8	10	12	16	18	24	30	30	36
t_2 min	10	12	16	20	25	28	35	40	40	50
t_3	1	1.2	1.2	1.2	1.5	1.5	2	2	2.5	2.5
l②商品规格范围	16～60	18～80	22～100	26～120	32～160	40～200	50～200	60～200	80～200	100～200

(2)淬硬钢和马氏体不锈钢内螺纹圆柱销（GB/T 120.2—2000）

d(m6①)	6	8	10	12	16	20	25	30	40	50
a ≈	0.8	1	1.2	1.6	2	2.5	3	4	5	6.3
c	2.1	2.6	3	3.8	4.6	6	6	7	8	10
d_1	M4	M5	M6	M6	M8	M10	M16	M20	M20	M24
d_2	4.3	5.3	6.4	6.4	8.4	10.5	17	21	21	25
t_1	6	8	10	12	16	18	24	30	30	36
t_2 min	10	12	16	20	25	28	35	40	40	50
t_3	1	1.2	1.2	1.2	1.5	1.5	2	2	2.5	2.5
l②商品规格范围	16～60	18～80	22～100	26～120	32～160	40～200	50～200	60～200	80～200	100～200

① 其他公差由供需双方协议。

② 公称长度系列为:16～32(2进位)、35～100(5进位)、120～200mm(10进位)。

3. 弹性圆柱销的型式与尺寸(表 4-63)

表 4-63 弹性圆柱销的型式与尺寸 mm

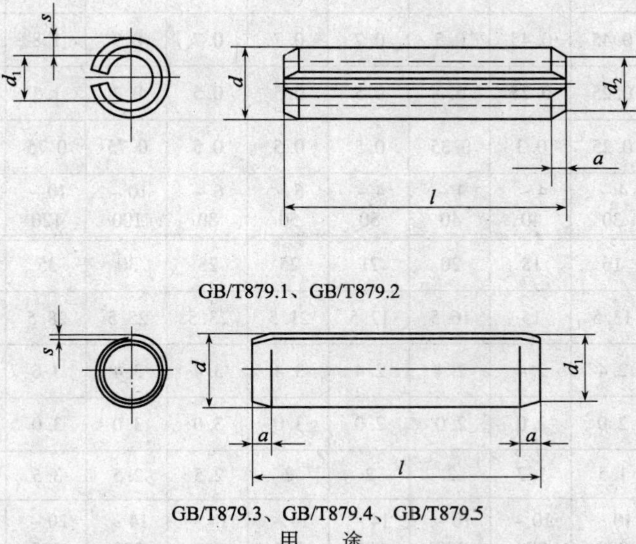

GB/T879.1、GB/T879.2

GB/T879.3、GB/T879.4、GB/T879.5

用 途

具有弹性,装入销孔后不易松脱,对销孔精度要求不高,可多次使用。适用于具有冲击、振动的场合,但不适用于高精度定位及不穿通的销孔

(1)直槽重型弹性圆柱销(GB/T 879.1—2000)

d 公称		1	1.5	2	2.5	3	3.5	4	4.5	5	6	8	10	12	13
d_1 装配前		0.8	1.1	1.5	1.8	2.1	2.3	2.8	2.9	3.4	4	5.5	6.5	7.5	8.5
a	max	0.35	0.45	0.55	0.6	0.7	0.8	0.85	1.0	1.1	1.4	2.0	2.4	2.4	2.4
	min	0.15	0.25	0.35	0.4	0.5	0.6	0.65	0.8	0.9	1.2	1.6	2.0	2.0	2.0
s		0.2	0.3	0.4	0.5	0.6	0.75	0.8	1	1	1.2	1.5	2	2.5	2.5
l[①]商品规格范围		4 ~ 20	4 ~ 20	4 ~ 30	4 ~ 30	4 ~ 40	4 ~ 40	4 ~ 50	5 ~ 50	5 ~ 80	10 ~ 100	10 ~ 120	10 ~ 160	10 ~ 180	10 ~ 180
d 公称		14	16	18	20	21	25	28	30	32	35	38	40	45	50
d_1 装配前		8.5	10.5	11.5	12.5	13.5	15.5	17.5	18.5	20.5	21.5	23.5	25.5	28.5	31.5
a	max	2.4	2.4	2.4	3.4	3.4	3.4	3.4	3.4	3.6	3.6	4.6	4.6	4.6	4.6
	min	2.0	2.0	2.0	3.0	3.0	3.0	3.0	3.0	3.0	3.0	4.0	4.0	4.0	4.0
s		3	3	3.5	4	4	5	5.5	6	6	7	7.5	7.5	8.5	9.5
l[①]商品规格范围		10 ~ 200	10 ~ 200	10 ~ 200	10 ~ 200	14 ~ 200	14 ~ 200	14 ~ 200	14 ~ 200	20 ~ 200	20 ~ 200	20 ~ 200	20 ~ 200	20 ~ 200	20 ~ 200

续表

(2)直槽轻型弹性圆柱销(GB/T 879.2—2000)

d 公称		2	2.5	3	3.5	4	4.5	5	6	8	10	12	13
d_1 装配前		1.9	2.3	2.7	3.1	3.4	3.9	4.4	4.9	7	8.5	10.5	11
a	max	0.4	0.45	0.45	0.5	0.7	0.7	0.7	0.9	1.8	2.4	2.4	2.4
	min	0.2	0.25	0.25	0.3	0.5	0.5	0.5	0.7	1.5	2.0	2.0	2.0
s		0.2	0.25	0.3	0.35	0.5	0.5	0.5	0.75	0.75	1	1	1.2
l[①]商品规格范围		4~30	4~30	4~40	4~40	4~50	6~50	6~80	10~100	10~120	10~160	10~180	10~180
d 公称		14	16	18	20	21	25	28	30	35	40	45	50
d_1 装配前		11.5	13.5	15	16.5	17.5	21.5	23.5	25.5	28.5	32.5	37.5	40.5
a	max	2.4	2.4	2.4	2.4	2.4	3.4	3.4	3.4	3.6	4.6	4.6	4.6
	min	2.0	2.0	2.0	2.0	2.0	3.0	3.0	3.0	3.0	4.0	4.0	4.0
s		1.5	1.5	1.7	2	2	2	2.5	2.5	3.5	4	4	5
l[①]商品规格范围		10~200	10~200	10~200	10~200	14~200	14~200	14~200	14~200	20~200	20~200	20~200	20~200

(3)卷制重型弹性圆柱销(GB/T 879.3—2000)

d 公称	1.5	2	2.5	3	3.5	4	5	6	8	10	12	14	16	20
d_1 装配前	1.4	1.9	2.4	2.9	3.4	3.9	4.85	5.85	7.8	9.75	11.7	13.6	15.6	19.6
a ≈	0.5	0.7	0.7	0.9	1	1.1	1.3	1.5	2	2.5	3	3.5	4	4.5
s	0.17	0.22	0.28	0.33	0.39	0.45	0.56	0.67	0.9	1.1	1.3	1.6	1.8	2.2
l[①]商品规格范围	4~26	4~40	5~45	6~50	6~50	8~60	10~60	12~75	16~120	20~120	24~160	28~200	35~200	45~200

(4)卷制标准型弹性圆柱销(GB/T 879.4—2000)

d 公称	0.8	1	1.2	1.5	2	2.5	3	3.5	4
d_1 装配前	0.75	0.95	1.15	1.4	1.9	2.4	2.9	3.4	3.9
a ≈	0.3	0.3	0.4	0.5	0.7	0.7	0.9	1	1.1
s	0.07	0.08	0.1	0.13	0.17	0.21	0.25	0.29	0.33
l[①]商品规格范围	4~16	4~16	4~16	4~24	4~40	5~45	6~50	6~50	8~60
d 公称	5	6	8	10	12	14	16	20	
d_1 装配前	4.85	5.85	7.8	9.75	11.7	13.6	15.6	19.6	
a ≈	1.3	1.5	2	2.5	3	3.5	4	4.5	
s	0.42	0.5	0.67	0.84	1	1.2	1.3	1.7	
l[①]商品规格范围	10~60	12~75	16~120	20~120	24~160	28~200	32~200	45~200	

续表

(5)卷制轻型弹性圆柱销(GB/T 879.5—2000)									
d 公称	1.5	2	2.5	3	3.5	4	5	6	8
d_1 装配前	1.4	1.9	2.4	2.9	3.4	3.9	4.85	5.85	7.8
a ≈	0.5	0.7	0.7	0.9	1	1.1	1.3	1.5	2
s	0.08	0.11	0.14	0.17	0.19	0.22	0.28	0.33	0.45
l① 商品规格范围	4～24	4～40	5～45	6～50	6～50	8～60	10～60	12～75	16～120

① 公称长度系列为:4、5、6～32(2 进位)、35～100(5 进位)、120～200mm(10 进位)。

4. 圆锥销与内螺纹圆锥销的型式与尺寸(表 4-64)

表 4-64　圆锥销与内螺纹圆锥销的型式与尺寸　　mm

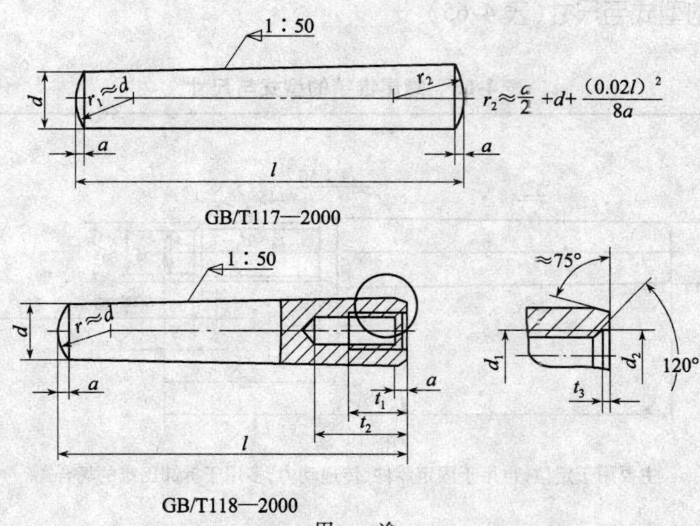

用　途

主要用于定位,也可作固定零件、传递动力用,多用于经常拆卸场合。内螺纹圆锥销多一螺纹孔,以便旋入螺栓,把圆锥销从销孔中取出,适用于不穿通的销孔或从销孔中很难取出普通圆锥销的场合

(1)圆锥销(GB/T 117—2000)										
d 公称	0.6	0.8	1	1.2	1.5	2	2.5	3	4	5
a ≈	0.08	0.1	0.12	0.16	0.2	0.25	0.3	0.4	0.5	0.63
l① 商品规格范围	4～8	5～12	6～16	6～20	8～24	10～35	10～35	12～45	14～55	18～60
d 公称	6	8	10	12	16	20	25	30	40	50
a ≈	0.8	1	1.2	1.6	2	2.5	3	4	5	6.3
l① 商品规格范围	22～90	22～120	26～160	32～180	40～200	45～200	50～200	55～200	60～200	65～200

续表

(2)内螺纹圆锥销(GB/T 118—2000)

d(h11)	6	8	10	12	16	20	25	30	40	50
a ≈	0.8	1	1.2	1.6	2	2.5	3	4	5	6.3
d_1	M4	M5	M6	M8	M10	M12	M16	M20	M20	M24
d_2	4.3	5.3	6.4	8.4	10.5	13	17	21	21	25
t_1	6	8	10	12	16	18	24	30	30	36
t_2 min	10	12	16	20	25	28	35	40	40	50
t_3	1	1.2	1.2	1.2	1.5	1.5	2	2	2.5	2.5
l①商品规格范围	16~60	18~80	22~100	26~120	32~160	40~200	50~200	60~200	80~200	100~200

① 公称长度系列为:4、5、6~32(2进位)、35~100(5进位)、120~200mm(10进位)。

5. 螺尾锥销的型式与尺寸(表4-65)

表4-65 螺尾锥销的型式与尺寸 mm

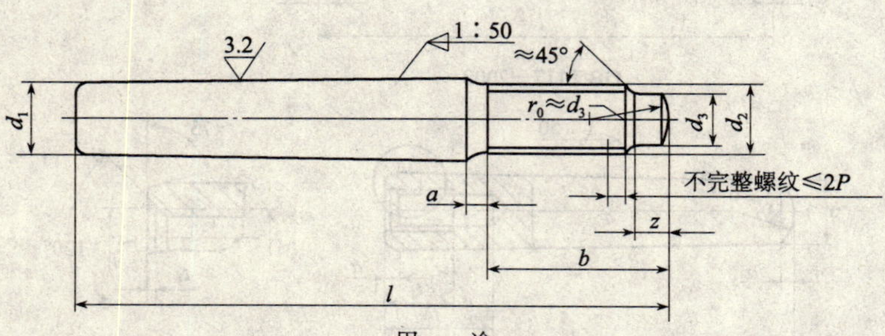

用 途

主要用于定位,也用于固定零件、传递动力,多用于拆卸困难的场合

d(h10①)	5	6	8	10	12	16	20	25	30	40	50
a max	2.4	3	4	4.5	5.3	6	6	7.5	9	10.5	12
b min	14	18	22	24	27	35	35	40	46	58	70
d_2	M5	M6	M8	M10	M12	M16	M16	M20	M24	M30	M36
d_3 max	3.5	4	5.5	7	8.5	12	12	15	18	23	28
z max	1.5	1.75	2.25	2.75	3.25	4.3	4.3	5.3	6.3	7.5	9.4
l②商品规格范围	40~50	45~60	55~75	65~100	85~120	100~160	120~190	140~250	160~280	190~320	220~400

① 其他公差由供需双方协议。

② 公称长度系列为:40~65(5进位)、75、85、100~160(10进位)、190、220、250、280、320、360、400mm。

6. 开口销的型式与尺寸（表 4-66）

表 4-66　开口销的型式与尺寸　　mm

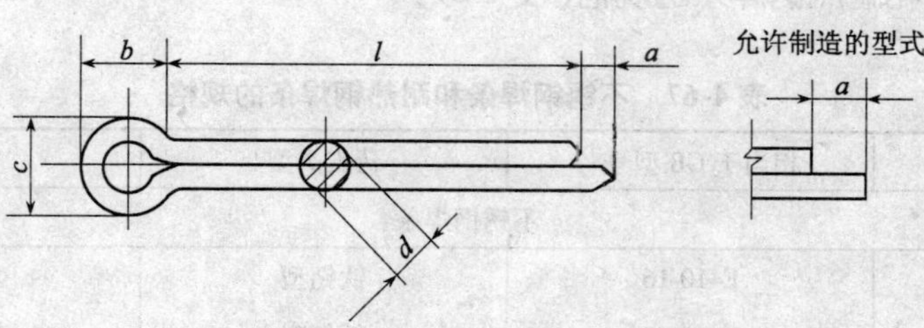

公称规格①			0.6	0.8	1	1.2	1.6	2	2.5	3.2	4	5	6.3	8	10	13	16	20
d	max		0.5	0.7	0.9	1.0	1.4	1.8	2.3	2.9	3.7	4.6	5.9	7.5	9.5	12.4	15.4	19.3
	min		0.4	0.6	0.8	0.9	1.3	1.7	2.1	2.7	3.5	4.4	5.7	7.3	9.3	12.1	15.1	19.0
a	min		0.8	0.8	0.8	1.25	1.25	1.25	1.25	1.6	2	2	2	2	3.15	3.15	3.15	3.15
	max		1.6	1.6	1.6	2.5	2.5	2.5	2.5	3.2	4	4	4	4	6.30	6.30	6.30	6.30
b	≈		2	2.4	3	3	3.2	4	5	6.4	8	10	12.6	16	20	26	32	40
c	min		0.9	1.2	1.6	1.7	2.4	3.2	4.0	5.1	6.5	8.0	10.3	13.1	16.6	21.7	27.0	33.8
适用的直径②	螺栓	>	—	2.5	3.5	4.5	5.5	7	9	11	14	20	27	39	56	80	120	170
		≤	2.5	3.5	4.5	5.5	7	9	11	14	20	27	39	56	80	120	170	—
	U形销	>	—	2	3	4	5	6	8	9	12	17	23	29	44	69	110	160
		≤	2	3	4	5	6	8	9	12	17	23	29	44	69	110	160	—
*l*③商品规格范围			4 ~ 12	5 ~ 16	6 ~ 20	8 ~ 25	8 ~ 32	10 ~ 40	12 ~ 50	14 ~ 63	18 ~ 80	22 ~ 100	32 ~ 125	40 ~ 160	45 ~ 200	71 ~ 250	112 ~ 280	160 ~ 280

① 公称规格等于开口销孔的直径。根据供需双方的协议，允许采用公称规格为 3、6 和 12mm 的开口销。

② 用于铁道和在 U 形销中开口销承受交变横向载荷的场合，推荐使用的开口销规格应较本表规定加大一档。

③ 公称长度系列为：4、5、6 ~ 22（2 进位）、25、28、32、36、40、45、50、56、63、71、80、90、100、112、125、140、160、180、200、224、250、280mm。

4.7 焊条

1. 不锈钢焊条和耐热钢焊条的规格(表4-67)

表4-67 不锈钢焊条和耐热钢焊条的规格

焊条牌号	相当于GB型号①	药皮类型	焊接电源②
不锈钢焊条			
G202	E410-16	钛钙型	AC/DC
G207	E410-15	低氢型	DC
G217	—	低氢型	DC
G302	E430-16	钛钙型	AC/DC
G307	E430-15	低氢型	DC
A001G15	E308L-26	氧化钛型	AC/DC
A002	E308L-16	钛钙型	AC/DC
A002A	E308L-17	氧化钛型	AC/DC
A012Si	—	钛钙型	AC/DC
A022	E316L-16	钛钙型	AC/DC
A022Si	E306L-16	钛钙型	AC/DC
A032	M317Mo-CuL-16	钛钙型	AC/DC
A042	E309MoL-16	钛钙型	AC/DC
A042Si	—	—	AC/DC
A052	—	钛钙型	AC/DC
A062	E309L-16	钛钙型	AC/DC
A072	—	钛钙型	AC/DC
A101	E308-17	钛钙型	AC/DC
A102	E308-16	钛钙型	AC/DC
A102A	E308-17	钛酸型	AC/DC
A102T	E308-26	钛钙型	AC/DC
A107	E308-15	低氢型	DC
A112	—	钛钙型	AC/DC
A117	—	低氢型	DC
A122	—	钛钙型	AC/DC
A132	E347-16	钛钙型	AC/DC
A132A	E347-17	钛酸型	AC/DC
A137	E347-15	低氢型	DC
A172	E307-16	钛钙型	AC/DC
A201	E316-17	钛钙型	AC/DC
A202	E316-16	钛钙型	AC/DC
A207	E316-15	低氢型	DC

续表

焊条牌号	相当于 GB 型号①	药皮类型	焊接电源②
不锈钢焊条			
A212	E318-16	钛钙型	AC/DC
A222	E317Mo-Cu-16	钛钙型	AC/DC
A232	E318V-16	钛钙型	AC/DC
A237	E318V-15	低氢型	DC
A242	E317-16	钛钙型	AC/DC
A302	E309-16	钛钙型	AC/DC
A307	E309-15	低氢型	DC
A312	E309Mo-16	钛钙型	AC/DC
A402	E310-16	钛钙型	AC/DC
A317	E309Mo-15	低氢钠型	DC
A407	E310-15	低氢型	DC
A412	E310Mo-16	钛钙型	AC/DC
A422	—	钛钙型	AC/DC
A427	—	低氢型	DC
A432	E310H-16	钛钙型	AC/DC
A447	—	低氢型	DC
A502	—	钛钙型	AC/DC
A507	E16-25MoN-15	低氢型	DC
A512	E16-8-2-16	钛钙型	AC/DC
A607	E330MoMn-WNb-15	低氢型	DC
A707	—	低氢型	DC
A717	—	低氢型	DC
A802	—	钛钙型	AC/DC
A902	E320-16	钛钙型	AC/DC
低合金耐热钢焊条			
R102	E5003-A1	钛钙型	AC/DC
R106Fe	E5018-A1	低氢铁粉型	AC/DC
R107	E5015-A1	低氢型	DC
R200	E5500-B1	氧化钛、氧化铁型	AC/DC
R202	E5503-B1	钛钙型	AC/DC
R207	E5515-B1	低钙型	AC/DC
R302	E5503-B2	钛钙型	AC/DC
R307	E5515-B2	低氢型	DC
R310	E5500-B2-V	氧化钛、氧化铁型	AC/DC
R312	E5503-B2-V	钛钙型	AC/DC
R316Fe	E5518-B2-V	铁粉低氢钾型	AC/DC
R317	E5515-B2-V	低氢型	DC

续表

焊条牌号	相当于 GB 型号①	药皮类型	焊接电源②
低合金耐热钢焊条			
R327	E5515-B2-VW	低氢型	DC
R337	E5515-B2-VNb	低氢型	DC
R340	E5500-B3-VWB	特殊型	AC/DC
R340	E5500-B3-VWB	氧化钛、氧化铁型	AC/DC
R347	E5515-B3-VWB	低氢型	DC
R400	E6000-B3	氧化钛、氧化铁型	AC/DC
R402	E6003-B3	钛钙型	AC/DC
R406Fe	E6018-B3	铁粉低氢钾型	AC/DC
R407	E6015-B3	低氢型	DC
R417	E6015-B3-VNb	低氢型	DC
B507	E1-5Mo-V-15	低氢型	DC
R707	E1-9Mo-15	低氢型	DC
R802	E1-11MoV-Ni-16	钛钙型	AC/DC
R807	E1-11MoV-Ni-15	低氢型	DC
R817	E2-11MoV-NiW-15	低氢型	DC
R827	E1-11MoV-Ni-15	低氢型	DC

焊条主要尺寸/mm					
焊条主要尺寸/mm	焊芯直径	1.6,2	2.5	3.2(或3)	4,5,6(或5.8)
	焊芯长度	220~260	230~350	300~460	340~460

注:执行标准:GB/T 983—1995,GB/T 5118—1995。

① 与焊条牌号相当的 GB 标准型号,不锈钢焊条参考 GB/T 983—1995,低合金耐热钢焊条参考 GB/T 5118—1995。

② DC—直流电;AC—交流电。

2. 堆焊焊条的规格(表 4-68)

表 4-68 堆焊焊条的规格

焊条牌号	相当于 GB 型号①	药皮类型	焊接电源②
D007	EDTV-15	低氢钠型	—
D017	—	低氢钠型	—
D027	—	低氢钠型	—
D036	—	低氢钾型	—
D102	EDPMn2-03	钛钙型	AC/DC
D106	EDPMn2-16	低氢钾型	DC
D107	EDPMn2-15	低氢钠型	DC
D112	EDPCrMo-A1-03	钛钙型	AC/DC
D126	EDPMn3-16	低氢钾型	AC/DC
D127	EDPMn3-15	低氢钠型	AC/DC
D132	EDPCrMo-A2-03	钛钙型	AC/DC
D146	EDPMn4-16	低氢钾型	AC/DC

续表

焊条牌号	相当于GB型号①	药皮类型	焊接电源②
D156	—	低氢钾型	AC/DC
D167	EDPMn6-15	低氢钠型	DC
D172	EDPCrMo-A4-03	钛钙型	AC/DC
D177SL	—	低氢型	DC
D207	EDPCrMnSi-15	低氢钠型	DC
D212	EDPCrMo-A4-03	钛钙型	AC/DC
D217A	—	低氢钠型	DC
D227	EDPCrMoV-A2-15	低氢钠型	DC
D237	EDPCrMoV-A1-15	低氢钠型	DC
D256	EDMn-A-16	低氢钾型	AC/DC
D266	EDMn-B-16	低氢钾型	AC/DC
D276	EDCrMn-B-16	低氢钾型	DC(AC/DC)
D277	EDCrMn-B-15	低氢钠型	DC
D307	EDD-D-15	低氢钠型	DC
D317	EDRCrMo-WA-A3-15	低氢钠型	DC
D322	EDRCrMoWV-A1-03	钛钙型	AC/DC
D327	EDRCrMoWV-A1-15	低氢钠型	DC
D327A	EDRCrMoWV-A2-15	低氢钠型	DC
D337	EDRCrW-15	低氢钠型	DC
D397	EDRCrMnMo-15	低氢钠型	DC
D407	EDD-B-15	低氢钠型	DC
D502	EDCr-A1-03	钛钙型	AC/DC
D507	EDCr-A1-15	低氢钠型	DC
D507Mo	EDCr-A2-15	低氢钠型	DC
D507MoNb	—	低氢钠型	DC
D512	EDCr-B-03	钛钙型	AC/DC
D516F	EDCrMn-A-16	低氢型	AC/DC
D516M	EDCrMn-A-16	低氢钾型	AC/DC
D516MA	EDCrMn-A-16	低氢钾型	AC/DC
D517	EDCr-B-15	低氢钠型	DC
D547	EDCrNi-A-15	低氢钠型	DC
D547Mo	—	低氢钠型	DC
D557	EDCrNi-C-15	低氢钠型	DC
D567	EDCrMn-D-15	低氢钠型	DC
D577	—	低氢钠型	DC
D582	EDCrNi-A-03	钛酸型	AC/DC
D608	EDZ-A1-08	石墨型	AC/DC

续表

焊条牌号	相当于 GB 型号①	药皮类型	焊接电源②
D618	—	石墨型	—
D628	—	石墨型	AC/DC
D632	—	钛钙型	AC/DC
D638	—	石墨型	AC/DC
D642	EDZCr-B-03	钛钙型	AC/DC
D646	EDZCr-B-16	低氢钾型	AC/DC
D656	EDZ-A2-16	低氢型	AC/DC
D667	EDZCr-C-15	低氢钠型	DC
D678	EDZ-B1-08	石墨型	AC/DC
D687	EDZCr-D-15	低氢钠型	DC
D698	EDZ-B2-08	石墨型	AC/DC
D707	EDW-A-15	低氢钠型	DC
D717	EDW-B-15	低氢钠型	DC
D802	EDCoCr-A-03	钛钙型	DC
D812	EDCoCr-B-03	钛钙型	DC
D822	EDCoCr-C-03	钛钙型	DC
D842	EDCoCr-D-03	钛钙型	DC

焊条主要尺寸 mm	焊芯直径	3.2	4,5	6,7,8
	焊芯长度	300,350	350,400,450	400,450

注:执行标准:GB/T 984—2001。
① 与焊条牌号相当的 GB 标准型号,主要参考 GB/T 984—2001。
② DC—直流电;AC/DC—交流电或直流电。

3. 铸铁焊条(表 4-69 ~ 表 4-75)

表 4-69 铸铁焊接用焊条、填充焊丝、气体保护焊丝及药芯焊丝类别与型号

类别	型号	名称
铁基焊条	EZC	灰口铸铁焊条
	EZCQ	球墨铸铁焊条
镍基焊条	EZNi	纯镍铸铁焊条
	EZNiFe	镍铁铸铁焊条
	EZNiCu	镍铜铸铁焊条
	EZNiFeCu	镍铁铜铸铁焊条
其他焊条	EZFe	纯铁及碳钢焊条
	EZV	高钒焊条
铁基填充焊丝	RZC	灰口铸铁填充焊丝
	RZCH	合金铸铁填充焊丝
	RZCQ	球墨铸铁填充焊丝

续表

<table>
<tr><th>类　　别</th><th>型　　号</th><th>名　　称</th></tr>
<tr><td rowspan="2">镍基气体保护焊焊丝</td><td>ERZNi</td><td>纯镍铸铁气体保护焊丝</td></tr>
<tr><td>ERZNiFeMn</td><td>镍铁锰铸铁气体保护焊丝</td></tr>
<tr><td>镍基药芯焊丝</td><td>ET3ZNiFe</td><td>镍铁铸铁自保护药芯焊丝</td></tr>
</table>

表 4-70A　焊条和药芯焊丝熔敷金属化学成分　　%

<table>
<tr><th>型号</th><th>C</th><th>Si</th><th>Mn</th><th>S</th><th>P</th><th>Fe</th><th>Ni</th><th>Cu</th><th>Al</th><th>V</th><th>球化剂</th><th>其他元素总量</th></tr>
<tr><td colspan="13">焊条</td></tr>
<tr><td>EZC</td><td>2.0~4.0</td><td>2.5~6.5</td><td>≤0.75</td><td rowspan="2">≤0.10</td><td rowspan="2">≤0.15</td><td rowspan="2">余量</td><td rowspan="2">—</td><td rowspan="2">—</td><td rowspan="2">—</td><td rowspan="2">—</td><td>—</td><td>—</td></tr>
<tr><td>EZCQ</td><td>3.2~4.2</td><td>3.2~4.0</td><td>≤0.80</td><td>0.04~0.15</td><td rowspan="10">≤1.0</td></tr>
<tr><td>EZNi-1</td><td rowspan="7">≤2.0</td><td>≤2.5</td><td>≤1.0</td><td rowspan="7">≤0.03</td><td rowspan="10">—</td><td rowspan="3">≤0.80</td><td>≥90</td><td>—</td><td>—</td><td rowspan="7">—</td><td rowspan="11">—</td></tr>
<tr><td>EZNi-2</td><td rowspan="5">≤4.0</td><td rowspan="5">≤2.5</td><td rowspan="2">≥85</td><td rowspan="6">≤2.5</td><td>≤1.0</td></tr>
<tr><td>EZNi-3</td><td>1.0~3.0</td></tr>
<tr><td>EZNiFe-1</td><td rowspan="3">余量</td><td rowspan="2">45~60</td><td>≤1.0</td></tr>
<tr><td>EZNiFe-2</td><td>1.0~3.0</td></tr>
<tr><td>EZNiFeMn</td><td>≤1.0</td><td>10~14</td><td>35~45</td><td>≤1.0</td></tr>
<tr><td>EZNiCu-1</td><td rowspan="2">0.35~0.55</td><td rowspan="2">≤0.75</td><td rowspan="2">≤2.3</td><td rowspan="2">≤0.025</td><td rowspan="2">3.0~6.0</td><td>60~70</td><td>25~35</td><td rowspan="4">—</td><td rowspan="3">—</td></tr>
<tr><td>EZNiCu-2</td><td>50~60</td><td>35~45</td></tr>
<tr><td>EZNiFeCu</td><td>≤2.0</td><td>≤2.0</td><td>≤1.5</td><td>≤0.03</td><td rowspan="2">余量</td><td>45~60</td><td>4~10</td></tr>
<tr><td>EZV</td><td>≤0.25</td><td>≤0.70</td><td>≤1.50</td><td>≤0.04</td><td>≤0.04</td><td>—</td><td>—</td><td>8~13</td><td>—</td></tr>
<tr><td colspan="13">药芯焊丝</td></tr>
<tr><td>ET3ZNiFe</td><td>≤2.0</td><td>≤1.0</td><td>3.0~5.0</td><td>≤0.03</td><td>—</td><td>余量</td><td>45~60</td><td>≤2.5</td><td>≤1.0</td><td>—</td><td>—</td><td>≤1.0</td></tr>
</table>

表 4-70B　纯铁及碳钢焊条焊芯化学成分　　%

<table>
<tr><th>型号</th><th>C</th><th>Si</th><th>Mn</th><th>S</th><th>P</th><th>Fe</th></tr>
<tr><td>EZFe-1</td><td>≤0.04</td><td>≤0.10</td><td rowspan="2">≤0.60</td><td>≤0.010</td><td>≤0.015</td><td rowspan="2">余量</td></tr>
<tr><td>EZFe-2</td><td>≤0.10</td><td>≤0.03</td><td>≤0.030</td><td>≤0.030</td></tr>
</table>

表 4-70C　填充焊丝化学成分　　%

<table>
<tr><th>型号</th><th>C</th><th>Si</th><th>Mn</th><th>S</th><th>P</th><th>Fe</th><th>Ni</th><th>Ce</th><th>Mo</th><th>球化剂</th></tr>
<tr><td>RZC-1</td><td>3.2~3.5</td><td>2.7~3.0</td><td>0.60~0.75</td><td rowspan="3">≤0.10</td><td>0.50~0.75</td><td rowspan="5">余量</td><td rowspan="2">—</td><td rowspan="3">—</td><td rowspan="2">—</td><td rowspan="3">—</td></tr>
<tr><td>RZC-2</td><td>3.2~4.5</td><td>3.0~3.8</td><td>0.30~0.80</td><td>≤0.50</td></tr>
<tr><td>RZCH</td><td>3.2~3.5</td><td>2.0~2.5</td><td>0.50~0.70</td><td>0.20~0.40</td><td>1.2~1.6</td><td>0.25~0.45</td></tr>
<tr><td>RZCQ-1</td><td>3.2~4.0</td><td>3.2~3.8</td><td>0.10~0.40</td><td>≤0.015</td><td>≤0.05</td><td>≤0.50</td><td>≤0.20</td><td>—</td><td rowspan="2">0.04~0.10</td></tr>
<tr><td>RZCQ-2</td><td>3.5~4.2</td><td>3.5~4.2</td><td>0.50~0.80</td><td>≤0.03</td><td>≤0.10</td><td>—</td><td>—</td><td>—</td></tr>
</table>

表 4-70D　气体保护焊焊丝化学成分　　%

型号	C	Si	Mn	S	P	Fe	Ni	Cu	Al	其他元素总量
ERZNi	≤1.0	≤0.75	≤2.5	≤0.03	—	≤4.0	≥90	≤4.0	—	≤1.0
ERZNiFeMn	≤0.50	≤1.0	10~14	≤0.03		余量	35~45	≤2.5	≤1.0	

表 4-71　焊条的直径和长度　　mm

焊芯类别	焊条直径		焊条长度	
	基本尺寸	极限偏差	基本尺寸	极限偏差
铸造焊芯	4.0	±0.3	350~400	±4.0
	5.0,8.0,8.0,10.0		350~500	
冷拔焊芯	2.5	±0.05	200~300	±2.0
	3.2,4.0,5.0		300~450	
	6.0		400~500	

表 4-72　焊条夹持端尺寸　　mm

焊条直径	夹持端长度		
	基本尺寸	极限偏差	
		冷拔焊芯	铸造焊芯
2.5	15	±5	±8
3.2~6.0	20		
>6.0	25		

表 4-73　填充焊丝的尺寸　　mm

焊丝类别	焊丝横截面尺寸		焊丝长度	
	基本尺寸	极限偏差	基本尺寸	极限偏差
铁基填充焊丝	3.2	±0.8	400~500	±5
	4.0,5.0,6.0,8.0,10.0		450~550	
	12.0		550~650	

表 4-74　气体保护焊焊丝和药芯焊丝的直径 　　mm

基本尺寸	极限偏差
1.0,1.2,1.4,1.6	±0.05

续表

基本尺寸	极限偏差
2.0,2.4,2.8,3.0	±0.08
3.2,4.0	±0.10

表 4-75 焊条偏心度

焊芯类别	焊条直径,mm	偏心度,%
冷拔焊芯	2.5	≤7
	3.2,4.0	≤5
	≥5.0	≤4
铸造焊芯	≤4.0	≤15
	5.0,6.0	≤10
	≥8.0	≤7

4. 镍及镍合金焊条的尺寸规格及用途(表 4-76)

表 4-76 镍及镍合金焊条的尺寸规格及用途

牌号	相当于 GB 型号①	焊条名称	焊芯材质	主要用途
Ni112	ENi2061A	纯镍焊条	纯镍	焊接镍基合金和双金属
Ni307	—	镍铬耐热耐蚀合金焊条	镍铬合金	焊接镍基合金或异种钢、难焊合金
Ni307B	ENi6182	镍铬耐热耐蚀合金焊条	镍铬合金	焊接镍基合金或异种钢
Ni337	—	镍铬耐热耐蚀焊条	镍铬合金	焊接镍基合金或异种钢、复合钢
Ni347	—	镍铬耐热耐蚀焊条	镍铬合金	焊接镍基合金或异种钢、复合钢
焊条主要尺寸,mm		焊芯直径	2.5,3.2,4	
		长度	345~355	

注:执行标准:GB/T 13814—2008。

① 与焊条牌号相当的 GB 标准型号,主要参考 GB/T 13814—2008。

5. 铜及铜合金焊条的规格及用途(表 4-77)

表 4-77 铜及铜合金焊条的规格及用途

牌号	相当于 GB 型号①	药皮类型	焊接电源②	焊芯材质	主要用途
T107	ECu	低氢型	DC	纯铜	焊接铜零件,也可用于堆焊耐海水腐蚀碳钢零件

续表

牌号	相当于 GB 型号①	药皮类型	焊接电源②	焊芯材质	主要用途
T207	ECuSl-B	低氢型	DC	硅青铜	焊接铜、硅青铜和黄铜零件,或堆焊化工机械、管道内衬
T227	ECuSn-B	低氢型	DC	锡磷青铜	用于铜、黄铜、青铜、铸铁及钢零件;广泛用于堆焊锡磷青铜轴衬,船舶推进器叶片等
T237	ECuA1-C	低氢型	DC	铝锰青铜	用于铝青铜及其他铜合金焊接,也适用于铜合金与钢的焊接
T307	ECuNi-B	低氢型	DC	铜镍合金	焊接导电铜排、铜热交换器等,或堆焊耐海水腐蚀钢零件以及焊接有耐腐蚀要求的镍基合金

焊条主要尺寸 mm	焊芯直径	3.2,4,5
	长度	345~355

注:执行标准:GB/T 3670—1995。
① 与焊条牌号相当的 GB 标准型号,主要参考 GB/T 3670—1995。
② DC—直流电。

6. 铝及铝合金焊条的规格及用途(表 4-78)

表 4-78 铝及铝合金焊条的规格及用途

牌号	相当于 GB 型号①	药皮类型	焊接电源②	焊芯材质	主要用途
L109	E1100	盐基型	DC	纯铝	焊接纯铝板,纯铝容器
L209	E4043	盐基型	DC	铝硅合金	焊接铝板,铝硅铸件,一般铝合金、锻铝、硬铝(铝镁合金除外)
L309	E3003	盐基型	DC	铝锰合金	焊接铝锰合金,纯铝、其他铝合金

焊条主要尺寸 mm	焊芯直径	3.2,4,5
	长度	345~355

注:执行标准:GB/T 3669—2001。
① 与焊条牌号相当的 GB 标准型号,主要参考 GB/T 3669—2001。
② DC—直流电。

4.8 焊丝

1. 结构钢焊丝的规格及用途(表4-79)

表4-79 结构钢焊丝的规格及用途

牌号	主要用途	焊丝直径,mm
H08A	适用于碳素钢和普通低碳钢的自动焊接	0.4,0.6,0.8,1.0,1.2,1.6,2.0,2.5,3.0,3.2,4.0,5.0,6.0,6.5,7.0,8.0,9.0
H08MnA	适用于要求较高的工件的焊接,如锅炉、压力容器等	
H15Mn	适用于高强度工件的焊接,如16Mn、14MnNb的结构焊接	
H15A	适用中等强度工件的焊接	

注:执行标准:GB/T 14957—1994。

2. 不锈钢焊丝(表4-80~表4-93)

表4-80 分类和牌号

类别	牌号		
奥氏体型	H05Cr22Ni11Mn6Mo3VN	H12Cr24Ni13	H03Cr19Ni12Mo2Si1
	H10Cr17Ni8Mn8Si4N	H03Cr24Ni13Si	H03Cr19Ni12Mo2Cu2
	H05Cr20Ni6Mn9N	H03Cr24Ni13	H08Cr19Ni14Mo3
	H05Cr18Ni5Mn12N	H12Cr24Ni13Mo2	H03Cr19Ni14Mo3
	H10Cr21Ni10Mn6	H03Cr24Ni13Mo2	H08Cr19Ni12Mo2Nb
	H09Cr21Ni9Mn4Mo	H12Cr24Ni13Si1	H07Cr20Ni34Mo2Cu3Nb
	H08Cr21Ni10Si	H03Cr24Ni13Si1	H02Cr20Ni34Mo2Cu3Nb
	H08Cr21Ni10	H12Cr26Ni21Si	H08Cr19Ni10Ti
	H06Cr21Ni10	H12Cr26Ni21	H21Cr16Ni35
	H03Cr21Ni10Si	H08Cr26Ni21	H08Cr20Ni10Nb
	H03Cr21Ni10	H08Cr19Ni12Mo2Si	H08Cr20Ni10SiNb
	H08Cr20Ni11Mo2	H08Cr19Ni12Mo2	H02Cr27Ni32Mo3Cu
	H04Cr20Ni11Mo2	H06Cr19Ni12Mo2	H02Cr20Ni25Mo4Cu
	H08Cr21Ni10Si1	H03Cr19Ni12Mo2Si	H06Cr19Ni10TiNb
	H03Cr21Ni10Si1	H03Cr19Ni12Mo2	H10Cr16Ni8Mo2
	H12Cr24Ni13Si	H08Cr19Ni12Mo2Si1	
奥氏体+铁素体(双相钢)型	H03Cr22Ni8Mo3N	H04Cr25Ni5Mo3Cu2N	H15Cr30Ni9
马氏体型	H12Cr13	H06Cr12Ni4Mo	H31Cr13
铁素体型	H06Cr14	H01Cr26Mo	H08Cr11Nb
	H10Cr17	H08Cr11Ti	
沉淀硬化型	H05Cr17Ni4Cu4Nb		

表4-81 钢丝直径及允许偏差 mm

钢丝公称直径	直径允许偏差
0.6~1	0 -0.070
>1~3	0 -0.100
>3~6	0 -0.124
>6~10	0 -0.150

表 4-82 钢的牌号及化学成分（熔炼分析）

类型	序号	牌号	化学成分（质量分数），%①										
			C	Si	Mn	P	S	Cr	Ni	Mo	Cu	N	其他
奥氏体	1	H05Cr22Ni11Mn6Mo3VN	≤0.05	≤0.90	4.00～7.00	≤0.030	≤0.030	20.50～24.00	9.50～12.00	1.50～3.00	≤0.75	0.10～0.30	V:0.10～0.30
	2	H10Cr17Ni8Mn8Si4N	≤0.10	3.40～4.50	7.00～9.00	≤0.030	0.030	16.00～18.00	8.00～9.00	≤0.75	≤0.75	0.08～0.18	
	3	H05Cr20Ni6Mn9N	≤0.05	≤1.00	8.00～10.00	≤0.030	≤0.030	19.00～21.50	5.50～7.00	≤0.75	≤0.75	0.10～0.30	
	4	H05Cr18Ni5Mn12N	≤0.05	≤1.00	10.50～13.50	≤0.030	≤0.030	17.00～19.00	4.00～6.00	≤0.75	≤0.75	0.10～0.30	
	5	H10Cr21Ni10Mn6	≤0.10	0.20～0.60	5.00～7.00	≤0.030	≤0.030	20.00～22.00	9.00～11.00	≤0.75	≤0.75		
	6	H09Cr21Ni9Mn4Mo	0.04～0.14	0.30～0.65	3.30～4.75	≤0.030	≤0.030	19.50～22.00	8.00～10.70	0.50～1.50	≤0.75		
	7	H08Cr21Ni10Si	≤0.08	0.30～0.65	1.00～2.50	≤0.030	≤0.030	19.50～22.00	9.00～11.00	≤0.75	≤0.75		
	8	H08Cr21Ni10	≤0.08	≤0.35	1.00～2.50	≤0.030	≤0.030	19.50～22.00	9.00～11.00	≤0.75	≤0.75		
	9	H06Cr21Ni10	0.04～0.08	0.30～0.65	1.00～2.50	≤0.030	≤0.030	19.50～22.00	9.00～11.00	≤0.50	≤0.75		
	10	H03Cr21Ni10Si	≤0.030	0.30～0.65	1.00～2.50	≤0.030	≤0.030	19.50～22.00	9.00～11.00	≤0.75	≤0.75		
	11	H03Cr21Ni10	≤0.030	≤0.35	1.00～2.50	≤0.030	≤0.030	19.50～22.00	9.00～11.00	≤0.75	≤0.75		
	12	H08Cr20Ni11Mo2	≤0.08	0.30～0.65	1.00～2.50	≤0.030	≤0.030	18.00～21.00	9.00～12.00	2.00～3.00	≤0.75		
	13	H04Cr20Ni11Mo2	≤0.04	0.30～0.65	1.00～2.50	≤0.030	≤0.030	18.00～21.00	9.00～12.00	2.00～3.00	≤0.75		
	14	H08Cr21Ni10Si1	≤0.08	0.65～1.00	1.00～2.50	≤0.030	≤0.030	19.50～22.00	9.00～11.00	≤0.75	≤0.75		
	15	H03Cr21Ni10Si1	≤0.030	0.65～1.00	1.00～2.50	≤0.030	≤0.030	19.50～22.00	9.00～11.00	≤0.75	≤0.75		
	16	H12Cr24Ni13Si	≤0.12	0.30～0.65	1.00～2.50	≤0.030	≤0.030	23.00～25.00	12.00～14.00	≤0.75	≤0.75		
	17	H12Cr24Ni13	≤0.12	≤0.35	1.00～2.50	≤0.030	≤0.030	23.00～25.00	12.00～14.00	≤0.75	≤0.75		
	18	H03Cr24Ni13Si	≤0.030	0.30～0.65	1.00～2.50	≤0.030	≤0.030	23.00～25.00	12.00～14.00	≤0.75	≤0.75		
	19	H03Cr24Ni13	≤0.030	≤0.35	1.00～2.50	≤0.030	≤0.030	23.00～25.00	12.00～14.00	≤0.75	≤0.75		
	20	H12Cr24Ni13Mo2	≤0.12	0.30～0.65	1.00～2.50	≤0.030	≤0.030	23.00～25.00	12.00～14.00	2.00～3.00	≤0.75		
	21	H03Cr24Ni13Mo2	≤0.030	0.30～0.65	1.00～2.50	≤0.030	≤0.030	23.00～25.00	12.00～14.00	2.00～3.00	≤0.75		
	22	H12Cr24Ni13Si1	≤0.12	0.65～1.00	1.00～2.50	≤0.030	≤0.030	23.00～25.00	12.00～14.00	≤0.75	≤0.75		
	23	H03Cr24Ni13Si1	≤0.030	0.65～1.00	1.00～2.50	≤0.030	≤0.030	23.00～25.00	12.00～14.00	≤0.75	≤0.75		

续表

类型	序号	牌号	化学成分(质量分数),%①									
			C	Si	Mn	P	S	Cr	Ni	Mo	Cu	N	其他
奥氏体	24	H12Cr26Ni21Si	0.08 ~ 0.15	0.30 ~ 0.65	1.00 ~ 2.50	≤0.030	≤0.030	25.00 ~ 28.00	20.00 ~ 22.50	≤0.75	≤0.75		
	25	H12Cr26Ni21	0.08 ~ 0.15	≤0.35	1.00 ~ 2.50	≤0.030	≤0.030	25.00 ~ 28.00	20.00 ~ 22.50	≤0.75	≤0.75		
	26	H08Cr26Ni21	≤0.08	≤0.65	1.00 ~ 2.50	≤0.030	≤0.030	25.00 ~ 28.00	20.00 ~ 22.50	≤0.75	≤0.75		
	27	H08Cr19Ni12Mo2Si	≤0.08	0.30 ~ 0.65	1.00 ~ 2.50	≤0.030	≤0.030	18.00 ~ 20.00	11.00 ~ 14.00	2.00 ~ 3.00	≤0.75		
	28	H08Cr19Ni12Mo2	≤0.08	≤0.35	1.00 ~ 2.50	≤0.030	≤0.030	18.00 ~ 20.00	11.00 ~ 14.00	2.00 ~ 3.00	≤0.75		
	29	H06Cr19Ni12Mo2	0.04 ~ 0.08	0.30 ~ 0.65	1.00 ~ 2.50	≤0.030	≤0.030	18.00 ~ 20.00	11.00 ~ 14.00	2.00 ~ 3.00	≤0.75		
	30	H03Cr19Ni12Mo2Si	≤0.030	0.30 ~ 0.65	1.00 ~ 2.50	≤0.030	≤0.030	18.00 ~ 20.00	11.00 ~ 14.00	2.00 ~ 3.00	≤0.75		
	31	H03Cr19Ni12Mo2	≤0.030	≤0.35	1.00 ~ 2.50	≤0.030	≤0.030	18.00 ~ 20.00	11.00 ~ 14.00	2.00 ~ 3.00	≤0.75		
	32	H08Cr19Ni12Mo2Si1	≤0.08	0.65 ~ 1.00	1.00 ~ 2.50	≤0.030	≤0.030	18.00 ~ 20.00	11.00 ~ 14.00	2.00 ~ 3.00	≤0.75		
	33	H08Cr19Ni12Mo2Si1	≤0.030	0.65 ~ 1.00	1.00 ~ 2.50	≤0.030	≤0.030	18.00 ~ 20.00	11.00 ~ 14.00	2.00 ~ 3.00	≤0.75		
	34	H03Cr19Ni12Mo2Cu2	≤0.030	≤0.65	1.00 ~ 2.50	≤0.030	≤0.030	18.00 ~ 20.00	11.00 ~ 14.00	2.00 ~ 3.00	1.00 ~ 2.50		
	35	H08Cr19Ni14Mo3	≤0.08	0.30 ~ 0.65	1.00 ~ 2.50	≤0.030	≤0.030	18.50 ~ 20.50	13.00 ~ 15.00	3.00 ~ 4.00	≤0.75		
	36	H03Cr19Ni14Mo3	≤0.030	0.30 ~ 0.65	1.00 ~ 2.50	≤0.030	≤0.030	18.50 ~ 20.50	13.00 ~ 15.00	3.00 ~ 4.00	≤0.75		
	37	H08Cr19Ni12Mo2Nb	≤0.08	0.30 ~ 0.65	1.00 ~ 2.50	≤0.030	≤0.030	18.00 ~ 20.00	11.00 ~ 14.00	2.00 ~ 3.00	≤0.75		Nb②:8 × C% ~ 1.00
	38	H07Cr20Ni34Mo2Cu3Nb	≤0.07	≤0.60	≤2.50	≤0.030	≤0.030	19.00 ~ 21.00	32.00 ~ 36.00	2.00 ~ 3.00	3.00 ~ 4.00		Nb②:8 × C% ~ 1.00
	39	H02Cr20Ni34Mo2Cu3Nb	≤0.025	≤0.15	1.50 ~ 2.00	≤0.015	≤0.020	19.00 ~ 21.00	32.00 ~ 36.00	2.00 ~ 3.00	3.00 ~ 4.00		Nb②:8 × C% ~ 0.40
	40	H08Cr19Ni10Ti	≤0.08	0.30 ~ 0.65	1.00 ~ 2.50	≤0.030	≤0.030	18.50 ~ 20.50	9.00 ~ 10.50	≤0.75	≤0.75		Ti:9 × C% ~ 1.00
	41	H21Cr16Ni35	0.18 ~ 0.25	0.30 ~ 0.65	1.00 ~ 2.50	≤0.030	≤0.030	15.00 ~ 17.00	34.00 ~ 37.00	≤0.75	≤0.75		
	42	H08Cr20Ni10Nb	≤0.08	0.30 ~ 0.65	1.00 ~ 2.50	≤0.030	≤0.030	19.00 ~ 21.50	9.00 ~ 11.00	≤0.75	≤0.75		Nb②:10 × C% ~ 1.00
	43	H08Cr20Ni10SiNb	≤0.08	0.65 ~ 1.00	1.00 ~ 2.50	≤0.030	≤0.030	19.00 ~ 21.50	9.00 ~ 11.00	≤0.75	≤0.75		Nb②:10 × C% ~ 1.00
	44	H02Cr27Ni32Mo3Cu	≤0.025	≤0.50	1.00 ~ 2.50	≤0.020	≤0.030	26.50 ~ 28.50	30.00 ~ 33.00	3.20 ~ 4.20	0.75 ~ 1.50		
	45	H02Cr20Ni25Mo4Cu	≤0.025	≤0.50	1.00 ~ 2.50	≤0.020	≤0.030	19.50 ~ 21.50	24.00 ~ 26.00	4.20 ~ 5.20	1.20 ~ 2.00		

续表

类型	序号	牌号	化学成分(质量分数),%①										
			C	Si	Mn	P	S	Cr	Ni	Mo	Cu	N	其他
奥氏体	46	H06Cr19Ni10TiNb	0.04~0.08	0.30~0.65	1.00~2.00	≤0.030	≤0.030	18.50~20.00	9.00~11.00	≤0.25	≤0.75		Ti:≤0.05 Nb②:≤0.05
	47	H10Cr16Ni8Mo2	≤0.10	0.30~0.65	1.00~2.00	≤0.030	≤0.030	14.50~16.50	7.50~9.50	1.00~2.00	≤0.75		
奥氏体+铁素体	48	H03Cr22Ni8Mo3N	≤0.030	≤0.90	0.50~2.00	≤0.030	≤0.030	21.50~23.50	7.50~9.50	2.50~3.50	≤0.75	0.08~0.20	
	49	H04Cr25Ni5Mo3Cu2N	≤0.04	≤1.00	≤1.50	≤0.040	≤0.030	24.00~27.00	4.50~6.50	2.90~3.90	1.50~2.50	0.10~0.25	
	50	H15Cr30Ni9	≤0.15	0.30~0.65	1.00~2.50	≤0.030	≤0.030	28.00~32.00	8.00~10.50	≤0.75	≤0.75		
马氏体	51	H12Cr13	≤0.12	≤0.50	≤0.60	≤0.030	≤0.030	11.50~13.50	≤0.60	≤0.75	≤0.75		
	52	H06Cr12Ni4Mo	≤0.06	≤0.50	≤0.60	≤0.030	≤0.030	11.00~12.50	4.00~5.00	0.40~0.70	≤0.75		
	53	H31Cr13	0.25~0.40	≤0.50	≤0.60	≤0.030	≤0.030	12.00~14.00	≤0.60	≤0.75	≤0.75		
铁素体	54	H06Cr14	≤0.06	0.30~0.70	0.30~0.70	≤0.030	≤0.030	13.00~15.00	≤0.60	≤0.75	≤0.75		
	55	H10Cr17	≤0.10	≤0.50	≤0.60	≤0.030	≤0.030	15.00~17.00	≤0.60	≤0.75	≤0.75		
	56	H01Cr26Mo	≤0.015	≤0.40	≤0.40	≤0.020	≤0.020	25.00~27.50	Ni+Cu ≤0.50%	0.75~1.50	Ni+Cu ≤0.50%	≤0.015	
	57	H08Cr11Ti	≤0.08	≤0.80	≤0.80	≤0.030	≤0.030	10.50~13.50	≤0.60	≤0.50	≤0.75		Ti:10×C%~1.50
	58	H08Cr11Nb	≤0.08	≤1.00	≤0.80	≤0.040	≤0.030	10.50~13.50	≤0.60	≤0.50	≤0.75		Nb②:10×C%~0.75
沉淀硬化	59	H05Cr17Ni4Cu4Nb	≤0.05	≤0.75	0.25~0.75	≤0.030	≤0.030	16.00~16.75	4.50~5.00	≤0.75	3.25~4.00		Nb②:0.15~0.30

① 在对表中给出元素进行分析时,如果发现有其他元素存在,其总量(除铁外)不应超过0.50%;

② Nb 可报告为 Nb+Ta。

3. 气体保护电弧焊用焊丝的规格及用途(表 4-83)

表 4-83 气体保护电弧焊用焊丝的规格及用途

牌 号	相当于 GB 型号①	性 能 与 用 途	焊丝直径,mm
MG50-4	ER50-4	具有优良的焊接工艺性能,焊接时电弧稳定,飞溅较小,在小电流规范下,电弧仍很稳定,并可进行立向下焊,采用混合气体保护,熔敷金属强度略有提高;适用于碳钢的焊接,也可用于薄板、管子的高速焊接	0.8,1.0,1.2,1.6
MG50-6	ER50-6	具有优良的焊接工艺性能,焊丝熔化速度快,熔敷效率高,电弧稳定,焊接飞溅极小,焊缝成形美观,并且抗氧化锈蚀能力强,熔敷金属气孔敏感性小,全方位施焊工艺性好;适用于碳钢及500MPa 级强度钢的车辆、建筑、造船、桥梁等结构的焊接,也可用于薄板、管子的高速焊接	0.8,1.0,1.2,1.6

注:执行标准:GB/T 8110—2008。
① 相当于 GB 型号主要参考 GB/T 8110—2008。

4. 硬质合金堆焊焊丝(表 4-84)

表 4-84 硬质合金堆焊焊丝

牌 号	主 要 性 能 及 用 途	焊丝主要尺寸,mm	
		直 径	长 度
HS101	相当于索尔马依特 1 号合金,堆焊层具有优良的抗氧化性和耐气蚀性,硬度较高,耐磨性好,但工作温度不宜超过 500℃,加工须用硬质合金刀具,但也比较困难;适用于要求耐磨损、抗氧化或耐气蚀的机件的堆焊,如铲斗齿、泵套、柴油机气门、排气叶片等	3.2,4,5,6	250~350
HS103	堆焊层具有优良的抗氧化性,硬度高,耐磨性好,但抗冲击性差,用硬质合金刀具也难以加工,只能研磨;适用于要求高度耐磨损的机件的堆焊,如牙轮钻头小轴、煤孔挖掘器、提升戽斗、破碎机辊、泵框筒、混合叶片等		
HS111	一种铸造低碳钴铬钨(司太立)合金,堆焊层能承受冷热条件下的冲击,不易产生裂缝,具有优良的耐蚀、耐热、耐磨性能,并在 650℃左右高温中也能保持这些性能,用硬质合金刀具易进行切削加工;适用于高温高压阀门、热剪切刀刃、热锻模等机件的堆焊		
HS112	一种中碳钴铬钨合金,与 S111 比较耐磨性较好,塑性较差.堆焊层具有良好的耐蚀、耐热、耐磨性能,并在 650℃左右高温中也能保持这些性能,用硬质合金刀具可进行切削加工;适用于高温高压阀门、内燃机阀、化纤剪刀刃口、高压泵的轴套筒和内衬套筒,热轧孔型的堆焊		
HS113	一种铸造高碳钴铬钨合金,堆焊层硬度高,耐磨性非常好,冲击性较差,容易产生裂缝,具有良好的耐蚀、耐热、耐磨性能,并在 600℃以上高温中保持这些性能;适用于粉碎机刀口、牙轮钻头轴承、螺旋送料机等磨损部件的堆焊		
HS114	一种铸造高碳钴铬钼钒合金,堆焊层的耐磨性非常好,但抗冲击性较差,在 600℃以上高温中仍具有良好的耐蚀、耐热、耐磨性能,用硬质合金刀具也不易进行切削加工;适用于牙轮钻头、轴承、锅炉的旋转叶片、粉碎机刀口、螺旋粉碎机等磨损件的堆焊		

5. 铜及铜合金焊丝的规格及用途(表4-85)

表4-85 铜及铜合金焊丝的规格及用途

牌号	相当于GB型号①	性能与用途				
HS201	SCu1898	焊接力学性能较高,工艺性能优良,成型性良好,抗裂性良好。适合氩焊及氧-乙炔气焊时做填充材料				
HS202	—	流动性较高,适合作氧-乙炔及碳弧焊接的填充材料				
HS221	SCu6810A	力学性能和流动性均较好,适用于氧-乙炔气焊黄铜及钎焊铜、铜镍合金、钢和灰铸铁。也用于镶嵌硬质合金刀具				
HS222	SCu6800	大致与HS221相同。但焊缝表面略呈黑斑状,焊时烟雾少				
HS224	—	用途与HS221相同。气焊时能有效地控制锌的蒸发,消除气孔和得到较好的力学性能				
焊丝主要尺寸,mm	直径	圈状	1.2	条状	3,4,5,6
	长度		每卷10.20kg		1000

注:执行标准:GB/T 9460—2008。
① 与焊丝牌号相当的GB标准型号参考GB/T 9460—2008。

6. 铝及铝合金焊丝的规格及用途(表4-86)

表4-86 铝及铝合金焊丝的规格及用途

牌号	相当于GB型号①	性能与用途			
HS301	SAl1450	具有良好的塑性与韧性,良好的可焊性及耐腐蚀性,但强度较低。适用于对接头性能要求不高的铝合金及纯铝的焊接			
HS311	SAl4043	通用性较大的铝基焊丝,焊缝的抗热裂性能优良,有一定的力学性能。多用于焊接除铝镁合金以外的铝合金			
HS321	SAl3103	具有较好的塑性与可焊性,良好的耐腐蚀性和比纯铝高的强度。适用于铝锰合金及其他铝合金的焊接			
HS331	SAl5556	耐蚀性、抗热裂性好,强度高,适用于焊接铝镁合金和其他铝合金铸件补焊			
焊丝主要尺寸,mm	直径	圈状	1.2	条状	3,4,5,6
	长度		每卷10.20kg		1000

注:执行标准:GB/T 10858—2008。
① 与焊丝牌号相当的GB型号参考GB/T 10858—2008。

4.9 焊割工具

1. 电焊钳的型式与规格(表4-87)

表4-87 电焊钳的型式与规格

	规格,A	额定焊接电流,A	工作电压,V≈	适用焊条直径,mm	能接电缆截面积,mm^2
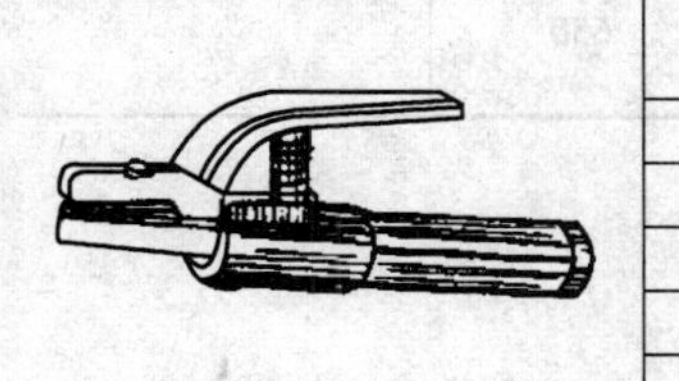	160(150)	160(150)	26	2.0~4.0	≥25
	250	250	30	2.5~5.0	≥35
	315(300)	315(300)	32	3.2~5.0	≥35
	400	400	36	3.2~6.0	≥50
	500	500	40	4.0~(8.0)	≥70

注:括号中的数值为非推荐数值。

2. 射吸式焊炬型式、规格及用途(表4-88)

表4-88 射吸式焊炬型式、规格及用途

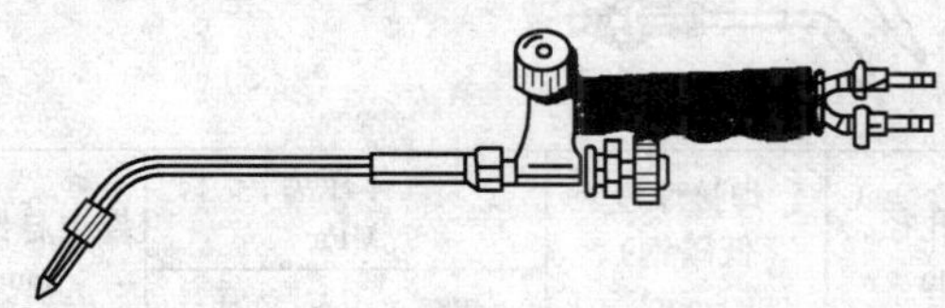

型号	焊接低碳钢厚度,mm	氧气工作压力,MPa	乙炔使用压力,MPa	可换焊嘴个数	焊嘴孔径,mm	焊炬总长度,mm	用途
H01-2	0.5~2	0.1,0.125,0.15,0.2,0.25	0.001~0.1	5	0.5,0.6,0.7,0.8,0.9	300	利用氧气和低压(或中压)乙炔做热源,进行焊接或预热被焊金属
H01-6	2~6	0.2,0.25,0.3,0.35,0.4			0.9,1.0,1.1,1.2,1.3	400	
H01-12	6~12	0.4,0.45,0.5,0.6,0.7			1.4,1.6,1.8,2.0,2.2	500	
H01-20	12~20	0.3,0.65,0.7,0.75,0.8			2.4,2.6,2.8,3.0,3.2	600	

3. 射吸式割炬的型式、规格及用途(表4-89)

表4-89 射吸式割炬的型式、规格及用途

型　号	切割低碳钢厚度，mm	氧气工作压力，MPa	乙炔使用压力，MPa	可换割嘴个数	割嘴切割氧孔径，mm	焊炬总长度，mm	用　途
G01-30	3~30	0.2,0.25,0.3	0.001~0.1	3	0.7,0.9,1.1	500	利用氧气及低压(或中压)乙炔做热源，以高压氧气做切割气流，对低碳钢进行切割
G01-100	10~100	0.3,0.4,0.5			1.0,1.3,1.6	550	
G01-300	100~300	0.5,0.65,0.8,1.0		4	1.8,2.2,2.6,3.0	650	

4. 等压式焊炬的型式、规格及用途(表4-90)

表4-90　等压式焊炬的型式、规格及用途

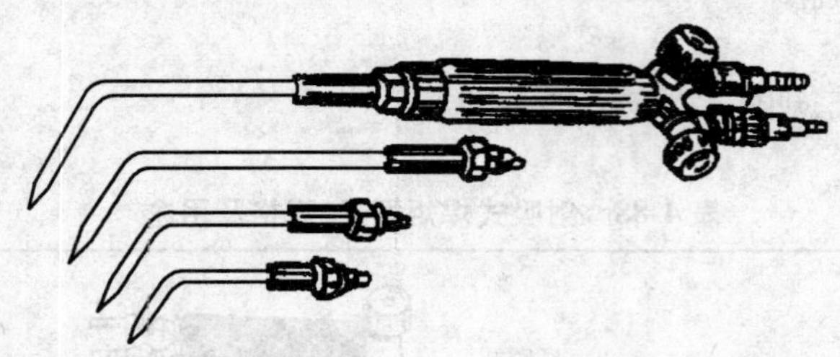

型　号	焊嘴号	焊嘴孔径，mm	焊接厚度(低碳钢)，mm	气体压力，MPa		焊炬总长度，mm	用　途
				氧气	乙炔		
H02-12	1	0.6	0.5~12	0.20	0.02	500	利用氧气和中压乙炔做热源，焊接或预热金属
	2	1.0		0.25	0.03		
	3	1.4		0.30	0.04		
	4	1.8		0.35	0.05		
	5	2.2		0.40	0.06		
H02-20	1	0.6	0.5~20	0.20	0.02	600	
	2	1.0		0.25	0.03		
	3	1.4		0.30	0.04		
	4	1.8		0.35	0.05		
	5	2.2		0.40	0.06		
	6	2.6		0.50	0.07		
	7	3.0		0.60	0.08		

5. 等压式割炬的型式、规格及用途(表4-91)

表4-91　等压式割炬的型式、规格及用途

续表

型号	割嘴号	割嘴直径，mm	切割厚度（低碳钢），mm	气体压力，MPa		割炬总长度，mm	用　途
				氧气	乙炔		
G02-100	1 2 3 4 5	0.7 0.9 1.1 1.3 1.6	3～100	0.20 0.25 0.30 0.40 0.50	0.04 0.04 0.05 0.05 0.05	550	利用氧气和中压乙炔作热源，以高压氧气作切割气流切割低碳钢
G02-300	1 2 3 4 5 6 7 8 9	0.7 0.9 1.1 1.3 1.6 1.8 2.2 2.6 3.0	3～300	0.20 0.25 0.30 0.40 0.50 0.50 0.65 0.80 1.00	0.04 0.04 0.05 0.05 0.06 0.06 0.07 0.08 0.09	650	

6. 等压式焊割两用炬的型式、规格及用途（表 4-92）

表 4-92　等压式焊割两用炬的型式、规格及用途

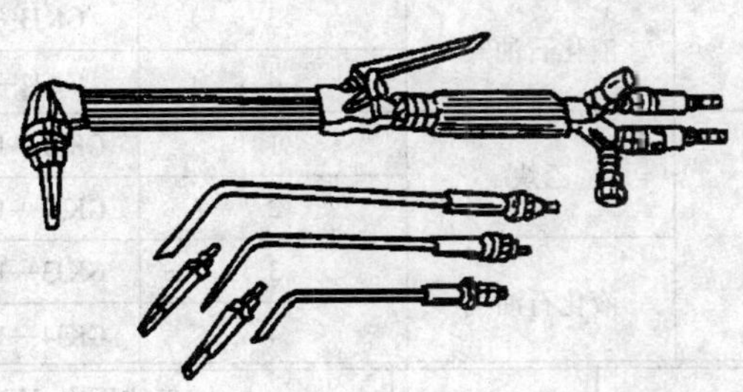

型号	应用方式	焊割嘴号	焊割嘴孔径，mm	适用低碳钢厚度，mm	气体压力，MPa		焊割炬总长度，mm	用途
					氧气	乙炔		
HG02-12/100	焊接	1 3 5	0.6 1.4 2.2	0.5～12	0.2 0.3 0.4	0.02 0.04 0.06	550	利用氧气和中压乙炔作热源，进行焊接、预热或切割低碳钢，适用于焊接切割任务不多的场合
	切割	1 3 5	0.7 1.1 1.6	3～100	0.2 0.3 0.5	0.04 0.05 0.06		
HG02-20/200	焊接	1 3 5 7	0.6 1.4 2.2 3.0	0.5～20	0.2 0.3 0.4 0.6	0.02 0.04 0.06 0.08	600	
	切割	1 3 5 6 7	0.7 1.1 1.6 1.8 2.2	3～200	0.2 0.3 0.5 0.5 0.65	0.04 0.05 0.06 0.06 0.07		

7. 等压式快速割嘴的型式、规格及用途(表 4-93)

表 4-93　等压式快速割嘴的型式、规格及用途

加工方法	切割氧压力,MPa	燃　气	品种代号	型　　号	用　　途
电铸法	0.7	乙炔	1	GK1—1~7	用于火焰切割机械及普通手工割炬,可与 JB/T 7947、JB/T 6970 规定的割炬配套使用
			2	GK2—1~7	
		液化石油气	3	GK3—1~7	
			4	GK2—1~7	
	0.5	乙炔	1	GK1—1A~7A	
			2	GK2—1A~7A	
		液化石油气	3	GK3—1A~7A	
			4	GK4—1A~7A	
机械加工法	0.7	乙炔	1	GKJ1~7	
			2	GKJ2—1~7	
		液化石油气	3	GKJ3—1~7	
			4	GKJ4—1~7	
	0.5	乙炔	1	GKJ1—1A~7A	
			2	GKJ2—1A~7A	
		液化石油气	3	GKJ3—1A~7A	
			4	GKJ4—1A~7A	

割嘴规格号	割嘴喉部直径,mm	切割厚度,mm	切割速度,mm/min	气体压力,MPa			切口宽,mm
				氧气	乙炔	液化石油气	
1	0.6	5~10	750~600	0.7	0.025	0.03	≤1
2	0.8	10~20	600~450				≤1.5
3	1.0	20~40	450~380				≤2
4	1.25	40~60	380~320		0.03	0.035	≤2.3
5	1.5	60~100	320~250				≤3.4
6	1.75	100~150	250~160		0.035	0.04	≤4
7	2.0	150~180	160~130				≤4.5
1A	0.6	5~10	560~450	0.5	0.025	0.03	≤1
2A	0.8	10~20	450~340				≤1.5
3A	1.0	20~40	340~250				≤2
4A	1.25	40~60	250~210		0.03	0.035	≤2.3
5A	1.5	60~100	210~180				≤3.4

8. 便携式微型焊炬的型式、规格及用途(表 4-94)

表 4-94 便携式微型焊炬的型式、规格及用途

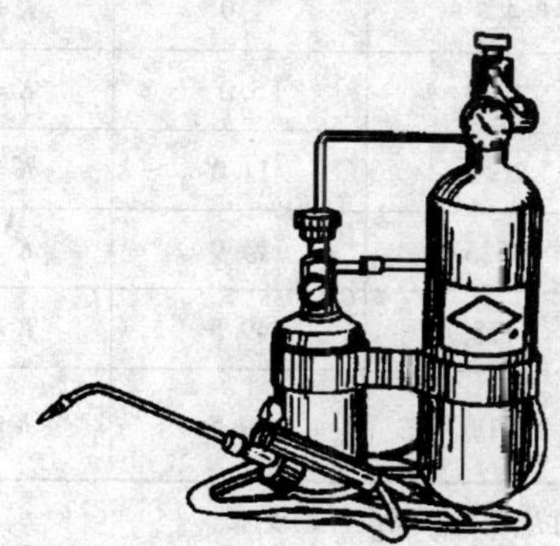

型号	焊嘴号	焊接厚度,mm	工作压力,MPa		一次充气连续工作时间,h	总重量,kg	用途
			氧气	丁烷气			
H03-BC-3	1 2 3①	0.5~3.0	0.1~0.3	0.02~0.35	4	3.9	便于携带外出进行现场焊接之用

① 焊嘴为双头式,须用户另购。

9. 液化石油气钢瓶

常用钢瓶型号和参数见图 4-27 和表 4-95。

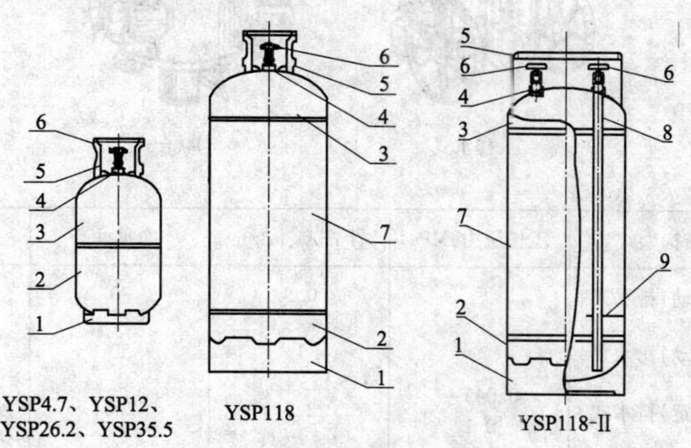

图 4-27 液化石油气钢瓶结构

1—底座;2—下封头;3—上封头;4—阀座;
5—护罩;6—瓶阀;7—筒体;8—液相管;9—支架

表 4-95 常用钢瓶型号和参数

型号	参数				备注
	钢瓶内直径,mm	公称容积,L	最大充装量,kg	封头形状系数	
YSP4.7	200	4.7	1.9	$K=1.0$	—
YSP12	244	12.0	5.0	$K=1.0$	—
YSP26.2	294	26.2	11.0	$K=1.0$	—
YSP35.5	314	35.5	14.9	$K=0.8$	—
YSP118	400	118	49.5	$K=1.0$	—
YSP118-Ⅱ	400	118	49.5	$K=1.0$	用于气化装置的液化石油气储存设备

注:钢瓶的护罩结构尺寸、底座结构尺寸应符合产品图样的要求。

10. 乙炔发生器的型式、规格及用途(表 4-96)

表 4-96 乙炔发生器的型式、规格及用途

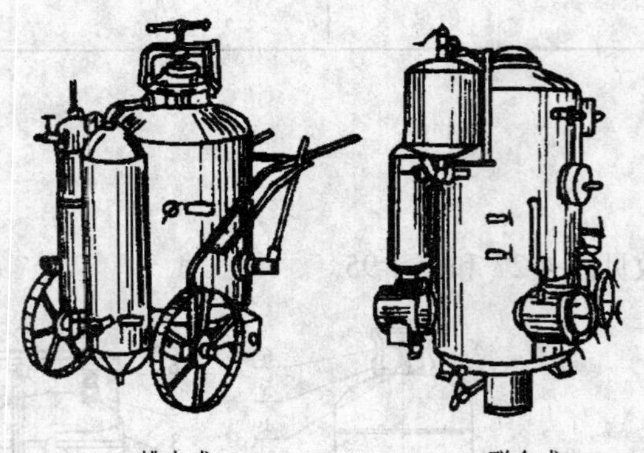

排水式　　　联合式

型号	结构型式	工作压力,MPa	生产率,m^3/h	净重,kg	用途
YJP0.1-0.5	(移动)排水式	0.045 ~ 0.1	0.5	30	将电石(碳化钙)和水装入发生器内,使其产生乙炔气,供焊、割用
YJP0.1-1	(移动)排水式		1	50	
YJP0.1-2.5	(固定)排水式		2.5	260	
YDP0.1-6、	(固定)联合式		6	750	
YDP0.1-10	(固定)联合式		10	980	

11. 氧气瓶的型式、规格及用途(表4-97)

表4-97　氧气瓶的型式、规格及用途

材质	公称容积,L	主要尺寸 ϕ (mm)	主要尺寸 L (mm)	主要尺寸 S (mm)	公称重量[①],kg	用途
公称工作压力15MPa						
锰钢	40	219 232	1360 1235	5.8 6.1	58 58	贮存压缩氧气,供气焊和气割使用
	45	219 232	1515 1370	5.8 6.1	63 64	
	50	232	1505	6.1	69	
铬钼钢	40	229 232	1250 1215	5.4 5.4	54 52	
	45	229	1390	5.4	59	
	45	232	1350	5.4	57	
	50	232	1480	5.4	62	
公称工作压力20MPa						
铬钼钢	40	229 232	1275 1240	6.4 6.4	62 60	
	45	232	1375	6.4	66	
	50	232	1510	6.4	72	

注:1. 瓶外表漆色为天蓝色,并标有黑色"氧"字。

2. ϕ—公称外径(mm);L—公称长度(不包括阀门)(mm);S—最小设计壁厚。

① 公称重量不包括阀门和瓶帽。

12. 氧气、乙炔减压器的型式、规格及用途(表4-98)

表4-98　氧气、乙炔减压器的型式、规格及用途

氧气减压器(气瓶用)

乙炔减压器(气瓶用)

型号	工作压力,MPa 输入≤	工作压力,MPa 输出压力调节范围	压力表规格,MPa 高压表(输入)	压力表规格,MPa 低压表(输出)	公称流量,m^3/h	重量,kg	用途
氧气减压器(气瓶用)							
YQY-1	15	0.1~2.5	0~25	0~4	250	3.0	接在氧气瓶出口处,将氧气瓶内的高压氧调节到所需的低压氧气
YQY-12		0.1~1.6		0~2.5	160	2.0	
YQY-6		0.02~0.25		0~0.4	10	1.9	
YQY-352		0.1~1		0~1.6	30	2.0	
乙炔减压器(气瓶用)							
YQE-222	3	0.01~0.15	0~4	0~0.025	6	2.6	接在乙炔发生器出口处,将乙炔压力调到所需的低压

13. 焊接面罩的型式、规格及用途(表4-99)

表4-99　焊接面罩的型式、规格及用途

手持式

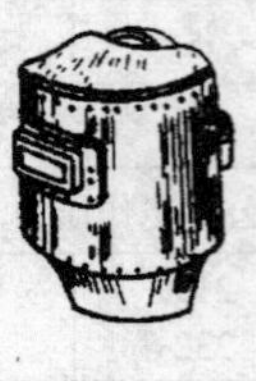
手戴式

品种	型号	外形尺寸,mm≥			观察窗尺寸,mm≥	重量,g≤	用　途
		长度	宽度	深度			
手持式 头戴式	HM-1 HM-2-A	310	210	120	90×40	500	用于保护电焊工人的头部及眼睛,不受电弧紫外线及飞溅熔渣的灼伤

注:通常不连焊接滤光片供应,故质量不含滤光片。

14. 焊接滤光片的型式、规格及用途(表4-100)

表4-100　焊接滤光片的型式、规格及用途

滤光片 遮光号	1.2,1.4 1.7,2	3 4	5 6	7 8	9,10 11	12 13	14	15 16
适用电弧作业	防侧光与杂散光	辅助工	≤30A	30~75A	75~200A	200~400A	≥400A	—
外形尺寸	108mm×50mm×3.8mm							
用途	装在电焊面罩上,保护眼睛不受电弧的紫外线灼伤							

15. 气焊眼镜的型式、规格及用途(表4-101)

表4-101　气焊眼镜的型式、规格及用途

图	项目	内容
	规格	镜片有深绿色和浅绿色两种
	用途	保护气焊工人的眼睛,不致受强光照射和避免熔渣溅入眼内

16. 电焊手套与脚套的型式、规格及用途(表4-102)

表4-102　电焊手套与脚套的型式、规格及用途

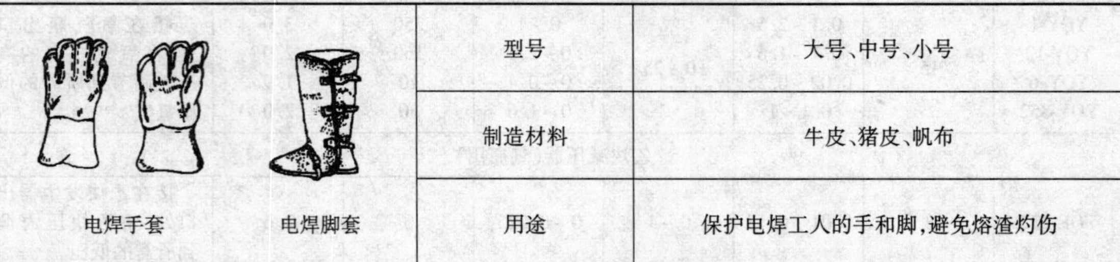

图	项目	内容
电焊手套　电焊脚套	型号	大号、中号、小号
	制造材料	牛皮、猪皮、帆布
	用途	保护电焊工人的手和脚,避免熔渣灼伤

4.10　索具

1. 绳夹的型式和尺寸（图 4-28、表 4-103）

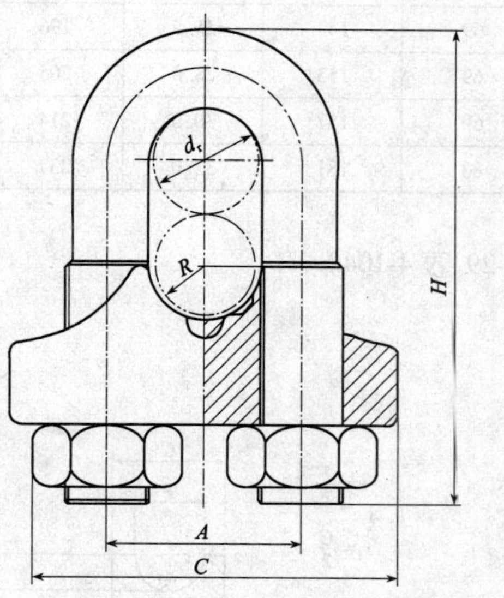

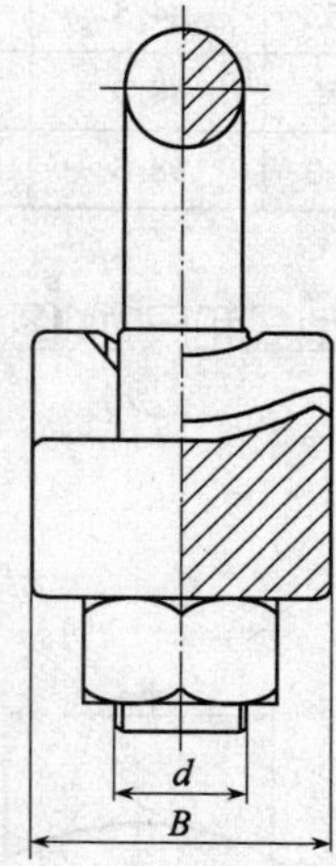

图 4-28　绳夹的型式

表 4-103　绳夹的尺寸

绳夹规格（钢丝绳公称直径）d_r,mm	尺寸,mm						螺母 GB/T 41—2000,d	单组质量 kg
	适用钢丝绳公称直径 d_r	A	B	C	R	H		
6	6	13.0	14	27	3.5	31	M6	0.034
8	>6~8	17.0	19	36	4.5	41	M8	0.073
10	>8~10	21.0	23	44	5.5	51	M10	0.140
12	>10~12	25.0	28	53	6.5	62	M12	0.243
14	>12~14	29.0	32	61	7.5	72	M14	0.372
16	>14~16	31.0	32	63	8.5	77	M14	0.402
18	>16~18	35.0	37	72	9.5	87	M16	0.601
20	>18~20	37.0	37	74	10.5	92	M16	0.624
22	>20~22	43.0	46	89	12.0	108	M20	1.122
24	>22~24	45.5	46	91	13.0	113	M20	1.205
26	>24~26	47.5	46	93	14.0	117	M20	1.244
28	>26~28	51.5	51	102	15.0	127	M22	1.605
32	>28~32	55.5	51	106	17.0	136	M22	1.727
36	>32~36	61.5	55	116	19.5	151	M24	2.286
40	>36~40	69.0	62	131	21.5	168	M27	3.133

续表

绳夹规格(钢丝绳公称直径) d_r,mm	尺寸,mm						螺母 GB/T 41—2000,d	单组质量 kg
	适用钢丝绳公称直径 d_t	A	B	C	R	H		
44	>40~44	73.0	62	135	23.5	178	M27	3.470
48	>44~48	80.0	69	149	25.5	196	M30	4.701
52	>48~52	84.5	69	153	28.0	205	M30	4.897
56	>52~56	88.5	69	157	30.0	214	M30	5.075
60	>56~60	98.5	83	181	32.0	237	M36	7.921

2. 普通套环的型式和尺寸(图4-29、表4-104)

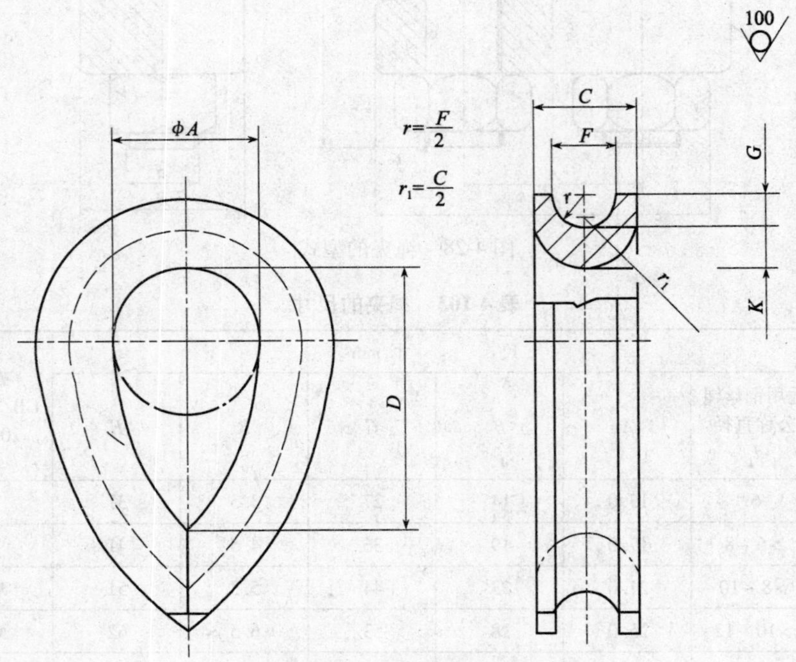

图4-29 普通套环的型式

表4-104 普通套环的尺寸

套环规格(钢丝绳公称直径)d,mm	尺寸,mm										单件质量 kg
	F	C		A		D		G min	K		
		基本尺寸	极限偏差	基本尺寸	极限偏差	基本尺寸	极限偏差		基本尺寸	极限偏差	
6	6.7±0.2	10.5	0 -1.0	15	+1.5 0	27	+2.7 0	3.3	4.2	0 -0.1	0.032
8	8.9±0.3	14.0	0 -1.4	20	+2.0 0	36	+3.6 0	4.4	5.6	0 -0.2	0.075
10	11.2±0.3	17.5		25		45		5.5	7.0		0.150
12	13.4±0.4	21.0		30		54		6.6	8.4		0.250
14	15.6±0.5	24.5		35		63		7.7	9.8		0.393

续表

套环规格（钢丝绳公称直径）d,mm	尺寸,mm										单件质量 kg
	F	C		A		D		G min	K		
		基本尺寸	极限偏差	基本尺寸	极限偏差	基本尺寸	极限偏差		基本尺寸	极限偏差	
16	17.8 ±0.6	28.0	0 −2.8	40	+4.0 0	72	+7.2 0	8.8	11.2	0 −0.4	0.605
18	20.1 ±0.6	31.5		45		81		9.9	12.6		0.867
20	22.3 ±0.7	35.0		50		90		11.0	14.0		1.205
22	24.5 ±0.8	38.5		55		99		12.1	15.4		1.563
24	26.7 ±0.9	42.0	0 −3.4	60	+4.8 0	108	+8.6 0	13.2	16.8	0 −0.6	2.045
26	29.0 ±0.9	45.5		65		117		14.3	18.2		2.620
28	31.2 ±1.0	49.0		70		126		15.4	19.6		3.290
32	35.6 ±1.2	56.0		80		144		17.6	22.4		4.854
36	40.1 ±1.3	63.0	0 −4.4	90	+6.0 0	162	+11.3 0	19.8	25.2	0 −0.8	6.972
40	44.5 ±1.5	70.0		100		180		22.0	28.0		9.624
44	49.0 ±1.6	77.0		110		198		24.2	30.8		12.808
48	53.4 ±1.8	84.0		120		216		26.4	33.6		16.595
52	57.9 ±1.9	91.0	0 −5.5	130	+7.8 0	234	+14.0 0	28.6	36.4	0 −1.1	20.945
56	62.3 ±2.1	98.0		140		252		30.8	39.2		26.310
60	66.8 ±2.2	105.0		150		270		33.0	42.0		31.396

3. 重型套环的型式和尺寸（图 4-30、表 4-105）

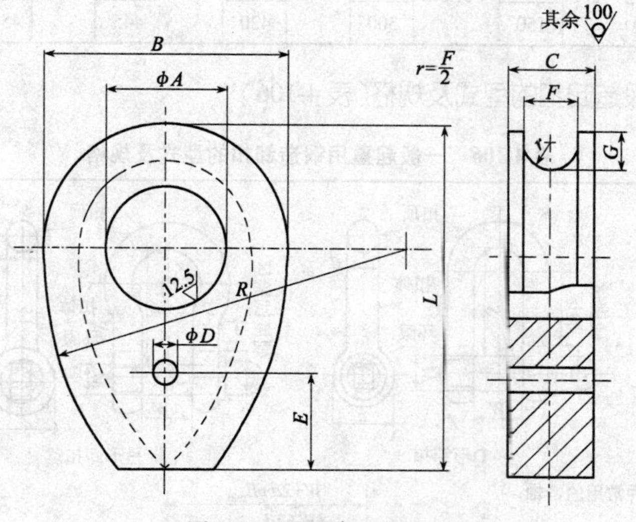

图 4-30 重型套环的型式

表 4-105　重型套环的尺寸

套环规格（钢丝绳公称直径）d,mm	尺寸,mm														单件质量,kg
	F	C		A		B		L		R		G min	D	E	
		基本尺寸	极限偏差	基本尺寸	极限偏差	基本尺寸	极限偏差	基本尺寸	极限偏差	基本尺寸	极限偏差				
8	8.9 ±0.3	14.0	0 −1.4	20	+0.149 +0.065	40	±2	56	±3	59	±3 0	6.0	5	20	0.08
10	11.2 ±0.3	17.5		25		50		70		74		7.5			0.17
12	13.4 ±0.4	21.0		30		60		84		89		9.0			0.32
14	15.6 ±0.5	24.5		35		70		98		104		10.5			0.50
16	17.8 ±0.6	28.0	0 −2.8	40	+0.180 +0.080	80	±4	112	±6	118	±5 0	12.0			0.78
18	20.1 ±0.6	31.5		45		90		126		133		13.5			1.14
20	22.3 ±0.7	35.0		50		100		140		148		15.0	10	30	1.41
22	24.5 ±0.8	38.5		55		110		154		163		16.5			1.96
24	26.7 ±0.9	42.0	0 −3.4	60	+0.220 +0.100	120	±6	168	±9	178	±9 0	18.0			2.41
26	29.0 ±0.9	45.5		65		130		182		193		19.5			3.46
28	31.2 ±1.0	49.0		70		140		196		207		21.0			4.30
32	35.6 ±1.2	56.0		80		160		224		237		24.0			6.46
36	40.1 ±1.3	63.0	0 −4.4	90	+0.260 +0.120	180	±9	252	±13	267	13 0	27.0			9.77
40	44.5 ±1.5	70.0		100		200		280		296		30.0			12.94
44	49.0 ±1.6	77.0		110		220		308		326		33.0	15	45	17.02
48	53.4 ±1.8	84.0		120		240		336		356		36.0			22.75
52	57.9 ±1.9	91.0	0 −5.5	130	+0.305 +0.145	260	±13	364	±18	385	19 0	39.0			28.41
56	62.3 ±2.1	98.0		140		280		392		415		42.0			35.56
60	66.8 ±2.2	105.0		150		300		420		445		45.0			48.35

4. 一般起重用锻造卸扣的型式及规格（表 4-106）

表 4-106　一般起重用锻造卸扣的型式及规格

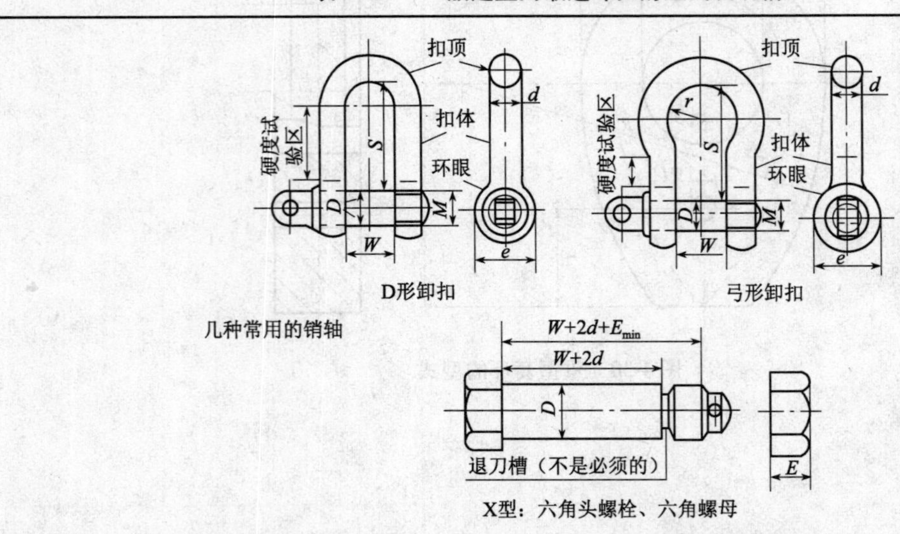

续表

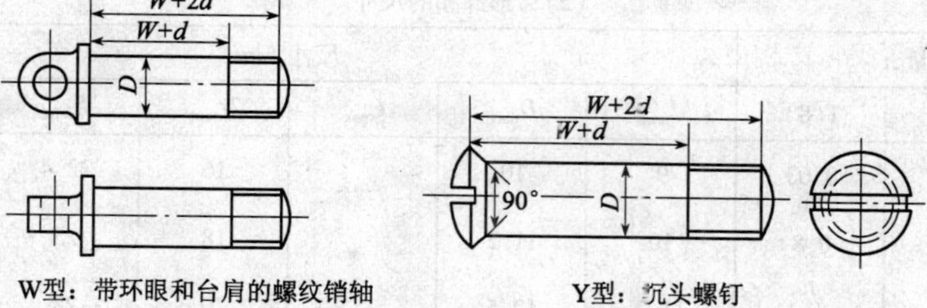

W型：带环眼和台肩的螺纹销轴　　Y型：沉头螺钉

用　途

连接钢丝强悍或链条等用。其特点是装卸方便，适用于冲击性不大的场合。
弓形卸扣开档较大，适用于连接麻绳、白棕绳等

(1)D形卸扣的尺寸

额定起重量,t			尺寸,mm					推荐销轴螺纹
M(4)	S(6)	T(8)	d_{max}	D_{max}	e_{max}	S_{min}	W_{min}	
—	—	0.63	8	9	$2.2D_{max}$	18	9	M9
—	0.63	0.8	9	10		20	10	M10
—	0.8	1	10	11.2		22.4	11.2	M11
0.63	1	1.25	11.2	12.5		25	12.5	M12
0.8	1.25	1.6	12.5	14		28	14	M14
1	1.6	2	14	16		31.5	16	M16
1.25	2	2.5	16	18		35.5	18	M18
1.6	2.5	3.2	18	20		40	20	M20
2	3.2	4	20	22.4		45	22.4	M22
2.5	4	5	22.4	25		50	25	M25
3.2	5	6.3	25	28		56	28	M28
4	6.3	8	28	31.5		63	31.5	M30
5	8	10	31.5	35.5		71	35.5	M35
6.3	10	12.5	35.5	40		80	40	M40
8	12.5	16	40	45		90	45	M45
10	16	20	45	50		100	50	M50
12.5	20	25	50	56		112	56	M56
16	25	32	56	63		125	63	M62
20	32	40	63	71		140	71	M70
25	40	50	71	80		160	80	M80
32	50	63	80	90		180	90	M90
40	63	—	90	100		200	100	M100
50	80	—	100	112		224	112	M110
63	100	—	112	125		250	125	M125
80	—	—	125	140		280	140	M140
100	—	—	140	160		315	160	M160

续表

(2)弓形卸扣的尺寸

额定起重量,t			尺寸,mm						推荐销轴螺纹
M(4)	S(6)	T(8)	d_{max}	D_{max}	e_{max}	$2r_{min}$	S_{min}	W_{min}	
—	—	0.63	9	10	$2.2D_{max}$	16	22.4	10	M10
—	0.63	0.8	10	11.2		18	25	11.2	M11
—	0.8	1	11.2	12.5		20	28	12.5	M12
0.63	1	1.25	12.5	14		22.4	31.5	14	M14
0.8	1.25	1.6	14	16		25	35.5	16	M16
1	1.6	2	16	18		28	40	18	M18
1.25	2	2.5	18	20		31.5	45	20	M20
1.6	2.5	3.2	20	22.4		35.5	50	22.4	M22
2	3.2	4	22.4	25		40	56	25	M25
2.5	4	5	25	28		45	63	28	M28
3.2	5	6.3	28	31.5		50	71	31.5	M30
4	6.3	8	31.5	35.5		56	80	35.5	M35
5	8	10	35.5	40		63	90	40	M40
6.3	10	12.5	40	45		71	100	45	M45
8	12.5	16	45	50		80	112	50	M50
10	16	20	50	56		90	125	56	M56
12.5	20	25	56	63		100	140	63	M62
16	25	32	63	71		112	160	71	M70
20	32	40	71	80		125	180	80	M80
25	40	50	80	90		140	200	90	M90
32	50	63	90	100		160	224	100	M100
40	63	—	100	112		180	250	112	M110
50	80	—	112	125		200	280	125	M125
63	100	—	125	140		224	315	140	M140
80	—	—	140	160		250	355	160	M160
100	—	—	160	180		280	400	180	M180

注:材料:M(4)级别:20;S(6)级别:20Cr、20Mn2;T(8)级别:35CrMo。

4.11 滑车

1. 通用起重滑车的型式及规格(表4-107)

表4-107 通用起重滑车的型式及规格

开口吊钩型

闭口吊环型

开口链环型

<table>
<tr><th colspan="4">结构型式</th><th>型号</th><th>额定起重量,t</th></tr>
<tr><td rowspan="9">单轮</td><td rowspan="4">开口</td><td rowspan="2">滚针轴承</td><td>吊钩型</td><td>HQGZK1</td><td rowspan="2">0.32,0.5,1,2,3.2,5,8,10</td></tr>
<tr><td>链环型</td><td>HQLZK1</td></tr>
<tr><td rowspan="2">滑动轴承</td><td>吊钩型</td><td>HQGK1</td><td rowspan="2">0.32,0.5,1,2,3.2,5,8,10,16,20</td></tr>
<tr><td>链环型</td><td>HQLK1</td></tr>
<tr><td rowspan="5">闭口</td><td rowspan="2">滚针轴承</td><td>吊钩型</td><td>HQGZ1</td><td rowspan="2">0.32,0.5,1,2,3.2,5,8,10</td></tr>
<tr><td>链环型</td><td>HQLZ1</td></tr>
<tr><td rowspan="3">滑动轴承</td><td>吊钩型</td><td>HQG1</td><td rowspan="2">0.32,0.5,1,2,3.2,5,8,10,16,20</td></tr>
<tr><td>链环型</td><td>HQL1</td></tr>
<tr><td>吊环型</td><td>HQD1</td><td>1,2,3.2,5,8,10</td></tr>
<tr><td rowspan="5">双轮</td><td rowspan="2">双开口</td><td rowspan="5">滑动轴承</td><td>吊钩型</td><td>HQGK2</td><td rowspan="2">1,2,3.2,5,8,10</td></tr>
<tr><td>链环型</td><td>HQLK2</td></tr>
<tr><td rowspan="3">闭口</td><td>吊钩型</td><td>HQG2</td><td rowspan="2">1,2,3.2,5,8,10,16,20</td></tr>
<tr><td>链环型</td><td>HQL2</td></tr>
<tr><td>吊环型</td><td>LQD2</td><td>1,2,3.2,5,8,10,16,20,32</td></tr>
<tr><td rowspan="3">三轮</td><td rowspan="3">闭口</td><td rowspan="3">滑动轴承</td><td>吊钩型</td><td>HQG3</td><td rowspan="2">3.2,5,8,10,16,20</td></tr>
<tr><td>链环型</td><td>HQL3</td></tr>
<tr><td>吊环型</td><td>HQD3</td><td>3.2,5,8,10,16,20,32,50</td></tr>
<tr><td>四轮</td><td rowspan="5">闭口</td><td rowspan="5">滑动轴承</td><td rowspan="5">吊环型</td><td>HQD4</td><td>8,10,16,20,32,50</td></tr>
<tr><td>五轮</td><td>HQD5</td><td>20,32,50,80</td></tr>
<tr><td>六轮</td><td>HQD6</td><td>32,50,80,100</td></tr>
<tr><td>八轮</td><td>HQD8</td><td>80,100,160,200</td></tr>
<tr><td>十轮</td><td>HQD10</td><td>200,250,320</td></tr>
</table>

续表

滑轮直径，mm	额定起重量，t																		钢丝绳直径范围，mm
	0.32	0.5	1	2	3.2	5	8	10	16	20	32	50	80	100	160	200	250	320	
	滑轮数量																		
63	1	—	—	—	—	—	—	—	—	—	—	—	—	—	—	—	—	—	6.2
71	—	1	2	—	—	—	—	—	—	—	—	—	—	—	—	—	—	—	6.2~7.7
85	—	—1	2	3	—	—	—	—	—	—	—	—	—	—	—	—	—	—	7.7~11
112	—	—	—	1	2	3	4	—	—	—	—	—	—	—	—	—	—	—	11~14
132	—	—	—	—	1	2	3	4	—	—	—	—	—	—	—	—	—	—	12.5~15.5
160	—	—	—	—	—	1	2	3	4	5	—	—	—	—	—	—	—	—	15.5~18.5
180	—	—	—	—	—	—	—	2	3	4	6	—	—	—	—	—	—	—	17~20
210	—	—	—	—	—	—	1	—	—	3	5	—	—	—	—	—	—	—	20~23
240	—	—	—	—	—	—	—	1	2	—	4	6	—	—	—	—	—	—	23~24.5
280	—	—	—	—	—	—	—	—	—	2	3	5	8	—	—	—	—	—	26~28
315	—	—	—	—	—	—	—	—	1	—	—	4	6	8	—	—	—	—	28~31
355	—	—	—	—	—	—	—	—	—	1	2	3	5	6	8	10	—	—	31~35
400	—	—	—	—	—	—	—	—	—	—	—	—	—	—	—	8	10	—	34~38
450	—	—	—	—	—	—	—	—	—	—	—	—	—	—	—	—	—	10	40~43

2. 吊滑车的型式及规格（表4-108）

表4-108　吊滑车的型式及规格

图　　形	滑　轮　直　径，mm
	19，25，38，50，63，75

4.12 葫芦

1. 手拉葫芦的型式及规格(表4-109)

表4-109 手拉葫芦的型式及规格

规格	额定起重量,t	标准起升高度,m	两钩间最小距离,mm
0.5	0.5	2.5	350
1	1	2.5	400
1.6	1.6	2.5	460
2	2	2.5	530
2.5	2.5	2.5	600
3.2	3.2	3	700
5	5	3	850
8	8	3	1000
10	10	3	1200
16	16	3	1200
20	20	3	1350

2. 环链手扳葫芦的型式及规格(图4-31和表4-110)

表4-110 环链手扳葫芦的型式及规格

额定起重量 G_n,t	0.5	0.8	1	1.6	2	3.2	5	6.3	9
标准起升高度 H,m	1.5								
两钩间最小距离 H_{min},mm	≤300	≤350	≤380	≤400	≤450	≤500	≤600	≤700	≤800

注:① 表中 H 是指下吊钩最低与最高工作位置之间的距离,

② 表中 H_{min} 是指下吊钩上升至极限工作位置时,上、下吊钩钩腔内缘的距离。

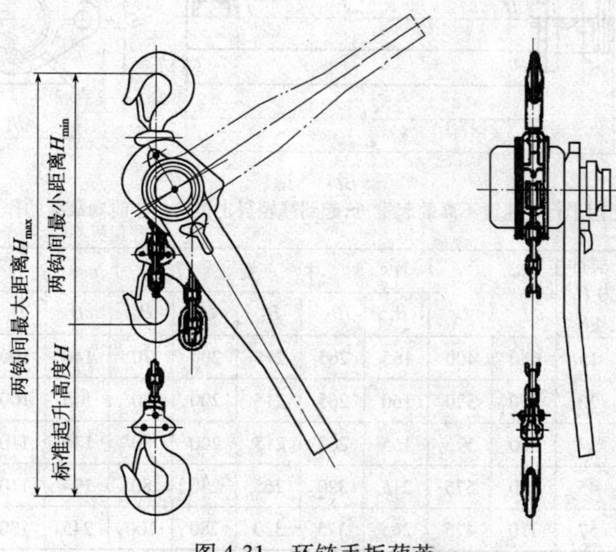

图4-31 环链手扳葫芦

4.13 缓冲器

1. HT1 型弹簧缓冲器的型式及规格(表 4-111)

表 4-111 HT1 型壳体焊接式弹簧缓冲器的型式及规格

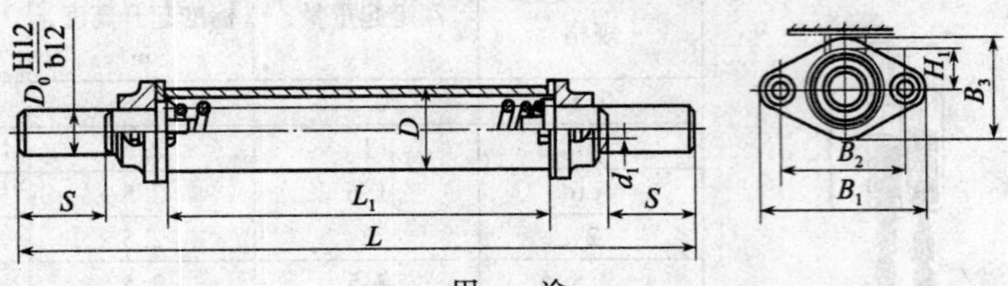

用　途

用于减轻起重机行走机构相碰时的动载荷。弹簧缓冲器结构简单、维修方便、对环境温度没有特殊要求,吸收能量大,广泛用于行走速度 $v=0.83\sim2\text{m/s}$ 的桥式起重机和门式起重机中

型号	缓冲容量 W, kN·m	缓冲行程 S, mm	缓冲力 P_j, kN	主要尺寸,mm									重量,kg
				L	L_1	B_1	B_2	B_3	H_1	D_0	D	$d_1\times l$	
HT1-16	0.16	80	5	435	220	160	120	85	35	40	70	M20×50	≈12.6
HT1-40	0.40	95	8	720	370	170	130	90	38	45	76	M20×50	≈17
HT1-63	0.63	115	11	850	420	190	145	100	45	45	89	M20×60	≈26
HT1-100	1.00	115	18	880	450	220	170	125	57	55	114	M24×60	≈34

2. HT2 型弹簧缓冲器的型式及规格(表 4-112)

表 4-112 HT2 型底座焊接式弹簧缓冲器的型式及规格

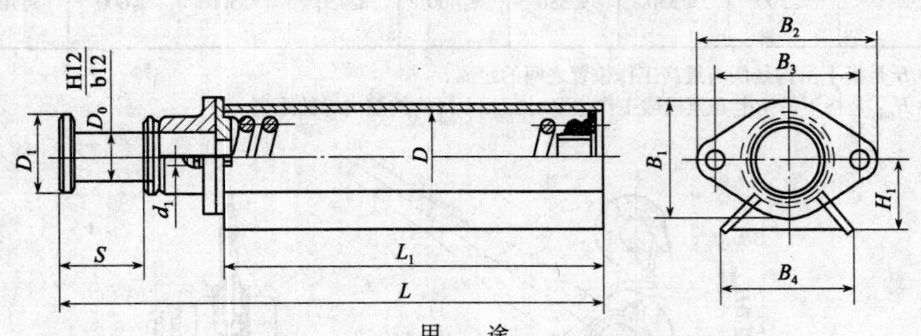

用　途

广泛用于行走速度不高的起重机,起到减轻行走机构相碰时动载荷的作用

型号	缓冲容量 W, kN·m	缓冲行程 S, mm	缓冲力 P_j, kN	主要尺寸,mm											重量,kg
				L	L_1	B_1	B_2	B_3	B_4	D_0	D	D_1	H_1	$d_1\times l$	
HT2-100	1.00	135	15	630	400	165	265	215	200	70	146	100	90	M20×60	≈31.5
HT2-160	1.60	145	20	750	520	160	265	215	200	70	140	100	90	M20×60	≈41.3
HT2-250	2.50	125	37	800	575	165	265	215	200	80	146	110	90	M20×60	≈53.1
HT2-315	3.15	150	45	820	575	215	320	265	230	80	194	110	115	M20×60	≈78.6
HT2-400	4.00	135	57	710	475	265	375	320	280	100	245	130	140	M24×70	≈92.2

续表

型号	缓冲容量 W, kN·m	缓冲行程 S, mm	缓冲力 P_j, kN	主要尺寸,mm											重量, kg
				L	L_1	B_1	B_2	B_3	B_4	D_0	D	D_1	H_1	$d_1 \times l$	
HT2-500	5.00	145	66	860	610	245	345	290	255	100	219	130	135	M24×70	≈97.7
HT2-630	6.30	150	88	870	610	270	375	320	280	100	245	130	140	M24×70	≈122.7

3. HT3 型弹簧缓冲器的型式及规格(表 4-113)

表 4-113　HT3 型端部安装式弹簧缓冲器的型式及规格

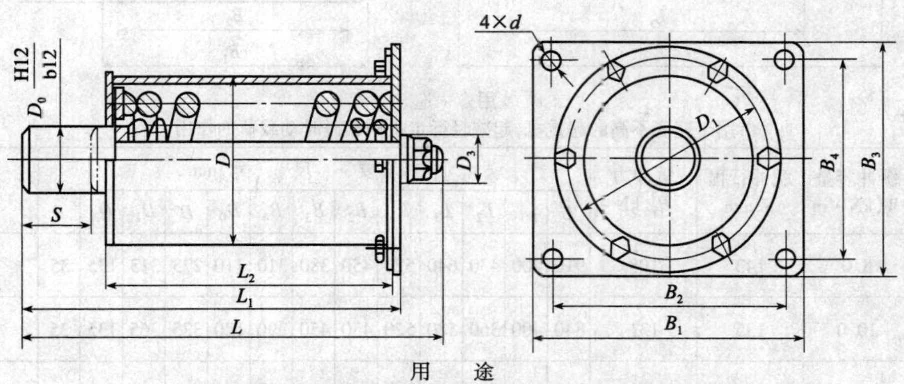

用　途

用于行走速度不高的起重机,起减轻行走机构相碰时动载荷的作用

型号	缓冲容量 W,kN·m	缓冲行程 S,mm	缓冲力 P_j,kN	主要尺寸,mm													重量,kg
				L	L_1	L_2	B_1	B_2	B_3	B_4	D_0	D	D_1	D_3	d	
HT3-630	6.3	150	88	885	810	615	420	350	375	305	90	245	305	105	35	≈145.8
HT3-800	8.0	143	108	900	820	620	520	450	380	310	110	273	345	135	35	≈176.9
HT3-1000	10.0	135	131	830	750	560	520	450	450	390	120	325	395	135	35	≈204.6
HT3-1250①	12.5	135	165	830	750	560	520	450	450	390	120	325	395	135	42	≈231.3
HT3-1600②	16.0	120	273	980	900	730	780	700	480	400	120	325	395	135	42	≈338.0
HT3-2000②	20.0	150	293	1140	1050	820	780	700	480	400	120	325	395	135	42	≈393.8

① 由内外弹簧组成;
② 内外弹簧由两段串联而成。

4. HT4 型弹簧缓冲器的型式及规格(表 4-114)

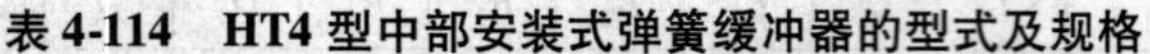

表 4-114　HT4 型中部安装式弹簧缓冲器的型式及规格

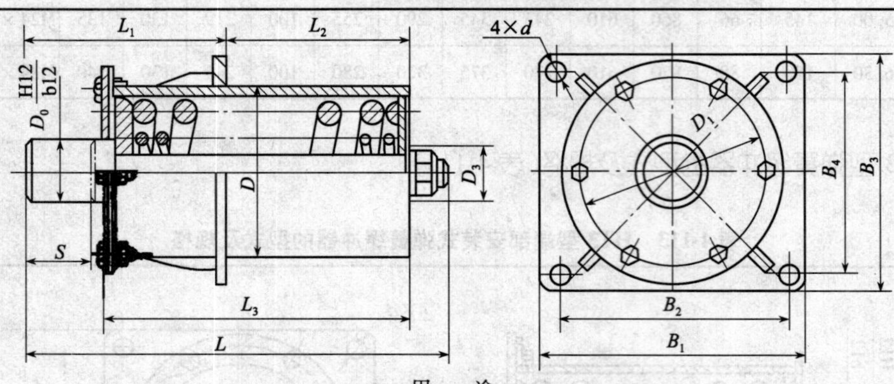

用　途

用于速度不高的起重机,起减轻行走机构相碰时动载荷的作用

型号	缓冲容量 W,kN·m	缓冲行程 S,mm	缓冲力 P_j,kN	主要尺寸,mm													重量,kg
				L	L_1	L_2	L_3	B_1	B_2	B_3	B_4	D_0	D	D_1	D_3	d	
HT4-800	8.0	143	108	910	400	430	640	520	450	380	310	110	273	313	135	35	≈180.9
HT4-1000	10.0	135	131	840	400	360	580	520	450	450	390	120	325	365	135	35	≈208.6
HT4-1250①	12.5	135	165	840	400	360	580	520	450	450	390	120	325	365	135	42	≈235.3
HT4-1600②	16.0	120	273	1010	400	530	750	780	700	480	400	120	325	365	135	42	≈342.0
HT4-2000②	20.0	150	293	1140	450	600	840	780	700	480	400	120	325	365	135	42	≈397.8

① 由内外弹簧组成;
② 内外弹簧由两段串联而成。

5. 橡胶缓冲器的型式及规格(表 4-115)

表 4-115　橡胶缓冲器的型式及规格

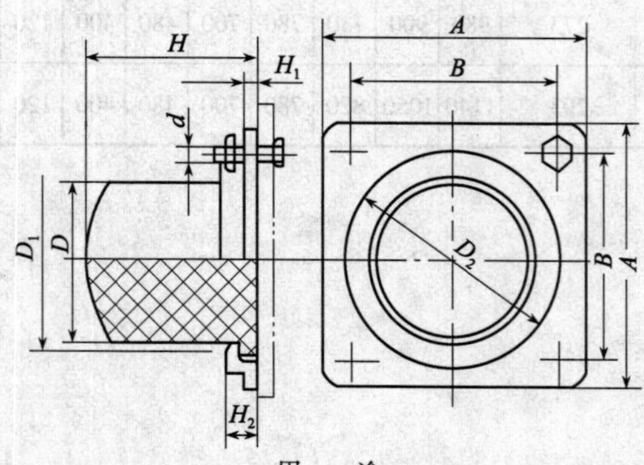

用　途

用于桥式起重机和门式起重机,起减轻起重机行走机构相碰时动载荷的作用

续表

型号	缓冲容量 W,kN·m	缓冲行程 S,mm	缓冲力 P,kN	主要尺寸,mm								螺栓规格 $d \times l$	重量,kg≈
				D	D_1	D_2	H	H_1	H_2	A	B		
HX-10	0.10	22	16	50	56	71	50	5	8	80	63	M6×20	0.36
HX-16	0.16	25	19	56	62	80	56	5	10	90	71	M6×20	0.48
HX-25	0.25	28	28	67	73	90	67	6	12	100	80	M6×20	0.70
HX-40	0.40	32	40	80	87	112	80	6	14	125	100	M10×30	1.34
HX-63	0.63	40	50	90	99	125	90	6	16	140	112	M10×30	2.13
HX-80	0.80	45	63	100	109	140	100	8	18	160	120	M12×35	2.70
HX-100	1.00	50	75	112	122	160	112	8	20	180	140	M12×35	3.68
HX-160	1.60	56	95	125	136	180	125	8	22	200	160	M16×40	5.00
HX-250	2.50	63	118	140	153	200	140	8	25	224	180	M16×40	6.50
HX-315	3.15	71	160	160	174	224	160	10	28	250	200	M16×45	9.18
HX-400	4.00	80	200	180	194	250	180	10	32	280	224	M16×45	12.00
HX-630	6.30	90	250	200	215	280	200	10	36	315	250	M20×50	16.18
HX-1000	10.00	100	300	224	242	315	224	12	40	355	280	M20×50	25.00
HX-1600	16.00	112	425	250	269	355	250	12	45	400	315	M20×50	34.00
HX-2000	20.00	125	500	280	300	400	280	12	50	450	355	M20×50	48.20
HX-2500	25.00	140	630	315	335	450	315	12	56	500	400	M20×50	64.80

4.14 千斤顶

1. 液压千斤顶

1)几种典型的千斤顶见图4-32～图4-34。

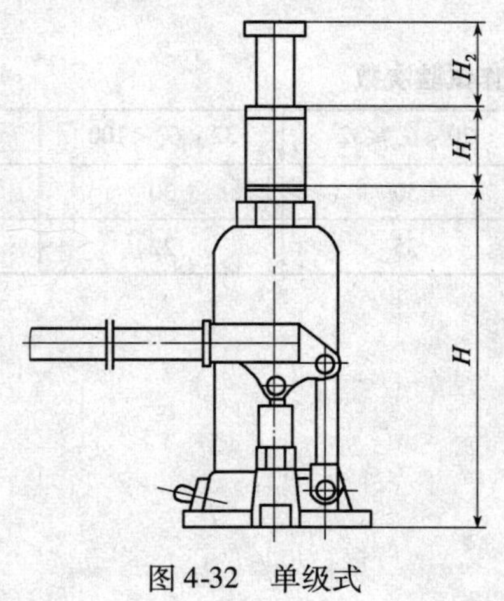

图4-32 单级式

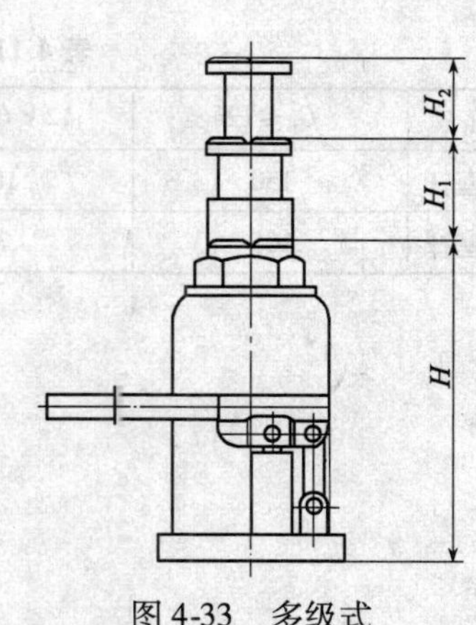

图4-33 多级式

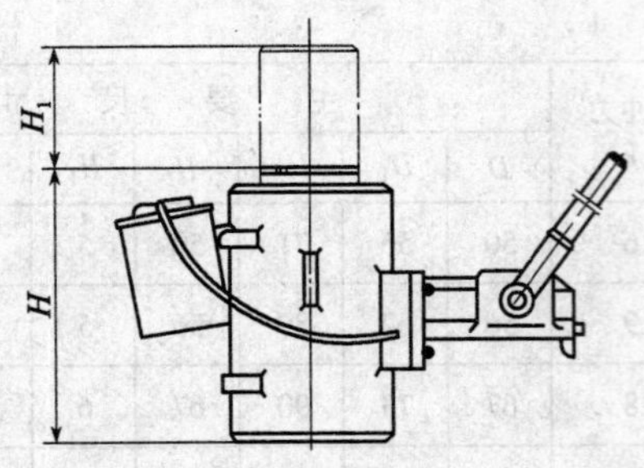

图 4-34　立卧两用式

图 4-32 ~ 图 4-34 中，H—最低高度；H_1—起重高度；H_2—调整高度

2）静载试验载荷见表 4-116。

表 4-116　静载试验载荷

额定起重量 G_n，t	$G_n \leqslant 16$	$16 < G_n \leqslant 32$	$G_n > 32$
不带安全限载装置	150% G_n	130% G_n	125% G_n
带安全限载装置	125% G_n		120% G_n

3）动载试验载荷见表 4-117。

表 4-117　动载试验载荷

额定起重量 G_n，t	$G_n < 20$	$G_n \geqslant 20$
不带安全限载装置	120% G_n	110% G_n
带安全限载装置	100% G_n	

4）活塞杆压下力见表 4-118。

表 4-118　活塞杆压下力

额定起重量 G_n，t	$G_n \leqslant 16$	$16 < G_n < 100$	$G_n \geqslant 100$
单级活塞杆压下力，N	≤220	≤445	≤785
多级活塞杆压下力，N	≤350	≤700	≤1000

5）连续工作试验次数见表 4-119。

表 4-119　连续工作试验次数

额定起重量 G_n，t		$G_n \leqslant 12$	$12 < G_n \leqslant 20$	$20 < G_n \leqslant 32$	$32 < G_n < 100$	$G_n \geqslant 100$
连续工作次数	单级活塞杆	150	100	50	30	25
	多级活塞杆	105	70	35	22	18

5 建筑门窗五金

5.1 钉类

1. 钉类

1)圆钢钉的外形及尺寸见表5-1。

表5-1 圆钢钉的外形及尺寸

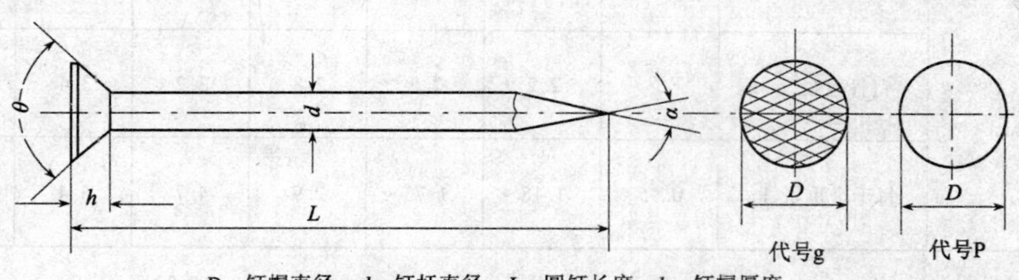

D—钉帽直径；*d*—钉杆直径；*L*—圆钉长度；*h*—钉帽厚度；
α—钉尖角度；*θ*—钉帽锥台角度

钉长	钉杆直径,mm			1000个圆钉重,kg		
	重型	标准型	轻型	重型	标准型	轻型
10	1.10	1.00	0.90	0.079	0.062	0.045
13	1.20	1.10	1.00	0.120	0.097	0.080
16	1.40	1.20	1.10	0.207	0.142	0.119
20	1.60	1.40	1.20	0.324	0.242	0.177
25	1.80	1.60	1.40	0.511	0.359	0.302
30	2.00	1.80	1.60	0.758	0.600	0.473
35	2.20	2.00	1.80	1.060	0.86	0.70
40	2.50	2.20	2.00	1.560	1.19	0.99
45	2.80	2.50	2.20	2.220	1.73	1.34
50	3.10	2.80	2.50	3.020	2.42	1.92
60	3.40	3.10	2.80	4.350	3.56	2.90
70	3.70	3.40	3.10	5.936	5.00	4.15
80	4.10	3.70	3.40	8.298	6.75	5.71
90	4.50	4.10	3.70	11.30	9.35	7.63
100	5.00	4.50	4.10	15.50	12.5	10.4

续表

钉长	钉杆直径,mm			1000 个圆钉重,kg		
	重型	标准型	轻型	重型	标准型	轻型
110	5.50	5.00	4.50	20.87	17.0	13.7
130	6.00	5.50	5.00	29.07	24.3	20.0
150	6.50	6.00	5.50	39.42	33.3	28.0
175	—	6.50	6.00	—	45.7	38.9
200	—	—	6.50	—	—	52.1

2)扁头圆钢钉的外形及尺寸见表5-2。

表 5-2 扁头圆钢钉的外形及尺寸

钉长,mm	35	40	50	60	80	90	100
钉杆直径,mm	2	2.2	2.5	2.8	3.2	3.4	3.8
每千个重量,kg	0.95	1.18	1.75	2.9	4.7	6.4	8.5

3)拼合用圆钢钉的外形及尺寸见表5-3。

表 5-3 拼合用圆钢钉的外形及尺寸

钉长,mm	25	30	35	40	45	50	60
钉杆直径,mm	1.6	1.8	2	2.2	2.5	2.8	2.8
每千个约重,kg	0.36	0.55	0.79	1.08	1.52	2	2.4

4)骑马钉的外形及尺寸见表5-4。

表 5-4 骑马钉的外形及尺寸

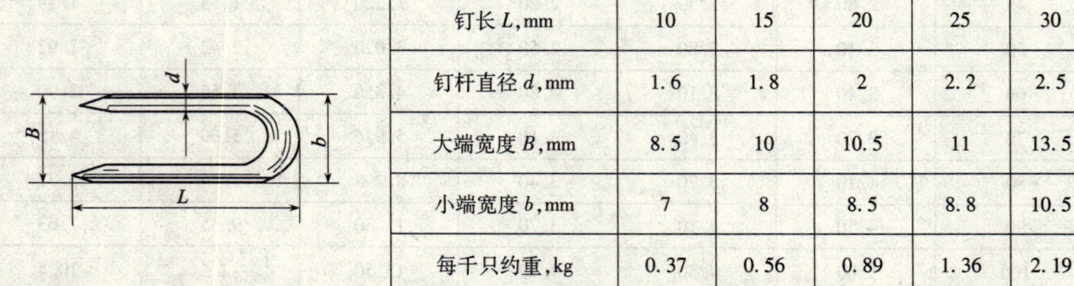

钉长 L,mm	10	15	20	25	30
钉杆直径 d,mm	1.6	1.8	2	2.2	2.5
大端宽度 B,mm	8.5	10	10.5	11	13.5
小端宽度 b,mm	7	8	8.5	8.8	10.5
每千只约重,kg	0.37	0.56	0.89	1.36	2.19

5）油毡钉的外形及尺寸见表5-5。

表5-5　油毡钉的外形及尺寸

示意图	规格，mm	钉杆尺寸，mm		每千个钉约重，kg
		长度 L	直径 d	
	15	15	2.5	0.58
	20	20	2.8	1.00
	25	25	3.2	1.50
	30	30	3.4	2.00
	19.05	19.05		1.10
	22.23	22.23		1.28
	25.40	25.40		1.47
	28.58	28.58		1.65
	31.75	31.75	3.06	1.83
	38.10	38.10		2.20
	44.45	44.45		2.57
	50.80	50.80		2.93
	19	19	2.8	
	25	25	3.2	

6）瓦楞螺钉的外形及尺寸见表5-6。

表5-6　瓦楞螺钉的外形及尺寸　　mm

示意图	直径×长度	钉杆主要尺寸						
		钉杆长 L	螺纹长 L_1	螺纹直径 d	直径钉头 d_1	钉头直径 D	铁头厚 H	螺距 S
	6×50	50	35					
	6×60	60	42					
	6×65	65	46					
	6×75	75	52	6	5	9	3	4
	6×85	85	60					
	6×100	100	60					
	7×50	50	35					
	7×60	60	42					
	7×65	65	46					
	7×75	75	52	7	6	11	3.2	5
	7×85	85	60					
	7×90	90	60					
	7×100	100	70					

7)镀锌瓦楞钉的外形及尺寸见表5-7。

表5-7　镀锌瓦楞钉的外形及尺寸

钉杆直径 d		钉帽直径 D,mm	钉长,mm							
线规号 BWG	相当,mm		38.1	44.5	50.8	63.5	38.1	44.5	50.8	63.5
			每千个钉约重,kg				每千克钉大约个数			
9	3.76	20	6.30	6.75	7.35	8.35	159	148	136	120
10	3.40	20	5.58	6.01	6.44	7.30	179	166	155	137
11	3.05	18	4.53	4.90	5.25	—	221	204	190	—
12	2.77	18	3.74	4.03	4.32	—	267	243	231	—
13	2.41	14	2.30	2.38	2.46	—	435	420	407	—

8)瓦楞钉的外形及尺寸见表5-8。

表5-8　瓦楞钉的外形及尺寸

钉身直径,mm	钉帽直径,mm	长度(除帽),mm			
		38	44.5	50.8	63.5
		每千个重量,kg			
3.73	20	6.30	6.75	7.35	8.35
3.37	20	5.58	6.01	6.44	7.30
3.02	18	4.53	4.90	5.25	6.17
2.74	18	3.74	4.03	4.32	4.90
2.38	14	2.30	2.38	2.46	—

9)瓦楞垫圈及羊毛毡垫圈的外形及尺寸见表5-9。

表5-9　瓦楞垫圈及羊毛毡垫圈的外形及尺寸　　mm

瓦楞垫圈

羊毛毡垫圈

品名	公称直径	内径	外径	厚度
瓦楞垫圈	7	7	32	1.5
羊毛毡垫圈	6	6	30	3.2,4.8,6.4

10）镀锌瓦楞钩的外形及尺寸见表5-10。

表5-10 镀锌瓦楞钩的外形及尺寸 mm

示意图	钩钉长度	钩钉直径	螺纹长度	每千克个数
	80	6	55	50
	100	6	55	42
	120	6	55	36
	140	6	55	32
	160	6	55	30
	180	6	55	28

11）家具钉的外形及尺寸见表5-11。

表5-11 家具钉的外形及尺寸 mm

示意图	代号	钉杆尺寸		每千个钉约重，kg
		长度 L	直径 d	
	2*D*	25.4	1.48	0.34
	3*D*	31.75	1.71	0.57
	4*D*	38.10	1.83	0.79
	5*D*	44.45	1.83	0.92
	6*D*	50.80	2.32	1.68
	7*D*	57.15	2.32	1.90
	8*D*	63.50	2.50	2.45
	9*D*	69.85	2.50	2.69
	10*D*	76.20	2.87	3.87
	12*D*	82.55	2.87	4.19
	16*D*	88.90	3.06	5.13
	20*D*	101.60	3.43	7.37
	30*D*	114.30	3.77	10.02
	40*D*	127	4.11	13.23

12）麻花钉的外形及尺寸（表5-12）。

表5-12 麻花钉的外形及尺寸

示意图	规格，mm	钉杆尺寸，mm		每千个钉约重，kg
		长度 L	直径 d	
	50	50.8	2.77	2.40
	50	50.8	3.05	2.91
	55	57.2	3.05	3.28
	65	63.5	3.05	3.64
	75	76.2	3.40	5.43
	75	76.2	3.76	6.64
	85	88.9	4.19	9.62

13）水泥钉的外形及尺寸见表5-13。

表5-13　水泥钉的外形及尺寸

示意图	钉号	钉杆尺寸，mm		每千个钉约重，kg
		长度 L	直径 d	
	7	101.6	4.57	13.38
	7	76.2	4.57	10.11
	8	76.2	4.19	8.55
	8	63.5	4.19	7.17
	9	50.8	3.76	4.73
	9	38.1	3.76	3.62
	9	25.4	3.76	2.51
	10	50.8	3.40	3.92
	10	38.1	3.30	3.01
	10	25.4	3.40	2.11
	11	38.1	3.05	2.49
	11	25.4	3.05	1.76
	12	38.1	2.77	2.10
	12	25.4	2.77	1.40

注：这种钉子打入混凝土、砂浆中效果较好，当打到粗骨料（石子）上，钉子易弯，必要时要移动位置。

14）射钉的外形及尺寸见表5-14。

表5-14　射钉的外形及尺寸　　mm

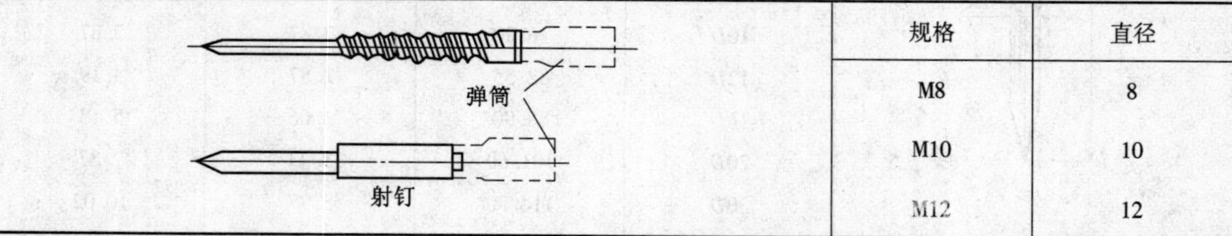

规格	直径
M8	8
M10	10
M12	12

15）木螺钉的外形及尺寸见表5-15。

表5-15　木螺钉的外形及尺寸　　mm

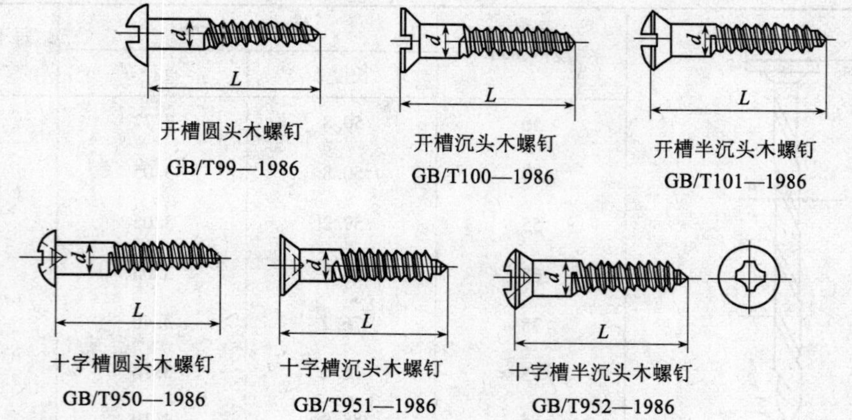

开槽圆头木螺钉 GB/T99—1986　开槽沉头木螺钉 GB/T100—1986　开槽半沉头木螺钉 GB/T101—1986

十字槽圆头木螺钉 GB/T950—1986　十字槽沉头木螺钉 GB/T951—1986　十字槽半沉头木螺钉 GB/T952—1986

续表

直径 d	开槽木螺钉钉长 l			十字槽木螺钉	
	沉头	圆头	半沉头	十字槽号	钉长 l
1.6	6~12	6~12	6~12	—	—
2	6~16	6~14	6~16	1	6~16
2.5	6~25	6~22	6~25	1	6~25
3	8~30	8~25	8~30	2	8~30
3.5	8~40	8~38	8~40	2	8~40
4	12~70	12~65	12~70	2	12~70
(4.5)	16~85	14~80	16~85	2	16~85
5	18~100	16~90	18~100	2	18~100
(5.5)	25~100	22~90	30~100	3	25~100
6	25~120	22~120	30~120	3	25~120
(7)	40~120	38~120	40~120	3	40~120
8	40~120	38~120	40~120	4	40~120
10	75~120	65~120	70~120	4	70~120

注:1. 钉长系列:6,8,10,12,14,16,18,20,(22),25,30,(32),35,(38),40,45,50,(55),60,(65),70,(75),80,(85),90,100,120mm。
2. 括号内的直径和长度,尽可能不采用。
3. 材料:一般用低碳钢制造,表面滚光或镀锌钝化、镀铬等;也有用黄铜制造,表面滚光。

16)金属膨胀螺栓的外形及尺寸见表5-16

表5-16 金属膨胀螺栓的外形及尺寸 mm

示意图	直径 d	螺栓长度 L	胀管		被连接件厚度 H	钻孔	
			外径 D	长度 L_1		直径	深度
	M6	65,75,85	10	35	L—55	10.5	35
	M8	80,90,100	12	45	L—65	12.5	45
	M10	95,110,125,130	14	55	L—75	14.5	55
	M12	110,130,150,200	18	65	L—95	19	65
	M16	150, 175, 200, 220, 250,300	22	90	L—120	23	90

17)塑料胀管的外形及尺寸见表5-17。

表5-17 塑料胀管的外形及尺寸 mm

甲型

乙型

续表

型式	甲 型				乙 型			
直径	6	8	10	12	6	8	10	12
长度	31	48	59	60	36	42	46	64
适用木螺钉直径	3.5 4	4 4.5	5.5 6	5.5 6	3.5 4	4 4.5	4.5	5.5 6
木螺钉长	胀管长度+10+被连接厚度				胀管长度+3+被连接件厚度			
钻孔直径	混凝土:等于或小于胀管直径0.3 加气混凝土:小于胀管直径0.5~1.0 硅酸盐砌块:小于胀管直径0.3~0.5							
钻孔长度	大于胀管长度10~12				大于胀管长度3~5			

5.2 钢板网

钢板网的外形及尺寸见表5-18。

表5-18 钢板网的外形及尺寸 mm

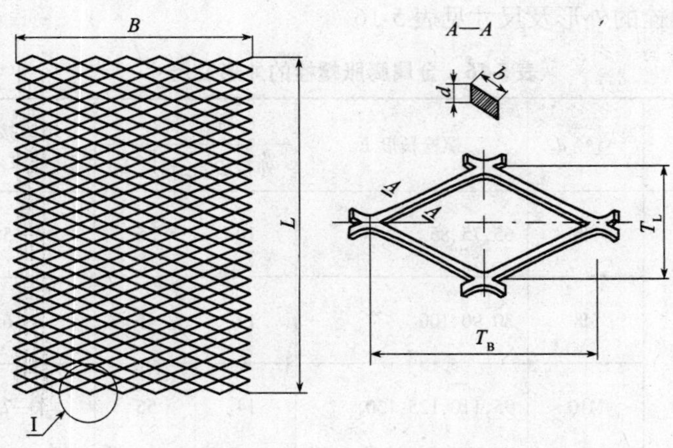

d	网格尺寸			网面尺寸		钢板网理论重量, kg/m²
	T_L	T_B	b	B	L	
0.3	2	3	0.3	100~500	—	0.71
	3	4.5	0.4	500		0.63
0.4	2	3	0.4	500	—	1.26
	3	4.5	0.5			1.05
0.5	2.5	4.5	0.5	500		1.57
	5	12.5	1.11	1000		1.74
	10	25	0.96	2000	600~4000	0.75

续表

d	网格尺寸			网面尺寸		钢板网理论重量，kg/m²
	T_L	T_B	b	B	L	
0.8	8	16	0.8	1000	600～5000	1.26
	10	20	1.0			1.26
	10	25	0.96			1.21
1.0	10	25	1.10			1.73
	15	40	1.68		4000～5000	1.76
1.2	10	25	1.13			2.13
	15	30	1.35			1.7
	15	40	1.68			2.11
1.5	15	40	1.69			2.65
	18	50	2.03			2.66
	24	60	2.47			2.42
2.0	12	25	2			5.23
	18	50	2.03			3.54
	24	60	2.47			3.23
3.0	24	60	3.0		4800～5000	5.89
	40	100	4.05		3000～3500	4.77
	46	120	4.95		5600～6000	5.07
	55	150	4.99	2000	3300～3500	4.27
4.0	24	60	4.5		3200～3500	11.77
	32	80	5.0		3850～4000	9.81
	40	100	6.0		4000～4500	9.42
5.0	24	60	6.0		2400～3000	19.62
	32	80	6.0		3200～3500	14.72
	40	100	6.0		4000～4500	11.78
	56	150	6.0		5600～6000	8.41
6.0	24	60	6.0		2900～3500	23.55
	32	80	7.0		3300～3500	20.60
	40	100			4150～4500	16.49
	56	150			5800～6000	11.77
8.0	40	100	8.0		3650～4000	25.12
			9.0		3250～3500	28.26
	60	150			4850～5000	18.84
10.0	45	100	10.0	1000	4000	34.89

注：0.3～0.5 一般长度为卷网。钢板网长度根据市场可供钢板作调整。

5.3 铝板网

铝板网的外形及尺寸见表5-19。

表 5-19 铝板网的外形及尺寸 mm

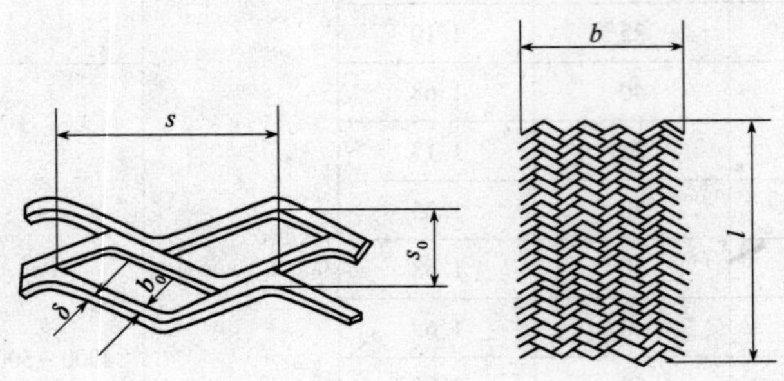

<table>
<tr><th>种类</th><th>板厚δ</th><th>短节距s_0</th><th>长节距s</th><th>丝梗宽b_0</th><th>宽度b</th><th>长度l</th></tr>
<tr><td rowspan="9">铝板网</td><td rowspan="3">0.3</td><td>1.1</td><td>3</td><td>0.4</td><td rowspan="5">≤500</td><td rowspan="9">500~2000</td></tr>
<tr><td>1.5</td><td>4</td><td>0.5</td></tr>
<tr><td>3</td><td>6</td><td>0.3</td></tr>
<tr><td rowspan="2">0.4</td><td>1.5</td><td>4</td><td>0.5</td></tr>
<tr><td>2.3</td><td>6</td><td>0.6</td></tr>
<tr><td rowspan="2">0.5</td><td>3</td><td>8</td><td>0.7</td><td rowspan="4">≥400</td></tr>
<tr><td>5</td><td rowspan="2">10</td><td>0.8</td></tr>
<tr><td rowspan="2">1.0</td><td>4</td><td>1.1</td></tr>
<tr><td>5</td><td>12.5</td><td>1.2</td></tr>
<tr><td rowspan="7">人字形铝板网</td><td rowspan="2">0.4</td><td>1.7</td><td>6</td><td>0.5</td><td rowspan="2">≤400</td><td rowspan="7">500~2000</td></tr>
<tr><td>2.2</td><td>8</td><td>0.5</td></tr>
<tr><td rowspan="3">0.5</td><td>1.7</td><td>6</td><td>0.6</td><td rowspan="3">≤500</td></tr>
<tr><td>2.8</td><td>10</td><td>0.7</td></tr>
<tr><td>3.5</td><td>12.5</td><td>0.8</td></tr>
<tr><td rowspan="2">1.0</td><td>2.8</td><td>10</td><td>2.5</td><td>1000</td></tr>
<tr><td>3.5</td><td>12.5</td><td>3.1</td><td>2000</td></tr>
</table>

注：材料为1060、1050A。

5.4　合页

1)普通型合页的外形及尺寸见表5-20。

表5-20　普通合页的外形及尺寸　　　　mm

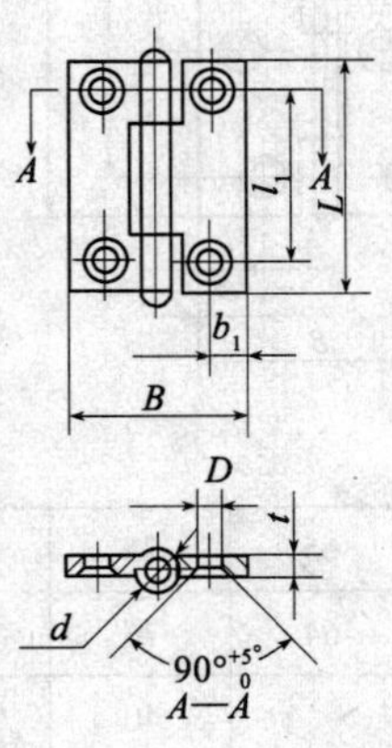

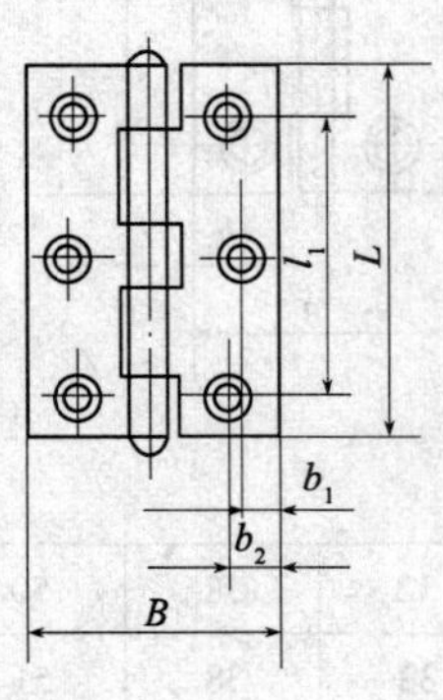

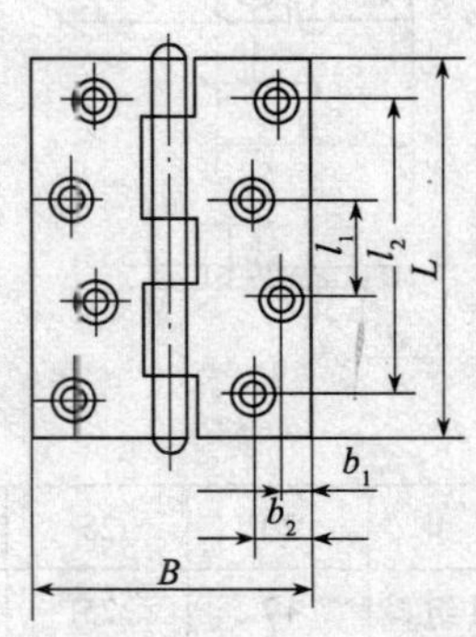

<table>
<tr><td rowspan="2">L</td><td>Ⅰ组</td><td>25</td><td>38</td><td>50</td><td>65</td><td>75</td><td>90</td><td>100</td><td>125</td><td>150</td></tr>
<tr><td>Ⅱ组</td><td>25</td><td>38</td><td>51</td><td>64</td><td>76</td><td>89</td><td>102</td><td>127</td><td>152</td></tr>
<tr><td colspan="2">B</td><td>24</td><td>31</td><td>38</td><td>42</td><td>50</td><td>55</td><td>71</td><td>82</td><td>104</td></tr>
<tr><td colspan="2">t</td><td>1.05</td><td>1.20</td><td>1.25</td><td>1.35</td><td colspan="2">1.60</td><td>1.80</td><td>2.10</td><td>2.50</td></tr>
<tr><td colspan="2">d</td><td>2.6</td><td>2.8</td><td colspan="2">3.2</td><td>4</td><td>5</td><td>5.5</td><td>7</td><td>7.5</td></tr>
<tr><td colspan="2">l_1</td><td>15</td><td>25</td><td>36</td><td>46</td><td>56</td><td>67</td><td>26</td><td>35</td><td>39</td></tr>
<tr><td colspan="2">l_2</td><td colspan="6"></td><td>78</td><td>105</td><td>117</td></tr>
<tr><td colspan="2">b_1</td><td>4.5</td><td>6.5</td><td>7.5</td><td>7</td><td colspan="2">8</td><td>9</td><td colspan="2">11</td></tr>
<tr><td colspan="2">b_2</td><td colspan="3"></td><td>9</td><td>10</td><td>11</td><td>15</td><td>20</td><td>28</td></tr>
<tr><td colspan="2">D</td><td>3.8</td><td colspan="2">4.8</td><td>5</td><td colspan="3">6</td><td colspan="2">7</td></tr>
<tr><td colspan="2">木螺钉直径</td><td>2.5</td><td colspan="3">3</td><td colspan="3">4</td><td colspan="2">5</td></tr>
<tr><td colspan="2">木螺钉数量</td><td colspan="3">4</td><td colspan="3">6</td><td colspan="3">8</td></tr>
</table>

注:表中Ⅱ组为出口型尺寸。

2)轻型合页的外形及尺寸见表5-21。

表5-21　轻型合页的外形及尺寸　　mm

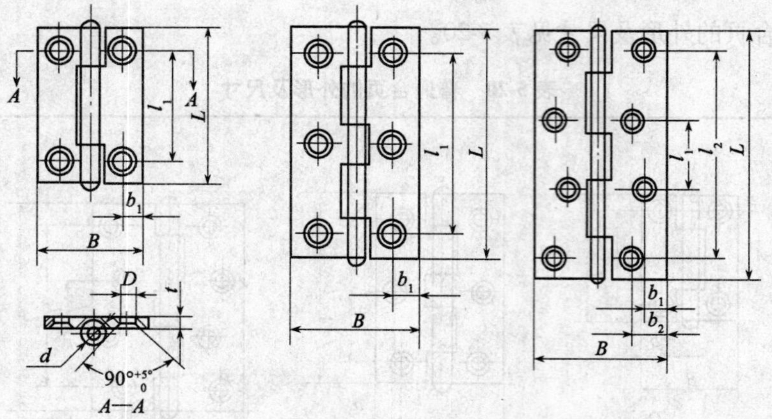

<table>
<tr><td rowspan="2">L</td><td>Ⅰ组</td><td>20</td><td>25</td><td>32</td><td>38</td><td>50</td><td>65</td><td>75</td><td>90</td><td>100</td></tr>
<tr><td>Ⅱ组</td><td>19</td><td>25</td><td>32</td><td>38</td><td>51</td><td>64</td><td>76</td><td>89</td><td>102</td></tr>
<tr><td colspan="2">B</td><td>16</td><td>18</td><td>22</td><td>26</td><td colspan="2">33</td><td>40</td><td>48</td><td>52</td></tr>
<tr><td colspan="2">t</td><td>0.60</td><td>0.70</td><td>0.75</td><td>0.80</td><td>1.00</td><td colspan="2">1.05</td><td>1.15</td><td>1.25</td></tr>
<tr><td colspan="2">d</td><td>1.6</td><td>1.9</td><td>2</td><td>2.2</td><td>2.4</td><td>2.6</td><td>2.8</td><td>3.2</td><td>3.5</td></tr>
<tr><td colspan="2">l_1</td><td>12</td><td>18</td><td>21</td><td>27</td><td>36</td><td>50</td><td>59</td><td>68</td><td>28</td></tr>
<tr><td colspan="2">l_2</td><td colspan="8"></td><td>84</td></tr>
<tr><td colspan="2">b_1</td><td>3.2</td><td>4</td><td>4.2</td><td>4.5</td><td>6</td><td>7</td><td>8</td><td>10</td><td>8</td></tr>
<tr><td colspan="2">b_2</td><td colspan="8"></td><td>13</td></tr>
<tr><td colspan="2">D</td><td>2.2</td><td>3.2</td><td>3.4</td><td>3.6</td><td colspan="2">4.4</td><td>4.8</td><td colspan="2">5.2</td></tr>
<tr><td colspan="2">木螺钉直径</td><td>1.6</td><td>2</td><td colspan="2">2.5</td><td colspan="5">3</td></tr>
<tr><td colspan="2">木螺钉数量</td><td colspan="5">4</td><td colspan="3">6</td><td>8</td></tr>
</table>

注:Ⅱ组为出口型尺寸。

3)抽芯型合页的外形及尺寸见表5-22。

表5-22　抽芯型合页的外形及尺寸　　mm

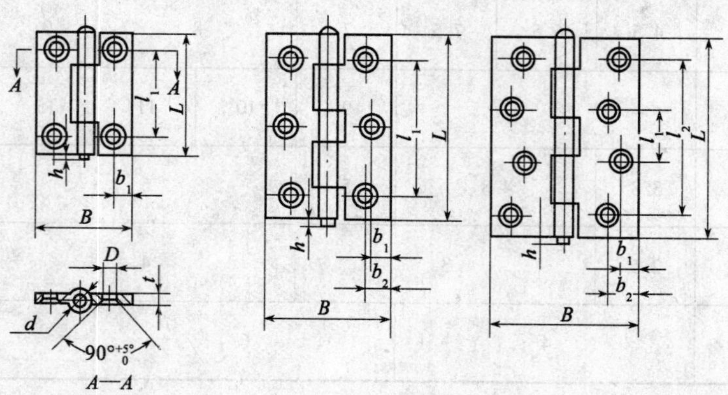

续表

L	Ⅰ组	38	50	65	75	90	100
	Ⅱ组	38	51	64	76	89	102
B		31	38	42	50	55	71
t		1.20	1.25	1.35	1.60		1.80
d		2.8	3.2		4	5	5.5
l_1		25	36	46	56	67	26
l_2							78
b_1		6.5	7.5	7	8		9
b_2				9	10	11	15
D		4.8		5	6		
h		1.5			2		
木螺钉直径		3			4		
木螺钉数量		4		6			8

注：Ⅱ组为出口型尺寸。

4）H型合页的外形及尺寸见表5-23。

表5-23 H型合页的外形及尺寸 mm

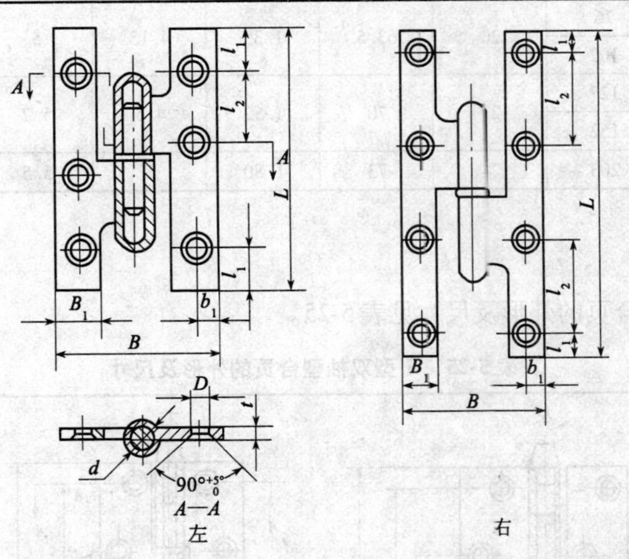

规 格	80	95	110	140
L	80	95	110	140
B	50	55		60
t	2			2.5
d	6		6.2	
l_1	8		9	10
l_2	22	27.5	33	40

续表

规　格	80	95	110	140
b_1	7		7.5	
B_1	14		15	
D	5		5.2	
木螺钉直径	4			
木螺钉数量	6			8

5) T 型合页的外形及尺寸见表 5-24。

表 5-24　T 型合页的外形及尺寸　　mm

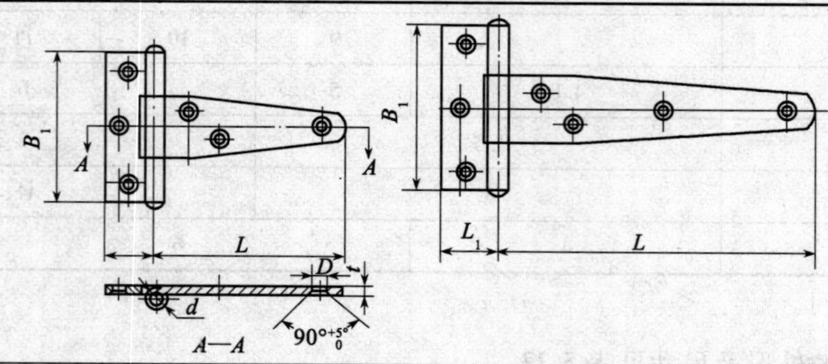

规格	L		L_1	B_1	t	d	D	木螺钉直径	木螺钉数量
	Ⅰ组	Ⅱ组							
75	75	76	20	63.5	1.35	4.15	5	3	6
100	100	102							
125	125	127	22	70	1.52	4.5	5.2	4	7
150	150	152							
200	200	203	24	73	1.80	5	5.5		

注：Ⅱ组为出口型尺寸。

6) 双袖型合页

① Ⅰ型双袖型合页的外形及尺寸见表 5-25。

表 5-25　Ⅰ型双袖型合页的外形及尺寸　　mm

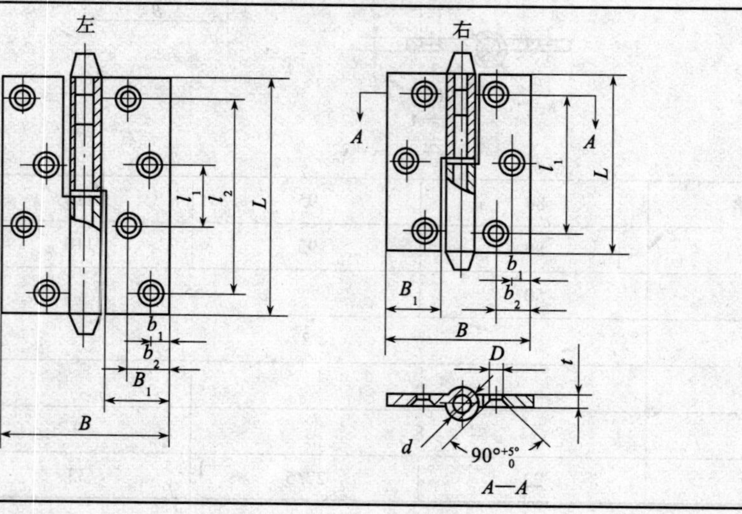

续表

规 格	75	100	125	150
L	75	100	125	150
B	60	70	85	95
t	1.5		1.8	2.0
d	6		8	
l_1	57	27	33	40
l_2		81	99	120
b_1	8	9	10	
b_2	15	17	23	28
B_1	23	28	33	38
D	4.5		5.5	
木螺钉直径	3		4	
木螺钉数量	6	8		

② Ⅱ型双袖型合页的外形及尺寸见表5-26。

表5-26 Ⅱ型双袖型合页的外形及尺寸 mm

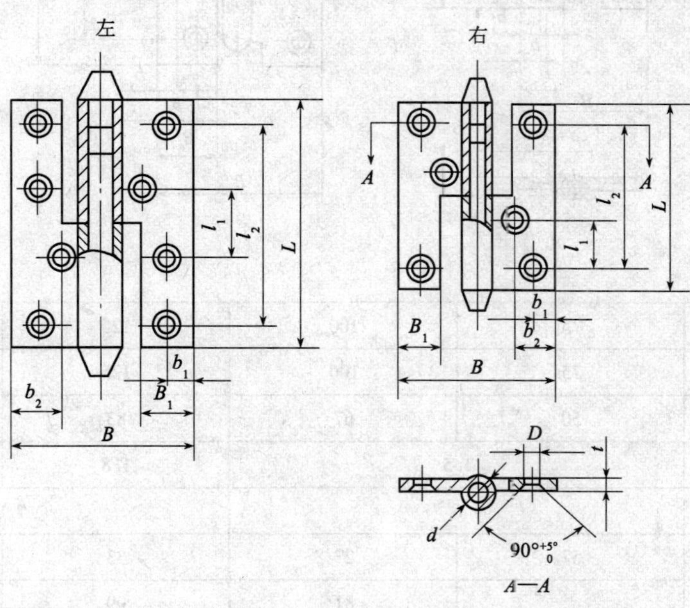

规 格	65	75	90	100	125	150
L	65	75	90	100	125	150
B	55	60	65	70	85	95
t	1.6		2.0		2.2	
d	6		7.5		8.5	
l_1	17	19	24	27	33	40

续表

规　格	65	75	90	100	125	150
l_2	52	59	72	81	99	120
b_1	8	8.5	9	10	12.5	15
b_2	15	17	18	20	25	30
B_1	16					
D	4.5				5.5	
木螺钉直径	3				4	
木螺钉数量	6		8			

③ Ⅲ型双袖型合页的外形及尺寸见表5-27。

表5-27　Ⅲ型双袖型合页的外形及尺寸　mm

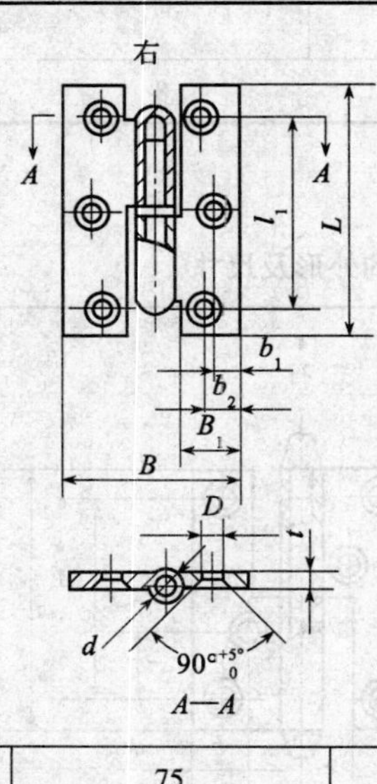

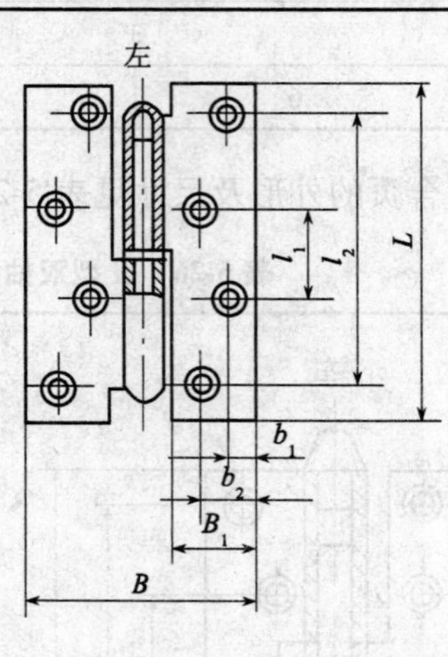

规　格	75	100	125	150
L	75	100	125	150
B	50	67	83	100
t	1.5		1.8	2.0
d	6		7.8	
l_1	57	27	33	40
l_2		81	99	120
b_1	8		10	
b_2	11	16	22	27
B_1	18	26	33	40
D	4.5		5.5	
木螺钉直径	3		4	
木螺钉数量	6	8		

7）弹簧合页的外形及尺寸见表5-28。

表5-28　弹簧合页的外形及尺寸　　mm

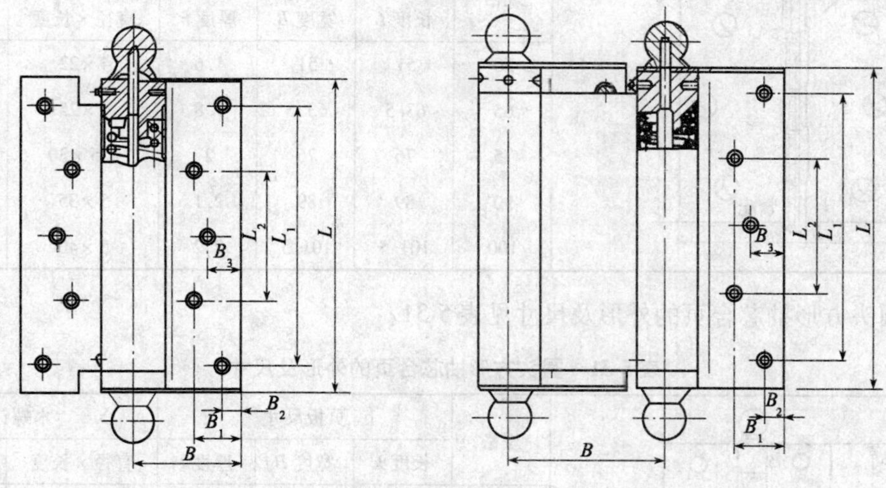

图1　　图2

规格		75	100	125	150	200	250
L	Ⅱ型	75	100	125	150	200	250
	Ⅰ型	76	102	127	152	203	254
B	图1	36	39	45	50	71	—
	图2	48	56	64		95	
L_1		58	76	90	120	164	—
L_2		34	43	44	70	82	—
B_1		13	16	19	20	32	
B_2		8	9		10	14	
B_3		—	—	—	15	23	

8）平面合页的外形及尺寸见表5-29。

表5-29　平面合页的外形及尺寸　　mm

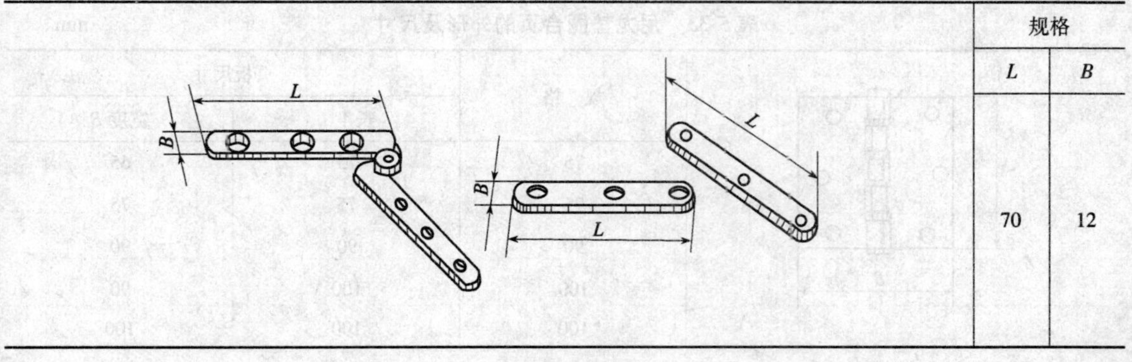

规格	
L	B
70	12

9）抽芯方合页的外形及尺寸见表5-30。

表5-30　抽芯方合页的外形及尺寸　mm

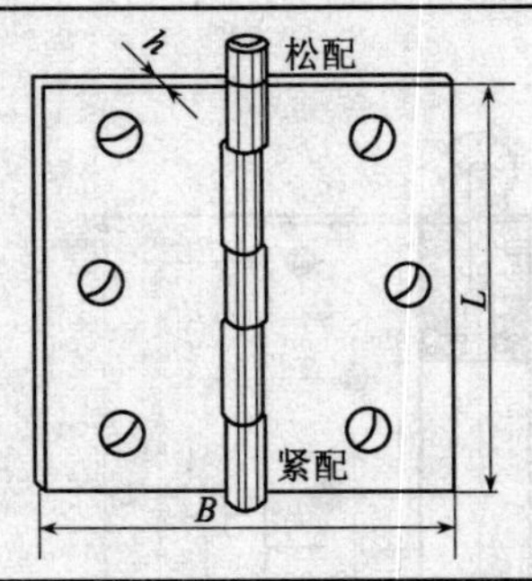

规格	页板尺寸			沉头木螺钉	
	长度 L	宽度 B	厚度 h	直径×长度	数量
50	51	51	1.6	4×22	4
65	63.5	63.5	1.8	4×25	6
75	76	76	2	4.5×30	6
90	89	89	2.1	5×35	6
100	101.5	101.5	2.2	5×40	8

10）圆头方形抽芯合页的外形及尺寸见表5-31。

表5-31　圆头方形抽芯合页的外形及尺寸　mm

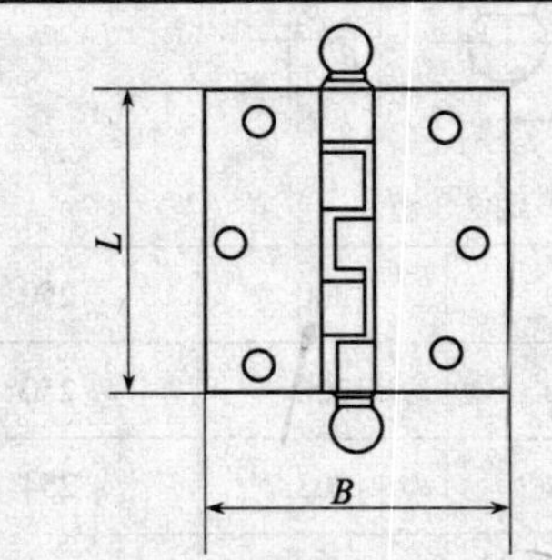

规格	页板尺寸			木螺钉	
	长度 L	宽度 B	厚度 t	直径×长度	数量
75	76	63.5	1.35	3.5×18	12
100	102	63.5	1.35	3.5×18	12
120	127	70	1.52	3.5×18	14
150	152	70	1.52	3.5×18	14
200	203	73	1.8	4×26	14

11）斜面脱卸合页的外形及尺寸见表5-32。

表5-32　斜面脱卸合页的外形及尺寸　mm

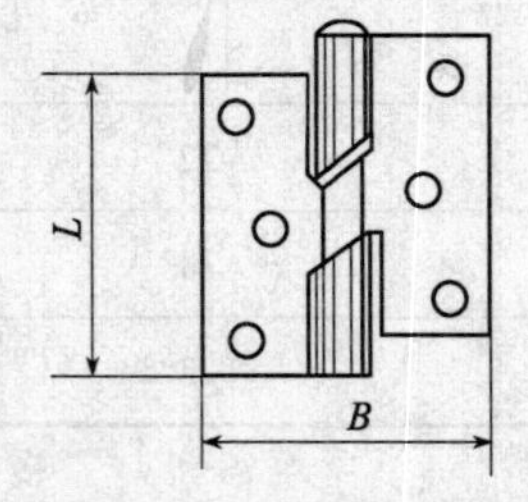

规格	页板尺寸				木螺钉	
	长度 L	宽度 B	厚度 b	升高 a	直径×长度	数量
75	75	70	2.7	12	4.5×30	6
100	100	80	3.0	13	4.5×40	8

12）尼龙垫圈合页的外形及尺寸见表5-33。

表5-33　尼龙垫圈合页的外形及尺寸　mm

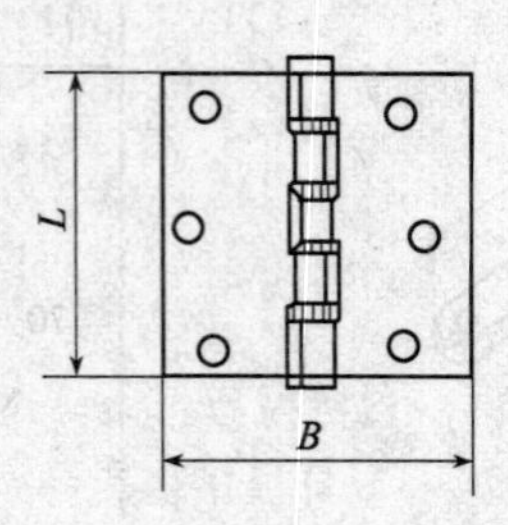

规　格	页板尺寸	
	长度 L	宽度 B
75	75	65
75	75	75
90	90	90
100	100	90
100	100	100

13）翻窗合页的外形及尺寸见表5-34。

表5-34 翻窗合页的外形及尺寸 mm

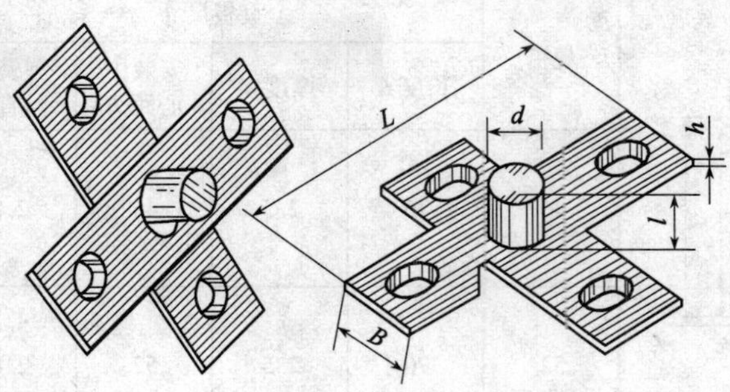

页板			轴芯		木螺钉	
长度	宽度	厚度	直径	长度	直径×长度	数量
50	19	2.7	9	12	3.5×18	8
65,75	19	2.7	9	12	3.5×20	8
90,100	19	3.0	9	12	4×25	8

14）蝴蝶合页的外形及尺寸见表5-35。

表5-35 蝴蝶合页的外形及尺寸 mm

页板尺寸			木螺钉	
长	宽	厚	直径×长度	数量
70	70	12	4×30	6

15）单旗合页的外形及尺寸见表5-36。

表5-36 单旗合页的外形及尺寸 mm

分类	规格	页板尺寸			沉头木螺钉	
		长度 L	宽度 B	厚度 h	直径×长度	数量
普通	120	120	67	18	4×315	6
	120	120	87	18	4×315	6
不锈钢	127	127	45	3		
	127	127	50	3		

16）钢纱门合页的外形及尺寸见表5-37。

表5-37 钢纱门合页的外形及尺寸 mm

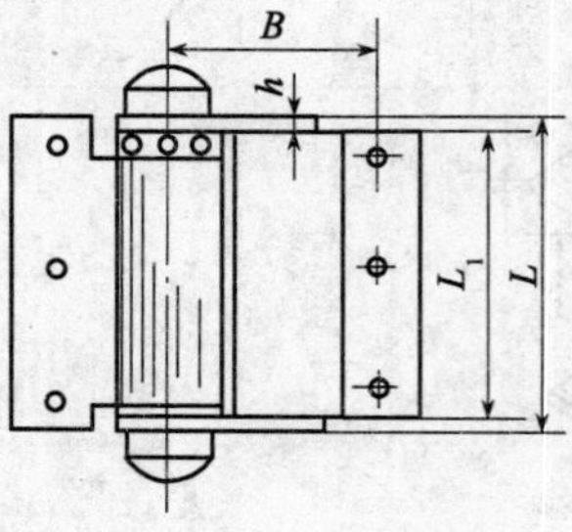

规格	页板尺寸				半圆头木螺钉	
	长度 L	厚度 h	安装中心距 B	弹簧钢丝直径	直径×长度	数量
46	76	2.5	46	2.8	9×12 5×10	3 3
52	76	2.5	52	2.8	6×12 5×10	3 3

5.5 拉手、拉环与按钮

1）小拉手的外形与尺寸见表5-38。

表5-38 小拉手的外形与尺寸 mm

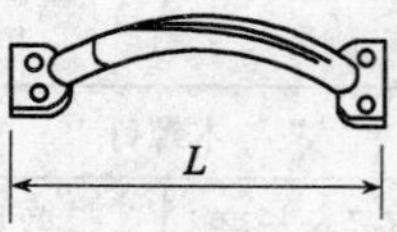

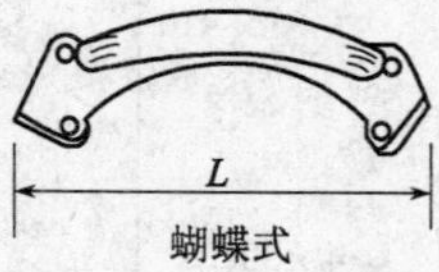

规格	长 度		木螺钉	
	普通式	蝴蝶式	直径×长度	数量
75	75	75	3×16	4
100	100	100	3.5×20	4
125	125	125	3.5×20	4
150	150	150	4×25	4

注：材料为低碳钢，表面镀铬或喷漆；蝴蝶式拉手也有锌合金制造，表面镀铬。

2）家具拉手的外形及尺寸见表5-39。

表5-39 家具拉手的外形及尺寸 mm

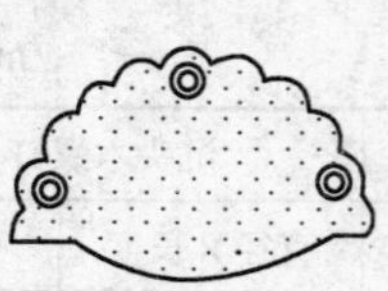

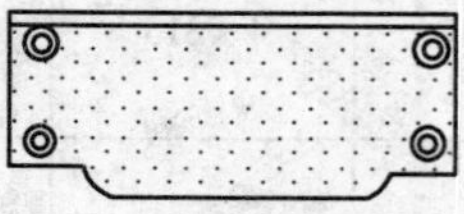

规格	长 度		木螺钉	
	普通	方形	直径×长度	数量
65	65	—	3×16	3
80	80	—	3.5×20	3
90	—	90	3.5×20	4

注：材料为低碳钢，表面镀锌、铜或铬；也有采用黄铜制造。

3)底板拉手的外形及尺寸见表5-40。

表5-40 底板拉手的外形及尺寸 mm

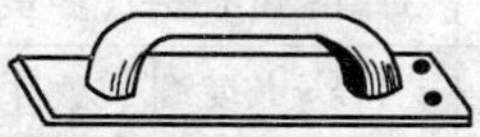

普通式

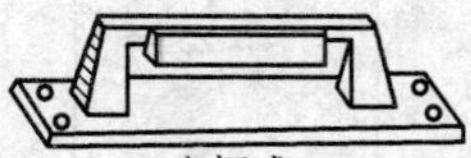

方柄式

规格	底板长	普通式		方柄式		木螺钉	
		底板宽	底板厚	底板宽	底板厚	直径×长度	数量
150	150	40	1.0	30	2.5	3.5×25	8
200	200	48	1.2	35	2.5	3.5×25	8
250	250	58	1.2	50	3.0	4×25	8
300	300	66	1.6	55	3.0	4×25	8

注:拉手的底板、手柄材料为低碳钢,表面镀铬;方柄式手柄也有锌合金制造,表面镀铬,托柄为塑料。

4)大门底板拉手的外形及尺寸见表5-41。

表5-41 大门底板拉手的外形及尺寸 mm

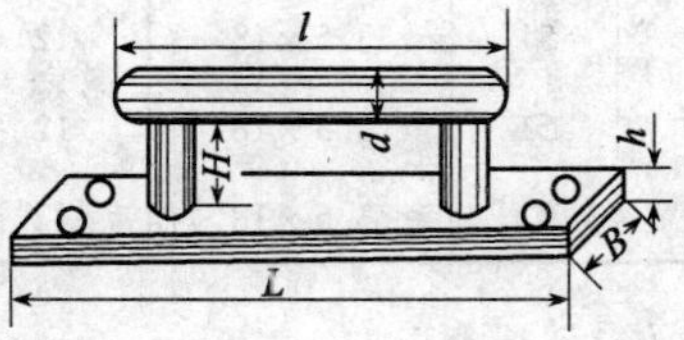

l d H h B L

规格	底板长	普通式		方柄式		木螺钉	
		底板宽	底板厚	底板宽	底板厚	直径×长度	数量
150	150	42	6	30	2	3.5×25	8
200	200	50	7	40	3	3.5×25	8
250	250	58	8	50	3	4×25	8
300	300	66	8	60	4	4×25	8

注:拉手的底板、手柄为低碳钢(方柄式也有的为锌合金),表面镀铬;托柄为塑料。

5)方形大门拉手的外形及尺寸见表5-42。

表5-42 方形大门拉手的外形及尺寸 mm

规格	手柄长度	托柄长度	底板尺寸			木螺钉	
			长	宽	厚	直径×长度	数量
250	250	190	80	60	3.5	4×25	16
300	300	240	80	60	3.5	4×25	16
350	350	290	80	60	3.5	4×25	16
400	400	320	80	60	3.5	4×25	16
450	450	370	80	60	3.5	4×25	16
500	500	420	80	60	3.5	4×25	16
550	550	470	80	60	3.5	4×25	16
600	600	520	80	60	3.5	4×25	16
650	650	550	80	60	3.5	4×25	16
700	700	600	80	60	3.5	4×25	16
750	750	650	80	60	3.5	4×25	16
800	800	680	80	60	3.5	4×25	16
850	850	730	80	60	3.5	4×25	16
900	900	780	80	60	3.5	4×25	16
950	950	830	80	60	3.5	4×25	16
1000	1000	880	80	60	3.5	4×25	16

注:拉手材料:手柄、底板、桩脚为低碳钢,表面镀铬;或为黄铜,表面抛光;托柄为塑料。

6)管子拉手的外形及尺寸见表5-43。

表5-43 管子拉手的外形及尺寸 mm

图形	管子尺寸			每副配用木螺钉(参考)	
	长度	外径	厚度	直径×长度	数目
	250、300、350、400、450	25	1.5	4×25	12
	500、550、600、650、700、750、800、850、900、950、1000	32	2		

注:拉手材料:管子为低碳钢,桩头为铸铁,表面均镀铬;或全为黄铜,表面镀铬。

7)梭子拉手的外形及尺寸见表5-44。

表5-44 梭子拉手的外形及尺寸 mm

图形	规格	总长	管子尺寸		桩脚底座直径	木螺钉	
			外径	高度		直径×长度	数量
	200	200	19	65	51	3.5×18	12
	350	350	25	69	51	3.5×18	12
	450	450	25	69	51	3.5×18	12

注:拉手材料:管子为低碳钢,桩脚、梭头为灰铸铁,表面镀铬。

8)玻璃大门拉手的外形及尺寸见表5-45。

表5-45 玻璃大门拉手的外形及尺寸 mm

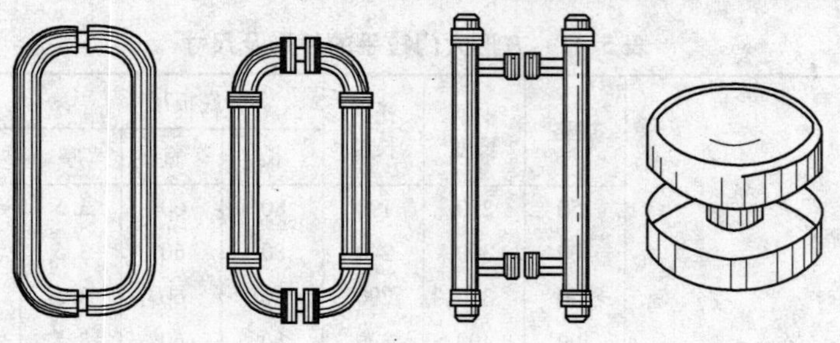

品种	代号	规格		品种	代号	规格		用途
		管子全长	外径			管子全长	外径	
弯管拉手	MA113	300 457 457 600	32 32 38 51	直管拉手	MA112	457 600 600 800	42 42 54 54	主要装在商场、酒楼、俱乐部、大厦等玻璃大门上,作推、拉门扇用
花(弯)管拉手	—	350 457 457 600 600 800	32 32 38 32 51 51		MA104	300 457 457 600	32 32 38 51	
				圆盘拉手	—	圆盘直径:160,180,200,220		

注:材料为不锈钢,表面抛光;圆盘拉手也有的用黄铜(表面抛光)、铝合金(表面喷塑,白色或红色)、有机玻璃制造。

9)推板拉手的外形及尺寸见表5-46。

表5-46　推板拉手的外形及尺寸　　mm

	型号	规格	主要尺寸		
			长	宽	高
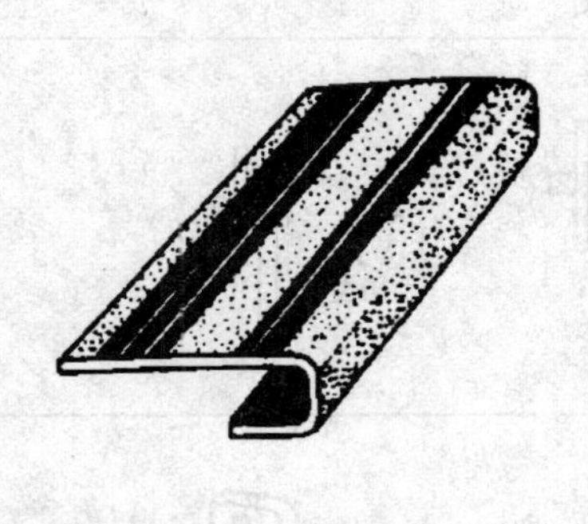	X-3	200 250 300	200 250 300	100 100 100	40 40 40
	228	300	300	100	40

注:拉手材料为铝合金。

10)圆柱拉手的外形及尺寸见表5-47。

表5-47　圆柱拉手的外形及尺寸　　mm

	品名	主要尺寸		半圆头螺钉
		直径	高度	
 圆柱拉手  塑料圆柱拉手	圆柱拉手	35	22.5	M5×25
	塑料圆柱拉手	40	20	M5×30

11)门锁执手与拉手的代号、名称及简图见表5-48。

表5-48　门锁执手与拉手的代号、名称及简图

代号	执手或拉手名称	简　图	
		执手	拉手
J	尖角弯执手、圆角覆板(压铸暗螺钉) 单头、双头拉手 单头捺子、双头捺子拉手 双扇门副拉手		
W	弯角弯执手、圆角 覆板(压铸暗螺钉)		
S	双角覆板、弯角弯执手(压铸暗螺钉)		
A	凹圆形执手、凹圆形覆圈 无捺拉手 捺子拉手 (室内外明螺钉)		

12)门锁拉环与按钮的规格及简图见表5-49。

表5-49 门锁拉环与按钮的规格及简图

名称	规格	简图
拉环	有A、B型两种	A型 B型
按钮	有A、B、J型三种	A型 B型 J型

5.6 门窗用锁

1. 外装门锁

1)互开率应符合表5-50的规定,双锁头以外锁头为准。

表5-50 互开率 %

锁头结构	单排弹子		多排弹子	
	A级(安全型)	B级(普通型)	A级(安全型)	B级(普通型)
数值	≤0.082	≤0.204	≤0.030	≤0.050

2)锁舌伸出长度应符合表5-51的规定。

表5-51 锁舌伸出长度 mm

产品型式	单舌门锁		双舌门锁		双扣门锁	
	斜舌	呆舌	斜舌	呆舌	斜舌	呆舌
数值	≥12	≥14.5	≥12	≥18	≥4.5	≥8

3)锁舌在承受表5-52规定的侧向静载荷后,仍能正常使用。

表5-52 锁舌侧向静载荷 N

级 别	单舌门锁	双舌门锁		双扣门锁
		斜舌	呆舌	
A	3000	1500	3000	3000
B	1500	1000	1500	1500

4）锁舌在承受表5-53规定的端部静载荷后，仍能正常使用。

表5-53　锁舌端部静载荷　N

级别	单舌门锁		双舌门锁	
	斜舌	呆舌	斜舌	呆舌
A	500	1000	500	1000
B	—	500	—	500

5）斜舌轴向静载荷应符合表5-54规定。

表5-54　斜舌轴向静载荷　N

锁舌结构	单舌门锁	双舌门锁
数值	6～14	3～12

6）钥匙拔出静拉力应符合表5-55规定。

表5-55　钥匙拔出静拉力　N

锁头结构	单排弹子	多排弹子
数值	≤8	≤14

7）金属外露表面电沉积层耐腐蚀应符合表5-56规定。

表5-56　金属耐腐蚀

序号	基体金属	电沉积层种类	试验时间 h	评定级别	
				基体耐腐蚀	镀层耐腐蚀
1	钢	镀锌钝彩	24	6	6
2		镀锌钝白	6	4	—
3		镀铜+镍	8	4	—
4		镀铜+镍+铬	24	6	—
5		镀仿金	24	6	—
6		镀古铜	24	6	—
7	铜	镀镍+铬	24	6	—
8		镀仿金	24	6	—
9		镀古铜	24	6	—
10	锌合金	镀锌钝彩	24	6	6
11		镀铜+镍	8	4	—
12		镀铜+镍+铬	24	6	—
13		镀仿金	24	6	—
14		镀古铜	24	6	—

注：铜基体抛光清漆封闭要求与序号8一致。

2. 弹子插芯门锁

1)钥匙不同牙花数及互开率应符合表5-57规定。

表5-57 钥匙不同牙花数、互开率

项目名称	单排弹子	多排弹子
钥匙不同牙花数 （种） ≥	6000	50000
互开率 % ≤	0.204	0.051

2)锁舌伸出长度应符合表5-58规定。

表5-58 锁舌伸出长度 mm

双舌		双舌(钢门)	单舌
斜舌 ≥	11	9	12
方、钩舌 ≥	12.5		

3)钥匙拔出静拉力应符合表5-59规定。

表5-59 钥匙拔出静拉力 N

项目名称	单排弹子	多排弹子
钥匙拔出静拉力	≤8	≤14

4)金属外露表面电沉积层耐腐蚀应符合表5-60规定。

表5-60 金属耐腐蚀

序号	基体金属	电沉积层种类	试验时间 h	评定级别	
				基体耐腐蚀	镀层耐腐蚀
1	钢	镀锌钝彩	24	6	6
2		镀锌钝白	6	4	—
3		镀铜+镍	8	4	—
4		镀铜+镍+铬	24	6	—
5		镀仿金	24	6	—
6		镀古铜	24	6	—
7	铜	镀镍+铬	24	6	—
8		镀仿金	24	6	—
9		镀古铜	24	6	—
10	锌合金	镀锌钝彩	24	6	6
11		镀铜+镍	8	4	—
12		镀铜+镍+铬	24	6	—
13		镀仿金	24	6	—
14		镀古铜	24	6	—

注:铜基体抛光清漆封闭要求与序号8一致。

3. 叶片插芯门锁

1）锁舌伸出长度应符合表5-61规定。

表5-61　锁舌伸出长度　mm

类　型	一档开启	二档开启
方舌	≥12	第一档　≥8
		第二档　≥16
斜舌	≥10	

2）金属外露表面电沉积层耐腐蚀应符合表5-62规定。

表5-62　金属耐腐蚀

序号	基体金属	电沉积层种类	试验时间 h	评定级别	
				基体耐腐蚀	镀层耐腐蚀
1	钢	镀锌钝彩	24	6	6
2		镀锌钝白	6	4	—
3		镀铜＋镍	8	4	—
4		镀铜＋镍＋铬	24	6	—
5		镀仿金	24	6	—
6		镀古铜	24	6	—
7	铜	镀镍＋铬	24	6	—
8		镀仿金	24	6	—
9		镀古铜	24	6	—
10	锌合金	镀锌钝彩	24	6	6
11		镀铜＋镍	8	4	—
12		镀铜＋镍＋铬	24	6	—
13		镀仿金	24	6	—
14		镀古铜	24	6	—

注：铜基体抛光清漆封闭要求与序号8一致。

4. 球形门锁

1）产品功能及结构特征见表5-63。

表5-63　产品功能及结构特征

序号	功能	结构特征			
		外执手上	内执手上	锁舌	备注
1	房门锁	锁头	按钮、按旋钮或旋钮	有保险柱	
2	浴室锁	有小孔（无齿钥匙）	按钮、按旋钮或旋钮	无保险柱	

续表

序号	功能	结构特征			
		外执手上	内执手上	锁舌	备注
3	厕所锁	显示器(无齿钥匙)	旋钮	无保险柱	
4	通道锁	—	—	无保险柱	
5	壁橱锁	锁头	无执手	有保险柱	外执手带锁闭装置
6	阳台或庭院锁	—	按钮、旋钮	有保险柱	
7	固定锁	锁头	锁头或旋钮	方舌或圆柱舌	
8	拉手套锁	锁头	锁头或旋钮	方舌或圆柱舌	固定锁
		按钮	执手	无保险柱	拉手球锁

2)钥匙不同牙花数应符合表5-64 规定。

表 5-64　钥匙不同牙花数　　种

锁头结构	弹子球锁		叶片球锁	
	单排弹子	多排弹子	无级差	有级差
数值	≥6000	≥100000	≥500	≥6000

3)互开率应符合表5-65 规定。

表 5-65　互开率　　%

级　别	弹子球锁		叶片球锁	
	单排弹子	多排弹子	无级差	有级差
A	≤0. 082	≤0. 010	—	≤0. 082
B	≤0. 204	≤0. 020	≤0. 326	≤0. 204

4)锁舌伸出长度应符合表5-66 规定。

表 5-66　锁舌伸出长度　　mm

级　别	球形锁	固定锁	拉手套锁	
			方舌	斜舌
A	≥12	≥25	≥25	≥11
B	≥11			

注:锁舌伸出长度可按用户或市场要求进行制造。

5)执手按表5-67(锁闭状态及不锁闭状态)作顺、逆时针试验后,仍能正常使用。

表 5-67　执手扭矩　　N · m

级　别	锁闭状态		不锁闭状态	
	球形执手	L 形执手	球形执手	L 形执手
A	≥17	≥20	≥14	≥17
B	≥12	≥14	≥10	≥14

5. 弹子门锁的外形及尺寸(表 5-68)

表 5-68 弹子门锁的外形及尺寸

外形	型号	锁体尺寸,mm			适用门的厚度,mm
		宽	高	厚	
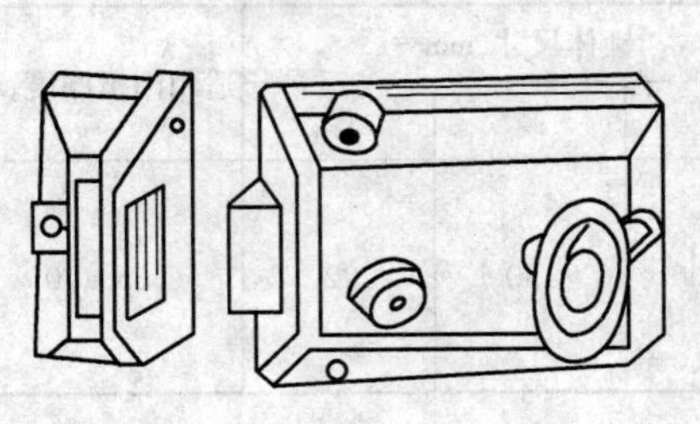	6140	82.5	62	24.5	38~57
	6141	91	65	27	40~58
	6144	82.5	62	24.5	38~57
	6149	87	60	27	40~58
	6150	88	63	28.5	38~57
	6162	92.5	65	28	40~58

6. 碰珠锁的外形及尺寸(表 5-69)

表 5-69 碰珠锁的外形及尺寸

外形	型号	锁体尺寸,mm			适用门梃厚度,mm
		宽	高	厚	
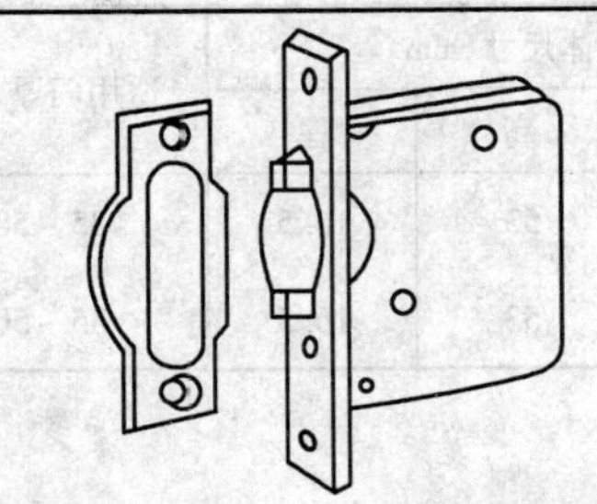	901	60	60	16	30~35

7. 厕所锁的外形及尺寸(表 5-70)

表 5-70 厕所锁的外形及尺寸

外形	型号	锁体尺寸,mm			适用门的厚度,mm
		宽	高	厚	
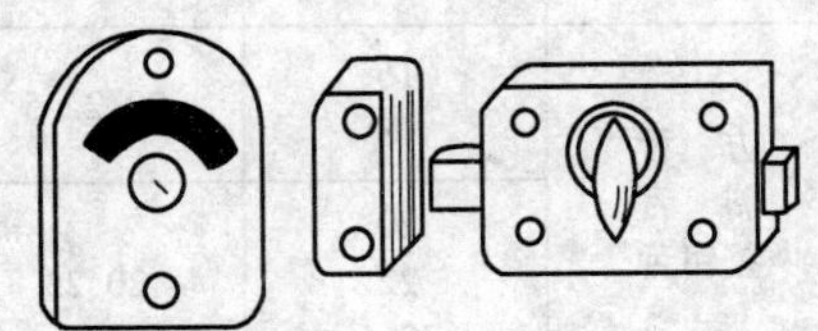	651	—	—	—	15~55

8. 密闭门执手锁的外形及尺寸(表 5-71)

表 5-71 密闭门执手锁的外形及尺寸

外形	型号		锁体尺寸,mm			适用门梃厚度,mm
			宽	高	厚	
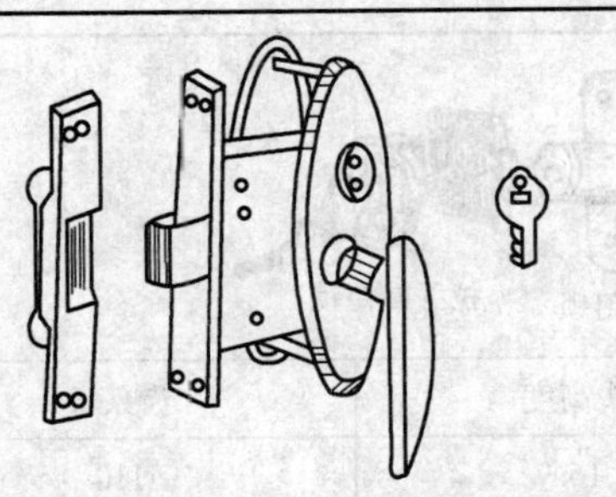	左内开门用	专400	115	112	20	100~120
	右内开门用	专401	115	112	20	100~120

9. 恒温室执手插锁的外形及尺寸(表5-72)

表5-72　恒温室执手插锁的外形及尺寸

型号	锁体尺寸,mm			适用门梃厚度,mm
	宽	高	厚	
专300 专301 专302	112	130	22	65~70

注:门梃厚度不符合规定时,必须定制。

10. 圆筒式球形执手锁的外形及尺寸(表5-73)

表5-73　圆筒式球形执手锁的外形及尺寸

型号	锁体尺寸,mm			适用门厚,mm
	宽	高	厚	
9401	72	53	16.5	35~50
9405	72	53	16.5	35~50

11. 弹子家具锁的外形及尺寸(表5-74)

表5-74　弹子家具锁的外形及尺寸　mm

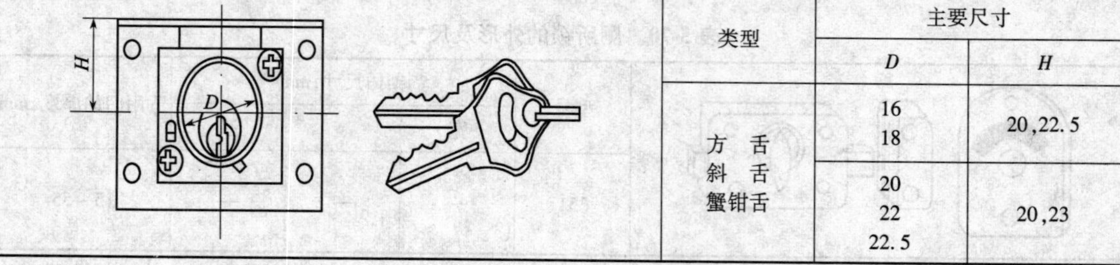

类型	主要尺寸	
	D	H
方　舌 斜　舌 蟹钳舌	16 18	20,22.5
	20 22 22.5	20,23

12. 橱门锁的外形及尺寸(表5-75)

表5-75　橱门锁的外形及尺寸　mm

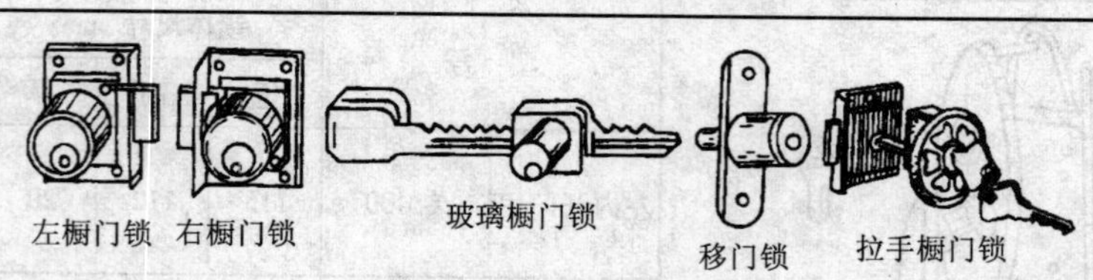

品　种	锁头直径	锁头高度	齿条长
玻璃橱门锁	18,22,椭圆形为17×21	16,16.7	110

续表

品 种	锁头直径	锁头高度	齿条长
左右弹子橱门锁	22.5	20	—
拉手橱门锁	14.5 18	20,16.7 20	—
橱柜移门锁	19,22	26,30	—

5.7 门定位器

门定位器的简图及规格见表5-76。

表5-76 门定位器的简图及规格

名称	简 图	规 格
脚踏门钩	立式（904型）	外形尺寸 三角形钩座：32mm×20mm×40mm 带活动钩底座：65mm×47mm×90mm 木螺钉：3.5mm×25mm
	横式（903型）	三角形钩座：32mm×20mm×40mm 带活动钩底座：80mm×47mm×47mm 木螺钉：3.5mm×25mm 5个
门轧头	立式（902型）	弹性轧头：53mm×56mm×18mm 楔形头底座：48mm×48mm×40mm 木螺钉：4mm×25mm 2个 3.5mm×20mm 4个
	横式（901型）	弹性轧头：53mm×56mm×18mm 楔形头底座：58mm×75mm×30mm 木螺钉：4mm×25mm 2个 3.5mm×20mm 4个
冷库门轧头		有大号、小号两种

续表

名称	简图	规格
脚踏门制		主要尺寸 全长:162mm 底板:128mm×63mm 橡胶头伸长:≈30mm 木螺钉:3.5mm×22mm　3个
磁性吸门器	立式安装　横式安装	主要尺寸 底座高度:77mm 底座直径:55mm 球体直径:36mm 吸盘座直径:52mm 总长:90mm 木螺钉:3.5mm×18mm　7个

5.8 自动闭门器

1)地弹簧的外形及尺寸见表5-77。

表5-77　地弹簧的外形及尺寸

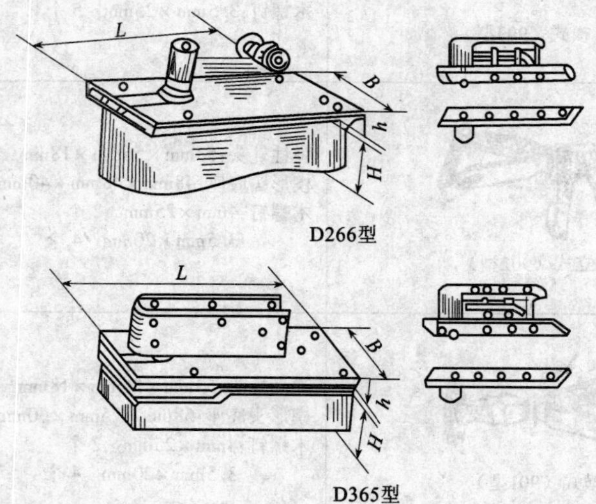

D266型

D365型

型号	地弹簧尺寸,mm			适用门的范围,cm			
	面板长	面板宽	底座总高	门高	门宽	门厚	门重,kg
785①	315	90	55	180~250	70~90	4~5	35~50
765	294	171	57	200~280	70~100	4~5	70~140
739	260	141	85	200~280	70~100	4~5	80~150

① 785无油泵机构。

2)门顶弹簧的外形及尺寸见表5-78。

表5-78 门顶弹簧的外形及尺寸

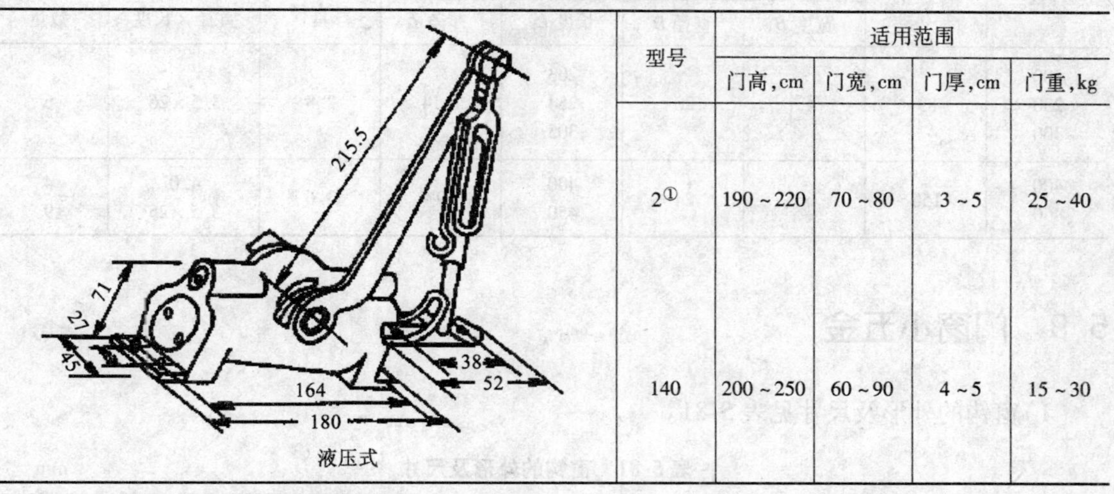

外形	型号	适用范围			
		门高,cm	门宽,cm	门厚,cm	门重,kg
液压式	2①	190~220	70~80	3~5	25~40
	140	200~250	60~90	4~5	15~30

① 2号门顶弹簧开启到90°时,可固定不动。

3)门底弹簧的结构简图及用途见表5-79。

表5-79 门底弹簧的结构简图及用途

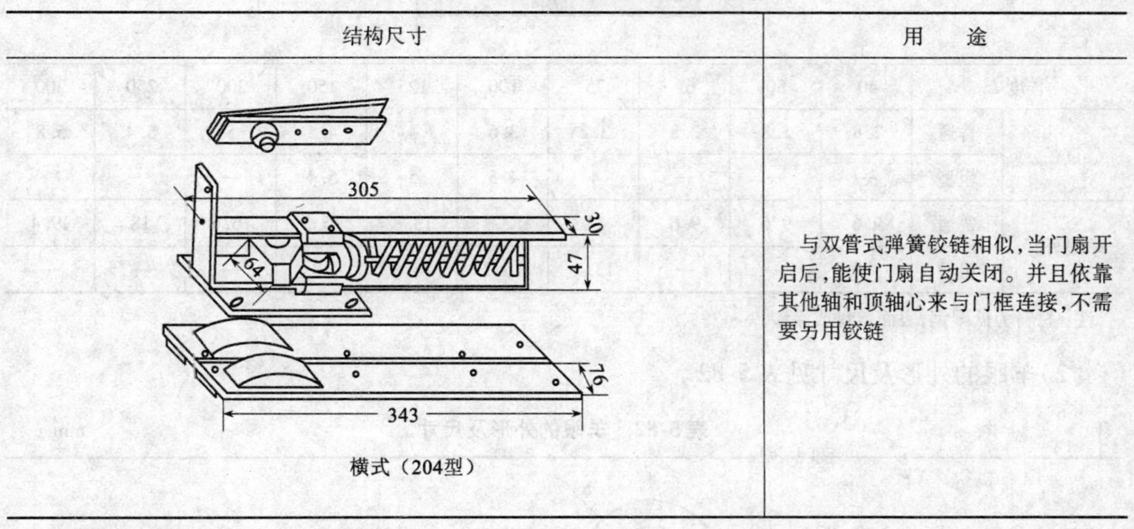

结构尺寸	用途
横式(204型)	与双管式弹簧铰链相似,当门扇开启后,能使门扇自动关闭。并且依靠其他轴和顶轴心来与门框连接,不需要另用铰链

4)鼠尾弹簧的外形及尺寸见表5-80。

表5-80 鼠尾弹簧的外形及尺寸 mm

续表

规格	页板长度 L	筒管		臂梗		弹簧钢丝直径	配沉头木螺钉	
		宽度 B	直径 D	长度 L_1	直径 d		直径×长度	数量
200 250 300	89	43	20	203 254 305	7.14	2.8	3.5×26	6
400 450	150	66	24	400 450	9	3.6	4.0 3.5×25	4 9

5.9 门窗小五金

1)窗钩的外形及尺寸见表5-81。

表5-81 窗钩的外形及尺寸 mm

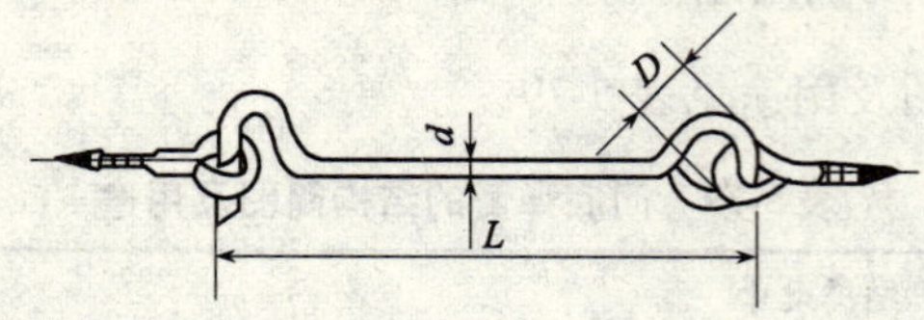

长度 L		40	50	65	75	100	125	150	200	250	300
直径	普通	2.8	2.8	2.8	3.2	3.6	4	4.5	5	5.4	5.8
	粗型	—	—	—	4	4.5	5	5.4	—	—	—
羊眼外径	普通	9.6	9.6	9.6	11	12.4	13.8	15.2	16.6	18	19.4
	粗型	—	—	—	13.8	15.2	16.6	18	—	—	—

注:材料为低碳钢,表面镀锌或涂漆。

2)羊眼的外形及尺寸见表5-82。

表5-82 羊眼的外形及尺寸 mm

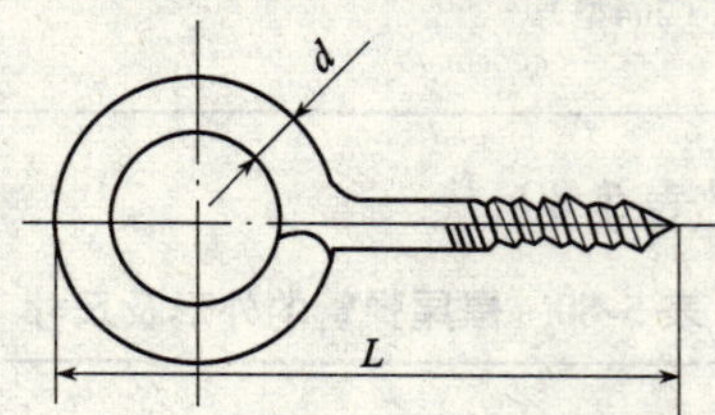

号码	主要尺寸			号码	主要尺寸		
	直径	圈外径	全长		直径	圈外径	全长
1	1.6	9	20	5	2.8	13	28
2	1.8	10	22	6	3.2	14	31
3	2.2	11	24	7	3.5	15.5	34
4	2.5	12	26	8	3.8	17	37

续表

号码	主要尺寸			号码	主要尺寸		
	直径	圈外径	全长		直径	圈外径	全长
9	4.0	18	39	14	5.5	24	52
10	4.2	19	41	16	6.0	26	58
11	4.5	20	43	18	6.5	28	64
12	5.0	21	46	20	7.2	31	70
13	5.2	22.5	49				

注:材料为低碳钢,表面镀锌或镀镍。

3)灯钩的外形及尺寸见表5-83。

表5-83 灯钩的外形及尺寸 mm

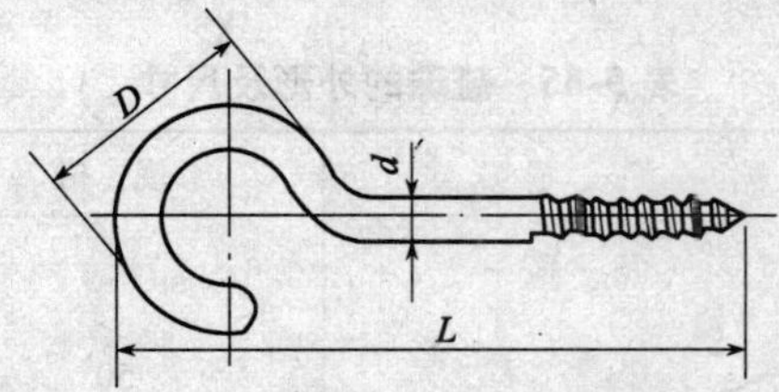

规格	号码	各部尺寸			
		长度 L	钩外径 D	直径 d	螺距
35	3	35	13	2.5	1.15
40	4	40	14.5	2.8	1.25
45	5	45	16	3.1	1.4
50	6	50	17.5	3.4	1.6
55	7	55	19	3.7	1.7
60	8	60	20.5	4	1.8
65	9	65	22	4.3	1.95
70	10	70	24.5	4.6	2.1
80	12	80	30	5.2	2.3
90	14	90	35	5.8	2.5
105	16	105	41	6.4	2.8
115	18	110	46	8.4	3.175

注:材料为低碳钢,表面镀锌或镀镍。

4)锁扣的外形及尺寸见表5-84。

表5-84 锁扣的外形及尺寸 mm

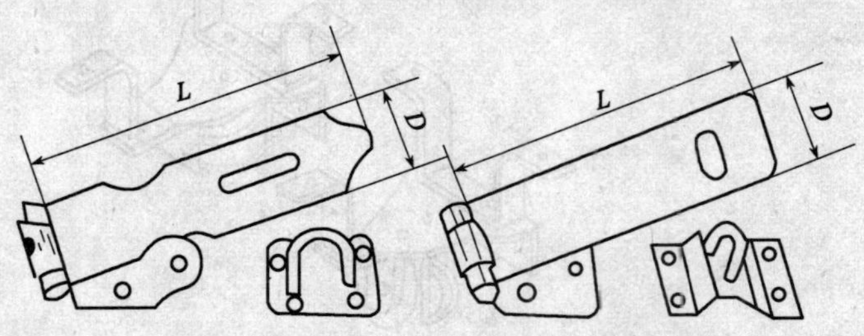

续表

规格	面板尺寸						沉头木螺钉		
	长度 L		宽度 B		厚度 h		直径×长度		数量
	普通	宽型	普通	宽型	普通	宽型	普通	宽型	
40	38.5	38	17	20	1	1.2	2.5×10	2.5×10	7
50	55	52	20	27	1	1.2	2.5×10	3×12	7
65	67	65	23	32	1	1.2	2.5×10	3×14	7
75	75	78	25	32	1.2	1.2	3×14	3×16	7
90	—	88	—	36	—	1.4	—	3.5×18	7
100	—	101	—	36	—	1.4	—	3.5×20	7
125	—	127	—	36	—	1.4	—	3.5×20	7

注:材料为低碳钢,表面涂漆。

5)碰珠的外形及尺寸见表5-85。

表5-85　碰珠的外形及尺寸

	规　格	长度,mm
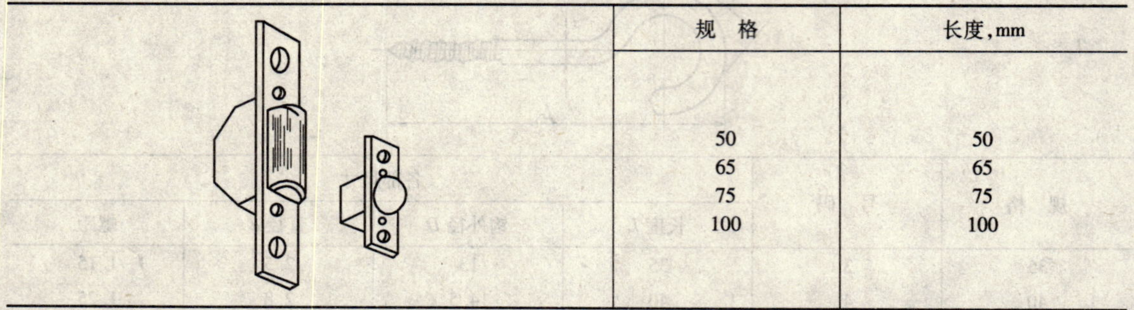	50 65 75 100	50 65 75 100

6)窗帘紧线滑轮的名称及简图见表5-86。

表5-86　窗帘紧线滑轮的名称及简图

名　称	简　图
铝质窗帘紧线滑轮	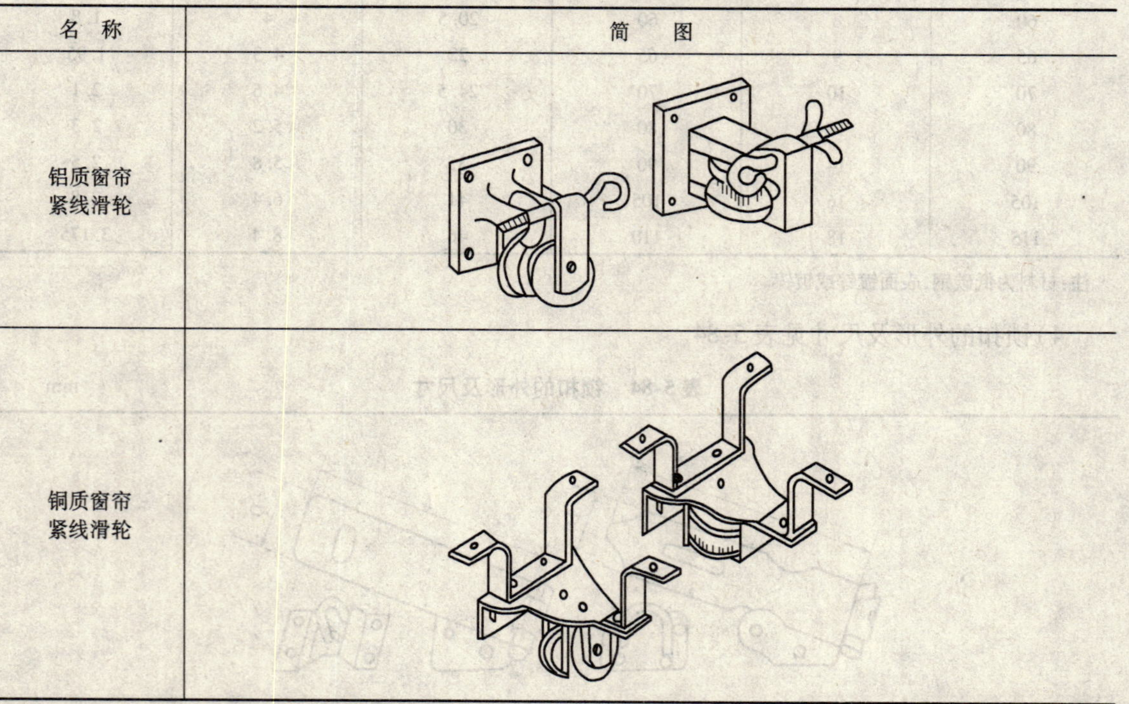
铜质窗帘紧线滑轮	

7)窗帘轨的外形及尺寸见表5-87。

表5-87　窗帘轨的外形及尺寸

m

固定式

调节式

名称	规格	轨道长度	安装距离
固定式窗帘轨	1.2	1.25	—
	1.6	1.65	—
	1.8	1.85	—
	2.1	2.15	—
	2.4	2.45	—
	2.8	2.85	—
	3.2	3.25	—
	3.5	3.55	—
	3.8	3.85	—
	4.2	4.25	—
	4.5	4.5	—
调节式窗帘轨	1.5	—	1.0~1.8
	1.8	—	1.2~2.2
	2.4	—	1.9~2.6

注:材料:铝合金。

8)空心窗帘棍的外形及尺寸见表5-88。

表5-88　空心窗帘棍的外形及尺寸

简图	规格,mm
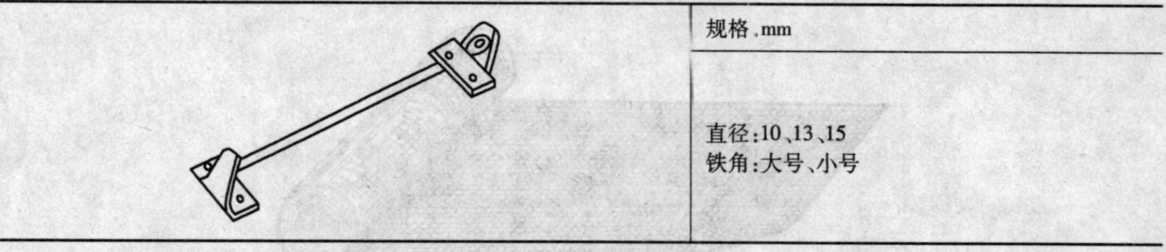	直径:10、13、15 铁角:大号、小号

9)铁三角和T形铁角的外形及尺寸见表5-89。

表5-89　铁三角和T形铁角的外形及尺寸

名　称	简　图	规格,mm
铁三角		边长:50、60、75、90、100、125、150
T形铁角		边长:50、60、75

10）推拉门滑轨的外形及尺寸见表5-90。

表5-90　推拉门滑轨的外形及尺寸

名　称	简　　图	规格，mm
橱门滑条		900、1100、1200、1500
⊥形拉门铁轨		—

11）窗纱的外形及尺寸见表5-91。

表5-91　窗纱的外形及尺寸

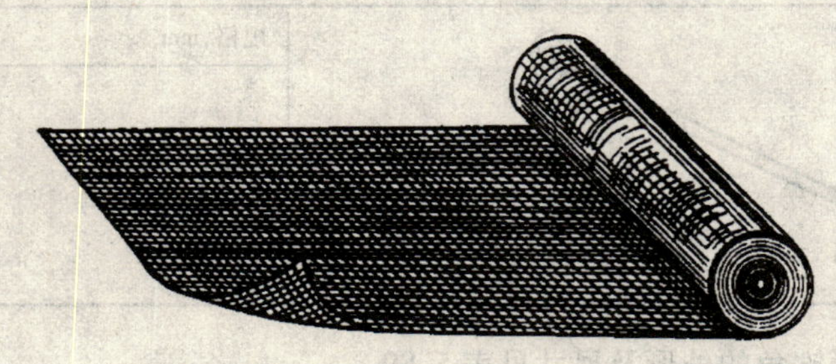

<table>
<tr><th colspan="2" rowspan="3">品　　种</th><th colspan="2" rowspan="2">每25.4mm目数</th><th colspan="2" rowspan="2">孔距，mm</th><th colspan="3">宽度×长度，m</th></tr>
<tr><th>1×25</th><th>1×30</th><th>0.914×30.48</th></tr>
<tr><th>经向</th><th>纬向</th><th>经向</th><th>纬向</th><th colspan="3">每匹约重，kg</th></tr>
<tr><td colspan="2" rowspan="4">金属丝编织涂漆、涂塑、镀锌窗纱</td><td>14</td><td>14</td><td>1.8</td><td>1.8</td><td>10.5</td><td>12.5</td><td>11.5</td></tr>
<tr><td>16</td><td>16</td><td>1.6</td><td>1.6</td><td>12</td><td>14</td><td>13</td></tr>
<tr><td>18</td><td>18</td><td>1.4</td><td>1.4</td><td>13</td><td>15</td><td>14.5</td></tr>
<tr><td>14</td><td>16</td><td>1.8</td><td>1.6</td><td>11</td><td>13</td><td>12</td></tr>
<tr><td rowspan="2">玻璃纤维涂塑窗纱</td><td>5112</td><td>14</td><td>14</td><td>1.8</td><td>1.8</td><td colspan="3">3.9～4.1</td></tr>
<tr><td>5116</td><td>16</td><td>16</td><td>1.6</td><td>1.6</td><td colspan="3">4.3～4.5</td></tr>
<tr><td colspan="2">塑料窗纱（聚乙烯）</td><td>16</td><td>16</td><td>1.6</td><td>1.6</td><td>—</td><td>3.9</td><td>—</td></tr>
</table>

注：涂漆（镀锌、涂塑）窗纱的制造材料，主要为低碳钢丝（牌号一般为Q195F），也有的用铝合金丝（牌号一般为5052）；其规格还有宽度1.2m、长度15m规格；表中14×16（目）是非标准产品。

5.10 铝合金门窗五金

1)铝合金门插销的外形、尺寸及用途见表5-92。

表5-92 铝合金门插销的外形、尺寸及用途 mm

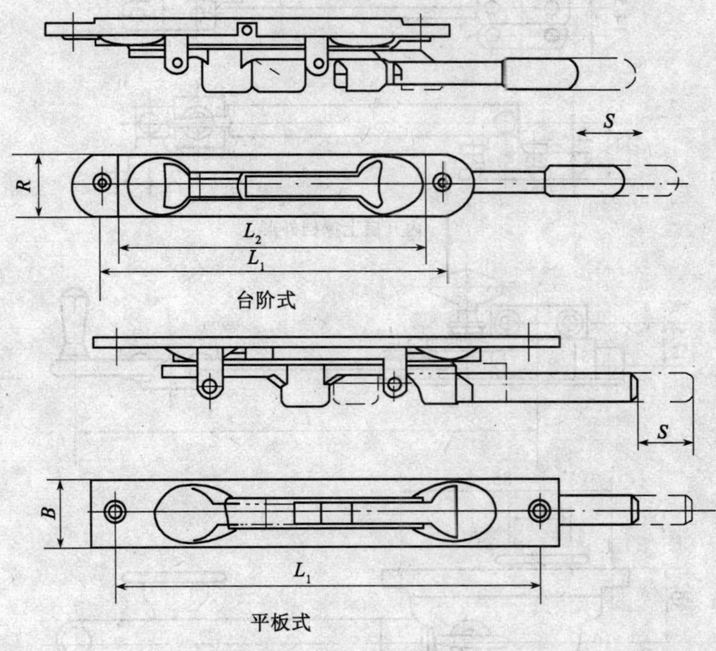

行程 S	宽度 B	孔距 L_1	台阶 L_2	用途
>16	22	130	110	装在铝合金平开门、弹簧门上,作关闭后固定用
>16	25	155	110	

注:材料:锌合金、铜合金。

2)铝合金窗撑挡的外形及尺寸见表5-93。

表5-93 铝合金窗撑挡的外形及尺寸 mm

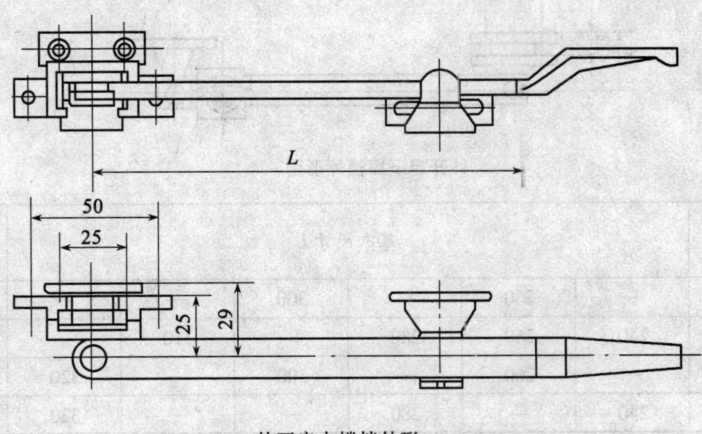

外开启上撑挡外形

续表

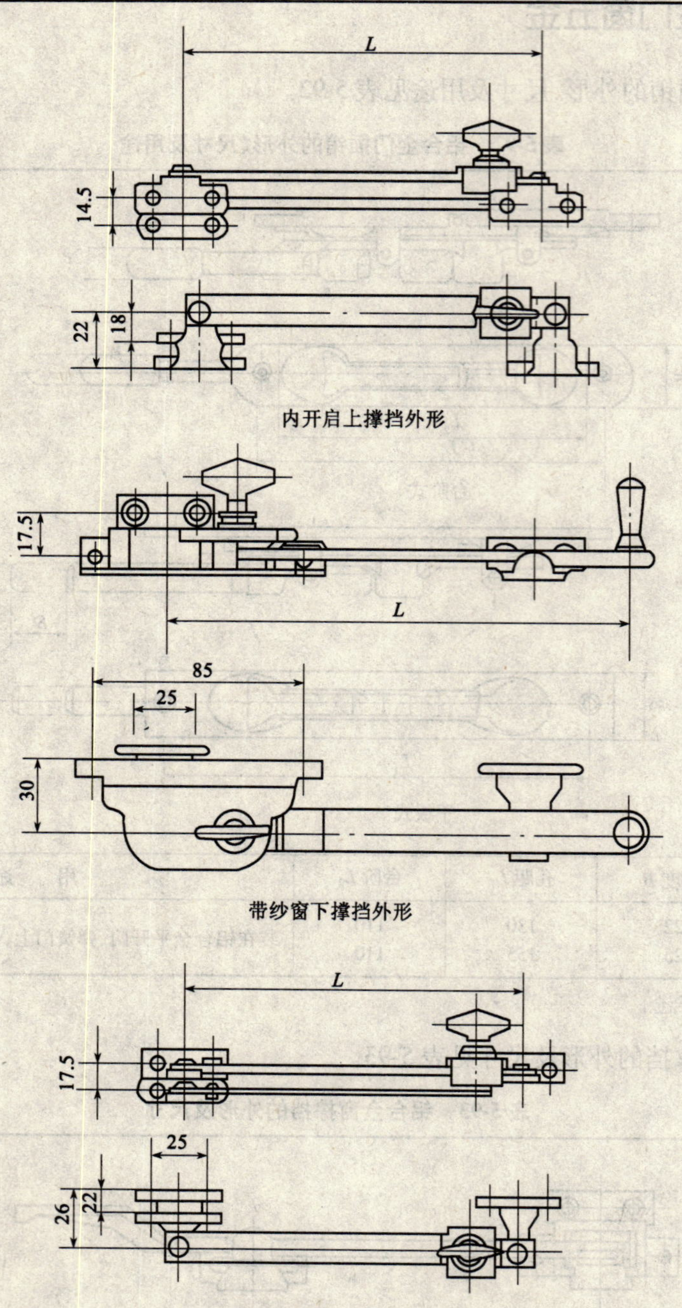

内开启上撑挡外形

带纱窗下撑挡外形

外开启下撑挡外形图

品种		基本尺寸 L						安装孔距	
								壳体	拉搁脚
平开窗	上	—	260	—	300	—	—	50	25
	下	240	260	280	—	310	—	—	
带纱窗	上撑挡	—	260	—	300	—	320	50	
	下撑挡	240	—	280	—	—	320	85	

3）铝合金窗不锈钢滑撑的外形及尺寸见表5-94。

表 5-94 铝合金窗不锈钢滑撑的外形及尺寸 mm

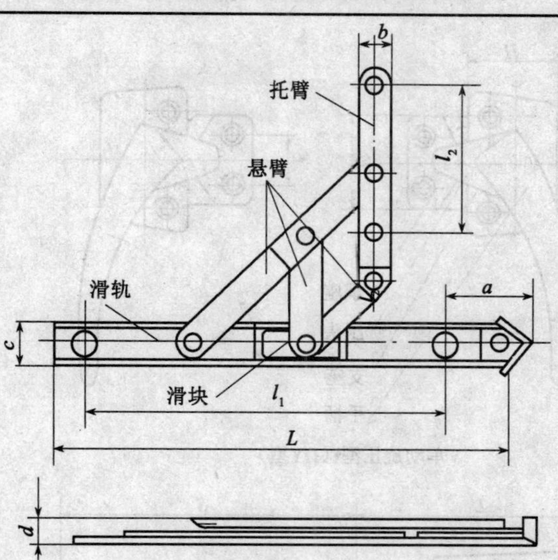

规格	长度	滑轨安装孔距 l_1	托臂安装孔距 l_2	滑轨宽度 a	托臂悬臂材料厚度 δ	高度 h	开启角度
200	200	170	113	18 ~ 22	≥2	≤135	60° ±2°
250	250	215	147				85° +3°
300	300	260	156		≥2.5	≤15	
350	350	300	195			≤165	
400	400	360	205		≥3		
450	450	410	205				

注：规格 200mm 适用于上悬窗。

4）平开铝合金窗执手的外形及尺寸见表 5-95。

表 5-95 平开铝合金窗执手的外形及尺寸 mm

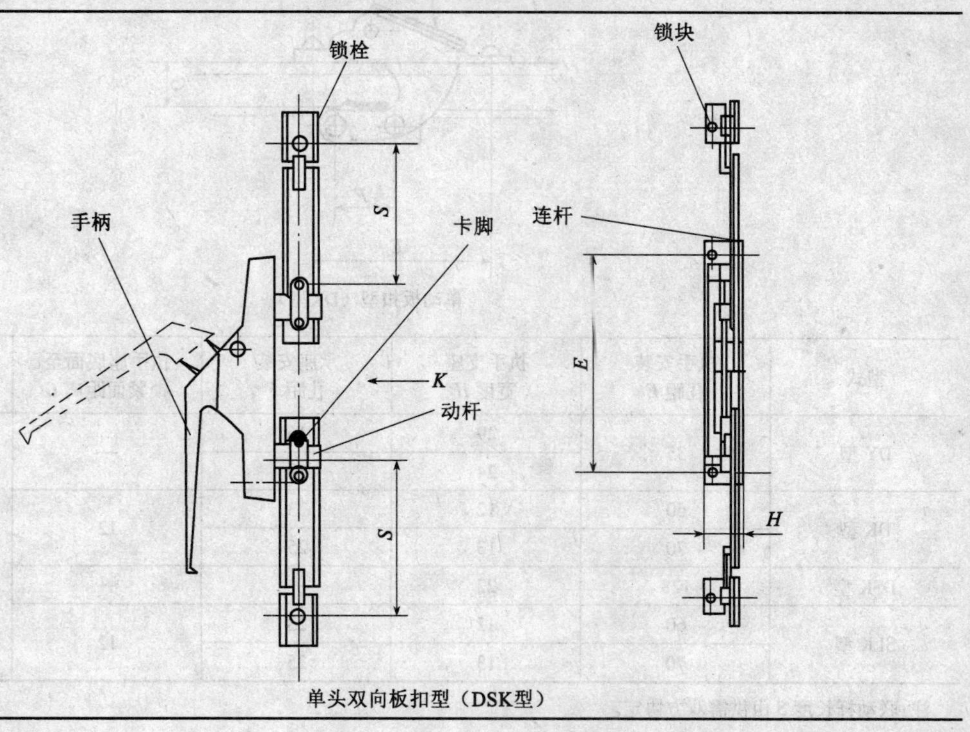

单头双向板扣型（DSK型）

续表

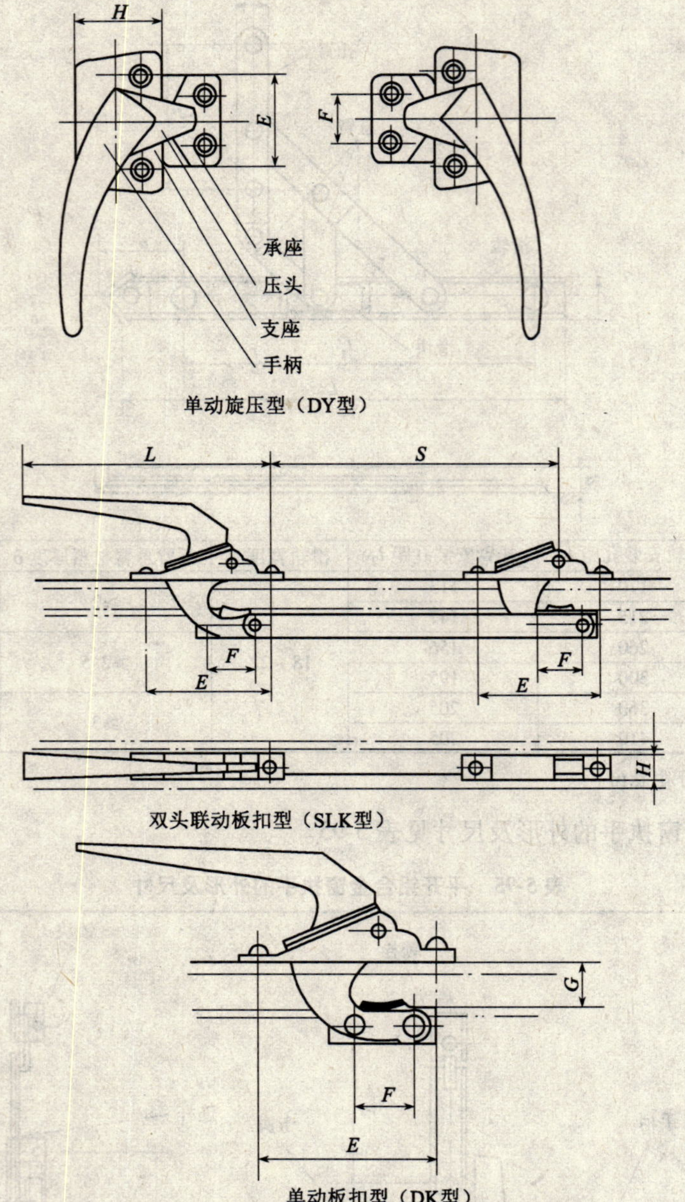

单动旋压型（DY型）

双头联动板扣型（SLK型）

单动板扣型（DK型）

型式	执手安装孔距 *E*	执手支座宽度 *H*	承座安装孔距 *F*	执手座底面至锁紧面距离 *G*	执手柄长度 *L*
DY 型	35	29	16	—	≥70
		24	19		
DK 型	60	12	23	12	
	70	13	25		
DSK 型	128	22	—	—	
SLK 型	60	12	23	12	
	70	13	25		

注：联动杆长度 *S* 由供需双方协定。

5）铝合金门窗拉手的外形及尺寸见表5-96。

表5-96 铝合金门窗拉手的外形及尺寸 mm

名称	外形长度系列					
门用拉手	200	250	300	350	400	450
	500	550	600	650	700	750
	800	850	900	950	1000	
窗用拉手	50	60	70	80		
	90	100	120	150		

6）铝合金窗锁的外形及尺寸见表5-97。

表5-97 铝合金窗锁的外形及尺寸 mm

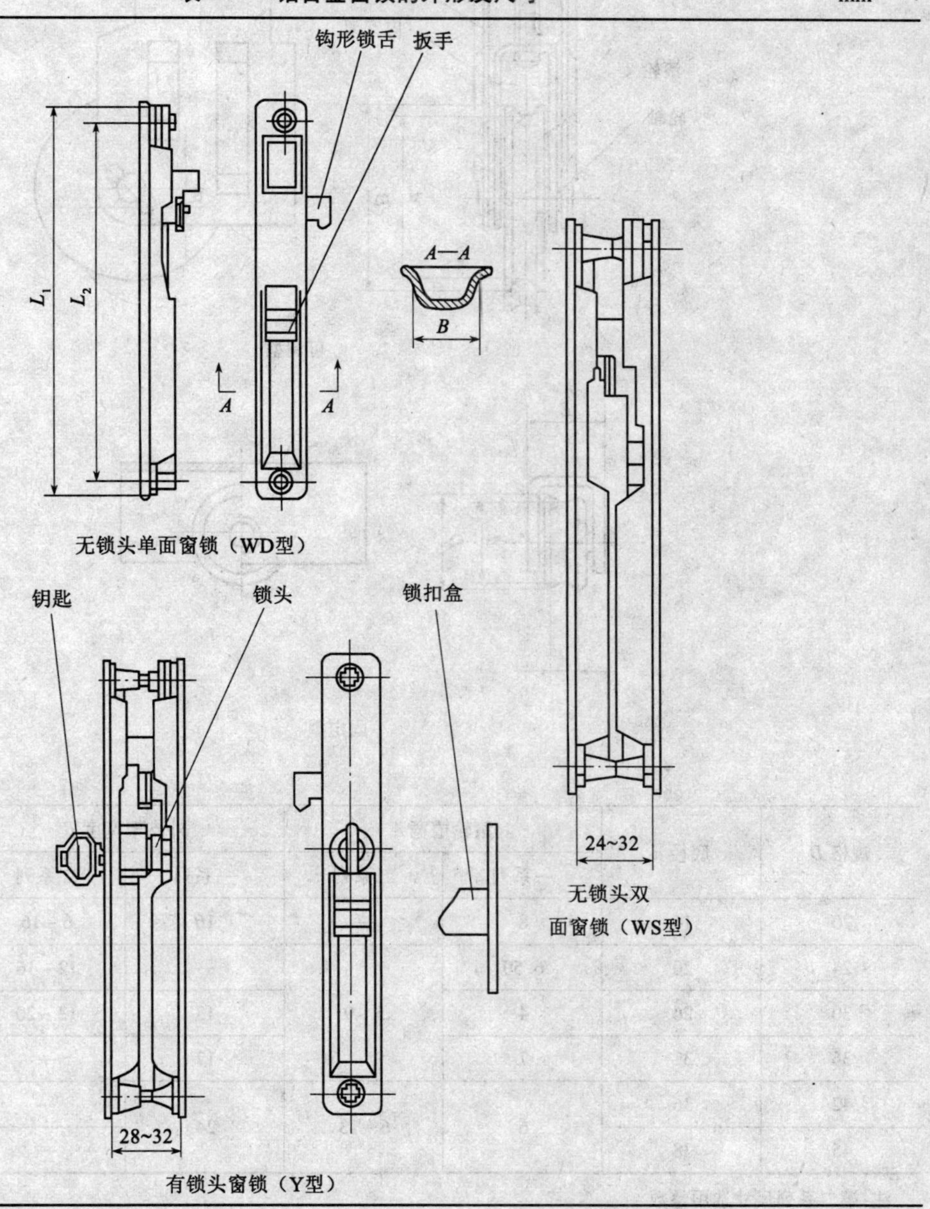

无锁头单面窗锁（WD型）

无锁头双面窗锁（WS型）

有锁头窗锁（Y型）

续表

<table>
<tr><td>规格尺寸</td><td>B</td><td>12</td><td>15</td><td>17</td><td>19</td></tr>
<tr><td rowspan="2">安装尺寸</td><td>L_1</td><td>87</td><td>77</td><td>125</td><td>180</td></tr>
<tr><td>L_2</td><td>80</td><td>87</td><td>112</td><td>168</td></tr>
</table>

7）推拉铝合金门窗用滑轮的外形及尺寸见表5-98。

表5-98 推拉铝合金门窗用滑轮的外形及尺寸 mm

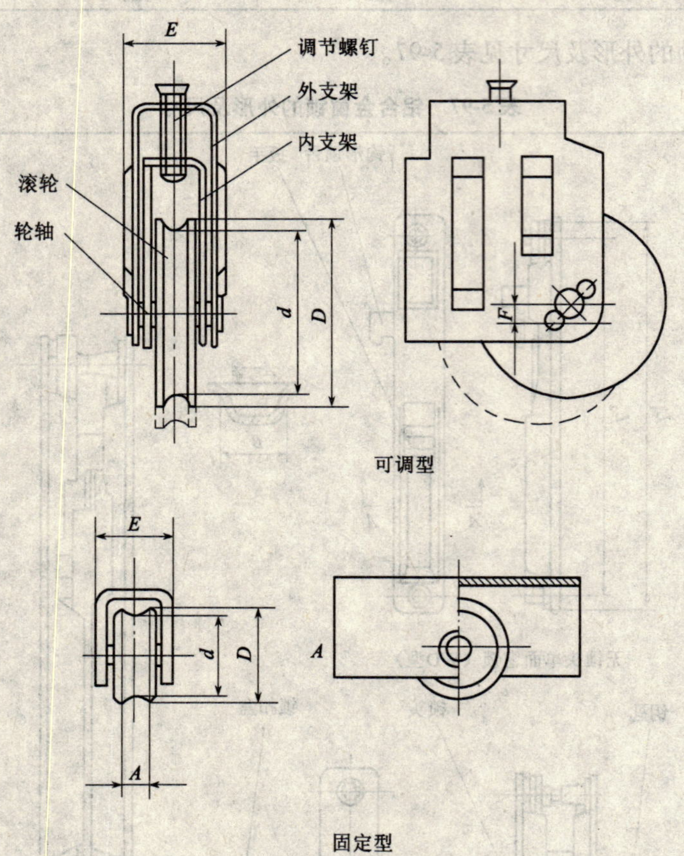

<table>
<tr><td rowspan="2">规格 D</td><td rowspan="2">底径 d</td><td colspan="2">滚轮槽宽 A</td><td colspan="2">外支架宽度 B</td><td>调节高度 F</td></tr>
<tr><td>一系列</td><td>二系列</td><td>一系列</td><td>二系列</td><td>—</td></tr>
<tr><td>20</td><td>16</td><td>8</td><td>—</td><td>16</td><td>6～16</td><td>—</td></tr>
<tr><td>24</td><td>20</td><td>6.50</td><td rowspan="3">3～9</td><td>—</td><td>12～16</td><td>—</td></tr>
<tr><td>30</td><td>26</td><td>4</td><td>13</td><td>12～20</td><td>—</td></tr>
<tr><td>36</td><td>31</td><td>7</td><td>17</td><td>—</td><td rowspan="3">≥5</td></tr>
<tr><td>42</td><td>36</td><td rowspan="2">6</td><td rowspan="2">6～13</td><td rowspan="2">24</td><td>—</td></tr>
<tr><td>45</td><td>38</td><td>—</td></tr>
</table>

注：第二系列尺寸选用整数。

8)铝合金门锁的外形及尺寸见表5-99。

表5-99 铝合金门锁的外形及尺寸

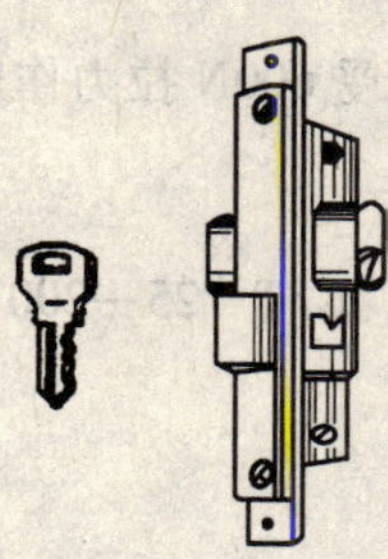

型号	锁头形状	锁面板形状	锁体尺寸,mm					适用门厚,mm
			锁头中心距	宽度	高度	厚度	锁舌伸出长度	
LMS-83	椭圆形	圆口式	20.5	38	115	17	13	44~48
LMS-84	椭圆形	平口式	28	43.5	90	17	15	48~54
LMS-85A	圆形	圆口式	26	43.5	83	17	14	40~46
LMS-85B	圆形	圆口式	26	43.5	83	17	14	55

注:制造材料:锁体为低碳钢,锁面板为铝合金,锁头、锁舌、钥匙为铜合金。

5.11 建筑门窗五金件

1. 建筑门窗五金件 传动机构用执手(JG/T 124—2007)

(1)主参数代号

执手基座宽度:以实际尺寸(mm)标记。

方轴(或拨叉)长度:以实际尺寸(mm)标记见图5-1。

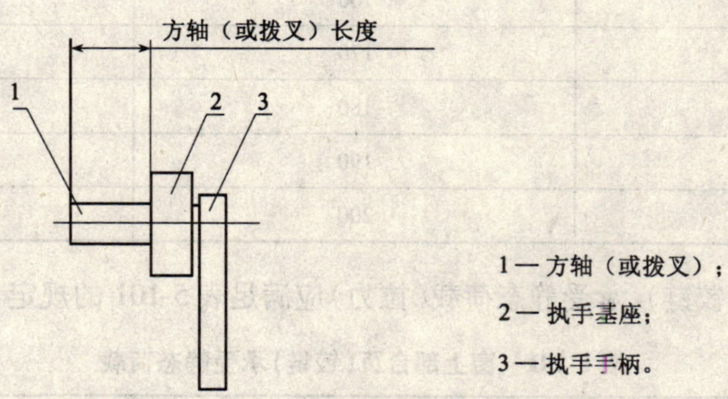

图5-1 执手示意图

(2)力学性能

1)操作力和力矩:应同时满足空载操作力不大于40N,操作力矩不大于2N·m。

2)反复启闭:反复启闭25000个循环试验后,应满足上述“1)操作力矩的要求”,开启、关闭自定位位置与原设计位置偏差应小于5°。

3)强度:

① 抗扭曲:传动机构用执手在25~26N·m力矩的作用下,各部件应不损坏,执手手柄轴线位置偏移应小于5°。

② 抗拉性能:传动机构用执手在承受600N拉力作用后,执手柄最外端最大永久变形量应小于5mm。

2. 建筑门窗五金件　合页(铰链)(JG/T 125—2007)

(1)力学性能

1)合页(铰链)承受静态荷载:

① 上部合页(铰链)承受静态荷载

a. 门上部合页(铰链),承受静态荷载(拉力)应满足表5-100的规定,试验后均不能断裂。

表5-100　门上部合页(铰链)承受静态荷载

承载质量代号	门扇质量 M,kg	拉力 F,N(允许误差+2%)
50	50	500
60	60	600
70	70	700
80	80	800
90	90	900
100	100	1000
110	110	1100
120	120	1150
130	130	1250
140	140	1350
150	150	1450
160	160	1550
170	170	1650
180	180	1750
190	190	1850
200	200	1950

b. 窗上部合页(铰链),承受静态荷载(拉力)应满足表5-101的规定,试验后均不能撕裂。

表5-101　窗上部合页(铰链)承受静态荷载

承载质量代号	窗扇质量 M,kg	拉力 F,N(允许误差+2%)
30	30	1250
40	40	1300
50	50	1400
60	60	1650

续表

承载质量代号	窗扇质量 M,kg	拉力 F,N(允许误差 +2%)
70	70	1900
80	80	2200
90	90	2450
100	100	2700
110	110	3000
120	120	3250
130	130	3500
140	140	3900
150	150	4200
160	160	4400
170	170	4700
180	180	5000
190	190	5300
200	200	5500

② 承载力矩:一组合页(铰链)承受实际承载质量,并附加悬端外力作用后,门(窗)扇自由端竖直方向位置的变化值不应大于 1.5mm,试件无变形或损坏,能正常启闭。

2)转动力:合页(铰链)转动力不应大于 40N。

3)反复启闭:按实际承载质量,门合页(铰链)反复启闭 100000 次后,窗合页(铰链)反复启闭 25000 次后,门窗扇自由端竖直方向位置的变化值不应大于 2mm。试件无严重变形或损坏。

4)悬端吊重:悬端吊重试验后,门窗扇不脱落。

5)撞击洞口:通过重物的自由落体进行门窗扇撞击洞口试验,反复 3 次后,门窗扇不得脱落。

6)撞击障碍物:通过重物的自由落体进行门窗扇撞击障碍物试验,反复 3 次后,门窗扇不得脱落。

3. 建筑门窗五金件　传动锁闭器(JG/T 126—2007)

传动锁闭器分为齿轮驱动式传动锁闭器和连杆驱动式传动锁闭器。

力学性能:

(1)强度

1)驱动部件:

① 齿轮驱动式传动锁闭器承受 25 ~26N · m 力矩的作用后,各零部件应不断裂、无损坏;

② 连杆驱动式传动锁闭器承受 1000^{+50}_{0}N 静拉力作用后,各零部件应不断裂、脱落。

2)锁闭部件:

锁点、锁座承受 1800^{+50}_{0}N 破坏力后,各部件应无损坏。

(2)反复启闭

传动锁闭器经25000个启闭循环,各构件无扭曲,无变形,不影响正常使用。且应满足:

1)操作力:

① 齿轮驱动式传动锁闭器空载转动力矩不应大于3N·m,反复启闭后转动力矩不应大于10N·m。

② 连杆驱动式传动锁闭器空载滑动驱动力不应大于50N,反复启闭后驱动力不应大于100N。

2)框、扇间间距变化量:在扇开启方向上框、扇间的间距变化值应小于1mm。

4. 建筑门窗五金件 滑撑(JG/T 127—2007)

力学性能:

(1)自定位力

外平开窗用滑撑,一组滑撑的自定位力应可调整到不小于40N。

(2)启闭力

1)外平开窗用滑撑的启闭力不应大于40N。

2)在0~300mm的开启范围内,外开上悬窗用滑撑的启闭力不应大于40N。

(3)间隙

窗扇锁闭状态,在力的作用下,安装滑撑的窗角部扇、框间密封间隙变化值不应大于0.5mm。

(4)刚性

1)窗扇关闭受300N阻力试验后,应仍满足上述"(1)","(2)","(3)"的要求。

2)窗扇开启到最大位置受300N力试验后,应仍满足上述"(1)","(2)","(3)"的要求。

3)有定位装置的滑撑,开启到定位装置起作用的情况下,承受300N外力的作用后,应仍满足上述"(1)","(2)","(3)"的要求。

(5)反复启闭

反复启闭25000次后,窗扇的启闭力不应大于80N。

(6)强度

滑撑开启到最大开启位置时,承受1000N的外力的作用后,窗扇不得脱落。

(7)悬端吊重

外平开窗用滑撑在承受1000N的作用力5min后,滑撑所有部件不得脱落。

5. 建筑门窗五金件 撑挡(JG/T 128—2007)

(1)分类

分为内平开窗摩擦式撑挡、内平开窗锁定式撑挡、悬窗摩擦式撑挡、悬窗锁定式撑挡。

(2)代号

1)名称代号:内平开窗摩擦式撑挡PMCD,内平开窗锁定式撑挡PSCD,悬窗摩擦式撑挡XMCD,悬窗锁定式撑挡XSCD。撑挡在内平开窗、悬窗安装示意图见图5-2,各部件名称见图5-3。

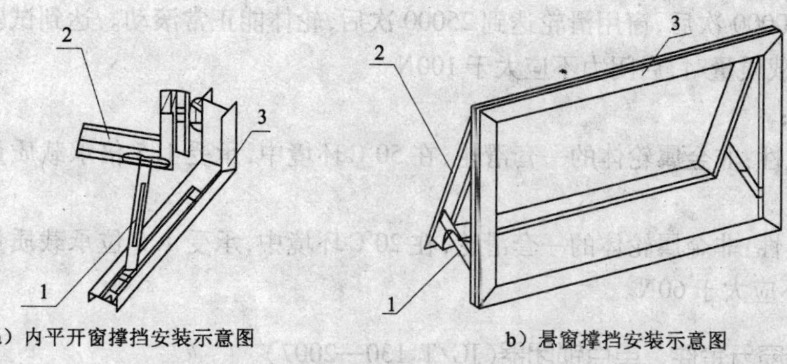

a）内平开窗撑挡安装示意图　　b）悬窗撑挡安装示意图

图 5-2　撑挡在内平开窗、悬窗安装示意图

1—撑挡；2—窗扇；3—窗框

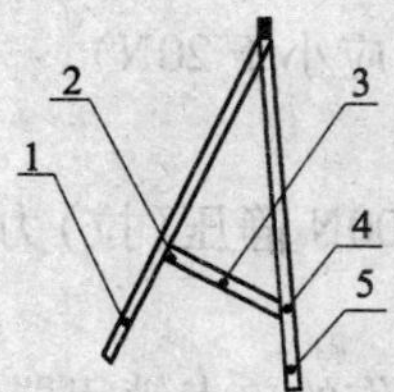

图 5-3　撑挡各部件名称示意图

1—窗扇；2—撑挡扇上部件；3—撑挡支撑部件；4—撑挡框上部件；5—窗框

2）主参数代号

按支撑部件最大长度实际尺寸（mm）表示。

（3）力学性能

1）锁定力和摩擦力

锁定式撑挡的锁定力失效值不应小于 200N，摩擦式撑挡的摩擦力失效值不应小于 40N。

注：选用时，允许使用的锁定力不应大于 200N，允许使用的摩擦力不应大于 40N。

2）反复启闭

内平开窗用撑挡反复启闭 10000 次后，应满足上述“1）”的要求；悬窗用撑挡反复启闭 15000 次后，撑挡应满足“1）”的要求。

3）强度

① 内平开窗用撑挡进行 5 次冲击试验后，撑挡不脱落。

② 悬窗用锁定式撑挡开启到设计预设位置后，承受在窗扇开启方向 1000N 力、关闭方向 600N 力后，撑挡所有部件不应损坏。

6. 建筑门窗五金件　滑轮（JG/T 129—2007）

滑轮分为门用滑轮、窗用滑轮。其基本结构见图 5-4 所示。

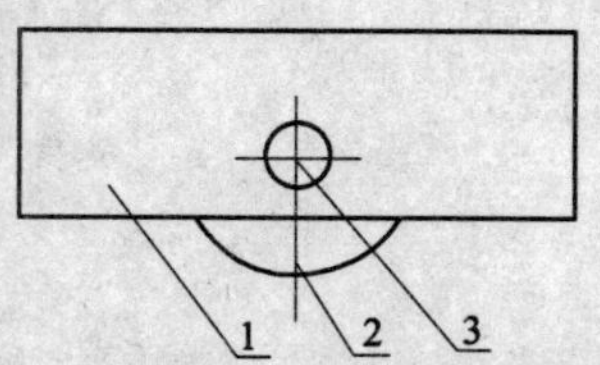

图 5-4　滑轮基本结构示意图

1—轮架；2—轮体；3—轮轴

力学性能：

1）滑轮运转平稳性：轮体外表面径向跳动量不应大于 0.3mm，轮体轴向窜动量不应大于 0.4mm。

2）启闭力：启闭力不应大于 40N。

3）反复启闭：一套滑轮按实际承载质量做反复启闭试验，门用滑轮达到100000次后，窗用滑轮达到25000次后，轮体能正常滚动。达到试验次数后，在承受1.5倍的承载质量时，启闭力不应大于100N。

4）耐温性：

① 耐高温性：非金属轮体的一套滑轮，在50℃环境中，承受1.5倍承载质量后，启闭力不应大于60N。

② 耐低温性：非金属轮体的一套滑轮，在20℃环境中，承受1.5位承载质量后，滑轮体不破裂、启闭力不应大于60N。

7. 建筑门窗五金件　单点锁闭器（JG/T 130—2007）

力学性能：

（1）操作力矩（或操作力）

操作力矩应小于2N·m（或操作力应小于20N）。

（2）强度

1）锁闭部件的强度：锁闭部件在400N静压（拉）力作用后，不应损坏；操作力矩（或操作力）应满足上述“（1）”的要求。

2）驱动部件的强度：对由带手柄操作的单点锁闭器，在关闭位置时，在手柄上施加9N·m力矩作用后，操作力矩（或操作力）应满足上述“（1）”的要求。

（3）反复启闭

单点锁闭器15000次反复启闭试验后，开启、关闭自定位位置正常，操作力矩（或操作力）应满足上述“（1）”的要求。

6 管材与管件

6.1 给水、排水用管材

1)低压流体输送用焊接钢管的公称口径与钢管的外径、壁厚对照表见表6-1。

表6-1 低压流体输送用焊接钢管的公称口径与钢管的外径、壁厚对照表 mm

外径	壁厚	外径	壁厚	外径	壁厚	外径	壁厚
10.2(6)①	2.0/2.5②	177.8	1.8~12.7	711	4.0~65	1626	6.3~65
13.5(8)①	2.5/2.8②	190.7	1.8~12.7	762	4.0~65	1727	7.1~65
17.2(10)①	2.5/2.8②	193.7	1.8~12.7	813	4.0~65	1829	7.1~65
21.3(15)①	2.8/3.5②	219.1	1.8~14.2	864	4.0~65	1930	8.0~65
26.9(20)①	2.8/3.5②	244.5	2.0~14.2	914	4.0~65	2032	8.0~65
33.7(25)①	3.2/4.0②	273.1	2.0~14.2	965	4.0~65	2134	8.8~65
42.4(32)①	3.5/4.0②	323.9	2.6~17.5	1016	4.0~65	2235	8.8~65
48.3(40)①	3.5/4.5②	355.6	2.6~17.5	1067	5.0~65	2337	10~65
60.3(50)①	3.8/4.5②	406.4	2.6~30	1118	5.0~65	2438	10~65
76.1(65)①	4.0/4.5②	457	3.2~30	1168	5.0~65	2540	10~65
88.9(80)①	4.0/5.0②	508	3.2~65	1219	5.0~65		
114.3(100)①	4.0/5.0②	559	3.2~65	1321	5.6~65		
139.7(125)①	4.0/5.5②	610	3.2~65	1422	5.6~65		
168.3(150)①	4.5/6.0②	660	4.0~65	1524	6.3~65		

注:1. 低压流体输送用焊接钢管适用于水、空气、采暖蒸汽、燃气等低压流体输送用。

2. 壁厚系列:1.8,1.9,2.0,2.2,2.3,2.4,2.5,2.6,2.8,2.9,3.1,3.2,3.4,3.5,3.6,3.8,4.0,4.37,4.5,4.78,5.0,5.16,5.4,5.56,5.6,6.0,6.02,6.3,6.35,7.1,7.92,8.0,8.74,8.8,9.53,10,10.31,11,11.91,12.5,12.70,14.2,15.08,16,16.66,17.5,19.05,20,20.62,22.2,23.83,25,26.19,28,28.58,30,30.96,32,34.93,36,38.1,40,45,50,55,60,65mm。

3. 钢管的通常长度应为3000~12000mm。

4. 化学成分应符合GB/T 700中牌号Q195、Q215A、Q215B、Q235A、Q235B和GB/T 1591中牌号Q295A、Q295B、Q345A、Q345B的规定。

5. 外径≤508mm的钢管可镀锌交货。

① 带括号的尺寸为钢管公称口径。

② 普通钢管壁厚/加厚钢管壁厚。

2)薄壁不锈钢水管的外径及壁厚见表6-2。

表6-2 薄壁不锈钢水管的外径及壁厚 mm

公称直径	外径×壁厚		公称直径	外径×壁厚	
	非埋地管	埋地管		非埋地管	埋地管
15	14×0.6	—	32	35×1	35×1.2
20	20×0.6	—	40	40×1	40×1.2
25	26×0.8	26×1.2	50	50×1	50×1.2

续表

公称直径	外径×壁厚		公称直径	外径×壁厚	
	非埋地管	埋地管		非埋地管	埋地管
65	67×1.2	67×1.2	150	159×3	159×3
80	82×1.5	82×1.5	200	219×3.5	219×3.5
100	102×1.5	102×1.5			

3)离心柔性接口铸铁排水管材的规格尺寸见表6-3。

表6-3 离心柔性接口铸铁排水管材的规格尺寸 mm

规格		内径	外径	壁厚	长度	重量,kg/根	规格		内径	外径	壁厚	长度	重量,kg/根
mm	in						mm	in					
50	2	50	61	4.3	3000±10	16.5	125	5	125	137	4.8	3000±10	43.1
75	3	75	86	4.4		24.4	150	6	150	162	4.8		51.2
100	4	100	111	4.8		34.6	200	8	200	214	5.8		81.9

4)给水用三型聚丙烯(PP-R)管材的规格尺寸见表6-4。

表6-4 给水用三型聚丙烯(PP-R)管材的规格尺寸 mm

平均外径 d_e	壁厚 e					长度 L
	1.0MPa	1.25MPa	1.6MPa	2.0MPa	2.5MPa	
16	—	2.0	2.2	2.7	3.3	4000±10
20	—	2.3	2.8	3.4	4.1	
25	2.3	2.8	3.5	4.2	5.1	
32	2.9	3.6	4.4	5.4	6.5	
40	3.7	4.5	5.5	6.7	8.1	
50	4.6	5.6	6.9	8.3	10.1	
63	5.8	7.1	8.6	10.5	12.7	
75	6.8	8.4	10.3	12.5	15.1	
90	8.2	10.1	12.3	15.0	18.1	
110	10.0	12.3	15.1	18.3	22.1	
160	14.6	17.9	21.9	26.6	32.1	

5)无规共聚聚丙烯(PP-R)冷热给水管材的规格尺寸见表6-5。

表6-5 无规共聚聚丙烯(PP-R)冷热给水管材的规格尺寸 mm

公称外径	壁厚			长度,m/根	公称外径	壁厚			长度,m/根
	1.25MPa	1.6MPa	2.0MPa			1.25MPa	1.6MPa	2.0MPa	
16	—	2.0	2.2	6	50	4.6	5.6	6.9	6
20	2.0	2.3	2.8		63	5.8	7.1	8.6	
25	2.3	2.8	3.5		75	6.8	8.4	10.3	
32	2.9	3.6	4.4		90	8.2	10.1	12.3	
40	3.7	4.5	5.5		110	10.0	12.3	15.1	

6)铝塑复合管的规格尺寸见表6-6。

表6-6 铝塑复合管的规格尺寸 mm

公称外径	最小壁厚		长度,m/卷	公称外径	最小壁厚		长度,m/卷
	普通饮用水管	耐高温管			普通饮用水管	耐高温管	
16	1.8	1.8	150~200	25	2.3	2.3	150~200
18	1.8	1.8		32	2.9	2.9	
20	2.0	2.0					

7)给水用PVC-U管材。

温度对压力的折减系数见表6-7。

表6-7 温度对压力的折减系数

温度,℃	折减系数 f_t
$0<t\leqslant25$	1
$25<t\leqslant35$	0.8
$35<t\leqslant45$	0.63

公称压力等级和规格尺寸见表6-8和表6-9。

表6-8 公称压力等级和规格尺寸 mm

公称外径 d_n	管材S系列SDR系列和公称压力						
	S16 SDR33 PN0.63	S12.5 SDR26 PN0.8	S10 SDR21 PN1.0	S8 SDR17 PN1.25	S6.3 SDR13.6 PN1.6	S5 SDR11 PN2.0	S4 SDR9 PN2.5
	公称壁厚 e_n						
20	—	—	—	—	—	2.0	2.3
25	—	—	—	—	2.0	2.3	2.8
32	—	—	—	2.0	2.4	2.9	3.6
40	—	—	2.0	2.4	3.0	3.7	4.5
50	—	2.0	2.4	3.0	3.7	4.6	5.6
63	2.0	2.5	3.0	3.8	4.7	5.8	7.1
75	2.3	2.9	3.6	4.5	5.6	6.9	8.4
90	2.8	3.5	4.3	5.4	6.7	8.2	10.1

注:公称壁厚(e_n)根据设计应力(σ_s)10MPa确定,最小壁厚不小于2.0mm。

表6-9 公称压力等级和规格尺寸 mm

公称外径 d_n	管材S系列SDR系列和公称压力						
	S20 SDR41 PN0.63	S16 SDR33 PN0.8	S12.5 SDR26 PN1.0	S10 SDR21 PN1.25	S8 SDR17 PN1.6	S6.3 SDR13.6 PN2.0	S5 SDR11 PN2.5
	公称壁厚 e_n						
110	2.7	3.4	4.2	5.3	6.5	8.1	10.0
125	3.1	3.9	4.8	6.0	7.4	9.2	11.4
140	3.5	4.3	5.4	6.7	8.3	10.3	12.7
160	4.0	4.9	6.2	7.7	9.5	11.8	14.6
180	4.4	5.5	6.9	8.6	10.7	13.3	16.4
200	4.9	6.2	7.7	9.6	11.9	14.7	18.2
225	5.5	6.9	8.6	10.8	13.4	16.6	—
250	6.2	7.7	9.6	11.9	14.8	18.4	—
280	6.9	8.6	10.7	13.4	16.6	20.6	—
315	7.7	9.7	12.1	15.0	18.7	23.2	—
355	8.7	10.9	13.6	16.9	21.1	26.1	—

续表

公称外径 d_n	管材S系列SDR系列和公称压力						
	S20 SDR41 PN0.63	S16 SDR33 PN0.8	S12.5 SDR26 PN1.0	S10 SDR21 PN1.25	S8 SDR17 PN1.6	S6.3 SDR13.6 PN2.0	S5 SDR11 PN2.5
	公称壁厚 e_n						
400	9.8	12.3	15.3	19.1	23.7	29.4	—
450	11.0	13.8	17.2	21.5	26.7	33.1	—
500	12.3	15.3	19.1	23.9	29.7	36.8	—
560	13.7	17.2	21.4	26.7	—	—	—
630	15.4	19.3	24.1	30.0	—	—	—
710	17.4	21.8	27.2	—	—	—	—
800	19.6	24.5	30.6	—	—	—	—
900	22.0	27.6	—	—	—	—	—
1000	24.5	30.6	—	—	—	—	—

注：公称壁厚（e_n）根据设计应力（σ_s）12.5MPa确定。

管材长度见图6-1。

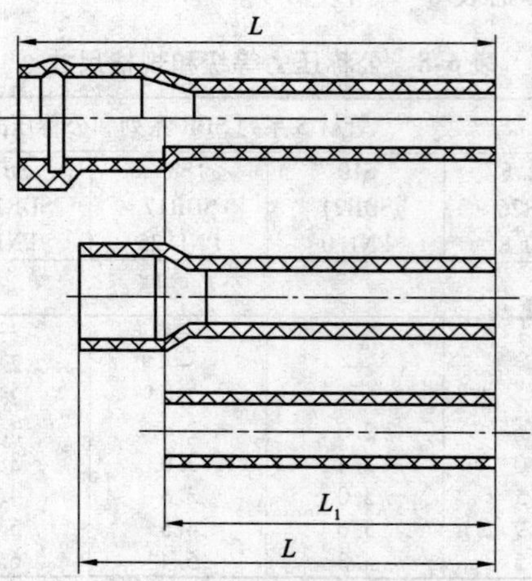

图6-1　管材长度示意图

管材弯曲度应符合表6-10的规定。

表6-10　管材弯曲度

公称外径 d_n，mm	≤32	40～200	≥225
弯曲度，%	不规定	≤1.0	≤0.5

平均外径及偏差和不圆度见表6-11的规定。

表6-11　平均外径及偏差和不圆度　　mm

平均外径 d_{em}		不圆度	平均外径 d_{em}		不圆度
公称外径 d_n	允许偏差		公称外径 d_n	允许偏差	
20	+0.3 0	1.2	40	+0.3 0	1.4
25	+0.3 0	1.2	50	+0.3 0	1.4
32	+0.3 0	1.3	63	+0.3 0	1.5

续表

平均外径 d_{em}		不圆度	平均外径 d_{em}		不圆度
公称外径 d_n	允许偏差		公称外径 d_n	允许偏差	
75	+0.3 0	1.6	315	+1.0 0	7.6
90	+0.3 0	1.8	355	+1.1 0	8.6
110	+0.4 0	2.2	400	+1.2 0	9.6
125	+0.4 0	2.5	450	+1.4 0	10.8
140	+0.5 0	2.8	500	+1.5 0	12.0
160	+0.5 0	3.2	560	+1.7 0	13.5
180	+0.6 0	3.6	630	+1.9 0	15.2
200	+0.6 0	4.0	710	+2.0 0	17.1
225	+0.7 0	4.5	800	+2.0 0	19.2
250	+0.8 0	5.0	900	+2.0 0	21.6
280	+0.9 0	6.8	1000	+2.0 0	24.0

管材任意点壁厚及偏差见表6-12。

表6-12 管材任意点壁厚及偏差 mm

壁厚 e_y	允许偏差	壁厚 e_y	允许偏差
$e \leqslant 2.0$	+0.4 0	$11.3 < e \leqslant 12.0$	+1.8 0
$2.0 < e \leqslant 3.0$	+0.5 0	$12.0 < e \leqslant 12.6$	+1.9 0
$3.0 < e \leqslant 4.0$	+0.6 0	$12.6 < e \leqslant 13.3$	+2.0 0
$4.0 < e \leqslant 4.6$	+0.7 0	$13.3 < e \leqslant 14.0$	+2.1 0
$4.6 < e \leqslant 5.3$	+0.8 0	$14.0 < e \leqslant 14.6$	+2.2 0
$5.3 < e \leqslant 6.0$	+0.9 0	$14.6 < e \leqslant 15.3$	+2.3 0
$6.0 < e \leqslant 6.6$	+1.0 0	$15.3 < e \leqslant 16.0$	+2.4 0
$6.6 < e \leqslant 7.3$	+1.1 0	$16.0 < e \leqslant 16.6$	+2.5 0
$7.3 < e \leqslant 8.0$	+1.2 0	$16.6 < e \leqslant 17.3$	+2.6 0
$8.0 < e \leqslant 8.6$	+1.3 0	$17.3 < e \leqslant 18.0$	+2.7 0
$8.6 < e \leqslant 9.3$	+1.4 0	$18.0 < e \leqslant 18.6$	+2.8 0
$9.3 < e \leqslant 10.0$	+1.5 0	$18.6 < e \leqslant 19.3$	+2.9 0
$10.0 < e \leqslant 10.6$	+1.6 0	$19.3 < e \leqslant 20.0$	+3.0 0
$10.6 < e \leqslant 11.3$	+1.7 0	$20.0 < e \leqslant 20.6$	+3.1 0

续表

壁厚 e_y	允许偏差	壁厚 e_y	允许偏差
$20.6<e\leqslant 21.3$	+3.2 0	$30.0<e\leqslant 30.6$	+4.6 0
$21.3<e\leqslant 22.0$	+3.3 0	$30.6<e\leqslant 31.3$	+4.7 0
$22.0<e\leqslant 22.6$	+3.4 0	$31.3<e\leqslant 32.0$	+4.8 0
$22.6<e\leqslant 23.3$	+3.5 0	$32.0<e\leqslant 32.6$	+4.9 0
$23.3<e\leqslant 24.0$	+3.6 0	$32.6<e\leqslant 33.3$	+5.0 0
$24.0<e\leqslant 24.6$	+3.7 0	$33.3<e\leqslant 34.0$	+5.1 0
$24.6<e\leqslant 25.3$	+3.8 0	$34.0<e\leqslant 34.6$	+5.2 0
$25.3<e\leqslant 26.0$	+3.9 0	$34.6<e\leqslant 35.3$	+5.3 0
$26.0<e\leqslant 26.6$	+4.0 0	$35.3<e\leqslant 36.0$	+5.4 0
$26.6<e\leqslant 27.3$	+4.1 0	$36.0<e\leqslant 36.6$	+5.5 0
$27.3<e\leqslant 28.0$	+4.2 0	$36.6<e\leqslant 37.3$	+5.6 0
$28.0<e\leqslant 28.6$	+4.3 0	$37.3<e\leqslant 38.0$	+5.7 0
$28.6<e\leqslant 29.3$	+4.4 0	$38.0<e\leqslant 38.6$	+5.8 0
$29.3<e\leqslant 30.0$	+4.5 0	—	—

管材平均壁厚及允许偏差应符合表6-13的规定。

表6-13　管材平均壁厚及允许偏差　　mm

平均壁厚 e_m	允许偏差	平均壁厚 e_m	允许偏差
$\leqslant 2.0$	+0.4 0	$15.0<e\leqslant 16.0$	+1.8 0
$2.0<e\leqslant 3.0$	+0.5 0	$16.0<e\leqslant 17.0$	+1.9 0
$3.0<e\leqslant 4.0$	+0.6 0	$17.0<e\leqslant 18.0$	+2.0 0
$4.0<e\leqslant 5.0$	+0.7 0	$18.0<e\leqslant 19.0$	+2.1 0
$5.0<e\leqslant 6.0$	+0.8 0	$19.0<e\leqslant 20.0$	+2.2 0
$6.0<e\leqslant 7.0$	+0.9 0	$20.0<e\leqslant 21.0$	+2.3 0
$7.0<e\leqslant 8.0$	+1.0 0	$21.0<e\leqslant 22.0$	+2.4 0
$8.0<e\leqslant 9.0$	+1.1 0	$22.0<e\leqslant 23.0$	+2.5 0
$9.0<e\leqslant 10.0$	+1.2 0	$23.0<e\leqslant 24.0$	+2.6 0
$10.0<e\leqslant 11.0$	+1.3 0	$24.0<e\leqslant 25.0$	+2.7 0
$11.0<e\leqslant 12.0$	+1.4 0	$25.0<e\leqslant 26.0$	+2.8 0
$12.0<e\leqslant 13.0$	+1.5 0	$26.0<e\leqslant 27.0$	+2.9 0
$13.0<e\leqslant 14.0$	+1.6 0	$27.0<e\leqslant 28.0$	+3.0 0
$14.0<e\leqslant 15.0$	+1.7 0	$28.0<e\leqslant 29.0$	+3.1 0

续表

平均壁厚 e_m	允许偏差	平均壁厚 e_m	允许偏差
$29.0<e\leqslant30.0$	+3.2 0	$34.0<e\leqslant35.0$	+3.7 0
$30.0<e\leqslant31.0$	+3.3 0	$35.0<e\leqslant36.0$	+3.8 0
$31.0<e\leqslant32.0$	+3.4 0	$36.0<e\leqslant37.0$	+3.9 0
$32.0<e\leqslant33.0$	+3.5 0	$37.0<e\leqslant38.0$	+4.0 0
$33.0<e\leqslant34.0$	+3.6 0	$38.0<e\leqslant39.0$	+4.1 0

弹性密封圈式承口最小深度应符合表 6-14 规定，示意图见图 6-2。

弹性密封圈式承口的密封环槽处的壁厚应不小于相连管材公称壁厚的 0.8 倍。

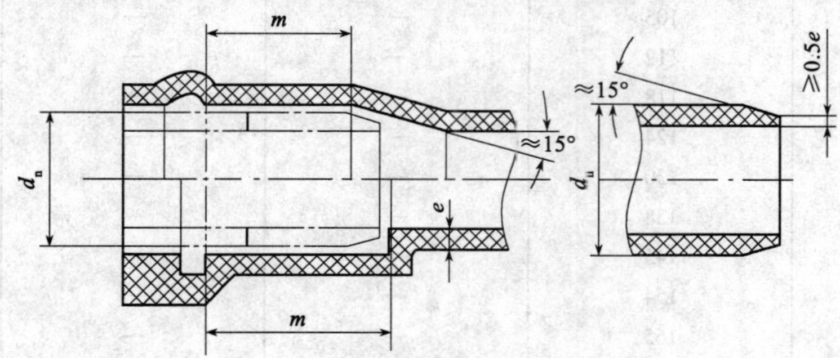

图 6-2　弹性密封圈式承插口

溶剂粘接式承口的最小深度、承口中部内径尺寸应符合表 6-14 规定，示意图见图 6-3。

溶剂粘接式承口的壁厚应不小于相连管材公称壁厚的 0.75 倍。

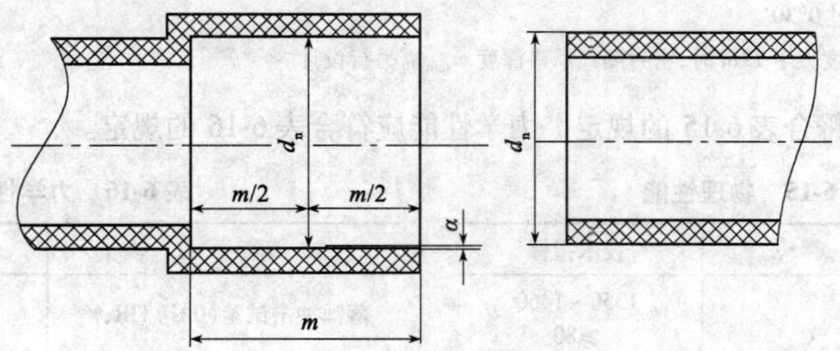

图 6-3　溶剂粘接式承插口

表 6-14　承口尺寸　　mm

公称外径 d_n	弹性密封圈承口最小配合深度 m_{min}	溶剂粘接承口最小深度 m_{min}	溶剂粘接承口中部平均内径 d_{sm}	
			$d_{sm,min}$	$d_{sm,max}$
20	—	16.0	20.1	20.3
25	—	18.5	25.1	25.3
32	—	22.0	32.1	32.3
40	—	26.0	40.1	40.3
50	—	31.0	50.1	50.3
63	64	37.5	63.1	63.3

续表

公称外径 d_n	弹性密封圈承口最小配合深度 m_{min}	溶剂粘接承口最小深度 m_{min}	溶剂粘接承口中部平均内径 d_{sm}	
			$d_{sm,min}$	$d_{sm,max}$
75	67	43.5	75.1	75.3
90	70	51.0	90.1	90.3
110	75	61.0	110.1	110.4
125	78	68.5	125.1	125.4
140	81	76.0	140.2	140.5
160	86	86.0	160.2	160.5
180	90	96.0	180.3	180.6
200	94	106.0	200.3	200.6
225	100	118.5	225.3	225.6
250	105	—	—	—
280	112	—	—	—
315	118	—	—	—
355	124	—	—	—
400	130	—	—	—
450	138	—	—	—
500	145	—	—	—
560	154	—	—	—
630	165	—	—	—
710	177	—	—	—
800	190	—	—	—
1000	220	—	—	—

注：1. 承口中部的平均内径是指在承口深度二分之一处所测定的相互垂直的两直径的算术平均值。承口的最大锥度（α）不超过0°30′。

2. 当管材长度大于12m时，密封圈式承口深度 m_{min} 需另行设计。

物理性能应符合表6-15的规定。力学性能应符合表6-16的规定。

表6-15　物理性能

项　　目	技术指标
密度，kg/m³	1350～1460
维卡软化温度，℃	≥80
纵向回缩率，%	≤5
二氯甲烷浸渍试验（15℃，15min）	表面变化不劣于4N

表6-16　力学性能

项　　目	技术指标
落锤冲击试验（0℃）TIR，%	≤5
液压试验	无破裂，无渗漏

8）排水用PVC-U管材。

管材平均外径、壁厚应符合表6-17的规定。

表6-17　管材平均外径、壁厚　　mm

公称外径 d_n	平均外径		壁厚	
	最小平均外径 $d_{em,min}$	最大平均外径 $d_{em,max}$	最小壁厚 e_{min}	最大壁厚 e_{max}
32	32.0	32.2	2.0	2.4
40	40.0	40.2	2.0	2.4

续表

公称外径 d_n	平均外径		壁厚	
	最小平均外径 $d_{em,min}$	最大平均外径 $d_{em,max}$	最小壁厚 e_{min}	最大壁厚 e_{max}
50	50.0	50.2	2.0	2.4
75	75.0	75.3	2.3	2.7
90	90.0	90.3	3.0	3.5
110	110.0	110.3	3.2	3.8
125	125.0	125.3	3.2	3.8
160	160.0	160.4	4.0	4.6
200	200.0	200.5	4.9	5.6
250	250.0	250.5	6.2	7.0
315	315.0	315.6	7.8	8.6

管材长度 L 一般为4m或6m,其他长度由供需双方协商确定,管材长度不允许有负偏差。管材长度 L、有效长度 L_1 见图6-4。

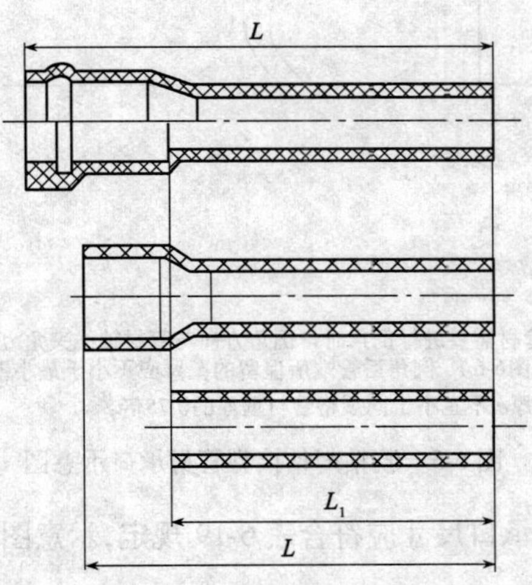

图6-4 管材长度示意图

胶粘剂粘接型管材承口尺寸应符合表6-18的规定,示意图见图6-5。

表6-18 胶粘剂粘接型管材承口尺寸 mm

公称外径 d_n	承口中部平均内径		承口深度 $L_{0,min}$
	$d_{sm,min}$	$d_{sm,max}$	
32	32.1	32.4	22
40	40.1	40.4	25
50	50.1	50.4	25
75	75.2	75.5	40
90	90.2	90.5	46
110	110.2	110.6	48

续表

公称外径 d_n	承口中部平均内径		承口深度 $L_{0,min}$
	$d_{sm,min}$	$d_{sm,max}$	
125	125.2	125.7	51
160	160.3	160.8	58
200	200.4	200.9	60
250	250.4	250.9	60
315	315.5	316.0	60

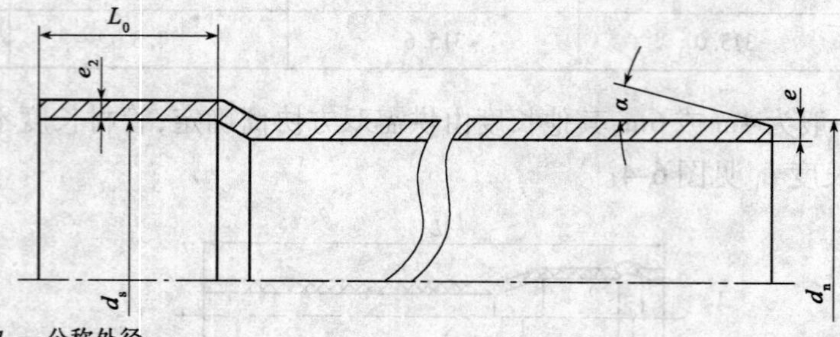

d_n — 公称外径；
d_s —承口中部内径；
e — 管材壁厚；
e_2 — 承口壁厚；
L_0— 承口深度；
α — 倒角。

注：1. 倒角α，当管材需要进行倒角时，倒角方向与管材轴线夹角α应在15°~45°之间（见图6-5 和图6-6）。倒角后管端所保留的壁厚应不小于最小壁厚e_{min}的三分之一。

2. 管材承口壁厚e_2不宜小于同规格管材壁厚的0.75倍。

图 6-5　胶粘剂粘接型管材承口示意图

弹性密封圈连接型管材承口尺寸应符合表 6-19 规定，示意图见图 6-6。

表 6-19　弹性密封圈连接型管材承口尺寸　　mm

公称外径 d_n	承口端部平均内径 $d_{sm,min}$	承口配合深度 A_{min}	公称外径 d_n	承口端部平均内径 $d_{sm,min}$	承口配合深度 A_{min}
32	32.3	16	125	125.4	35
40	40.3	18	160	160.5	42
50	50.3	20	200	200.6	50
75	75.4	25	250	250.8	55
90	90.4	28	315	316.0	62
110	110.4	32			

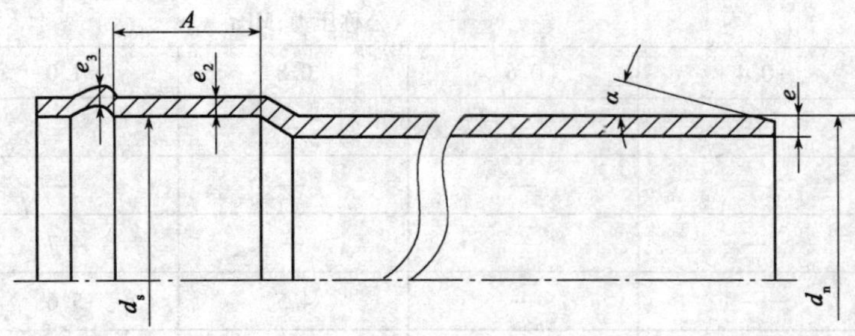

d_n— 公称外径；
d_s— 承口中部内径；
e— 管材壁厚；
e_2— 承口壁厚；
e_3— 密封圈槽壁厚；
A— 承口配合深度；
α— 倒角。

注：管材承口壁e_2不宜小于同规格管材壁厚的0.9倍，密封圈槽壁厚e_3不宜小于同规格管材壁厚0.75倍。

图 6-6　弹性密封圈连接型管材承口示意图

管材的物理力学性能应符合表 6-20 的规定，管材的系统适应性见表 6-21。

表 6-20　管材的物理力学性能

项　　目	要　　求	项　　目	要　　求
密度，kg/m³	1350～1550	二氯甲烷浸渍试验	表面变化不劣于 4L
维卡软化温度（VST），℃	≥79	拉伸屈服强度，MPa	≥40
纵向回缩率，%	≤5	落锤冲击试验 TIR	TIR≤10%

9）聚丙烯静音排水管材的规格见表 6-22。

表 6-21　管材的系统适应性

项目	要求
水密性试验	无渗漏
气密性试验	无渗漏

表 6-22　聚丙烯静音排水管材的规格　　mm

公称外径	壁厚	长度
50	3.2	6000
75	3.8	6000
110	4.5	6000
160	5.0	6000

10）PE80 给水管材的规格见表 6-23。

表 6-23　PE80 给水管材的规格　　mm

公称外径 d_n，mm	公称压力，MPa				
	0.4	0.6	0.8	1.0	1.25
16	—	—	—	—	—
20	—	—	—	—	—
25	—	—	—	—	2.3
32	—	—	—	—	3.0

续表

公称外径 d_n,mm	公称压力,MPa				
	0.4	0.6	0.8	1.0	1.25
40	—	—	—	—	3.7
50	—	—	—	—	4.6
63	—	—	—	4.7	5.8
75	—	—	4.5	5.6	6.8
90	—	4.3	5.4	6.7	8.2
110	—	5.3	6.6	8.1	10.0
125	—	6.0	7.4	9.2	11.4
140	4.3	6.7	8.3	10.3	12.7
160	4.9	7.7	9.5	11.8	14.6
180	5.5	8.6	10.7	13.3	16.4
200	6.2	9.6	11.9	14.7	18.2
225	6.9	10.8	13.4	16.6	20.5
250	7.7	11.9	14.8	18.4	22.7
280	8.6	13.4	16.6	20.6	25.4
315	9.7	15.0	18.7	23.2	28.6
355	10.9	16.9	21.1	26.1	32.2
400	12.3	19.1	23.7	29.4	36.3
450	13.8	21.5	26.7	33.1	40.9
500	15.3	23.9	29.7	36.8	45.4
560	17.2	26.7	33.2	41.2	50.8
630	19.3	30.0	37.4	46.3	57.2
710	21.8	33.9	42.1	52.2	
800	24.5	38.1	47.4	58.8	
900	27.6	42.9	53.3		
1000	30.6	47.7	59.3		

11)金属软管的规格见表6-24。

表6-24　金属软管的规格

品　种	通径,mm	压力,MPa	品　种	通径,mm	压力,MPa
高层建筑用金属软管	ϕ32～ϕ400	0.6、1.0、2.5	空调用金属软管	ϕ15～ϕ25	1.2、5.0
高层建筑用泵连软管	ϕ50～ϕ400	0.6、1.0、2.5	不锈钢消防软管	ϕ20	1.4
不锈钢波纹水管	ϕ15～ϕ25	1.2～1.8	燃气用波纹连接管	ϕ8～ϕ20	0.6～2.5

6.2　管法兰及管法兰盖

1）平面、突面板式平焊钢制管法兰的简图及规格见表6-25。

表6-25　平面、突面板式平焊钢制管法兰的简图及规格　　mm

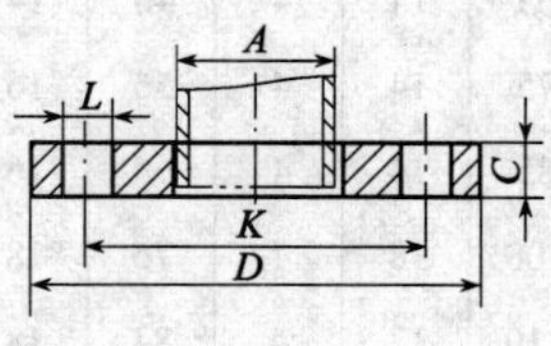

平面板式

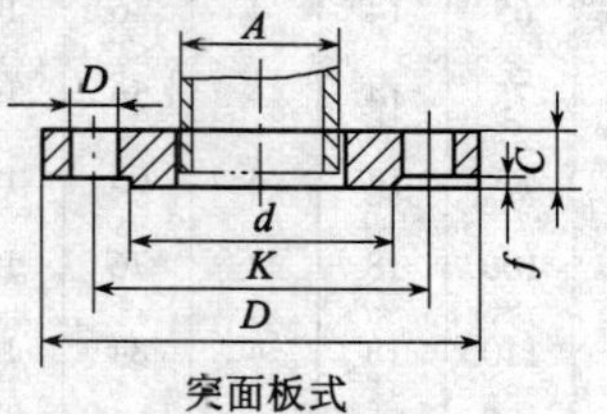

突面板式

D—法兰外径；*K*—螺栓孔中心圆直径；*n*—螺栓孔数量；*d*—突出密封面直径；*f*—密封面高度；*C*—法兰厚度；*A*—适用管子外径；*L*—螺栓孔直径

公称通径 *DN*	公称压力 *PN*，MPa												各种 *PN*	
	≤0.6						1.0							
	D	*K*	*L*	*n*	*d*	*C*	*D*	*K*	*L*	*n*	*d*	*C*	*f*	*A*
10	75	50	11	4	33	12	90	60	14	4	41	14	2	17.2
15	80	55	11	4	38	12	95	65	14	4	46	14	2	21.3
20	90	65	11	4	48	14	105	75	14	4	56	16	2	26.9
25	100	75	11	4	58	14	115	85	14	4	65	16	3	33.7
32	120	90	14	4	69	16	140	100	18	4	76	18	3	42.4
40	130	100	14	4	78	16	150	110	18	4	84	18	3	48.3
50	140	110	14	4	88	16	165	125	18	4	99	20	3	60.3
65	160	130	14	4	108	16	185	145	18	4	118	20	3	76.1
80	190	150	18	4	124	18	200	160	18	8	132	20	3	88.9
100	210	170	18	4	144	18	220	180	18	8	156	22	3	114.3
125	240	200	18	8	174	20	250	210	18	8	184	22	3	139.7
150	265	225	18	8	199	20	285	240	22	8	211	24	3	168.3
200	320	280	18	8	254	22	340	295	22	8	266	24	3	219.1
250	375	335	18	12	309	24	395	350	22	12	319	26	3	273.0
300	440	395	22	12	363	24	445	400	22	12	370	28	4	323.9
350	490	445	22	12	413	26	505	460	22	16	429	30	4	355.6
400	540	495	22	16	463	28	565	515	26	16	480	32	4	406.4
450	595	550	22	16	518	30	615	565	26	20	530	35	4	457.0
500	645	600	22	20	568	32	670	620	26	20	582	38	4	508.0
600	755	705	26	20	667	36	780	725	30	20	682	42	5	610.0

续表

公称通径 DN	公称压力 PN,MPa												各种 PN	
	1.6						2.5							
	D	K	L	n	d	C	D	K	L	n	d	C	f	A
10	90	60	14	4	41	14	90	60	14	4	41	14	2	17.2
15	95	65	14	4	46	14	95	65	14	4	46	14	2	21.3
20	105	75	14	4	56	16	105	75	14	4	56	16	2	26.9
25	115	85	14	4	65	16	115	85	14	4	65	16	3	33.7
32	140	100	18	4	76	18	140	100	18	4	76	18	3	42.4
40	150	110	18	4	84	18	150	110	18	4	84	18	3	48.3
50	165	125	18	4	99	20	165	125	18	4	99	20	3	60.3
65	185	145	18	4	118	20	185	145	18	8	118	22	3	76.1
80	200	160	18	8	132	20	200	160	18	8	132	24	3	88.9
100	220	180	18	8	156	22	235	190	22	8	156	26	3	114.3
125	250	210	18	8	184	22	270	220	26	8	184	28	3	139.7
150	285	240	22	8	211	24	300	250	26	8	211	30	3	168.3
200	340	295	22	12	266	26	360	310	26	12	274	32	3	219.1
250	405	355	26	12	319	28	425	370	30	12	330	35	3	273.0
300	460	410	26	12	370	32	485	430	30	16	389	38	4	323.9
350	520	470	26	16	429	35	555	490	33	16	448	42	4	355.6
400	580	525	30	16	480	38	620	550	36	16	503	46	4	406.4
450	640	585	30	20	548	42	670	600	36	20	548	50	4	457.0
500	715	650	33	20	609	46	730	660	36	20	609	56	4	508.0
600	840	770	36	20	720	52	845	770	39	20	720	68	5	610.0

注:1. PN0.25MPa 平焊钢制管法兰的连接及密封面尺寸,与 PN0.6MPa 平焊钢制管法兰相同。

2. 表中规定的钢制管法兰的连接及密封面尺寸(D、K、L、n、d、f、A),也适用于相同公称压力的其他钢制管法兰(如带颈平焊钢制管法兰、带颈螺纹钢制管法兰等)和钢制管法兰盖。

2)平面、突面带颈平焊钢制管法兰的简图及规格见表 6-26。

表 6-26　平面、突面带颈平焊钢制管法兰的简图及规格　mm

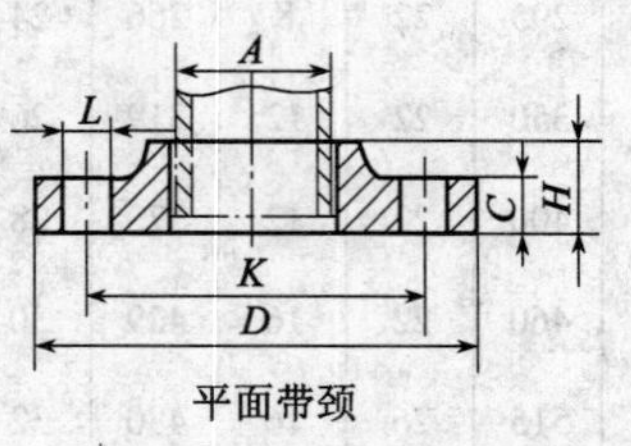

平面带颈

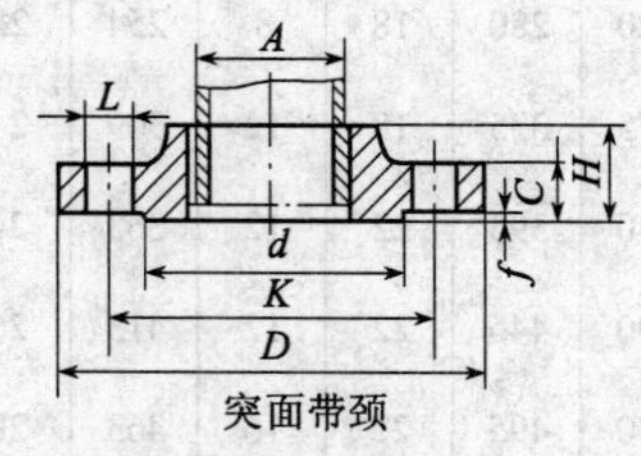

突面带颈

D—法兰外径;K—螺栓孔中心圆直径;n—螺栓孔数量;
d—突出密封面直径;f—密封面高度;C—法兰厚度;
H—法兰高度;A—适用管子外径;L—螺栓孔直径

续表

公称通径 DN	公称压力 PN，MPa					
	1.0		1.6		2.5	
	C	H	C	H	C	H
10	14	22	14	22	14	22
15	14	22	14	22	14	22
20	16	26	16	26	16	26
25	16	28	16	28	16	28
32	18	30	18	30	18	30
40	18	32	18	32	18	32
50	20	34	20	34	20	34
65	20	32	20	32	22	38
80	20	34	20	34	24	40
100	22	40	22	40	24	44
125	22	44	22	44	26	48
150	24	44	24	44	28	52
200	24	44	24	44	30	52
250	26	46	26	46	32	60
300	26	46	28	53	34	67
350	26	53	30	57	38	72
400	26	57	32	63	40	78
450	28	63	40	68	46	84
500	28	67	44	73	48	90
600	34	75	54	83	58	100

3）突面带颈螺纹钢制管法兰的简图及规格见表6-27。

表6-27　突面带颈螺纹钢制管法兰的简图及规格　mm

公称通径 DN		10	15	20	25	32	40	50	65	80	100	125	150
管螺纹尺寸代号		$\frac{3}{8}$	$\frac{1}{2}$	$\frac{3}{4}$	1	$1\frac{1}{4}$	$1\frac{1}{2}$	2	$2\frac{1}{2}$	3	4	5	6
PN 0.6 MPa	C	12	12	14	14	16	16	16	16	18	18	18	20
	H	20	20	24	24	26	26	28	32	34	40	44	44

4）带颈螺纹铸铁管法兰的简图及规格见表6-28。

表 6-28　带颈螺纹铸铁管法兰的简图及规格　　mm

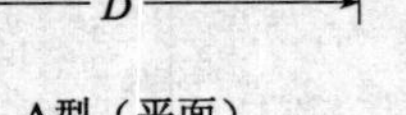
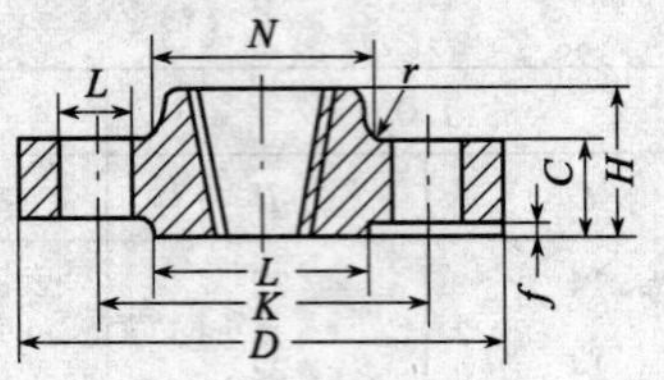

A型（平面）　　B型（突面）

公称通径 DN	公称压力 PN, MPa									
	1.0 和 1.6					2.5				
	L	C			H	L	C			H
		灰①	球①	可①			灰①	球①	可①	
10	14	14	—	14	20	14	—	—	14	22
15	14	14	—	14	22	14	—	—	14	22
20	14	16	—	16	26	14	—	—	16	26
25	14	16	—	16	26	14	—	—	16	28
32	19	18	—	18	28	19	—	—	18	30
40	19	18	19	18	28	19	—	19	18	32
50	19	20	19	20	30	19	—	19	20	34
65	19	20	19	20	34	19	—	19	22	38
80	19	22	19	20	36	19	—	19	24	40
100	19	24	19	22	44	23	—	19	24	44
125	19	26	19	22	48	28	—	19	26	48
150	23	26	19	24	48	28	—	20	28	52

① 灰为灰铸铁，≥HT200；球为球墨铸铁，≥QT400-15；可为可锻铸铁，≥KTH300-06。

5）平面、突面钢制管法兰盖的简图及规格见表 6-29。

表 6-29　平面、突面钢制管法兰盖的简图及规格　　mm

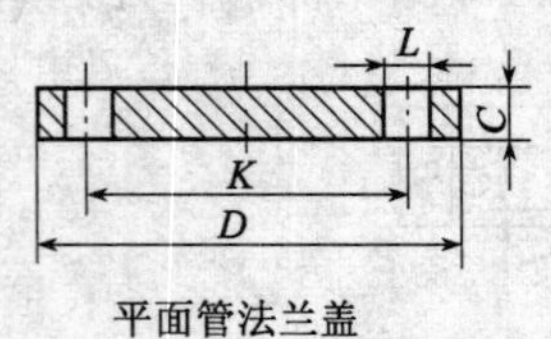

平面管法兰盖

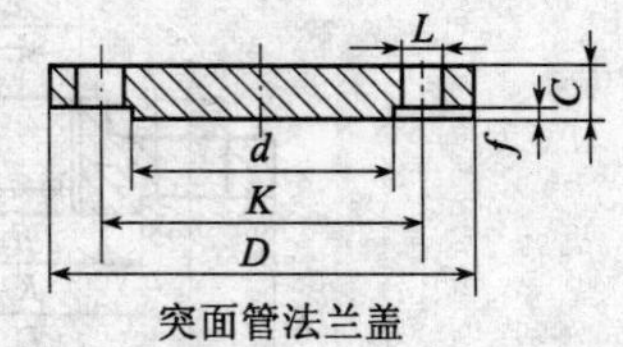

突面管法兰盖

公称通径 DN			10	15	20	25	32	40	50	65	80	100	125	150	200	250	300	350	400	450	500	600
公称压力 PN, MPa	≤0.6	法兰厚度 C	12	12	14	14	16	16	16	16	18	18	20	20	22	24	24	24	24	24	26	30
	1.0		14	14	16	16	18	18	20	20	20	22	22	24	24	26	26	26	28	28	28	34
	1.6		14	14	16	16	18	18	20	20	20	22	22	24	24	26	28	30	32	40	44	54
	2.5		14	14	16	16	18	18	20	22	24	24	26	28	30	32	34	38	40	46	48	58

6）铸铁管法兰盖的简图及规格见表 6-30。

表 6-30 铸铁管法兰盖的简图及规格 mm

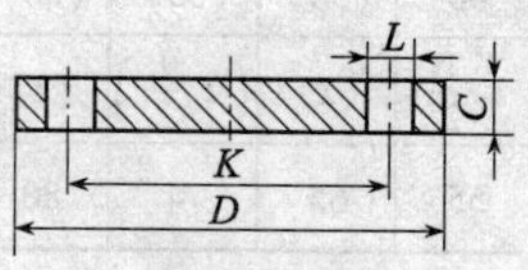

平面管法兰盖

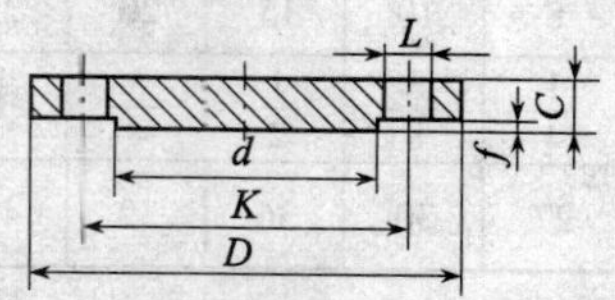

突面管法兰盖

公称通径 DN	公称压力 PN,MPa																
	0.25		0.6			1.0				1.6				2.5			
	L	C	L	C		L	C			L	C			L	C		
		灰①		灰①	可①		灰①	球①	可①		灰①	球①	可①		灰①	球①	可①
10	11	12	11	12	12	14	14	—	14	14	14	—	14	14	16	—	16
15	11	12	11	12	12	14	14	—	14	14	14	—	14	14	16	—	16
20	11	14	11	14	14	14	16	—	16	14	16	—	16	14	18	—	16
25	11	14	11	14	14	14	16	—	16	14	16	—	16	14	18	—	16
32	14	16	14	16	16	19	18	—	18	19	18	—	18	19	20	—	18
40	14	16	14	16	16	19	18	19	18	19	18	19	18	19	20	19	18
50	14	16	14	16	16	19	20	19	20	19	20	19	20	19	22	19	20
65	14	16	14	16	16	19	20	19	20	19	20	19	20	19	24	19	22
80	19	18	19	18	18	19	22	19	20	19	22	19	20	19	26	19	24
100	19	18	19	18	18	19	24	19	20	19	24	19	22	23	28	19	24
125	19	20	19	20	20	19	26	19	20	19	26	19	22	28	30	19	26
150	19	20	19	20	20	23	26	19	24	23	26	19	24	28	34	20	28
200	19	22	19	22	22	23	26	20	24	23	30	20	24	28	34	22	30
250	19	24	19	24	24	23	28	22	26	28	32	22	26	31	36	24.5	32
300	23	24	23	24	24	23	28	24.5	26	28	32	24.5	28	31	40	27.5	34
350	23	26	23	26	—	23	30	24.5	—	28	36	26.5	—	34	44	30	—
400	23	28	23	28	—	28	32	24.5	—	31	38	28	—	37	48	32	—
450	23	28	23	28	—	28	32	25.5	—	31	40	30	—	37	50	34.5	—
500	23	30	23	30	—	28	34	26.5	—	34	42	31.5	—	37	52	36.5	—
600	26	30	26	30	—	31	36	30	—	37	48	36	—	40	56	42	—

① 灰为灰铸铁,≥HT200;球为球墨铸铁,≥QT400-15;可为可锻铸铁,≥KTH300-06。

6.3 可锻铸铁管路连接件

1)外接头的外形及尺寸见表 6-31。

表 6-31 外接头的外形及尺寸 mm

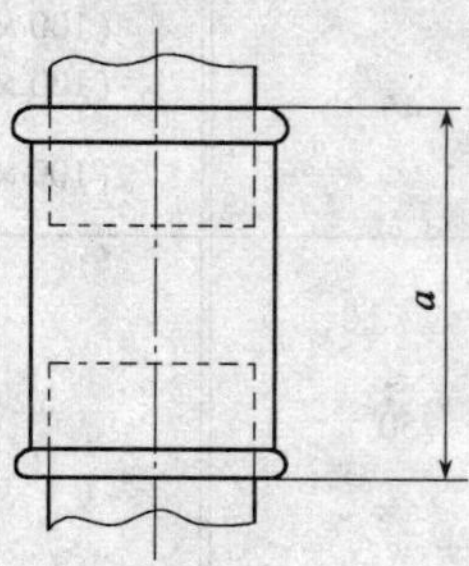

续表

公称通径 DN	6	8	10	15	20	25	32	40	(50)	(65)	(80)	(100)	(125)	(150)
管件规格	$\frac{1}{8}$	$\frac{1}{4}$	$\frac{3}{8}$	$\frac{1}{2}$	$\frac{3}{4}$	1	$1\frac{1}{4}$	$1\frac{1}{2}$	(2)	$\left(2\frac{1}{2}\right)$	(3)	(4)	(5)	(6)
a	25	27	30	36	39	45	50	55	65	74	80	94	109	120

2)异径外接头的外形及尺寸见表6-32。

表6-32　异径外接头的外形及尺寸　　mm

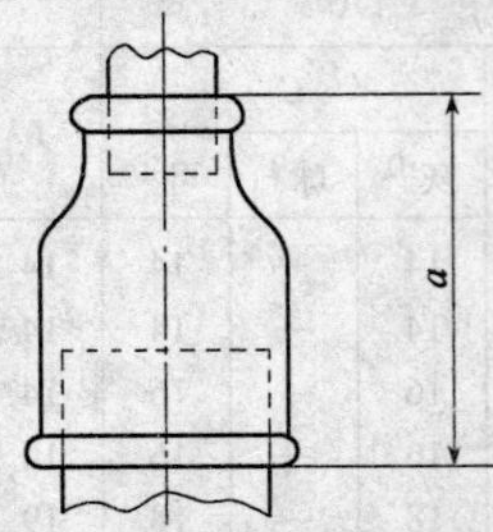

公称通径 DN	管件规格	a	公称通径 DN	管件规格	a
8×6	1/4×1/8	27	(40×15) 40×20 40×25 40×32	$\left(1\frac{1}{2}\times\frac{1}{2}\right)$ $1\frac{1}{2}\times\frac{3}{4}$ $1\frac{1}{2}\times1$ $1\frac{1}{2}\times1\frac{1}{4}$	55
(10×6) 10×8	(3/8×1/8) 3/8×1/4	30	(50×15) (50×20) 50×25 50×32 50×40	(2×1/2) (2×3/4) 2×1 $2\times1\frac{1}{4}$ $2\times1\frac{1}{2}$	65
15×8 15×10	1/2×1/4 1/2×3/8	36	(65×32) (65×40) (65×50)	$\left(2\frac{1}{2}\times1\frac{1}{4}\right)$ $\left(2\frac{1}{2}\times1\frac{1}{2}\right)$ $\left(2\frac{1}{2}\times2\right)$	74
(20×8) 20×10 20×15	(3/4×1/4) 3/4×3/8 3/4×1/2	39	(80×40) (80×50) (80×65)	$\left(3\times1\frac{1}{2}\right)$ (3×2) $\left(3\times2\frac{1}{2}\right)$	80
25×10 25×15 25×20	1×3/8 1×1/2 1×3/4	45	(100×50) (100×65) (100×80)	(4×2) $\left(4\times2\frac{1}{2}\right)$ (4×3)	94
32×15 32×20 32×25	$1\frac{1}{4}\times\frac{1}{2}$ $1\frac{1}{4}\times\frac{3}{4}$ $1\frac{1}{4}\times1$	50			

3)活接头的外形及尺寸见表6-33。

表6-33 活接头的外形及尺寸

mm

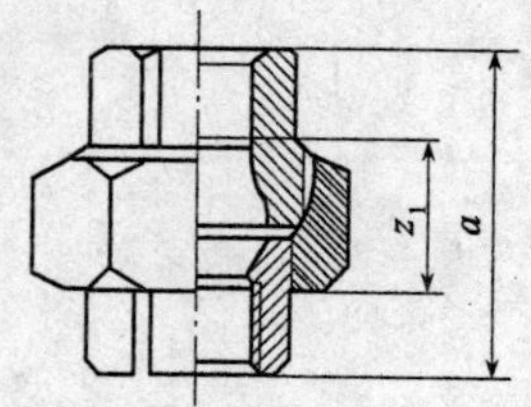

平座

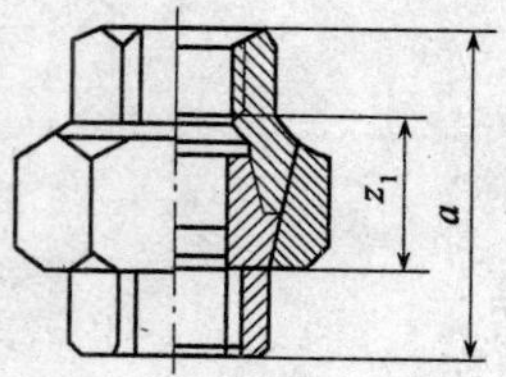

锥座

公称通径 DN		管件规格	a	z_1
平座	锥座			
—	(6)	(1/8)	38	24
8	8	1/4	42	22
10	10	3/8	45	25
15	15	1/2	48	22
20	20	3/4	52	22
25	25	1	58	24
32	32	$1\frac{1}{4}$	65	27
40	40	$1\frac{1}{2}$	70	32
50	50	2	78	30
65	65	$2\frac{1}{2}$	85	31
80	80	3	95	35
—	100	4	100	38

4)内接头的外形及尺寸见表6-34。

表6-34 内接头的外形及尺寸

mm

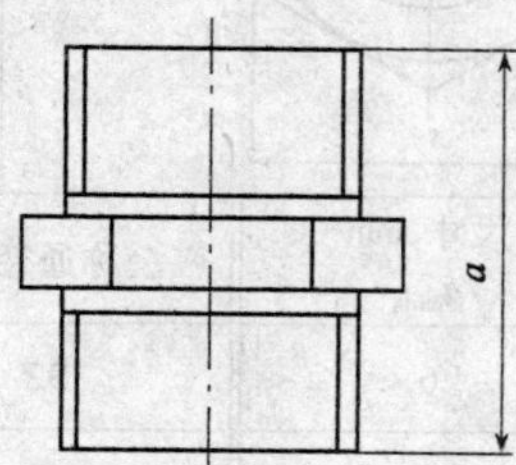

公称通径 DN	6	8	10	15	20	25	40	50	65	80	100
管件规格	1/8	1/4	3/8	1/2	3/4	1	$1\frac{1}{2}$	2	$2\frac{1}{2}$	3	4
a	29	36	38	44	47	53	59	68	75	83	95

5）异径内接头的外形及尺寸见表6-35。

表6-35　异径内接头的外形及尺寸　　mm

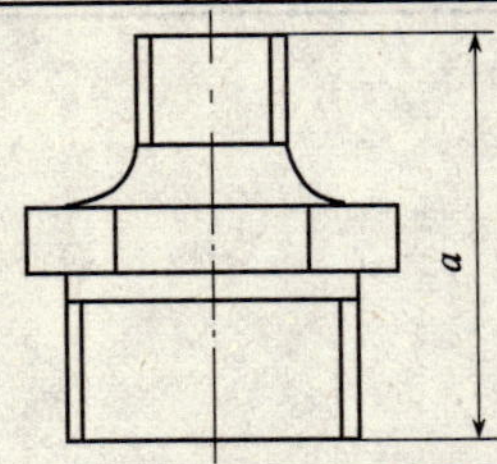

公称通径 *DN*	管件规格	*a*	公称通径 *DN*	管件规格	*a*
10×8	3/8×1/4	38	40×25	$1\frac{1}{2}\times 1$	59
15×8	1/2×1/4	44	40×32	$1\frac{1}{2}\times 1\frac{1}{4}$	
15×10	1/2×3/8		(50×25)	(2×1)	68
20×10	3/4×3/8	47	50×32	$2\times 1\frac{1}{4}$	
20×15	3/4×1/2		50×40	$2\times 1\frac{1}{2}$	
25×15	1×1/2	53	65×50	$\left(2\frac{1}{2}\times 2\right)$	75
25×20	1×3/4		80×50	(3×2)	83
(32×15)	$\left(1\frac{1}{4}\times\frac{1}{2}\right)$	57	(80×65)	$\left(3\times 2\frac{1}{2}\right)$	
32×20	$1\frac{1}{4}\times\frac{3}{4}$				
32×25	$1\frac{1}{4}\times 1$				
(40×20)	$\left(1\frac{1}{2}\times\frac{3}{4}\right)$	59			

6）锁紧螺母的外形及尺寸见表6-36。

表6-36　锁紧螺母的外形及尺寸　　mm

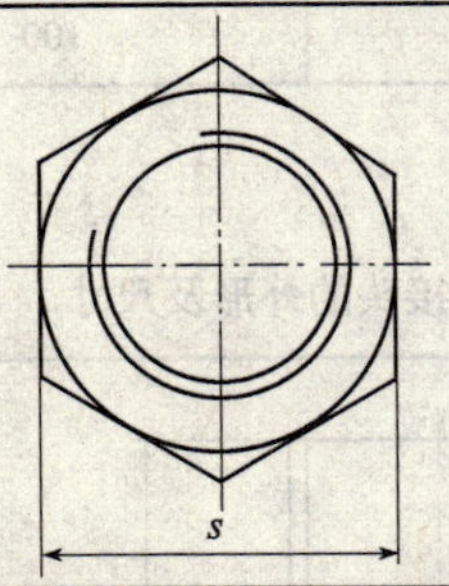

公称通径 *DN*	管件规格	尺寸，mm a_{min}	公称通径 *DN*	管件规格	尺寸，mm a_{min}
6	1/4	6	32	$1\frac{1}{4}$	11
10	3/8	7	40	$1\frac{1}{2}$	12
15	1/2	8	50	2	13
20	3/4	9	65	$2\frac{1}{2}$	16
25	1	10	80	3	19

注：*s* 尺寸（扳手对边宽度）由制造商自己决定。

7)弯头的外形及尺寸见表6-37。

表6-37 弯头的外形及尺寸 mm

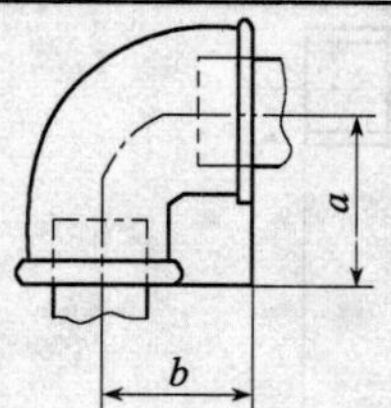

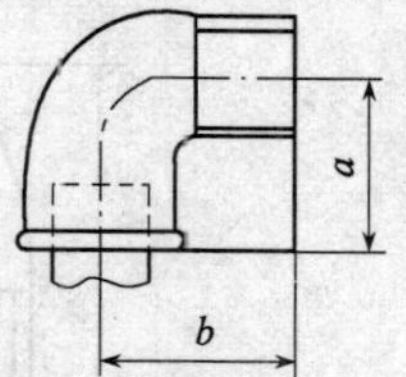

公称通径 *DN*	管件规格	*a*	*b*	公称通径 *DN*	管件规格	*a*	*b*
6	1/8	19	25	40	$1\frac{1}{2}$	50	65
8	1/4	21	28	50	2	58	74
10	3/8	25	32	65	$2\frac{1}{2}$	69	88
15	1/2	28	37	80	3	78	98
20	3/4	33	43	100	4	96	118
25	1	38	52	(125)	(5)	115	—
32	$1\frac{1}{4}$	45	60	(150)	(6)	131	—

8)异径弯头的外形及尺寸见表6-38。

表6-38 异径弯头的外形及尺寸 mm

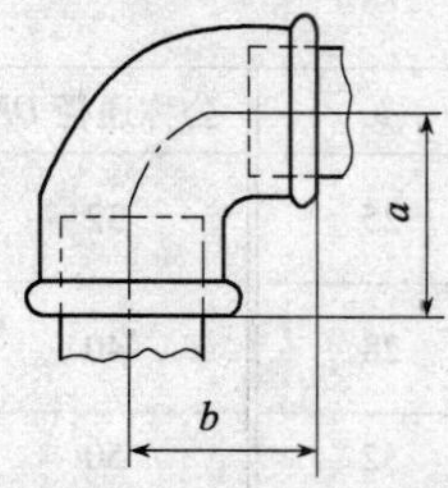

公称通径 *DN*	管件规格	*a*	*b*	公称通径 *DN*	管件规格	*a*	*b*
10×8	(3/8×1/4)	23	23	32×20	$1\frac{1}{4}\times\frac{3}{4}$	36	41
15×10	1/2×3/8	26	26	32×25	$1\frac{1}{4}\times1$	40	42
(20×10)	(3/4×3/8)	28	28	(40×25)	$\left(1\frac{1}{2}\times1\right)$	42	46
20×15	3/4×1/2	30	31	40×32	$1\frac{1}{2}\times1\frac{1}{4}$	46	48
25×15	1×1/2	32	34	50×40	$2\times1\frac{1}{2}$	52	56
25×20	1×3/4	35	36	(65×50)	$\left(2\frac{1}{2}\times2\right)$	61	66

9)外丝月弯的外形及尺寸见表6-39。

表6-39 外丝月弯的外形及尺寸 mm

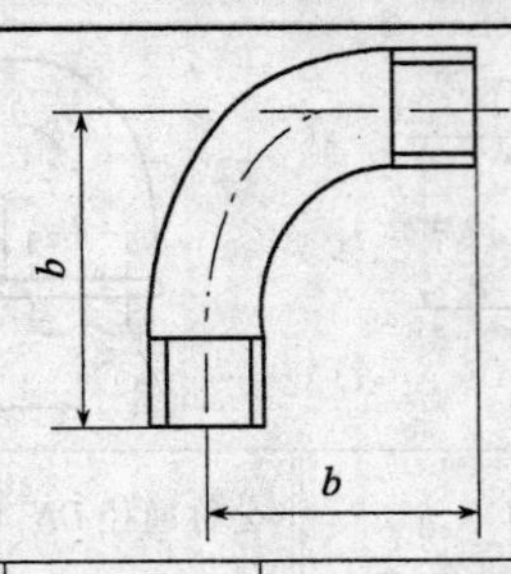

公称通径 *DN*	(10)	15	20	25	(32)	(40)	(50)
管件规格	(3/8)	1/2	3/4	1	$\left(1\frac{1}{4}\right)$	$\left(1\frac{1}{2}\right)$	(2)
b	42	48	60	75	95	105	130

10)45°弯头的外形及尺寸见表6-40。

表6-40 45°弯头的外形及尺寸 mm

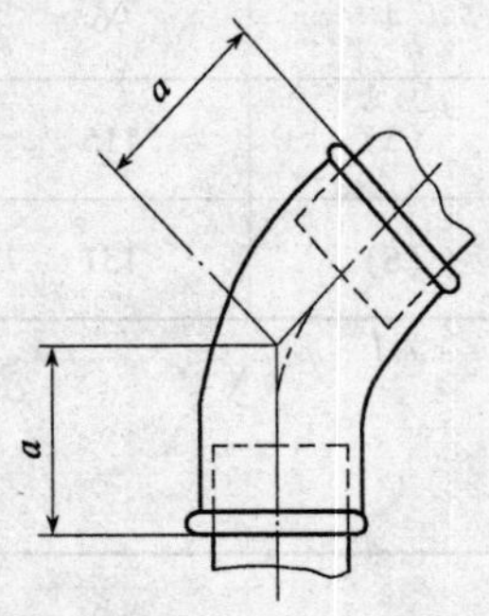

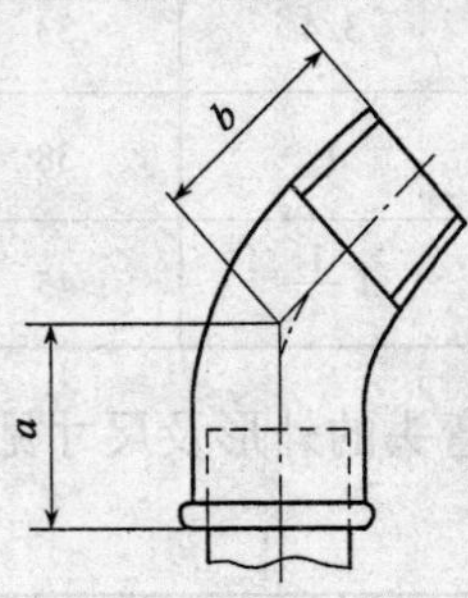

公称通径 *DN*	管件规格	*a*	*b*	公称通径 *DN*	管件规格	*a*	*b*
10	3/8	20	25	32	$1\frac{1}{4}$	33	43
15	1/2	22	28	40	$1\frac{1}{2}$	36	46
20	3/4	25	32	50	2	43	55
25	1	28	37				

11)三通的外形及尺寸见表6-41。

表6-41 三通的外形及尺寸 mm

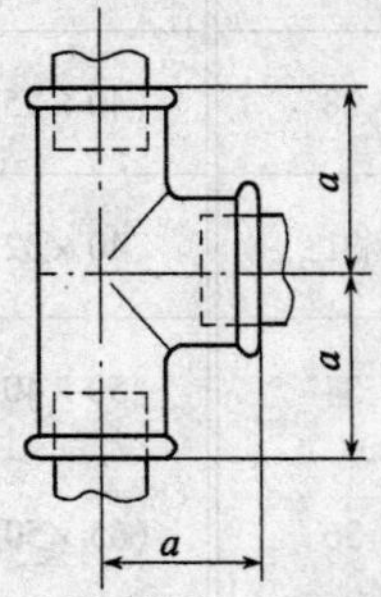

续表

公称通径 DN	6	8	10	15	20	25	32	40	50	65	80	100	(125)	(150)
管件规格	1/8	1/4	3/8	1/2	3/4	1	$1\frac{1}{4}$	$1\frac{1}{2}$	2	$2\frac{1}{2}$	3	4	(5)	(6)
a	19	21	25	28	33	38	45	50	58	69	78	96	115	131

12）中小异径三通的外形及尺寸见表6-42。

表6-42　中小异径三通的外形及尺寸　mm

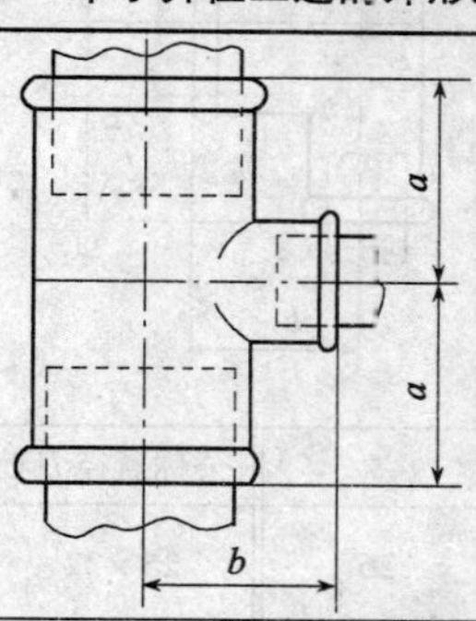

公称通径 DN	管件规格	a	b	公称通径 DN	管件规格	a	b
10×8	3/8×1/4	23	23	40×32	$1\frac{1}{2}\times1\frac{1}{4}$	46	48
15×8	1/2×1/4	24	24	50×15	2×1/2	38	48
15×10	1/2×3/8	26	26	50×20	2×3/4	40	50
(20×8)	(3/4×1/4)	26	27	50×25	2×1	44	52
20×10	3/4×3/8	28	28	50×32	$2\times1\frac{1}{4}$	48	54
20×15	3/4×1/2	30	31	50×40	$2\times1\frac{1}{2}$	52	55
(25×8)	(1×1/4)	28	31	65×25	$2\frac{1}{2}\times1$	47	60
25×10	1×3/8	30	32	65×32	$2\frac{1}{2}\times1\frac{1}{4}$	52	62
25×15	1×1/2	32	34	65×40	$2\frac{1}{2}\times1\frac{1}{2}$	55	63
25×20	1×3/4	35	36	65×50	$2\frac{1}{2}\times2$	61	66
(32×10)	$\left(1\frac{1}{4}\times\frac{3}{8}\right)$	32	36	80×25	3×1	51	67
32×15	$1\frac{1}{4}\times\frac{1}{2}$	34	38	(80×32)	$\left(3\times1\frac{1}{4}\right)$	55	70
32×20	$1\frac{1}{4}\times\frac{3}{4}$	36	41	80×40	$3\times1\frac{1}{2}$	58	71
32×25	$1\frac{1}{4}\times1$	40	42	80×50	3×2	64	73
40×15	$1\frac{1}{2}\times\frac{1}{2}$	36	42	80×65	$3\times2\frac{1}{2}$	72	76
40×20	$1\frac{1}{2}\times\frac{3}{4}$	38	44	100×50	4×2	70	86
40×25	$1\frac{1}{2}\times1$	42	46	100×80	4×3	84	92

13）中大异径三通的外形及尺寸见表6-43。

表6-43　中大异径三通的外形及尺寸　mm

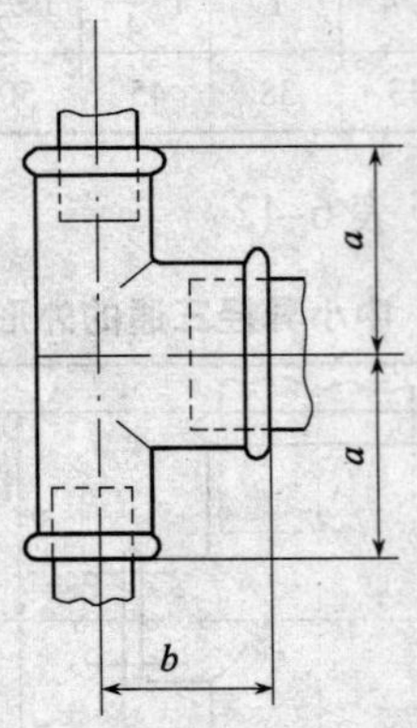

公称通径 DN	管件规格	a	b	公称通径 DN	管件规格	a	b
10×15	3/8×1/2	26	26	25×32	$1\times1\frac{1}{4}$	42	40
15×20	1/2×3/4	31	30	(25×40)	$\left(1\times1\frac{1}{2}\right)$	46	42
(15×25)	(1/2×1)	34	32	32×40	$1\frac{1}{4}\times1\frac{1}{2}$	48	46
20×25	3/4×1	36	35	(32×50)	$\left(1\frac{1}{4}\times2\right)$	54	48
(20×32)	$\left(\frac{3}{4}\times1\frac{1}{4}\right)$	41	36	40×50	$1\frac{1}{2}\times2$	55	52

14）四通的外形及尺寸见表6-44。

表6-44　四通的外形及尺寸　mm

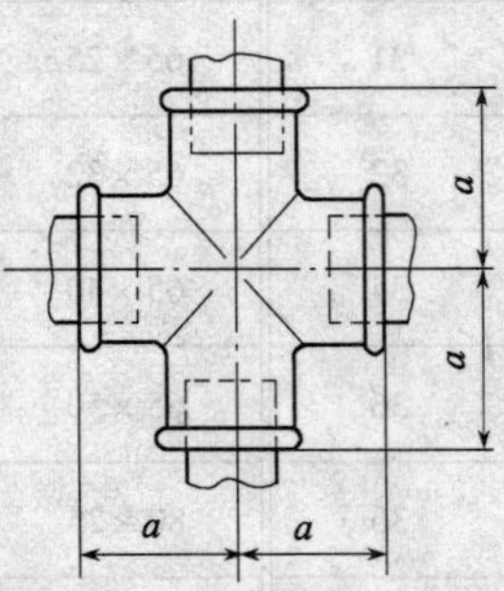

公称通径 DN	(8)	10	15	20	25	32	40	50	(65)	(80)	(100)
管件规格	(1/4)	3/8	1/2	3/4	1	$1\frac{1}{4}$	$1\frac{1}{2}$	2	$\left(2\frac{1}{2}\right)$	(3)	(4)
a	21	25	28	33	38	45	50	58	69	78	96

15）异径四通的外形及尺寸见表6-45。

表 6-45　异径四通的外形及尺寸　mm

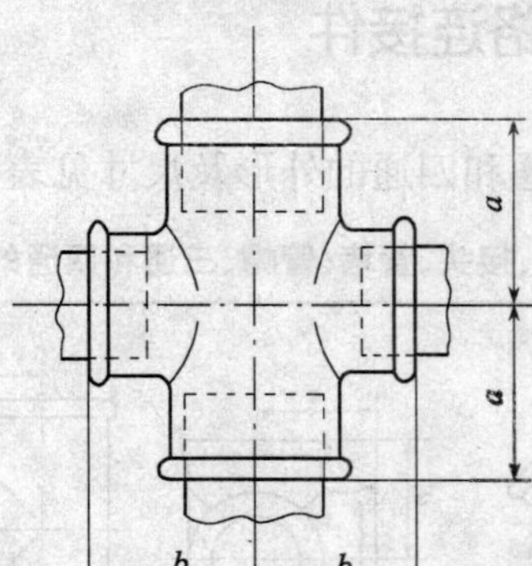

公称通径 DN	管件规格	a	b	公称通径 DN	管件规格	a	b
(15×10)	(1/2×3/8)	26	26	(32×20)	$\left(1\frac{1}{4}\times\frac{3}{4}\right)$	36	41
20×15	3/4×1/2	30	31	32×25	$1\frac{1}{4}\times1$	40	42
25×15	1×1/2	32	34	(40×25)	$\left(1\frac{1}{2}\times1\right)$	42	46
25×20	1×3/4	35	36				

16）外方管堵的外形及尺寸见表 6-46。

表 6-46　外方管堵的外形及尺寸　mm

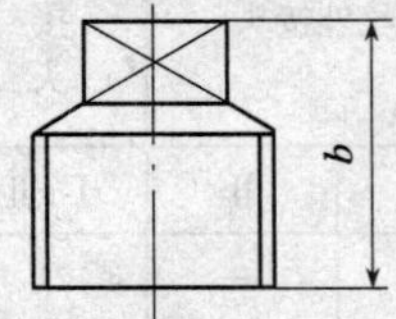

公称通径 DN	6	8	10	15	20	25	32	40	50	65	80	100
管件规格	1/8	1/4	3/8	1/2	3/4	1	$1\frac{1}{4}$	$1\frac{1}{2}$	2	$1\frac{1}{2}$	3	4
b	11	14	15	18	20	23	29	30	36	39	44	58

17）管帽的外形及尺寸见表 6-47。

表 6-47　管帽的外形及尺寸　mm

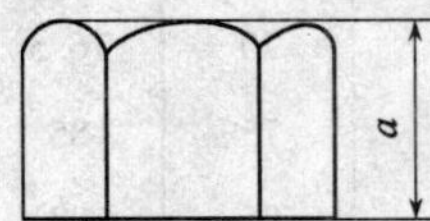

公称通径 DN	(6)	8	10	15	20	25	32	40	50	65	80	100
管件规格	(1/8)	1/4	3/8	1/2	3/4	1	$1\frac{1}{4}$	$1\frac{1}{2}$	2	$1\frac{1}{2}$	3	4
a	13	15	17	19	22	24	27	27	32	35	38	45

6.4 不锈钢和铜螺纹管路连接件

1)弯头、接头、管堵、管帽、三通和四通的外形及尺寸见表6-48。

表6-48 弯头、接头、管堵、管帽、三通和四通的外形及尺寸 mm

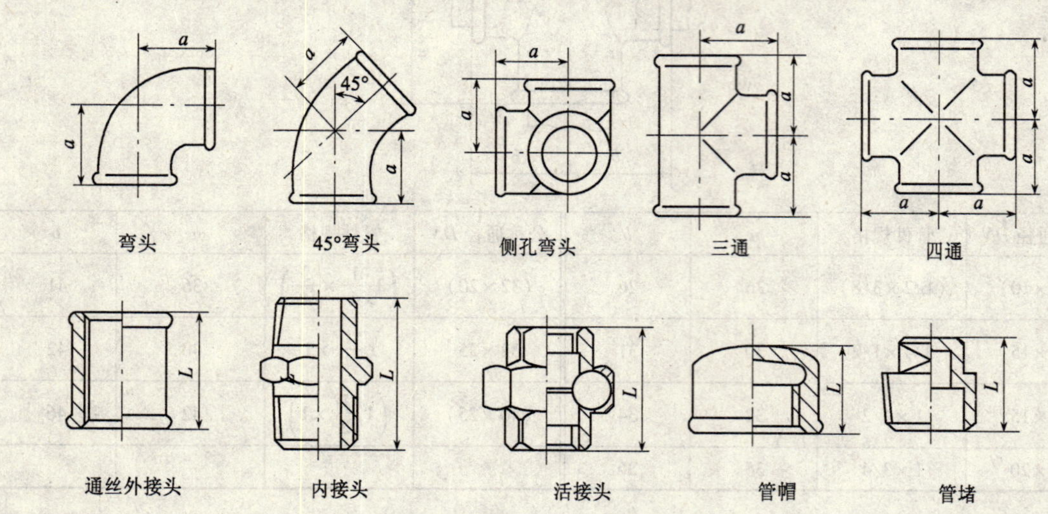

弯头　45°弯头　侧孔弯头　三通　四通

通丝外接头　内接头　活接头　管帽　管堵

公称通径 DN	管螺纹尺寸,in	a 弯头、三通、四通45°弯头、侧孔弯头		L 通丝外接头		内接头	活接头	管帽		管堵
		Ⅰ	Ⅱ	Ⅰ	Ⅱ	Ⅰ、Ⅱ	Ⅰ、Ⅱ	Ⅰ	Ⅱ	Ⅰ、Ⅱ
6	1/8	19	—	17	—	21	38	13	14	13
8	1/4	21	20	25	26	28	42	17	15	16
10	3/8	25	23	26	29	29	45	18	17	18
15	1/2	28	26	34	34	36	48	22	19	22
20	3/4	33	31	36	38	41	52	25	22	26
25	1	38	35	43	44	46.5	58	28	25	29
32	$1\frac{1}{4}$	45	42	48	50	54	65	30	28	33
40	$1\frac{1}{2}$	50	48	48	54	54	70	31	31	34
50	2	58	55	56	60	65.5	78	36	35	40
65	$2\frac{1}{2}$	70	65	65	70	76.5	85	41	38	46
80	3	80	74	71	75	85	95	45	40	50
100	4	—	90	—	85	99	116	—	—	57
125	5	—	110	—	95	107	132	—	—	62
150	6	—	125	—	105	119	146	—	—	71

注:不锈钢管件用ZGCr18Ni9Ti不锈铸钢制造,适用于输送水、蒸汽、非强酸和非强碱性液体等介质的不锈钢管路上;铜管件用ZCuZn40Pb2铸造黄铜制造,适用于输送水、蒸汽和非腐蚀性液体等介质的铜管路上。适用公称压力(*PN*)分Ⅰ系和Ⅱ系两个系列。Ⅰ系列*PN*≤3.4MPa,Ⅱ系列*PN*≤1.6MPa。

2)异径外接头和内外接头的外形及尺寸见表6-49。

表6-49 异径外接头和内外接头的外形及尺寸 mm

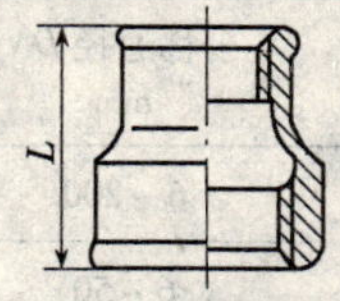

异径外接头

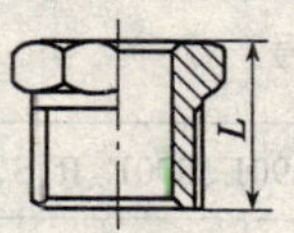

内外接头

公称通径 $DN_1 \times DN_2$	管螺纹尺寸 $d_1 \times d_{2,\text{in}}$	全长 L			
		异径外接头		内外接头	
		Ⅰ	Ⅱ	Ⅰ	Ⅱ
8×6	1/4×1/8	27	—	17	—
10×8	3/8×1/4	30	29	17.5	—
15×10	1/2×3/8	36	36	21	—
20×10	3/4×3/8	39	39	24.5	—
20×15	3/4×1/2	39	39	24.5	—
25×15	1×1/2	45	43	27.5	—
25×20	1×3/4	45	43	27.5	—
32×20	1¼×3/4	50	49	32.5	—
32×25	1¼×1	50	49	32.5	—
40×25	1½×1	55	53	32.5	—
40×32	1½×1¼	55	53	32.5	—
50×32	2×1¼	65	59	40	39
50×40	2×1½	65	59	40	39
65×40	2½×1½	74	65	46.5	44
65×50	2½×2	74	65	46.5	44
80×50	3×2	80	72	51.5	48
80×65	3×2½	80	72	51.5	48
100×65	4×2½	—	85	—	56
100×80	4×3	—	85	—	56

注:1. 不锈钢管件用ZGCr18Ni9Ti制造;铜管件用ZCuZn40Pb2制造。

2. 适用公称压力(*PN*)分Ⅰ系和Ⅱ系两个系列。Ⅰ系列$PN \leqslant 3.4\text{MPa}$,Ⅱ系列$PN \leqslant 1.6\text{MPa}$。

6.5 建筑用铜管管件

1)铜管管件型式及代号见表6-50。

表6-50 铜管管件型式及代号

品种		型式	代号
45°弯头		A型	A45E
		B型	B45E
90°弯头		A型	A90E
		B型	B90E
等径	三通接头	—	T(S)
异径		—	T(R)
异径接头		—	R
套管接头		—	S
管帽		—	C

注:1. A型接口两端均为承口;

2. B型接口一端为承口,另一端为插口。

2)铜管管件的基本参数见表6-51。

表6-51 铜管管件的基本参数

代　　号	公称通径 DN mm	公称压力 PN MPa
T(S)、T(R)、A45E、B45E、A90E、B90E、R、S、	6~200	1.0、1.6
C	6~50	1.6

3)铜管管件承、插口的基本尺寸见表6-52。

表6-52 铜管管件承、插口的基本尺寸 mm

<table>
<tr><th rowspan="2">公称通径 DN</th><th rowspan="2">铜管外径 DW</th><th rowspan="2">D_1</th><th rowspan="2">D</th><th rowspan="2">L_1</th><th rowspan="2">L_2</th><th colspan="2">T</th></tr>
<tr><th>PN1.0MPa</th><th>PN1.6MPa</th></tr>
<tr><td>6</td><td>8</td><td>8±0.03</td><td>$8^{+0.13}_{+0.05}$</td><td rowspan="2">7</td><td rowspan="2">9</td><td rowspan="5" colspan="2">0.75</td></tr>
<tr><td>8</td><td>10</td><td>10±0.03</td><td>$10^{+0.15}_{+0.05}$</td></tr>
<tr><td>10</td><td>12</td><td>12±0.03</td><td>$12^{+0.16}_{+0.05}$</td><td>9</td><td>11</td></tr>
<tr><td>15</td><td>16</td><td>16±0.03</td><td>$16^{+0.17}_{+0.06}$</td><td>11</td><td>13</td></tr>
<tr><td>20</td><td>22</td><td>22±0.04</td><td>$22^{+0.17}_{+0.06}$</td><td>15</td><td>17</td></tr>
<tr><td>25</td><td>28</td><td>28±0.04</td><td>$28^{+0.22}_{+0.08}$</td><td>17</td><td>19</td><td rowspan="2">0.75</td><td rowspan="2">1.0</td></tr>
<tr><td>32</td><td>35</td><td>35±0.05</td><td>$35^{+0.30}_{+0.08}$</td><td>20</td><td>22</td></tr>
<tr><td>40</td><td>44</td><td>44±0.08</td><td>$44^{+0.30}_{+0.13}$</td><td>22</td><td>24</td><td rowspan="3">1.0</td><td rowspan="2">1.5</td></tr>
<tr><td>50</td><td>55</td><td>55±0.10</td><td>$55^{+0.42}_{+0.15}$</td><td>25</td><td>27</td></tr>
<tr><td>65</td><td>70</td><td>70±0.10</td><td>$70^{+0.50}_{+0.15}$</td><td>28</td><td>30</td><td>2.0</td></tr>
<tr><td>80</td><td>85</td><td>85±0.13</td><td>$85^{+0.62}_{+0.23}$</td><td>32</td><td>34</td><td>1.5</td><td>2.5</td></tr>
<tr><td rowspan="2">100</td><td>105</td><td>105±0.15</td><td>$105^{+0.85}_{+0.25}$</td><td rowspan="2">36</td><td rowspan="2">38</td><td rowspan="2">2.0</td><td rowspan="2">3.0</td></tr>
<tr><td>(108)</td><td>108±0.15</td><td>$108^{+0.85}_{+0.25}$</td></tr>
<tr><td>125</td><td>133</td><td>133±0.18</td><td>$133^{+1.10}_{+0.28}$</td><td>38</td><td>41</td><td>2.5</td><td>4.0</td></tr>
<tr><td>150</td><td>159</td><td>159±0.60</td><td>$159^{+1.15}_{+0.70}$</td><td>42</td><td>45</td><td>3.0</td><td>4.5</td></tr>
<tr><td>200</td><td>219</td><td>219±0.70</td><td>$219^{+1.60}_{+0.80}$</td><td>45</td><td>48</td><td>4.0</td><td>6.0</td></tr>
</table>

注:1. 表中带括号的尺寸尽量不选用。

2. D_1—插口平均外径允许偏差。

3. D—承口平均内径允许偏差。

4）铜管等径三通接头的基本尺寸见表6-53。

表6-53 铜管等径三通接头的基本尺寸 mm

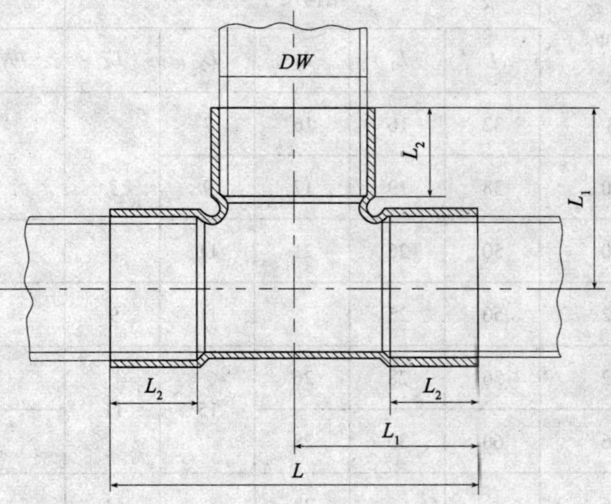

公称通径 DN	铜管外径 DW	结构尺寸			质量,kg	
		L	L_1	L_2	PN1.0MPa	PN1.6MPa
6	8	28	14	7	0.01	
8	10	30	15			
10	12	36	18	9		
15	16	46	23	11	0.02	
20	22	64	32	15	0.04	
25	28	74	37	17	0.07	
32	35	88	44	20	0.12	
40	44	104	52	22	0.19	0.28
50	55	122	61	25	0.27	0.41
65	70	146	73	28	0.57	0.75
80	85	170	85	32	0.67	1.08
100	105	198	99	36	1.34	1.94
	(108)				1.38	2.02
125	133	230	115	38	2.49	3.69
150	159	268	134	42	3.76	5.59
200	219	342	171	45	9.51	14.18

注：表中带括号的尺寸尽量不选用。

5)铜管异径三通接头的基本尺寸见表6-54。

表6-54　铜管异径三通接头的基本尺寸　mm

<table>
<tr><th rowspan="2">公称通径
DN/DN_1</th><th rowspan="2">铜管外径
DW/DW_1</th><th colspan="5">结构尺寸</th><th colspan="2">质量,kg</th></tr>
<tr><th>L</th><th>L_1</th><th>L_2</th><th>L_3</th><th>L_4</th><th>PN1.0MPa</th><th>PN1.6MPa</th></tr>
<tr><td>8/6</td><td>10/8</td><td>32</td><td>16</td><td>16</td><td>7</td><td rowspan="3">7</td><td colspan="2" rowspan="2">0.01</td></tr>
<tr><td>10/8</td><td>12/10</td><td>38</td><td>19</td><td>17</td><td>9</td></tr>
<tr><td>15/8</td><td>16/10</td><td>50</td><td>25</td><td>21</td><td>11</td><td colspan="2">0.02</td></tr>
<tr><td>15/10</td><td>16/12</td><td>50</td><td>25</td><td></td><td>11</td><td>9</td><td colspan="2">0.03</td></tr>
<tr><td>20/10</td><td>22/12</td><td>56</td><td>28</td><td>26</td><td rowspan="2">15</td><td rowspan="2">11</td><td colspan="2">0.04</td></tr>
<tr><td>20/15</td><td>22/16</td><td>60</td><td>30</td><td>28</td><td colspan="2">0.05</td></tr>
<tr><td>25/15</td><td>28/16</td><td rowspan="2">68</td><td rowspan="2">34</td><td>28</td><td rowspan="2">17</td><td>11</td><td colspan="2" rowspan="2">0.06</td></tr>
<tr><td>25/20</td><td>28/22</td><td>35</td><td>15</td></tr>
<tr><td>32/15</td><td>35/16</td><td>74</td><td>37</td><td>31</td><td rowspan="3">20</td><td>11</td><td colspan="2">0.08</td></tr>
<tr><td>32/20</td><td>35/22</td><td>80</td><td>40</td><td>35</td><td>15</td><td colspan="2">0.09</td></tr>
<tr><td>32/25</td><td>35/28</td><td>82</td><td>41</td><td>40</td><td>16</td><td colspan="2">0.10</td></tr>
<tr><td>40/15</td><td>44/16</td><td>84</td><td>42</td><td>38</td><td rowspan="4">22</td><td>11</td><td colspan="2">0.12</td></tr>
<tr><td>40/20</td><td>44/22</td><td>90</td><td>45</td><td>40</td><td>15</td><td colspan="2" rowspan="2">0.13</td></tr>
<tr><td>40/25</td><td>44/28</td><td>96</td><td>48</td><td>41</td><td>16</td></tr>
<tr><td>40/32</td><td>44/35</td><td>98</td><td>49</td><td>48</td><td>18</td><td colspan="2">0.14</td></tr>
<tr><td>50/20</td><td>55/22</td><td>96</td><td>48</td><td>46</td><td rowspan="4">25</td><td>15</td><td colspan="2">0.21</td></tr>
<tr><td>50/25</td><td>55/28</td><td>102</td><td>51</td><td>48</td><td>17</td><td colspan="2">0.22</td></tr>
<tr><td>50/32</td><td>55/35</td><td>108</td><td>54</td><td>51</td><td>20</td><td rowspan="2">0.23</td><td>0.23</td></tr>
<tr><td>50/40</td><td>55/44</td><td>114</td><td>57</td><td>58</td><td>22</td><td>0.24</td></tr>
<tr><td>65/25</td><td>70/28</td><td>112</td><td>56</td><td>56</td><td rowspan="4">28</td><td>17</td><td colspan="2" rowspan="2">0.40</td></tr>
<tr><td>65/32</td><td>70/35</td><td>120</td><td>60</td><td>59</td><td>20</td></tr>
<tr><td>65/40</td><td>70/44</td><td>128</td><td>64</td><td>61</td><td>22</td><td>0.45</td><td>0.46</td></tr>
<tr><td>65/50</td><td>70/55</td><td>134</td><td>67</td><td>70</td><td>25</td><td>0.46</td><td>0.49</td></tr>
</table>

续表

<table>
<tr><th rowspan="2">公称通径
DN/DN_1</th><th rowspan="2">铜管外径
DW/DW_1</th><th colspan="5">结构尺寸</th><th colspan="2">质量,kg</th></tr>
<tr><th>L</th><th>L_1</th><th>L_2</th><th>L_3</th><th>L_4</th><th>PN1.0MPa</th><th>PN1.6MPa</th></tr>
<tr><td>80/32</td><td>85/35</td><td>124</td><td>62</td><td>66</td><td rowspan="4">32</td><td>20</td><td colspan="2">0.48</td></tr>
<tr><td>80/40</td><td>85/44</td><td>136</td><td>68</td><td>68</td><td>22</td><td>0.52</td><td>0.53</td></tr>
<tr><td>80/50</td><td>85/55</td><td>148</td><td>74</td><td>71</td><td>25</td><td>0.64</td><td>0.66</td></tr>
<tr><td>80/65</td><td>85/70</td><td>158</td><td>79</td><td rowspan="2">81</td><td>28</td><td>0.68</td><td>0.71</td></tr>
<tr><td>100/50</td><td>105/55</td><td>156</td><td>78</td><td rowspan="3">36</td><td>25</td><td>0.98</td><td>1.01</td></tr>
<tr><td>100/65</td><td>105/70</td><td>170</td><td>85</td><td>84</td><td>28</td><td>1.13</td><td>1.15</td></tr>
<tr><td>100/80</td><td>105/85</td><td>186</td><td>93</td><td>88</td><td rowspan="2">32</td><td>1.22</td><td>1.30</td></tr>
<tr><td>125/80</td><td>133/85</td><td>190</td><td>95</td><td>102</td><td rowspan="2">38</td><td>1.83</td><td>1.90</td></tr>
<tr><td>125/100</td><td>133/105</td><td>210</td><td>105</td><td>109</td><td rowspan="2">35</td><td>2.15</td><td>2.30</td></tr>
<tr><td>150/100</td><td>159/105</td><td>224</td><td>112</td><td>120</td><td rowspan="2">42</td><td>3.21</td><td>3.30</td></tr>
<tr><td>150/125</td><td>159/133</td><td>252</td><td>126</td><td>122</td><td>38</td><td>3.87</td><td>4.16</td></tr>
<tr><td>200/100</td><td>219/105</td><td>240</td><td>120</td><td>152</td><td rowspan="3">45</td><td>36</td><td>6.50</td><td>6.65</td></tr>
<tr><td>200/125</td><td>219/133</td><td>260</td><td>134</td><td>154</td><td>38</td><td>7.56</td><td>7.82</td></tr>
<tr><td>200/150</td><td>219/159</td><td>294</td><td>147</td><td>158</td><td>42</td><td>8.62</td><td>8.99</td></tr>
</table>

6)铜管45°弯头的基本尺寸见表6-55。

表6-55 铜管45°弯头的基本尺寸 mm

<table>
<tr><th rowspan="2">公称通径
DN</th><th rowspan="2">铜管外径
DW</th><th colspan="4">结构尺寸</th><th colspan="2">质量,kg</th></tr>
<tr><th>L_1</th><th>L_2</th><th>L_3</th><th>L_4</th><th>PN1.0MPa</th><th>PN1.6MPa</th></tr>
<tr><td>6</td><td>8</td><td>12</td><td rowspan="2">7</td><td>12</td><td rowspan="2">9</td><td colspan="2" rowspan="3">0.01</td></tr>
<tr><td>8</td><td>10</td><td>13</td><td>13</td></tr>
<tr><td>10</td><td>12</td><td>15</td><td>9</td><td>16</td><td>11</td></tr>
<tr><td>15</td><td>16</td><td>19</td><td>11</td><td>20</td><td>13</td><td colspan="2" rowspan="3">0.03</td></tr>
<tr><td>20</td><td>22</td><td>26</td><td>15</td><td>26</td><td>17</td></tr>
<tr><td>25</td><td>28</td><td>31</td><td>17</td><td>31</td><td>19</td></tr>
</table>

续表

公称通径 DN	铜管外径 DW	结构尺寸				质量,kg	
		L_1	L_2	L_3	L_4	PN1.0MPa	PN1.6MPa
32	35	37	20	36	22	0.09	
40	44	43	22	42	24	0.14	0.21
50	55	51	25	50	27	0.23	0.33
65	70	61	28	59	30	0.34	0.52
80	85	71	32	69	34	0.51	0.86
100	105	83	36	81	38	0.91	1.26
	(108)					0.76	1.12
125	133	97	38	95	41	1.76	2.57
150	159	112	42	111	45	2.43	4.26
200	219	141	45	139	48	5.52	9.89

注:表中带括号的尺寸尽量不选用。

7)铜管90°弯头的基本尺寸见表6-56。

表6-56　铜管90°弯头的基本尺寸　mm

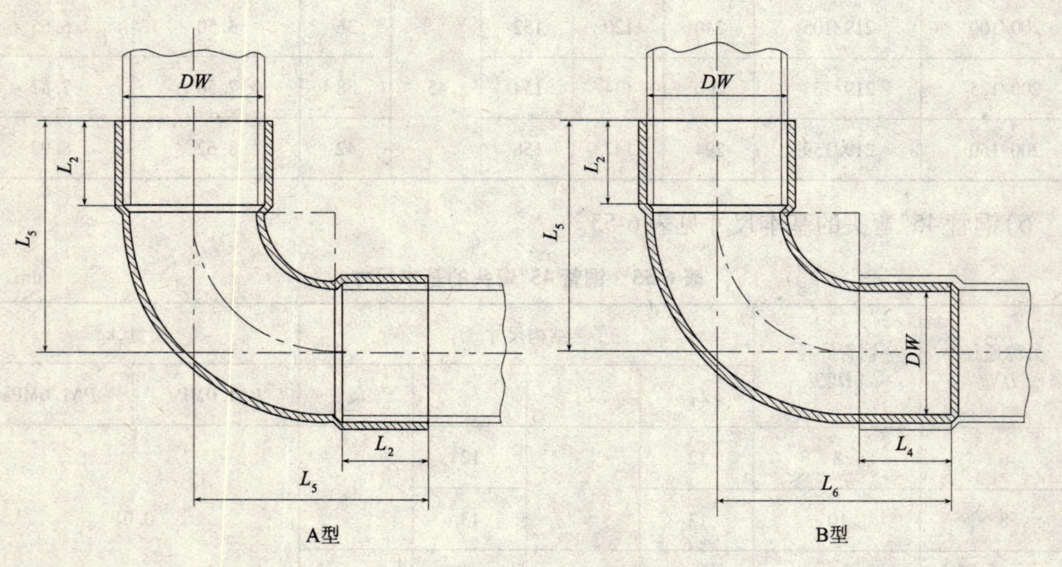

公称通径 DN	铜管外径 DW	结构尺寸				质量,kg	
		L_2	L_4	L_5	L_6	PN1.0MPa	PN1.6MPa
6	8	7	9	14	15	0.01	
8	10			15	16		
10	12	9	11	19	19		

续表

<table>
<tr><th rowspan="2">公称通径
DN</th><th rowspan="2">铜管外径
DW</th><th colspan="4">结构尺寸</th><th colspan="2">质量,kg</th></tr>
<tr><th>L_2</th><th>L_4</th><th>L_5</th><th>L_6</th><th>PN1.0MPa</th><th>PN1.6MPa</th></tr>
<tr><td>15</td><td>16</td><td>11</td><td>13</td><td>24</td><td>24</td><td colspan="2" rowspan="3">0.03</td></tr>
<tr><td>20</td><td>22</td><td>15</td><td>17</td><td>32</td><td>32</td></tr>
<tr><td>25</td><td>28</td><td>17</td><td>19</td><td>37</td><td>38</td></tr>
<tr><td>32</td><td>35</td><td>20</td><td>22</td><td>45</td><td>45</td><td colspan="2">0.09</td></tr>
<tr><td>40</td><td>44</td><td>22</td><td>24</td><td>56</td><td>55</td><td>0.14</td><td>0.21</td></tr>
<tr><td>50</td><td>55</td><td>25</td><td>27</td><td>66</td><td>66</td><td>0.21</td><td>0.31</td></tr>
<tr><td>65</td><td>70</td><td>28</td><td>30</td><td>81</td><td>79</td><td>0.48</td><td>0.64</td></tr>
<tr><td>80</td><td>85</td><td>32</td><td>34</td><td>93</td><td>92</td><td>0.70</td><td>1.12</td></tr>
<tr><td rowspan="2">100</td><td>105</td><td rowspan="2">36</td><td rowspan="2">38</td><td rowspan="2">109</td><td rowspan="2">108</td><td>1.30</td><td>1.92</td></tr>
<tr><td>(108)</td><td>1.16</td><td>1.71</td></tr>
<tr><td>125</td><td>133</td><td>38</td><td>41</td><td>133</td><td>131</td><td>2.62</td><td>4.18</td></tr>
<tr><td>150</td><td>159</td><td>42</td><td>45</td><td>158</td><td>156</td><td>4.26</td><td>6.22</td></tr>
<tr><td>200</td><td>219</td><td>45</td><td>48</td><td>204</td><td>201</td><td>10.99</td><td>14.72</td></tr>
</table>

注:表中带括号的尺寸尽量不选用。

8)铜管异径接头的基本尺寸见表6-57。

表6-57 铜管异径接头的基本尺寸 mm

<table>
<tr><th rowspan="2">公称通径
DN/DN$_1$</th><th rowspan="2">铜管外径
DW/DW$_1$</th><th colspan="3">结构尺寸</th><th colspan="2">质量,kg</th></tr>
<tr><th>L_1</th><th>L_2</th><th>L_3</th><th>PN1.0MPa</th><th>PN1.6MPa</th></tr>
<tr><td>8/6</td><td>10/8</td><td>7</td><td rowspan="3">7</td><td>22</td><td colspan="2" rowspan="4">0.01</td></tr>
<tr><td>10/8</td><td>12/10</td><td>9</td><td>24</td></tr>
<tr><td>15/8</td><td>16/10</td><td rowspan="2">11</td><td>27</td></tr>
<tr><td>15/10</td><td>16/12</td><td rowspan="2">9</td><td>28</td></tr>
<tr><td>20/10</td><td>22/12</td><td rowspan="2">15</td><td rowspan="2">36</td><td colspan="2">0.02</td></tr>
<tr><td>20/15</td><td>22/16</td><td rowspan="2">11</td><td colspan="2" rowspan="5">0.03</td></tr>
<tr><td>25/15</td><td>28/16</td><td rowspan="2">17</td><td rowspan="2">44</td></tr>
<tr><td>25/20</td><td>28/22</td><td>15</td></tr>
<tr><td>32/15</td><td>35/16</td><td rowspan="2">20</td><td>11</td><td>50</td></tr>
<tr><td>32/20</td><td>35/22</td><td>15</td><td>51</td></tr>
</table>

续表

<table>
<tr><th rowspan="2">公称通径
DN/DN_1</th><th rowspan="2">铜管外径
DW/DW_1</th><th colspan="3">结构尺寸</th><th colspan="2">质量,kg</th></tr>
<tr><th>L_1</th><th>L_2</th><th>L_3</th><th>PN1.0MPa</th><th>PN1.6MPa</th></tr>
<tr><td>32/25</td><td>35/28</td><td>20</td><td>17</td><td>50</td><td colspan="2" rowspan="2">0.04</td></tr>
<tr><td>40/15</td><td>44/16</td><td rowspan="4">22</td><td>11</td><td>57</td></tr>
<tr><td>40/20</td><td>44/22</td><td>15</td><td>58</td><td>0.05</td><td>0.06</td></tr>
<tr><td>40/25</td><td>44/28</td><td>17</td><td>57</td><td rowspan="2">0.07</td><td rowspan="2">0.08</td></tr>
<tr><td>40/32</td><td>44/35</td><td>20</td><td>56</td></tr>
<tr><td>50/20</td><td>55/22</td><td rowspan="4">25</td><td>15</td><td>70</td><td>0.08</td><td>0.09</td></tr>
<tr><td>50/25</td><td>55/28</td><td>17</td><td>69</td><td colspan="2">0.11</td></tr>
<tr><td>50/32</td><td>55/35</td><td>20</td><td>68</td><td colspan="2">0.12</td></tr>
<tr><td>50/40</td><td>55/44</td><td>22</td><td>66</td><td>0.13</td><td>0.15</td></tr>
<tr><td>65/25</td><td>70/28</td><td rowspan="4">28</td><td>17</td><td rowspan="2">79</td><td colspan="2">0.16</td></tr>
<tr><td>65/32</td><td>70/35</td><td>20</td><td colspan="2">0.17</td></tr>
<tr><td>65/40</td><td>70/44</td><td>22</td><td>76</td><td>0.19</td><td rowspan="2">0.24</td></tr>
<tr><td>65/50</td><td>70/55</td><td>25</td><td>74</td><td>0.20</td></tr>
<tr><td>80/32</td><td>85/35</td><td rowspan="4">32</td><td>20</td><td>84</td><td>0.23</td><td>0.25</td></tr>
<tr><td>80/40</td><td>85/44</td><td>22</td><td>91</td><td>0.29</td><td>0.32</td></tr>
<tr><td>80/50</td><td>85/55</td><td>25</td><td>89</td><td>0.30</td><td>0.34</td></tr>
<tr><td>80/65</td><td>85/70</td><td>28</td><td>84</td><td>0.38</td><td>0.43</td></tr>
<tr><td>100/50</td><td>105/55</td><td rowspan="3">36</td><td>25</td><td>103</td><td>0.48</td><td>0.50</td></tr>
<tr><td>100/65</td><td>105/70</td><td>28</td><td>98</td><td>0.57</td><td>0.60</td></tr>
<tr><td>100/80</td><td>105/85</td><td rowspan="2">32</td><td>95</td><td>0.65</td><td>0.78</td></tr>
<tr><td>125/80</td><td>133/85</td><td rowspan="2">38</td><td>111</td><td>1.10</td><td>1.25</td></tr>
<tr><td>125/100</td><td>133/105</td><td rowspan="2">36</td><td>105</td><td>1.20</td><td>1.42</td></tr>
<tr><td>150/100</td><td>159/105</td><td rowspan="2">42</td><td>125</td><td>1.76</td><td>2.02</td></tr>
<tr><td>150/125</td><td>159/133</td><td>38</td><td>113</td><td>1.91</td><td>2.36</td></tr>
<tr><td>200/100</td><td>219/105</td><td rowspan="3">45</td><td>36</td><td>161</td><td>3.05</td><td>4.52</td></tr>
<tr><td>200/125</td><td>219/133</td><td>38</td><td>153</td><td>3.07</td><td>4.60</td></tr>
<tr><td>200/150</td><td>219/159</td><td>42</td><td>144</td><td>3.70</td><td>4.33</td></tr>
</table>

9)铜管套管接头的基本尺寸见表6-58。

表 6-58 铜管套管接头的基本尺寸

mm

公称通径 DN	铜管外径 DW	结构尺寸		质量,kg	
		L_1	L_2	PN1.0MPa	PN1.6MPa
6	8	21	7	0.01	
8	10				
10	12	25	9		
15	16	30	11	0.02	
20	22	39	15		
25	28	45	17	0.03	
32	35	51	20	0.05	
40	44	58	22	0.08	0.13
50	55	64	25	0.13	0.18
65	70	74	28	0.25	0.30
80	85	82	32	0.28	0.46
100	105	90	36	0.48	0.72
	(108)			0.50	0.74
125	133	94	38	0.79	1.31
150	159	105	42	1.32	1.96
200	219	118	45	2.71	3.96

注:表中带括号的尺寸尽量不用。

10)铜管管帽的基本尺寸见表 6-59。

表 6-59 铜管管帽的基本尺寸

mm

公称通径 DN	铜管外径 DW	结构尺寸		质量,kg
		L	R1	
6	8	9	2	0.01
8	10			
10	12	11		
15	16	16	3	0.02
20	22	18		
25	28	21	4	0.03
32	35	24		0.04
40	44	26		0.05
50	55	29		0.10

注:表中带括号的尺寸尽量不用。

11)铜管管件的端面应平整,其外形长度尺寸偏差应符合表 6-60 的规定。

表 6-60 外形长度尺寸偏差 mm

铜管外径 *DW*	外形长度尺寸偏差
8 ~ 22	±1.0
28 ~ 55	±1.2
70 ~ 85	±1.5
105 ~ 133	±2.0
159	±3.0
219	±4.0

铜管管件各端面应切削平整，其垂直度要求应符合表 6-61 的规定。

表 6-61 垂直度 mm

铜管外径 *DW*	垂直度
≤22	2
28 ~ 55	3
70 ~ 108	4
133 ~ 159	5
219	8

6.6 给水铸铁管件

1) 弯头的外形及尺寸见表 6-62。

表 6-62 弯头的外形及尺寸 mm

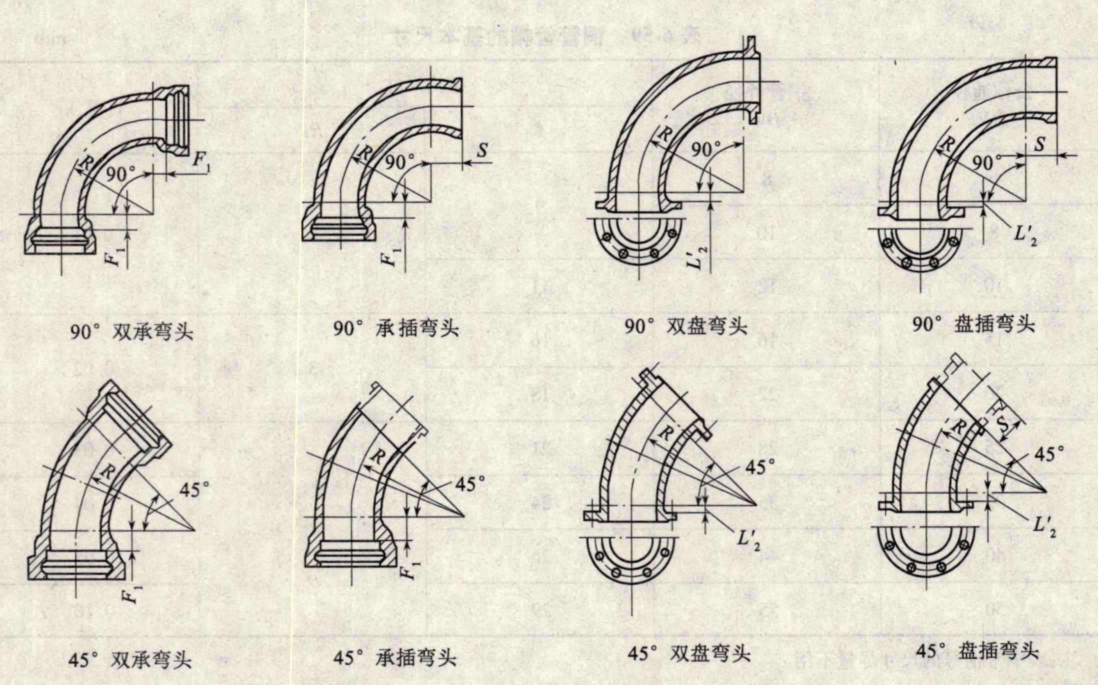

续表

DN	F_1	L'_2	90°						45°					
			R	S	重量,kg				R	S	重量,kg			
					双承	承插	双盘	盘插			双承	承插	双盘	盘插
75	41.5	25	250	150	22.6	18.0	17.1	15.2	400	200	21.1	17.4	15.7	14.7
100	41.5	25	250	150	28.6	23.0	21.5	19.4	400	200	26.7	22.3	19.6	18.7
125	41.5	25	300	200	36.4	31.5	27.9	27.3	500	200	34.0	29.2	25.5	24.9
150	41.5	25	300	200	45.2	40.0	35.4	35.1	500	200	42.1	36.9	32.3	32.0
200	43.3	25	400	200	68.9	61.6	54.7	54.5	600	200	60.7	53.4	46.6	46.3
250	45.0	25	400	250	92.2	86.5	75.5	78.1	600	200	81.2	71.9	64.4	63.5
300	46.7	30	550	250	138.0	132.0	119.0	123.0	700	200	110.0	98.8	90.8	89.4
350	48.4	30	550	250	173.0	165.0	151.0	154.0	800	200	146.0	133.0	125.0	122.0
400	50.2	30	600	250	221.0	213.0	194.0	199.0	900	200	189.0	173.0	161.0	159.0

注:承口与插口的尺寸和铸铁直管相同。

2)大小头的外形及尺寸见表6-63。

表 6-63 大小头的外形及尺寸 mm

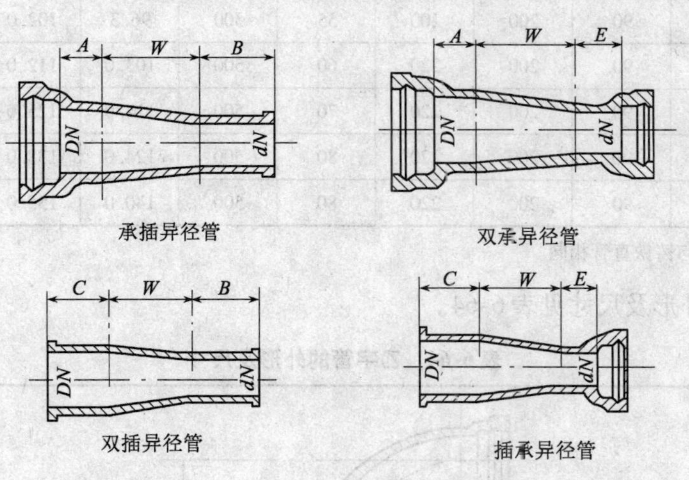

承插异径管　双承异径管　双插异径管　插承异径管

DN	dN	基本尺寸					重量,kg			
		A	B	C	E	W	承插	双承	双插	插承
100	75	50	200	200	50	300	19.9	23.7	15.2	19.1
125	75	50	200	200	50	300	22.1	25.9	17.0	20.8
	100	50	200	200	50	300	24.4	29.0	19.3	23.9
150	100	55	200	200	50	300	27.9	32.5	22.2	26.8
	125	55	200	200	50	300	30.3	35.4	24.6	29.7
200	100	60	200	200	50	300	34.4	39.0	26.2	30.8
	125	60	200	200	50	300	36.7	41.8	28.5	33.6
	150	60	200	200	50	300	40.5	46.2	32.3	38.0

续表

DN	dN	基本尺寸					重量,kg			
		A	B	C	E	W	承插	双承	双插	插承
250	100	70	200	200	50	400	47.1	51.7	36.1	40.7
	125	70	200	200	50	400	49.8	54.9	38.8	43.9
250	150	70	200	200	55	400	54.1	59.8	43.1	48.8
	200	70	200	200	60	400	60.1	68.3	49.1	57.3
300	100	80	200	200	50	400	57.1	61.7	43.3	47.9
	125	80	200	200	50	400	59.9	65.0	46.0	51.1
	150	80	200	200	55	400	64.3	70.0	50.4	56.1
	200	80	200	200	60	400	70.3	78.5	56.4	64.7
	250	80	200	200	70	400	78.8	89.9	65.0	76.0
350	150	80	200	200	55	400	76.0	81.7	58.6	64.3
	200	80	200	200	60	400	82.0	90.2	64.7	72.9
	250	80	200	200	70	400	90.7	102.0	73.3	84.4
	300	80	200	200	80	400	100.0	114.0	82.7	96.5
400	150	90	200	200	55	500	96.3	102.0	77.8	83.5
	200	90	200	220	60	500	103.0	112.0	84.9	93.1
	250	90	200	220	70	500	114.0	125.0	95.1	106.0
	300	90	200	220	80	500	124.0	138.0	106.0	120.0
	350	90	200	220	80	500	140.0	155.0	122.0	137.0

注:承口及插口尺寸与铸铁直管相同。

3)乙字管的外形及尺寸见表6-64。

表 6-64 乙字管的外形及尺寸 mm

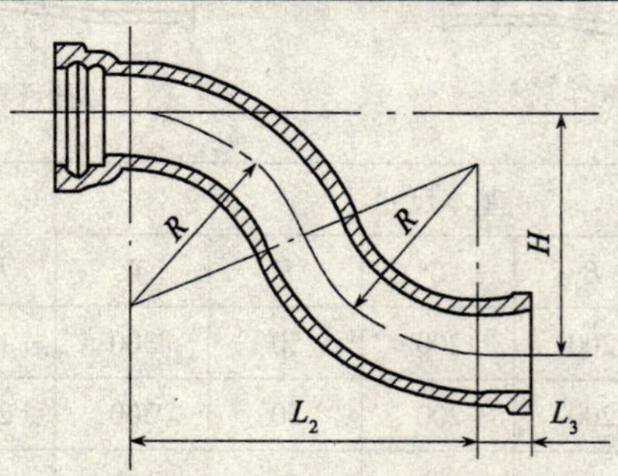

DN	尺寸				重量,kg
	L_2	R	H	L_3	
75	300	162.5	200	200	18.7
	350	177.0	300	200	21.0
	400	200.0	450	200	24.3

续表

DN	尺寸				重量,kg
	L_2	R	H	L_3	
100	350	203.1	200	200	24.9
	400	208.3	300	200	27.7
	450	225.0	450	200	31.9
	500	250.0	600	200	36.2
125	400	250.0	200	200	31.3
	480	267.0	300	200	35.3
	550	280.5	450	200	40.5
	600	300.0	600	200	45.7
150	480	267.0	300	200	44.9
	550	280.5	450	200	51.8
	600	300.0	600	200	58.5
200	550	267.0	300	200	62.9
	650	280.5	450	200	72.6
	700	300.0	600	200	81.1
250	600	327.0	300	200	87.7
	700	347.2	450	200	101.0
	800	354.1	600	200	114.0
300	680	375.0	300	200	118.0
	800	384.7	450	200	136.0
	900	416.6	600	200	153.0
350	600	460.3	300	220	151.0
	800	468.0	450	220	173.0
	900	487.5	600	220	194.0
400	750	543.7	300	220	192.0
	900	562.5	450	220	223.0
	1000	566.6	600	220	248.0

注:承口及插口尺寸与铸铁直管相同。

4)消火栓用管的外形及尺寸见表6-65。

表6-65　消火栓用管的外形及尺寸　mm

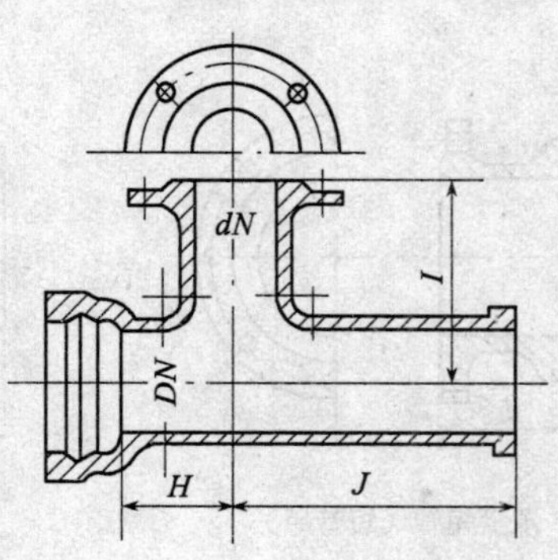

续表

DN	dN	尺寸			重量,kg
		H	I	J	
75	75	150	250	480	26.4
		150	300	480	27.4
		150	500	480	31.1
100	75	160	250	500	32.1
		160	300	500	33.1
		160	500	500	36.8
100	100	170	250	530	34.9
		170	300	530	36.1
		170	500	530	41.0
125	75	160	280	500	37.6
		160	330	500	38.5
		160	530	500	42.3
125	100	170	250	530	39.9
		170	300	530	41.1
		170	500	530	46.0
150	75	160	280	530	46.5
		160	330	530	47.4
		160	530	530	51.1
150	100	170	280	550	49.4
		170	350	550	50.6
		170	530	550	55.5
200	75	170	300	540	60.4
		170	350	540	61.3
		170	550	540	65.1

注:承口、插口及盘尺寸与铸铁直管相同。

5)套管和短管的外形及尺寸见表6-66。

表6-66 套管和短管的外形及尺寸 mm

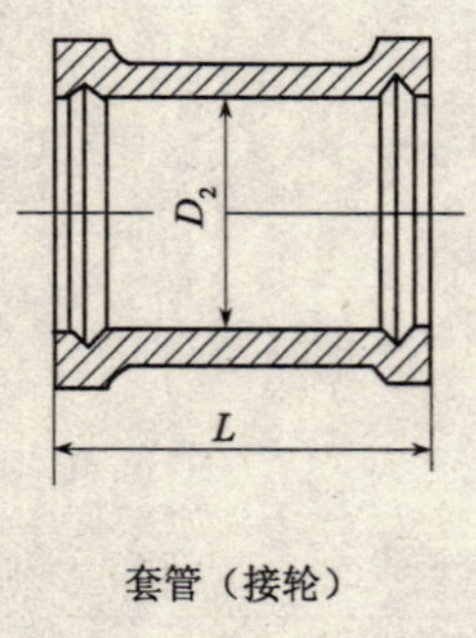

套管（接轮）

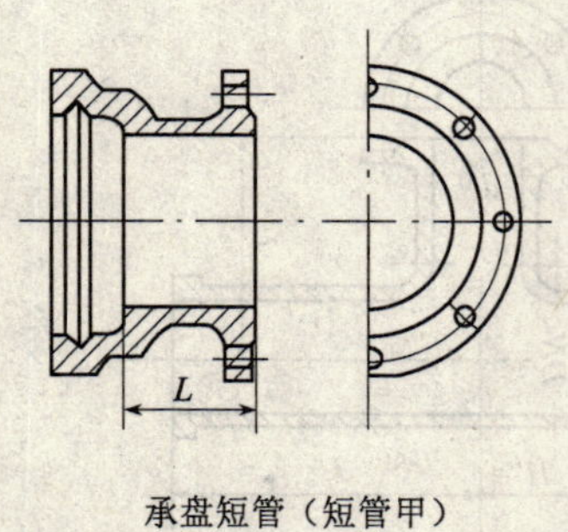

承盘短管（短管甲）

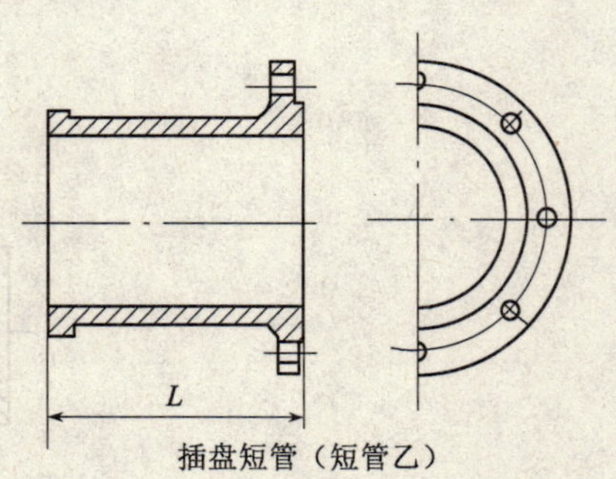

插盘短管（短管乙）

续表

公称通径 DN	套管			短管			
	内径	管长	重量,kg	承盘短管		插盘短管	
	D_2	L		管长 L	重量,kg	管长 L	重量,kg
75	113	300	15.9	120	13.1	700	17.3
100	138	300	19.1	120	16.2	700	22.1
125	163	300	22.1	120	18.9	700	26.8
150	189	300	25.4	120	23.0	700	34.4
200	240	300	34.3	120	30.6	700	45.3
250	294	300	43.4	170	44.9	700	62.0
300	345	350	59.1	170	56.2	700	79.7
350	396	350	71.8	170	71.1	700	101.0
400	448	350	85.6	170	84.8	750	129.0

注:承口、插口及盘尺寸与铸铁直管相同。

6)三通的外形及尺寸见表6-67。

表 6-67 三通的外形及尺寸 mm

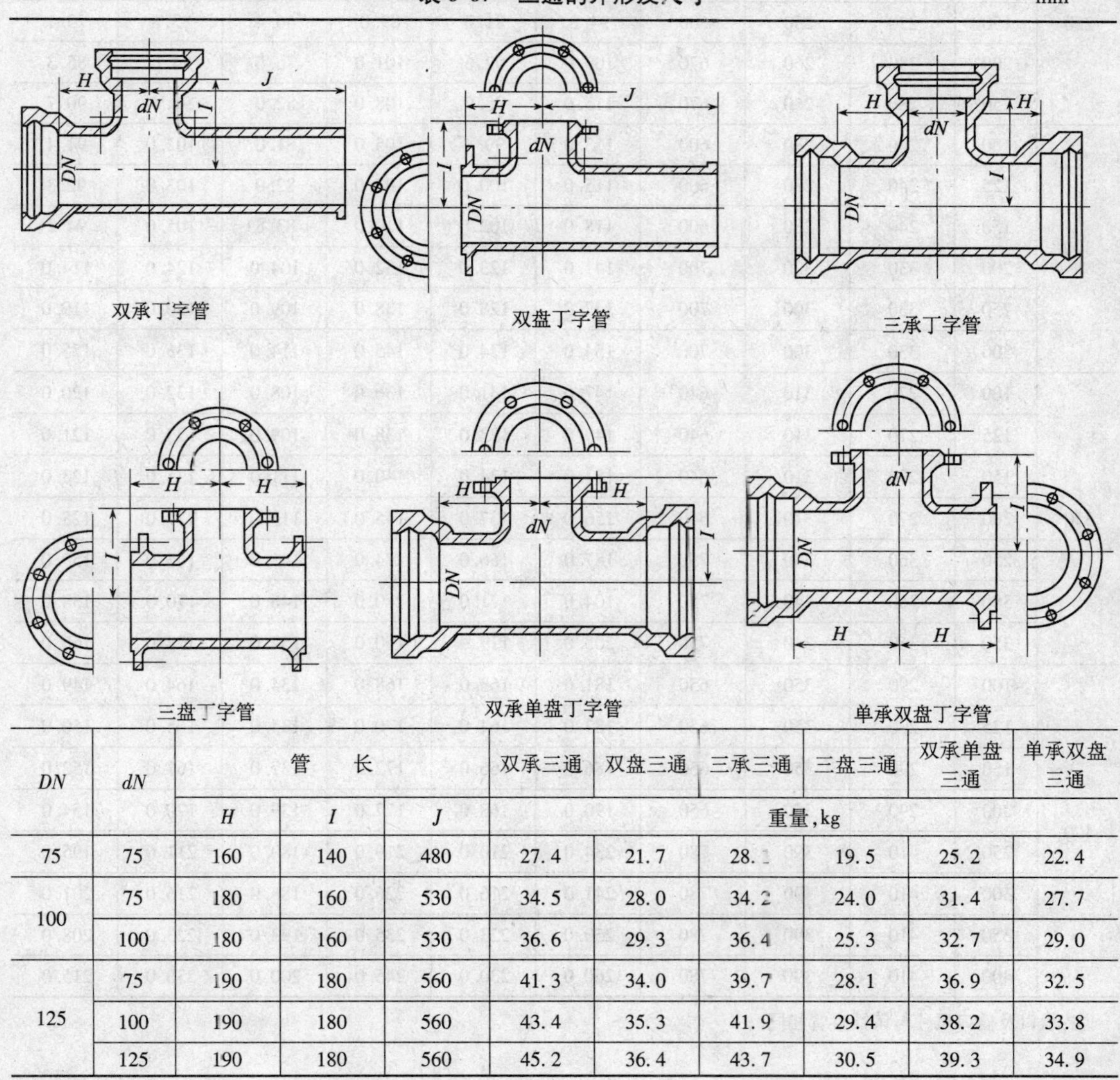

双承丁字管　双盘丁字管　三承丁字管

三盘丁字管　双承单盘丁字管　单承双盘丁字管

DN	dN	管长			双承三通	双盘三通	三承三通	三盘三通	双承单盘三通	单承双盘三通
		H	I	J	重量,kg					
75	75	160	140	480	27.4	21.7	28.1	19.5	25.2	22.4
100	75	180	160	530	34.5	28.0	34.2	24.0	31.4	27.7
	100	180	160	530	36.6	29.3	36.4	25.3	32.7	29.0
125	75	190	180	560	41.3	34.0	39.7	28.1	36.9	32.5
	100	190	180	560	43.4	35.3	41.9	29.4	38.2	33.8
	125	190	180	560	45.2	36.4	43.7	30.5	39.3	34.9

续表

DN	dN	管长			双承三通	双盘三通	三承三通	三盘三通	双承单盘三通	单承双盘三通
		H	I	J	重量,kg					
150	75	190	190	600	51.6	43.6	46.8	33.7	44.0	38.8
	100	190	190	600	53.6	44.8	48.9	34.9	45.2	40.1
	125	190	190	600	55.4	45.8	50.7	36.0	46.2	41.1
	150	190	190	600	58.1	47.8	53.4	37.9	48.2	43.1
200	100	200	230	560	66.5	55.5	63.4	44.9	59.7	52.3
	125	200	230	560	68.4	56.6	65.2	46.0	60.8	53.4
	150	250	250	630	78.2	65.7	73.9	54.0	68.8	61.4
	200	250	250	630	83.7	68.9	79.4	57.2	72.0	64.6
250	100	230	250	600	90.5	78.1	84.6	63.5	81.0	72.2
	125	230	250	600	92.2	79.1	86.3	64.5	81.9	73.2
	150	230	250	600	94.8	81.0	89.0	66.4	83.8	75.1
	200	280	260	670	109.0	92.6	101.0	76.6	94.0	85.3
	250	280	260	670	115.0	98.0	108.0	82.0	99.4	90.7
300	100	240	280	600	113.0	99.4	105.0	81.0	102.0	91.4
	125	240	280	600	115.0	100.0	107.0	82.0	103.0	92.3
	150	240	280	600	118.0	102.0	110.0	83.8	105.0	94.2
	200	330	300	700	141.0	123.0	132.0	104.0	124.0	114.0
	250	330	300	700	147.0	128.0	138.0	109.0	130.0	119.0
	300	330	300	700	154.0	134.0	145.0	114.0	135.0	125.0
350	100	270	310	640	147.0	131.0	136.0	108.0	132.0	120.0
	125	270	310	640	149.0	132.0	138.0	109.0	133.0	121.0
	150	270	310	640	151.0	134.0	140.0	111.0	135.0	123.0
	200	270	310	640	156.0	137.0	145.0	113.0	137.0	125.0
	250	360	340	750	187.0	166.0	174.0	141.0	165.0	153.0
	300	360	340	750	104.0	171.0	180.0	146.0	170.0	158.0
	350	360	340	750	203.0	179.0	190.0	154.0	178.0	166.0
400	100	290	350	650	181.0	163.0	168.0	134.0	164.0	149.0
	125	290	350	650	183.0	164.0	170.0	135.0	165.0	150.0
	150	290	350	650	186.0	166.0	172.0	137.0	167.0	152.0
	200	290	350	650	190.0	168.0	177.0	139.0	170.0	154.0
	250	410	390	780	234.0	210.0	219.0	180.0	211.0	195.0
	300	410	390	780	241.0	216.0	226.0	186.0	216.0	201.0
	350	410	390	780	250.0	223.0	235.0	193.0	223.0	208.0
	400	410	390	780	260.0	230.0	245.0	200.0	230.0	215.0

注:承口及插口尺寸与铸铁直管相同。

7)四通的外形及尺寸见表6-68。

表6-68　四通的外形及尺寸　　mm

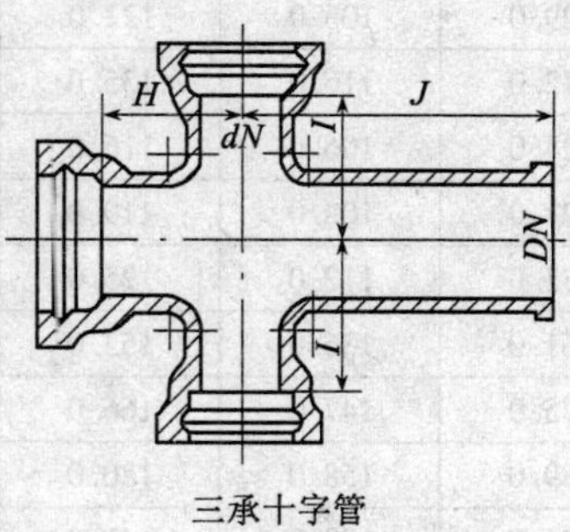

三承十字管

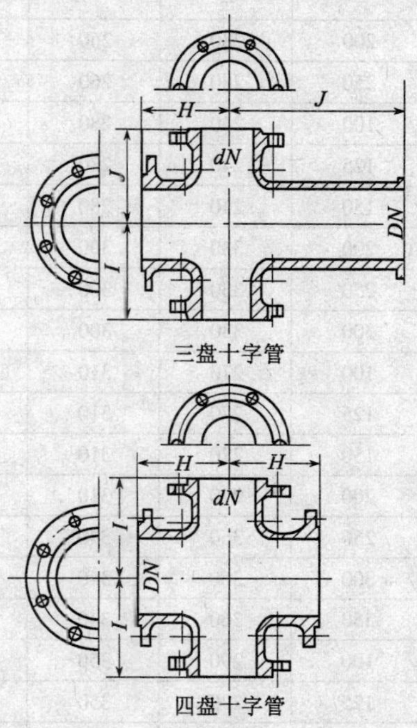

三盘十字管

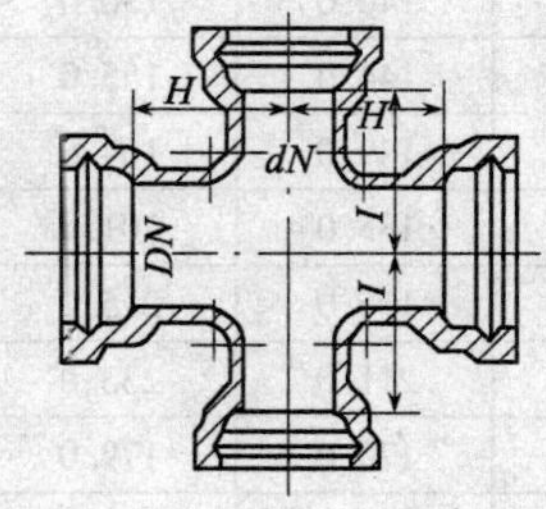

四承十字管

四盘十字管

DN	dN	管长			三承四通	三盘四通	四承四通	四盘四通
		H	I	J	重量,kg			
75	75	160	140	480	35.8	27.2	36.5	25.1
100	75	180	160	530	43.9	33.6	42.7	29.6
	100	180	160	530	47.2	38.2	47.0	32.2
125	75	190	180	560	49.9	39.8	48.3	33.8
	100	190	180	560	54.1	42.3	52.6	36.4
	125	190	180	560	57.8	44.6	56.3	38.7
150	75	190	190	600	60.0	49.2	55.3	39.3
	100	190	190	600	64.1	51.6	59.4	41.8
	125	190	190	600	67.6	53.7	62.9	43.8
	150	190	190	600	73.1	57.6	68.4	47.8
200	100	200	230	560	77.5	62.7	74.2	52.1
	125	200	230	560	81.1	64.9	77.8	54.2
	150	250	250	630	94.4	76.7	90.1	65.0
	200	250	250	630	105.0	83.2	101.0	71.5
250	100	230	250	600	101.0	85.1	95.3	70.4
	125	230	250	600	105.0	87.0	98.7	72.4
	150	230	250	600	110.0	90.8	104.0	70.1

续表

DN	dN	管长 H	管长 I	管长 J	三承四通	三盘四通	四承四通	四盘四通
					重量,kg			
250	200	280	260	670	129.0	106.0	122.0	89.5
	250	280	260	670	142.0	116.0	135.0	100.0
300	100	240	280	600	124.0	106.0	116.0	88.0
	125	240	280	600	127.0	108.0	119.0	89.9
	150	240	280	600	133.0	112.0	125.0	93.6
	200	330	300	700	161.0	136.0	153.0	117.0
	250	330	300	700	175.0	147.0	166.0	128.0
	300	330	300	700	189.0	158.0	180.0	138.0
350	100	270	310	640	158.0	138.0	147.0	115.0
	125	270	310	640	161.0	140.0	150.0	117.0
	150	270	310	640	166.0	144.0	155.0	121.0
	200	270	310	640	175.0	149.0	164.0	125.0
	250	360	340	750	215.0	185.0	201.0	160.0
	300	360	340	750	228.0	196.0	215.0	170.0
	350	360	340	750	247.0	211.0	233.0	185.0
400	100	290	350	650	192.0	170.0	179.0	142.0
	125	290	350	650	196.0	172.0	182.0	143.0
	150	290	350	650	201.0	176.0	188.0	147.0
	200	290	350	650	210.0	180.0	197.0	152.0
	250	410	390	780	263.0	230.0	248.0	200.0
	300	410	390	780	277.0	241.0	262.0	211.0
	350	410	390	780	295.0	256.0	280.0	226.0
	400	410	390	780	315.0	270.0	300.0	240.0

注:承口及插口尺寸与铸铁直管相同。

6.7 排水铸铁管件

1)弯头的外形及尺寸见表6-69。

表6-69 弯头的外形及尺寸

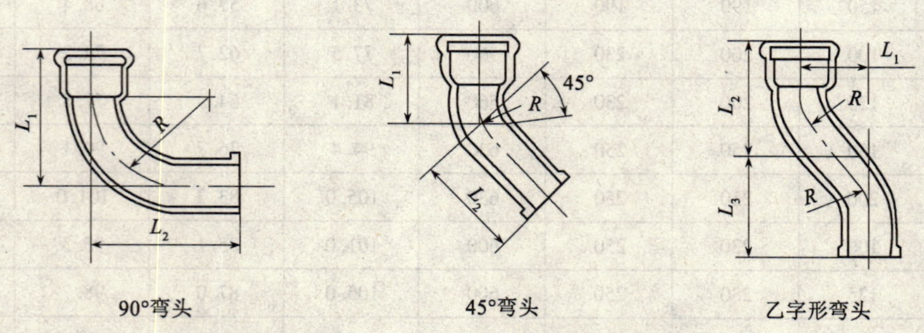

续表

公称通径 DN,mm	90°弯头				45°弯头				乙字形弯头				
	L_1	L_2	R	重量,kg	L_1	L_2	R	重量,kg	L_1	L_2	L_3	R	重量,kg
	mm				mm				mm				
50	165	175	105	2.5	110	110	80	2.0					
75	182	187	117	3.6	121	120	90	2.9	140	205	205	140	4.6
100	200	210	130	5.1	130	130	100	4.0	140	210	210	140	6.1
125	217	222	142	8.5	138	130	110	6.0	150	225	225	150	9.6
150	230	235	155	9.9	140	155	125	7.7	150	225	225	150	11.3
200	260	270	180	16.8	160	195	140	13.5	160	240	240	160	17.3

2)三通的外形及尺寸见表6-70。

表6-70　三通的外形及尺寸　mm

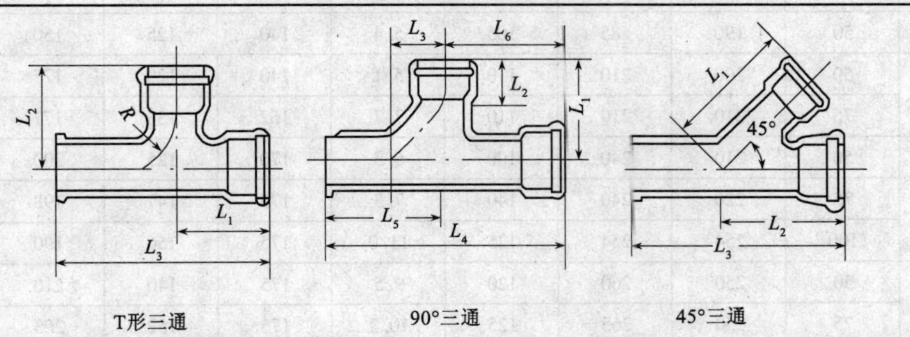

公称通径 DN	dN	T形三通					90°三通							45°三通			
		L_1	L_2	L_3	R	重量,kg	L_1	L_2	L_3	L_4	L_5	L_6	重量,kg	L_1	L_2	L_3	重量,kg
50	50	123	138	290	78	3.6	170	85	85	260	175	35	3.8	190	190	280	3.9
75	50	123	140	300	80	4.6	170	85	55	285	—	—	4.7	200	210	320	5.1
	75	142	154	302	89	5.1	235	115	115	340	220	120	6.4	210	210	338	5.7
100	50	125	170	325	110	6.0	235	85	150	340	—	—	6.9	210	240	340	6.3
	75	147	175	325	100	6.5	273	115	158	340	—	—	7.9	220	240	380	7.3
	100	160	180	355	110	7.3	273	127	147	390	261	126	9.3	250	250	388	8.3
125	50	140	175	350	110	8.7	273	85	188	390	—	—	10.3	250	260	380	9.5
	75	152	175	355	110	9.2	274	115	159	350	—	—	10.3	250	265	390	10.2
	100	165	180	380	110	10.2	274	127	147	390	—	—	11.7	250	265	390	10.7
	125	180	185	380	110	11.0	306	133	173	430	297	133	14.8	280	280	420	12.9
150	50	140	185	380	125	10.7	306	85	221	430	—	—	12.9	280	290	420	11.9
	75	152	190	380	125	11.1	306	115	191	430	—	—	13.6	280	285	420	12.4
	100	165	195	380	125	11.6	306	127	179	430	—	—	14.4	280	295	430	13.2
	125	177	200	380	125	12.5	306	133	173	430	—	—	16.5	280	300	450	14.8
	150	198	200	408	125	13.5	338	138	200	473	335	138	18.8	317	317	470	17.2
200	200	220	230	500	150	23.2	373	145	215	510	352	158	29.4	385	385	520	27.5

3）四通的外形及尺寸见表 6-71。

表 6-71　四通的外形及尺寸

mm

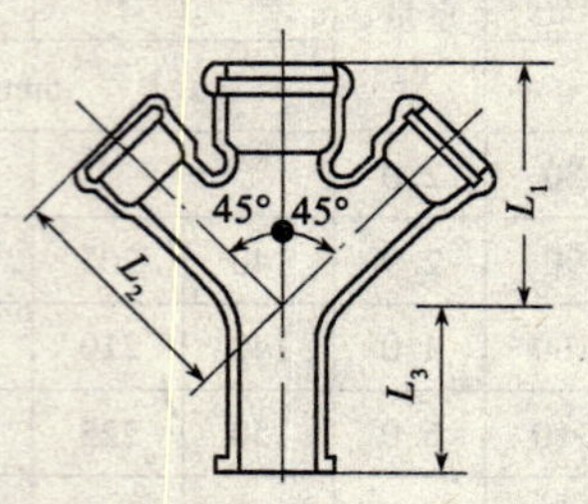

Y形四通

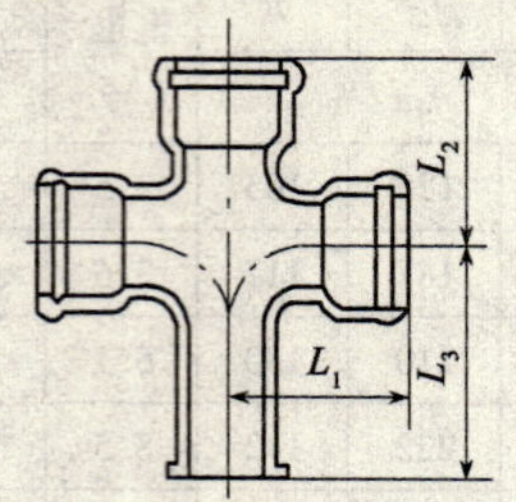

正四通

公称通径 DN	dN	Y 形四通				正四通			
		L_1	L_2	L_3	重量，kg	L_1	L_2	L_3	重量，kg
50	50	190	185	105	5.4	140	125	150	5.1
75	50	200	210	110	5.1	140	120	177	5.7
	75	210	210	110	7.7	162	138	177	7.7
100	50	210	240	100	6.3	170	125	200	7.3
	75	220	240	140	7.3	175	147	198	8.1
	100	254	254	125	11.0	175	156	190	10.7
125	50	250	260	120	9.5	175	140	210	9.9
	75	250	265	125	10.2	175	152	203	10.7
	100	250	265	125	10.7	180	165	215	12.4
	125	286	286	140	17.1	197	172	202	16.6
150	50	280	290	130	11.9	185	140	240	11.8
	75	280	285	135	12.4	190	152	228	12.6
	100	280	295	135	13.2	195	165	215	13.6
	125	280	300	150	14.8	200	177	203	15.4
	150	317	315	150	21.8	207	182	212	20.2
200	200	385	385	160	36.0	240	215	240	34.3

4）扫除口的外形及尺寸见表 6-72。

表 6-72　扫除口的外形及尺寸

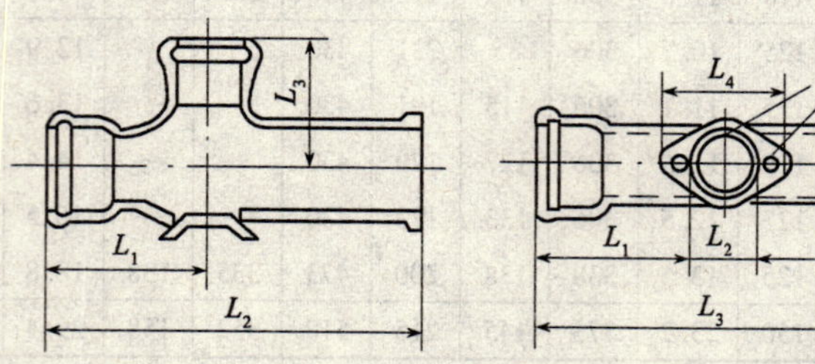

续表

公称通径 DN,mm	L_1	L_2	L_3	L_4	C,in	重量,kg
	mm					
50	120	35	260	95	⅜	2.6
75	125	60	340	120	⅜	4.4
100	130	85	390	155	½	6.4
125	140	110	430	180	½	10.3
150	140	130	470	200	½	13.0

5)管箍的外形及尺寸见表6-73。

表6-73　管箍的外形及尺寸　mm

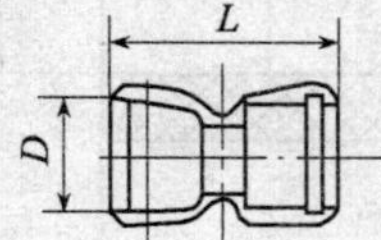

公称通径		承口直径	管　长	重量,kg
DN	dN	D	L	
50	50	80	150	2.1
75	50	105×80	155	2.5
	75	105	165	2.9
100	50	130×80	170	3.2
	75	130×105	175	3.4
	100	130	180	3.7
125	50	157×80	185	4.3
	75	157×105	185	4.6
	100	157×130	185	4.9
	125	157	190	5.7
150	100	182×130	185	5.8
	125	182×157	185	6.3
	150	182	190	6.7
200	150	234×182	195	9.0
	200	234	200	10.0

6.8 给水用硬聚氯乙烯管件

管件的公称压力及温度的折减系数:公称压力(PN)指管件输送20℃水的最大工作压力。当输水温度不同时,应按表6-74给出的不同温度的折减系数(f_t)修正工作压力,用折减系数乘以公称压力得到最大允许工作压力。

表 6-74 折减系数

温度,℃	折减系数f_t
$0 < t \leq 25$	1
$25 < t \leq 35$	0.8
$35 < t \leq 45$	0.63

承口配合深度和承口中部平均内径应符合表6-75的规定,示意图见图6-7。

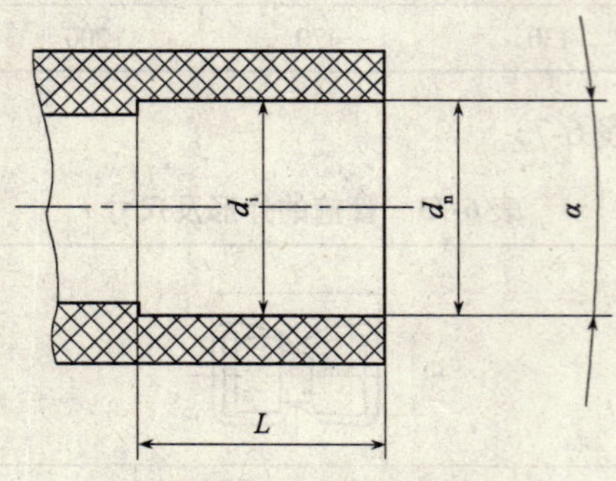

图6-7 粘接式承口

表 6-75 粘接式承口配合尺寸 mm

公称外径 d_n	最小深度 L	承口中部平均内径 d_i	
		min	max
20	16.0	20.1	20.3
25	18.5	25.1	25.3
32	22.0	32.1	32.3
40	26.0	40.1	40.3
50	31.0	50.1	50.3
63	37.5	63.1	63.3
75	43.5	75.1	75.3
90	51.0	90.1	90.3
110	61.0	110.1	110.4
125	68.5	125.1	125.4
140	76.0	140.2	140.5
160	86.0	160.2	160.5
180	96.0	180.2	180.6
200	106.0	200.2	200.6
225	118.5	225.3	225.7
250	131.0	250.3	250.8
280	146.0	280.3	280.9

续表

公称外径 d_n	最小深度 L	承口中部平均内径 d_i	
		min	max
315	163.5	315.4	316.0
355	183.5	355.5	356.2
400	206.0	400.5	401.5

注:管件中部承口平均内径定义为承口中部(承口全部深度的一半处)互相垂直的两直径测量值的算术平均值。

承口部分的最大锥度见表6-76。

表6-76 承口锥度

公称外径,mm	最大承口锥度 α
$d_n \leqslant 63$	0°40′
$75 \leqslant d_n \leqslant 315$	0°30′
$355 \leqslant d_n \leqslant 400$	0°15′

双承口深度应符合表6-77的规定,示意图见图6-8。

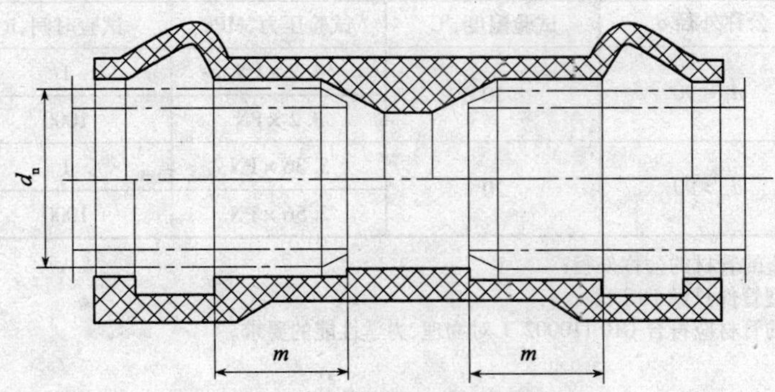

图6-8 弹性密封圈式承口

表6-77 弹性密封圈式承口深度 mm

公称外径 d_n	最小深度 m
63	40
75	42
90	44
110	47
125	49
140	51
160	54
180	57
200	60
225	64
250	68

续表

公称外径 d_n	最小深度 m
280	72
315	78
355	84
400	90
450	98
500	105
560	114
630	125

物理力学性能见表6-78。

表 6-78 物理力学性能

<table>
<tr><td colspan="2">项　目</td><td colspan="4">要　求</td></tr>
<tr><td colspan="2">维卡软化温度</td><td colspan="4">≥74℃</td></tr>
<tr><td colspan="2">烘箱试验</td><td colspan="4">符合 GB/T8803—2001</td></tr>
<tr><td colspan="2">坠落试验</td><td colspan="4">无破裂</td></tr>
<tr><td rowspan="5">液压试验</td><td>公称外径 d_n</td><td>试验温度,℃</td><td>试验压力,MPa</td><td>试验时间,h</td><td>试验要求</td></tr>
<tr><td rowspan="2">d_n≤90</td><td rowspan="2">20</td><td>4.2×PN</td><td>1</td><td rowspan="4">无破裂
无渗漏</td></tr>
<tr><td>3.2×PN</td><td>1000</td></tr>
<tr><td rowspan="2">d_n>90</td><td rowspan="2">20</td><td>3.36×PN</td><td>1</td></tr>
<tr><td>2.56×PN</td><td>1000</td></tr>
</table>

注:1. d_n 指与管件相连的管材的公称外径;
2. 用管材弯制成型管件只做 1h 试验;
3. 弯制管件所用的管材应符合 GB/T10002.1 对物理、力学性能的要求。

6.9 排水用硬聚氯乙烯管件

管件承口部位以外的主体壁厚 e_1(见图 6-9、图 6-10)不应小于同规格管材的壁厚。

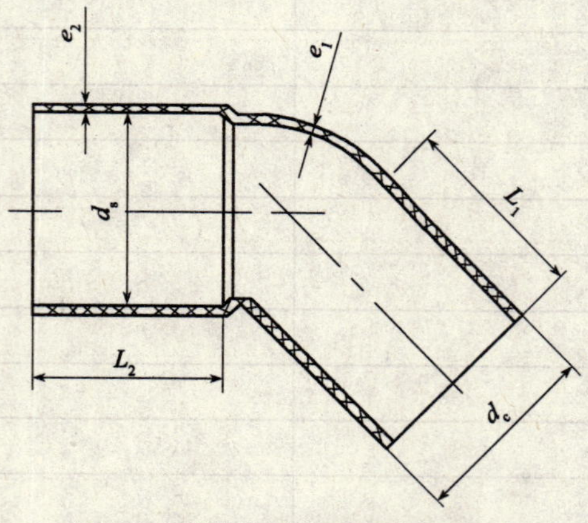

图 6-9 胶粘剂连接型承口和插口

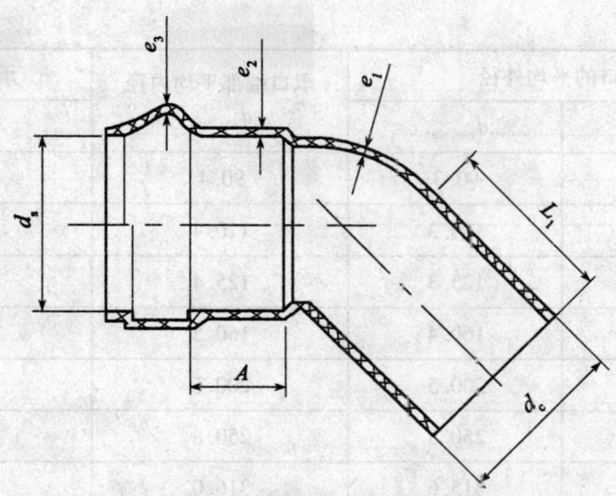

图 6-10　弹性密封圈连接型承口和插口

胶粘剂连接型管件承口和插口的直径和长度（见图 6-9）应符合表 6-79 的规定。

表 6-79　胶粘剂连接型管件承口和插口的直径和长度　　mm

公称外径 d_n	插口的平均外径		承口中部平均内径		承口深度和插口长度 $L_{1,min}$ 和 $L_{2,min}$
	$d_{em,min}$	$d_{em,max}$	$d_{sm,min}$	$d_{sm,max}$	
32	32.0	32.2	32.1	32.4	22
40	40.0	40.2	40.1	40.4	25
50	50.0	50.2	50.1	50.4	25
75	75.0	75.3	75.2	75.5	40
90	90.0	90.3	90.2	90.5	46
110	110.0	110.3	110.2	110.6	48
125	125.0	125.3	125.2	125.7	51
160	160.0	160.4	160.3	160.8	58
200	200.0	200.5	200.4	200.9	60
250	250.0	250.5	250.4	250.9	60
315	315.0	315.6	315.5	316.0	60

注：沿承口深度方向允许有不大于 30′脱模所必需的锥度。

弹性密封圈连接型管件承口和插口的直径和长度见表 6-80。

表 6-80　弹性密封圈连接型管件承口和插口的直径和长度　　mm

公称外径 d_n	插口的平均外径		承口端部平均内径 $d_{sm,min}$	承口配合深度和插口长度	
	$d_{em,min}$	$d_{em,max}$		A_{min}	$L_{2,min}$
32	32.0	32.2	32.3	16	42
40	40.0	40.2	40.3	18	44
50	50.0	50.2	50.3	20	46
75	75.0	75.3	75.4	25	51

续表

公称外径 d_n	插口的平均外径		承口端部平均内径 $d_{sm,min}$	承口配合深度和插口长度	
	$d_{em,min}$	$d_{em,max}$		A_{min}	$L_{2,min}$
90	90.0	90.3	90.4	28	56
110	110.0	110.3	110.4	32	60
125	125.0	125.3	125.4	35	67
160	160.0	160.4	160.5	42	81
200	200.0	200.5	200.6	50	99
250	250.0	250.5	250.8	55	125
315	315.0	315.6	316.0	62	132

7 水暖器材和暖通空调设备

7.1 阀门

1)闸阀的外形及尺寸见表7-1。

表7-1 闸阀的外形及尺寸

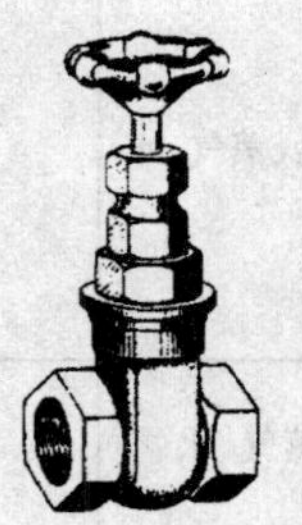

暗杆楔式单闸板闸阀

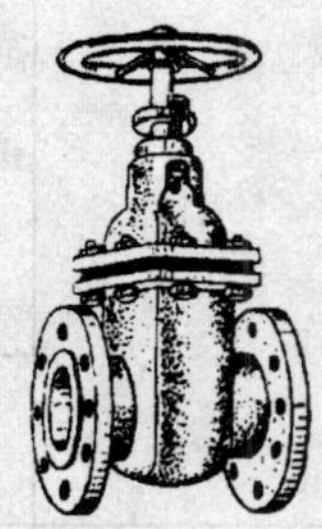

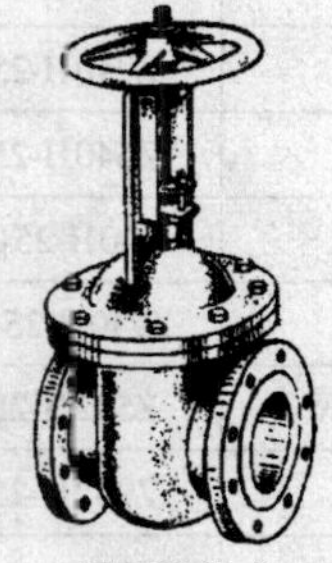

明杆平行式双闸板闸阀

名称	型号	公称压力 *PN*,MPa	适用介质	适用温度,℃≤	公称通径 *DN*,mm
楔式双闸板闸阀	Z42W-1	0.1	煤气	100	300~500
锥齿轮传动楔式双闸板闸阀	Z542W-1				600~1000
电动楔式双闸板闸阀	Z942W-1				600~1400
电动暗杆楔式双闸板闸阀	Z946T-2.5	0.25	水		1600、1800
电动暗杆楔式闸阀	Z945T-6	0.6			1200、1400
楔式闸阀	Z41T-10	1.0	蒸气、水	200	50~450
楔式闸阀	Z41W-10		油品	100	50~450
电动楔式闸阀	Z941T-10		蒸气、水	200	100~450
平行式双闸板闸阀	Z44T-10				50~400
平行式双闸板闸阀	Z44W-10		油品	100	50~400
液动楔式闸阀	Z741T-10		水		100~600
电动平行式双闸板闸阀	Z944T-10		蒸气、水	200	100~400
电动平行式双闸板闸阀	Z944W-10		油品	100	100~400
暗杆楔式闸阀	Z45T-10		水		50~700
暗杆楔式闸阀	Z45W-10		油品		50~450
直齿圆柱齿轮传动暗杆楔式闸阀	Z445T-10		水		800~1000
电动暗杆楔式闸阀	Z945T-10				100~1000
电动暗杆楔式闸阀	Z945W-10		油品		100~450

续表

名　　称	型　　号	公称压力 PN,MPa	适用介质	适用温度,℃≤	公称通径 DN,mm
楔式闸阀	Z40H-16C	1.6	油品、蒸气、水	350	200～400
电动楔式闸阀	Z940H-16C				200～400
气动楔式闸阀	Z640H-16C				200～500
楔式闸阀	Z40H-16Q				65～200
电动楔式闸阀	Z940H-16Q				65～200
楔式闸阀	Z40W-16P		硝酸类	100	200～300
楔式闸阀	Z40W-16R		醋酸类		200～300
楔式闸阀	Z40Y-16I		油品	550	200～400
楔式闸阀	Z40H-25	2.5	油品、蒸气、水	350	50～400
电动楔式闸阀	Z940H-25				50～400
气动楔式闸阀	Z640H-25				50～400
楔式闸阀	Z40H-25Q				50～200
电动楔式闸阀	Z940H-25Q				50～200
锥齿轮传动楔式双闸板闸阀	Z542H-25		蒸气、水	300	300～500
电动楔式双闸板闸阀	Z942H-25				300～800
承插焊楔式闸阀	Z61Y-40	4.0	油品、蒸气、水	425	15～40
楔式闸阀	Z41H-40				15～40
楔式闸阀	Z40H-40				50～250
直齿圆柱齿轮传动楔式闸阀	Z440H-40				300～400
电动楔式闸阀	Z940H-40				50～400
气动楔式闸阀	Z640H-40			350	50～400
楔式闸阀	Z40H-40Q				50～200
电动楔式闸阀	Z940H-40Q				50～200
楔式闸阀	Z40Y-40P		硝酸类	100	200～250
直齿圆柱齿轮传动楔式闸阀	Z440Y-40P				300～500
楔式闸阀	Z40Y-40I		油品	550	50～250
楔式闸阀	Z40H-64	6.4	油品、蒸气、水	425	50～250
直齿圆柱齿轮传动楔式闸阀	Z440H-64				300～400
电动楔式闸阀	Z940H-64				50～800
电动楔式闸阀	Z940Y-64I		油品	550	300～500
楔式闸阀	Z40Y-64I				50～250
楔式闸阀	Z40Y-100	10.0	油品、蒸气、水	450	50～200
直齿圆柱齿轮传动楔式闸阀	Z440Y-100				250～300
电动楔式闸阀	Z940Y-100				50～300

续表

名　称	型　号	公称压力 *PN*, MPa	适用介质	适用温度, ℃≤	公称通径 *DN*, mm
承插焊楔式闸阀	Z61Y-160	16.0	油品	450	15~40
楔式闸阀	Z41H-160				15~40
楔式闸阀	Z40Y-160				50~200
电动楔式闸阀	Z940Y-160				50~300
楔式闸阀	Z40Y-160I			550	50~200
电动楔式闸阀	Z940Y-160I				50~200

2) 截止阀的外形及尺寸见表 7-2。

表 7-2　截止阀的外形及尺寸

内螺纹截止阀

DN≤50

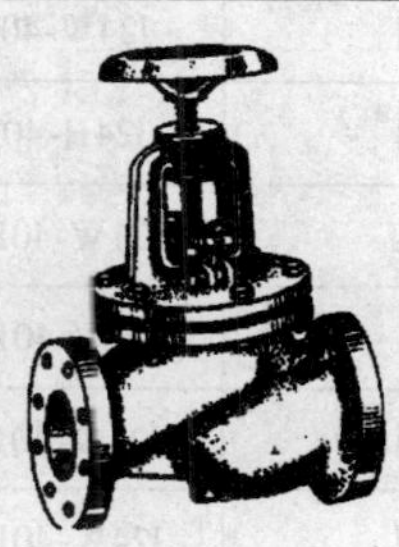

DN≥65

截止阀（法兰连接）

名　称	型　号	公称压力 *PN*, MPa	适用介质	适用温度, ℃≤	公称通径 *DN*, mm
衬胶直流式截止阀	J45J-6	0.6	酸、碱类	50	40~150
衬铅直流式截止阀	J45Q-6		硫酸类	100	25~150
焊接波纹管式截止阀	WJ61W-6P		硝酸类		10~25
波纹管式截止阀	WJ41W-6P				32~50
内螺纹截止阀	J11W-16	1.6	油品	100	15~65
内螺纹截止阀	J11T-16		蒸气、水	200	15~65
截止阀	J41W-16		油品	100	25~150
截止阀	J41T-16		蒸气、水	200	25~150
截止阀	J41W-16P		硝酸类	100	80~150
截止阀	J41W-16R		醋酸类		80~150
外螺纹截止阀	J21W-25K	2.5	氨、氨液	-40~+150	6
外螺纹角式截止阀	J24W-25K				6
外螺纹截止阀	J21B-25K				10~25
外螺纹角式截止阀	J24B-25K				10~25
截止阀	J41B-25Z				32~200
角式截止阀	J44B-25Z				32~50

续表

名　称	型　号	公称压力 PN, MPa	适用介质	适用温度，℃≤	公称通径 DN, mm
波纹管式截止阀	WJ41W-25P	2.5	硝酸类	100	25～150
直流式截止阀	J45W-25P				25～100
外螺纹截止阀	J21W-40	4.0	油品	200	6、10
卡套截止阀	J91W-40				6、10
卡套截止阀	J91H-40		油品、蒸气、水	425	15～25
卡套角式截止阀	J94W-40		油品	200	6、10
卡套角式截止阀	J94H-40		油品、蒸气、水	425	15～25
外螺纹截止阀	J21H-40		油品、蒸气、水	425	15～25
外螺纹角式截止阀	J24W-40		油品	200	6、10
外螺纹角式截止阀	J24H-40		油品、蒸气、水	425	15～25
外螺纹截止阀	J21W-40P		硝酸类	100	6～25
外螺纹截止阀	J21W-40R		醋酸类		6～25
外螺纹角式截止阀	J24W-40P		硝酸类		6～25
外螺纹角式截止阀	J24W-40R		醋酸类		6～25
承插焊截止阀	J61Y-40		油品、蒸气、水		10～25
截止阀	J41H-40				10～150
截止阀	J41W-40P		硝酸类		32～150
截止阀	J41W-40R		醋酸类		32～150
电动截止阀	J941H-40		油品、蒸气、水	425	50～150
截止阀	J41H-40Q			350	32～150
角式截止阀	J44H-40			425	32～50
截止阀	J41H-64	6.4			50～100
电动截止阀	J941H-64				50～100
截止阀	J41H-100	10.0		450	10～100
电动截止阀	J941H-100				50～100
角式截止阀	J44H-100				32～50
承插焊截止阀	J61Y-160	16.0	油品		15～40
截止阀	J41H-160				15～40
截止阀	J41Y-160I			550	15～40
外螺纹截止阀	J21W-160			200	6、10

3)旋塞阀的外形及尺寸见表7-3。

表7-3 旋塞阀的外形及尺寸

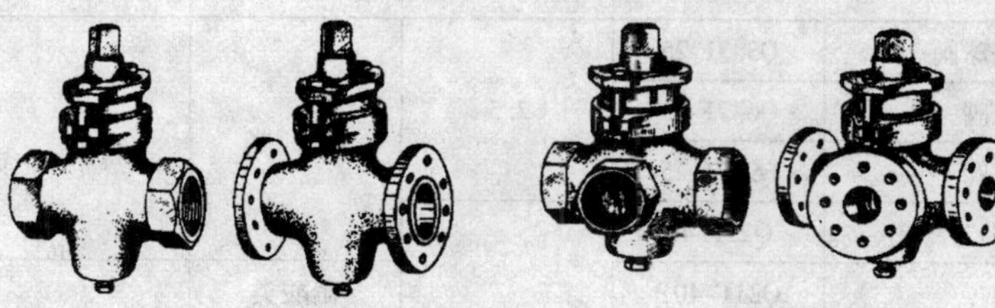
（直通）旋塞阀　　三通旋塞阀

名称	型号	公称压力 *PN*, MPa	适用介质	适用温度，℃≤	公称通径 *DN*, mm
旋塞阀	X43W-6	0.6	油品	100	100~150
T形三通式旋塞阀	X44W-6				25~100
内螺纹旋塞阀	X13W-10T	1.0	水		15~50
内螺纹旋塞阀	X13W-10		油品		15~50
内螺纹旋塞阀	X13T-10		水		15~50
旋塞阀	X43W-10		油品		25~80
旋塞阀	X43T-10		水		25~80
油封T形三通式旋塞阀	X48W-10		油品		25~100
油封旋塞阀	X47W-16	1.6			25~150
旋塞阀	X43W-16I		含砂油品	580	50~125

4)球阀的外形及尺寸见表7-4。

表7-4 球阀的外形及尺寸

内螺纹连接
(Q11F-16)

法兰连接
(Q41F-16)

名称	型号	公称压力 *PN*, MPa	适用介质	适用温度，℃≤	公称通径 *DN*, mm
内螺纹球阀	Q11F-16	1.6	油品、水	100	15~65
球阀	Q41F-16				32~150
电动球阀	Q941F-16				50~150
球阀	Q41F-16P		硝酸类		100~150
球阀	Q41F-16R		醋酸类		100~150
L形三通式球阀	Q44F-16Q		油品、水		15~150
T形三通式球阀	Q45F-16Q				15~150

续表

名　　称	型　　号	公称压力 PN, MPa	适用介质	适用温度，℃≤	公称通径 DN, mm
蜗轮转动固定式球阀	Q347F-25	2.5	油品、水	150	200~500
气动固定式球阀	Q647F-25				200~500
电动固定式球阀	Q947F-25				200~500
外螺纹球阀	Q21F-40	4.0			10~25
外螺纹球阀	Q21F-40P		硝酸类	100	10~25
外螺纹球阀	Q21F-40R		醋酸类		10~25
球阀	Q41F-40Q		油品、水	150	32~100
球阀	Q41F-40P		硝酸类	100	32~200
球阀	Q41F-40R		醋酸类		32~200
气动球阀	Q641F-40Q		油品、水	150	50~100
电动球阀	Q941F-40Q				50~100
球阀	Q41N-64	6.4	油品、天然气	80	50~100
气动球阀	Q641N-64				50~100
电动球阀	Q941N-64				50~100
气动固定式球阀	Q647F-64				125~200
电动固定式球阀	Q947F-64				125~500
电-液动固定式球阀	Q247F-64				125~500
气-液动固定式球阀	Q847F-64				125~500
气-液动焊接固定式球阀	Q867F-64				400~700
电-液动焊接固定式球阀	Q267F-64				400~700

5)止回阀的外形及尺寸见表7-5。

表7-5　止回阀的外形及尺寸

升降式止回阀　　　旋启式止回阀

名　　称	型　　号	公称压力 PN, MPa	适用介质	适用温度，℃≤	公称通径 DN, mm
内螺纹升降式底阀	H12X-2.5	0.25	水	50	50~80
升降式底阀	H42X-2.5				50~300
旋启双瓣式底阀	H46X-2.5				350~500
旋启多瓣式底阀	H45X-2.5				1600~1800
旋启多瓣式底阀	H45X-6	0.6			1200~1400

续表

<table>
<tr><th>名　称</th><th>型　号</th><th>公称压力
PN,MPa</th><th>适用介质</th><th>适用温度,
℃≤</th><th>公称通径
DN,mm</th></tr>
<tr><td>旋启多瓣式底阀</td><td>H45X-10</td><td rowspan="4">1.0</td><td rowspan="2">水</td><td rowspan="2">50</td><td>700～1000</td></tr>
<tr><td>旋启式止回阀</td><td>H44X-10</td><td>50～600</td></tr>
<tr><td>旋启式止回阀</td><td>H44Y-10</td><td>蒸气、水</td><td>200</td><td>50～600</td></tr>
<tr><td>旋启式止回阀</td><td>H44W-10</td><td>油类</td><td>100</td><td>50～450</td></tr>
<tr><td>内螺纹升降式止回阀</td><td>H11T-16</td><td rowspan="6">1.6</td><td>蒸气、水</td><td>200</td><td>15～65</td></tr>
<tr><td>内螺纹升降式止回阀</td><td>H11W-16</td><td>油类</td><td>100</td><td>15～65</td></tr>
<tr><td>升降式止回阀</td><td>H41T-16</td><td>蒸气、水</td><td>200</td><td>25～150</td></tr>
<tr><td>升降式止回阀</td><td>H41W-16</td><td>油类</td><td>100</td><td>25～150</td></tr>
<tr><td>升降式止回阀</td><td>H41W-16P</td><td>硝酸类</td><td>100</td><td>80～150</td></tr>
<tr><td>升降式止回阀</td><td>H41W-16R</td><td>醋酸类</td><td>100</td><td>80～150</td></tr>
<tr><td>外螺纹升降式止回阀</td><td>H21B-25K</td><td rowspan="3">2.5</td><td rowspan="2">氨、氨液</td><td rowspan="2">-40～+150</td><td>15～25</td></tr>
<tr><td>升降式止回阀</td><td>H41B-25Z</td><td>32～50</td></tr>
<tr><td>旋启式止回阀</td><td>H44H-25</td><td rowspan="4">油类、蒸气、水</td><td>350</td><td>200～500</td></tr>
<tr><td>升降式止回阀</td><td>H41H-40</td><td rowspan="8">4.0</td><td>425</td><td>10～150</td></tr>
<tr><td>升降式止回阀</td><td>H41H-40Q</td><td>350</td><td>32～150</td></tr>
<tr><td>旋启式止回阀</td><td>H44H-40</td><td>425</td><td>50～400</td></tr>
<tr><td>旋启式止回阀</td><td>H44Y-40I</td><td>油类</td><td>550</td><td>50～250</td></tr>
<tr><td>旋启式止回阀</td><td>H44W-40P</td><td rowspan="3">硝酸类</td><td rowspan="4">100</td><td>200～400</td></tr>
<tr><td>外螺纹升降式止回阀</td><td>H21W-40P</td><td>15～25</td></tr>
<tr><td>升降式止回阀</td><td>H41W-40P</td><td>32～150</td></tr>
<tr><td>升降式止回阀</td><td>H41W-40R</td><td>醋酸类</td><td>32～150</td></tr>
<tr><td>升降式止回阀</td><td>H41H-64</td><td rowspan="3">6.4</td><td>油类、蒸气、水</td><td rowspan="2">425</td><td>50～100</td></tr>
<tr><td>旋启式止回阀</td><td>H44H-64</td><td rowspan="2">油类</td><td rowspan="2">50～500</td></tr>
<tr><td>旋启式止回阀</td><td>H44Y-64I</td><td>550</td></tr>
<tr><td>升降式止回阀</td><td>H41H-100</td><td rowspan="2">10.0</td><td rowspan="2">油类、蒸气、水</td><td rowspan="3">450</td><td>10～100</td></tr>
<tr><td>旋启式止回阀</td><td>H44H-100</td><td>50～200</td></tr>
<tr><td>旋启式止回阀</td><td>H44H-160</td><td rowspan="4">16.0</td><td>油类、水</td><td>50～300</td></tr>
<tr><td>旋启式止回阀</td><td>H44Y-160I</td><td rowspan="3">油类</td><td>550</td><td>50～200</td></tr>
<tr><td>升降式止回阀</td><td>H41H-160</td><td rowspan="2">450</td><td>15～40</td></tr>
<tr><td>承插焊升降式止回阀</td><td>H61Y-160</td><td>15～40</td></tr>
</table>

6)安全阀的外形及尺寸见表7-6。

表7-6　安全阀的外形及尺寸

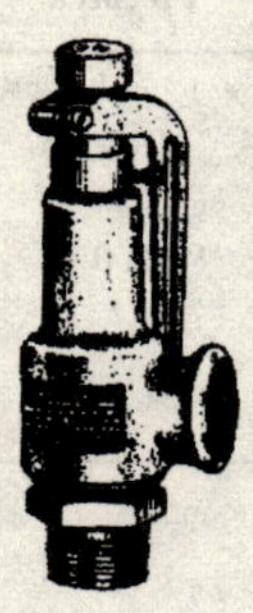

型　号	公称压力 PN, MPa	密封压力范围, MPa	适用介质	适用温度, ℃≤	公称通径 DN, mm
A27W-10T	1.0	0.4~1.0	空气	120	15~20
A27H-10K		0.1~1.0	空气、蒸气、水	200	10~40
A47H-16	1.6	0.1~1.6			40~100
A21H-16C			空气、氨气、水、氨液		10~25
A21W-16P			硝酸等		10~25
A41H-16C			空气、氨气、水、氨液、油类	300	31~80
A41W-16P			硝酸等	200	32~80
A47H-16C			空气、蒸气、水	350	40~80
A43H-16C			空气、蒸气		80~100
A40H-16C			油类、空气	450	50~150
A40Y-16I				550	50~150
A42H-16C		0.06~1.6		300	40~200
A42W-16P			硝酸等	200	40~200
A44H-16C		0.1~1.6	油类、空气	300	50~150
A48H-16C			空气、蒸气	350	50~150
A21H-40	4.0	1.6~4.0	空气、氨气、水、氨液	200	15~25
A21W-40P			硝酸等		15~25
A41H-40		1.3~4.0	空气、氨气、水、氨液、油类	300	32~80
A41W-40P		1.6~4.0	硝酸等	200	32~80
A47H-40		1.3~4.0	空气、蒸气	350	40~80
A43H-40					80~100
A40H-40		0.6~4.0	油类、空气	450	50~150
A40Y-40I				550	50~150
A42H-40		1.3~4.0		300	40~150
A42W-40P		1.6~4.0	硝酸等	200	40~150
A44H-40		1.3~4.0	油类、空气	300	50~150
A48H-40			空气、蒸气	350	50~150

续表

型　号	公称压力 *PN*,MPa	密封压力范围,MPa	适用介质	适用温度,℃≤	公称通径 *DN*,mm
A41H-100	10.0	3.2~10.0	空气、水、油类	300	32~50
A40H-100	10.0	1.6~8.0	油类、空气	450	50~100
A40Y-100I	10.0	1.6~8.0	油类、空气	550	50~100
A40Y-100P	10.0	1.6~8.0	油类、空气	600	50~100
A42H-100	10.0	3.2~10.0	氮氢气、油类、空气	300	40~100
A44H-100	10.0	3.2~10.0	油类、空气	300	50~100
A48H-100	10.0	3.2~10.0	空气、蒸气	350	50~100
A41H-160	16.0	10.0~16.0	空气、氮氢气、水、油类	200	15、32
A40H-160	16.0	10.0~16.0	油类、空气	450	50~80
A40Y-160I	16.0	10.0~16.0	油类、空气	550	50~80
A40Y-160P	16.0	10.0~16.0	油类、空气	600	50~80
A42H-160	16.0	16.0~32.0	氮氢气、油类、空气	200	15、31~80
A41H-320	32.0	16.0~32.0	空气、氮氢气、水、油类	200	15、32
A42H-320	32.0	16.0~32.0	氮氢气、油类、空气	200	32~50

7)减压阀的外形及尺寸见表7-7。

表7-7　减压阀的外形及尺寸

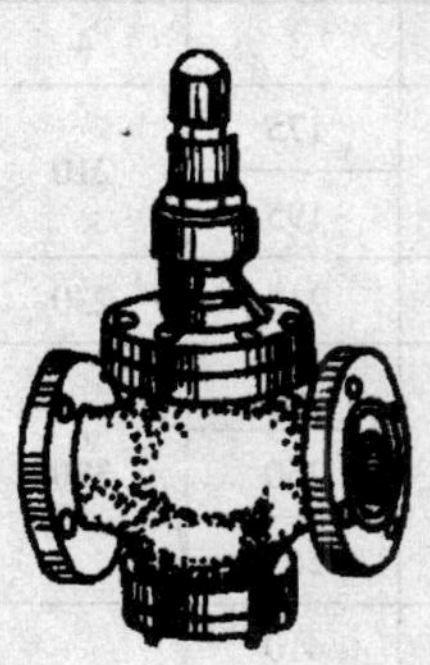

型　号	公称压力 *PN*,MPa	适用介质	适用温度,℃≤	出口压力,MPa	公称通径 *DN*,mm
Y44T-10	1.0	蒸气、空气	180	0.05~0.4	20~50
Y43X-16	1.6	空气、水	70	0.05~1.0	25~300
Y43H-16	1.6	蒸气	200	0.05~1.0	20~300
Y43H-25	2.5	蒸气	350	0.1~1.6	25~300
Y42X-25	2.5	空气、水	70	0.1~1.6	25~100
Y43X-25	2.5	水	70	0.1~1.6	25~200
Y43H-40	4.0	蒸气	400	0.1~2.5	25~200
Y42X-40	4.0	空气、水	70	0.1~2.5	25~80
Y43X-40	4.0	水	70	0.1~2.5	20~80

续表

<table>
<tr><th>型　号</th><th>公称压力
PN,MPa</th><th>适用介质</th><th>适用温度,
℃≤</th><th>出口压力,MPa</th><th>公称通径
DN,mm</th></tr>
<tr><td>Y43H-64</td><td rowspan="2">6.4</td><td>蒸气</td><td>450</td><td rowspan="2">0.1～3.0</td><td>25～100</td></tr>
<tr><td>Y42X-64</td><td>空气、水</td><td>70</td><td>25～50</td></tr>
</table>

8)蒸汽疏水阀。

①法兰连接蒸汽疏水阀的结构长度 L 见图 7-1,其尺寸按表 7-8,极限偏差按表 7-9 的规定。

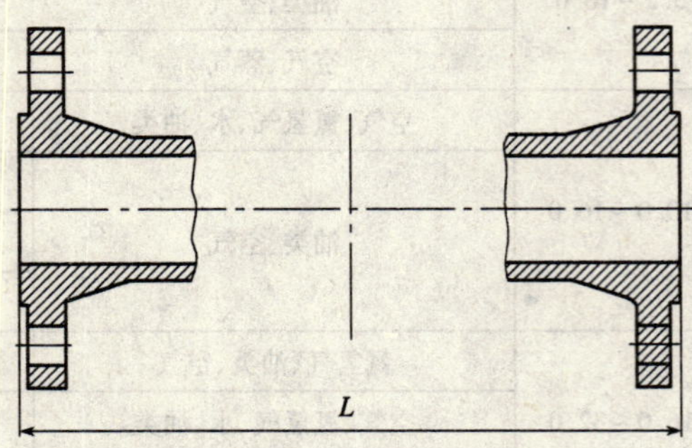

图 7-1　法兰连接蒸汽疏水阀的结构长度

表 7-8　法兰连接蒸汽疏水阀结构长度　mm

<table>
<tr><th rowspan="2">公称通径 DN</th><th colspan="8">结 构 长 度 系 列</th></tr>
<tr><th>1</th><th>2</th><th>3</th><th>4</th><th>5</th><th>6</th><th>7</th><th>8</th></tr>
<tr><td>15</td><td rowspan="2">150</td><td rowspan="2">170</td><td>175</td><td rowspan="2">210</td><td rowspan="2">230</td><td rowspan="3">250</td><td rowspan="2">290</td><td rowspan="2">480</td></tr>
<tr><td>20</td><td>195</td></tr>
<tr><td>25</td><td>160</td><td>210</td><td>215</td><td>230</td><td>310</td><td>380</td><td rowspan="2">580</td></tr>
<tr><td>32</td><td rowspan="3">230</td><td rowspan="3">270</td><td>245</td><td rowspan="3">320</td><td>350</td><td>270</td><td>450</td></tr>
<tr><td>40</td><td>260</td><td>420</td><td>280</td><td>490</td><td rowspan="2">680</td></tr>
<tr><td>50</td><td>265</td><td>500</td><td>290</td><td>560</td></tr>
<tr><td>65</td><td>290</td><td>340</td><td>410</td><td rowspan="2">450</td><td rowspan="3">550</td><td rowspan="3">572</td><td rowspan="3">580</td><td rowspan="5">—</td></tr>
<tr><td>80</td><td>310</td><td>380</td><td>430</td></tr>
<tr><td>100</td><td>350</td><td>430</td><td>460</td><td>520</td></tr>
<tr><td>125</td><td>400</td><td>500</td><td rowspan="2">—</td><td>600</td><td rowspan="2">—</td><td rowspan="2">—</td><td rowspan="2">—</td></tr>
<tr><td>150</td><td>480</td><td>550</td><td>700</td></tr>
</table>

表 7-9　法兰连接蒸汽疏水阀结构长度极限偏差　mm

L	极限偏差	L	极限偏差	L	极限偏差
≤250	±2	>250～500	±3	>500～800	±4

②内螺纹连接和承插焊连接蒸汽疏水阀的结构长度 L 见图 7-2,其尺寸按表 7-10,极限偏差按表 7-11 的规定。

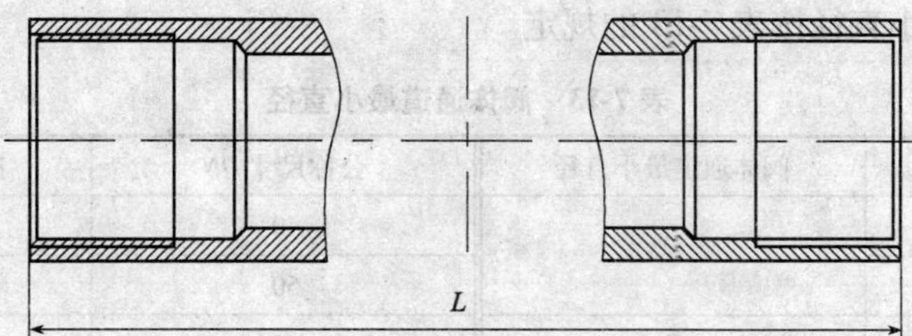

图 7-2 内螺纹连接和承插焊连接蒸汽疏水阀的结构长度

表 7-10 内螺纹连接和承插焊连接蒸汽疏水阀的结构长度 mm

<table>
<tr><th rowspan="2">公称通径 DN</th><th colspan="8">结构长度系列</th></tr>
<tr><th>1</th><th>2</th><th>3</th><th>4</th><th>5</th><th>6</th><th>7</th><th>8</th></tr>
<tr><td>15</td><td>65</td><td>75</td><td>80</td><td>90</td><td rowspan="2">110</td><td rowspan="3">120</td><td rowspan="3">130</td><td rowspan="3">150</td></tr>
<tr><td>20</td><td>75</td><td>85</td><td>90</td><td>100</td></tr>
<tr><td>25</td><td>85</td><td>95</td><td>100</td><td>120</td><td>120</td></tr>
<tr><td>40</td><td>110</td><td>130</td><td>120</td><td>140</td><td>270</td><td colspan="3" rowspan="2">—</td></tr>
<tr><td>50</td><td>120</td><td>140</td><td>130</td><td>160</td><td>300</td></tr>
</table>

表 7-11 内螺纹连接和承插焊连接蒸汽疏水阀的结构长度极限偏差 mm

L	极限偏差	*L*	极限偏差
≤150	±1.6	>150~300	±2

9)铁制和铜制螺纹连接阀门。

① 管螺纹头部的扳口应有足够的强度,扳口对边最小尺寸见表 7-12。

表 7-12 扳口对边最小尺寸 mm

公称尺寸 *DN*	铜合金材料	可锻铸铁材料、球墨铸铁材料	灰铸铁材料
8	17.5	—	—
10	21	—	—
15	25	27	30
20	31	33	36
25	38	41	46
32	47	51	55
40	54	58	62
50	66	71	75
65	83	88	92
80	96	102	105
100	124	128	131

② 阀体通道最小直径按表 7-13 的规定。

表 7-13　阀体通道最小直径　mm

公称尺寸 DN	阀体通道最小直径	公称尺寸 DN	阀体通道最小直径
8	6	40	28
10		50	36
15	9	65	49
20	12.5	80	57
25	17	100	75
32	23		

③ 铁制材料阀门的阀体最小壁厚按表 7-14 规定。

表 7-14　铁制阀门阀体最小壁厚　mm

公称尺寸 DN	灰铸铁	可锻铸铁		球墨铸铁	
	PN10	PN10	PN16	PN16	PN25
15	4	3	3	3	4
20	4.5	3	3.5	3.5	4.5
25	5	3.5	4	4	5
32	5.5	4	4.5	4.5	5.5
40	6	4.5	5	5	6
50	6	5	5.5	5.5	6.5
65	6.5	6	6	6	7
80	7	6.5	6.5	6.5	7.5
100	7.5	6.5	7.5	7	8

④ 铜合金材料制阀门的阀体最小壁厚按表 7-15 规定。

表 7-15　铜合金制阀门阀体最小壁厚　mm

公称尺寸 DN	PN10	PN16	PN20	PN25	PN40
6	1.4	1.6	1.6	1.7	2.0
8	1.4	1.6	1.6	1.7	2.0
10	1.4	1.6	1.7	1.8	2.1
15	1.6	1.8	1.8	1.9	2.4
20	1.6	1.8	2.0	2.1	2.6
25	1.7	1.9	2.1	2.4	3.0
32	1.7	1.9	2.4	2.6	3.4
40	1.8	2.0	2.5	2.8	3.7
50	2.0	2.2	2.8	3.2	4.3
65	2.8	3.0	3.0	3.5	5.1
80	3.0	3.4	3.5	4.1	5.7
100	3.6	4.0	4.0	4.5	6.4

⑤ 阀杆最小直径按表7-16的规定。

表7-16 阀杆最小直径 mm

公称尺寸	PN10、PN16	PN20		PN25		PN40	
DN	闸阀和截止阀	闸阀	截止阀	闸阀	截止阀	闸阀	截止阀
8	5.5	5.5	6.0	6.0	6.0	6.5	6.5
10	5.5	5.5	6.0	6.0	6.0	6.5	6.5
15	6.0	6.0	6.5	6.5	6.5	7.5	7.5
20	6.5	6.5	7.0	7.0	7.0	8.0	8.0
25	7.5	7.5	8.0	8.0	8.0	9.5	9.5
32	8.5	8.5	9.5	9.5	9.5	11.0	11.0
40	9.5	9.5	10.5	10.5	10.5	12.0	12.0
50	10.5	10.5	11.0	11.0	12.0	12.5	14.0
65	12.0	12.0	12.5	12.5	13.5	14.0	15.0
80	13.5	13.5	14.0	14.0	15.0	16.0	17.5
100	15.0	15.0	15.0	15.0	16.5	17.5	19.0

注:表中阀杆的最小直径系指与填料配合段的直径。

7.2 水嘴

1)普通水嘴

按控制方式分见表7-17。

表7-17 按控制方式分类

控制方式	单柄控制	双柄控制	肘控制	脚踏控制	感应控制	手揿控制	电子控制	其他
代号	1	2	3	4	5	6	7	8

按密封件材料(密封副或运动件)分见表7-18。

表7-18 按密封件材料分类

材料名称	橡胶	工程塑料	铜合金	陶瓷	不锈钢	其他
代号	J	S	T	C	B	Q

按启闭结构分见表7-19。

表7-19 按启闭结构分类

启闭结构	螺旋升降式	柱塞式	弹簧式	平面式	圆球式	铰链式	其他
代号	L	S	T	P	Y	J	Q

按阀体安装型式分见表7-20。

表7-20 按阀体安装型式分类

阀体安装型式	台式明装	台式暗装	壁式明装	壁式暗装	其他
代号	1	2	3	4	5

按阀体材料分见表7-21。

表7-21　按阀体材料分类

阀体材料	铜合金	不锈钢	塑　料	其　他
代号	T	B	S	Q

按适用设施(或场合)分见表7-22。

表7-22　按适用设施分类

适用设施(或场合)	产品名称	代　号	适用设施(或场合)	产品名称	代　号
普通水池(或槽)	普通水嘴	P	沐浴间(或房)	沐浴水嘴	L
洗面器	洗面器水嘴	M	化验水池(或室)	化验水嘴	H
浴缸	浴缸水嘴	Y	草坪(或洒水)	接管水嘴	J
洗涤池(或槽)	洗涤水嘴	D	洗衣机	放水水嘴	F
便池	便池水嘴	B	其他		Q
净身盆(或池)	净身水嘴	C			

2)铜热水嘴的外形及尺寸见表7-23。

表7-23　铜热水嘴的外形及尺寸

	公称压力 PN, MPa	适用温度,℃≤	公称通径 DN, mm
	0.1	100	15 20 25

注:阀体材料:铜合金。

3)回转式水嘴的外形及尺寸见表7-24。

表7-24　回转式水嘴的外形及尺寸

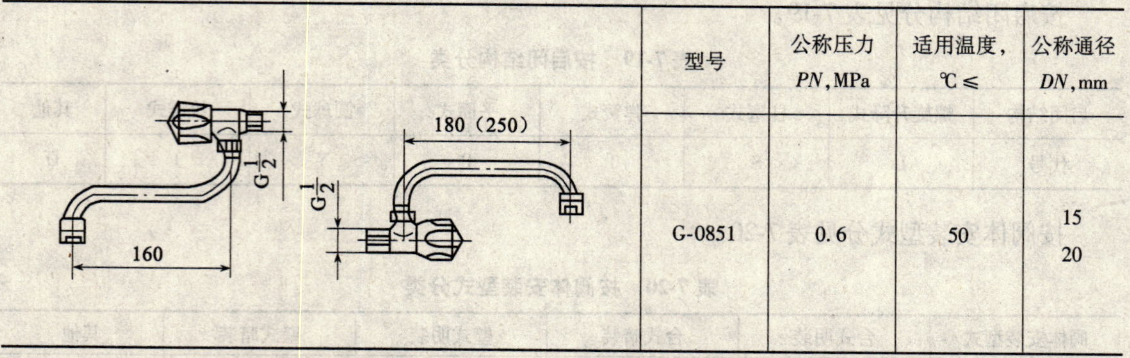

	型号	公称压力 PN, MPa	适用温度,℃≤	公称通径 DN, mm
	G-0851	0.6	50	15 20

4)化验水嘴的外形、尺寸及用途见表7-25。

表7-25 化验水嘴的外形、尺寸及用途

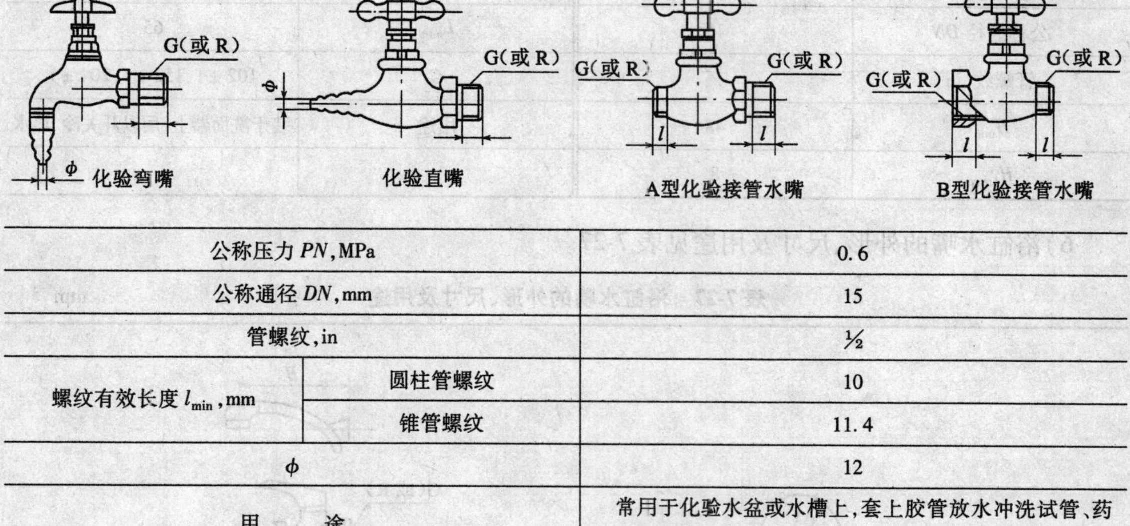

项目		数值
公称压力 PN,MPa		0.6
公称通径 DN,mm		15
管螺纹,in		½
螺纹有效长度 l_{min},mm	圆柱管螺纹	10
	锥管螺纹	11.4
ϕ		12
用途		常用于化验水盆或水槽上,套上胶管放水冲洗试管、药瓶、量杯等

注:材料:铜合金,表面镀铬。

5)洗面器水嘴的外形、尺寸及用途见表7-26。

表7-26 洗面器水嘴的外形、尺寸及用途 mm

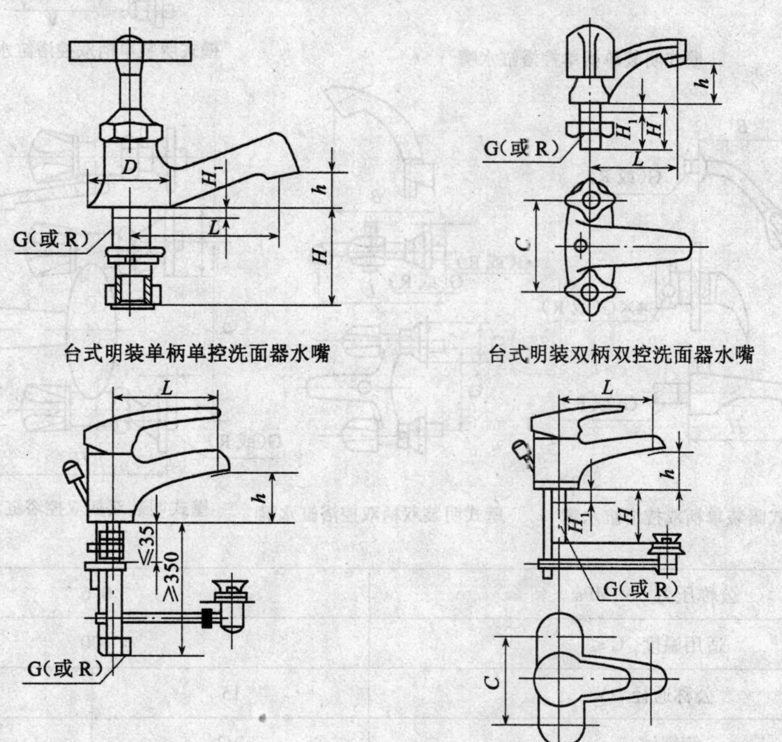

续表

公称压力 PN,MPa	0.6	h_{min}	25
适用温度,℃≤	100	D_{min}	40
公称通径 DN	15	L_{min}	65
管螺纹,in	½	C	102±1,152±1,204±1
H_{min}	48	用途	装于洗面器上,用以开关冷、热水
H_{1max}	8		

6)浴缸水嘴的外形、尺寸及用途见表7-27。

表7-27　浴缸水嘴的外形、尺寸及用途　　mm

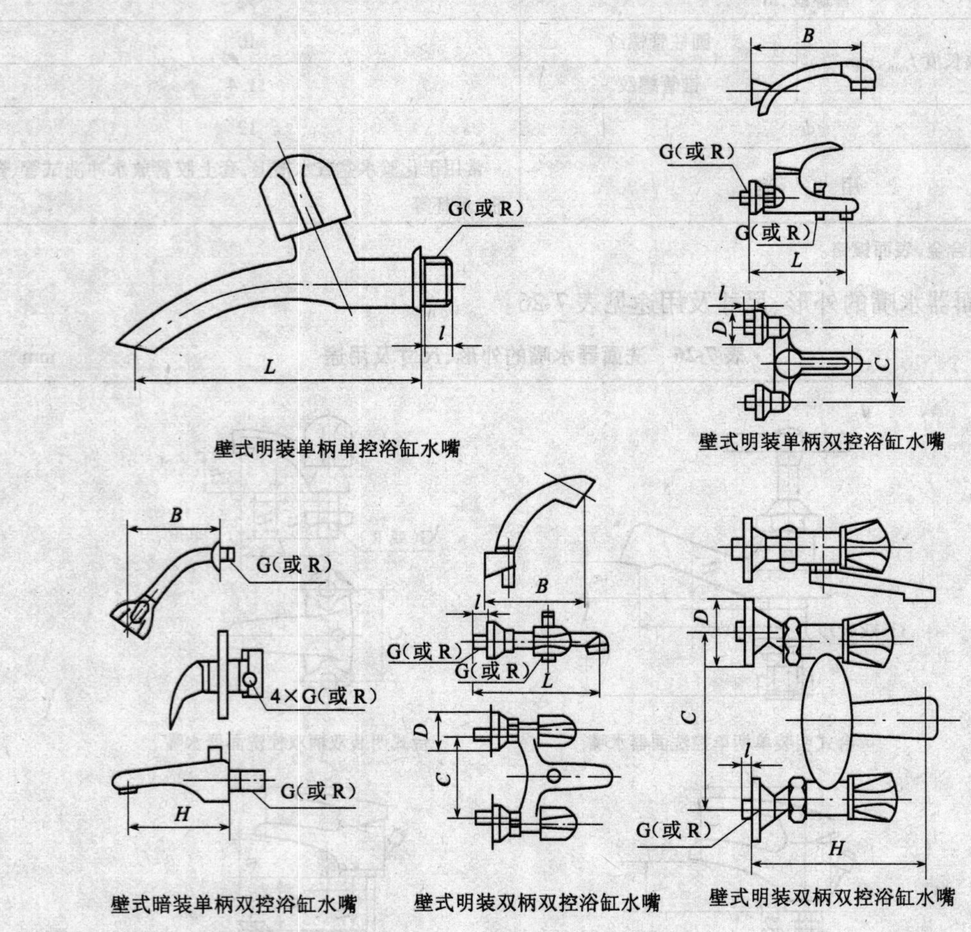

公称压力 PN,MPa	0.6	
适用温度,℃≤	100	
公称通径 DN	15	20
管螺纹,in	1/2	3/4
L_{min}	120	120

续表

<table>
<tr><td rowspan="3">螺纹有效长度 l_{min}</td><td colspan="2">混合水嘴</td><td rowspan="3">10</td><td>15</td></tr>
<tr><td rowspan="2">非混合水嘴</td><td>圆柱螺纹</td><td>12</td></tr>
<tr><td>锥螺纹</td><td>12.7</td></tr>
<tr><td colspan="3">D_{min}</td><td>45</td><td>50</td></tr>
<tr><td colspan="3">C</td><td>150±30</td><td>150±30</td></tr>
<tr><td rowspan="2">B_{min}</td><td colspan="2">明装水嘴</td><td>120</td><td>120</td></tr>
<tr><td colspan="2">暗装水嘴</td><td>150</td><td>150</td></tr>
<tr><td colspan="3">H_{min}</td><td>110</td><td>110</td></tr>
<tr><td colspan="3">用　　途</td><td colspan="2">装于浴缸上，用以开、关冷、热水。带淋浴器的可放水进行淋浴</td></tr>
</table>

注：淋浴喷头软管长度不小于1350mm。

7）接管水嘴的外形及尺寸见表7-28。

表7-28　接管水嘴的外形及尺寸　mm

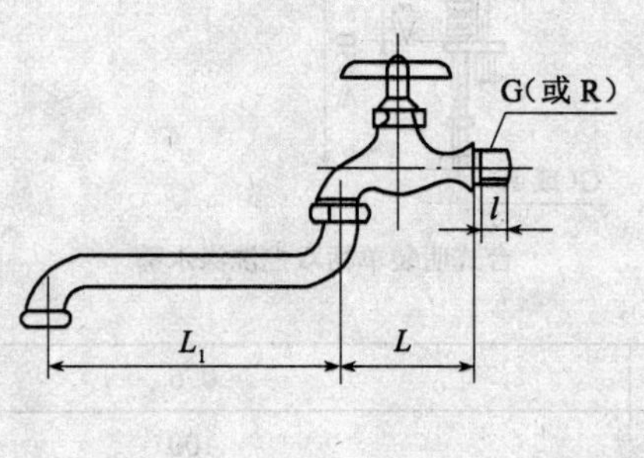

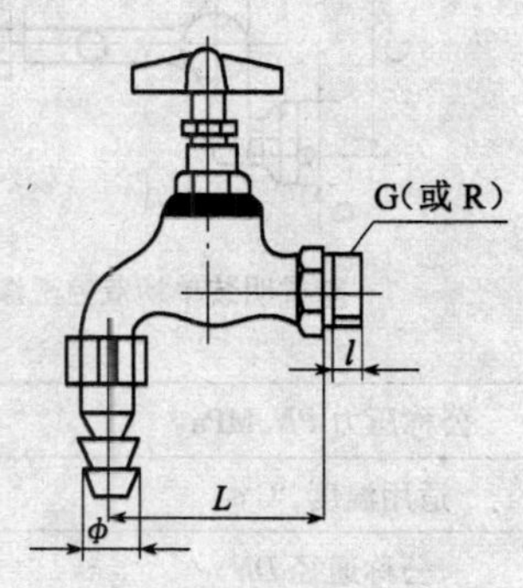

<table>
<tr><td rowspan="2">公称压力 PN，MPa</td><td rowspan="2">适应温度，℃≤</td><td rowspan="2">公称通径 DN</td><td rowspan="2">管螺纹，in</td><td colspan="2">螺纹有效长度 l_{min}</td><td rowspan="2">L_{1min}</td><td rowspan="2">L_{min}</td><td rowspan="2">φ</td></tr>
<tr><td>圆柱管螺纹</td><td>圆锥管螺纹</td></tr>
<tr><td rowspan="3">0.6</td><td rowspan="3">50</td><td>15</td><td>1/2</td><td>10</td><td>11.4</td><td rowspan="3">170</td><td>55</td><td>15</td></tr>
<tr><td>20</td><td>3/4</td><td>12</td><td>12.7</td><td>70</td><td>21</td></tr>
<tr><td>25</td><td>1</td><td>14</td><td>14.5</td><td>80</td><td>28</td></tr>
</table>

8)洗涤水嘴的外型及尺寸见表7-29。

表7-29　洗涤水嘴的外形及尺寸　mm

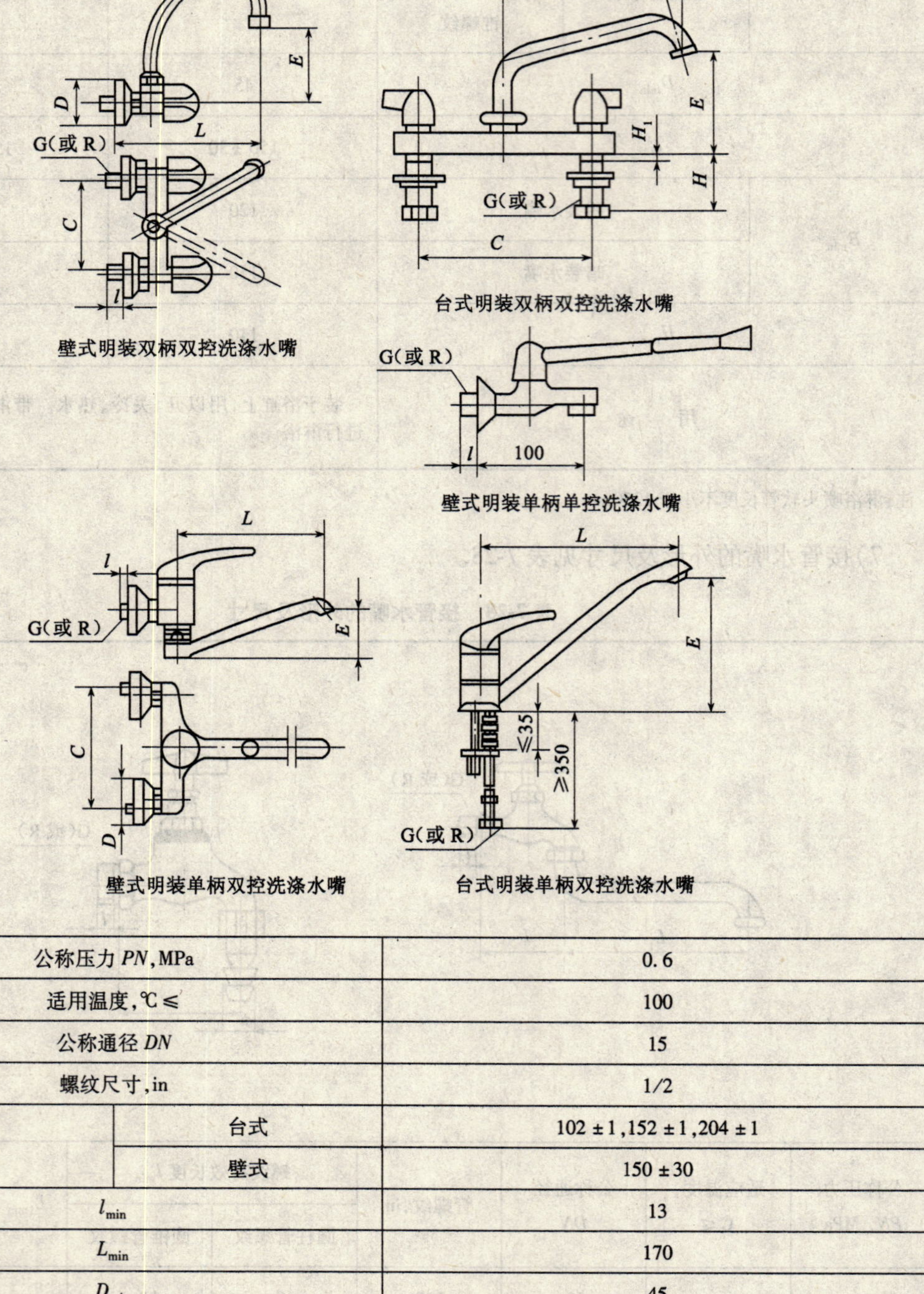

壁式明装双柄双控洗涤水嘴　台式明装双柄双控洗涤水嘴　壁式明装单柄单控洗涤水嘴　壁式明装单柄双控洗涤水嘴　台式明装单柄双控洗涤水嘴

公称压力 PN,MPa		0.6
适用温度,℃≤		100
公称通径 DN		15
螺纹尺寸,in		1/2
C_{min}	台式	102±1,152±1,204±1
	壁式	150±30
l_{min}		13
L_{min}		170
D_{min}		45
H_{min}		48
H_{1max}		8
E_{min}		25

9)淋浴水嘴的外形及尺寸见表7-30。

表7-30　淋浴水嘴的外形及尺寸　　mm

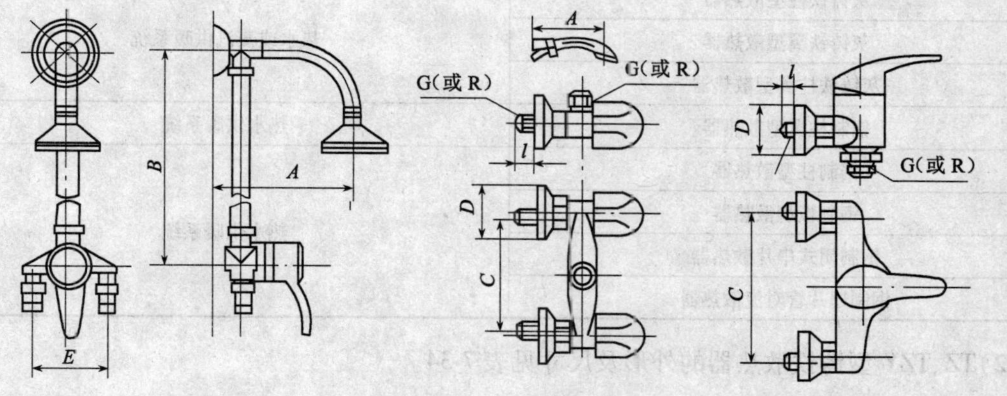

壁式明装单柄双控淋浴水嘴　　壁式明装双柄双控淋浴水嘴　　壁式明装单柄双控淋浴水嘴

公称压力 PN, MPa	适用温度,℃≤	公称通径 DN	螺纹尺寸,in	A_{min}	B_{min}	C	D_{min}	l_{min}	E_{min}
0.6	100	15	1/2	3000	1000	150±30	45	同表7-27	95

注:材料:铜合金,表面镀铬。

10)便池水嘴的外形及尺寸见表7-31。

表7-31　便池水嘴的外形及尺寸　　mm

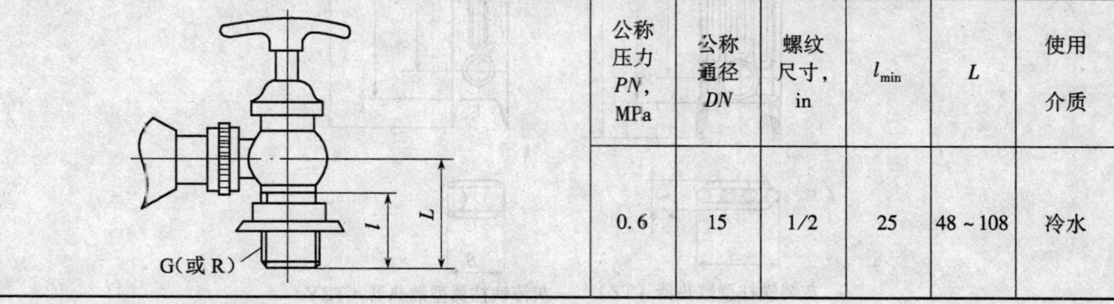

公称压力 PN, MPa	公称通径 DN	螺纹尺寸, in	l_{min}	L	使用介质
0.6	15	1/2	25	48~108	冷水

注:材料:铜合金,表面镀铬。

11)洗衣机用水嘴的外形及尺寸见表7-32。

表7-32　洗衣机用水嘴的外形及尺寸

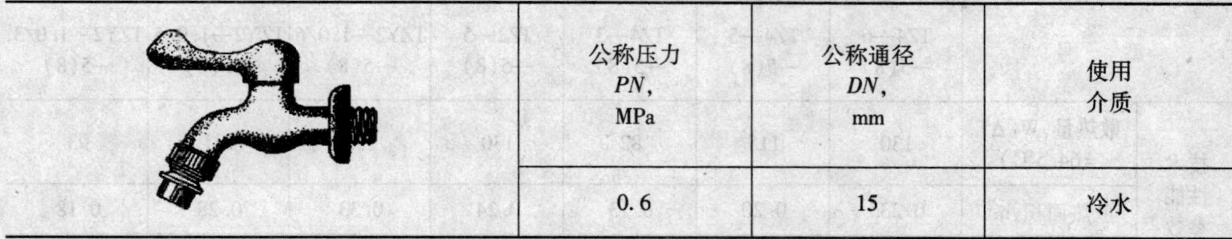

公称压力 PN, MPa	公称通径 DN, mm	使用介质
0.6	15	冷水

7.3　采暖散热器

1)室内采暖散热器的主要品种及用途见表7-33。

表 7-33　室内采暖散热器的主要品种及用途

品　　种	适 用 条 件
灰铸铁柱型散热器	热水或蒸汽供暖系统
灰铸铁翼型散热器	
灰铸铁柱翼型散热器	
铝制柱翼型散热器	热水供暖系统
钢制柱型散热器	热水供暖系统
钢制板型散热器	
钢制闭式串片散热器	
钢制翅片管对流散热器	

2）TZ、TZY 型铸铁散热器的外形及尺寸见表 7-34。

表 7-34　TZ、TZY 型灰铸铁散热器的外形及尺寸

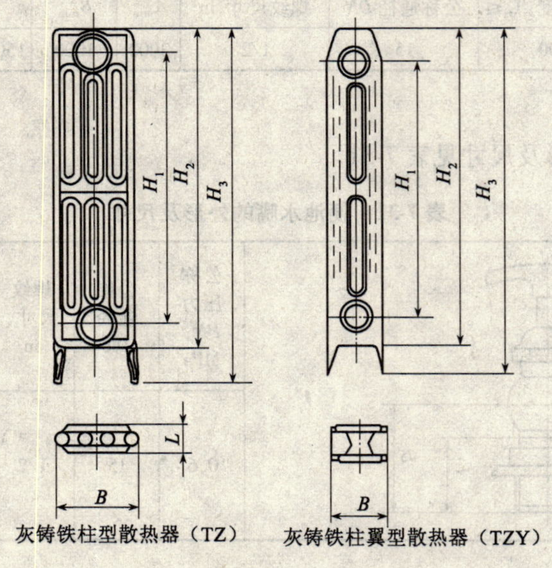

灰铸铁柱型散热器（TZ）　灰铸铁柱翼型散热器（TZY）

名　称		灰铸铁柱型散热器（TZ）				灰铸铁柱翼型散热器（TZY）		
系　列		四柱 760	四柱 660	四柱 460	二柱 132	柱翼 700	柱翼 600	柱翼 400
型　号		TZ4—6—5(8)	TZ4—5—5(8)	TZ4—3—5(8)	TZ2—5—5(8)	TZY2—1.0/6—5(8)	TZY2—1.0/5—5(8)	TZY2—1.0/3—5(8)
技术性能参数	散热量，W（ΔT=64.5℃）	130	115	82	130	153	131	93
	散热面积，m^2	0.235	0.20	0.13	0.24	0.33	0.28	0.18
	工作压力，MPa	0.5						
执行标准		JG 3—2002				JG/T 3047—1998		
外形尺寸，mm	H_3（足片）	760	660	460	660	780	680	480
	H_2（中片）	682	582	382	582	700	600	400

续表

外形尺寸,mm	B(宽度)	143	143	143	132	100		
	L(厚度)	60	60	60	80	70		
	H_1(中心距)	600	500	300	500	600	500	300
连接方式		螺纹						
接口尺寸,in		G½						

3)钢制板式散热器的外形及尺寸见表7-35。

表7-35 钢制板式散热器的外形及尺寸 mm

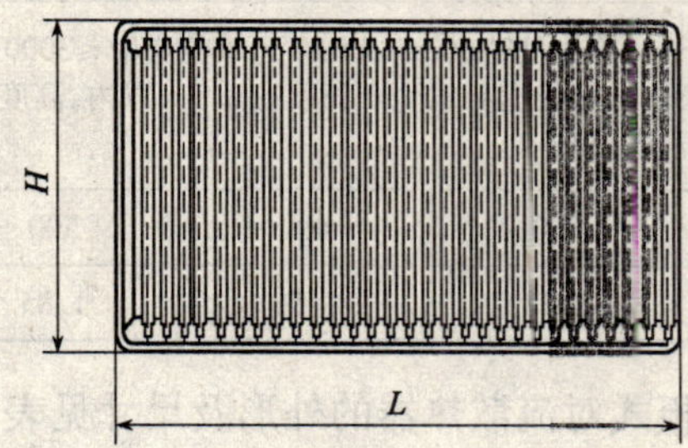

类　型		复合型(下进下出,自带内置恒温控制阀芯)				标准型(侧进侧出,需另配恒温控制阀)			
型　号		BX-FZ(Y)-10	BX-FZ(Y)-11	BX-FZ(Y)-21	BX-FZ(Y)-22	BX-B-10	BX-B-11	BX-B-21	BX-B-22
特　点		一组水槽	一组水槽和一组对流片	两组水槽和一组对流片	两组水槽和两组对流片	一组水槽	一组水槽和一组对流片	两组水槽和一组对流片	两组水槽和两组对流片
主要技术参数	散热量,W/片($\Delta T=64.5$℃)	871	1338	1822	2478	871	1338	1822	2478
	散热面积,m^2/片	1.31	4.38	5.69	8.76	1.31	4.38	5.69	8.76
	工作压力,MPa	1.0							
基本尺寸	高度H,mm	300,400,500,600							
	长度L,mm	400~3000共17种长度							
	接口,in	G½							

4)钢管柱型散热器的外形及尺寸见表7-36。

表7-36 钢管柱型散热器的外形及尺寸

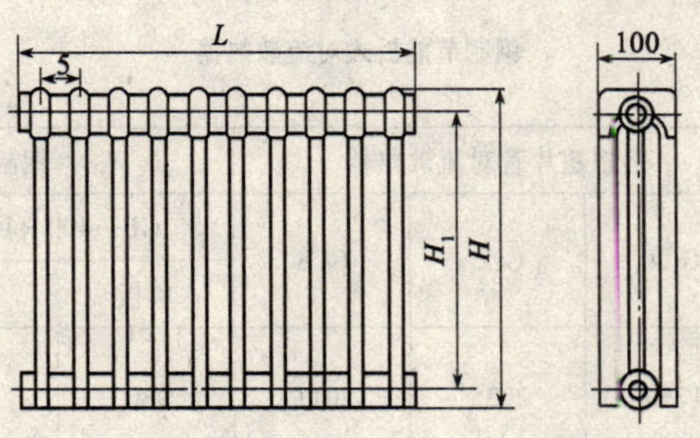

续表

<table>
<tr><td colspan="2">规　格</td><td>GGZ3-1.0/3-1.0</td><td>GGZ3-1.0/4-1.0</td><td>GGZ3-1.0/5-1.0</td><td>GGZ3-1.0/6-1.0</td><td>GGZ3-1.0/7-1.0</td></tr>
<tr><td rowspan="3">主要技术性能参数</td><td>标准散热量,W/片(ΔT=64.5℃)</td><td>60</td><td>74</td><td>87</td><td>100</td><td>113</td></tr>
<tr><td>金属热强度,W/kg·℃</td><td>0.73</td><td>0.73</td><td>0.73</td><td>0.73</td><td>0.71</td></tr>
<tr><td>散热面积,m²/片</td><td>0.077</td><td>0.097</td><td>0.117</td><td>0.137</td><td>0.157</td></tr>
<tr><td rowspan="5">产品基本尺寸</td><td>工作压力,MPa</td><td colspan="5">1.0</td></tr>
<tr><td>高度 H,mm</td><td>355</td><td>455</td><td>555</td><td>655</td><td>755</td></tr>
<tr><td>宽度 B,mm</td><td colspan="5">100</td></tr>
<tr><td>长度 L,mm</td><td colspan="5">单片长度 50mm,以 50 为单位递增≤3000mm
(可根据要求生产长度在 3.5m 以内,高度在 2m 以内的各种规格、颜色非标准产品)</td></tr>
<tr><td>中心距 H₁,mm</td><td>300</td><td>400</td><td>500</td><td>600</td><td>700</td></tr>
<tr><td colspan="2">重量,kg/片</td><td>1.27</td><td>1.58</td><td>1.85</td><td>2.15</td><td>2.50</td></tr>
</table>

5)钢制翅片管、钢制节能板式对流散热器的外形及尺寸见表 7-37。

表 7-37　钢制翅片管、钢制节能板式对流散热器的外形及尺寸

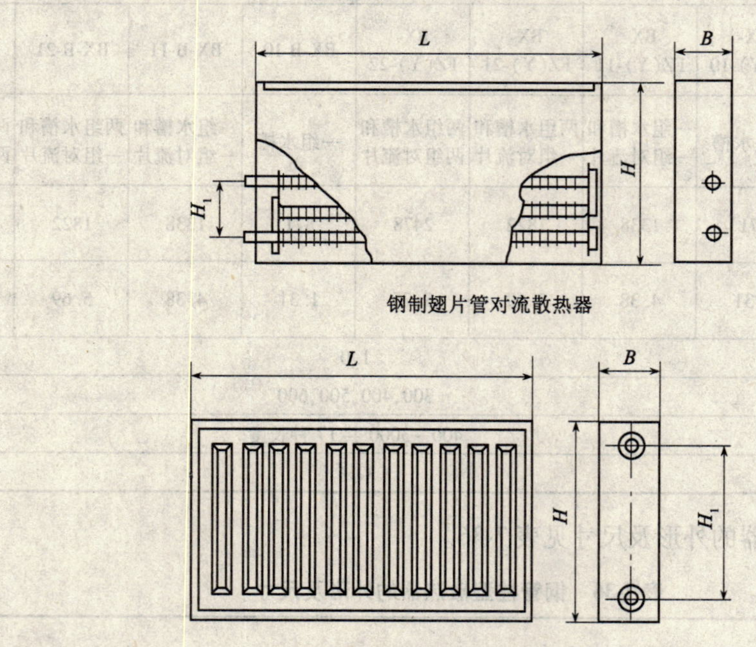

钢制翅片管对流散热器

钢制节能板式对流散热器

<table>
<tr><td colspan="2" rowspan="3">规　格</td><td colspan="3">钢制翅片管对流散热器</td><td colspan="4">钢制节能板式对流散热器</td></tr>
<tr><td rowspan="2">GC4</td><td rowspan="2">GC6</td><td rowspan="2">GC8</td><td colspan="2">GB—400×1000</td><td colspan="2">GB—600×1000</td></tr>
<tr><td>单板</td><td>双板</td><td>单板</td><td>双板</td></tr>
<tr><td>主要技术性能参数</td><td>散热量,W/m
(ΔT=64.5℃)</td><td>1736</td><td>2025</td><td>2011</td><td>980</td><td>1522</td><td>1297</td><td>2114</td></tr>
</table>

续表

规格		钢制翅片管对流散热器			钢制节能板式对流散热器			
		GC4	GC6	GC8	GB—400×1000		GB—600×1000	
					单板	双板	单板	双板
主要技术性能参数	金属热强度，W/(kg·℃)	0.82	0.83	0.69	1.045	0.848	0.938	0.797
	工作压力，MPa	1.0			0.8			
	试验压力，MPa	1.5			1.2			
基本尺寸	高度 H，mm	480	500	600	400		600	
	进出口中心距 H_1，mm	180	200	300	340		540	
	接口尺寸，in	G¾	G1	G1	G½或G¾	G¾	G½或G¾	G¾
	宽度 B，mm	120	140	140	60	100	60	100
	长度 L，mm	400~2000（以100mm一档）			400~2000（以200mm一档）	400~1400（以200mm一档）	400~2000（以200mm一档）	400~1400（以200mm一档）
41.1		重量，kg/m			32.7	15.3	27.8	22.6

6）钢制闭式串片、钢制扁管型散热器的外形及尺寸见表7-38。

表7-38　钢制闭式串片、钢制扁管型散热器的外形及尺寸

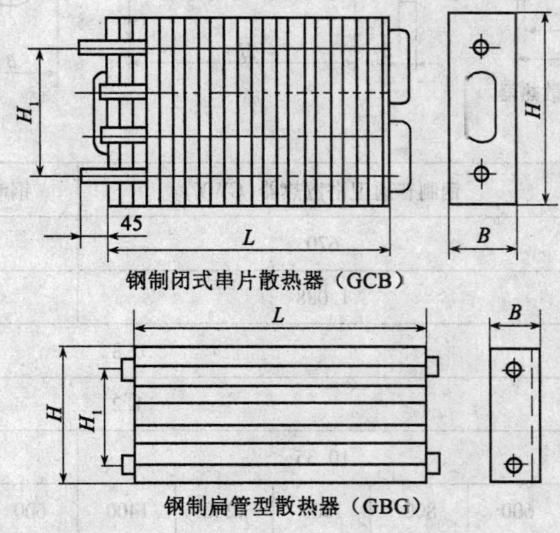

钢制闭式串片散热器（GCB）

钢制扁管型散热器（GBG）

规格		钢制闭式串片散热器（GCB）			钢制扁管型散热器（GBG）								
		GCB 70	GCB 120	GCB 220	DL	SL	D	DL	SL	D	DL	SL	D
					360			470			570		
主要技术参数	散热量，W/m（$\Delta T=64.5$℃）	773	1042	1221	915	1649	596	980	1933	820	1163	2221	978
		（条件：$L=1000$mm）											
	工作压力，MPa	1.0			0.8								

续表

规格		钢制闭式串片散热器(GCB)			钢制扁管型散热器(GBG)								
		GCB 70	GCB 120	GCB 220	DL	SL	D	DL	SL	D	DL	SL	D
					360			470			570		
产品基本尺寸	高度 H,mm	150	240	300	416			520			624		
	宽度 B,mm	80	100	80	50	117	50	50	117	50	50	117	50
	长度 L,mm	400~1400(以100为一档)			500~2000(以100为一档)								
	中心距 H_1,mm	70	120	220	360			470			570		
	接口尺寸,in	G¾	G1	G¾	G½,G¾								
重量,kg/m		10	18	19	18	35	12	23	46	15	28	55	18

7)钢制卫浴散热器的外形及尺寸见表7-39。

表7-39 钢制卫浴散热器的外形及尺寸

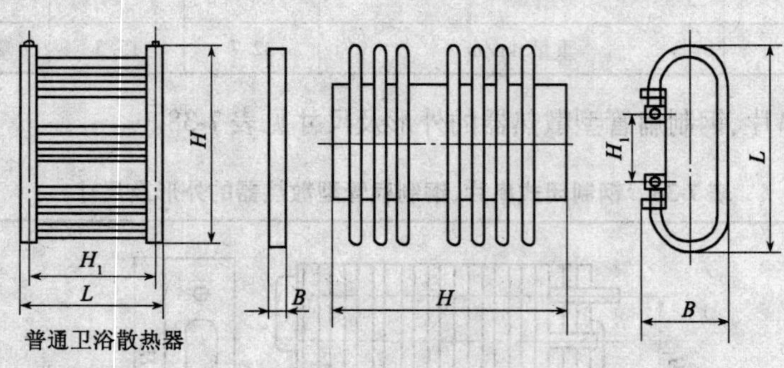

普通卫浴散热器

类型		钢制普通卫浴散热器(GWY)					钢制环型卫浴散热器(GWYH)			
主要技术性能参数	散热量,W($\Delta T=64.5$℃)	670					431			
	金属热强度,W/(kg·℃)	1.088					0.545			
	工作压力,MPa	0.8								
	试验压力,MPa	1.2								
	重量,kg/m	10.35					13.6			
基本尺寸	高度 H,mm	600	800	1000	1200	1400	600	800	1000	1200
	中心距 H_1,mm	420	420	470	570	670	120			
	宽度 L,mm	450	450	500	600	700	450			500
	厚度 B,mm	30					115			
	接口尺寸,in	G½或G¾(根据使用要求提供)								

8)铜铝复合散热器的外形及尺寸见表7-40。

表 7-40　铜铝复合散热器的外形及尺寸

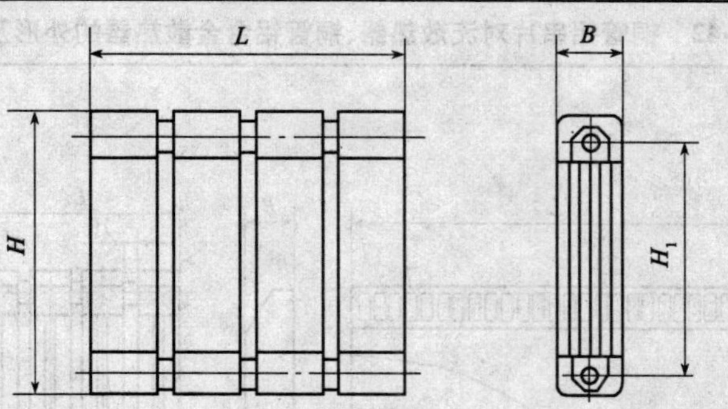

基本尺寸,mm	主要技术性能参数
高主 H:300、400、500、…、2000 中心距 H_1:$H-55$ 厚度 B:62 柱数 n:3~25 宽度 L:$(n-1)\times 77+70$	散热量,($\Delta T=64.5$℃):968W 金属热强度:1.707W/(kg·℃) 工作压力:1.0MPa 试验压力:1.5MPa

9)钢铝复合柱翼型散热器的外形及尺寸见表 7-41。

表 7-41　钢铝复合柱翼型散热器的外形及尺寸

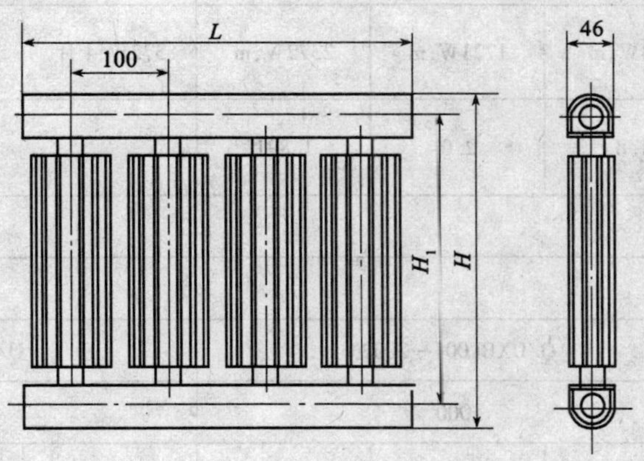

规格		GLZ-300-1.0	GLZ-400-1.0	GLZ-500-1.0	GLZ-600-1.0	GLZ-700-1.0
主要技术性能参数	散热量,(W/m)($\Delta T=64.5$℃)	937	1132	1364	1550	1716
	金属热强度,W/(kg·℃)	1.32	1.35	1.41	1.41	1.40
	散热面积,(m^2/m)	1.9	2.5	3.2	3.8	4.4
	工作压力/MPa	1.0				
产品基本尺寸	高度 H,mm	345	445	545	645	745
	宽度 B,mm	46				
	长度 L,mm	单片长度 100mm;以 100 为单位递增≤3000mm (可根据要求生产长度在 3.5m 以内,高度在 2m 以内的各种规格、颜色非标准产品)				
	中心距 H_1,mm	300	400	500	600	700
重量,kg/m		11	13	15	17	19

10）铜管铝串片对流散热器、铜管铝合金散热器的外形及尺寸见表7-42。

表7-42　铜管铝串片对流散热器、铜管铝合金散热器的外形及尺寸

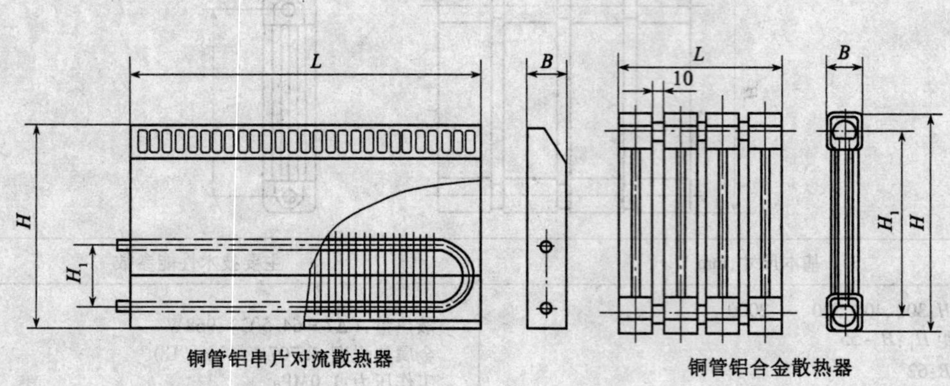

铜管铝串片对流散热器　　铜管铝合金散热器

<table>
<tr><td colspan="2" rowspan="2">型　号</td><td colspan="3">铜管铝串片对流散热器</td><td colspan="3">铜管铝合金散热器</td></tr>
<tr><td>TL1-0-1.0-C</td><td>TL2-180-1.0-C</td><td>TL4-430-1.0-C</td><td>TLF-(A)-400-1.0</td><td>TLF-(A)-600-1.0</td><td>TLF-(A)-1200-1.0</td></tr>
<tr><td rowspan="4">主要技术性能参数</td><td>散热量，(ΔT=64.5℃)</td><td>683W,m</td><td>1721W,m</td><td>2372W,m</td><td>372W,4片</td><td>504W,4片</td><td>984W,4片</td></tr>
<tr><td>金属热强度，W/(kg·℃)</td><td>1.8</td><td>2.0</td><td>1.891</td><td colspan="3">2.069</td></tr>
<tr><td>工作压力,MPa</td><td colspan="6">1.0</td></tr>
<tr><td>试验压力,MPa</td><td colspan="6">1.5</td></tr>
<tr><td colspan="2">执行标准</td><td colspan="3">Q/DXBL001—2002</td><td colspan="3">Q/BFL002—2001</td></tr>
<tr><td rowspan="5">基本尺寸</td><td>长度 L,mm</td><td colspan="3">1000</td><td colspan="3">290,4片</td></tr>
<tr><td>高度 H,mm</td><td>240</td><td>600</td><td>800</td><td>436</td><td>636</td><td>1236</td></tr>
<tr><td>中心距 H_1,mm</td><td>0(单管)</td><td>180</td><td>430</td><td>400</td><td>600</td><td>1200</td></tr>
<tr><td>厚度 B,mm</td><td colspan="2">110</td><td>140</td><td colspan="3">52</td></tr>
<tr><td>接口尺寸,in</td><td colspan="3">G¾、G1(两种规格任选)</td><td colspan="3">G½、G¾(两种规格任选)</td></tr>
<tr><td colspan="2">重量</td><td>5.85(kg/m)</td><td>13.2(kg/m)</td><td>19.45(kg/m)</td><td>3.0(kg/4片)</td><td>4.08(kg/4片)</td><td>7.28(kg/4片)</td></tr>
</table>

注：产品有侧供侧回和下供下回两种规格。

7.4　空调设备

1）松下组合式空调机组的参数见表7-43。

表 7-43　松下组合式空调机组的参数

<table>
<tr><td colspan="3" rowspan="2">型　　号</td><td rowspan="2">组合式空调机组(UGS、UGA、UGB)</td><td rowspan="2">大风量组合式机组(UGE)</td><td rowspan="2">变风量卧式机组(UGC)</td><td colspan="2">大风量变风量卧式机组(UGD)</td><td colspan="2">变风量吊顶机组(UGN)</td></tr>
<tr><td>全新风</td><td>全循环</td><td>全新风</td><td>全循环</td></tr>
<tr><td rowspan="9">主要技术性能参数</td><td colspan="2">额定风量,m^3/h</td><td>2870 ~ 60820</td><td>70000 ~ 110000</td><td>3000 ~ 15000</td><td colspan="2">16000 ~ 50000</td><td colspan="2">2000 ~ 12000</td></tr>
<tr><td colspan="2">制冷量,kW</td><td>15.3 ~ 507.9</td><td>230.6 ~ 966.7</td><td>32 ~ 244.9</td><td>114.3 ~ 845.9</td><td>45.4 ~ 412.5</td><td>24.4 ~ 206.4</td><td>11.4 ~ 97.5</td></tr>
<tr><td colspan="2">制热量,kW</td><td>15.3 ~ 526.0</td><td>378.3 ~ 1325</td><td>31.1 ~ 215.9</td><td>117.2 ~ 760</td><td>36.8 ~ 557.6</td><td>24.2 ~ 188.4</td><td>17.6 ~ 137.5</td></tr>
<tr><td rowspan="3">交换器</td><td>材质</td><td colspan="7">铜管铝翅片</td></tr>
<tr><td>排数</td><td colspan="2">4、6、8 排(2、10 排可选)</td><td>4、6、8 排</td><td colspan="2">2、4、6、3 排</td><td colspan="2">4、6、8 排</td></tr>
<tr><td>加湿器种类</td><td>气化式(限 UGS、UGA)、高压水喷雾、蒸汽</td><td>高压水喷雾、蒸汽</td><td colspan="3">无(可特别订货)</td><td colspan="2">无</td></tr>
<tr><td colspan="2">送风机动率,kW</td><td>0.75 ~ 15(UGS、UGA)7.5 ~ 30(UGB)</td><td>7.5 ~ 90</td><td>0.55(4P) ~ 2.2(6P) ×2</td><td colspan="2">2.2(6P) ×2 ~ 7.5(6P) ×3</td><td colspan="2">0.32(4P) ~ 1.1(6P) ×2</td></tr>
<tr><td colspan="2">过滤器</td><td colspan="2">平板式、中效(折板式)</td><td colspan="5">平板式</td></tr>
<tr><td colspan="2">噪声,dB(A)(机侧 1.5m)</td><td>44 ~ 58(UGS、UGA)67 ~ 70(UGB)</td><td>76 ~ 79</td><td>49 ~ 54</td><td colspan="2">62 ~ 72</td><td colspan="2">54 ~ 63</td></tr>
<tr><td rowspan="3">外形尺寸</td><td colspan="2">长,mm</td><td>1690 ~ 3755</td><td>5085 ~ 5485</td><td>1650</td><td colspan="2">1600</td><td colspan="2">900 ~ 1100</td></tr>
<tr><td colspan="2">宽,mm</td><td>650 ~ 2350</td><td>3350 ~ 4500</td><td>800 ~ 1650</td><td colspan="2">1900 ~ 3400</td><td colspan="2">860 ~ 2030</td></tr>
<tr><td colspan="2">高,mm</td><td>1525 ~ 2355</td><td>3070 ~ 3550</td><td>900 ~ 1200</td><td colspan="2">1350 ~ 1810</td><td colspan="2">490 ~ 720</td></tr>
<tr><td colspan="3">交换器配管直径 DN,mm</td><td>32、40、50、65</td><td>65、80</td><td>40</td><td colspan="2">65、80</td><td colspan="2">40、50</td></tr>
</table>

2)小型中央空调机组的参数见表 7-44。

表 7-44　小型中央空调机组的参数

<table>
<tr><td colspan="3">型号</td><td>TZF15-8Q/Y</td><td>TZF20-12Q/Y</td><td>TZF23-14Q/Y</td></tr>
<tr><td rowspan="12">主要技术性能参数</td><td colspan="2">制冷量,kW</td><td>8.1</td><td>11.4</td><td>13.4</td></tr>
<tr><td colspan="2">制热量,kW</td><td>15</td><td>19.7</td><td>23.2</td></tr>
<tr><td colspan="2">送风量,m^3/min</td><td>25</td><td>32</td><td>43</td></tr>
<tr><td colspan="2">热水水量,L/min</td><td colspan="3">5</td></tr>
<tr><td colspan="2">加湿量,L/h</td><td>2.5</td><td colspan="2">3</td></tr>
<tr><td colspan="2">耗电量(冷/暖),kW</td><td>3.0/0.64</td><td>4.3/0.92</td><td>5.1/0.92</td></tr>
<tr><td colspan="2">压缩机型式</td><td colspan="3">涡旋式</td></tr>
<tr><td colspan="2">冷媒种类</td><td colspan="3">R-22</td></tr>
<tr><td rowspan="4">制热燃料消耗量</td><td>天然气,Nm^3/h</td><td>1.7</td><td>2.2</td><td>2.6</td></tr>
<tr><td>城市煤气,Nm^3/h</td><td>3.3</td><td>4.5</td><td>5.1</td></tr>
<tr><td>液化气,Nm^3/h</td><td>0.6</td><td>0.8</td><td>1</td></tr>
<tr><td>轻柴油,kg/h</td><td>1.4</td><td>1.95</td><td>2.2</td></tr>
</table>

续表

型号			TZF15-8Q/Y	TZF20-12Q/Y	TZF23-14Q/Y
外形尺寸（高×宽×厚），mm		室内机	1800×645×465	1800×750×620	
		室外机	828×993×459	1050×1132×535	
接口尺寸	冷媒管尺寸，mm	气侧	φ15.88	φ19.05	
		液侧	φ9.52	φ12.7	
	排水管尺寸，mm		φ12		
	排烟管尺寸，mm		φ75		
重量，kg		室内机	115	130	134
		室外机	87	104	112

3）户用冷水（热泵）机组的参数见表7-45。

表7-45 户用冷水（热泵）机组的参数

机型			FWR-10B_1 FWD-10B_1	FWR-20B_3 FWD-20B_3	FWR-30B_3 FWD-30B_3	FWR-40B_3 FWD-40B_3
名义制冷量，kW			9.5	19.8	30.0	40.2
制冷输入功率，kW			3.7	7.9	11.8	15.1
名义制热量，kW			10.5	21.7	32.8	43.7
制热输入功率，kW			3.4	7.2	11.0	13.8
电源			220V，50Hz			
压缩机	形式		柔性涡旋式压缩机			
	数量		1	1	1	2
	额定输入功率，kW		2.8	6.4	10.95	6.4×2
风侧换热器	形式		高效换热铜管串套铝翅片			
	数量		1	2	1	2
	额定输入功率，kW		0.185	0.175×2	0.88	0.5×2
水侧换热器	形式		钎焊板式换热器			
	水流量，m^3/h		1.89	3.6	5.16	6.97
	水泵额定输入功率，kW		0.5	0.9	1.25	1.5
最大工作压力，MPa	R22侧		2.75			
	水侧		0.98			
进出水管径，mm			DN25	DN32	DN40	DN40
机组噪声，dB(A)			60	64	64	65
机组重量，kg			220	250	300	400
外形尺寸（顶出风），mm		长	900	1100	1200	1600
		宽	620	800	830	830
		高	980	1250		

续表

机型		FWR-10B_1 FWD-10B_1	FWR-20B_3 FWD-20B_3	FWR-30B_3 FWD-30B_3	FWR-40B_3 FWD-40B_3
外形尺寸（侧出风），mm	长	800	1200	1600	1800
	宽	500	600	600	630
	高	1300	1850		

4）多联式空调（热泵）机组的参数见表7-46。

表7-46 多联式空调（热泵）机组的参数

类型		一拖二		一拖三		
型号	室外机	HWR-100/2L	HWR-70/2L	HWR-90/3L	HWR-100/3L	HWR-110/3L
	室内机	HND-50AW HND-50AW	HND-35AW HND-35AW	HND-25AW HND-25AW HND-35AW	HND-25AW HND-35AW HND-35AW	HND-25AW HND-35AW HND-50AW
系统	制冷量，kW	5.0+5.0	3.7+3.7	2.6+2.6+3.7	2.6+3.7+3.7	5.0+3.7+2.6
	制热量，kW	5.4+1.5 5.4+1.5	3.8+1.5 3.8+1.5	2.7+1.0 2.7+1.0 3.8+1.5	2.7+1.0 3.8+1.5 3.8+1.5	2.7+1.0 3.8+1.5 5.4+1.5
	制冷输入功率，kW	3.66	2.40	3.01	3.30	3.93
	制热输入功率，kW	3.58+3.0	2.26+3.0	2.34+3.5	3.11+4.0	3.77+4.0
室外机	电源	220V，50Hz				
	功率，kW	4.04	2.59	3.39	3.68	4.31
	外形尺寸，mm	950×350×1240	950×350×840	950×350×1240		
	重量，kg	108	90	113	117	120
	噪声，dB(A)	≤61	≤58	≤61	≤61	≤62

5）风管送风式空调（热泵）机组的参数见表7-47。

表7-47 风管送风式空调（热泵）机组的参数

型号		S-50C SN50 SWR50	S-200 SN200 SWR200	S-520 SN520 SWR520	S-800 SN800 SWR800
空调机性能	制冷量，kW	5	20	52	81
	制热量，kW	5.3	21.5	57	84
	功率，kW	1.92	8.05	23.25	32.6
	安全保护	高低压保护、过载保护、相序保护			
	使用电源	220V，50Hz	380V，50Hz		

续表

型号			S-50C	S-200	S-520	S-800
			SN50	SN200	SN520	SN800
			SWR50	SWR200	SWR520	SWR800
空调机性能	制冷剂	使用工质	R22			
		注入量,kg	1.8	2×4.2	2×8.4	2×11.2
室内机组	蒸发器	形式	亲水铝箔、内螺纹管、机械胀管			
	送风机	形式	低噪声离心风机			
		风量,m^3/h	1000	4600	10000	16000
		台数×功率,kW	1×0.138	2×0.37	2×1.1	2×1.8
		机外静压,Pa	50	120	250	300
	空气过滤器		锦纶网或铝箔瓦楞网			
	外形尺寸	长,mm	975	1400	1800	2000
		宽,mm	520	760	1000	1100
		高,mm	230	550	990	1300
	重量,kg		23	145	260	350
室外机组	压缩机	形式	旋转式压缩机	涡旋型全封闭压缩机		
		数量	1	2	2	2
	冷凝风机	形式	轴流风机			
		台数×功率,kW	1×0.045	1×0.55	2×0.75	2×1.1
	风冷冷凝器	形式	铝箔、内螺纹管、机械胀管			
	外形尺寸	长,mm	900	910	1820	2150
		宽,mm	300	910	910	1100
		高,mm	680	930	980	1390
	重量,kg		40	190	450	680
室内、室外机连接管	吸气管	尺寸,mm	ϕ12	ϕ19	ϕ25	ϕ35
		数量	1	2	2	2
	供液管	尺寸,mm	ϕ8	ϕ12	ϕ16	ϕ22
		数量	1	2	2	2

6)房间空气调节器

空调器通常工作的环境温度如表7-48所示。

表7-48 空调器工作的环境温度

空调器型式	气候类型		
	T1	T2	T3
冷风型	18~43℃	10~35℃	21~52℃
热泵型	-7~43℃	-7~35℃	-7~52℃
电热型	≤43℃	≤35℃	≤52℃

注:不带除霜装置的热泵型空调器,工作的最低环境温度可为5℃。

额定噪声值(声压级)见表7-49。

表7-49 额定噪声值(声压级)

额定制冷量,kW	室内噪声,dB(A)		室外噪声,dB(A)	
	整体式	分体式	整体式	分体式
<2.5	≤52	≤40	≤57	≤52
2.5~4.5	≤55	≤45	≤60	≤55
>4.5~7.1	≤60	≤52	≤65	≤60
>7.1~14		≤55		≤65

试验工况见表7-50。

表7-50 试验工况

工况条件			室内侧回风状态,℃		室外侧进风状态,℃		水冷式进、出水温,℃②	
			干球温度	湿球温度	干球温度	湿球温度①	进水温度	出水温度
制冷运行	额定制冷	T1	27	19	35	24	30	35
		T2	21	15	27	19	22	27
		T3	29	19	46	24	30	35
	最大运行	T1	32	23	43	26	34	与制冷能力相同的水量
		T2	27	19	35	24	27	
		T3	32	23	52	31	34	
	冻结	T1	21③	15	21	—	—	21④
		T2			10	—		10④
		T3			21	—		21④
	最小运行		21③	15	制造厂推荐的最低温度⑤		10	(或21℃)
	凝露、凝结水排除		27	24	27	24	—	27
制热运行	热泵额定制热⑥	高温	20	15(最大)	7	6		
		低温			2	1		
		超低温			-7	-8		
	最大制热运行		27	—	24	18	—	—
	最小制热运行⑦		20	—	-5	-6	—	—
	自动除霜		20	12	2	1	—	—
	电热额定制热		20	—	—	—	—	—

① 在空调器制冷运行试验中,空气冷却冷凝器没有冷凝水蒸发时,湿球温度条件可不做要求。
② 冷凝器进出水温指用冷却塔供水系统,用其水泵时可按制造商明示进、出水温或水量及进水温度。
③ 21℃或因控制原因在21℃以上的最低温度。
④ 水量按制造厂规定。
⑤ 制造厂未指明时,以21℃为最低温度。
⑥ 制造厂规定适于在低温、超低温工况运行的空调器,应进行低温、超低温工况的试验;若制热量(高温、低温或超低温)试验时发生除霜,则应采用空气焓值法进行制热量试验。
⑦ 如果空调器在超低温条件下进行制热运行试验,其最小运行制热试验可以不做。

7)除湿机的参数见表7-51。

表7-51 除湿机的参数

型号			CFZ-8	CFZ-10	CFZ-15	CFZ-20	CFZ-40	CFZ-60	CFZ-80
电源			3相 380V 50Hz						
除湿量		kg,h	8	10	15	20	40	60	80
压缩机	型式		全封闭活塞式						
	功率	kW	3.8	4.17	6.5	7.02	16.77	25.30	16.77×2
制冷剂			R22						
风机	型式		离心式						
	风量	m^3,h	2800	3000	4500	6000	13000	18000	25000
	功率	kW	0.7	0.7	1.5	1.5	1.5×2	3×2	4.5×2
凝结水出口		Dg	8	8	8	8	10	13	13
噪声		dB(A)	69	69	70	70	73	76	78
机组重量		kg	240	260	400	460	760	1250	1500
外形尺寸	长	mm	1100	1100	1300	1300	1700	1800	2200
	宽		700	700	750	800	1000	1300	1500
	高		1500	1500	1600	1700	1900	1900	2100

8)加湿器的参数及特点见表7-52。

表7-52 加湿器的参数及特点

类别	品种	空气状态变化过程	加湿能力	耗电量	特点
气化式	湿膜气化加湿器	等焓加湿	容量大小可设定	依容量确定	构造简单,耗电量低 加湿量有限,易产生微生物污染
	板面蒸发加湿器	等焓加湿	容量小	依容量确定	运行费用、耗电量低 加湿量小,易产生微生物污染
水喷雾式	高压喷雾加湿器	等焓加湿	6~250kg/h	89W,kg·h	加湿量大,雾粒细时效率高 可能带菌,喷嘴易堵
	超声波加湿器	等焓加湿	1.2~20kg/h	20W,kg·h	体积小,加湿强度大,耗电量小,控制性能好 可能带菌,使用寿命短
	离心式加湿器	等焓加湿	40~50kg/h	50W,kg·h	安装方便,使用寿命长 水滴颗粒大,耗水量大
蒸汽式	电极式加湿器	等温加湿	4~20kg/h	780W,kg·h	加湿迅速、控制方便,无细菌,不带水滴 耗电量大,内部易结垢
	电热式加湿器	等温加湿	容量大小可设定	依容量确定	
	干蒸汽加湿器	等温加湿	6~800kg/h	依容量确定	加湿迅速,不带细菌,运行费低 必须有气源,使用寿命短
	间接式蒸汽加湿器	等温加湿	10~200kg/h	0	加湿迅速,不带细菌,控制性能好 必须有气源
	红外线加湿器	等温加湿	2~20kg/h	依容量确定	装置简单,加湿迅速,不带细菌 耗电量大,使用寿命短,设备贵

8 电 气 五 金

8.1 通用型电线电缆

1. 聚氯乙烯绝缘电线

1）BV、BLV、BVR 型电线的参数见表 8-1。

表 8-1 BV、BLV、BVR 型电线的参数

型号	额定电压（U_0/U），（V/V）	标称截面，mm^2	线芯结构根数，直径，mm	电线参考数据		适用环境温度，℃
				最大外径，mm	20℃时导体电阻，$\Omega\cdot km^{-1}\leqslant$	
BV	300/500	0.5	1/0.80	2.4	36.0	≤70
		0.75（A）	1/0.97	2.6	24.5	
		0.75（B）	7/0.37	2.8	24.5	
		1.0（A）	1/1.13	2.8	18.1	
		1.0（B）	7/0.43	3.0	18.1	
	450/750	1.5（A）	1/1.38	3.3	12.1	
		1.5（B）	7/0.52	3.5	12.1	
		2.5（A）	1/1.78	3.9	7.41	
		2.5（B）	7/0.68	4.2	7.41	
		4（A）	1/2.25	4.4	4.61	
		4（B）	7/0.85	4.8	4.61	
		6（A）	1/2.76	4.9	3.08	
		6（B）	7/1.04	5.4	3.08	
		10	7/1.35	7.0	1.83	
		16	7/1.70	8.0	1.15	
		25	7/2.14	10.0	0.727	
		35	7/2.52	11.5	0.524	
		50	19/1.78	13.0	0.387	
		70	19/2.14	15.0	0.268	
		95	19/2.52	17.5	0.193	
		120	37/2.03	19.0	0.153	
		150	37/2.25	21.0	0.124	
		185	37/2.52	23.5	0.0991	
		240	61/2.25	26.5	0.0754	
		300	61/2.52	29.5	0.0601	
		400	61/2.85	33.0	0.0470	
BLV	450/750	2.5	1/1.78	3.9	11.80	
		4	1/2.25	4.4	7.39	
		6	1/2.76	4.9	4.91	
		10	7/1.35	7.0	3.08	
		16	7/1.70	8.0	1.91	

续表

型号	额定电压 (U_0/U), (V/V)	标称截面, mm²	线芯结构根数, 直径, mm	电线参考数据 最大外径, mm	电线参考数据 20℃时导体电阻, Ω·km⁻¹≤	适用环境温度, ℃
BLV	450/750	25	7/2.14	10.0	1.20	≤70
		35	7/2.52	11.5	0.868	
		50	19/1.78	13.0	0.641	
		70	19/2.14	15.0	0.443	
		95	19/2.52	17.5	0.320	
		120	37/2.03	19.0	0.253	
		150	37/2.25	21.0	0.206	
		185	37/2.52	23.5	0.164	
		240	61/2.25	26.5	0.125	
		300	61/2.52	29.5	0.100	
		400	61/2.85	33.0	0.0778	
BVR	450/750	2.5	19/0.41	4.2	7.41	
		4	19/0.52	4.8	4.61	
		6	19/0.64	5.6	3.08	
		10	49/0.52	7.6	1.83	
		16	49/0.64	8.8	1.15	
		25	98/0.58	11.0	0.727	
		35	133/0.58	12.5	0.524	
		50	133/0.68	14.5	0.387	
		70	189/0.68	16.5	0.268	

注：BV、BLV 分别为铜芯、铝芯聚氯乙烯绝缘电线，BVR 为铜芯聚氯乙烯软电线。

2）BVV 型电线的参数见表 8-2。

表 8-2　BVV 型电线的参数

型号	额定电压 (U_0/U), (V/V)	芯数×标称截面, mm²	线芯结构芯数×根数, 直径, mm	电线参考数据 外径, mm 下限	外径, mm 上限	20℃时导体电阻, Ω·km⁻¹≤	适用环境温度, ℃
BVV	300/500	1×0.75	1×1/0.97	3.6	4.3	24.5	≤70
		1×1.0	1×1/1.13	3.8	4.5	18.1	
		1×1.5(A)	1×1/1.38	4.2	4.9	12.1	
		1×1.5(B)	1×7/0.52	4.3	5.2	12.1	
		1×2.5(A)	1×1/1.78	4.8	5.8	7.41	
		1×2.5(B)	1×7/0.68	4.9	6.0	7.41	
		1×4(A)	1×1/2.25	5.4	6.4	4.61	
		1×4(B)	1×7/0.85	5.4	6.8	4.61	
		1×6(A)	1×1/2.76	5.8	7.0	3.08	
		1×6(B)	1×7/1.04	6.0	7.4	3.08	
		1×10	1×7/1.35	7.2	8.8	1.83	
		2×1.5(A)	2×1/1.38	8.4	9.8	12.1	
		2×1.5(B)	2×7/0.62	8.6	10.5	12.1	
		2×2.5(A)	2×1/1.78	9.6	11.5	7.41	
		2×2.5(B)	2×7/0.68	0.8	12.0	7.41	
		2×4(A)	2×1/2.25	10.5	12.5	4.61	
		2×4(B)	2×7/0.85	10.5	13.0	4.61	
		2×6(A)	2×1/2.76	11.5	13.5	3.08	
		2×6(B)	2×7/1.04	11.5	14.5	2.08	
		2×10	2×7/1.35	15.0	18.0	1.83	

续表

型号	额定电压 (U_0/U),(V/V)	芯数×标称截面,mm^2	线芯结构芯数×根数,直径,mm	电线参考数据			适用环境温度,℃
				外径,mm		20℃时导体电阻,$\Omega \cdot km^{-1} \leqslant$	
				下限	上限		
BVV	300/500	3×1.5(A)	3×1/1.38	8.8	10.5	12.1	≤70
		3×1.5(B)	3×7/0.52	9.0	11.0	12.1	
		3×2.5(A)	3×1/1.78	10.0	12.0	7.41	
		3×2.5(B)	3×7/0.68	10.0	12.5	7.41	
		3×4(A)	3×1/2.25	11.0	13.0	4.61	
		3×4(B)	3×7/0.85	11.0	14.0	4.61	
		3×6(A)	3×1/2.76	12.5	14.5	3.08	
		3×6(B)	3×7/1.04	12.5	15.5	3.08	
		3×10	3×7/1.35	15.5	19.0	1.83	
		4×1.5(A)	4×1/1.38	9.6	11.5	12.1	
		4×1.5(B)	4×7/0.52	9.6	12.0	12.1	
		4×2.5(A)	4×1/1.78	11.0	13.0	7.41	
		4×2.5(B)	4×7/0.68	11.0	13.5	7.41	
		4×4(A)	4×1/2.25	12.5	14.5	4.61	
		4×4(B)	4×7/0.85	12.5	15.5	4.61	
		4×6(A)	4×1/2.76	14.0	16.0	3.03	
		4×6(B)	4×7/1.04	14.0	17.5	3.08	
		5×1.5(A)	5×1/1.38	10.0	12.0	12.1	
		5×1.5(B)	5×7/0.52	10.5	12.5	12.1	
		5×2.5(A)	5×1/1.78	11.5	14.0	7.41	
		5×2.5(B)	5×7/0.48	12.8	14.5	7.41	
		5×4(A)	5×1/2.25	13.5	16.0	4.61	
		5×4(B)	5×7/0.85	14.0	17.0	4.61	
		5×6(A)	5×1/2.76	15.0	17.5	3.08	
		5×6(B)	5×7/1.04	15.5	18.5	3.08	

注：BVV 为铜芯聚氯乙烯绝缘聚氯乙烯护套圆型电线。

3）BLVV 型电线的参数见表 8-3。

表 8-3　BLVV 型电线的参数

型号	额定电压 (U_0/U),(V/V)	标称截面,mm^2	线芯结构模数,直径,mm	电线参考数据			适用环境温度,℃
				外径,mm		20℃时导体电阻,$\Omega \cdot km^{-1} \leqslant$	
				下限	上限		
BLVV	300/500	2.5	1/1.78	4.8	5.8	11.8	≤
		4	1/2.25	5.4	6.4	7.39	
		6	1/2.76	5.8	7.0	4.91	
		10	7/1.35	7.2	8.8	3.08	

注：BLVV 为铝芯聚氯乙烯绝缘聚氯乙烯护套圆型电线。

4）BVVB、BLVVB 型电线的参数见表 8-4。

表 8-4 BVVB、BLVVB 型电线的参数

型号	额定电压 (U_0/U)，(V/V)	芯数×标称截面，mm^2	线芯结构 芯数×根数，直径，mm	电线参考数据			适用环境温度，℃
				外径，mm		20℃时导体电阻，$\Omega \cdot km^{-1} \leqslant$	
				下限	上限		
BVVB	300/500	2×0.75	2×1/0.97	3.8×5.8	4.6×7.0	24.8	≤70
		2×1.0	2×1/1.13	4.0×6.2	4.8×7.4	18.1	
		2×1.5	2×1/1.38	4.4×7.0	5.4×8.4	12.1	
		2×2.5	2×1/1.78	5.2×8.4	6.2×9.8	7.41	
		2×4	2×7/0.85	5.6×9.6	7.2×11.5	4.61	
		2×6	2×7/1.04	6.4×10.5	8.0×13.0	3.08	
		2×10	2×7/1.35	7.8×13.0	9.6×16.0	1.83	
		3×0.75	3×1/0.97	3.8×8.0	4.6×9.4	24.50	
		3×1.0	3×1/1.13	4.0×8.4	4.8×9.8	18.10	
		3×1.5	3×1/1.38	4.4×9.8	5.4×11.5	12.10	
		3×2.5	3×1/1.78	5.2×11.5	6.2×13.5	7.41	
		3×4	3×7/0.85	5.8×13.5	7.4×16.5	4.61	
		3×6	3×7/1.04	6.4×15.0	8.0×18.0	3.08	
		3×10	3×7/1.35	7.8×19.0	9.6×22.5	1.83	
BLVVB	300/500	2×2.5	2×1/1.78	5.2×8.4	6.2×9.8	11.8	
		2×4	2×1/2.25	5.6×9.4	6.8×11.0	7.39	
		2×6	2×1/2.76	6.2×10.5	7.4×12.0	4.91	
		2×10	2×7/1.35	7.8×13.0	9.6×16.0	3.08	
		3×2.5	3×1/1.78	5.2×11.5	6.2×13.5	11.8	
		3×4	3×1/2.25	5.8×13.0	7.0×15.0	7.39	
		3×6	3×1/2.76	6.2×14.5	7.4×17.0	4.91	
		3×10	3×7/1.35	7.8×19.0	9.6×22.5	3.08	

注：BVVB、BLVVB 分别为铜芯、铝芯聚氯乙烯绝缘、聚氯乙烯护套平型电线。

5）BV-105 型电线的参数见表 8-5。

表 8-5 BV-105 型电线的参数

型号	额定电压 (U_0/U)，(V/V)	标称截面，mm^2	线芯结构根数，直径，mm	电线参考数据		适用环境温度，℃
				最大外径，mm	20℃时导体电阻，$\Omega \cdot km^{-1} \leqslant$	
BV-105	450/750	0.5	1/0.80	2.7	36	≤105
		0.75	1/0.97	2.8	24.5	
		1.0	1/1.13	3.0	18.1	
		1.5	1/1.38	3.3	12.1	
		2.5	1/1.78	3.9	7.41	
		4	1/2.25	4.4	4.60	
		6	1/2.76	4.9	3.08	

注：BV-105 为铜芯耐热 105℃ 聚氯乙烯绝缘电线。

2. 聚氯乙烯绝缘软电线

1）RV 型软电线的参数见表 8-6。

表 8-6 RV 型软电线的参数

型号	额定电压 (U_0/U)，(V/V)	标称截面，mm^2	线芯结构根数，直径，mm	电线参考数据		适用环境温度，℃
				最大外径，mm	20℃时导体电阻，$\Omega\cdot km^{-1}\leqslant$	
RV	300/500	0.3	16/0.15	2.3	69.2	≤70
		0.4	23/0.15	2.5	48.2	
		0.5	16/0.2	2.6	39.0	
		0.75	24/0.2	2.8	26.0	
		1.0	32/0.2	3.0	19.5	
RV	450/750	1.5	30/0.25	3.5	13.3	
		2.5	49/0.25	4.2	7.98	
		4	56/0.30	4.8	4.95	
		6	84/0.30	6.4	3.30	
		10	84/0.40	8.0	1.91	

注：RV 为铜芯聚氯乙烯绝缘连接软电线。

2）RVB、RVS、RVV、RVVB、RV-105 型软电线的参数见表 8-7。

表 8-7 RVB、RVS、RVV、RVVB、RV-105 型软电线的参数

型号	额定电压 (U_0/U)，(V/V)	芯数×标称截面，mm^2	线芯结构芯数×根数，直径，mm	电线参考数据			适用环境温度，℃
				外径，mm		20℃时导体电阻，$\Omega\cdot km^{-1}\leqslant$	
				下限	上限		
RVB	300/300	2×0.3	2×16/0.15	1.8×3.6	2 3×4.3	69.2	≤70
		2×0.4	2×23/0.15	1.9×3.9	2 5×4.6	48.2	
		2×0.5	2×28/0.15	2.4×4.8	3 0×5.8	39.0	
		2×0.75	2×42/0.15	2.6×5.2	3 2×6.2	26.0	
		2×1.0	2×32/0.20	2.8×5.6	3 4×6.6	19.5	
RVS	300/300	2×0.3	2×16/0.15	3.6	4.3	69.2	
		2×0.4	2×23/0.15	3.9	4.6	48.2	
		2×0.5	2×28/0.15	4.8	5.8	39.0	
		2×0.75	2×42/0.15	5.2	6.2	26.0	
RVV	300/300	20.5	2×16/0.2	4.8	6.2	39	
		2×0.75	2×24/0.2	5.2	6.6	26	
		3×0.5	3×16/0.2	5.0	6.6	39	
		3×0.75	3×24/0.2	5.6	7.0	26	
RVV	300/500	2×0.75	2×24/0.2	6.0	7.6	26	
		2×1.0	2×32/0.2	6.4	7.8	19.5	
		2×1.5	2×30/0.25	7.2	8.8	13.3	
		2×2.5	2×49/0.25	8.8	11.0	7.98	
		3×0.75	3×24/0.2	6.4	8.0	26.0	
		3×1.0	3×32/0.2	6.8	8.4	19.5	
		3×1.5	3×30/0.25	7.8	9.6	13.3	
		3×2.5	3×49/0.25	9.6	11.5	7.98	
		4×0.75	4×24/0.2	7.0	8.6	26.0	
		4×1.0	4×32/0.2	7.6	9.2	19.5	
		4×1.5	4×30/0.25	8.8	11.0	13.3	
		4×2.5	4×49/0.25	10.5	12.5	7.98	
		5×0.75	5×24/0.2	7.8	9.4	26	
		5×1.0	5×32/0.2	8.2	11.0	19.5	
		5×1.5	5×30/0.25	9.8	12.0	13.3	
		5×2.5	5×49/0.25	11.5	14.0	7.98	

续表

型号	额定电压（U_0/U），（V/V）	芯数×标称截面，mm^2	线芯结构芯数×根数，直径，mm	电线参考数据			适用环境温度，℃
				外径，mm		20℃时导体电阻，$\Omega\cdot km^{-1}\leqslant$	
				下限	上限		
RVVB	300/300	2×0.5	2×16/0.2	3.0×4.8	3.8×6.0	39	≤70
		2×0.75	2×24/0.2	3.2×5.2	3.9×6.4	26	
	300/500	2×0.75	2×24/0.2	3.8×6.0	5.0×7.6	26	
RV-105	450/750	0.5	16/0.2	2.8		39.0	≤105
		0.75	24/0.2	3.0		26.0	
		1.0	32/0.2	3.2		19.5	
		1.5	30/0.25	3.5		13.3	
		2.5	49/0.25	4.2		7.98	
		4	56/0.30	4.8		4.95	
		6	84/0.30	6.4		3.30	

注：RVB、RVS分别表示铜芯聚氯乙烯绝缘平型、绞型连接软电线；RVV、RVVB分别表示铜芯聚氯乙烯绝缘聚氯乙烯护套圆型、平型连接软电线；RV-105表示铜芯耐热105℃聚氯乙烯绝缘连接软电线。

3. 橡皮绝缘固定敷设电线（表8-8）。

表8-8　橡皮绝缘固定敷设电线的参数

型号	额定电压（U_0/U），（V/V）	导体标称截面，mm^2	导电线芯根数，单线标称直径，mm	绝缘与护套厚度之和标称值，mm	绝缘最薄点厚度，mm≥	护套最薄点厚度，mm≥	平均外径上限，mm	20℃时导体电阻，$\Omega\cdot km^{-1}\leqslant$			适用环境温度，℃
								铜芯	镀锡铜芯	铝芯	
BXW BLXW BXY BLXY	300/500	0.75	1/0.97	1.0	0.4	0.2	3.9	24.5	24.7		≤65
		1.0	1/1.13	1.0	0.4	0.2	4.1	18.1	18.2		
		1.5	1/1.38	1.0	0.4	0.2	4.4	12.1	12.2		
		2.5	1/1.78	1.0	0.6	0.2	5.0	7.41	7.56	11.8	
		4	1/2.25	1.0	0.6	0.2	5.6	4.61	4.70	7.39	
		6	1/2.76	1.2	0.6	0.25	6.8	3.08	3.11	4.91	
		10	7/1.35	1.2	0.75	0.25	8.3	1.83	1.84	3.08	
		16	7/1.70	1.4	0.75	0.25	10.1	1.15	1.16	1.91	
		25	7/2.14	1.4	0.9	0.30	11.8	0.727	0.734	1.20	
		35	7/2.52	1.6	0.9	0.30	13.8	0.524	0.529	0.868	
		50	19/1.78	1.6	1.0	0.30	15.4	0.387	0.391	0.641	
		70	19/2.14	1.8	1.0	0.35	18.2	0.263	0.270	0.443	
		95	19/2.52	1.8	1.1	0.35	20.6	0.193	0.195	0.320	
		120	37/2.03	2.0	1.2	0.40	23.0	0.153	0.154	0.253	
		150	37/2.25	2.0	1.3	0.40	25.0	0.124	0.126	0.206	
		185	37/2.52	2.2	1.3	0.40	27.9	0.0991	0.100	0.164	
		240	61/2.25	2.4	1.4	0.40	31.4	0.0754	0.0762	0.125	

注：BXW、BLXW分别表求铜芯、铝芯橡皮绝缘氯丁护套电线；BXY、BLXY分别表示铜芯、铝芯橡皮绝缘黑色聚乙烯护套电线。

4. 通用橡套软电缆的参数(表 8-9)

表 8-9 通用橡套软电缆的参数

型号	额定电压 (U_0/U), (V/V)	标称截面, mm^2	线芯结构根数, (直径/mm)	20℃时导体电阻, (Ω/km) ≤	电缆外径, mm					
					单芯	2 芯	3 芯	(3+1)芯	4 芯	5 芯
YQ YQW	300/300	0.3	16/0.15	66.3		6.6	7			
		0.5	28/0.15	37.8		7.2	7.6			
		0.75	42/0.15	25		7.8	8.7			
YZ YZW	450/750	0.5	28/0.15	37.5		8.3	8.7			
		0.75	42/0.15	24.8		8.8	9.3		9.3	10.7
		1	32/0.2	18.3		9.1	9.6		9.7	11
		1.5	48/0.2	12.2		9.7	10.7	12	12	13
		2	64/0.2	9.14		10.9	11.5			
		2.5	77/0.2	7.59		13.2	14	14	13.5	15
		4	77/0.26	4.49		15.2	16	16	16	17.5
		6	77/0.32	2.97		16.7	18.1	19.5	19.5	22
YC YCW	450/750	1.5			7.2	11.5	12.5		13.5	15
		2.5	49/0.26	6.92	8	13.5	14.5	15.5	15.5	17
		4	49/0.32	4.57	9	15	16	17.5	18	19.5
		6	49/0.39	3.07	11	18.5	20	21	22	24.5
		10	84/0.39	1.8	13	24	25.5	26.5	28	31
		16	84/0.49	1.14	14.5	27.5	29.5	30.5	32	35.5
		25	113/0.49	0.718	16.5	31.5	34	35.5	37.5	41.5
		35	113/0.58	0.512	18.5	35.5	38	38.5	42	
		50	113/0.68	0.373	21	41	43.5	46	48.5	
		70	189/0.68	0.262	24	46	49.5	51	55	
		95	250/0.68	0.191	26	50.5	54	55	60.5	
		120	259/0.76	0.153	28.6		59	59	65.5	
		150	756/0.5	0.129	32		66.5	66	74	
		185	925/0.5	0.106	34.5					
		240	1221/0.5	0.0801	38					
		300	1525/0.5	0.0641	41.5					
		400	2013/0.5	0.0486	46.5					

注:YQ、YQW 表示轻型橡套软电缆;YZ、YZW 表示中型橡套软电缆;YC、YCW 表示重型橡套软电缆。

5. 通信电线电缆

(1) 市内电话电缆

1) HQ03 型铅套聚乙烯套市内电话电缆的参数见表 8-10。

表 8-10 HQ03 型铅套聚乙烯套市内电话电缆的参数

标称对数	电缆外径，mm				
	0.4	0.5	0.6	0.7	0.9
5	12.7	12.6	13.2	14.1	15.3
10	13.5	13.5	15.0	16.5	19.1
15	14.4	14.7	16.7	17.9	21.4
20	15.5	15.7	17.4	19.7	22.7
25	16.2	16.9	19.9	21.6	25.7
30	16.7	17.4	20.4	22.1	26.2
50	19.7	21.1	23.9	26.1	32.0
80	22.5	24.3	27.9	30.6	38.8
100	23.5	25.9	30.2	33.6	42.9
150	27.7	29.5	35.9	40.6	51.5
200	30.2	33.9	39.1	45.0	56.6
300	33.8	39.1	47.5	53.2	68.3
400	38.8	45.1	53.1	60.8	76.1
500	42.3	48.8	58.7	67.7	
600	46.5	52.2	64.0	72.9	
700	50.0	56.0	68.2		
800	52.2	58.7	72.4		
900	55.1	62.7			
1000	57.4	65.3			
1200	62.7	70.6			
1800	75.6				

2) HQ 型裸铅套市内电话电缆的参数见表 8-11。

表 8-11 HQ 型裸铅套市内电话电缆的参数

标称对数	电缆外径，mm				
	0.4	0.5	0.6	0.7	0.9
5	7.3	7.2	7.8	8.9	10.1
10	8.1	8.1	9.8	11.4	13.0
15	9.2	9.5	11.6	12.8	14.3
20	10.3	10.5	12.3	13.6	16.8
25	11.1	11.8	13.8	15.5	19.7
30	11.6	12.3	14.3	16.2	20.2
50	13.6	15.0	18.0	20.1	26.2
80	16.6	18.4	21.9	24.6	32.1
100	17.6	19.9	24.4	27.8	36.2
150	21.7	23.7	29.1	33.9	43.8
200	24.4	27.1	32.4	38.3	48.9
300	28.0	32.4	39.8	45.5	59.7
400	32.1	37.4	45.4	53.0	67.5
500	35.6	41.1	51.0	59.1	
600	38.8	44.9	55.2	64.3	
700	41.9	48.3	59.6		
800	44.5	51.2	63.9		
900	47.4	53.9			
1000	49.7	56.7			
1200	53.9	62.0			
1800	67.0				

3)HYQ 型聚乙烯绝缘裸铅套市内电话电缆的参数见表 8-12。

表 8-12 HYQ 型聚乙烯绝缘裸铅套市内电话电缆的参数

标称对数	电缆外径,mm			
	0.4	0.5	0.6	0.7
5	7.9	8.9	9.8	11.0
10	9.4	10.9	12.1	13.3
15	10.9	12.3	13.8	15.3
20	11.9	13.4	15.2	17.1
25	12.7	14.5	16.6	18.5
30	13.9	16.1	18.3	20.7
50	16.8	19.5	22.3	25.3
80	20.3	23.7	27.5	31.4
100	21.3	24.8	28.9	33.0
150	26.2	31.0	36.1	41.5
200	30.0	35.2	41.4	47.3
300	34.3	40.0	47.5	54.4
400	38.9	45.0	53.9	62.4

4)HYV 型铜芯全塑聚乙烯绝缘聚氯乙烯护套市内电话电缆的参数见表 8-13。

表 8-13 HYV 型铜芯全塑聚乙烯绝缘聚氯乙烯护套市内电话电缆的参数

标称对数	电缆外径,mm		
	0.5	0.6	0.7
5	9.0	10.0	11.0
10	11.0	12.0	13.0
15	12.0	14.0	15.0
20	13.0	15.0	17.0
25	14.0	16.0	18.0
30	15.0	17.0	20.0
40	17.0	20.0	23.0
50	19.0	22.0	25.0
80	23.0	27.0	31.0
100	25.0	29.0	34.0
150	31.0	35.0	40.0
200	35.0	40.0	45.0
300	41.0	48.0	55.0
400	47.0	55.0	

(2)HPVV 型配线电缆的参数见表 8-14。

表 8-14 HPVV 型配线电缆的参数

对　　数	规　　格	近似外径,mm	概算重量,kg/km
5	5×2×0.5	8.3	83.4
10	10×2×0.5	10.7	127.8
15	15×2×0.5	13.0	195.1
20	20×2×0.5	13.5	226.0
25	25×2×0.5	15.8	275.1
30	30×2×0.5	16.1	308.2
40	40×2×0.5	17.5	373.7
50	50×2×0.5	19.7	457.0
80	80×2×0.5	24.4	712.4

续表

对　数	规　格	近似外径,mm	概算重量,(kg/km)
100	100×2×0.5	27.3	867.2
150	150×2×0.5	30.0	118.0
200	200×2×0.5	33.0	151.0
300	300×2×0.5	39.0	214.0

(3)局用电缆的参数见表8-15。

表8-15　局用电缆的参数

品种	芯数	绞合方式	近似外径,mm	概算重量,(kg/km)
HJVV型无屏蔽局用电缆	12	6×2×0.5	7	60
	15	5×3×0.5	8	70
	22	11×2×0.5	9	90
	24	12×2×0.5	9	100
	33	11×3×0.5	11	150
	42	21×2×0.5	12	170
	44	11×4×0.5	13	180
	48	16×3×0.5	13	200
	50	25×2×0.5	13	200
	63	21×3×0.5	15	250
	78	26×3×0.5	16	300
	84	42×2×0.5	16	310
	93	31×3×0.5	17	340
	104	52×2×0.5	17	370
	105	21×3×0.5+21×2×0.5	18	380
HJVVP型有屏蔽局用电缆	12	6×2×0.5	8	70
	15	5×3×0.5	9	90
	22	11×2×0.5	10	110
	24	12×2×0.5	11	130
	33	11×3×0.5	12	170
	42	21×2×0.5	13	200
	44	11×4×0.5	14	210
	48	16×3×0.5	14	220
	50	25×3×0.5	14	230
	63	21×3×0.5	15	280
	78	26×3×0.5	17	330
	84	42×2×0.5	17	340
	93	31×3×0.5	18	380
	104	52×2×0.5	18	410
	105	21×3×0.5+21×2×0.5	20	450

(4)HBV、HPV型铜芯聚氯乙烯绝缘通信线的参数见表8-16。

表8-16　HBV、HPV型铜芯聚氯乙烯绝缘通信线的参数

型　号	芯数×线径	排列方式	绝缘厚度,mm	外形尺寸,mm
HPV	2×0.5	平行	1.0	2.71×5.42
HBV	2×0.8	平行	1.0	2.8×5.6
	2×1.0		1.2	3.4×6.8
	2×1.2		1.4	4.0×8.0
	4×1.2	星绞		8.7

(5)橡皮绝缘电话软线的参数见表8-17。

表8-17 橡皮绝缘电话软线的参数

型号	绝缘厚度,mm	护套厚度,mm	最大外径,mm			
			二芯	三芯	四芯	五芯
HR	0.35	—	5.8	6.1	6.7	7.4
HRH	0.35	1.0	7.4	7.8	8.3	—
HRE	0.35	—	5.8	—	6.7	—
HRJ	0.35	—	5.8	6.1	—	—

注:HR为橡皮绝缘纤维编织电话软线;HRH为橡皮绝缘橡皮护套电话软线;HRE为橡皮绝缘纤维编织耳机软线;HRJ为橡皮绝缘纤维编织交换机插塞软线。

(6)聚氯乙烯绝缘电话软线的参数见表8-18。

表8-18 聚氯乙烯绝缘电话软线的参数

型号	绝缘厚度,mm	软线外径,mm				
		二芯		三芯	四芯	五芯
		圆形	扁形			
HRV	0.25	4.3	—	4.5	5.1	—
HRVB	0.25	—	3.0×4.3	—	—	—
HRVT	0.25	—	—	4.5	5.1	5.6

注:HRV为聚氯乙烯绝缘及护套电话软线;HRVB为聚氯乙烯绝缘及护套扁形电话软线;HRVT为聚氯乙烯绝缘及护套弹簧形电话软线。

8.2 照明装置与装饰灯具

1. 电光源

1)荧光灯管的外形及参数见表8-19。

表8-19 荧光灯管的外形及参数

型号	功率,W	显色性,*Ra*	色温,K	光通,lm	长度*L*,mm	直径*D*,mm
TLD18W/927	18	95	2700	950	604	26
TLD18W/930	18	95	3000	1000	604	26
TLD18W/940	18	95	4000	1000	604	26
TLD18W/950	18	98	5000	1000	604	26
TLD18W/965	18	96	6500		604	26

续表

型　号	功率,W	显色性,*Ra*	色温,K	光通,lm	长度 *L*,mm	直径 *D*,mm
TLD36W/927	36	95	2700	2300	1213.6	26
TLD36W/930	36	95	3000	2350	1213.6	26
TLD36W/940	36	95	4000	2350	1213.6	26
TLD36W/950	36	98	5000	2350	1213.6	26
TLD36W/965	36	96	6500	2300	1213.6	26
TLD58W/927	58	95	2700	3600	1514.2	26
TLD58W/930	58	95	3000	3700	1514.2	26
TLD58W/940	58	95	4000	3700	1514.2	26
TLD58W/950	58	98	5000	3700	1514.2	26
TLD58W/965	58	96	6500	3700	1514.2	26

2)环形荧光灯管的外形及参数见表8-20。

表8-20　环形荧光灯管的外形及参数

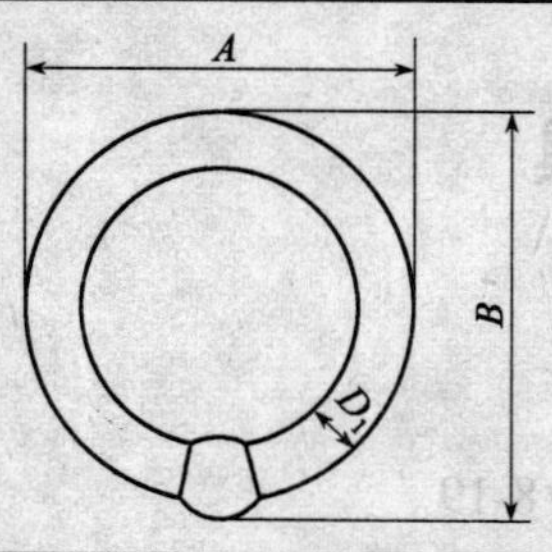

型　号	功率,W	电压,V	光通,lm	发光颜色	最大外形尺寸,mm		
					A	*B*	D_1
YH20RR YH20RL YH20RN	20	61	890 1005 1005	日光色 冷白色 暖白色	—	151	36
YH30RR YH30RL YH30RN	30	81	1560 1835 1835	日光色 冷白色 暖白色	—	247	33
YH40RR YH40RL YH40RN	40	110	2225 2560 2580	日光色 冷白色 暖白色	247.7	247.7	34.1

3)节能灯的外形及参数见表8-21。

表 8-21 节能灯的外形及参数

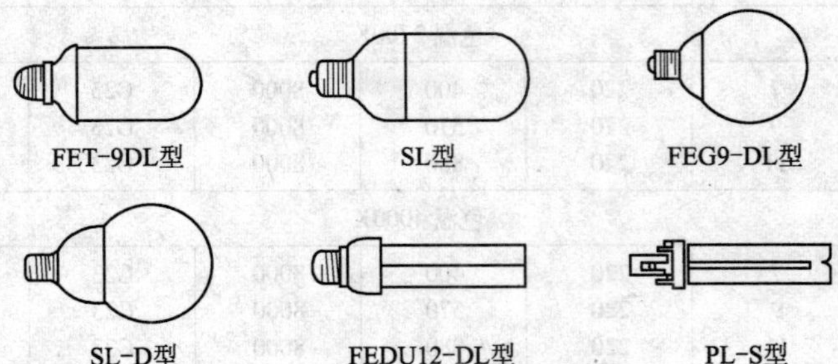

灯泡型号	功率,W	电源电压,V	光通量,lm	平均寿命,h	灯头型号	直径,mm	全长,mm
日光色(色温 6500K)							
FET9-DL	9	220	360	4000	E27	67	132
晶莹透明圆筒型,暖白色(色温 2700K)							
SL-P9W	9	220	400	8000	E27	64.4	155
SL-P13W	13	220	600	8000	E27	64.4	165
SL-P18W	18	220	900	8000	E27	64.4	175
SL-P25W	25	220	1200	8000	E27	64.4	185
晶莹透明圆筒型,日光色(色温 5000K)							
SL-P9W	9	220	375	8000	E27	64.4	155
SL-P13W	13	220	575	8000	E27	64.4	165
SL-P18W	18	220	850	8000	E27	64.4	175
SL-P25W	25	220	1100	8000	E27	64.4	185
晶莹透明圆筒型,冷日光色(色温 6500K)							
SL-P9W	9	220	350	8000	E27	64.4	155
SL-P13W	13	220	550	8000	E27	64.4	165
SL-P18W	18	220	800	8000	E27	64.4	175
SL-P25W	25	220	1050	8000	E27	64.4	185
乳白色圆筒型,暖白色(色温 2700K)							
SL-C9W	9	220	350	8000	E27	64.4	155
SL-C13W	13	220	550	8000	E27	64.4	165
SL-C18W	18	220	900	8000	E27	64.4	175
SL-C25W	25	220	1200	8000	E27	64.4	185
乳白色圆筒型,日光色(色温 5000K)							
SL-C9W	9	220	325	8000	E27	64.4	155
SL-C13W	13	220	525	8000	E27	64.4	165
SL-C18W	18	220	750	8000	E27	64.4	175
SL-C25W	25	220	1000	8000	E27	64.4	185
日光色(色温 6500K)							
FEG9-DL	9	220	360	4000	E27	87	132
冷日光色(色温 6500K)							
SL-D18W	18	220	800	8000	E27	115.7	175.3
日光色(色温 6500K)							
FEDU12-DL	12	220	600	5000	E27	48	170

续表

灯泡型号	功率,W	电源电压,V	光通量,lm	平均寿命,h	灯头型号	直径,mm	全长,mm
色温 2700K							
PL-S7W/82	7	220	400	8000	G23	28	135
PL-S9W/82	9	220	570	8000	G23	28	167
PL-S11W/82	11	220	880	8000	G23	28	236
色温 4000K							
PL-S7W/84	7	220	400	8000	G23	28	135
PL-S9W/84	9	220	570	8000	G23	28	167
PL-S11W/84	11	220	880	8000	G23	28	236
色温 5000K							
PL-S7W/85	7	220	400	8000	G23	28	135
PL-S9W/85	9	220	570	8000	G23	28	167
PL-S11W/85	11	220	880	8000	G23	28	236

4)高压钠灯的外形及参数见表 8-22。

表 8-22 高压钠灯的外形及参数

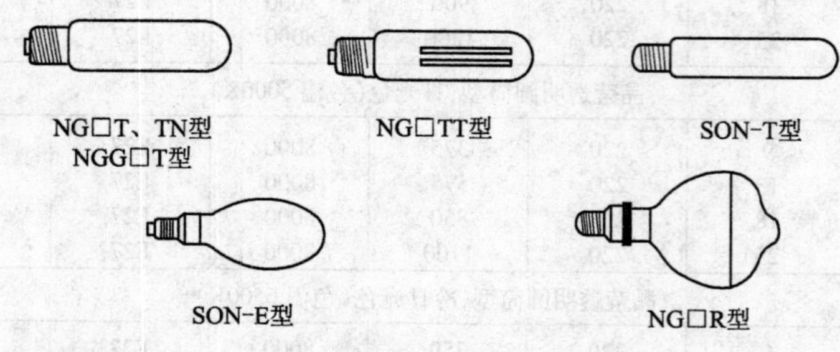

灯泡型号	功率,W	电源电压,V	光通量,lm	平均寿命,h	灯头型号	直径,mm	全长,mm
NG35T	35	220	2250	16000	E27	39	155
NG50T	50	220	3600	18000	E27	39	155
NG70T	70	220	6000	18000	E27	39	155
NG100T1	100	220	8500	18000	E27	39	180
NG100T2	100	220	8500	18000	E40	49	210
NG110T	110	220	10000	16000	E27	39	180
NG150T1	150	220	16000	18000	E40	49	210
NG150T2	150	220	16000	18000	E27	39	180
NG215T	215	220	23000	16000	E40	49	259
NG250T	250	220	28000	18000	E40	49	259
NG360T	360	220	40000	16000	E40	49	287
NG400T	400	220	48000	18000	E40	49	287
NG1000T1	1000	220	130000	18000	E40	67	385
NG1000T2	1000	380	120000	16000	E40	67	385
NG100TN	100	220	6800	12000	E27	39	180
NG110TN	110	220	8000	12000	E27	39	180
NG150TN	150	220	12800	20000	E27	39	180
NG215TN	215	220	19200	20000	E40	49	252
NG250TN	250	220	23300	20000	E40	49	252
NG360TN	360	220	32600	20000	E40	49	280
NG400TN	400	220	39200	20000	E40	49	280
NG1000TN	1000	220	96200	20000	E40	62	375

续表

灯泡型号	功率,W	电源电压,V	光通量,lm	平均寿命,h	灯头型号	直径,mm	全长,mm
NGG150T	150	220	12250	12000	E40	49	211
NGG250T	250	220	21000	12000	E40	49	259
NGG400T	400	220	35000	12000	E40	49	287
NG70TT	70	220	5880	32000	E40	47	205
NG100TT	100	220	8300	32000	E40	47	205
NG110TT	110	220	9800	32000	E40	47	205
NG150TT	150	220	15600	48000	E40	47	205
NG215TT	215	220	21800	32000	E40	47	252
NG250TT	250	220	26600	48000	E40	47	252
NG360TT	360	220	38000	32000	E40	47	280
NG400TT	400	220	45600	48000	E40	47	280
NG70R	70	220	4900	9000	E27	125	180
NG100R	100	220	7000	9000	E27	125	180
NG110R	110	220	8000	9000	E27	125	180
NG150R	150	220	12000	16000	E40	180	292
NG215R	215	220	2000	16000	E40	180	292
NG250R	250	220	23000	16000	E40	180	292
SON-T50	50	220	3600	—	E27	38	156
SON-T70	70	220	6000	—	E27	38	156
SON-T150	150	220	16000	—	E40	48	211
SON-T250	250	220	28000	—	E40	48	257
SON-T400	400	220	48000	—	E40	48	283
SON-T1000	1000	220	130000	—	E40	67	390
SON-T100PLUS	100	220	10500	—	E40	48	211
SON-E50	50	220	3500	—	E27	71	156
SON-E70	70	220	5600	—	E27	71	156
SON-E150	150	220	14500	—	E40	91	226
SON-E250	250	220	27000	—	E40	91	226
SON-E400	400	220	48000	—	E40	122	290
SON-E1000	1000	220	130000	—	E40	166	400
SON-E100PLUS	100	220	1000	—	E40	76	186

2. 装饰灯具

1)吊灯的外形及参数见表 8-23。

表 8-23 吊灯的外形及参数

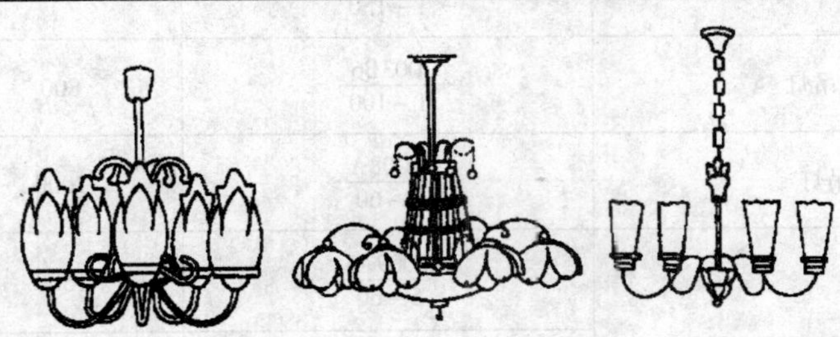

品名	产品编号	规格,mm	
		高度	直径
五叉玉柱罩吊灯	JDD73-5	760	720

续表

品名	产品编号	规格,mm	
		高度	直径
八叉水晶棒直筒吊灯	JDD83-8	975	900
七叉松花罩吊灯	JDD87-7	970	940
四叉金棒纱罩吊灯	JDD423-4	660	800
三叉石榴罩吊灯	JDD145-3	610	885
五叉石榴罩吊灯	JDD145-5	610	885
三叉绣球罩吊灯	JDD147-3	500	520
五叉绣球罩吊灯	JDD147-5	500	615
三叉飞云吊灯	JDD146-3	500	550
直筒罩吊灯	JDD57	800	90
直筒纱罩吊灯	JDD154	800	340
三叉蜡烛吊灯	JDD106	650	340
七叉反射吊灯	JDD197-6	300	570
七叉茶色罩吊灯	JDD72-2	950	925
十二叉皇冠吊灯	JDD133-12	1100	1800
吊链灯明月罩	D01A7/1-150	240	350
吊链灯花篮罩	D01B7/1-150	240	355
吊链灯飞鸽罩	D01C7/1-150	245	355
吊链灯五星罩	D01D7/1-150	220	360
吊链灯水晶罩	D01E7/1-150	174	360
透明波型吊灯	D03B6/1-100	800	300
橄榄罩吊灯	9D08A/9-60	1000	840
玉兰花吊灯	5D09A6/5-60	1500	520
	7D09A6/7-60	2000	690
	9D09A6/9-60	2000	800

2）壁灯的外形及参数见表 8-24。

表 8-24　壁灯的外形及参数

双头长杯壁灯

玉柱壁灯

亭式壁灯

单手壁灯

双头切口球壁灯

品　　名	产品编号	规格，mm		
		宽度	高度	距墙距离
挂片壁灯（双叉）	JXB97-2	484	340	242
单节摇臂壁灯（双叉）	JXB515-2	100	320	370
摇臂床头壁灯（单叉）	JXB308-A	560	300	560
摇臂床头壁灯（全铜）（单叉）	JXB308-B	460	300	460
水晶棒直筒壁灯（单叉）	JXB113-1	180	460	245
水晶棒直筒壁灯（双叉）	JXB113-2	455	460	275
单管壁灯	JXB4-1	73	335	103
双管壁灯	JXB4-2	154	335	103
玉柱罩壁灯（单叉）	JXB98-1	175	220	278
玉柱罩壁灯（双叉）	JXB98-2	440	220	245
单联闪光壁灯	JXB340-1	125	250	190
管状壁灯（单节）	JXB302-1	400	95	170
管状镜前灯	JXB312	1200	80	120
圆球床头灯	JXB135	140	140	180
走道壁灯	JXB304	100	125	55
喜庆艺术摇臂壁灯（单叉）	JXB439-1	400	370	520
喜庆艺术壁灯（双叉）	JXB439-2	400	370	210
双叉金棒纱罩壁灯	JXB307	595	270	245

3)投光灯的外形及参数见表 8-25。

表 8-25 投光灯的外形及参数

品 名	产品编号	光 源	外形及安装尺寸,mm		
			高度	长度	宽度
714 投光灯	TBB714 1/300	JG 220—300	451	336	346
	TBB714 1/500	JG 220—500	660	441	475
	TBB714 1/1000	JG 220—1000	600	503	505
715 高汞投光灯	TKG715 1/400	GFY—400	366	455	265
716 高汞投光灯	TBG716 1/400	GFY—400	370	373	ϕ220
717 金属卤素投光灯	TBJ717 1/250	NTY—400 DDG—250	590	435	ϕ437
718 金属卤素投光灯	TBJ 718 1/400—1000	NTY—400 DDG—1000	732	560	ϕ544
719 卤钨投光灯	TBL719 1/1000	LZG320—1000	600	200	
720 墙壁投光灯	TBB720 1/150	PZ220—150			
721 局部照明灯	GKB721 1/60	PZ220—60	250		ϕ160

4)庭院灯的外形及参数见表 8-26。

表 8-26 庭院灯的外形及参数

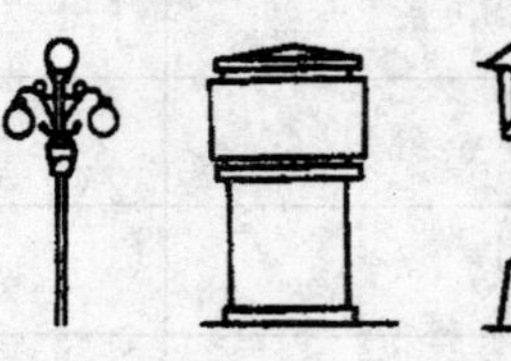

波纹型罩柱灯 五叉蘑菇罩柱灯 圆球柱灯 草坪灯 六角庭院灯

品 名	产品编号	规 格,mm
伞式庭院灯	ZBN442	ϕ600、h325、250W×1
蘑菇庭院灯	ZBN443	ϕ450、h400、150W×1
单火方罩柱灯	ZBB452a	ϕ350、h400、100W×1
五火荼色柱灯	ZBB4101	ϕ900、h900、H6000、60W×5
草坪灯	ZKB418a	ϕ200、h240、H260、60W×1
三火筒形柱灯	ZKB456	ϕ1000、h200、H6000、100W×3
单火筒形柱灯	ZKB461-1	ϕ390、h520、H5000、100W
圆球庭院灯	MJ701-1	600×ϕ500,100W×1,5kg
	MJ702-1	600×ϕ500,100W×1,5kg
	MJ703-3	300×ϕ800,40W×3,4kg
	MJ704-1	350×ϕ310,40W×3,3kg

续表

品　　名	产 品 编 号	规　格,mm
六角庭院灯	LD2	520×500×2500
两头大奶白球罩庭院灯	LD3-2	550×300×2300
三头圆球庭院灯	LD4-2	550×300×2300
双头庭院灯	LD6-2	300×320×2400
方罩庭院灯	LD9	190×190×2200

8.3 照明开关与插座

1. 开关

1) AP86 系列开关的图例、型号及规格见表 8-27。

表 8-27　AP86 系列开关的图例、型号及规格

名　　称	图　　例	型　　号	规　　格
单位单极开关		AP86K11-10	250V10A
单位双联开关		AP86K12-10	
两位单极开关		AP86K21-10	250V10A
两位双联开关		AP86K22-10	
三位单极开关		AP86K31-10	250V10A
三位双联开关		AP86K32-10	
四位单极开关		AP86K41-10	250V10A
四位双联开关		AP86K42-10	
带指示器单位单极开关		AP86K11D10	250V10A
带指示器单位双联开关		AP86K12D10	
带指示器两位单极开关		AP86K21D10	250V10A
带指示器两位双联开关		AP86K22D10	

续表

名　称	图　例	型　号	规　格
电铃开关		AP86KL-10	250V10A
带指示器电铃开关		AP86KLD10	250V10A
带电铃开关《请勿打扰》显示板		AP86KQ-10	250V10A
调光开关①		AP86KT-1	250V100W
调光开关①		AP86KT-2	250V400W
调光开关①		AP86KT-3	250V600W
调光开关①		AP86KT-6	250V1000W
带指示器调速开关②		AP86KTSD100	250V100W
带指示器延时开关③		AP86KYD60	250V60W
触摸延时开关③		AP86KYC60	250V60W
单位单级拉线开关		AP86K11-6L	250V6A
单位双联拉线开关		AP86K12-6L	
两位单级拉线开关		AP86K21-6L	250V6A
两位双联拉线开关		AP86K22-6L	

① 适用于白炽灯。
② 适用于吊扇无级调速。
③ 适用于额定功率 15～60W 的白炽灯。

2）H86 系列开关的图例、型号及规格见表 8-28。

表 8-28 H86 系列开关的图例、型号及规格

名称	图例	型号	规格
单位单极开关		H86K11-10	10A250V
单位双联开关		H86K12-10	
两位单极开关		H86K21-10	10A250V
两位双联开关		H86K22-10	
三位单极开关		H86K31-10	10A250V
三位双联开关		H86K32-10	
四位单极开关		H86K41-10	10A250V
四位双联开关		H86K42-10	
五位单极开关		H86K51-10	10A250V
五位双联开关		H86K52-10	
六位单极开关	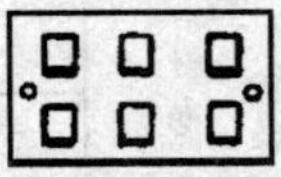	H146K61-10	10A250V
六位双联开关		H146K62-10	
八位单极开关	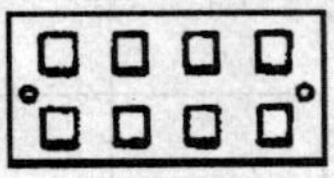	H172K81-10	10A250V
八位双联开关		H172K82-10	
带指示器单位单极开关		H86K11D10	10A250V
带指示器单位双联开关		H86K12D10	
带指示器两位单极开关		H86K21D10	10A250V
带指示器两位双联开关		H86K22D10	
带指示器三位单极开关		H86K31D10	10A250V
带指示器三位双联开关		H86K32D10	
带指示器四位单极开关		H86K41D10	10A250V
带指示器四位双联开关		H86K42D10	
带指示器五位单极开关	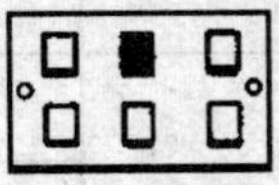	H146K51D10	10A250V
带指示器五位双联开关		H146K52D10	
带指示器七位单极开关		H172K71D10	10A250V
带指示器七位双联开关		H172K72D10	
电铃开关		H86KL1-6	6A250V

续表

名　　称	图　　例	型　　号	规　　格
带指示器电铃开关		H86KL1D6	6A250V
带指示器延时开关①		H86KYD100	100A250V
带指示器延时开关②		H86KYD500 主单元	500A250V
带指示器延时开关②		H86KYD500 副单元	
调光开关		H86KT150	250V、150VA
调光开关		H86KT250	250V、150VA
调速开关		H86KTS150	250V、150VA
调速开关		H86KTS250	250V、250VA
带开关调光开关		H86KT11K150	250V、150VA
带开关调光开关		H86KT11K250	250V、250VA
带开关调速开关		H86KTS11K150	250V、150VA
带开关调速开关		H86KTS11K250	250V、250VA
带指示器光电节能钥匙开关③		H86KJYD20 Ⅰ	20A250V
两位调速开关		H146K2TS150	250V、2×150VA
两位调速开关		H146K2TS250	250V、2×250VA
双音门铃		H146YML	250V
带电铃开关“请勿打扰”显示板		H86KQ-6 Ⅰ	电铃 250V ~6A 显示 250V ~
		H86KQ—6 Ⅱ	电铃 250V ~6A 显示 12V ~
“请勿打扰”“请即清理”显示板		H86QC Ⅰ	显示 250V ~
		H86QC Ⅱ	显示 12V ~
带电铃开关“请勿打扰” “请即清理”显示板		H146KQC6 Ⅰ	电铃 250V ~6A 显示 250V ~
		H146KQC6 Ⅱ	电铃 250V ~6A 显示 12V ~

2. 插座

1）AP86 系列插座的图例、型号及规格见表 8-29。

表 8-29　AP86 系列插座的图例、型号及规格

名　　称	图　　例	型　　号	规　格
两极双用插座		AP86Z12T10	250V10A
带保护门两极双用插座		AP86Z12AT10	
两位两极双用插座		AP86Z22T10	250V10A
带保护门两位两极双用插座		AP86Z22AT10	
两极带接地插座		AP86Z13-10	250V10A
带保护门两极带接地插座		AP86Z13A10	
两位两极双用两极带接地插座		AP86Z223-10	250V10A
带保护门两位两极双用两极带接地插座		AP86Z223A10	
三位两极双用两极带接地插座		AP86Z332-10	250V10A
带保护门三位两极双用两极带接地插座		AP86Z332A10	
带开关两极双用插座①		AP86Z12KT10	250V10A
带开关，保护门两极双用插座①		AP86Z12KAT10	
两位带开关两极双用插座①		AP86Z22KT10	250V10A
两位带开关，保护门两极双用插座①		AP86Z22KAT10	
带开关两极带接地插座①		AP86Z13K10	250V10A
带开关，保护门两极带接地插座①		AP86Z13AK10	
带开关两位两极双用两极带接地插座①		AP86Z223K10	250V10A
带开关，保护门两位两极双用两极带接地插座①		AP86Z223AK10	

续表

名称	图例	型号	规格
带指示器两极双用插座		AP86Z12TD10	250V10A
带指示器，保护门两极双用插座		AP86Z12ATD10	
带指示器两位两极双用插座		AP86Z22TD10	250V10A
带指示器，保护门两位两极双用插座		AP86Z22ATD10	
带指示器两极带接地插座		AP86Z13D10	250V10A
带指示器，保护门两极带接地插座		AP86Z13AD10	
带指示器两位两极双用两极带接地插座		AP86Z223D10	250V10A
带指示器，保护门两位两级双用两极带接地插座		AP86Z223AD10	
两位两极带接地插座		AP146Z23-10	250V10A
带保护门两位两极带接地插座		AP146Z23A10	
三位二极双用二极带接地插座		AP146Z323-10	250V10A
带保护门三位二极双用二极带接地插座		AP146Z323A10	
三位两极带接地两极双用插座		AP146Z332-10	250V10A
三位带保护门两极带接地，两极双用插座		AP146Z332A10	
四位二极双用二极带接地插座	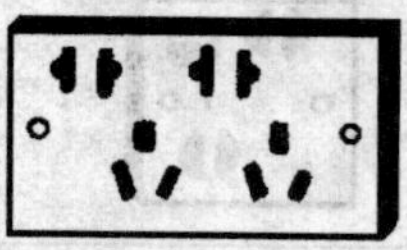	AP146Z423-10	250V10A
四位带保护门二极双用二极带接地插座		AP146Z423A10	
三位带拉线开关二级双用，二极带接地插座①	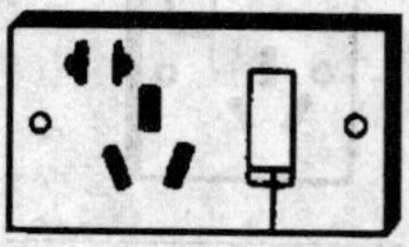	AP146Z223K6L	250V6A
二位带保护门带拉线开关，二级双用二级带接地插座①		AP146Z223AK6L	
二位带开关二极双用二极带接地插座①		AP146Z223K10	250V10A
二位带开关，保护门二级双用二极带接地插座①		AP146Z223AK10	

续表

名　　称	图　　例	型　　号	规　　格
三位三极带接地二极双用二极带接地插座		AP146Z3423-$^{10}_{16}$	250V10A 380V16A
二极带接地插座		AP86Z13-16	250V16A
带保护门二极带接地插座		AP86Z13A16	
二位二极带接地插座		AP146Z23-16	250V16A
二位带保护门二极带接地插座		AP146Z23A16	
二极带接地插座		AP86Z13-32	250V30A
三极带接地插座		AP86Z14-16	380V16A
		AP86Z14-25	380V25A
电视插座		AP86ZTV	75Ω
两位电视插座		AP86Z2TV	75Ω
电话出线座[②]		AP86ZD	
刮须插座		AP146ZX22D	220V110V 输出功率20W

续表

名称	图例	型号	规格
安装面板		AP86ZB	
安装面板		AP146ZB	
高级“叮咚”双音门铃		AP146YML	250V
四芯电话插座[3]		AP86ZDTN4	
带拉线开关二极带接地插座[1]		AP86Z13K6L	6A250V
带拉线开关,保护门二极带接地插座[1]		AP86Z13AK6L	
高级“叮咚”双音门铃		A146YML	250V

① 开关与插座分体,可连接使用也可单独使用。
② 电话线从孔中软护套进出,背面设有压片,固定电话线不易拉脱。
③ 采用国际通用形式,使用方便,话机可移动使用,插座板带有防尘盖。

2)H86 系列插座的图例、型号及规格见表 8-30。

表 8-30　H86 系列插座的图例、型号及规格

名称	图例	型号	规格
两极双用插座		H86Z12T10	10A250V
带保护门两极双用插座		H86Z12TA10	
带开关两极双用插座		H86Z12TK10	10A250V
带开关、保护门两极双用插座		H86Z12TAK10	
带开关两极双用插座[1]		H86Z12TK12-10	
带开关、保护门两极双用插座[1]		H86Z12TAK12-10	

续表

名称	图例	型号	规格
带指示器两极双用插座		H86Z12TD10	10A250V
带指示器、保护门两极双用插座		H86Z12TAD10	
带开关、指示器两极双用插座	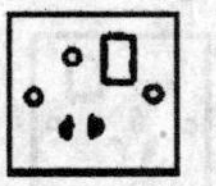	H86Z12TKD10	10A250V
带开关、指示器、保护门两极双用插座		H86Z12TAKD10	
带开关、指示器两极双用插座①		H86Z12TK12D10	
带开关、指示器、保护门两极双用插座①		H86Z12TAK12D10	
两位两极双用插座		H86Z22T10	10A250V
两位带保护门两极双用插座		H86Z22TA10	
两位带开关两极双用插座		H86Z22TK10	10A250V
两位带开关、保护门两极双用插座		H86Z22TAK10	
两位带开关两极双用插座①		H86Z22TK12-10	
两位带开关、保护门两极双用插座①		H86Z22TAK12-10	
两位带指示器两极双用插座		H86Z22TD10	10A250V
两位带指示器保护门两极双用插座		H86Z22TAD10	
两位带开关两极双用插座②		H86Z22TK21-10	10A250V
两位带开关、保护门两极双用插座②		H86Z22TAK21-10	
两位带开关两极双用插座③		H86Z22TK22-10	
两位带开关、保护门两极双用插座③		H86Z22TAK22-10	
两位带开关、指示器两极双用插座		H86Z22TKD10	10A250V
两位带开关、指示器两极双用插座		H86Z22TAKD10	
两极带接地插座		H86Z13-10	10A250V
带保护门两极带接地插座		H86Z13A10	
两极带接地插座		H86Z13-16	16A250V
带保护门两极带接地插座		H86Z13A16	
两极带接地插座		H86Z13-20	20A250V
		H86Z13-32	32A250V

续表

名称	图例	型号	规格
带开关两极带接地插座		H86Z13K10	10A250V
带开关、保护门两极带接地插座		H86Z13AK10	
带开关两极带接地插座①		H86Z13K12-10	
带开关、保护门两极带接地插座①		H86Z13AK12-10	
带指示器两极带接地插座		H86Z13D10	10A250V
带指示器、保护门两极接地插座		H86Z13AD10	
带开关、指示器两极带接地插座		H86Z13KD10	10A250V
带开关指示器保护门两极带接地插座		H86Z13KAD10	
带开关、指示器两极带接地插座①		H86Z13K12D10	
带开关指示器保护门两极带接地插座①		H86Z13AK12D10	
两位两极双用两极带接地插座		H86Z223-10	10A250V
两位带保护门两极双用两极带接地插座		H86Z223A10	
两位带开关两极双用两极带接地插座		H86Z223K10	10A250V
两位带开关、保护门两极双用两极带接地插座		H86Z223AK10	
两位带开关两极双用两极带接地插座①		H86Z223K12-10	
两位带开关、保护门两极双用两极带接地插座①		H86Z223AK12-10	
三极带接地插座		H86Z14-16	16A380V
		H86Z14-25	25A380V
两位两极带接地插座		H146Z23-10	10A250V
两位带保护门两极带接地插座		H146Z23A10	
三位两极双用两极带接地插座		H146Z323-10	10A250V
三位带保护门、两极双用、两极带接地插座		H146Z323A10	
三位两极带接地、两极双用插座		H146Z332-10	10A250V
三位带保护门、两极带接地、两极双用插座		H146Z332A10	
四位两极双用两极带接地插座		H146Z423-10	10A250V
四位带保护门两极双用两极带接地插座		H146Z423A10	

续表

名称	图例	型号	规格
两位带开关、两极双用两极带接地插座		H146Z223K10	10A250V
两位带开关、保护门两极双用两极带接地插座		H146Z223AK10	
两位带开关两极带接地插座		H146Z23K21-10	10A250V
两位带开关、保护门两极带接地插座		H146Z23AK21-10	
两位带开关、指示器两极带接地插座		H146Z23K21D10	10A250V
两位带开关、指示器保护门、两极带接地插座		H146Z23AK21D10	
刮须电源插座		H146Z22X	输出 100V ~ 240V ~ 20VA
带熔断器两极带接地插座		H86Z13R10	10A250V
带熔断器、保护门两极接地插座		H86Z13AR10	
带熔断器两极带接地插座		H86Z13R16	16A250V
带熔断器、保护门两极接地插座		H86Z13AR16	
两位带熔断器两极带接地插座		H146Z23R16	16A250V
两位带熔断器、保护门、两极带接地插座		H146Z23AR16	
两位带熔断器、两极双用两极带接地插座		H146Z223R10/16	16A[4]250V
两位带熔断器、保护门两极双用、两极带接地插座		H146Z223AR10/16	
带保护门两极带接地插座		H86Z13A5B[5]	5A250V
带保护门两极带接地插座		H86Z13A15B[5]	15A250V
两极带接地插座		H86Z13-15B[5]	15A250V
带开关两极带接地插座		H86Z13K15B[5]	15A250V
		H86Z13AK15B[5]	
电视插座		H86ZTVⅡ	
电视串接插座(1 分支)		H86Z1TVF7	
电视串接插座(1 分支)		H86Z1TVF12	
电视串接插座(1 分支)		H86Z1TVF16	

续表

名　　称	图　　例	型　　号	规　　格
两位电视插座⑥		H86Z2TV	
电视串联插座(2 分支)		H86Z2TVF	
电话出线座		H86ZDⅠ	
六线电话插座		H86ZDTN6Ⅱ	
六线电话插座		H86ZDTN6/2	两芯
六线电话插座		H86ZDTN6/4	两芯
H86 安装面板		H86ZB	
H146 安装面板		H146ZB	

① 带单位双联开关。
② 带两位单极开关。
③ 带两位双联开关。
④ 两极双用插座为 10A,两极带接地插座为 16A。
⑤ 外贸出口产口,可作为进口家电配用,符合 BS 标准。
⑥ FM、TV 用户插座。

8.4 按钮与开关

1. 按钮

1)LA101 系列控制按钮的外形及参数见表 8-31。

表 8-31　LA101 系列控制按钮的外形及参数

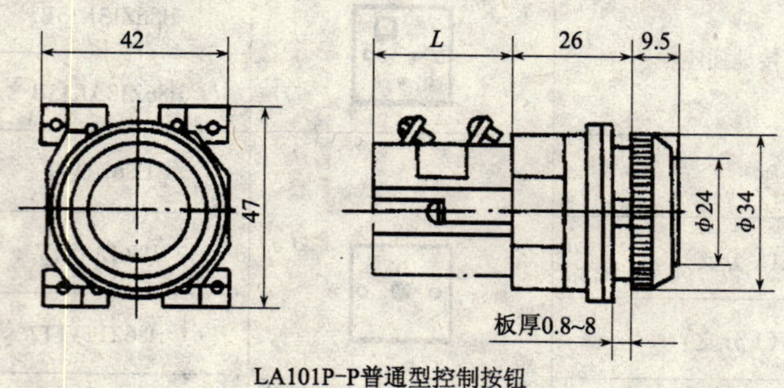

LA101P-P普通型控制按钮

续表

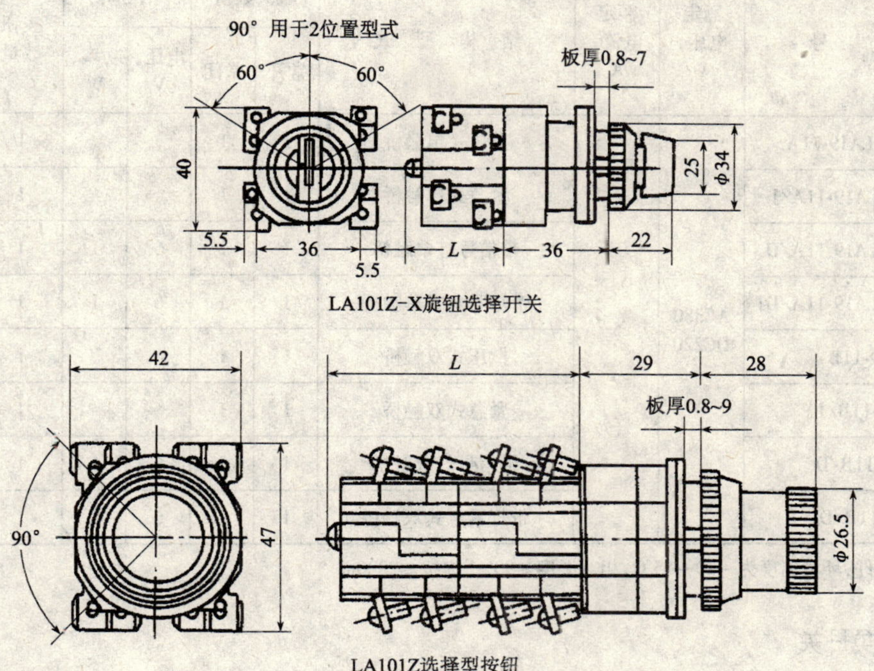

LA101Z-X旋钮选择开关

LA101Z选择型按钮

额定电压,V		通断能力,A	额定工作电流,A	额定发热电流,A	额定控制容量,VA	外形尺寸 L,mm			
						触头对数	LA101P-P	LA101Z	LA101Z-X
交流	220	14	1.36	5	300	1	30	30	30
	380	8.3	0.8	5	300	2	33	33	33
	660	5.0	0.45	5	300	3	60	60	60
直流	110	0.61	0.55	5	60	4	63	63	66
	220	0.33	0.3	5	60	5	90	—	90
	440	0.17	0.15	5	60	6	93	—	93

2)LA19 系列控制按钮的外形及参数见表 8-32。

表 8-32　LA19 系列控制按钮的外形及参数

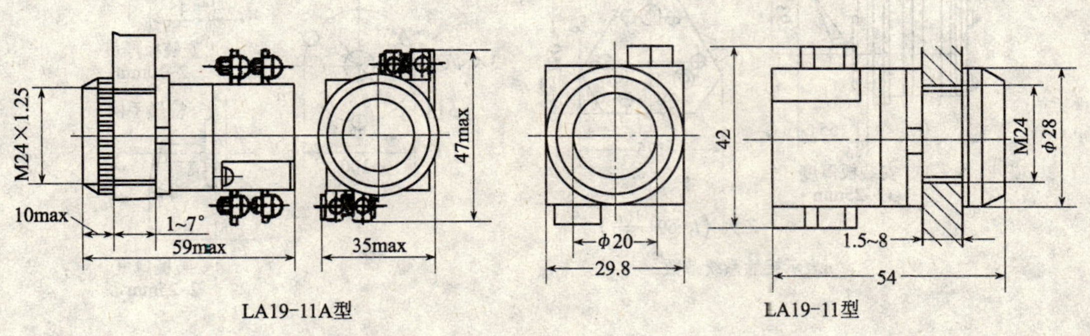

LA19-11A型　　LA19-11型

续表

型号	额定电压，V	额定电流，A	结构型式	触头数量		信号灯		按钮数量	控制容量
				常开	常闭	电压，V	功率，W		
LA19-11、LA19-11A	AC380 DC220	5	揿压式单触桥	1	1			1	AC380V、300VA
LA19-11J、LA19-11A/J			紧急式单触桥	1	1			1	
LA19-11D、LA19-11A/D			带信号灯单触桥	1	1	6	1	1	
LA19-11DJ、LA19-11A/DJ			带灯紧急式单触桥	1	1	6	1	1	
LA19-11B			揿压式双触桥	1	1			1	DC220V、60W
LA19-11B/J			紧急式双触桥	1	1			1	
LA19-11B/D			带信号灯双触桥	1	1	6	1	1	
LA19-11B/DJ			带灯紧急式双触桥	1	1	6	1	1	

注：工作条件：环境温度为 -20～55℃，相对湿度≤90%，海拔≤2000m。

2. 转换开关

1）LW5 系列万能转换开关的外形及参数见表 8-33。

表 8-33　LW5 系列万能转换开关的外形及参数

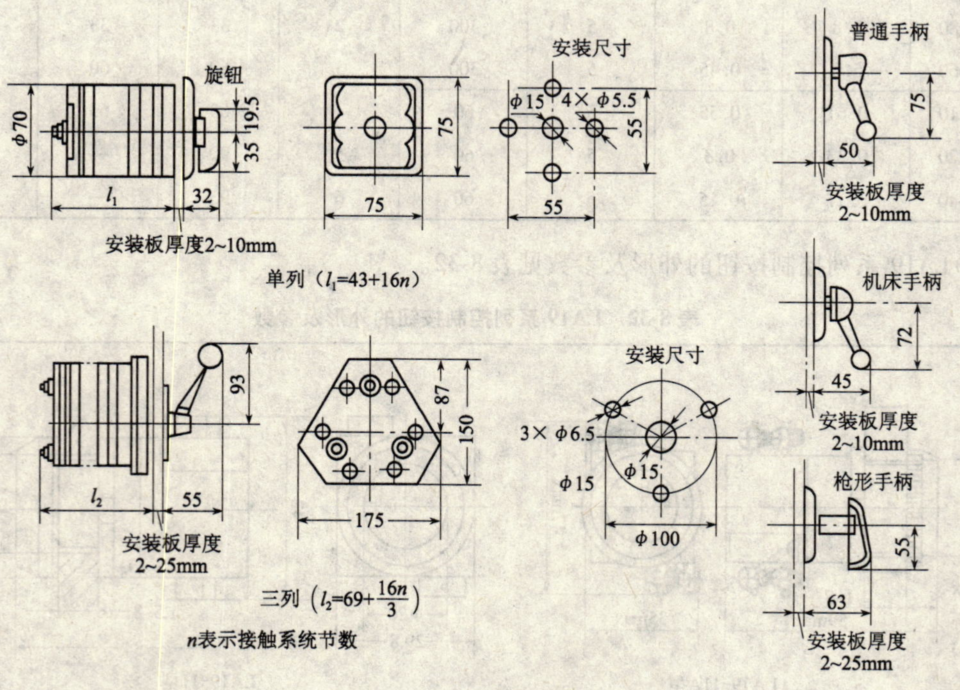

续表

电流种类	使用类别	可控线圈功率	接通				分断				寿命，万次	操作频率，次/h
			U,V	I,A	cosφ	T,ms	U,V	I,A	cosφ	T,ms		
			500	20			500	2.0				
交流	AC-11	1000VA	380	26	0.7	—	380	2.6	0.4	—	20	300
			220	46			220	4.6				
			440	0.14			440	0.14				
直流	DC-11	60W 双断点	220	0.27	—	300	220	0.27	—	300	20	300
			110	0.55			110	0.55				
			440	0.20			440	0.20				
直流	DC-11	90W 四断点	220	0.14	—	300	220	0.41	—	300	20	300
			110	0.82			110	0.82				

注：工作条件：环境温度为 -25 ~ 40℃，最大相对湿度≤90%，海拔≤2000m。

2）LW8 系列万能转换开关的外形及参数见表 8-34。

表 8-34 LW8 系列万能转换开关的外形及参数

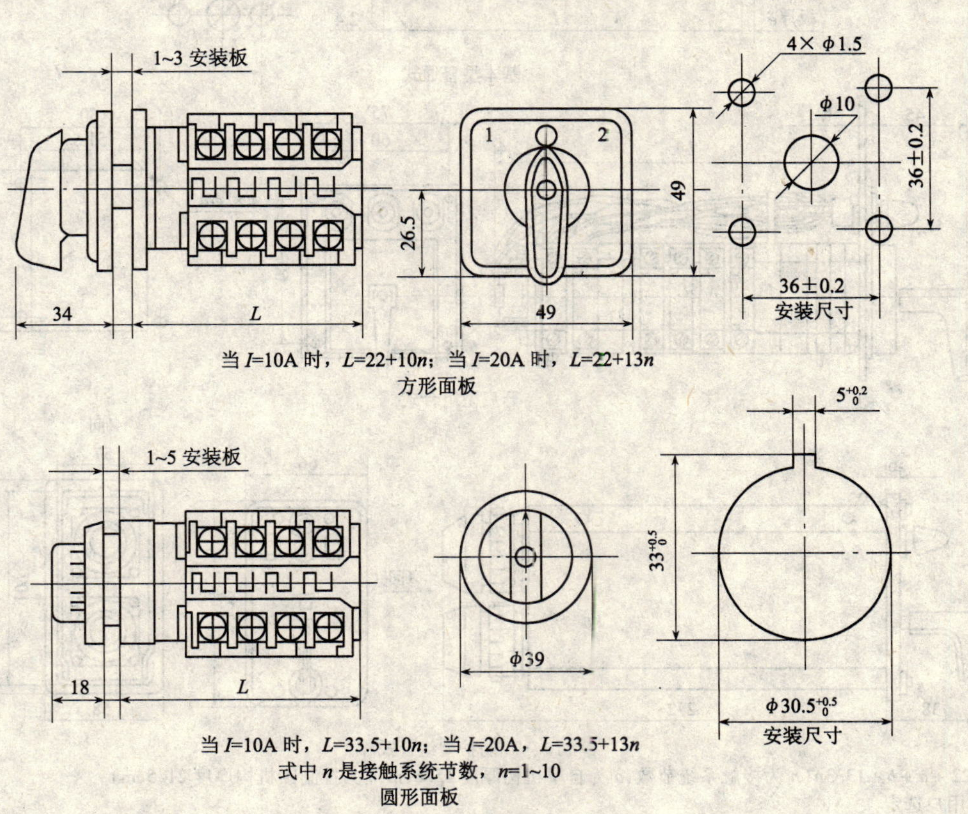

当 I=10A 时，L=22+10n；当 I=20A 时，L=22+13n

方形面板

当 I=10A 时，L=33.5+10n；当 I=20A，L=33.5+13n

式中 n 是接触系统节数，n=1~10

圆形面板

续表

<table>
<tr><th rowspan="2">使用类别</th><th rowspan="2">控制容量,VA</th><th colspan="4">接　　通</th><th colspan="4">分　　断</th><th rowspan="2">电寿命次数,万次</th><th colspan="2">机械寿命,万次</th><th rowspan="2">操作频率,次/h</th></tr>
<tr><th>U,V</th><th>I,A</th><th>cosφ</th><th>T,s</th><th>U,V</th><th>I,A</th><th>cosφ</th><th>T,s</th><th>三个位置以下</th><th>三个位置以上</th></tr>
<tr><td rowspan="2">AC-11</td><td>360</td><td rowspan="2">380</td><td>9.5</td><td rowspan="2">0.7</td><td rowspan="2"></td><td rowspan="2">380</td><td>0.95</td><td rowspan="2">0.4</td><td rowspan="2"></td><td>20</td><td rowspan="2">100</td><td rowspan="2">30</td><td rowspan="2">120</td></tr>
<tr><td>720</td><td>9</td><td>1.9</td><td>10</td></tr>
<tr><td rowspan="2">DC-11</td><td>28</td><td rowspan="2">220</td><td>0.14</td><td rowspan="2"></td><td rowspan="2">0.3</td><td rowspan="2">220</td><td>0.14</td><td rowspan="2"></td><td rowspan="2">0.3</td><td>10</td><td rowspan="2">100</td><td rowspan="2">30</td><td rowspan="2">120</td></tr>
<tr><td>56</td><td>0.28</td><td>0.28</td><td>5</td></tr>
<tr><td>AC-21</td><td>3.8kW</td><td>380</td><td>10</td><td>0.95</td><td></td><td>380</td><td>10</td><td>0.95</td><td></td><td>5</td><td>100</td><td>30</td><td>120</td></tr>
<tr><td>AC-3</td><td>2.2kW</td><td>380</td><td>30</td><td>0.65</td><td></td><td>64.6</td><td>5</td><td>0.65</td><td></td><td>5</td><td>100</td><td>30</td><td>120</td></tr>
</table>

注:工作条件:环境温度为 -25 ~ 40℃,最大湿度≤90%,海拔≤2000m。

3)LW12-16 系列万能转换开关的外形及参数见表 8-35。

表 8-35　LW12-16 系列万能转换开关的外形及参数

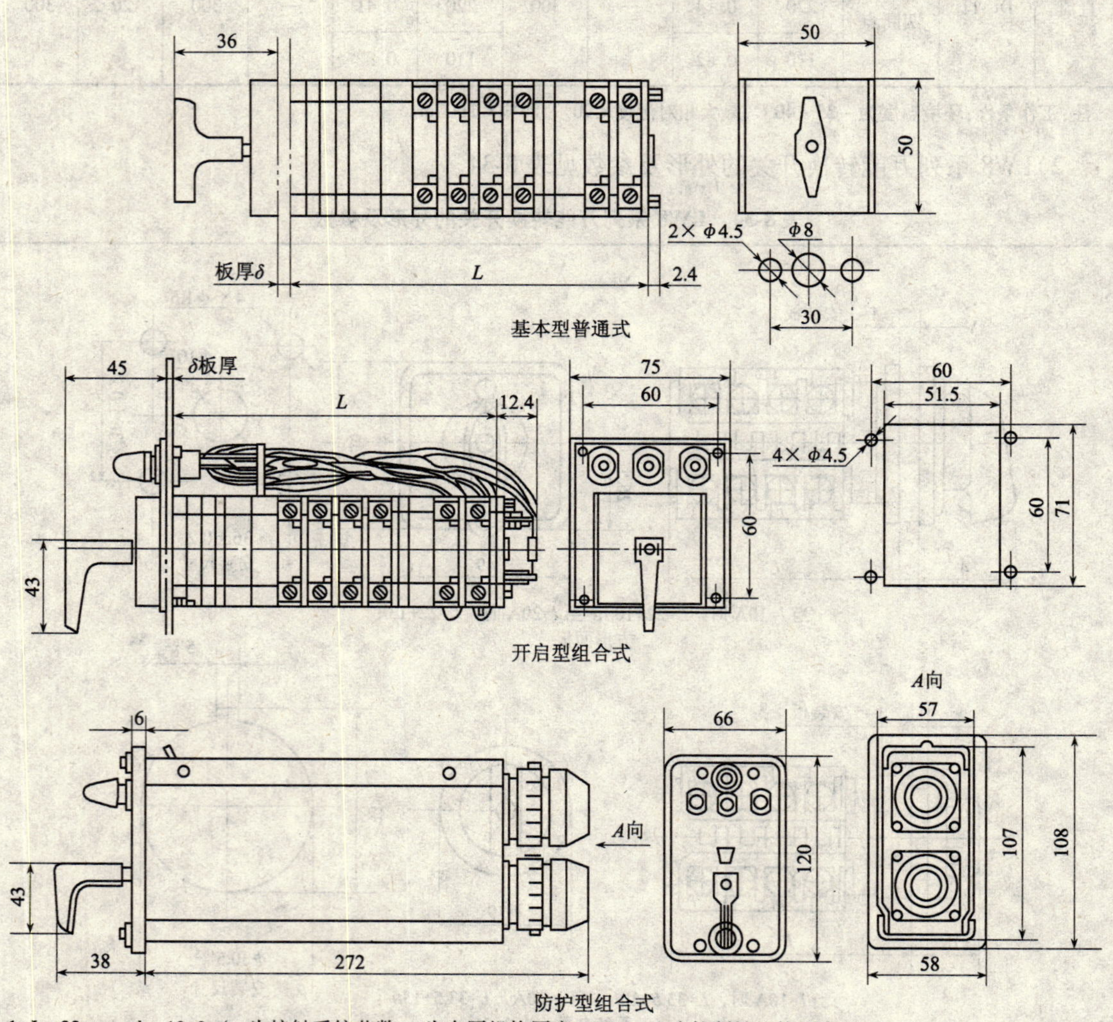

1. $L = 22 + a + b + 13.3n$(n 为接触系统节数,a 为自厚机构厚度 15.8cm,b 为控制锁机构厚度 21.5cm)
2. δ 由用户选定

续表

电流种类	使用类别	控制容量	接通				分断				机械寿命,万次	电寿命,万次	操作频率,次/h
			U,V	I,A	cosφ	T,ms	U,V	I,A	cosφ	T,ms			
交流	AC-11	1000VA	380	26	0.7	—	380	2.6	0.4	—	100	20	300
			220	46			220	4.6					
直流	DC-11	60W 双断点	220	0.27	—	300	220	0.27		300		20	
			110	0.55			110	0.55					
		90W 四断点	220	0.41			220	0.41					
			110	0.82			110	0.82					

注:工作条件:环境温度 -25 ~40℃,最大相对湿度≤90%,海拔≤2000m。

3. 组合开关

1)3LB、3ST(HZW1)系列组合开关见表 8-36、表 8-37。

表 8-36 3ST、3LB(HZW1)系列组合开关主要技术参数

型号	额定绝缘电压,V	用于控制 50Hz 三相交流电动机					用于辅助电流开关						
		额定电流,A(AC-3/AC-23、380V)	额定功率,kW				使用类别	额定电流,A			额定通断能力,kA		
			220V	380V	500V	660V		220V	380V	500V	220V	380V	500V
3ST1	380	8.5	2.2	4	—	—	AC-11	7	6	—	15.4	22.8	—
3LB3(HZW1)-25	660	16.5	4.5	8	11	11	AC-11	25	10	4	60	42	22
3LB4(HZW1)-40	660	30	11	15	15	12	AC-11	32	14	6	77	58	33
3LB5(HZW1)-63	660	45	18.5	22	22	13	AC-11	—	—	—	—	—	—

型号	用作控制开关(交流 50Hz)						用作 Y/Δ 转换开关					
	使用类别	额定电流,A	额定功率,kW				使用类别	额定电流,A(AC-3/AC-23、380V)	额定功率,kW			
			220V	380V	500V	660V			220V	380V	500V	660V
3ST1	AC-1 AC-21	10	38	6.5	—	—	AC-3 AC-23	8.5	2.2	4	—	—
3LB3(HZW1)-25	AC-1 AC-21	25	9	15.5	20	27	AC-3 AC-23	25	5.5	11	15	11
3LB4(HZW1)-40	AC-1 AC-21	40	11.5	20	26	35	AC-3 AC-23	35	11	15	18.5	12
3LB5(HZW1)-63	AC-1 AC-21	63	19	31.5	43	17	AC-3 AC-23	45	18.5	22	22	13

续表

型　号	用作单相50Hz负荷开关				用作直流开关							机械寿命，次	电气寿命，次	操作频率，次/h
	使用类别	额定电流，A	额定功率，kW		使用类别	额定电流，A								
			220V	380V		24V	60V	110V	220V	440V	600V			
3ST1	AC-1 AC-21	10	2.2	3.8	DC-11	6	3	0.2	0.1	0.04	—	3×10^6	3×10^5	500
3LB3(HZW1)-25	AC-1 AC-21	25	5.2	9	DC-11	15	4.5	1.95	0.6	0.3	0.21	3×10^6	1×10^5	500
3LB4(HZW1)-40	AC-1 AC-21	40	8.5	15	DC-11	15	4.5	1.95	0.6	0.3	0.21	1×10^6	5×10^4	100
3LB5(HZW1)-63	AC-1 AC-21	63	13	22	DC-11	—	—	—	—	—	—	1×10^6	5×10^4	100

注：1. 工作条件：环境温度为-25～40℃，最大相对湿度≤50%（40℃时）或≤90%（25℃时），海拔≤2000m。

2. 3LB、3ST(HZW1)系列组合开关用于50Hz或60Hz、额定电压220～660V、额定电流至63A、控制电动机功率至22kW，以及直流24～600V控制电流至15A的电路中，作三相异步电动机负载启动、变速、换向，以及主电路和辅助电路的转换用。

① 在使用类别AC-3/AC-23情况下。

表8-37　3ST1、3LB3、3LB4、3LB5系列组合开关23①型外形及安装尺寸

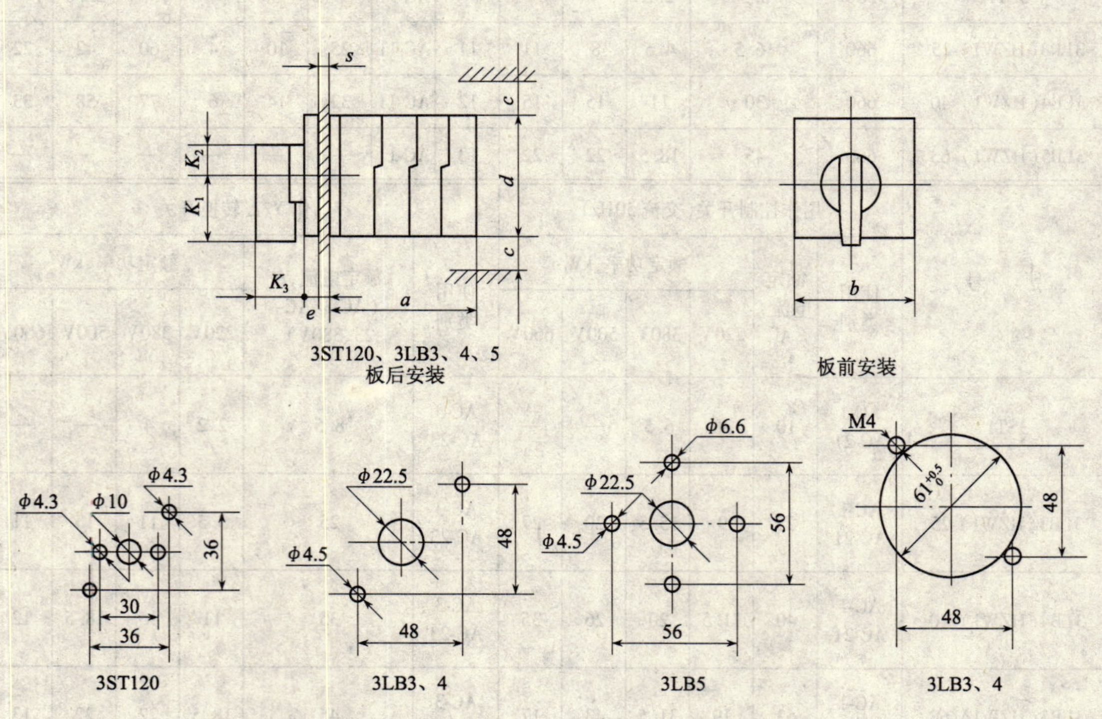

续表

型号	外形及安装尺寸,mm																	
	a										K_1	K_2	K_3	□b	c	d	e	s
	层数																	
	1	2	3	4	5	6	7	8	9	10								
3ST120	30	51	72	92	112	132	152	172	192	212	12	12	17	48	6	43	8	1～6
3LB3237	52	66	81	95							30	15	26	72	16	φ56	11	1～6
3LB323	60	74	89	103	117	131	146	176	191	205	30	15	26	72	16	φ56	11	1～6
3LB4237		78	99	119							30	15	26	72	14	φ60	11	1～6
3LB423	67	87	108	128	148	168	189	225			30	15	26	72	14	φ60	11	1～6
3LB523	67	87	107	127	147	167					40	16	28	72	25	72	11	1～10

① 型式代号:00—无面板;17—门联锁;18—带有离合器;23、20—方形面板;60—塑料防护外壳;70—铸铝防护外壳;ZD—自复位。

2)HZ15 系列组合开关见表 8-38、表 8-39。

表 8-38　HZ15 系列组合开关主要技术参数

电流种类	使用类别		约定发热电流,A	接通			断开			电寿命,次	机械寿命,次
				试验电流,A	试验电压,V	功率因数	试验电流,A	试验电压,V	功率因数		
交流	作为配电电器用	AC-20 AC-21 AC-22	10 25 63	10 25 63	380	0.65	10 25 63	380	0.65	1000	30000
	作为控制电动机用	AC-3	10 25	18 13			3 5.5	65		5000	30000

电流种类	使用类别	约定发热电流,A	试验电流,A	试验电压,V	试验电流,A	试验电压,V	电寿命,次	机械寿命,次
直流	DC-20 DC-21	10 25 63	15 38 95	242	15 38 95	242	10000	30000

注:1. 额定工作电压:直流 220V、交流 380V;额定工作电流:10A(HZ15-10)、25A(HZ15-25)、63A(HZ15-63)。HZ15 系列组合开关与 RL6-25、63 型熔断器配合使用时,其额定熔断短路电流为 1000A(开关额定电流为 10A、25A)及 3000A(开关额定电流为 63A)。

2. 工作条件:环境温度为 -30～40℃,相对湿度≤80%(20±5℃时),海拔≤1000m。

3. HZ15 系列组合开关适用于交流 50Hz、额定工作电压 380V 及以下、直流额定工作电压 220V 及以下的线路中,作为手动不频繁地接通或分断电路、转换电路的设备使用,也可作为直接开闭小容量交流电动机的设备使用。

表 8-39　HZ15 系列组合开关外形及安装尺寸

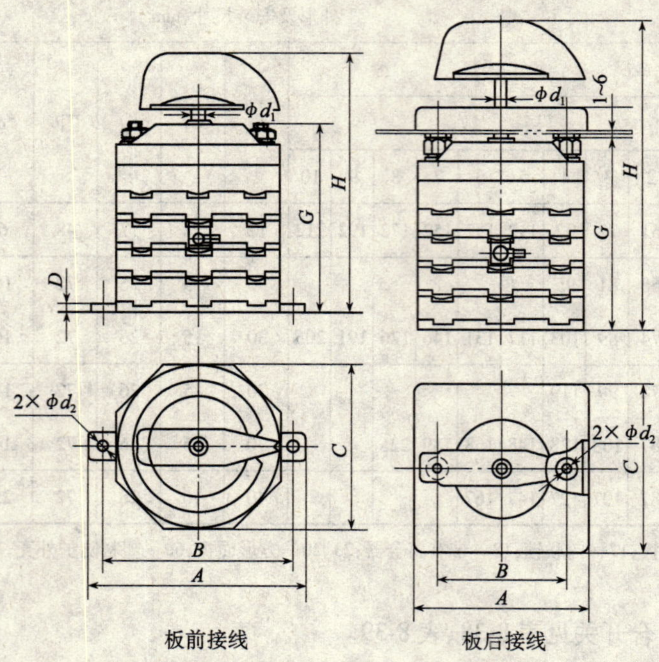

型　号	接线方式	极数	外形及安装尺寸,mm							
			A	B	C	D	φd_1	φd_2	G	H
HZ15-10/101、10/112	板前接线	1	85	75	65	3	6	4.5	40	68
HZ15-10/201、10/212		2							52	80
HZ15-10/301、10/312		3							64	92
HZ15-10/401、10/412		4							76	104
HZ15-10/101、10/112	板后接线	1	68	52	68	—	6	4.5	43	90
HZ15-10/201、10/212		2							55	102
HZ15-10/301、10/312		3							67	114
HZ15-10/401、10/412		4							79	126
HZ15-25/101、25/112	板前接线	1	110	95	85	4	8	5.5	50	90
HZ15-25/201、25/212		2							66	105
HZ15-25/301、25/312		3							81	121
HZ15-25/401、25/412		4							97	136
HZ15-25/101、25/112	板后接线	1	88	67	88	—	8	6.5	56	120
HZ15-25/201、25/212		2							72	135
HZ15-25/301、25/312		3							87	151
HZ15-25/401、25/412		4							103	166
HZ15-63/101、63/112	板前接线	1	134	118	102	5	8	6.5	65	102
HZ15-63/201、63/212		2							83	120
HZ15-63/301、63/312		3							101	138
HZ15-63/401、63/412		4							119	156
HZ15-63/101、63/112	板后接线	1	106	80	106	—	8	9	71	143
HZ15-63/201、63/212		2							89	161
HZ15-63/301、63/312		3							107	179
HZ15-63/401、63/412		4							125	197

4. 行程开关与微动开关

1）LX19 系列行程开关的外形及参数见表 8-40。

表 8-40 LX19 系列行程开关的外形及参数

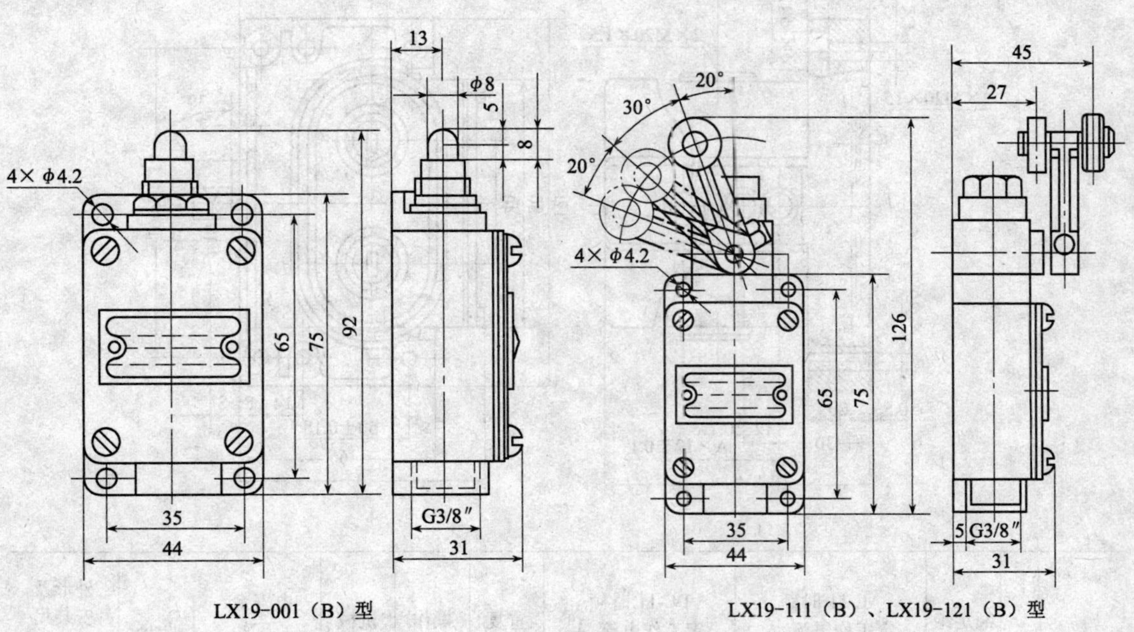

LX19-001（B）型　　LX19-111（B）、LX19-121（B）型

<table>
<tr><th rowspan="2">型　号</th><th colspan="2">触头数量</th><th colspan="2">额定电压，V</th><th colspan="2">额定工作电流，A</th><th rowspan="2">约定发热电流，A</th><th rowspan="2">触头接触时间，s</th><th rowspan="2">动作力，N</th><th rowspan="2">动作行程，mm（或角度）</th></tr>
<tr><th>常开</th><th>常闭</th><th>交流</th><th>直流</th><th>交流</th><th>直流</th></tr>
<tr><td>LX19K（-B）</td><td rowspan="8">1</td><td rowspan="8">1</td><td rowspan="8">380</td><td rowspan="8">220</td><td rowspan="8">0.8</td><td rowspan="8">0.1</td><td rowspan="8">5</td><td rowspan="8">0.04</td><td><9.8</td><td>1.5~3.5</td></tr>
<tr><td>LX19-001（B）</td><td><1.5</td><td>1.5~4</td></tr>
<tr><td>LX19-111（B）</td><td rowspan="6"><20</td><td rowspan="3">30°</td></tr>
<tr><td>LX19-121（B）</td></tr>
<tr><td>LX19-131（B）</td></tr>
<tr><td>LX19-212（B）</td><td rowspan="3">60°</td></tr>
<tr><td>LX19-222（B）</td></tr>
<tr><td>LX19-232（B）</td></tr>
</table>

注：1. LX19 系列行程开关适用于交流 50Hz 或 60Hz、电压至 380V 或直流电压至 220V 的控制电路中，将机械信号转换为电气信号，作控制运动机构行程和变换运动方向或速度用。

LX19 系列行程开关采用双断点瞬动式结构，安装在金属外壳内构成防护式，在外壳上配有各种方式的机械部件，组成单轮、双轮转动及无轮直线移动等型式的行程开关。

2. 工作条件：环境温度为 -25~40℃；最大相对湿度≤90%；海拔≤2500m。

2)LXZ1 系列精密组合行程开关的外形及参数见表 8-41。

表 8-41　LXZ1 系列精密组合行程开关的外形及参数

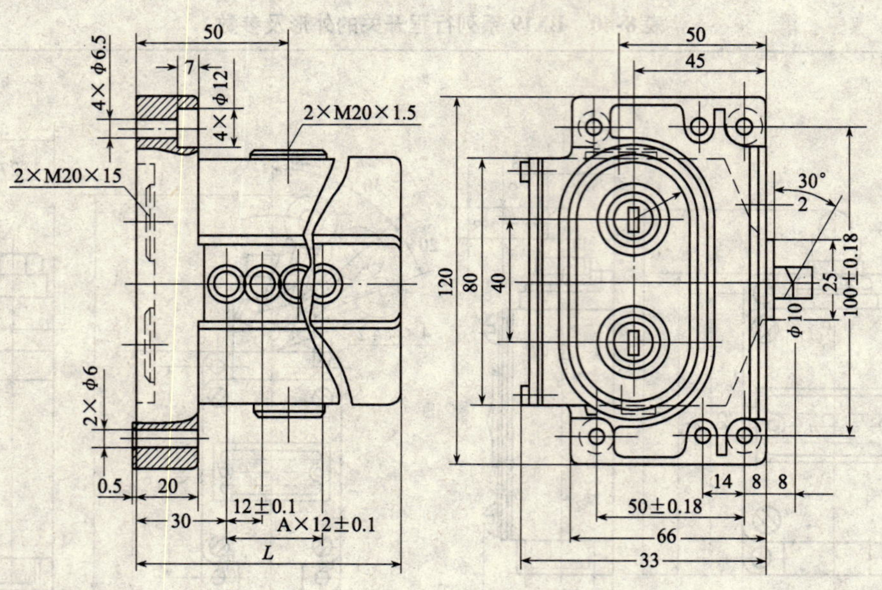

型　号	额定绝缘电压，V	AC-11 时额定工作电流，A			DC-11 时额定工作电流，A			重复精度，mm	操作频率，次/h	机械寿命，万次	电寿命，万次		防护等级	外形及安装尺寸，mm	
		24V	110V	220V	24V	110V	220V				AC	DC		A	L
LXZ1-02L	220	3	1.4	0.7	0.5	0.14	0.07	精密型不大于0.005 普通型不大于0.02	1200	1000	220	60	IP65	1	68
LXZ1-03L														2	80
LXZ1-04L														3	92
LXZ1-05L														4	104
LXZ1-06L														5	116
LXZ1-08L														7	140

注：1. LXZ1 系列精密组合行程开关适用于交流 50Hz 或 60Hz、额定电压至 220V 及直流额定电压至 220V 的控制电路中，作为控制、限位、定位、信号及程序转换之用。本系列组合行程开关具有较高的重复定位精度，特别适用于要求定位准确的场合。

2. 工作条件：环境温度为 −5 ~ 40℃；相对湿度≤90%（25℃时）或≤50%（40℃时）；海拔≤2000m。

3)LXK3 系列行程开关的外形及参数见表 8-42。

表 8-42　LXK3 系列行程开关的外形及参数

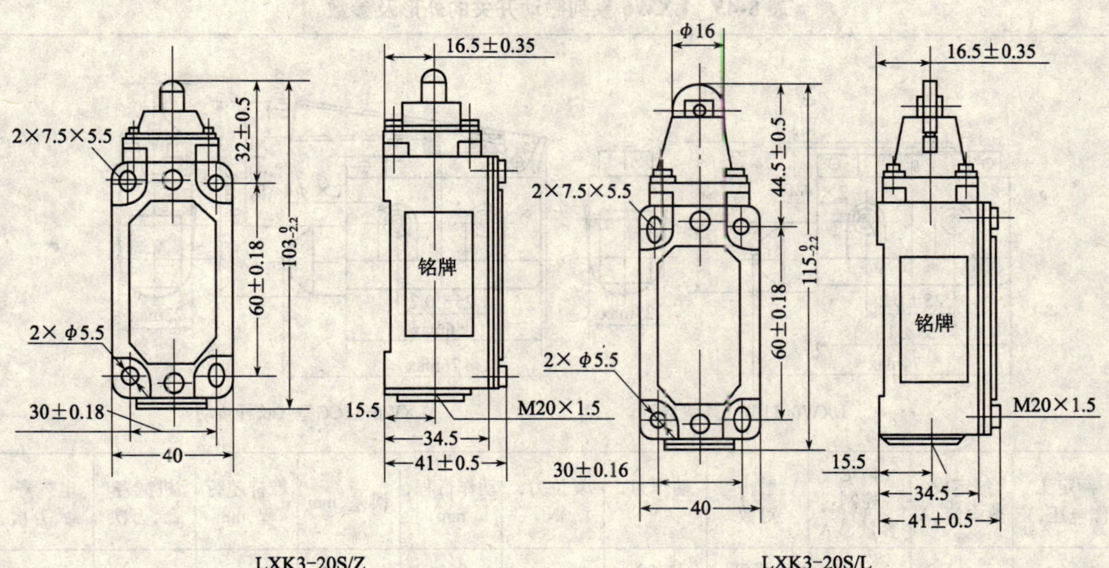

额定绝缘电压,V	额定工作电流,A					动作重复精度,mm	操作频率,次/h		机械寿命,万次	电寿命,万次		防护等级
	AC-15			DC-13								
	110V	220V	380V	110V	220V		交流	直流		交流	直流	
380	2.8	1.4	0.8	0.3	0.15	≤0.05	2400	1200	>650	150	30	IP65

型号①	动作行程	差　程	全行程	动作力	恢复力	最大操动力	释放力
LXK3-20S/Z LXK3-20S/L	1.7～2.2mm	≤1.2mm	≥6mm	10N±1.5N	≥15N	<30N	
LXK3-20S/B LXK3-20S/T LXK3-20S/J	18°～24°	≤15°	≥60°	0.15N·m ±0.034N·m	>0.06N·m	<0.24N·m	
LXK3-20S/D	18°～22°	≤15°	≥60°	0.1N·m ±0.025N·m	>0.03N·m	<0.22N·m	
LXK3-20S/H_1 LXK3-20S/H_2 LXK3-20S/H_3	70°～80°	40°～60°	90°±8°	0.2N·m ±0.03N·m			0.2N·m ±0.03N·m
LXK3-20S/W	12°～20°	8°±2°		0.038N·m ±0.008N·m	>0.015N·m		

注:1. LXK3 系列行程开关适用于交流 50Hz 或 60Hz、额定电压至 380V,直流额定电压至 220V 同极使用的控制电路及辅助电路中,用作操纵、控制、限位、联锁等用途的行程开关。

2. 工作条件:环境温度为 -5～40℃;相对湿度≤50%(40℃时)或≤90%(25℃时);海拔≤2000m。

① 操作型式代号:Z 为柱塞式;L 为滚轮柱塞式;B 为滚轮转臂式;T 为可调滚轮转臂式;J 为可调金属摆杆式;D 为弹性摆杆式;H_1 为叉式,二轮在同一方向;H_2 为叉式,左轮在前右轮在后;H_3 为叉式,右轮在前左轮在后;W 为万向式。

4)LXW6 系列微动开关的外形及参数见表 8-43。

表 8-43　LXW6 系列微动开关的外形及参数

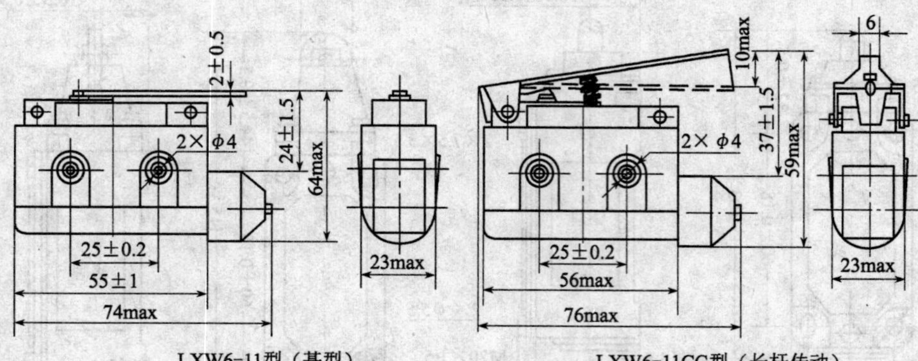

LXW6-11型（基型）　　　　LXW6-11CG型（长杆传动）

额定工作电压,V	约定发热电流,A	额定控制容量,VA	触头对数	动作力,N	复位力,N	动作行程,mm	误差,mm	推杆超行程,mm	机械寿命,万次	电气寿命,万次
AC≤380	3	100	1 常开 1 常闭	3.92 ±1.96	>0.49	0.5 ±0.2	≤0.3	>0.2	100	100

注:1. LXW6 系列微动开关适用于交流 50Hz、额定电压至 380V 及以下的控制电路中,作行程控制或限位保护用。该系列微动开关都具有一常开、一常闭触头,结构强度高,安装方便,密封性好。该微动开关的出线方向可作 180°变化,传动机构型式多样,可满足各种场合的需要。

2. 工作条件:环境温度为 -5~40℃;相对湿度≤50%(40℃时)或≤90%(25℃时);海拔≤2000m。

5. 接近开关与光电开关

1)LXZ6 系列接近开关的外形及参数见表 8-44。

表 8-44　LX26 系列接近开关的外形及参数

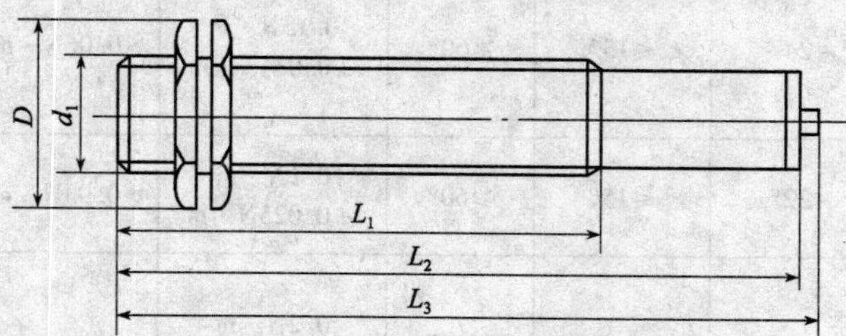

<table>
<tr><th rowspan="2">型　号</th><th rowspan="2">动作距离,mm</th><th rowspan="2">复位行程差,mm</th><th colspan="2">额定工作电压,V</th><th colspan="2">输出能力</th><th rowspan="2">重复定位精度,mm</th><th colspan="2">开关压降,V</th><th colspan="5">外形及安装尺寸,mm</th></tr>
<tr><th>AC</th><th>DC</th><th>长期</th><th>瞬时</th><th>AC</th><th>DC</th><th>D</th><th>d_1</th><th>L_1</th><th>L_2</th><th>L_3</th></tr>
<tr><td>LXJ6-2/12</td><td>2±1</td><td rowspan="4">≤1</td><td rowspan="5">100~250</td><td rowspan="5">10~30</td><td rowspan="5">30~200mA</td><td rowspan="5">1A（t≤20ms）</td><td rowspan="4">±0.15</td><td rowspan="5"><9</td><td rowspan="5"><4.5</td><td>20</td><td>M12×1</td><td>50</td><td>58</td><td>62</td></tr>
<tr><td>LXJ6-2/18</td><td>2±1</td><td rowspan="2">28</td><td rowspan="2">M18×1</td><td rowspan="2">50</td><td rowspan="2">75</td><td rowspan="2">79</td></tr>
<tr><td>LXJ6-4/18</td><td>4±1</td></tr>
<tr><td>LXJ6-4/22</td><td>4±1</td><td rowspan="2">35</td><td rowspan="2">M22×1</td><td rowspan="2">50</td><td rowspan="2">75</td><td rowspan="2">79</td></tr>
<tr><td>LXJ6-6/22</td><td>6±1</td><td>≤2</td><td>±0.3</td></tr>
</table>

续表

型　号	动作距离，mm	复位行程差，mm	额定工作电压，V		输出能力		重复定位精度，mm	开关玉降，V		外形及安装尺寸，mm				
			AC	DC	长期	瞬时		AC	DC	D	d_1	L_1	L_2	L_3
LXJ6-8/30	8 ±1	≤2	100 ~ 250	10 ~ 30	30 ~ 200mA	1A（t≤20ms）	±0.3	<9	<4.5	42	M30 × 1.5	50	75	79
LXJ6-10/30	10 ±1													

注：1. LXJ6 系列电感式接近开关适用于交流 50Hz 或 60Hz，额定工作电压 100 ~ 250V 的线路中作为机床及自动线的定位或检测信号元件使用。当运动的金属体靠近接近开关并达到动作距离之内时，接近开关无接触无压力地发出检测信号，供驱动小容量的接触器或中间继电器以及控制程序转换用。该系列开关安装调整方便，具有防振防潮性，外壳采用增强尼龙材料，安全可靠。

2. 工作条件：环境温度为 -25 ~ 40℃；相对湿度≤90%（25℃时）；海拔≤2000m。

2）LXJ7 系列接近开关的外形及参数见表 8-45。

表 8-45　LXJ7 系列接近开关的外形及参数

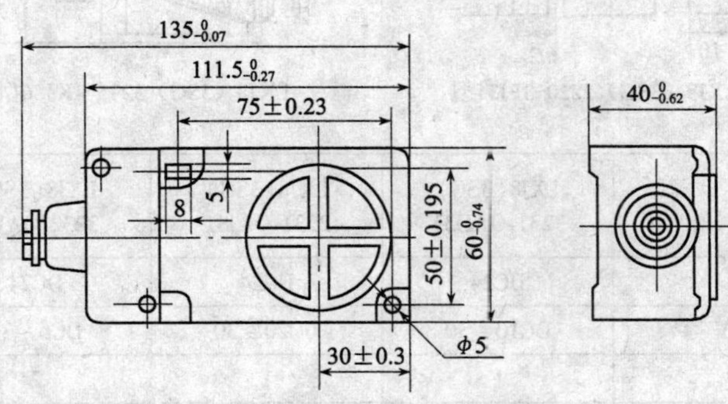

型　号	作用距离，mm	复位行程差，mm	额定工作电压，V	输出能力		重复精度，mm	开关压降，V
				长期	瞬时		
LXJ7-10	10 ±2.5	≤0.2	AC100 ~ 250	30 ~ 200mA	1A（t≤20ms）	0.5	≤9
LXJ7-15	15 ±2.5	≤0.3					
LXJ7-20	20 ±2.5	≤0.4					

注：1. LXJ7 系列接近开关适用于交流 50Hz 或 60Hz、额定电压为 100 ~ 250V 的线路中，作为机床及自动线的定位或检测信号元件使用。

该系列接近开关采用盒式方形结构，安装方便。开关为支流二线制，负载可直接串接在线路中，使用方便。此外，开关还具有体积小、重量轻、精度高、寿命长以及耐振、防潮等特点。

2. 工作条件：环境温度为 -5 ~ 40℃；相对湿度≤50%（40℃时）或≤90%（25℃时）；海拔≤2000m。

3）LXJ8（3SG）系列接近开关的外形及参数见表 8-46。

表 8-46　LXJ8（3SG）系列接近开关的外形及参数

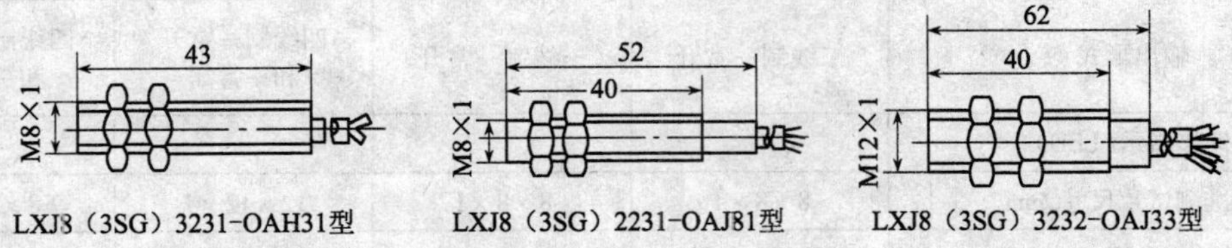

续表

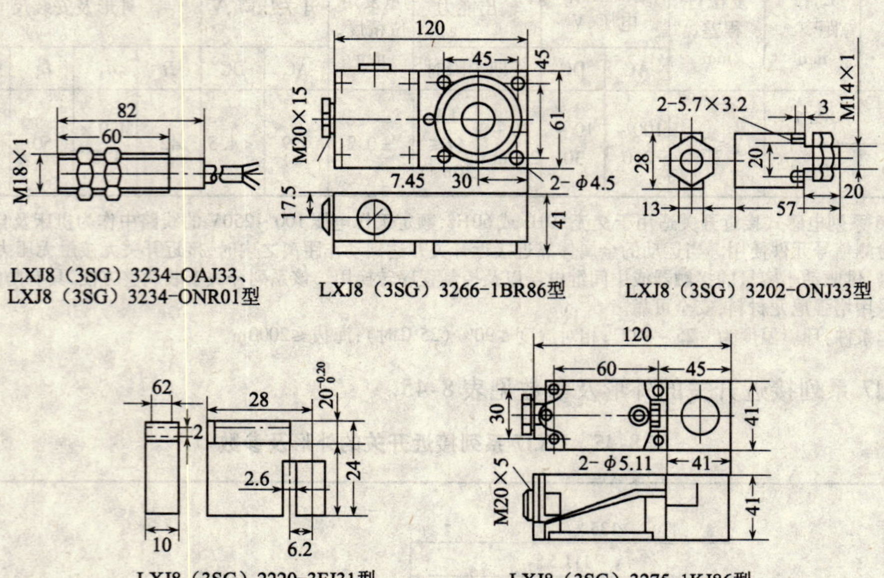

LXJ8（3SG）3234-OAJ33、LXJ8（3SG）3234-ONR01型

LXJ8（3SG）3266-1BR86型

LXJ8（3SG）3202-ONJ33型

LXJ8（3SG）2220-3FJ31型

LXJ8（3SG）3275-1KJ86型

型　　号	LXJ8(3SG) 3231-OAH31	LXJ8(3SG) 2231-OAJ81	LXJ8(3SG) 3232-OAJ33	LXJ8(3SG) 3234-OAJ33
额定电源电压,V	DC24	DC24	DC24	DC24
允许输入电压范围,V	DC10～30	DC20～30	DC6～30	DC6～30
额定动作距离,mm	1	1	2	5
允许调整范围,mm	0.9～1.1	0.9～1.1	1.8～2.2	4.5～5.5
回环宽度,mm	0.03～0.22	0.01～0.17	0.02～0.33	0.05～0.83
重复定位精度,mm	±0.02	±0.02	±0.06	±0.15
输出电流,mA	5～50	300	(a)2×10; (b)2×50	(a)2×10; (b)2×50
动作频率,Hz	800	3000	500	180
电压降,V	≤8	≤3.5	≤4.5	≤4.5
误脉冲抑制	—	—	—	有
短路保护	—	—	有	有
极性保护	—	有	有	有
过载保护	—	有	有	有
防护等级	IP67	IP67	IP67	IP67
外壳材料	钢	钢	黄铜镀镍	黄铜镀镍
输出形式	二线制一常开	三线制一常开	四线制一常开 和一常闭	四线制一常开 和一常闭
动作指示(LED)				有
标准测试片尺寸,mm	8×8×1	8×8×1	12×12×1	18×18×1
安装形式	可埋入金属	可埋入金属	可埋入金属	可埋入金属

续表

型　　号	LXJ8(3SG) 3234-ONR01	LXJ8(3SG) 3266-1BR86	LXJ8(3SG) 3202-ONJ33	LXJ8(3SG) 2220-3FJ31	LXJ8(3SG) 3275-1KJ86
额定电源电压,V	AC220	AC220	DC24	DC24	DC24
允许输入电压范围,V	AC30~250	AC30~250	DC6~30	DC20~30	DC10~30
额定动作距离,mm	8	25	5	深:5	15
允许调整范围,mm	7.2~8.8	22.5~27.5	4.5~5.5	深:5.0~7.5	13.5~16.5
回环宽度,mm	0.15~1.76	0.68~5.5	0.05~0.83	—	0.41~3.3
重复定位精度,mm	±0.20	±0.50	±0.15	±0.10	±0.75
输出电流,mA	20~300	20~500	(a)2×10; (b)2×50	50	300
动作频率,Hz	10	10	100	100	60
电压降,V	≤10	≤10	≤4.5	≤3.5	≤3.5
误脉冲抑制	有	有	有	—	有
短路保护	—	—	有	有	有
极性保护	—	—	有	有	有
过载保护	有	有	有	有	有
防护等级	IP67	IP65	IP67	IP67	IP65
外壳材料	塑料	塑料	塑料	塑料	塑料
输出形式	二线制—常开	二线制—常开或一常闭	四线制—常开和一常闭	三线制—常开	三线制—常开或一常闭
动作指示(LED)	有	有	有	—	有
标准测试片尺寸,mm	18×18×1	60×60×1	14×14×1	5×35×0.3 (铝或钢)	40×40×1
安装形式	不可埋入金属	可埋入金属	不可埋入金属	—	可埋入金属

注:1. LXJ8(3SG)系列接近开关系引进德国西门子技术生产,适用于交流40~60Hz、额定电压30~250V、电流300~500mA及直流额定电压6~30V、电流10~300mA的控制线路中,作为机床限位、检测、计数、测速元件使用。该系列接近开关品种规格齐全,外形结构多样,电压范围宽,输出形式多,且具有重复定位精度高、频率响应快、抗干扰性强及使用寿命长等优点。开关内充以树脂,封闭良好,可耐振、耐腐蚀及防水防尘。此外,开关还具有短路、极性、过载保护及误脉冲抑制等功能。

2. 工作条件:环境温度为-25~40℃;相对湿度≤90%(25℃时);海拔≤2000m。

4)GDK8 系列光电开关的外形及参数见表 8-47。

表 8-47　GDK8 系列光电开关的外形及参数

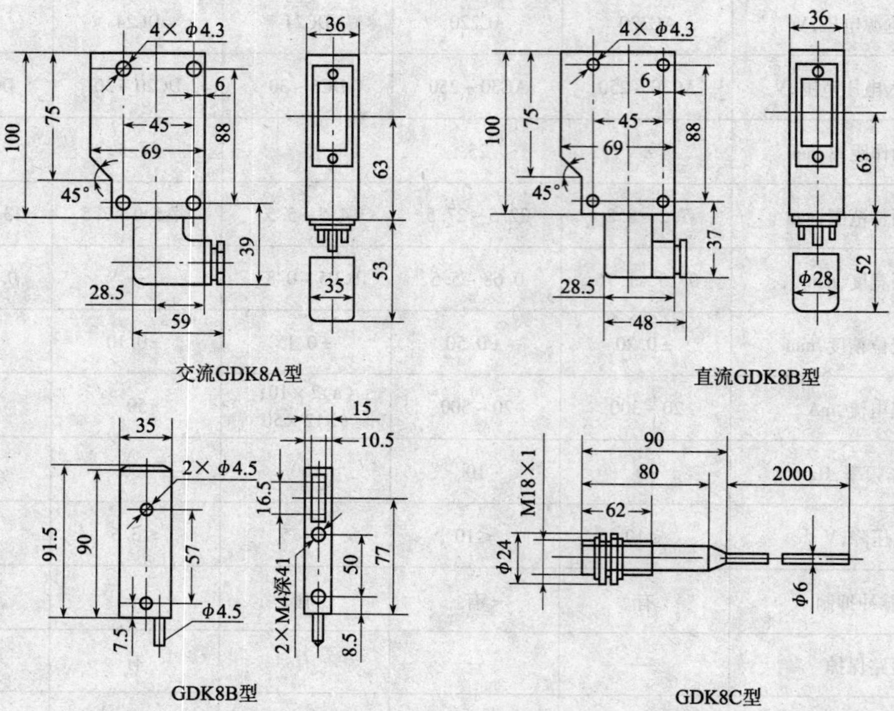

交流GDK8A型　直流GDK8B型

GDK8B型　GDK8C型

检测方式	型　号	输出动作方式	检测距离	电源电压,V	通断频率,次/s	检测物体,mm	最大负载电流	残压(或接触电阻)	漏电流,mA	消耗电流(或功率)
透射式	GDK8A-T10M/	J	10m	AC220 AC110	5 50	30×30	AC220V3A DC28V10A	<0.5Ω		<2W
	GDK8A-T5M/	PR、PZ、PB NR、NZ、NB	5m	DC12 DC24	200		100mA	<1.5V	<0.5	投光器、受光器各<40mA
	GDK8B-T5M/	PR、PZ、PB NR、NZ、NB	5m	DC12 DC24	200	15×15	100mA	<1.5V	<0.5	投光器、受光器各<40mA
	GDK8B-T3M/		3m			10×10				
镜反射式	GDK8A-J3M/ (130×67 反射镜)	J	0.15~3m	AC220 AC110	5 50	30×30	AC220V3A DC28V10A	<0.5Ω		<2W
		PR、PZ、PB NR、NZ、NB		DC12 DC24	200		10mA	<1.5V	<0.5	<50mA
	GDK8B-JZM/ (65×40 反射镜)	PR、PZ、PB NR、NZ、NB	2m	DC12 DC24	200	15×15	100mA	<1.5V	<0.5	<50mA
	GDK8C-J 1.5M/ (65×40 反射镜)	PR、PZ、PB NR、NZ、NB	1.5m			10×10				

8.6 接触器

1)CJX3 系列交流接触器的外形及参数见表 8-60。

表 8-60 CJX3 系列交流接触器的外形及参数

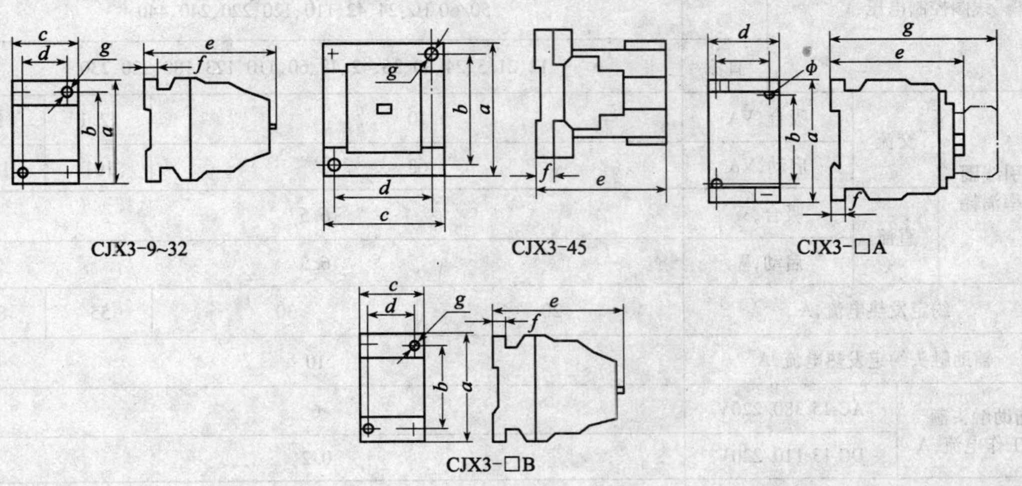

CJX3-9~32　　CJX3-45　　CJX3-□A　　CJX3-□B

<table>
<tr><td colspan="3">型　　号</td><td>CJX3-9
CJX3-9A
CJX3-9B</td><td>CJX3-12
CJX3-12A
CJX3-12B</td><td>CJX3-16
CJX3-16A
CJX3-16B</td><td>CJX3-22
CJX3-22B</td><td>CJX3-25A</td><td>CJX3-32
CJX3-32A
CJX3-32B</td><td>CJX3-45</td></tr>
<tr><td colspan="3">额定绝缘电压,V</td><td colspan="6">CJX3:660;CJX3-□A,CJX3-□B:690</td><td>1000 辅助触头:690</td></tr>
<tr><td colspan="2" rowspan="2">额定工作电流,A(380V)</td><td>AC3</td><td>9</td><td>12</td><td>16</td><td>22</td><td>25</td><td>32</td><td>45</td></tr>
<tr><td>AC4</td><td>3.3</td><td>4.3</td><td>7.7</td><td>8.5</td><td>8.5</td><td>15.6</td><td>24</td></tr>
<tr><td rowspan="2">可控电动机功率,kW</td><td>AC3</td><td>230/220V
400/380V
500V
690/660V
1000V</td><td>2.4
4.0
5.5
5.5
—</td><td>3.3
5.5
7.5
7.5
—</td><td>4.0
7.5
10
11
—</td><td>6.1
11
11
11
—</td><td>6.1
11
10
11
—</td><td>8.5
15
21
23
—</td><td>15
22
30
29
—</td></tr>
<tr><td>AC4</td><td>400/380V
690/660V</td><td>1.4
2.4</td><td>1.9
3.3</td><td>3.5
6.6</td><td>4.0
5.0</td><td>4.0
6.5</td><td>7.5
13</td><td>12
20.8</td></tr>
<tr><td colspan="3">机械寿命,(×10^6 次)</td><td colspan="5">15</td><td colspan="2">10</td></tr>
<tr><td colspan="2" rowspan="2">电寿命,(×10^6 次)</td><td>AC3</td><td colspan="5">1.2</td><td colspan="2">1.0</td></tr>
<tr><td>AC4</td><td colspan="7">0.2</td></tr>
<tr><td colspan="2" rowspan="2">操作频率,次/h</td><td>AC3</td><td colspan="2">1000</td><td colspan="4">750</td><td>1200</td></tr>
<tr><td>AC4</td><td colspan="6">250</td><td>400</td></tr>
<tr><td colspan="3">吸引线圈工作电压范围(AC)</td><td colspan="7">(0.8~1.1)U_c</td></tr>
</table>

续表

型号			CJX3-9 CJX3-9A CJX3-9B	CJX3-12 CJX3-12A CJX3-12B	CJX3-16 CJX3-16A CJX3-16B	CJX3-22 CJX3-22B	CJX3-25A	CJX3-32 CJX3-32A CJX3-32B	CJX3-45
线圈控制电压,V	交流		50Hz:20、24、36、42、48、92、100、110、127、183、200、220、367、380、415、500 60Hz:24、29、42、50、58、110、120、132、152、220、240、264、440、460、500、600 50/60 Hz:24、42、110、120、220、240、440						
	直流		12、21.5、24、30、36、42、48、60、110、123、180、220、230						
吸引线圈功率消耗	交流	吸合,VA	10					12.1	17
		启动,VA	68					101	183
	直流	吸合,W	6.5						
		启动,W	6.5						
约定发热电流,A			20		30			55	80
辅助触头约定发热电流,A			10						
辅助触头额定工作电流,A	AC-15 380/220V		6						
	DC-13 110/220V		0.2						
飞弧距离,mm			—						<10
外形及安装尺寸,mm		*a*	75/81/78	75/81/78	85/86/85	85/—/85	—	85/103/103	117
		b	60/60/60	60/60/60	75/75/75	75/—/75	—	75/75/75	100
		c	45/35/45	45/35/45	45/35/45	45/—/45	—	70/45/82	90
		d	35/45/35	35/45/35	35/45/35	35/—/35	—	50/35/45	70
		e	85/85/81	85/85/81	115/97/112	115/—/112	—	105/109/107	123
		f	7.5/8/8	7.5/8/8	8/8/8	8/—/8	—	8/8/8	12
		g	ϕ5/111/ϕ4.8	ϕ5/111/ϕ4.8	ϕ5/123/ϕ4.8	ϕ5/—/ϕ4.8	—	ϕ5/135/5×7	ϕ5
		ϕ	—/4.8/—	—/4.8/—	—/4.8/—	—/—/—	—	—/5×7/—	—

注:1. CJX3 系列交流接触器适用于交流 50Hz 或 60Hz 电压至 660V、电流至 400A(380V AC3 使用类别)的电力线路中供远距离接通或分断电路用,可频繁地启动及控制交流电动机。CJX3-□A、CJX3-□B 系列交流接触器是引进 3TB 交流接触器的更新换代产品,与 3TB 系列产品相比,具有控制容量大、防护等级高、使用寿命长等特点,可与 3TB 产品互换。

2. 工作条件:环境温度为 -25 ~ 55℃;相对湿度≤50% (40℃);海拔≤2000m。

2)CJX3-N 系列可逆接触器的外形及参数见表 8-61。

表 8-61　CJX3-N 系列可逆接触器的外形及参数

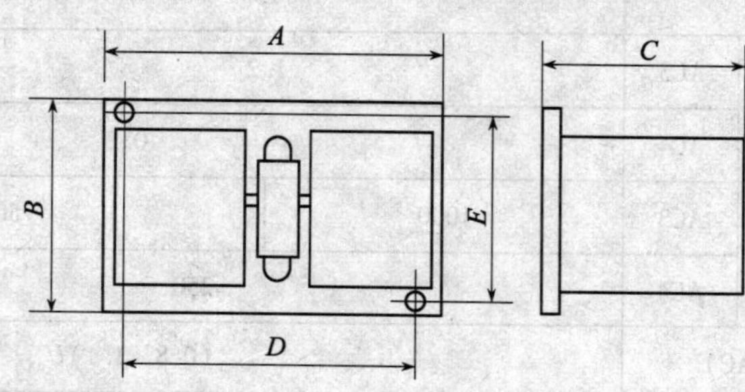

续表

型　号	额定绝缘电压，V	额定绝缘电压，V	额定控制电压 U_s，V	线圈工作电压范围	辅助触头数量	AC3 使用类别下380V 时			AC4 使用类别下380V 时			外形及安装尺寸，mm				
						I_e，A	P_e，kW	操作频率，次/h	I_e，A	P_e，kW	操作频率，次/h	A	B	C	D	E
CJX3-9N						9	4		3.3	1.4		106	87	85	106	60
CJX3-12N						12	5.5		4.3	1.9		106	87	85	106	60
CJX3-16N						16	7.5		8	3.5		127	112	120	100	95
CJX3-22N						22	11		8.5	4		127	112	120	100	95
CJX3-32N						32	15		15.5	7.5		170	110	120	145	95
CJX3-45N	660	≤660	24、36、42、48、110、127、220、380	(0.8～1.1)U_s	常开Z 常闭Z	45	22	300	24	12	120	215	165	145	180	145
CJX3-63N						63	30		28	14		215	165	145	180	145
CJX3-75N						75	37		34	17		250	175	158	200	155
CJX3-85N						85	45		43	21		250	175	158	200	155
CJX3-110N						110	55		54	27		300	210	190	240	183
CJX3-140N						140	75		68	35		300	210	190	240	183

注：1. CJX3-N 系列可逆接触器适用于50Hz 或60Hz，电压至660V，额定工作电流至140A 的有可逆换接要求的电路中。它同时装有机械联锁及电气联锁两种联锁机构，保证了电路在频繁换相时的可靠性。可用于控制交流电动机的启动、停止及反转，也可用在需频繁地可逆换接的电气设备上。

2. 工作条件：环境温度为 -25～55℃；相对湿度≤95%（25℃）；海拔≤2000m。

3）CJX1 系列交流接触器的主要技术参数见表8-62。

表 8-62　CJX1 系列交流接触器的主要技术参数

型　号	额定绝缘电压，V	额定发热电流，A	AC3 使用类别时，可控三相感应电机的最大功率，kW			线圈电压等级，V	操作频率，次/h		通电持续率，%	外形尺寸，mm	安装尺寸，mm
			220V	380V	660V		AC3	AC4			
CJX1-9	660	20	2.2	4	5.5	50Hz：24、36、42、48、110、127、220、380、415、500 60Hz：24、42、110、220、440、460、500、600、50/60Hz：24、42、110、120、220、240、440	1200	300	40	75×45×102	60×35 2×ϕ5
CJX1-12		20	3	5.5	7.5		1200	300			
CJX1-16		31.5	4	7.5	11		600	300		85×46×113	75×35 2×ϕ5
CJX1-22		31.5	5.5	11	11		600	300			
CJX1-32		45		15	15		600	300		70×85×105	50×75 2×ϕ5
CJX1-45	1000	80	15	22	37		600	300		117×90×123	100×70 2×ϕ5
CJX1-63		90	18.5	30	55		1000	300			
CJX1-75		100	22	37	67		1000	300		132×100×140	110×80 2×ϕ5.5
CJX1-85		100	26	45	67		850	250			
CJX1-110		160	37	55	100		1000	300		150×120×140	130×100 2×ϕ6.5
CJX1-140		160	43	75	100		700	200			
CJX1-170		210	55	90	156		700	200		180×135×185	160×110 2×ϕ7
CJX1-205		220	64	110	156		500	130			

注：1. CJX1 系列交流接触器适用于交流50Hz 或60Hz，电压至660V 的电力线路中，供远距离接通和分断电路及频繁地启动和停止交流电动机用，并可与热继电器组成电磁启动器。

本系列产品采用整体结构，可拆成上、下两部分。上部分是触头系统，下部分是磁系统，用螺钉可将两部分组成一个整体。

2. 工作条件：环境温度为 -25～40℃；相对湿度≤50%（40℃）或≤90%（25℃）；海拔≤2000m。

4）CJ20 系列交流接触器的外形及参数见表 8-63。

表 8-63　CJ20 系列交流接触器的外形及参数

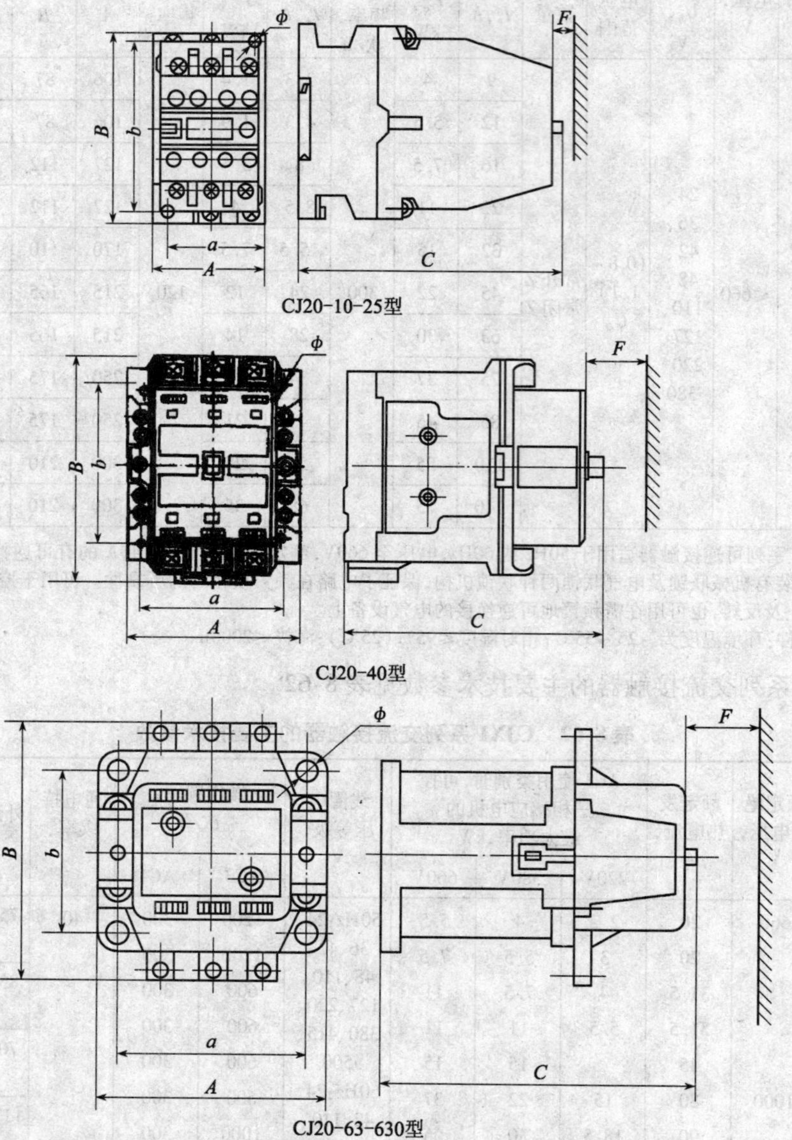

CJ20-10-25型

CJ20-40型

CJ20-63-630型

型　号	额定绝缘电压，V	额定工作电压 U_c，V	约定发热电流 I_{th}，A	额定工作电流（AC-3），A	额定控制功率，kW	额定操作频率（AC-3），次/h	与 SCPD 的协调配合①	动作特性	线圈控制功率（VA/W）	
									起动	吸持
CJ20-10	660	220	10	10	2.2	1200	NT00-20/660	吸合电压范围（0.8～1.1）U_s② 释放电压范围（0.2～0.7）U_s	65/47.6	8.3/2.5
		380		10	4	1200				
		660		5.8	4	600				

续表

型号	额定绝缘电压,V	额定工作电压U_e,V	约定发热电流I_{th},A	额定工作电流(AC-3),A	额定控制功率,kW	额定操作频率(AC-3),次/h	与SCPD的协调配合①	动作特性	线圈控制功率(VA/W)	
									起动	吸持
CJ20-16	660	220	16	16	4.5	1200	NT00-32/660	吸合电压范围(0.8~1.1)U_s② 释放电压范围(0.2~0.7)U_s	62/47.8	8.5/2.6
		380		16	7.5	1200				
		660		13	11	600				
CJ20-25		220	32	25	5.5	1200	NT00-50/660		93.1/60	13.9/4.1
		380		25	11	1200				
		660		14.5	13	600				
CJ20-40		220	55	40	11	1200	NT00-80/660		175/82.3	19/5.7
		380		40	22	1200				
		660		25	22	600				
CJ20-63		220	80	63	18	1200	NT1-160/660		480/153	57/16.5
		380		63	30	1200				
		660		40	35	600				
CJ20-100		220	125	100	28	1200	NT1-250/660		570/175	61/215
		380		100	50	1200				
		660		63	50	600				
CJ20-160		220	200	160	48	1200	NT2-315/660		855/325	855/325
		380		160	85	1200				
		660		100	85	600				
CJ20-160/11	1140	1140	200	80	—	300				
CJ20-250	660	220	315	250	80	600	NT2-440/660	吸合电压范围(0.85~1.1)U_s 释放电压范围(0.2~0.75)U_s	570/175	152/65
		380		250	132	600				
CJ20-250/06		660		200	190	300			1710/565	3578/790
CJ20-400		220	400	400	115	600	NT2-500/660		3578/790	250/118
		380		400	200	600				
CJ20-400/06		660		250	220	300				
CJ20-630		220	630	630	175	600	NT3-630/660		3578/790	3578/790
		380		630	300	600				
CJ20-630/06		660	400	400	350	300				
CJ20-630/11	1140	1140		400	—	300				

型号	外形及安装尺寸,mm							重量,kg
	A_{max}	B_{max}	C_{max}	a	b	ϕ	F_{min}	
CJ20-10	44.5	67.5	107	35	55	5	10	—
CJ20-16	44.5	73	116.5	35	60	5	10	—
CJ20-25	52.5	90.5	122	40	80	5	10	0.67

续表

型　号	外形及安装尺寸,mm							重量,kg
	A_{max}	B_{max}	C_{max}	a	b	ϕ	F_{min}	
CJ20-40	87	111.5	118	70	80	5	30	—
CJ20-63	116	142	146	100	90	5.8	60	2.9
CJ20-100	122	147	154	108	92	7	70	3
CJ20-160	146	187	178	130	130	9	80	5.5
CJ20-160/11	146	197	190	130	130	9	80	6.3
CJ20-250	190	235	230	160	150	9	100	10.5
CJ20-250/06	190	235	230	160	150	9	100	10.5
CJ20-400 CJ20-400/06	190	235	230	160	150	9	110	11.7
CJ20-630	245	294	272	210	180	11	120	21.5
CJ20-630/11	245	294	287	210	180	11	120	21.5

注:1. CJ20系列交流接触器主要用于交流50Hz、额定电压至660V(个别等级至1140V)、电流至630A的电力线路中供远距离频繁接通和分断电路以及控制交流电动机,并适宜于与热继电器或电子保护装置组成电磁起动器,以保护电路或交流电动机可能发生的过载及断相。

2. 工作条件:环境温度为-5~40℃;相对湿度≤90%(25℃);海拔≤2000m。

① 与表中熔断器配用,熔断器在分断50kA短路电流时触头不熔焊。

② U_s 线圈电压:AC:50Hz、36V、127V、220V、380V;DC:48V、11V、220V。

5)B系列交流接触器的外形及参数见表8-64。

表8-64　B系列交流接触器的外形及参数

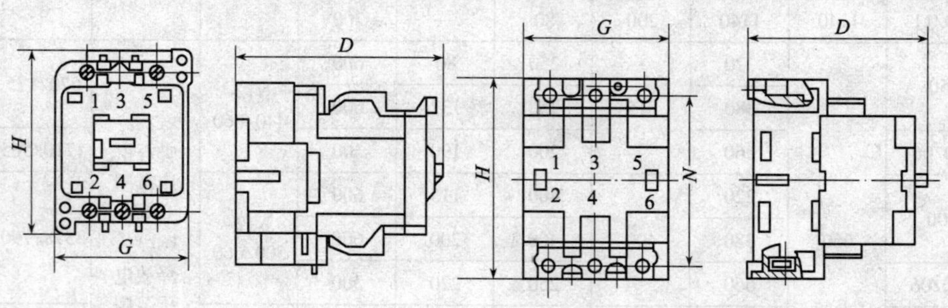

B37~B85型　　B105~B370型

型　号		B9	B12	B16	B25	B30	B37	B45	B65	B85	B105	B170	B250	B370	B460
额定绝缘电压,V		660													
最高工作电压,V		660													
AC-3、AC-4时额定工作电流,A	380V	8.5	11.5	15.5	22	30	37	45	65	85	105	170	250	370	475
	660V	3.5	4.9	6.7	13	17.5	21	25	44	53	82	118	170	268	337
AC-3时控制功率,kW		4	5.5	7.54	11	15	18.5	22	33	45	55	90	132	200	250
电寿命(百万次)		1													

续表

型　　号	B9	B12	B16	B25	B30	B37	B45	B65	B85	B105	B170	B250	B370	B460
机械寿命(千万次)	1													
操作频率 AC-3、AC-2,次/h	600											400		300
外形尺寸 $H\times G\times D$,mm	68×16×84			82×55×90	92×55×96	114×83×128		134×94×134		154×118×137	165×134×152	207×167×193	252×202×221	260×245×338

注:交流操作B型交流接触器和直流操作的BE(叠片式铁芯)/BC(整块式铁芯)型交流接触器主要用于交流50Hz、60Hz,额定电压至660V,额定电流至475A的电力线路中,供远距离接通与分断电力线路或频繁地控制交流电动机之用,具有失压保护作用。常与T系列热继电器组成电磁起动器,此时,具有过载及断相保护作用。

8.7 电磁起动器

1)QC25系列电磁起动器的外形及参数见表8-65。

表8-65　QC25系列电磁起动器的外形及参数

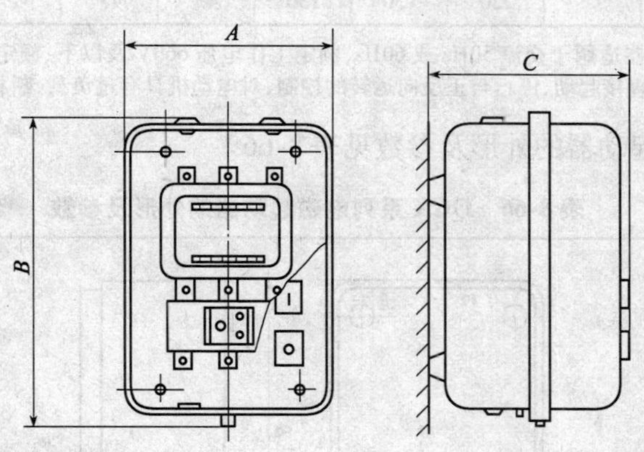

型　号	额定频率,Hz	额定绝缘电压,V	约定发热电流,A	额定工作电压,V	额定工作电流,A		可控制电动机的最大功率,kW		接触器型号	热继电器型号	热继电器整定电流范围,A	外形尺寸 $A\times B\times C$,mm
					IP00	IP40、IP55	IP00	IP40、IP55				
QC25-4	50(60)	660	10	660	5.2	5.2	4	4	CJ20-10	JR20-10	1.2~11.6	117×208×136
				380	9	9	4	4				
				220	9	9	2.2	2.2				
QC25-7.5			16	660	9	9	7.5	7.5	CJ20-16	JR20-16	3.6~18	123×234×159
				380	16	16	7.5	7.5				
				220	16	16	4.5	4.5				
QC25-11			25	660	14.5	14.5	13	13	CJ20-25	JR20-25	7.8~29	123×234×159
				380	25	25	11	11				
				220	25	25	5.5	5.5				

续表

型　号	额定频率，Hz	额定绝缘电压，V	约定发热电流，A	额定工作电压，V	额定工作电流，A		可控制电动机的最大功率，kW		接触器型号	热继电器型号	热继电器整定电流范围，A	外形尺寸 A×B×C，mm
					IP00	IP40、IP55	IP00	IP40、IP55				
QC25-22	50（60）	660	45	660	25	25	22	22	CJ20-40	JR20-63	16～55	148×284×182
				380	45	45	22	22				
				220	45	45	11	11				
QC25-30			63	660	40	25	35	22	CJ20-63		16～71	198×353×206
				380	60	60	30	30				
				220	60	60	17	17				
QC25-50			100	660	60	40	50	36	CJ20-100	JR20-160	33～115	228×414×214
				380	100	100	50	50				
				220	100	100	28	28				
QC25-75			160	660	100	60	85	50	CJ20-160		33～176	278×478×260
				380	150	150	75	75				
				220	150	150	43	43				

注：1. QC25系列电磁起动器适用于交流50Hz或60Hz、额定工作电压660V及以下、额定工作电流150A及以下的电路中，供交流电动机的直接起动、停止与正反向运转的控制，对电动机具有过负载、断相和失压保护等功能。

2）QCX系列电磁起动器的外形及参数见表8-66。

表8-66　QCX系列电磁起动器的外形及参数

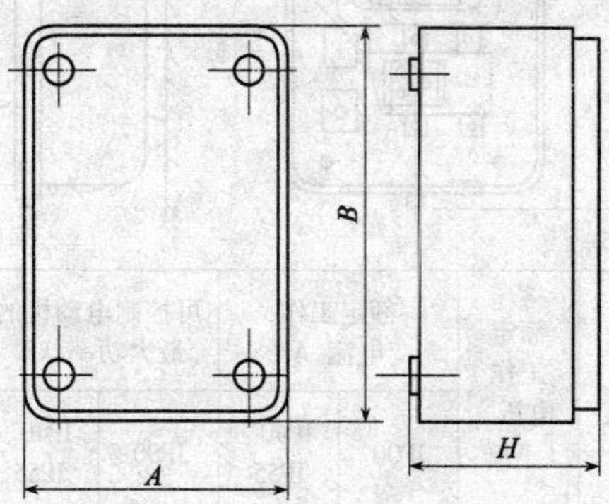

起动器型号				起动器级别	380V时额定工作电流，A	380V配用电动机额定功率，kW	配用接触器型	配用热继电器型号	外形尺寸 A×B×H，mm	
不可逆		可逆								
带钢板外壳	带钢板外壳及起动、停止按钮	带钢板外壳	带钢板外壳及正向、停止、反向按钮						不可逆	可逆
QCX-4C	QCX-4PC	QCX-4RC	QCX-4RPC	0	9	4	3TB40	3UA 5000-1K	200×300×140 330×300×140	250×350×167 400×350×167
QCX-5. 5C	QCX-5. 5PC	QCX-5. 5RC	QCX-5. 5RPC		12	5. 5	3TB41	3UA 5000-2S	200×300×140 330×300×140	250×350×167 400×350×167

续表

起动器型号				起动器级别	380V时额定工作电流,A	380V配用电动机额定功率,kW	配用接触器型	配用热继电器型号	外形尺寸 $A \times B \times H$,mm	
不可逆		可逆								
带钢板外壳	带钢板外壳及起动、停止按钮	带钢板外壳	带钢板外壳及正向、停止、反向按钮						不可逆	可逆
QCX-7.5C	QCX-7.5PC	QCX-7.5RC	QCX-7.5RPC	1	16	7.5	3TB42	3UA 5200-2B	200×300×140 330×300×140	250×350×167 400×350×167
QCX-11C	QCX-11PC	QCX-11RC	QCX-11RPC		22	11	3TB43	3UA 5200-2C	200×300×140 330×300×140	250×350×167 400×350×167
QCX-15C	QCX-15PC	QCX-15RC	QCX-15RPC	2	32	15	3TB44	3UA 5400-2Q	200×300×140 330×300×167	250×350×167 400×350×167
QCX-22C	QCX-22PC	QCX-22RC	QCX-22RPC	3	45	22	3TB46	3UA 5800-2F	200×300×140 330×300×140	250×350×167 400×350×167
QCX-30C	QCX-30PC	QCX-30RC	QCX-30RPC	4	63	30	3TB47	3UA 5800-2P	220×300×140 380×300×140	300×350×167 450×350×167
QCX-37C	QCX-37PC	QCX-37RC	QCX-37RPC		75	37	3TB48	3UA 6200-2U	220×300×140 380×300×140	300×350×167 450×350×167
QCX-55C	QCX-55PC	QCX-55RC	QCX-55RPC	6	110	55	3TB50	3UA 6200-2X	220×300×140 380×300×140	300×350×167 450×350×167

注:1. QCX 系列电磁起动器主要用于交流 50Hz 或 60Hz、电压至 380V、额定工作电流至 110A 的电力线路中,供远距离直接控制三相笼型电动机起动、停止及反向运转用。该系列起动器具有过载、断相与失压保护功能。

2. 工作条件:环境温度为 -25 ~40℃;相对湿度≤90%(25℃);海拔≤2000m。

3. 可逆起动器由按表中配用接触器组装成 3TD 可逆接触器后,再装入起动器中。

4. 0 级起动器不带机械联锁,只带电气联锁。

8.8 电磁铁

1)MQ3 系列交流牵引电磁铁的主要技术参数见表 8-67。

表 8-67 MQ3 系列交流牵引电磁铁的三要技术参数

型 号	额定吸力,N	额定行程,mm	操作频率,次/h	通电率,%	线圈电压,V	外形尺寸,mm	安装尺寸,mm	结构型式
MQ3-6.2	6.2	10	1200	60	36、110、220、380	82.5×50×46.5	30×32.5 4×4.5×5	推拉两用式,拉动式
MQ3-7.8	7.8	10	1200		36、110、220、380	82.5×50×48.5	30×34.5 4×4.5×5	
MQ3-9.8	9.8	10	1200		36、110、220、380	82.5×50×51.5	30×37 4×4.5×5	
MQ3-12.3	12.3	10	1200		36、110、220、380	82.5×50×54.5	30×40 4×4.5×5	
MQ3-15.7	15.7	20	600		110、220、380	122×62×65	46×49 4×6×8	
MQ3-19.5	19.5	20	600		110、220、380	122×62×67	46×51 4×6×8	
MQ3-24.5	24.5	20	600		110、220、380	122×62×70.5	46×54 4×6×8	
MQ3-31	31	20	600		110、220、380	122×62×76	46×59.5 4×6×8	

续表

型　号	额定吸力，N	额定行程，mm	操作频率，次/h	通电率，%	线圈电压，V	外形尺寸，mm	安装尺寸，mm	结构型式
MQ3-39	39	20	600	60	110、220、380	122×62×81.5	46×65　4×6×8	推拉两用式，拉动式
MQ3-5.0	50	30	600		110、220、380	166×94×81	73×61　4×7×9	
MQ3-6.3	63	30	600		110、220、380	166×94×87	73×67　4×7×9	
MQ3-8.0	80	30	600		110、220、380	166×94×95	73×75　4×7×9	
MQ3-10.0	100	30	600		110、220、380	166×94×104	73×84　4×7×9	
MQ3-12.5	125	40	300		220、380	199×132×102	108×80　4×9×13	拉动式
MQ3-16	160	40	300		220、380	199×132×111	108×89　4×9×13	
MQ3-20	200	40	300		220、380	199×132×121	108×99　4×9×13	
MQ3-25	250	40	300		220、380	199×132×133	108×111　4×9×13	

注：1. MQ3 系列交流牵引电磁铁适用于交流 50Hz，额定电压至 380V 的电路中，作为各种机械及自动化系统中多种操作机构的远距离控制用。该系列电磁铁为交流螺管式“T”形衔铁结构，采用有骨架线圈，橡胶缓冲垫及不锈钢导轨，具有体积小、重量轻、使用方便等特点。

2. 工作条件：环境温度为 -5～40℃；相对湿度≤50%（40℃）或≤90%（25℃）；海拔≤2000m。

2）MF 系列阀用电磁铁的主要技术参数见表 8-68。

表 8-68　MF 系列阀用电磁铁的主要技术参数

型　号	额定吸力，N	额定行程，mm	操作频率，次/h	通电率，%	线圈电压，V	外形尺寸，mm	安装尺寸，mm
MFZ1-0.7	7	4	3000	60	DC12、24、36、48、110、220	36.5×36.5×65	29×29　4-ϕ3.5
MFZ1-1.5	15	4				42.5×42.5×65	34×34　4-ϕ4.5
MFZ1-2	20	5				47.5×47.5×70	38×38　4-ϕ4.5
MFZ1-2.5	25	4(5)				47.5×47.5×70	38×38　4-ϕ4.5
MFZ1-4D	38	7				55.6×55.6×80	45×45　4-ϕ4.5
MFZ1-4C	40	8				52×52×90	42×42　4-ϕ4.5
MFZ1-4.5	45	6				55.6×55.6×80	45×45　4-ϕ4.5
MFZ1-5.5	55	4				55.6×55.6×80	45×45　4-ϕ4.5
MFZ1-7	70	7(8)				72.6×72.6×100	60×60　4-ϕ4.5
MFZ1-10	100	4				72.6×72.6×100	60×60　4-ϕ4.5
MFZ1-1.5YC	15	3	3000	60	DC24、110	36×84×76	28×28　4-ϕ4.5
MFZ1-2.5YC	25	3				47×95×76	38×38　4-ϕ4.5
MFZ1-3YC	30	5				50×100×92	41×41　4-ϕ4.5
MFZ1-4YC	40	6				55×103×95	45×45　4-ϕ5.5
MFZ1-5.5YC	55	4				55×103×101	45×45　4-ϕ5.5
MFZ1-7YC	70	7				72×120×106	60×60　4-ϕ6.5
MFB1-1.5C	15	4	3000	60	AC110、220、380	42.5×90×65	34×34　4-ϕ4.5
MFB1-2C	20	5				47.5×90×70	38×38　4-ϕ4.5
MFB1-4.5C	45	6				55.6×100×88	45×45　4-ϕ4.5
MFB1-7C	70	7				72.6×120×100	60×60　4-ϕ6.5
MFB1-10C	100	4				72.6×120×100	60×60　4-ϕ6.5

续表

型　　号	额定吸力,N	额定行程,mm	操作频率,次/h	通电率,%	线圈电压,V	外形尺寸,mm	安装尺寸,mm
MFB1-1.5YC	15	3	3000	60	AC110、220、380	36×84×76	28×28　4-ϕ4.5
MFB1-2.5YC	25	3				47×95×76	38×38　4-ϕ4.5
MFB1-3YC	30	5				50×100×92	41×41　4-ϕ4.5
MFB1-4YC	40	6				55×100×95	45×45　4-ϕ5.5
MFB1-5.5YC	55	4				55×103×101	45×45　4-ϕ5.5
MFB1-7YC	70	7				72×120×106	60×60　4-ϕ6.5
MFJ1-0.7	7	5	2000	60	AC110、220、380	48×48×80	40×40　4-ϕ3.6
MFJ1-1.5	15	6		60		57×57×88	48×48　4-ϕ4.5
MFJ1-3	30	5		100		61×61×97	50×50　4-ϕ4.5
MFJ1-4	40	6		60		71×71×103	60×60　4-ϕ5.5
MFJ1-4.5	45	7		100		71×71×105	60×60　4-ϕ5.5
MFJ1-5.5	55	8		60		71×71×105	60×60　4-ϕ5.5
MFJ1-7	70	7		60		81×81×109	68×68　4-ϕ6

注：1. MF 系列阀用电磁铁适用于直流或交流控制电路中，作为机床及其他液压、气动系统中各种电磁换向阀的远距离控制用。MFZ1 系列用于干式电磁阀的控制；MFZ1-Y 系列用于湿式阀；MFB1 系列适用于交流操作；MFJ1 系列适用于交流 50Hz、电压至 380V 的控制电路中。

2. 工作条件：环境温度为 -5～40℃；相对湿度≤50%（40℃）或≤90%（25℃）；海拔≤2000m。

8.9 熔断器

1）RL6 系列螺旋式熔断器的外形及参数见表 8-69。

表 8-69　RL6 系列熔断器的外形及参数

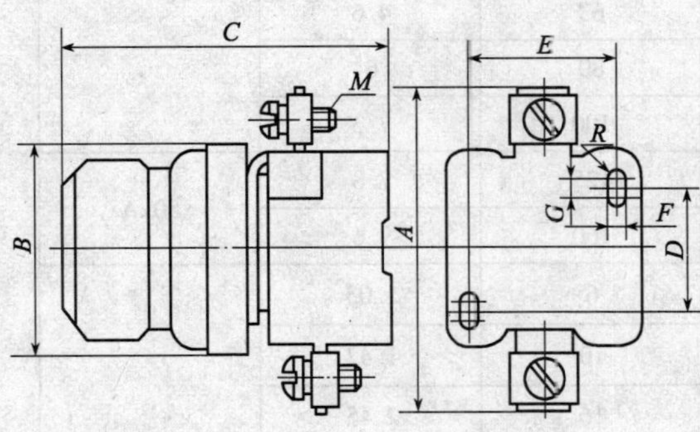

型　　号	熔断器支持件额定电流,A	额定工作电压,V	熔断体额定电流,A	额定功耗,W	额定分断能力
RL6-25	25	500	2,4,6,10,16,20,25	4	50kA $\cos\varphi$ = 0.1～0.2
RL6-63	63		25,50,63	7	
RL6-100	100		80,100	9	
RL6-200	200		125,160,200	19	

续表

型　号	外形及安装尺寸,mm								
	A	*B*	*C*	*D*	*E*	*M*	*R*	*F*	*G*
RL6-25	66	$43^{+1.5}_{0}$	80	30 ±1	27.5 ±1	M5	3	4.5	6
RL6-63	89	54^{+2}_{0}	82	32.5 ±1	37.5 ±1	M6		5	
RL6-100	121	75 ±2.4	115	55 ±1.2	45 ±1	M8	4.5	7	9
RL6-200	158	82 ±2.8	121	65 ±1.2	60 ±1.2	M10			

注:1. RL6 系列螺旋式熔断器适用于交流 45 ~62Hz、额定电压至 500V 及以下、额定电流至 200A 的电路中,作输配电设备、线路及系统的过载和短路保护用。

2. 工作条件:环境温度为 -5 ~40℃;相对湿度≤50% (40℃)或≤90% (25℃);海拔≤2000m。

2)NT(RT16)系列熔断器见表 8-70、表 8-71。

表 8-70　NT(RT16)系列熔断器主要技术参数

熔断器型号	熔　断　体　参　数				底　座　参　数	
	额定电压,V	额定电流,A	额定损耗功率,W	额定分断能力	型　号	额定电流,A
NT00 (RT16-00)	500 660	4	0.67	500V:120kA 660V 50kA	Sist160	160
		6	0.89			
		10	1.14			
		16	1.65			
		20	1.94			
		25	2.5			
		32	3.32			
		36	3.56			
		40	4.3			
		50	4.5			
		63	4.6			
		80	6			
		100	7.3			
	500	125	7.8	50kA		
		160	9.6			
NT0 (RT16-0)	500 660	6	1.03	500V:120kA 660V 50kA		
		10	1.42			
		16	2.45			
		20	2.36			
		25	2.7			
		32	3.74			
		36	4.3			
		40	4.7			
		50	5.5			

3)RS3 系列有填料快速熔断器的外形及参数见表 8-72。

表 8-72　RS3 系列有填料快速熔断器的外形及参数

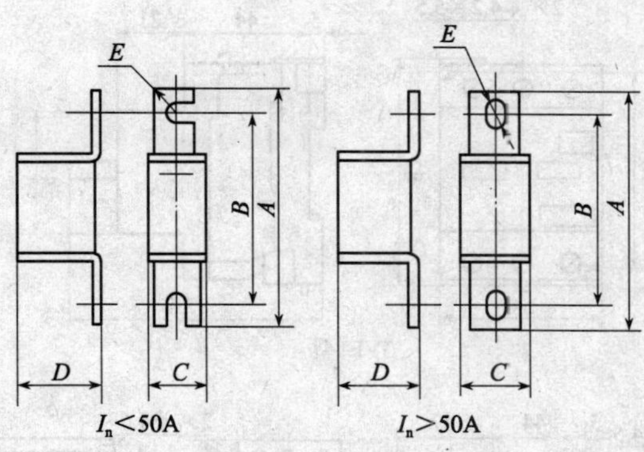

型　号	额定工作电压,V	熔断器额定电流,A	熔断体额定电流,A	额定分断能力,kA	最大功耗,W	外形及安装尺寸,mm				
						A	B	C	D	E
RS3-500/50	500	50	10	50	20	135	120	25	45	ϕ7
			15							
			30							
			50							
RS3-500/100		100	80		50	140	120	40	43	7×10.5
			100							
RS3-500/150		150	150		60	145	120	46	50	9×13.5
RS3-500/200		200	200		70	150	120	55	60	9×13.5
RS3-500/300		300	250		85	155	120	66	72	13×19.5
			300			172	146	66	66	ϕ13
RS3-500/500		500	500		10	173	136	85	91	ϕ17

注:1. RS3 系列有填料快速熔断器适用于交流 50Hz、额定电压至 500V、额定电流至 500A 的电路中,作为晶闸管元件及其所组成的成套装置的短路和过载保护用。该系列熔断器具有分断能力高、限流特性好等特点。

2. RS3 系列快速熔断器在 110% 额定电压、功率因数小于或等于 0.25 时,能分断 2 倍额定电流至额定分断能力之间的任何电流,分断后 3min 内测量的绝缘电阻值不小于 0.5MΩ。

3. RS3 系列快速熔断器分割时的最大电弧电压不超过电源峰值的 2.5 倍。

4. 工作条件:环境温度为 -25 ~ 40℃,24h 平均值≤35℃;相对湿度≤50% (40℃)或≤90% (25℃);海拔≤2000m。

8.10　断路器

1)3VE 系列塑料外壳式断路器的外形及参数见表 8-73。

表 8-73　3VE 系列塑料外壳式断路器的外形及参数

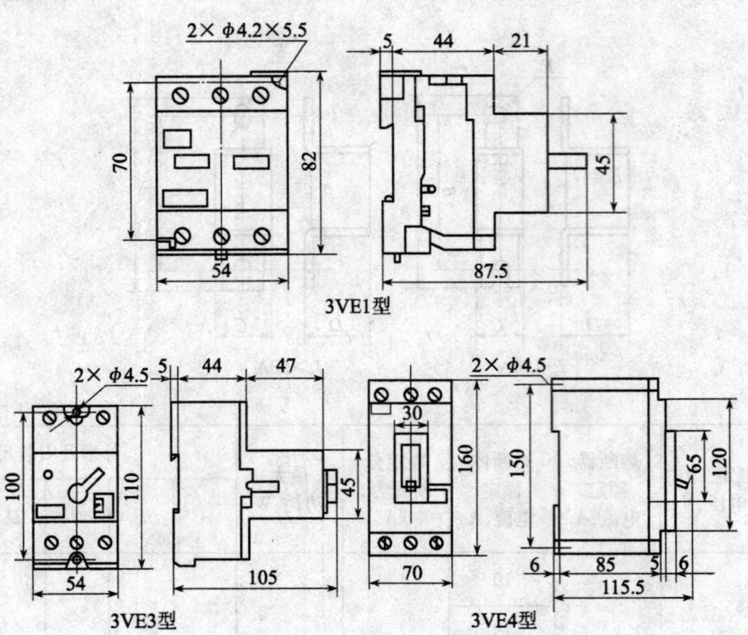

3VE1型

3VE3型　　3VE4型

型号	控制电动机功率,kW			通断能力,kA		机械寿命,次	脱扣器保护特性			工作条件			
	220V	380V	660V	220V 380V	660V					环境温度,℃	相对湿度≤ 40℃	相对湿度≤ 20℃	海拔,m
							保护电动机用						
3VE1	5.5	10	13	1.5	1.0	100000	$1.05I_n$	$1.2I_n$	$12I_n$				
							2h 不动作	<2h 动作	瞬动				
							配电用						
3VE3	9	16	26	10	3.0	100000				-20~55	50%	90%	≤2000
							$1.05I_n$	$1.3I_n$	$10I_n$				
3VE4	18	32	58	22	7.5	30000	1h 不动作	1h 动作	瞬动				

注：3VE 系列断路器（国内型号 DZS3）是引进德国西门子公司技术制造的产品，适用于交流 50Hz 或 60Hz、额定电压至 660V 及以下的电路中，作为电动机的过载和短路保护用，并可在 AC-3 负载下作为起动和分断电动机的全电压起动器，还可用在配电网络中作线路和电源设备的过载和短路保护用。该系列断路器具有温度补偿装置，使保护特性不受环境温度的影响。

2）DZ20 系列塑料外壳式断路器主要技术参数见表 8-74、表 8-75。

表 8-74　DZ20 系列塑料外壳式断路器主要技术参数

型　　号	壳架等级额定电流，A	额定电流 I_{nm}，A	极数	额定极限短路分断能力 AC 380V，kA	额定运行短路分断能力 AC 380V，kA	瞬时脱扣器整定电流		电寿命，次	机械寿命，次
						配电用	保护电动机用		
DZ20Y-100	100	16、20、32、40、50、63、80、100	2、3	18	14	$10I_n$ ≤40A 为 600A	$12I_n$	4000	4000
DZ20J-100			2、3、4	35	18				
DZ20G-100			2、3	100	50				
DZ20H-100			2、3	35	18				
DZ20C-160	160	16、20、32、40、50、63、80、100、125、160	3	12		$10I_n$	—	2000	6000
DZ20Y-200	200	63①、80①、100、125、160、180、200、225	2、3	25	18	$5I_n$ $10I_n$	$8I_n$ $12I_n$	2000	6000
DZ20J-200			2、3、4	42	25				
DZ20G-200			2、3	100	50				
DZ20H-225			3	35	18				
DZ20C-250	250	100、125、160、180、200、225、250	3	15		$10I_n$	—	2000	6000
DZ20C-400	400	100、125、160、180、200、250、315、350、400	3	20		$10I_n$	—	1000	4000
DZ20Y-400	400	200（Y）、250、315、350、400	2、3	30	23	$10I_n$	$12I_n$	1000	4000
DZ20J-400				50	25	$5I_n$	—		
DZ20G-400				100	50	$10I_n$	—		
DZ20C-630	630	250①、315①、350①、400、500、630	3	20		$5I_n$ $10I_n$	—	1000	4000
DZ20Y-630			2、3	30	23				
DZ20J-630			2、3、4	50	25				
DZ20H-630			3	50	25				
DZ20Y-1250	1250	630、700、800、1000、1250	2、3	50	38	$4I_n$ $7I_n$	—	500	2500
DZ20J-1250				65	38				

注：1. DZ20 系列塑料外壳式断路器适用于交流 50Hz 或 60Hz、额定电压至 380V 及直流额定电压至 220V、额定电流 1250A 的电路中，作配电和保护电动机用。配电用断路器在配电网络中用来分配电能，且作为线路和电源设备的过载、欠电压和短路保护用。保护电动机用断路器在电路中用于保护电动机过载、欠电压和短路。在正常情况下，断路器可分别作为线路的不频繁转换及电动机的不频繁起动用。

2. 工作条件：环境温度为 -5～40℃；相对湿度≤50%（40℃）或≤90%（25℃）；海拔≤2000m。

① DZJ-$^{200}_{630}$型 4 极断路器有此规格。

表 8-75　DZ20 系列断路器外形及安装尺寸(板前接线)

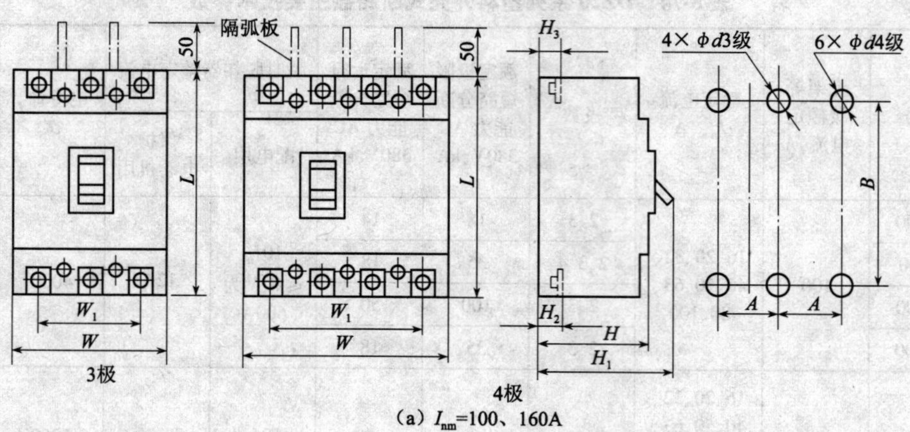

(a) I_{nm}=100、160A

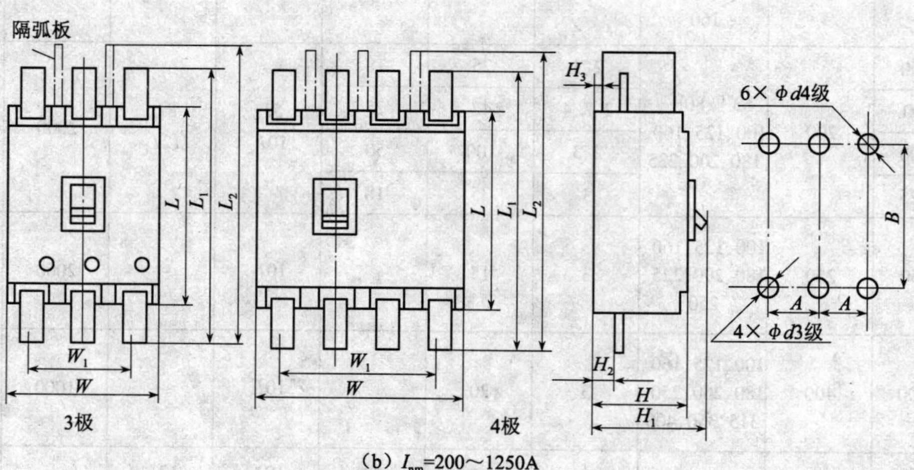

(b) I_{nm}=200～1250A

型　号	极数	外形尺寸,mm									安装尺寸,mm		
		W	L	H	W_1	L_1	L_2	H_1	H_2	H_3	A	B	ϕd
DZ20Y-100	2、3	105	165	86.5	70			103	26.5	26.5	35	126	5
DZ20J、H-100													
DZ20G-160				140				156.5		81.5			
DZ20C-160	2、3	108	155	84	70			106.5	17	17	35	135	5
DZ20Y-200	2、3	109	256.5	105	70	326.5		142	20.5	20.5	35	196.5	4.5
DZ20J-200													
DZ20G-200				187.5				227	38	103.5			
DZ20C-250	2、3	109	208	103.5	70	298		141	20.5	20.5	35	172	4.5
DZ20C-400	2、3	155	276	116	102	391		149.5	16	16	51	240	7
DZ20Y-400													
DZ20J-400		210	268	108	140	367	377	147	21.5	21.5	70	200	7
DZ20G-400				208			394	247	81	107.5			

续表

型　　号	极数	外形尺寸,mm									安装尺寸,mm		
		W	L	H	W_1	L_1	L_2	H_1	H_2	H_3	A	B	ϕd
DZ20C-630	2、3	210	268	108	140	367	377	147	21.5	215	70	200	7
DZ20Y-630													
DZ20J、H-630													
DZ20Y-1250	2、3	210	406	122	140	542		176	26	26	70	375	10
DZ20J-1250													
DZ20J-100	4	140	165	86.5	105			103	26.5	26.5	35	126	5
DZ20J-200		144	256.5	105	105	326.5	352	142	20.5	20.5	35	196.5	4.5
DZ20J-630		280	268	108	210	367	377	147	21.5	21.5	70	200	7

8.11　漏电保护器

1) DZL43(FIN)系列漏电断路器的外形及参数见表8-76。

表8-76　DZL43(FIN)系列漏电断路器的外形及参数

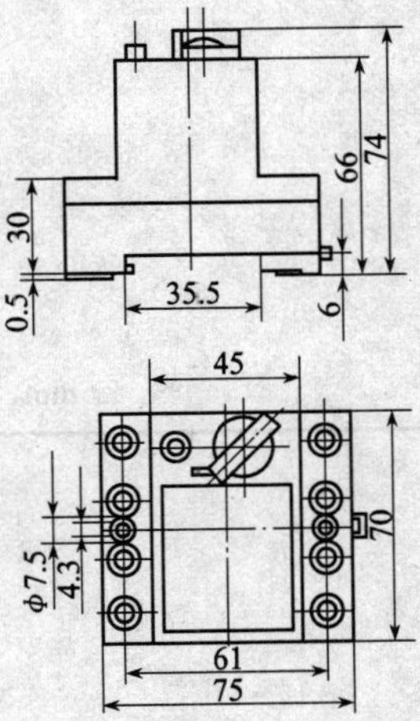

型号		DZL43 (FIN25)25	DZL43 (FIN40)40	DZL43 (FIN63)63
额定工作电压,V		单相240/220　三相400/380		
额定工作电流,A		25	40	63
漏电动作电流 $I_{\Delta n}$,mA		300、1000、3000、5000		
漏电不动作电流,mA		$0.5I_{\Delta n}$		
极数		2、3、4		
平衡负载或不平衡负载的不动作电流极限值		$2I_{\Delta n}$		
额定接通和分断能力最小值,A		500		1000
额定有条件短路电流,A		3000		5000
寿命,次		机械:8000　电气:4000		
开关动作时间,s	$I_{\Delta n}$	0.2		
	$2I_{\Delta n}$	0.1		
	$5I_{\Delta n}$	0.04		

注:1. DZL43(FIN)系列漏电断路器系引进德国F&G公司技术生产,适用于交流50Hz或60Hz、额定工作电压单相220V、三相380V及以下,额定工作电流至63A的电路中,作为人体触电或电网漏电时的保护设备使用。

2. 工作条件:环境温度为-5~40℃;相对湿度≤90%(25℃);海拔≤2000m。

2）JD2 系列漏电继电器的外形及参数见表 8-77。

表 8-77　JD2 系列漏电继电器的外形及参数

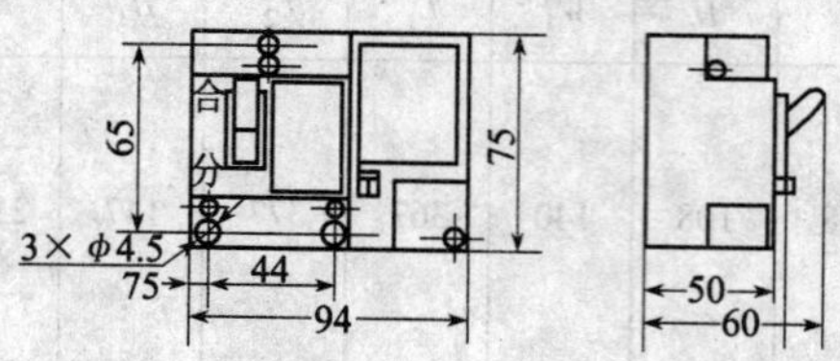

型　号	额定工作电压,V	额定工作电流,A		额定漏电动作电流,mA	额定漏电不动作电流,mA	接通分断能力,A		额定熔断短路电流,A	额定极限漏电短路电流,A	机械寿命,次	电寿命,次	分断时间,s	
		220V	380V			220V	380V					快速	反时限
JD2-1	220 380	1	0.95	30、 50、 100	15、 25、 50	15	9.5	1000	1000	10000	6000	0.1～ 0.4	0.1～ 0.5
JD2-2	220 380	1	0.95	50、 100、 200	25、 50、 100	15	9.5	1000	1000	10000	6000	0.1～ 0.4	0.1～ 0.5
JD2-3	220 380	1	0.95	75、 150、 300	37.5、 75、 150	15	9.5	1000	1000	10000	6000	0.1～ 0.4	0.1～ 0.5

注：1. JD2 系列漏电继电器适用于交流 50Hz、额定工作电压至 380V 的电路中，作为漏电及触电保护用，与同样电压等级的断路器或交流接触器配合，可组成漏电保护装置。
采用该系列漏电继电器，当被保护线路上有漏电或人身触电时，只要漏电或触电电流达到漏电动作电流值，则漏电继电器动作，进而使与其组合的低压断路器的分励脱扣器或交流接触器动作，从而切断电源，达到漏电触电保护的目的。
2. 工作条件：环境温度为 -5～40℃；相对湿度≤90%（25℃）；海拔≤2000m。

8.12　控制变压器

1）JBK4 系列控制变压器的外形及参数见表 8-78。

表 8-78　JBK4 系列控制变压器的外形及参数　mm

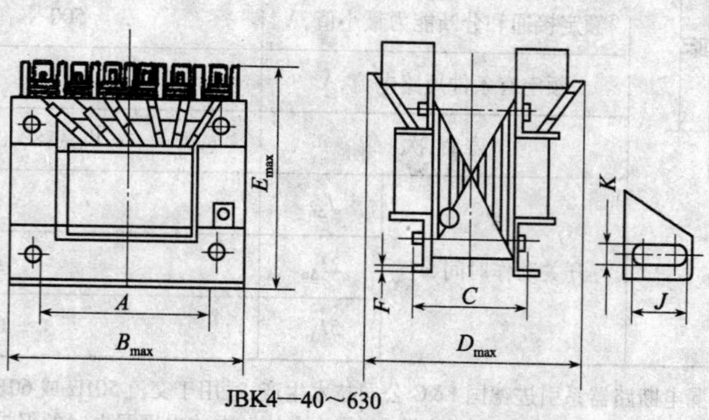

JBK4—40～630

续表

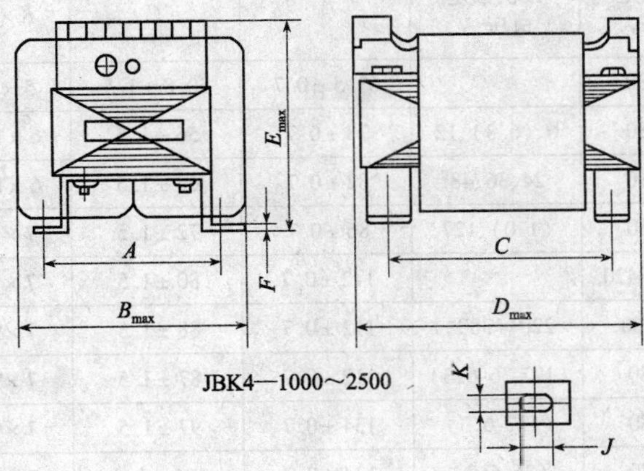

JBK4—1000～2500

型　号	额定容量,VA	一次额定电压,V	二次额定电压,V	B_{max}	D_{max}	E_{max}	A	C	$K\times J$	F	接线端子数
JBK4-40	40	220、	220、	83	85	89	56 ±0.4	46 ±2.5	4.8 ×9	1	8
JBK4-63	63	380、	127、	83	85	89	86 ±0.4	46 ±2.5	4.8 ×9	1	8
JBK4-100	100	420、	110、	86	105	94	64 ±0.4	62 ±2.5	4.8 ×9	1	8
JBK4-160	160	440、	48、	98	105	109	84 ±0.4	71 ±3	5.8 ×11	1.5	10
JBK4-250	250	220 ±	42、	98	120	109	84 ±0.4	85 ±3	5.8 ×11	1.5	10
JBK4-400	400	5%	36、	122	102	125	90 ±0.4	85 ±3	5.8 ×11	2	14
JBK4-630	630	380 ±	24、	152	112	150	122 ±0.5	90 ±3.5	7 ×12	2	18
JBK4-1000	1000	5%	12、	160	210	151	126 ±2	152 ±3.5	7 ×12	3	14
JBK4-1600	1600		6	184	235	163	146 ±3.5	176 ±3.5	7 ×12	3	18
JBK4-2500	2500			210	265	171	174 ±3.5	200 ±3.5	7 ×12	4	18

注:1. JBK4 系列控制变压器适用于交流频率50Hz 或 60Hz、额定输入电压不大于500V 的电路中,作为各类机械设备控制电气线路的一般控制电源、局部照明电源及指示灯电源用。

2. 工作条件:环境温度为 -5 ~40℃;相对湿度≤50%(40℃)或≤90%(25℃);海拔≤2000m。

2)BK 系列控制变压器的外形及参数见表 8-79。

表 8-79　BK 系列控制变压器的外形及参数

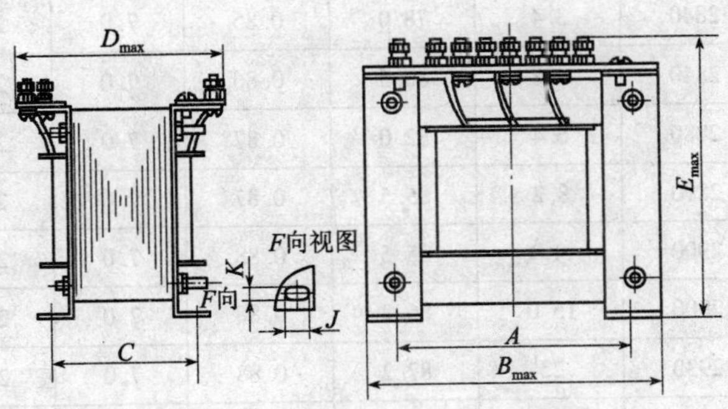

续表

型号	额定容量,VA	一次额定电压,V	二次额定电压,V	A	C	$K \times J$	B_{max}	D_{max}	E_{max}
BK-25	25	220、380		63.5±0.7	50.8±1.5	5×7	76.5	72	85
BK-50	50	220、380	6、(6.3)、12	73±0.7	56±1.5	6×10	88	84	97
BK-100	100	220、380	24、36、48	82±0.7	64±1.5	6×10	110	110	110
BK-150	1500	220、380	(110)、127	86±0.7	72±1.5	7×9	116	110	130
BK-200	200	220、380、420		112±0.7	80±1.5	7×9	116	108	130
BK-250	250	220×380	220、(380)	112±0.7	88±1.5	7×9	116	126	130
BK-300	300	220、380	(127-36-6.3)	112±0.7	87±1.5	7×9	145	120	158
BK-400	400	220、380	(127-6.3)	134±0.7	97±1.5	7×9	145	130	158
BK-500	500	220、380	(36-6.3)	134±0.7	105±1.5	7×9	145	140	158
BK-1000	1000	220、380		134±0.7	128±1.5	8×10	202	198	202
BK-1500	1500	220、380		134±0.7	158±1.5	8×10	202	205	202
BK-2000	2000	220、380		134±0.7	188±1.5	8×10	202	228	202

注:1. BK系列控制变压器适用于交流50Hz或60Hz,额定电压至660V的电路中,作为机床和各种机械设备一般电器的控制电源和局部照明及指示灯的电源用。
2. 工作条件:环境温度为-5~40℃;相对湿度≤50%(40℃)或≤90%(25℃);海拔≤2000m。

8.13 交流电机

1. 一般异步电动机

1)Y系列(IP44)三相异步电动机见表8-80~表8-84。

表8-80 Y系列(IP44)三相异步电动机技术数据(H80~315) 380V 50Hz

型号	额定功率,kW	满载时 转速,r/min	满载时 电流,A	满载时 效率,%	满载时 功率因数(cosφ)	堵转电流/额定电流	堵转转矩/额定转矩	最大转矩/额定转矩	重量,kg
Y801-2	0.75	2825	1.8	75.0	0.84	6.5	2.2	2.3	16
Y802-2	1.1	2825	2.5	77.0	0.86	7.0	2.2	2.3	17
Y90S-2	1.5	2840	3.4	78.0	0.85	7.0	2.2	2.3	22
Y90L-2	2.2	2840	4.8	80.5	0.86	7.0	2.2	2.3	25
Y100L-2	3	2880	6.4	82.0	0.87	7.0	2.2	2.3	33
Y112M-2	4	2890	8.2	85.5	0.87	7.0	2.2	2.3	45
Y132S1-2	5.5	2900	11.1	85.5	0.88	7.0	2.0	2.3	64
Y132S2-2	7.5	2900	15.0	86.2	0.88	7.0	2.0	2.3	70
Y160M1-2	11	2930	22	87.2	0.88	7.0	2.0	2.3	117
Y160M2-2	15	2930	29.4	88.2	0.88	7.0	2.0	2.3	125

续表

型　号	额定功率，kW	满　载　时				堵转电流/额定电流	堵转转矩/额定转矩	最大转矩/额定转矩	重量，kg
		转速，r/min	电流，A	效率，%	功率因数（cosφ）				
Y160L-2	18.5	2930	35.9	89.0	0.89	7.0	2.0	2.2	142
Y180M-2	22	2940	42.2	89.0	0.89	7.0	2.0	2.2	173
Y200L1-2	30	2950	56.9	90.0	0.89	7.0	2.0	2.2	240
Y200L2-2	37	2950	69.8	90.5	0.89	7.0	2.0	2.2	255
Y225M-2	45	2970	84.0	91.5	0.89	7.0	2.0	2.2	325
Y250M-2	55	2970	102.6	91.5	0.89	7.0	2.0	2.2	399
Y280S-2	75	2970	139.9	92.0	0.89	7.0	2.0	2.2	540
Y280M-2	90	2970	166.1	92.5	0.89	7.0	2.0	2.2	580
Y315S-2	110	2980	203	92.5	0.89	6.8	1.8	2.2	900
Y315M-2	132	2980	242.3	93.0	0.89	6.8	1.8	2.2	1000
Y315L1-2	160	2980	292.1	93.5	0.89	6.8	1.8	2.2	1200
Y315L2-2	200	2980	365.2	93.5	0.89	6.8	1.8	2.2	1250
Y801-4	0.55	1390	1.5	73.0	0.76	6.0	2.4	2.3	17
Y802-4	0.75	1390	2.0	74.5	0.76	6.0	2.3	2.3	18
Y90S-4	1.1	1400	2.7	78.0	0.78	6.5	2.3	2.3	22
Y90L-4	1.5	1400	3.7	79.0	0.79	6.5	2.3	2.3	24
Y100L1-4	2.2	1420	5.0	81.0	0.82	7.0	2.2	2.3	34
Y100L2-4	3	1420	6.8	82.5	0.81	7.0	2.2	2.3	38
Y112M-4	4	1440	8.8	84.5	0.82	7.0	2.2	2.3	49
Y132S-4	5.5	1440	11.6	85.5	0.84	7.0	2.2	2.3	68
Y132M-4	7.5	1440	15.4	87.0	0.85	7.0	2.2	2.3	81
Y160M-4	11	1460	22.6	88.0	0.84	7.0	2.2	2.3	123
Y160L-4	15	1460	30.3	88.5	0.85	7.0	2.2	2.3	141
Y180M-4	18.5	1470	35.9	91.0	0.86	7.0	2.0	2.2	172
Y180L-4	22	1470	42.5	91.5	0.86	7.0	2.0	2.2	195
Y200L-4	30	1470	56.8	92.2	0.87	7.0	2.0	2.2	255
Y225S-4	37	1480	70.4	91.8	0.87	7.0	1.9	2.2	305
Y225M-4	45	1480	84.2	92.3	0.88	7.0	1.9	2.2	330
Y250M-4	55	1480	102.5	92.6	0.88	7.0	2.0	2.2	410
Y280S-4	75	1480	139.7	92.7	0.88	7.0	1.9	2.2	560
Y280M-4	90	1480	164.3	93.5	0.89	7.0	1.9	2.2	660
Y315S-4	110	1485	200.8	93.5	0.89	6.8	1.8	2.2	890
Y315M-4	132	1485	239.7	94.0	0.89	6.8	1.8	2.2	1020
Y315L1-4	160	1485	289	94.5	0.89	6.8	1.8	2.2	1200

续表

型号	额定功率，kW	满载时				堵转电流/额定电流	堵转转矩/额定转矩	最大转矩/额定转矩	重量，kg
		转速，r/min	电流，A	效率，%	功率因数（cosφ）				
Y315L2-4	200	1485	361.3	94.5	0.89	6.8	1.8	2.2	1210
Y90S-6	0.75	910	2.2	72.5	0.70	5.5	2.0	2.2	21
Y90L-6	1.1	910	3.2	73.5	0.72	5.5	2.0	2.2	24
Y100L-6	1.5	940	4.0	77.5	0.74	6.0	2.0	2.2	32
Y112M-6	2.2	940	5.6	80.5	0.74	6.0	2.0	2.2	45
Y132S-6	3	960	7.2	83.0	0.76	6.5	2.0	2.2	65
Y132M1-6	4	960	9.4	84.0	0.77	6.5	2.0	2.2	76
Y132M2-6	5.5	960	12.6	85.3	0.78	6.5	2.0	2.2	84
Y160M-6	7.5	970	17	86.0	0.78	6.5	2.0	2.0	116
Y160L-6	11	970	24.6	87.0	0.78	6.5	2.0	2.0	140
Y180L-6	15	970	31.4	89.5	0.81	6.5	1.8	2.0	180
Y200L1-6	18.5	970	37.7	89.8	0.83	6.5	1.8	2.0	230
Y200L2-6	22	970	44.6	90.2	0.83	6.5	1.8	2.0	250
Y225M-6	30	980	59.4	90.2	0.85	6.5	1.7	2.0	310
Y250M-6	37	980	72	90.8	0.86	6.5	1.8	2.0	395
Y280S-6	45	980	85.4	92.0	0.87	6.5	1.8	2.0	516
Y280M-6	55	980	104.4	92.0	0.87	6.5	1.8	2.0	575
Y315S-6	75	988	141.1	92.8	0.87	6.5	1.6	2.0	850
Y315M-6	90	988	168.6	93.2	0.87	6.5	1.6	2.0	1050
Y315L1-6	110	988	205.5	93.5	0.87	6.5	1.6	2.0	1110
Y315L2-6	132	989	245.8	93.8	0.87	6.5	1.6	2.0	1120
Y132S-8	2.2	710	5.8	80.5	0.71	5.5	2.0	2.0	63
Y132M-8	3	710	7.7	82.0	0.72	5.5	2.0	2.0	75
Y160M1-8	4	720	9.9	84.0	0.73	6.0	2.0	2.0	108
Y160M2-8	5.5	720	13.3	85.0	0.74	6.0	2.0	2.0	119
Y160L-8	7.5	720	17.7	86.0	0.75	5.5	2.0	2.0	140
Y180L-8	11	730	24.8	87.5	0.77	6.0	1.7	2.0	175
Y200L-8	15	730	34.1	88.0	0.76	6.0	1.8	2.0	255
Y225S-8	18.5	730	41.3	89.5	0.76	6.0	1.7	2.0	280
Y225M-8	22	730	47.6	90.0	0.78	6.0	1.8	2.0	306
Y250M-8	30	730	63	90.5	0.80	6.0	1.8	2.0	399

续表

型号	额定功率，kW	满载时				堵转电流/额定电流	堵转转矩/额定转矩	最大转矩/额定转矩	重量，kg
		转速，r/min	电流，A	效率，%	功率因数（cosφ）				
Y280S-8	37	740	78.2	91.0	0.79	6.0	1.8	2.0	515
Y280M-8	45	740	93.2	91.7	0.80	6.0	1.8	2.0	570
Y315S-8	55	740	114	92.0	0.80	6.5	1.6	2.0	830
Y315M-8	75	740	152	92.5	0.81	6.5	1.6	2.0	930
Y315L1-8	90	740	179	93.0	0.82	6.5	1.6	2.0	1030
Y315L2-8	110	740	218	93.3	0.82	6.3	1.6	2.0	1120
Y315S-10	45	592	101	91.5	0.74	6.0	1.4	2.0	900
Y315M-10	55	592	123	92.0	0.74	6.0	1.4	2.0	1050
Y315L2-10	75	592	164	92.5	0.75	6.0	1.4	2.0	1110

表 8-81 Y 系列（IP44）三相异步电动机外形及安装尺寸

（安装型式：IMB3）

mm

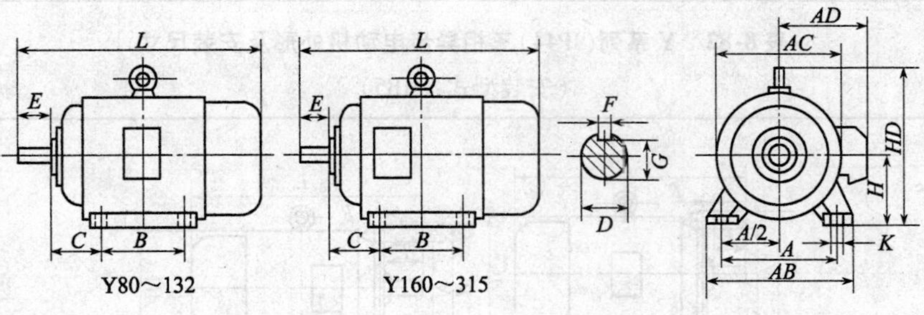

<table>
<tr><th rowspan="2">机座号</th><th rowspan="2">极数</th><th colspan="10">安装尺寸</th><th colspan="5">外形尺寸</th></tr>
<tr><th>A</th><th>A/2</th><th>B</th><th>C</th><th>D</th><th>E</th><th>F</th><th>G</th><th>H</th><th>K</th><th>AB</th><th>AC</th><th>AD</th><th>HD</th><th>L</th></tr>
<tr><td>80</td><td>2、4</td><td>125</td><td>62.5</td><td>100</td><td>50</td><td>19</td><td>40</td><td>6</td><td>15.5</td><td>80</td><td rowspan="3">10</td><td>165</td><td>175</td><td>150</td><td>175</td><td>290</td></tr>
<tr><td>90S</td><td rowspan="6">2、4、6</td><td rowspan="2">140</td><td rowspan="2">70</td><td>100</td><td rowspan="2">56</td><td rowspan="2">24</td><td rowspan="2">50</td><td rowspan="4">8</td><td rowspan="2">20</td><td rowspan="2">90</td><td rowspan="2">180</td><td rowspan="2">195</td><td rowspan="2">160</td><td rowspan="2">195</td><td>315</td></tr>
<tr><td>90L</td><td>125</td><td>340</td></tr>
<tr><td>100L</td><td>160</td><td>80</td><td>140</td><td>63</td><td rowspan="2">28</td><td rowspan="2">60</td><td rowspan="2">24</td><td>100</td><td rowspan="4">12</td><td>205</td><td>215</td><td>180</td><td>245</td><td>380</td></tr>
<tr><td>112M</td><td>190</td><td>95</td><td>140</td><td>70</td><td>112</td><td>245</td><td>240</td><td>190</td><td>265</td><td>400</td></tr>
<tr><td>132S</td><td rowspan="2">216</td><td rowspan="2">108</td><td>140</td><td rowspan="2">89</td><td rowspan="2">38</td><td rowspan="2">80</td><td rowspan="2">10</td><td rowspan="2">33</td><td rowspan="2">132</td><td rowspan="2">280</td><td rowspan="2">275</td><td rowspan="2">210</td><td rowspan="2">315</td><td>475</td></tr>
<tr><td>132M</td><td>178</td><td>515</td></tr>
<tr><td>160M</td><td rowspan="5">2、4、6、8</td><td rowspan="2">254</td><td rowspan="2">127</td><td>210</td><td rowspan="2">108</td><td rowspan="2">42</td><td rowspan="5">110</td><td rowspan="2">12</td><td rowspan="2">37</td><td rowspan="2">160</td><td rowspan="4">14.5</td><td rowspan="2">330</td><td rowspan="2">335</td><td rowspan="2">265</td><td rowspan="2">385</td><td>605</td></tr>
<tr><td>160L</td><td>254</td><td>650</td></tr>
<tr><td>180M</td><td rowspan="2">279</td><td rowspan="2">139.5</td><td>241</td><td rowspan="2">121</td><td rowspan="2">48</td><td rowspan="2">14</td><td rowspan="2">42.5</td><td rowspan="2">180</td><td rowspan="2">355</td><td rowspan="2">380</td><td rowspan="2">285</td><td rowspan="2">430</td><td>670</td></tr>
<tr><td>180L</td><td>279</td><td>710</td></tr>
<tr><td>200L</td><td>318</td><td>159</td><td>305</td><td>133</td><td>55</td><td>16</td><td>49</td><td>200</td><td>18.5</td><td>395</td><td>420</td><td>315</td><td>475</td><td>775</td></tr>
</table>

续表

机座号	极　数	安装尺寸										外形尺寸				
		A	*A/2*	*B*	*C*	*D*	*E*	*F*	*G*	*H*	*K*	*AB*	*AC*	*AD*	*HD*	*L*
225S	4、8	356	178	286	149	60	140	18	53	225	18.5	435	475	345	530	820
225M	2			311		55	110	16	49							815
	4、6、8					60	140	18	53							845
250M	2	406	203	349	168					250	24	490	515	385	575	930
	4、6、8					65			58							
280S	2	457	228.5	368	190					280		550	580	410	640	1000
	4、6、8					75		20	67.5							
280M	2			419		65		18	58							1050
	4、6、8					75		20	67.5							
315S	2	508	254	406	216	65		18	58	315	28	635	645	576	865	1240
	4、6、8、10					80	170	22	71							1270
315M	2			457		65	140	18	58							1310
	4、6、8、10					80	170	22	71							1340
315L	2			508		65	140	18	58							1310
	4、6、8、10					80	170	22	71							1340

表 8-82　Y 系列（IP44）三相异步电动机外形及安装尺寸

（安装型式：IMB5）　　mm

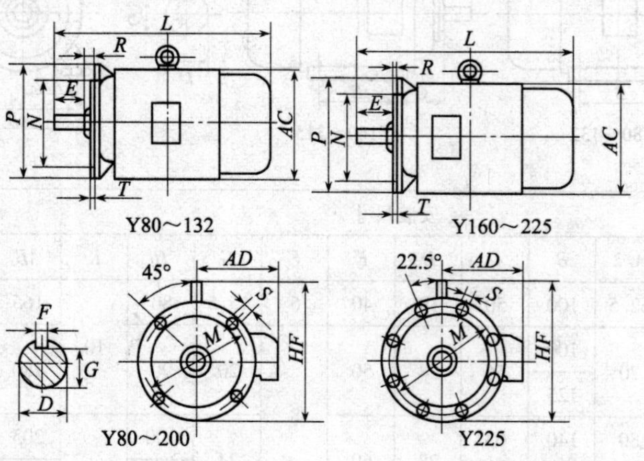

机座号	凸缘号	极数	安装尺寸												外形尺寸			
			D	*E*	*F*	*G*	*M*	*N*	*P*	*R*	*S*	*T*	凸缘孔数	*AC*	*AD*	*HF*	*L*
80	FF165	2、4	19	40	6	15.5	165	130	200	0	12	3.5	4	175	150	185	290
90S		2、4、6	24	50	8	20								195	160	195	315
90L																	340
100L	FF215		28	60		24	215	180	250		14.5	4		215	180	245	380
112M														240	190	265	400

续表

机座号	凸缘号	极数	安装尺寸											外形尺寸			
			D	E	F	G	M	N	P	R	S	T	凸缘孔数	AC	AD	HF	L
132S	FF265	2、4、6、8	38	80	10	33	265	230	300	0	14.5	4	4	275	210	315	475
132M																	515
160M	FF300		42	110	12	37	300	250	350		19	5		335	265	385	605
160L																	650
180M			48		14	42.5								380	285	430	670
180L																	710
200L	FF350		55		16	49	350	300	400					420	315	480	775
225S	FF400	4、8	60	140	18	53	400	350	450				8	475	345	535	820
225M		2	55	110	16	49											815
		4、6、8	60	140	18	53											845

注：R 为凸缘配合面至轴伸肩的距离。

表 8-83　Y 系列（IP44）三相异步电动机外形及安装尺寸（安装型式：IMB35）　mm

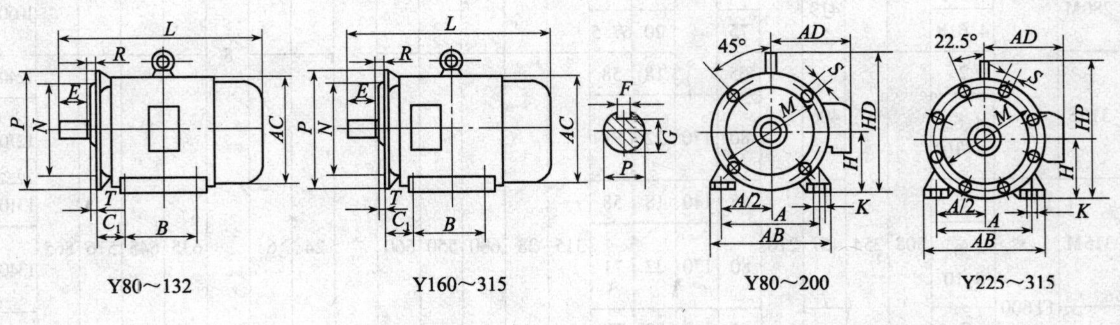

机座号	凸缘号	极数	安装尺寸																外形尺寸				
			A	A/2	B	C	D	E	F	G	H	K	M	N	P	R	S	T	凸缘孔数	AB	AC	AD	HD	L
80	FF165	2、4	125	62.5	100	50	19	40	6	15.5	80	10	165	130	200	0	12	3.5	4	165	175	150	175	290
90S		2、4、6	140	70	100	56	24	50	8	20	90									180	195	160	195	315
90L					125																			340
100L	FF215		160	80	140	63	28	60		24	100	12	215	180	250		15	4		205	215	180	245	380
112M			190	95	140	70					112									245	240	190	265	400
132S	FF265	2、4、6、8	216	108	140	89	38	80	10	33	132		265	230	300					280	275	210	315	475
132M					178																			515

续表

机座号	凸缘号	极数	安装尺寸																外形尺寸					
			A	A/2	B	C	D	E	F	G	H	K	M	N	P	R	S	T	凸缘孔数	AB	AC	AD	HD	L
160M	FF300	2、4、6、8	254	127	210	108	42	110	12	37	160	14.5	300	250	350	0	18.5	5	4	330	335	265	385	605
160L					254																			650
180M			279	139.5	241	121	48		14	42.5	180									355	380	285	430	670
180L					279																			710
200L	FF350		318	159	305	133	55		16	49	200		350	300	400					395	420	315	475	775
225S	FF400	4、8	356	178	286	149	60	140	18	53	225	18.5	400	350	450				8	435	475	345	530	820
225M		2			311		55	110	16	49														815
		4、6、8					60			53														845
250M	FF500	2	406	203	349	168			18		250									490	515	385	575	930
		4、6、8					65			58														
280S		2	457	228.5	368	190		140			280	24	500	450	550					550	585	410	640	1000
		4、6、8					75		20	67.5														
280M		2			419		65		18	58														1050
		4、6、8					75		20	67.5														
315S	FF600	2	508	254	406	216	65		18	58	315	28	600	550	660		24	6		635	645	576	865	1240
		4、6、8、10					80	170	22	71														1270
315M		2			457		65	140	18	58														1310
		4、6、8、10					80	170	22	71														1340
315L		2			508		65	140	18	58														1310
		4、6、8、10					80	170	22	71														1340

注：R 为凸缘配合面至轴伸肩的距离。

表 8-84　Y 系列(IP44)三相异步电动机外形及安装尺寸

(安装型式：IMV1)

mm

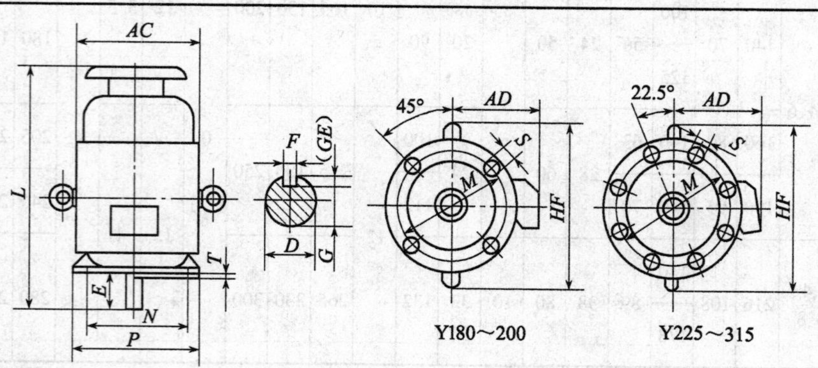

续表

机座号	凸缘号	极数	安装尺寸											外形尺寸			
			D	E	F	G	M	N	P	R	S	T	凸缘孔数	AC	AD	HF	L
180M	FF300		48		14	42.5	300	250	350					380	285	500	730
180L		2、4、6、8		110									4				770
200L	FF350		55		16	49	350	300	400					420	315	550	850
225S		4、8	60	140	18	53											910
225M	FF400	2	55	110	16	49	400	350	450					475	345	610	905
		4、6、8	60			53					18.5	5					935
250M		2			18									515	385	650	1035
		4、6、8	65			58											
280S	FF500	2		140			500	450	550	0							1120
		4、6、8	75		20	67.5								580	410	720	
280M		2	65		18	58							8				1170
		4、6、8	75		20	67.5											
315S		2	65		18	58											1360
		4、6、8、10	80	170	22	71											1390
315M	FF600	2	65	140	18	58	600	550	660		24	6		645	576	900	1460
		4、6、8、10	80	170	22	71											1490
315L		2	65	140	18	58											1460
		4、6、8、10	80	170	22	71											1490

注：*R* 为凸缘配合面至轴伸肩的距离。

2）Y 系列（IP23）三相异步电动机见表 8-85～表 8-86。

表 8-85　Y 系列（IP23）三相异步电动机技术数据（H180～315）　380V　50Hz

型　号	功率，kW	电流，A	转速，r/min	效率，%	功率因数（cosφ）	堵转电流/额定电流	堵转转矩/额定转矩	最大转矩/额定转矩	重量，kg
Y180M-2	30	56.7	2940	89.5	0.89	7.0	1.7	2.2	200
Y180L-2	37	69.2	2940	90.5	0.89	7.0	1.9	2.2	220
Y200M-2	45	84.4	2950	91	0.89	7.0	1.9	2.2	280
Y200L-2	55	100.8	2950	91.5	0.89	7.0	1.9	2.2	310
Y225M-2	75	137.9	2960	91.5	0.89	6.8	1.8	2.2	380
Y250S-2	90	164.9	2970	92	0.89	6.8	1.7	2.2	430
Y250M-2	110	199.4	2970	92.5	0.9	6.8	1.7	2.2	465
Y280M-2	132	238	2960	92.5	0.9	6.8	1.6	2.2	750
Y315S-2	160	288	2960	92.5	0.9	6.8	1.4	2.0	870
Y315M1-2	185	334	2960	92.5	0.9	6.8	1.4	2.0	915
Y315M2-2	200	359	2960	93	0.9	6.8	1.4	2.0	925

续表

型　号	功率，kW	电流，A	转速，r/min	效率，%	功率因数（cosφ）	堵转电流 额定电流	堵转转矩 额定转矩	最大转矩 额定转矩	重量，kg
Y315M3-2	220	402	2960	93.5	0.9	6.8	1.4	2.0	960
Y315M4-2	250	451	2960	93.8	0.88	6.8	1.2	2.0	980
Y180M-4	22	43.2	1470	89.5	0.86	7.0	1.9	2.2	173
Y180L-4	30	57.9	1470	90.5	0.87	7.0	1.9	2.2	230
Y200M-4	37	71.1	1470	90.5	0.87	7.0	2.0	2.2	268
Y200L-4	45	85.5	1470	91.5	0.87	7.0	2.0	2.2	310
Y225M-4	55	103.6	1480	91.5	0.88	7.0	1.8	2.2	380
Y250S-4	75	140.1	1480	92	0.88	6.8	2.0	2.2	470
Y250M-4	90	167	1480	92.5	0.88	6.8	2.2	2.2	490
Y280S-4	110	202.4	1480	92.5	0.88	6.8	1.7	2.2	780
Y280M-4	132	241.3	1480	93	0.88	6.8	1.8	2.2	820
Y315S-4	160	298	1480	93	0.88	6.8	1.4	2.0	870
Y315M1-4	185	342	1480	93.5	0.88	6.8	1.4	2.0	985
Y315M2-4	200	366	1480	93.8	0.88	6.8	1.4	2.0	985
Y315M3-4	220	403	1480	94	0.88	6.8	1.4	2.0	990
Y315M4-4	250	456	1480	94.3	0.88	6.8	1.2	2.0	1075
Y180M-6	15	31	970	88	0.81	6.5	1.8	2.0	170
Y180L-6	18.5	37.8	970	88.5	0.83	6.5	1.8	2.0	215
Y200M-6	22	43.7	980	89	0.85	6.5	1.7	2.0	240
Y200L-6	30	58.6	980	89.5	0.85	6.5	1.7	2.0	295
Y225M-6	37	70.2	980	90.5	0.87	6.5	1.8	2.0	360
Y250S-6	45	86.2	980	91	0.86	6.5	1.8	2.0	430
Y250M-6	55	104.2	980	91	0.87	6.5	1.8	2.0	465
Y280S-6	75	140.8	990	91.5	0.87	6.5	1.8	2.0	760
Y280M-6	90	166.8	990	92	0.88	6.5	1.8	2.0	820
Y315S-6	110	206	980	93	0.87	6.5	1.3	1.8	915
Y315M1-6	132	245	980	93.5	0.87	6.5	1.3	1.8	990
Y315M2-6	160	297	980	93.8	0.87	6.5	1.3	1.8	1050
Y180M-8	11	25.1	730	86.5	0.74	6.0	1.8	2.0	170
Y180L-8	15	34.0	730	87.5	0.76	6.0	1.8	2.0	215
Y200M-8	18.5	40.2	730	88.5	0.78	6.0	1.7	2.0	240
Y200L-8	22	47.7	730	89	0.78	6.0	1.8	2.0	295
Y255M-8	30	61.7	740	89.5	0.81	6.0	1.7	2.0	360
Y250S-8	37	76.3	740	90	0.8	6.0	1.6	2.0	430
Y250M-8	45	92.8	740	90.5	0.8	6.0	1.8	2.0	465
Y280S-8	55	112.4	740	91	0.8	6.0	1.8	2.0	760
Y280M-8	75	151	740	91.5	0.81	6.0	1.8	2.0	820
Y315S-8	90	181	740	92.2	0.81	6.0	1.3	1.8	915

续表

型　号	功率，kW	电流，A	转速，r/min	效率，%	功率因数（cosφ）	堵转电流/额定电流	堵转转矩/额定转矩	最大转矩/额定转矩	重量，kg
Y315M1-8	110	222	740	92.8	0.81	6.0	1.3	1.8	990
Y315M2-8	132	262	740	93.3	0.81	6.0	1.3	1.8	1050
Y315S-10	55	123	590	91.5	0.74	5.5	1.2	1.8	870
Y315M1-10	75	165	590	92	0.75	5.5	1.2	1.8	990
Y315M2-10	90	190	590	92	0.76	5.5	1.2	1.8	1050

表 8-86　Y 系列（IP23）三相异步电动机外形及安装尺寸

（安装型式：IMB3）　　mm

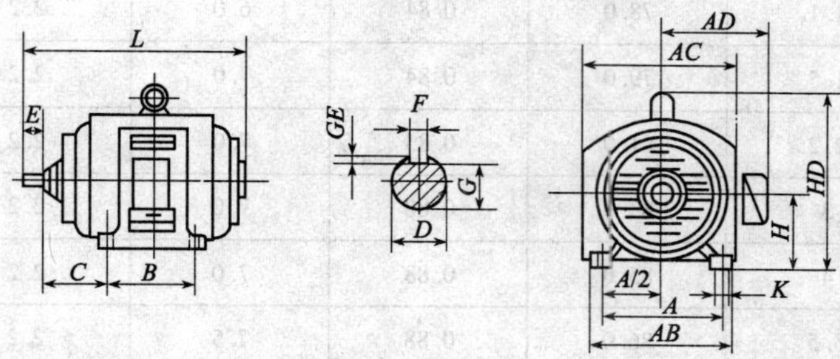

机座号	极　数	安装尺寸										外形尺寸				
		A	A/2	B	C	D	E	F	G	H	K	AB	AC	AD	HD	L
180M	2、4、6、8	279	139.5	241	121	55	110	16	49	180	15	350	420	325	505	726
180L				279												
200M	2、4、6、8	318	159	267	133	60	140	18	53	200	19	400	465	350	570	820
200L				305												886
225M	2	356	178	311	149					225		450	520	395	640	880
	4、6、8					65			58							
250S	2	406	203		168					250	24	510	550	410	710	930
	4、6、8					75		20	67.5							
250M	2			349		65		18	58							960
	4、6、8					75		20	67.5							
280S	4、6、8	457	228.5	368	190	80	170	22	71	280		570	610	485	785	1090
280M	2			419		65	140	18	58							1140
	4、6、8					80	170	22	71							
315S	2	508	254	406	216	70	140	20	62.5	315	28	680	792	586	928	1130
	4、6、8、10					90	170	25	81							1160
315M	2			457		70	140	20	62.5							1240
	4、6、8、10					90	170	25	81							1270

2. YB 系列隔爆型三相异步电动机(表 8-87～表 8-90)

表 8-87　YB2 系列隔爆型三相异步电动机的技术数据(H63～355)　380V 50Hz

型号	额定功率,kW	满载时		堵转电流/额定电流	堵转转矩/额定转矩	最大转矩/额定转矩
		效率,%	功率因数(cosφ)			
Y63M1-2	0.18	66.0	0.80	5.0	2.2	2.3
Y63M2-2	0.25	68.0	0.81	5.0	2.2	2.3
Y71M1-2	0.37	70.0	0.81	5.5	2.2	2.3
Y71M2-2	0.55	73.0	0.83	5.5	2.2	2.3
Y80M1-2	0.75	75.0	0.83	6.0	2.2	2.3
Y80M2-2	1.1	78.0	0.84	6.0	2.2	2.3
Y90S-2	1.5	79.0	0.84	7.0	2.2	2.3
Y90L-2	2.2	81.0	0.85	7.0	2.2	2.3
Y100L-2	3	83.0	0.88	7.0	2.2	2.3
Y112M-2	4	85.0	0.88	7.0	2.2	2.3
Y132S1-2	5.5	86.0	0.88	7.5	2.2	2.3
Y132S2-2	7.5	87.0	0.88	7.5	2.2	2.3
Y160M1-2	11	88.4	0.88	7.5	2.2	2.4
Y160M2-2	15	89.4	0.89	7.5	2.2	2.4
Y160L-2	18.5	90.0	0.89	7.5	2.2	2.4
Y180M-2	22	90.5	0.90	7.5	2.0	2.3
Y200L1-2	30	91.4	0.90	7.5	2.0	2.4
Y200L2-2	37	92.0	0.90	7.5	2.0	2.4
Y225M-2	45	92.5	0.90	7.5	2.0	2.3
Y250M-2	55	93.0	0.90	7.5	2.1	2.3
Y280S-2	75	93.6	0.91	7.5	2.0	2.3
Y280M-2	90	93.9	0.91	7.5	2.1	2.3
Y315S-2	110	94.0	0.91	7.0	1.8	2.2
Y315M-2	132	94.5	0.91	7.0	1.8	2.2
Y315L1-2	160	94.6	0.91	7.0	1.8	2.2
Y315L2-2	200	94.8	0.92	7.0	1.8	2.2

续表

型号	额定功率，kW	满载时		堵转电流/额定电流	堵转转矩/额定转矩	最大转矩/额定转矩
		效率，%	功率因数（cosφ）			
Y355M-2	250	95.2	0.92	7.0	1.6	2.2
Y355L-2	315	95.4	0.92	7.0	1.6	2.2
Y63M1-4	0.12	58.0	0.72	4.0	2.0	2.2
Y63M2-4	0.18	63.0	0.73	4.0	2.0	2.2
Y71M1-4	0.25	66.0	0.74	4.0	2.0	2.2
Y71M2-4	0.37	69.0	0.75	4.0	2.0	2.2
Y80M1-4	0.55	71.0	0.75	5.0	2.4	2.3
Y80M2-4	0.75	73.0	0.77	5.0	2.4	2.3
Y90S-4	1.1	76.2	0.77	6.0	2.3	2.3
Y90L-4	1.5	78.5	0.79	6.0	2.3	2.3
Y100L1-4	2.2	81.0	0.81	6.0	2.3	2.4
Y100L2-4	3	82.6	0.82	6.0	2.3	2.4
Y112M-4	4	84.2	0.82	6.0	2.3	2.4
Y132S-4	5.5	86.0	0.84	7.0	2.3	2.4
Y132M-4	7.5	87.0	0.85	7.0	2.3	2.4
Y160M-4	11	88.4	0.85	7.0	2.2	2.4
Y160L-4	15	89.4	0.85	7.0	2.2	2.4
Y180M-4	18.5	90.5	0.85	7.0	2.2	2.3
Y180L-4	22	91.2	0.85	7.0	2.2	2.3
Y200L-4	30	92.0	0.86	7.2	2.2	2.4
Y225S-4	37	92.5	0.87	7.2	2.2	2.4
Y225M-4	45	92.8	0.87	7.2	2.2	2.4
Y250M-4	55	93.0	0.87	7.2	2.2	2.4
Y280S-4	75	93.8	0.87	7.2	2.2	2.4
Y280M-4	90	94.2	0.87	7.2	2.2	2.4
Y315S-4	110	94.5	0.88	7.0	2.1	2.2
Y315M-4	132	94.8	0.88	7.0	2.1	2.2
Y315L1-4	160	94.9	0.89	7.0	2.1	2.2
Y315L2-4	200	94.9	0.89	7.0	2.1	2.2
Y355M-4	250	95.2	0.90	7.0	2.1	2.2
Y355L-4	315	95.2	0.90	7.0	2.1	2.2
Y71M1-6	0.18	62.0	0.66	4.0	1.9	2.1
Y71M2-6	0.25	63.0	0.68	4.0	1.9	2.1
Y80M1-6	0.37	63.0	0.70	4.0	1.9	2.1

续表

型号	额定功率，kW	满载时		堵转电流/额定电流	堵转转矩/额定转矩	最大转矩/额定转矩
		效率，%	功率因数（cosφ）			
Y80M2-6	0.55	66.0	0.72	4.0	1.9	2.1
Y90S-6	0.75	69.0	0.72	4.0	2.1	2.1
Y90L-6	1.1	73.0	0.73	5.0	2.1	2.1
Y100L-6	1.5	76.0	0.76	5.0	2.1	2.1
Y112M-6	2.2	79.0	0.76	5.0	2.1	2.1
Y132S-6	3	81.0	0.77	6.0	2.1	2.4
Y132M1-6	4	83.0	0.78	6.0	2.1	2.4
Y132M2-6	5.5	85.0	0.78	6.5	2.1	2.4
Y160M-6	7.5	86.0	0.79	6.5	2.1	2.4
Y160L-6	11	87.5	0.79	6.5	2.1	2.4
Y180L-6	15	89.0	0.81	7.0	2.1	2.1
Y200L1-6	18.5	90.0	0.83	7.0	2.2	2.4
Y200L2-6	22	90.0	0.83	7.0	2.2	2.4
Y225M-6	30	92.0	0.86	7.0	2.1	2.4
Y250M-6	37	92.0	0.86	7.0	2.1	2.4
Y280S-6	45	92.5	0.86	7.0	2.1	2.4
Y280M-6	55	92.8	0.86	7.0	2.1	2.2
Y315S-6	75	93.5	0.86	7.0	2.0	2.0
Y315M-6	90	93.8	0.86	7.0	2.0	2.0
Y315L1-6	110	94.0	0.86	7.0	2.0	2.0
Y315L2-6	132	94.2	0.87	7.0	2.0	2.0
Y355S-6	160	94.5	0.88	7.0	1.9	2.0
Y355M-6	200	94.5	0.88	7.0	1.9	2.0
Y355L-6	250	94.5	0.88	7.0	1.9	2.0
Y80M1-8	0.18	52.0	0.61	3.3	1.8	1.9
Y80M2-8	0.25	55.0	0.61	3.3	1.8	1.9
Y90S-8	0.37	63.0	0.62	4.0	1.8	2.0
Y90L-8	0.55	64.0	0.63	4.0	1.8	2.0
Y100L1-8	0.75	71.0	0.68	4.0	1.8	2.0
Y100L2-8	1.1	73.0	0.69	4.0	1.8	2.0
Y112M-8	1.5	75.0	0.69	4.0	1.8	2.0
Y132S-8	2.2	79.0	0.73	5.5	1.8	2.2
Y132M-8	3	81.0	0.73	5.5	1.8	2.2
Y160M1-8	4	81.0	0.73	6.0	1.9	2.2

续表

型号	额定功率，kW	满载时		堵转电流 额定电流	堵转转矩 额定转矩	最大转矩 额定转矩
		效率，%	功率因数（cosφ）			
Y160M2-8	5.5	83.0	0.75	6.0	1.9	2.2
Y160L-8	7.5	85.0	0.76	6.0	1.9	2.2
Y180L-8	11	87.0	0.76	6.0	1.9	2.2
Y200L-8	15	89.0	0.76	6.5	2.0	2.2
Y225S-8	18.5	90.0	0.78	6.5	2.0	2.2
Y225M-8	22	90.5	0.78	6.5	2.0	2.2
Y250M-8	30	91.0	0.79	6.5	1.9	2.0
Y280S-8	37	91.5	0.79	6.0	1.8	2.0
Y280M-8	45	92.0	0.79	6.0	1.8	2.0
Y315S-8	55	92.8	0.81	6.5	1.8	2.0
Y315M-8	75	93.5	0.81	6.5	1.8	2.0
Y315L1-8	90	93.8	0.82	6.5	1.8	2.0
Y315L2-8	110	94.0	0.82	6.5	1.8	2.0
Y355S-8	132	94.2	0.82	6.5	1.8	2.0
Y355M-8	160	94.2	0.82	6.5	1.8	2.0
Y355L-8	200	94.5	0.83	6.5	1.8	2.0
Y315S-10	45	91.5	0.75	6.0	1.5	2.0
Y315M-10	55	92.0	0.75	6.0	1.5	2.0
Y315L1-10	75	92.5	0.76	6.0	1.5	2.0
Y315L2-10	90	93.0	0.77	6.0	1.5	2.0
Y355M1-10	110	93.2	0.78	5.5	1.3	2.0
Y355M2-10	132	93.5	0.78	5.5	1.3	2.0
Y355L-10	160	93.5	0.78	5.5	1.3	2.0

表 8-88 机座带底脚、端盖上无凸缘的电动机的外形及安装尺寸

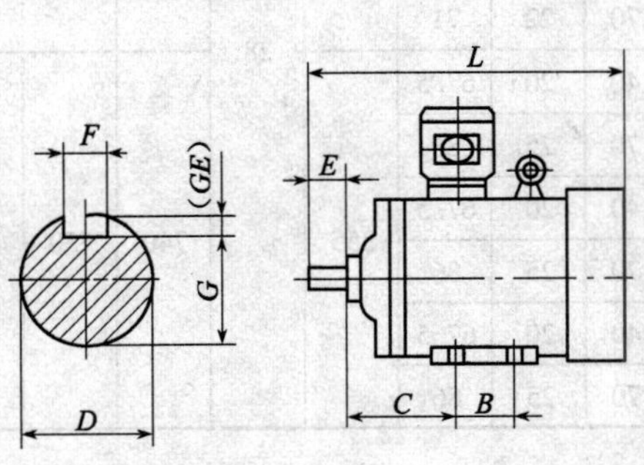

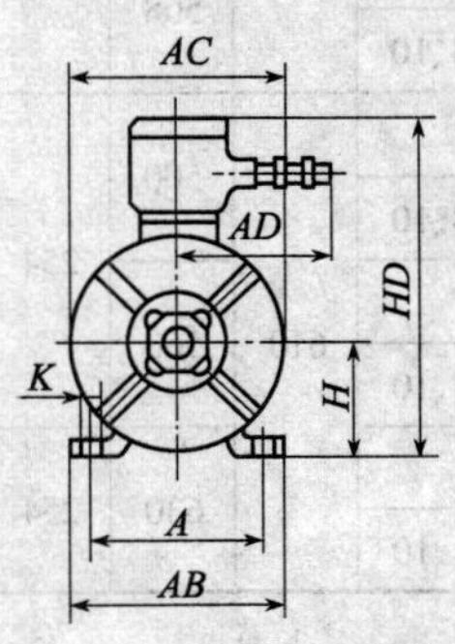

续表

机座号	极数	安装尺寸,mm									外形尺寸,mm				
		A	*B*	*C*	*D*	*E*	*F*	*G*	*H*	*K*	*AB*	*AC*	*AD*	*HD*	*L*
63M	2、4	100	80	40	11	23	4	8.5	63	7	130	150	165	230	270
71M	2、4、6	112	90	45	14	30	5	11	71		140	155		250	300
80M	2、4、6、8	125	100	50	19	40	6	15.5	80	10	165	165	180	320	330
90S		140		56	24	50		20	90		180	180		350	360
90L			125				8								385
100L		160		63	28	60		24	100	12	200	205		400	440
112M		190	140	70					112		245	230	200	420	460
132S		216		89	38	80	10	33	132		280	270		450	510
132M			178												550
160M		254	210	108	42	110	12	37	160	15	330	325		520	670
160L			254										220		710
180M		279	241	121	48		14	42.5	180		355	360		550	730
180L			279												750
200L		318	305	133	55		16	49	200		390	400		645	805
225S	4、8		286		60	140	18	53		19			250		865
225M	2	356	311	149	55	110	16	49	225		435	450		690	860
	4、6、8				60			53							890
250M	2	406	349	168			18		250		495	500		730	945
	4、6、8				65			58							
280S	2		368			140				24			300		1010
	4、6、8	457		190	75		20	67.5	280		545	560		810	
280M	2		419		65		18	58							1060
	4、6、8				75		20	67.5							
315S	2		406		65		18	58							1320
	4、6、8、10				80	170	22	71							1350
315M	2	508	457	216	65	140	18	58	315		640	630	400	1020	
	4、6、8、10				80	170	22	71							1380
315L	2		508		65	140	18	58							1490
	4、6、8、10				80	170	22	71		28					1520
355S	2		500	254	75	140	20	67.5							1570
	4、6、8、10				95	170	25	86							
355M	2	610	560		75	140	20	67.5	355		740	750	500	1080	1650
	4、6、8、10				95	170	25	86							
355L	2		630	254	75	140	20	67.5							1750
	4、6、8、10				95	170	25	86							

9　消防器材和火灾自动报警装置

9.1　分水器

分水器的外形及参数见表9-1。

表9-1　分水器的外形及参数

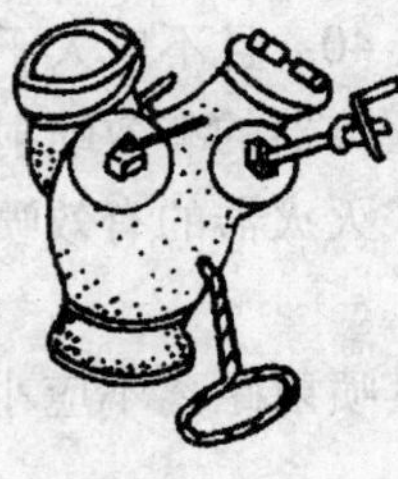

二分水器

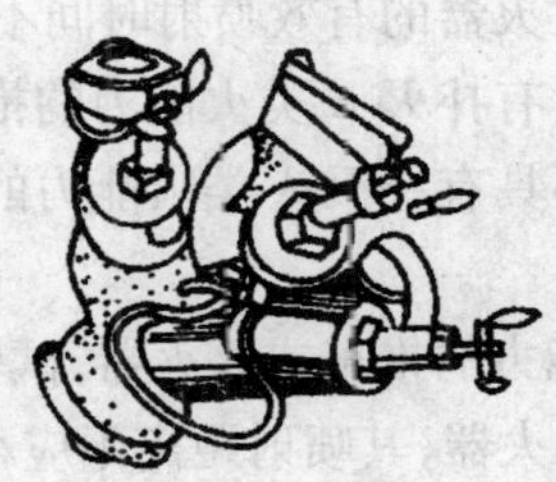

三分水器

型　号		口径,mm		工作压力,MPa
		进水	出水	
二分水器	FF65	65	65×65	≤1.0
	FF65A			
三分水器	FFS65	65	65×50	
	FFS80	80	65×65×65	

9.2　集水器

集水器的外形及参数见表9-2。

表9-2　集水器的外形及参数

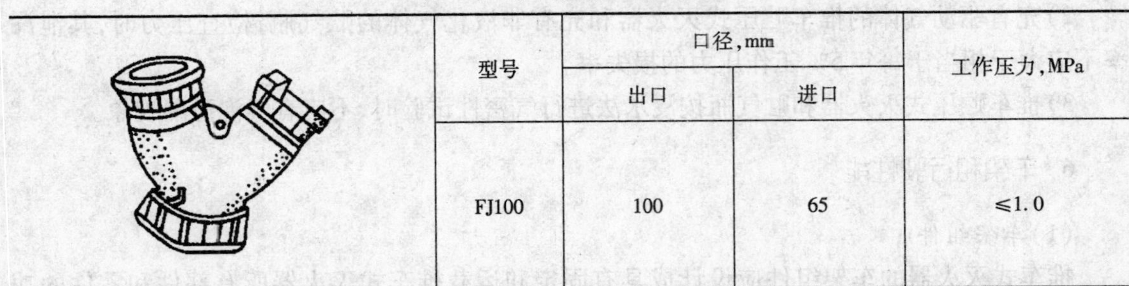

型号	口径,mm		工作压力,MPa
	出口	进口	
FJ100	100	65	≤1.0

9.3 灭火器

推车式灭火器的性能要求：

1. 使用温度范围

推车式灭火器的使用温度应取下列规定的某一温度范围：

+5～+55℃； −5～+55℃； −10～+55℃； −20～+55℃；

−30～+55℃； −40～+55℃； −55～+55℃；

2. 有效喷射时间和喷射距离

(1)有效喷射时间

1)推车式水基型灭火器的有效喷射时间不应小于40s,且不应大于210s。

2)除水基型外的具有扑灭A类火能力的推车式灭火器的有效喷射时间不应小于30s。

3)除水基型外的不具有扑灭A类火能力的推车式灭火器的有效喷射时间不应小于20s。

(2)喷射距离

具有扑灭A类火能力的推车式灭火器,试验时,其喷射距离不应小于6m。对于配有喷雾喷嘴的水基型推车式灭火器,其喷射距离不应小于3m。

3. 使用温度范围内的喷射性能

推车式灭火器在标志的使用温度范围内应能操作。进行试验时,应满足下列要求:

1)推车式灭火器应能正常操作。

2)喷射滞后时间不应大于5s。

3)在完全喷射后,喷射剩余率不应大于10%。

4. 间歇喷射性能

推车式灭火器进行喷射时,从打开喷射控制阀至灭火剂喷出的时间不应大于1s,并且在关闭喷射控制阀后的1s内应停止灭火剂的喷出。在完全喷射后,喷射剩余率不应大于10%。

5. 密封性能

1)由灭火剂蒸汽压力驱动的推车式灭火器和二氧化碳贮气瓶,质量检查结果:泄漏率不应大于相当于每年5%额定充装量的损失率。

2)充有驱动气体的推车贮压式灭火器和充有非液化气体的贮气瓶,检查压力时,其泄漏率不应大于相当于每年5%工作压力的损失率。

3)推车贮压式灭火器和贮气瓶按浸水法进行气密性试验时,不应有气泡泄漏现象。

6. 车架和行驶性能

(1)车架组件

推车式灭火器的车架组件应设计成具有固定和运载推车式灭火器所有部件和零件的功

能,且当推车式灭火器在竖立的位置向任何方向翻倒时,该推车式灭火器筒体或气瓶、喷射软管的固定单元和所有的其他部件应能得到保护。

(2)喷射软管的固定装置

喷射软管组件和喷射控制阀应被安全地固定在贮藏盒或夹紧装置中。在危急的场合,喷射软管应能被快速简便地展开,并无绞缠。

(3)行驶性能

1)推车式灭火器应设计成一个人能容易地在水平地面上和在有 2% 坡度的坡面上推(或拉)行。

2)推车式灭火器以竖直位置存放时,该车架应能靠自身的支撑稳固地竖立在地面上,当从竖直的位置倾斜 10°时,应能靠自重返回其原位置。从竖直存放位置倾斜到推(或拉)行位置时,施加在手把上的力不应大于 400N。推车式灭火器以斜躺位置存放时,从斜躺的存放位置抬起到推(或拉)行位置,则施加在手把上的力不应大于400N。当在手把离地面垂直高度为 (80 ± 5) cm 的位置时,用来支撑手柄的力不应大于 150N。

3)行驶机构应有足够的通过性能,在推(或拉)行过程中的最低位置(除轮子外)与地面间的间距不应小于 100mm。

4)将推车式灭火器按下面的步骤进行试验:

以 8 ~ 13km/h 的速率,在粗糙的路面上推(或拉)行 8km;

将推车式灭火器从 300mm 高的平台上以轮子着地跌落于水泥地板上 3 次;

以 8km/h 的速率推或拉行推车式灭火器,并以一只轮子去撞击一堵垂直的水泥(或钢质,或砖质)的墙上;

推倒推车式灭火器,并以保险杆或推把着地;

称出推车式灭火器的质量,将喷射软管展开成工作状态,喷射控制阀(或喷筒)保持水平,且离地面 1m 高。先将喷射控制阀打开,然后开启推车式灭火器的操作机构,待推车式灭火器完全喷射后,再称出质量,测出喷射剩余率。试验用称重仪器的误差不应大于被称推车式灭火器的额定充装量的千分之五。

注:粗糙的路面指相当于 3 级公路的路面。

5)推车式灭火器在经受"4)"所述的一系列试验后应符合下列要求:

① 应能按其工作的位置正常地喷射,在完全喷射后,喷射剩余率不应大于 10%。

② 如车轮、轴和推车的配件出现损坏,其损坏程度不应影响一个人正常移动推车式灭火器。

③ 不应有焊缝开裂。

④ 虹吸管不应移位。

7. 抗腐蚀性能

(1)抗外部腐蚀性能

推车式灭火器应经受盐雾喷淋试验。试验后,试样表面涂层不得有肉眼可见的龟裂、脱落等缺陷,操作部件应能正常工作。推车式灭火器筒体采用切片取样,试验后,自试样外周轮廓线至内 10mm 处的外表面涂层不作评定。推车式灭火器上装有内部压力指示器时,则该指示器应密封,其表面应无可见的水汽等现象。

(2)水基型灭火器的抗内部腐蚀性能

推车式水基型灭火器应进行内部腐蚀试验。试验后,推车式灭火器筒体应剖成两段以便于充分地作内部检查。其断面局部的防护涂层的开裂可不考虑。内部不应有可见的金属腐蚀,任何防护涂层不应存在分离、开裂和气泡,灭火剂不应有可见的变色现象(不包括由于温度处理造成的灭火剂变色)。

注:由于温度变化而使灭火剂自然地出现变色是允许的。建议取两个灭火剂试样贮存在密封的玻璃容器内,并同推车式灭火器一样经受该温度循环周期,以便建立参考的样品。

8. 灭火性能

(1)灭A类火的性能

适用于扑灭A类火的推车式灭火器的灭火性能以级别表示。它的级别代号由数字和字母A组成,数字表示级别数,字母A表示火的类型。

推车式灭火器扑灭A类火的最小级别不应小于4A,且不宜大于20A。

(2)灭B类火的性能

适用于扑灭B类火的推车式灭火器的灭火性能以级别表示。它的级别代号由数字和字母B组成,数字表示级别数,字母B表示火的类型。

推车式灭火器扑灭B类火的最大级别不宜大于297B。

推车式水基型灭火器和推车式干粉灭火器的灭B类火的最小级别不应小于144B。

推车式二氧化碳灭火器和推车式洁净气体灭火器的灭B类火的最小级别不应小于43B。

(3)灭C类火的性能

包含在《推车式灭火器》(GB 8109—2005)标准中的能灭C类火的推车式灭火器的灭火性能,在该标准中没有试验要求。仅仅只有推车式干粉灭火器可以标志具有扑灭C类火的能力。

9.4 消火栓

1. 室内消火栓

室内消火栓的基本参数见表9-3。

表9-3 基本参数

公称通径 DN,mm	公称压力 PN,MPa	适用介质
25、50、65、80	1.6	水、泡沫混合液

(1)外观质量

1)铸件表面应无结疤、毛刺、裂纹和缩孔等缺陷。

2)铸铁阀体外部应涂大红色油漆;内表面应涂防锈漆;手轮应涂黑色油漆。

3)外部漆膜应光滑、平整、色泽一致,无气泡、流痕、皱纹等缺陷,无明显碰、划等现象。

(2)材料

1)室内消火栓的阀体、阀盖、阀瓣应用符合相关规范规定的灰铸铁HT200或机械性能不低于 HT200 的其他金属材料。

2）室内消火栓的阀座、阀杆螺母应用符合相关规范规定的铜合金 ZCuZn38 或强度及耐腐蚀性能不低于 ZCuZn38 的金属材料。

3）室内消火栓的阀杆应用符合相关规范规定的铅黄铜棒 HPb59-1 或力学性能、耐腐蚀性能不低于 HPb59-1 的其他金属材料。

阀杆的抗拉强度应大于 $420N/mm^2$。

4）SNJ 型、SNZJ 型、SNW 型、SNZW 型室内消火栓的节流装置应用符合相关规范规定的铸造铜合金或性能不低于铸造铜合金的其他金属材料。

5）SNJ 型、SNZJ 型、SNW 型、SNZW 型室内消火栓的弹簧应用抗腐蚀或经过防腐处理的材料。

（3）基本尺寸与公称

室内消火栓的基本尺寸应符合表 9-4 的规定。

表 9-4　基本尺寸

公称通径 DN，mm	型　号	进水口		基本尺寸，mm		
		管螺纹	螺纹深度	关闭后高度≤	出水口中心高度	阀杆中心距接口外沿距离≤
25	SN25	Rp　1	18	135	48	82
50	SN50	Rp　2	22	185	65	110
	SNZ50			205	65 ~ 71	
	SNS50	Rp　2½	25	205	71	120
	SNSS50			230	100	112
65	SN65	Rp　2½	25	205	71	120
	SNZ65			225	71 ~ 100	
	SNZJ65 SNZW65					126
	SNJ65 SNW65					
	SNS65	Rp　3			75	
	SNSS65			270	110	
80	SN80	Rp　3	25	225	80	126

（4）密封件

室内消火栓的各密封部位均应配置密封件。

（5）固定接口

固定接口应为符合相关规范规定的合格产品。其型式应为 KN 型。固定接口公称通径应与室内消火栓公称通径相一致。

1）密封性能：按相关规范规定的方法对固定接口进行密封性能试验时，应无渗漏现象。

2）水压强度：按相关规范规定的方法对固定接口进行水压强度试验时，不应出现裂纹或断裂现象。试验后应能正常操作。

(6)手轮

手轮的型式和尺寸应符合相关规范的规定,手轮直径应符合表9-5的规定。手轮轮缘上应明显地铸出表示开关方向的箭头和字样。

表9-5 手轮直径

公称通径 DN,mm	型 号	手轮直径,mm
25	SN25	80
50	SN50、SNZ50、SNS50、SNSS50	120
65	SN65、SNZ65、SNJ65、SNZJ65、SNW65、SNZW65、SNSS65	120
	SNS65	140
80	SN80	140

(7)螺纹

室内消火栓的进水口、出水口与固定接口连接的部位应为圆柱管螺纹,其进水口的螺纹尺寸应符合表9-4的规定;阀杆与阀杆螺母应为梯形螺纹。

(8)阀杆升降性能

装配好的室内消火栓阀杆升降应平稳、灵活,不得有卡阻和松动现象。按相关规范规定的方法试验,旋转阀杆的最大力矩不得超过8.0N·m。

(9)旋转性能

按相关规范规定的方法对装配好的SNZ型、SNZJ型及SNZW型室内消火栓进行旋转性能试验时,阀体应能360°旋转,且转动应灵活,旋转阀体的最大力矩不得超过10.0N·m。

(10)开启高度

SN型、SNZ型、SNS型及SNSS型室内消火栓开启高度应不得小于1/3 D(D为公称通径)。

(11)强度

按相关规范规定对阀体、阀盖的强度和材料紧密性进行水压强度试验时,阀体和阀盖应能承受2.4MPa压力,持续2min不得有破裂和渗漏现象。

(12)密封性能

按相关规范规定对装配好的室内消火栓进行水压密封试验时,各密封部位应能承受1.6MPa压力,持续2min不得有渗漏现象。

(13)压力损失

SN型、SNZ型、SNS型及SNSS型室内消火栓在进口流速为2.5m/s条件下,因水力摩阻而产生的压力损失不得超过0.02MPa。

(14)减压、减压稳压性能及流量

1)减压性能及流量:SNJ型、SNZJ型室内消火栓按相关规范规定方法进行试验,其进、出口的压力值应由生产单位提供,出水口压力的允差应为±0.02MPa,且流量应大于5.0L/s。

2)减压稳压性能及流量:SNW型、SNZW型室内消火栓按相关规范规定的方法进行试验,其稳压性能及流量应符合表9-6的规定,且在试验的升压及降压过程中不得出现压力振荡现象。

表 9-6 减压稳压性能及流量

<table>
<tr><th>减压稳压类别</th><th>进水口压力 P_1,MPa</th><th>出水口压力 P_2,MPa</th><th>流量 Q,L/s</th></tr>
<tr><td>Ⅰ</td><td>0.4～0.8</td><td rowspan="3">0.25～0.35</td><td rowspan="3">$Q \geqslant 5.0$</td></tr>
<tr><td>Ⅱ</td><td>0.4～1.2</td></tr>
<tr><td>Ⅲ</td><td>0.4～1.6</td></tr>
</table>

2. 室外消火栓的外形及参数(表 9-7)

表 9-7 室外消火栓的外形及参数

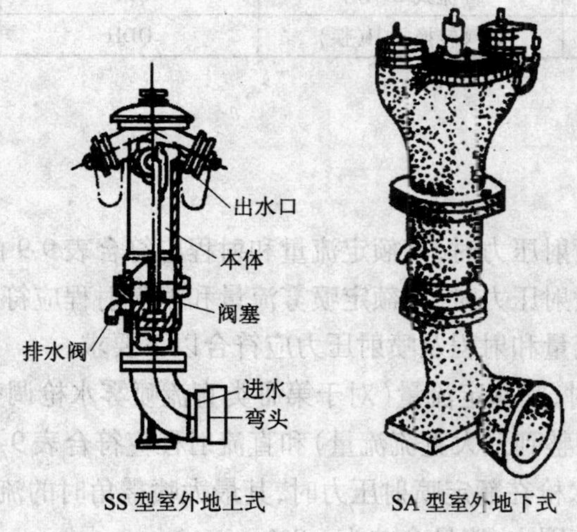

SS 型室外地上式　　SA 型室外地下式

<table>
<tr><th rowspan="3" colspan="2">品 种</th><th rowspan="3">型号规格</th><th colspan="3">进水口</th><th colspan="2">出水口</th><th rowspan="3">公称压力 MPa</th><th colspan="3">外形尺寸,mm≤</th></tr>
<tr><th rowspan="2">接口形式</th><th colspan="2">口径</th><th rowspan="2">接口形式</th><th rowspan="2">口径,mm</th><th rowspan="2">长</th><th rowspan="2">宽</th><th rowspan="2">高</th></tr>
<tr><th>mm</th><th>in</th></tr>
<tr><td rowspan="6">室外消火栓(GB4452—1996)</td><td rowspan="4">地上</td><td rowspan="2">SS100</td><td rowspan="4">法兰式
承插式</td><td rowspan="2">100</td><td rowspan="2">—</td><td rowspan="4">内扣式</td><td>100</td><td rowspan="2">1.6</td><td rowspan="2">400</td><td rowspan="2">340</td><td rowspan="2">1515</td></tr>
<tr><td>65/65</td></tr>
<tr><td rowspan="2">SS150</td><td rowspan="2">150</td><td rowspan="2">—</td><td>150</td><td rowspan="2">1.0</td><td rowspan="2">450</td><td rowspan="2">335</td><td rowspan="2">1590</td></tr>
<tr><td>80/30</td></tr>
<tr><td rowspan="2">地下</td><td rowspan="2">SA100</td><td rowspan="2">法兰式
承插式</td><td rowspan="2">100</td><td rowspan="2">—</td><td rowspan="2">内扣式</td><td>100/65</td><td>1.6</td><td>476</td><td>285</td><td>1050</td></tr>
<tr><td>65/65</td><td>1.0</td><td>472</td><td>285</td><td>1040</td></tr>
</table>

9.5 消防水枪

水枪代号见表9-8。

表9-8 水枪代号

类	组	特 征	水枪代号	代号含义
枪Q	直流水枪Z(直)	—	QZ	直流水枪
		开关G(关)	QZG	直流开关水枪
		开花K(开)	QZK	直流开花水枪
	喷雾水枪W(雾)	撞击式J(击)	QWJ	撞击式喷雾水枪
		离心式L(离)	QWL	离心式喷雾水枪
		簧片式P(片)	QWP	簧片式喷雾水枪
	直流喷雾水枪L(直流喷雾)	球阀转换式H(换)	QLH	球阀转换式直流喷雾水枪
		导流式D(导)	QLD	导流式直流喷雾水枪
	多用水枪D(多)	球阀转换式H(换)	QDH	球阀转换式多用水枪

1. 基本参数

(1)低压水枪

1)直流水枪在额定喷射压力时,其额定流量和射程应符合表9-9的要求。

2)喷雾水枪在额定喷射压力时,其额定喷雾流量和喷雾射程应符合表9-10的要求。

3)直流喷雾水枪的流量和射程及喷射压力应符合以下要求:

① 在额定喷射压力时,其额定流量(对于第Ⅲ类直流喷雾水枪调整到最大流量刻度值,对于第Ⅳ类直流喷雾水枪调整到最大直流流量)和直流射程应符合表9-11的要求。

② 第Ⅰ类直流喷雾水枪在额定喷射压力时,其最大喷雾角时的流量应在表9-11额定直流流量的100%~150%的范围内,流量允差为±8%。

③ 第Ⅱ类直流喷雾水枪在额定喷射压力时,其喷雾角在30°、70°及最大喷雾角时的流量均应在表9-11额定直流流量的92%~108%的范围内,流量允差为±8%。

④ 第Ⅲ类直流喷雾水枪在额定喷射压力时,调整到最大流量刻度,其喷雾角在30°、70°及最大喷雾角时的流量均应在表9-11额定直流流量的92%~108%的范围内;然后依次调整到其余流量刻度,其喷雾角在30°时的流量均应符合其标称值,流量允差为±8%。

⑤ 第Ⅳ类直流喷雾水枪在最小流量和最大流量时,分别在喷雾角为30°、70°及最大喷雾角的喷射压力应符合表9-11额定喷射压力,其允差为±0.1MPa。

4)多用水枪在额定喷射压力时,其额定直流流量和直流射程应符合表9-11的要求,其额定喷雾流量应在表9-11额定直流流量的92%~108%范围内,流量允差为±8%。

(2)中压水枪

中压水枪在额定喷射压力时,其额定直流流量和直流射程应符合表9-12的要求,其最大喷雾角时的流量应在表9-12额定直流流量的100%~150%的范围内,流量允差为±8%。

(3)高压水枪

高压水枪在额定喷射压力时,其额定直流流量和直流射程应符合表9-13的要求,其最大

流量系数见表9-20。

表9-20 流量系数

公称口径,mm	流量系数 K	干式喷头流量系数 K
10	57 ±3	57 ±5
15	80 ±4	80 ±6
20	115 ±6	115 ±9

非边墙型喷头布水要求见表9-21。

表9-21 非边墙型喷头布水要求

公称口径 mm	洒水密度 mm/min	每只喷头流量 L/min	保护面积 m^2	喷头间距 m	低于洒水密度50%的集水盒数 个
10	2.5	50.6	20.25	4.5	≤8
15	5.0	61.3	12.25	3.5	≤5
	15.0	135.0	9.00	3.0	≤4
20	10.0	90.0	9.00	3.0	≤4
	30.0	187.5	6.25	2.5	≤3

边墙型喷头布水要求见表9-22。

表9-22 边墙型喷头布水要求

公称口径 mm	平均洒水密度 不低于,mm/min	单盒最小洒水 密度,mm/min	每只喷头 流量,L/min	保护面积 m^2	喷头间距 m	喷头所在边墙下部集水盒的集水量
10	2.0	1.2	57	9.0	3.0	不少于喷头总洒水量的3.5%
15	2.0	1.2	57	9.0	3.0	
20	2.8	1.2	78	9.0	3.0	

玻璃球喷头的静态动作温度见表9-23。

表9-23 玻璃球喷头的静态动作温度 ℃

喷头公称 动作温度	最低动 作温度	80%的样品应在下 列温度前动作	最高 动作温度
57	54	60	63
68	65	71	74
79	75	83	87
93	89	97	101
107	102	111	115
121	116	126	129
141	135	147	149
163	156	170	171
182	175	189	190

续表

喷头公称动作温度	最低动作温度	80%的样品应在下列温度前动作	最高动作温度
204	196	212	213
227	218	236	237
260	250	270	271
343	330	355	357

2. 湿式报警阀、延迟器、水力警铃

(1)外观

湿式报警阀、延迟器、水力警铃应表面平整,无加工缺陷及磕碰损伤,涂层均匀,标志齐全清晰。

(2)标志

1)湿式报警阀、延迟器、水力警铃应在明显位置清晰、永久性标注下述内容:

① 产品名称及规格型号。

② 生产单位名称或商标。

③ 额定工作压力。

④ 生产日期及产品编号。

⑤ 湿式报警阀安装的水流方向。

2)安装在湿式报警阀报警口和延迟器之间的控制阀,应明显标志出其启闭状态。

(3)额定工作压力

湿式报警阀、延迟器、水力警铃的额定工作压力应符合1.2MPa、1.6MPa等系列压力等级。

湿式报警阀与工作压力等级较低的设备配装使用时,允许将阀进出口接头按承受较低压力等级加工,但在阀上应注明使用的较低的压力等级。

(4)公称直径

湿式报警阀进出口公称直径为50mm、65mm、80mm、100mm、125mm、150mm、200mm、250mm、300mm。

湿式报警阀座圈处的直径可以小于公称直径。

(5)材料的耐腐蚀性能

1)湿式报警阀阀体和阀盖应采用耐腐蚀性能不低于铸铁的材料制作。阀座应采用耐腐蚀性能不低于青铜的材料制作。

2)湿式报警阀要求转动或滑动的零件应采用青铜、黄铜、奥氏体不锈钢等耐腐蚀材料制作。若采用耐腐蚀性能低于上述要求的材料制作时,应在有相对运动处加入上述耐腐蚀材料制造的衬套件。

3)延迟器设置的过滤网,采用耐腐蚀性能不低于黄铜的材料制作。

4)水力警铃喷嘴和过滤网应采用耐腐蚀性能不低于黄铜的材料制作。

3. 水雾喷头

(1)分类

1)A型水雾喷头:进水口与出水口成一定角度的离心雾化喷头。

2)B 型水雾喷头:进水口与出水口在一条直线上的离心雾化喷头。

3)C 型水雾喷头:由于撞击作用而产生雾化的喷头。

(2)外观、标志和接口螺纹

1)水雾喷头应无加工缺陷和机械损伤,表面涂、镀层应均匀,完整美观,无明显的磕碰伤痕及变形。

2)水雾喷头应在明显部位做永久性标志,其内容至少应包括规格型号、生产厂商代号或商标、生产年代等。所有标记应正确、清晰、牢固。

3)水雾喷头的接口螺纹应符合相关规范的规定。

(3)流量系数

按相关规范要求进行试验,在升压和降压过程中不应出现压力振荡现象,每个压力点的流量系数和平均流量系数与公称值之差均不应超过公称值的 ±5%。

(4)雾化角

1)按相关规范要求进行试验,水雾喷头雾化角应满足下列规定:45° ±5°、60° ±5°、90° ±5°、120° ±10°、150° ±10°。

2)其他规格的水雾喷头按相关规范规定进行试验,雾化角小于 100°时,雾化角允差为 ±5°,雾化角大于等于 100°时,雾化角允差为 ±10°。

4. 干式报警阀

(1)外观质量

干式报警阀应标志清晰,表面平整光洁,无加工缺陷及碰伤划痕,涂层均匀,色泽美观。

(2)规格

干式报警阀进出口公称直径为 50mm、65mm、80mm、100mm、125mm、150mm、200mm、250mm。阀座圈处的直径可以小于公称直径。

(3)额定工作压力

干式报警阀的额定工作压力应不低于 1.2MPa。

干式报警阀与工作压力等级较低的设备配装使用时,允许将阀的进出口接头按承受较低压力等级加工,但在阀上必须对额定工作压力做相应的标记。

(4)材料的耐腐蚀性能

1)阀体和阀盖应采用耐腐蚀性能不低于铸铁的材料制成,阀座材料的耐腐蚀性能应不低于青铜。

2)要求转动或滑动的零件应采用青铜、镍铜合金、黄铜、奥氏体不锈钢等耐腐蚀材料制成。若用耐腐蚀性能差的材料制造时,应在相对运动处加入上述耐腐蚀材料制造的衬套件。

(5)阀体和阀盖

1)阀体和阀盖上的接头尺寸应符合相关规范的规定。

2)阀体上应设有泄水口,泄水口公称直径最小为 20mm。

3)在阀体的阀瓣组件的供水侧,应设有在不开启阀门的情况下检验报警装置的设施。

(6)水力摩阻损失

在表 9-24 中所给的供水流量条件下,水力摩阻损失不得超过 0.02MPa。

表 9-24　供水流量

公称直径,mm	供水流量,L/min
50	600
65	800
80	1300
100	2200
125	3500
150	5000
200	8700
250	14000

5. 雨淋报警阀

(1)外观

雨淋报警阀应标志清晰,表面平整光洁,无加工缺陷及碰伤划痕,涂层均匀,色泽美观。

(2)标志

雨淋报警阀应在明显位置清晰、永久性标注下述内容:

1)产品名称及规格型号。

2)生产单位名称或商标。

3)额定工作压力。

4)生产日期及产品编号。

5)安装的水流方向。

(3)规格

雨淋报警阀进出口公称直径为25mm、32mm、40mm、50mm、65mm、80mm、100mm、125mm、150mm、200mm、250mm、300mm。

阀座圈处的直径可以小于公称直径。

(4)额定工作压力

雨淋报警阀的额定工作压力应不低于1.2MPa。

雨淋报警阀与工作压力等级较低的设备配装使用时,允许将阀的进出口接头按承受较低压力等级加工,但在阀上必须对额定工作压力做相应的标记。

(5)材料的耐腐蚀性能

1)阀体和阀盖应采用耐腐蚀性能不低于铸铁的材料制成,阀座材料的耐腐蚀性能应不低于青铜。

2)要求转动或滑动的零件应采用青铜、镍铜合金、黄铜、奥氏体不锈钢等耐腐蚀材料制成。若用耐腐蚀性能差的材料制造时,应在有相对运动处加入上述耐腐蚀材料制造的衬套件。

(6)阀体和阀盖

1)阀体和阀盖上的接头尺寸应符合相关规范的规定。

2)阀体上应设有放水口,放水口公称直径最小为20mm。

3）阀体阀瓣组件的供水侧，应设有在不开启阀门的情况下检验报警装置的设施。

6. 通用阀门

自动喷水灭火系统用的阀门进出口公称直径应满足表9-25的规定。

表9-25 公称直径

mm

名称	闸阀	球阀	蝶阀	消防电磁阀	截止阀	信号阀
公称直径				8		
				10		
				12		
	15	15		15	15	
	20	20		20	20	
	25	25		25	25	
	32	32		32	32	
	40	40		40	40	
	50	50	50	50	50	50
	65	65	65		65	65
	80	80	80		80	80
	100	100	100		100	100
	125	125	125		125	125
	150	150	150		150	150
	200		200			200
	250		250			250

阀门的特征代号用表9-26所列字母表示。

表9-26 特征代号

产品名称	闸阀	球阀	蝶阀	消防电磁阀	截止阀	信号阀
特征代号	ZF	QF	DF	CF	JF	XF

（1）外观

自动喷水灭火系统阀门应标志清晰，表面平整光洁，无加工缺陷及碰伤划痕，涂层均匀，色泽美观。

标志应包括：产品名称及规格型号；生产厂名称；额定工作压力；电性能指标；生产日期及出厂编号；执行标准等。

（2）额定工作压力

自动喷水灭火系统阀门的额定工作压力应不低于1.2MPa。

（3）材料的耐腐蚀性能

1）阀体及阀盖应采用耐腐蚀性能不低于普通铸铁的材料制成，阀座的耐腐蚀性能应不低于青铜。

2）要求转动或滑动的零件应采用青铜、黄铜、镍铜合金等耐腐蚀性材料制成，若用耐腐性能差的材料制造时，应在相对运动处加入上述耐腐蚀材料制造的衬套件。

(4)阀体和阀盖

阀体和阀盖上的连接尺寸应符合相关规范的规定。

(5)刚性非金属零件

刚性非金属零件应按相关规范的规定进行老化试验，不应产生妨碍装置正常动作的扭曲、蠕变、裂纹或其他变形损坏。

(6)阀瓣主密封件

阀瓣主密封件的拉伸应力应变特性和耐老化性能不低于如下规定：

① 最低定伸强度为10MPa，最小伸长率为300%（50～200mm）。

② 最低定伸强度为15MPa，最小伸长率为200%（50～150mm）。

③ 公称尺寸为50mm的零件拉伸到150mm，保持2min，释放2min后测量，最大残余变形不超过9mm。

④ 零件置于70℃、2.0MPa压力的臭氧环境中试验96h，其定伸强度和伸长率不应低于试验前的70%，硬度变化不应大于5个国际强度单位。

⑤ 零件置于100℃蒸馏水中70h后，其定伸强度和伸长率不应低于试验前的70%，零件体积变化率不得超过20%。

⑥ O形橡胶密封圈应符合相关规范的规定。

手轮的外缘直径应不小于表9-27所示尺寸，手轮扭矩值见表9-28。

表9-27　手轮最小外缘直径

闸阀的公称直径，mm	手轮最小外缘直径，mm
15、20	66
25	66
32	76
40	83
50	89
65	111
80	152
100	203
125	254
150	279
200	330
250	381

表9-28　手轮扭矩值

外螺纹阀公称直径，mm	内螺纹阀公称直径，mm	扭矩值，N·m
15、20、25		17
32	15、20、25	28

续表

外螺纹阀公称直径,mm	内螺纹阀公称直径,mm	扭矩值,N·m
40	32	36
50	40	46
65	50	79
80	65	141
	80	181
100		215
125	100	294
150	125	328
	150	367
200		424
	200	509
250		610
	250	723

7. 水流指示器

(1)最大工作压力

水流指示器的最大工作压力为1.2MPa。

(2)延迟性能

1)具有延迟功能的水流指示器的延迟时间应可以调节。

2)水流指示器按照相关规范进行试验,所测得的延迟时间应在2~90s范围内。

(3)工作循环

1)水流指示器按照相关规范进行试验,经500周期动作,试验中应动作灵敏、复位迅速。

2)试验后应经过灵敏度试验,试验结果应符合相关规范规定。

(4)耐腐蚀性能

水流指示器按相关规范规定进行腐蚀试验,试验后其任何部件不能出现影响性能的裂纹等腐蚀损坏。试验后应经过灵敏度试验,试验结果应符合相关规范的规定。

(5)刚性非金属材料

1)水流指示器的部件如果采用刚性非金属材料,则刚性非金属材料部件应按相关规范进行空气老化试验。

2)刚性非金属材料部件经空气老化试验后,试件不得出现弯曲、蠕变、裂纹或其他影响水流指示器功能的损坏。

3)如果叶片采用聚乙烯材料,则聚乙烯叶片应按相关规范要求进行试验,测定其耐环境应力开裂能力,试验后叶片应无裂纹。

8. 加速器

(1)外观质量

标志齐全,表面平整光滑,无明显的碰撞伤痕和机械损伤现象。

(2)额定工作压力

加速器的额定工作压力应不低于1.2MPa。

(3)材料的耐腐蚀性能

1)加速器的主体和盖应采用性能不低于铸铁的耐腐蚀材料制成。

2)转动或滑动零件和轴承应采用青铜、黄铜等耐腐蚀材料制成。

(4)零部件

1)活动零件之间以及和固定零件之间均应留有间隙,使加速器能灵活工作。

2)加速器的上腔体必须装有压力表。

3)加速器各零部件连接尺寸应符合相关规范规定。

4)加速器在承受4倍工作压力时,各紧固件的公称设计载荷不低于相关规范的规定。

5)使用弹簧、膜片的加速器,在5000次工作循环中不应断裂和破坏。

6)有筋型弹性密封元件试验后,应能挠屈而无龟裂、破碎,体积膨胀变化不大于20%。

7)无筋型弹性密封元件:

无筋型弹性密封元件的拉伸应力应变特性和耐热老化性能不低于如下规定:

① 最低抗拉强度为10MPa,最小极限延伸率为300%(25~100mm)。

② 最低抗拉强度为15MPa,最小极限延伸率为200%(25~75mm)。

③ 当公称尺寸为25mm拉伸到75mm时,保持2min,释放2min后测量,最大残余变形不大于5mm。

④ 零件置于(70±1.5)℃,2.0MPa压力的臭氧环境中试验96h,其定伸强度和伸长率不应低于试验前的70%,硬度变化不大于5个国际硬度单位。

⑤ 零件置于(97.5±2.5)℃蒸馏水中70h后,其定伸强度和伸长率不应低于试验前的70%,零件体积变化不得超过20%。

8)非金属部件经老化试验后,不应产生妨碍装置正常动作的扭曲、蠕变、裂纹和其他变形损坏,并将老化试验后的非金属部件安装在加速器中按相关规范的规定进行泄漏变形和动作试验。

9.11 火灾自动报警系统

1. 火灾报警控制器

(1)一般要求

1)控制器主电源应采用220V,50Hz交流电源,电源线输入端应设接线端子。

2)控制器应设有保护接地端子。

3)控制器能为其连接的部件供电,直流工作电压应符合相关国家标准的规定,可优先采用直流24V。

4)控制器应具有中文功能标注和信息显示。

(2)火灾报警功能

1)控制器应能直接或间接地接收来自火灾探测器及其他火灾报警触发器件的火灾报警信号,发出火灾报警声、光信号,指示火灾发生部位,记录火灾报警时间,并予以保持,直至手动复位。

2)当有火灾探测器火灾报警信号输入时,控制器应在10s内发出火灾报警声、光信号。对来自火灾探测器的火灾报警信号可设置报警延时,其最大延时不应超过1min,延时期间应有延时光指示,延时设置信息应能通过本机操作查询。

3)当有手动火灾报警按钮报警信号输入时,控制器应在10s内发出火灾报警声、光信号,并明确指示该报警是手动火灾报警按钮报警。

4)控制器应有专用火警总指示灯(器)。控制器处于火灾报警状态时,火警总指示灯(器)应点亮。

5)火灾报警声信号应能手动消除,当再有火灾报警信号输入时,应能再次启动。

6)控制器采用字母(符)-数字显示时,还应满足下述要求:

①应能显示当前火灾报警部位的总数。

②应采用下述方法之一显示最先火灾报警部位:

a. 用专用显示器持续显示。

b. 如未设专用显示器,应在共用显示器的顶部持续显示。

③ 后续火灾报警部位应按报警时间顺序连续显示。当显示区域不足以显示全部火灾报警部位时,应按顺序循环显示;同时应设手动查询按钮(键),每手动查询一次,只能查询一个火灾报警部位及相关信息。

7)控制器需要接收来自同一探测器(区)两个或两个以上火灾报警信号才能确定发出火灾报警信号时,还应满足下述要求:

① 控制器接收到第一个火灾报警信号时,应发出火灾报警声信号或故障声信号,并指示相应部位,但不能进入火灾报警状态。

② 接收到第一个火灾报警信号后,控制器在60s内接收到要求的后续火灾报警信号时,应发出火灾报警声、光信号,并进入火灾报警状态。

③ 接收到第一个火灾报警信号后,控制器在30min内仍未接收到要求的后续火灾报警信号时,应对第一个火灾报警信号自动复位。

8)控制器需要接收到不同部位两只火灾探测器的火灾报警信号才能确定发出火灾报警信号时,还应满足下述要求:

① 控制器接收到第一只火灾探测器的火灾报警信号时,应发出火灾报警声信号或故障声信号,并指示相应部位,但不能进入火灾报警状态。

② 控制器接收到第一只火灾探测器火灾报警信号后,在规定的时间间隔(不小于5min)内未接收到要求的后续火灾报警信号时,可对第一个火灾报警信号自动复位。

9)控制器应设手动复位按钮(键),复位后,仍然存在的状态及相关信息均应保持或在20s内重新建立。

10)控制器火灾报警计时装置的日计时误差不应超过30s,使用打印机记录火灾报警时间时,应打印出月、日、时、分等信息,但不能仅使用打印机记录火灾报警时间。

11)具有火灾报警历史事件记录功能的控制器应能至少记录999条相关信息,且在控制器断电后能保持信息14d。

12)通过控制器可改变与其连接的火灾探测器响应阈值时,对探测器设定的响应阈值应能手动可查。

13)除复位操作外,对控制器的任何操作均不应影响控制器接收和发出火灾报警信号。

(3)火灾报警控制功能

1)控制器在火灾报警状态下应有火灾声和/或光警报器控制输出。

2)控制器可设置其他控制输出(应少于6点),用于火灾报警传输设备和消防联动设备等设备的控制,每一控制输出应有对应的手动直接控制按钮(键)。

3)控制器在发出火灾报警信号后3s内应启动相关的控制输出(有延时要求时除外)。

4)控制器应能手动消除和启动火灾声和/或光警报器的声警报信号,消声后,有新的火灾报警信号时,声警报信号应能重新启动。

5)具有传输火灾报警信息功能的控制器,在火灾报警信息传输期间应有光指示,并保持至复位,如有反馈信号输入,应有接收显示对于采用独立指示灯(器)作为传输火灾报警信息显示的控制器,如有反馈信号输入,可用该指示灯(器)转为接收显示,并保持至复位。

6)控制器发出消防联动设备控制信号时,应发出相应的声光信号指示,该光信号指示不能被覆盖且应保持至手动恢复;在接收到消防联动控制设备反馈信号10s内应发出相应的声光信号,并保持至消防联动设备恢复。

7)如需要设置控制输出延时,延时应按下述方式设置:

① 对火灾声和/或光警报器及对消防联动设备控制输出的延时,应通过火灾探测器和/或手动火灾报警按钮和/或特定部位的信号实现。

②控制火灾报警信息传输的延时应通过火灾探测器和/或特定部位的信号实现。

③延时应不超过10min,延时时间变化步长不应超过1min。

④在延时期间,应能手动插入或通过手动火灾报警按钮而直接启动输出功能。

⑤ 任一输出延时均不应影响其他输出功能的正常工作,延时期间应有延时光指示。

8)当控制器要求接收来自火灾探测器和/或手动火灾报警按钮的1个以上火灾报警信号才能发出控制输出时,当收到第一个火灾报警信号后,在收到要求的后续火灾报警信号前,控制器应进入火灾报警状态;但可设有分别或全部禁止对火灾声和/或光警报器、火灾报警传输设备和消防联动设备输出操作的手段。禁止对某一设备输出操作不应影响对其他设备的输出操作。

9)控制器在机箱内设有消防联动控制设备时,即火灾报警控制器(联动型),还应满足相关规范的要求,消防联动控制设备故障应不影响控制器的火灾报警功能。

(4)故障报警功能

1)控制器应设专用故障总指示灯(器),无论控制器处于何种状态,只要有故障信号存在,该故障总指示灯(器)应点亮。

2)当控制器内部、控制器与其连接的部件间发生故障时,控制器应在100s内发出与火灾报警信号有明显区别的故障声、光信号,故障声信号应能手动消除,再有故障信号输入时,应能再启动;故障光信号应保持至故障排除。

3)控制器应能显示下述故障的部位:

3. 压力锅

(1)铝压力锅安全及性能要求

1)制造要求:压力锅应符合《铝压力锅安全及性能要求》(GB 13623—2003)规定,并按经规定程序批准的技术文件制造。

2)标志:压力锅上永久性标志应齐全、端正、清晰。

3)外观:压力锅与手接触部位应光滑无毛刺,表面色泽均匀。

4)组件:压力锅组件应完整无缺,其中限压阀、安全阀和泄压结构均不能互换;限压阀应注明商标和压力值。

5)手柄结构:手柄结构应保证操作者使用时,手不应碰着手柄上的紧固螺钉。

6)容积:压力锅实际容积应不小于额定容积的95%。

7)表面处理:表面处理方式分为常规氧化、硬质氧化、涂层及抛光。

① 常规氧化膜

a. 氧化膜耐蚀性应不小于30s。

b. 锅内表面氧化膜厚应不小于5μm;锅外表面氧化膜厚应不小于7μm。

② 硬质氧化膜:

a. 氧化膜耐蚀性应不小于60s。

b. 氧化膜厚应不小于30μm。

c. 氧化膜硬度应不小于350HV。

③ 涂层:压力锅涂层应符合相关规范的规定。

④ 抛光:压力锅抛光表面应光亮一致,表面粗糙度 R_a 应不大于0.4μm。

8)手柄连接牢固性:手柄连接应牢固,按相关规范要求试验后,不能松动和变形。

(2)不锈钢压力锅

1)材料

① 锅身、锅盖应采用符合相关规范中规定的1Cr18Ni9、0Cr18Ni9或采用性能不低于上述规定的其他不锈钢。

② 单复底金属采用相关规范中的工业纯铝板材或其他导热性良好的金属板材。复合层(不含锅身材料)厚度不低于2.5mm。

③ 多层复底金属板的里层应采用与单复底相同的材料,外层应采用有防护和装饰作用的金属板。复合层(不含锅身材料)厚度不低于2.5mm。

2)标志:压力锅上永久性标志应齐全、端正、清晰、耐久。

3)压力锅与手接触部位:压力锅与手接触部位应光滑无毛刺。

4)抛光:压力锅抛光表面应光亮一致,表面粗糙度 R_a 应不大于0.8μm。

5)容积:压力锅实际容积应不小于额定容积的95%。

6)组件:压力锅组件应完整无缺,其中限压阀、安全阀和泄压结构均不能互换;限压阀应注明商标和公称工作压力值。

7)手柄

① 压力锅锅身应装配两个手柄,锅盖至少有一个手柄。

② 手柄结构应保证操作者使用时,手不应碰着手柄上的紧固螺钉。

③ 手柄连接应牢固,按相关规范要求试验后,不松动,不变形,手柄无裂纹等异常现象。

8)合盖安全性

① 压力锅在正常工作时上下手柄应重合,锅身与锅盖的锅牙扣合有效长度应大于85%。

② 锅身与锅盖的锅牙扣合有效长度不大于85%时,锅内压力不得超过5kPa。

4. 铝锅(表10-3)。

表10-3 铝锅的主要技术参数 mm

类型	尺寸	规格系列														
		12	14	16	18	20	22	24	26	28	30	32	34	36	38	40
浅锅、柿形锅、煮奶锅、单算蒸锅	锅口内径	120	140	160	180	200	220	240	260	280	—	—	—	—	—	—
	锅底中心厚度	0.4	0.4	0.4	0.4	0.43	0.43	0.48	0.48	0.53	—	—	—	—	—	—
深锅、双算蒸锅、多算蒸锅	锅口内径	120	140	160	180	200	220	240	260	280	300	320	340	360	380	400
	锅底中心厚度	0.55	0.55	0.55	0.60	0.65	0.65	0.70	0.70	0.80	0.80	0.90	0.90	1.0	1.0	1.1

注:材料:纯铝、铝合金。

5. 铝壶和不锈钢壶(表10-4)。

表10-4 铝壶和不锈钢壶的外形及参数

	品种	规格,L
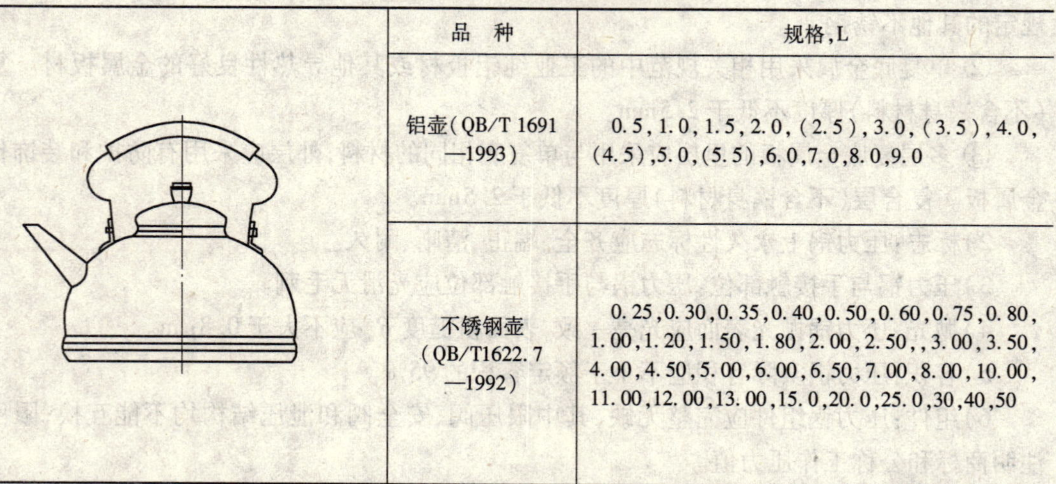	铝壶(QB/T 1691—1993)	0.5,1.0,1.5,2.0,(2.5),3.0,(3.5),4.0,(4.5),5.0,(5.5),6.0,7.0,8.0,9.0
	不锈钢壶(QB/T1622.7—1992)	0.25,0.30,0.35,0.40,0.50,0.60,0.75,0.80,1.00,1.20,1.50,1.80,2.00,2.50,,3.00,3.50,4.00,4.50,5.00,6.00,6.50,7.00,8.00,10.00,11.00,12.00,13.00,15.0,20.0,25.0,30,40,50

注:1. 材料:铝壶为纯铝、铝合金;不锈钢壶为Cr18Ni、1Cr13、2Cr13。

2. 括号内的规格一般不推荐采用。

10.2 家用厨房家具

1. 洗涮台、柜(表 10-5)。

表 10-5 洗涮台、柜的外形及参数 mm

L	B	B_1	H	H_1
600				
900	600	20	800	120
1200				
1500		40		
1800	750	60	850	150

注:特殊规格可由供需双方协商确定。

2. 操作台、柜(表 10-6)。

表 10-6 操作台、柜的外形及参数 mm

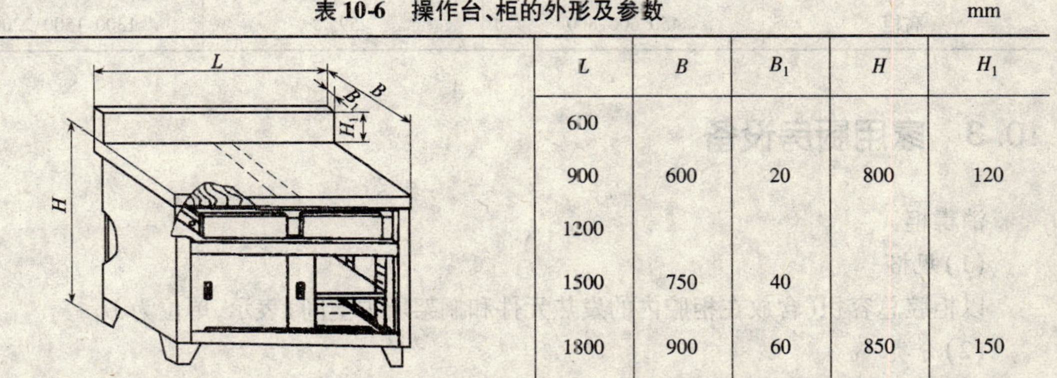

L	B	B_1	H	H_1
600				
900	600	20	800	120
1200				
1500	750	40		
1800	900	60	850	150

注:特殊规格可由供需双方协商确定。

3. 家用橱柜(表 10-7)。

表 10-7 家用橱柜的外形及参数 mm

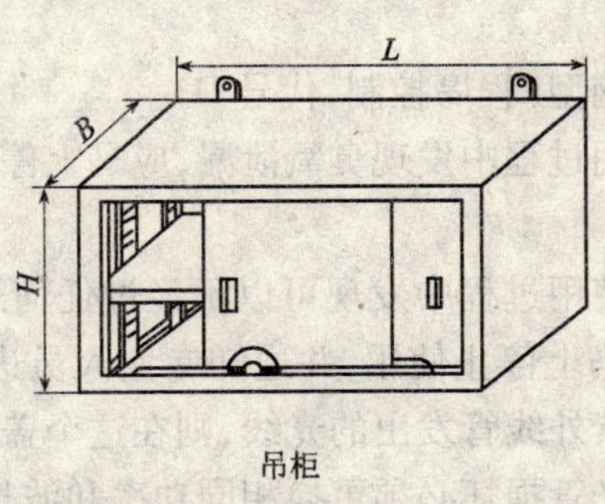

吊柜

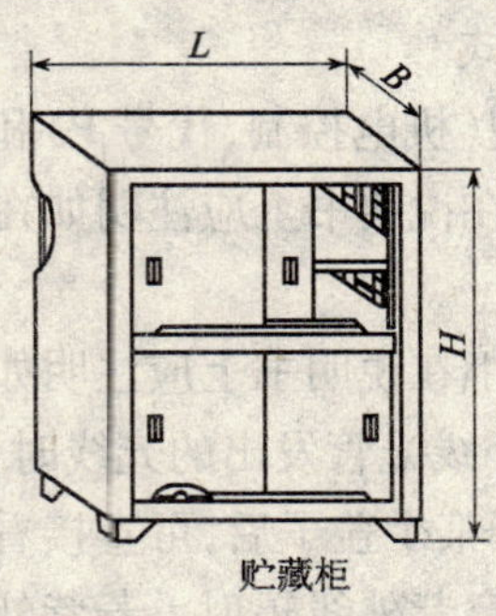

贮藏柜

续表

品　种	L	B	H
吊　柜	900 1200 1500	300 350	500 800 级差 50
贮藏柜	900 1200 1500 1800	450 600	1500 1800

注:特殊规格可由供需双方协商确定。

4. 整体橱柜(表 10-8)。

表 10-8　整体橱柜的主要技术参数

组　件	标准尺寸,mm		
	宽度	深度	高度
地柜	300、450、600、750、900	570、330	820(无顶板)
吊柜	300、450、600、750、900	330	500、720
高柜	450、600、800	595	1300、1500、2200

10.3　家用厨房设备

消毒柜

(1)规格

以柜腔总容积(含放在柜腔内的发热元件和搁架所占空间)表示,单位为 L。

(2)分类

1)按消毒方式:

分为:电热消毒柜(代号 R);臭氧消毒柜(代号 Y);电热、臭氧、紫外线组合型消毒柜(代号 Z)。

2)按安放方式:

分为:台地式(代号 T);挂壁式(代号 G)和台地挂壁两用式(代号 L)。

3)按控制方式

分为:普通型(机电控制,代号 P)和电脑型(程序控制,代号 D)。

臭氧消毒柜在说明书上应注明如在使用过程中发现臭氧泄漏,应马上停止使用,通知专业人员进行维修。

紫外线消毒柜在说明书上应注明如在使用过程中发现可以不经过任何透光物体(如玻璃等)直接看到紫外线光管发出的光线时,应马上停止使用,并通知专业人员进行维修。在维修过程中,如果拆开某个盖子后,可直接看到紫外线管发出的光线,则在这个盖子上应标有警告:打开盖子时应注意紫外线辐射。若紫外线光管损坏必须更换相同功率和波长的紫外线光管。

臭氧、紫外线消毒柜应该在说明书中有如下警告:关好门后,才能使消毒柜工作,否则会有臭氧泄漏或紫外线辐射。

消毒柜应有下面相同意义的说明:把食具上的水倒净后才能放进柜内,在消毒柜工作结束20min(臭氧、紫外线消毒柜10min)后才能打开柜门,以免臭氧泄漏或烫伤;不能把毛巾、鞋等非食具放入消毒柜内。

如消毒柜不适合用于塑料等不耐高温材料食具的消毒,则应在说明书中注明消毒柜应在说明书中说明消毒效果。

10.4 燃气灶具和热水器

1. 家用燃气灶(表10-9)

表10-9 家用燃气灶的主要技术参数

<table>
<tr><td rowspan="2">型 号</td><td>GE-211GCB/
M/L/W
GE-211FCB/S</td><td>GE-311GCB/
M/L</td><td>GE-212GCB/
L/W
GE-211SCS/B
GE-211FCB</td><td>GT-2P1C
GT-2P1FC</td><td>GT-2D8C
GT-2D8FC</td><td>GT-2D6C
GT-2D6FCB
GT-2D6FCS</td></tr>
<tr><td>JZ20Y · 2-11
JZ * R · 2-11
JZ * T · 2-11</td><td>JZ20Y · 3-11
JZ * R · 3-11
JZ * T · 3-11</td><td>JZ20Y · 2-12
JZ * R · 2-12
JZ * T · 2-12</td><td>JZ20Y · 2-P1
JZ * R · 2-P1
JZ * T · 2-P1</td><td>JZ20Y · 2-D8
JZ * R · 2-D8
JZ * T · 2-D8</td><td>JZ20Y · 2-D4
JZ * R · 2-D4
JZ * T · 2-D4</td></tr>
<tr><td>灶眼个数</td><td>2</td><td>3</td><td>2</td><td>2</td><td>2</td><td>2</td></tr>
<tr><td>燃气消耗量,
kW</td><td>左:3.5
右:3.5</td><td>左:3.5
右:3.5
中:0.88</td><td>左:3.5
右:3.5</td><td>左:4.2
右:4.2</td><td>左:3.5
右:3.5</td><td>左:3.4
右:4.2</td></tr>
<tr><td>热效率</td><td colspan="3">>50%</td><td colspan="3">>55%</td></tr>
<tr><td>进风方式</td><td colspan="2"></td><td>上进风</td><td></td><td></td><td></td></tr>
<tr><td>安装方式</td><td colspan="3">嵌入式</td><td colspan="3">台式</td></tr>
<tr><td>点火方式</td><td colspan="4">脉冲式点火</td><td colspan="2">压电陶瓷点火</td></tr>
<tr><td>电源</td><td colspan="4">1号干电池</td><td colspan="2"></td></tr>
<tr><td>灶面材料</td><td>钢化玻璃/
氟素</td><td>钢化玻璃</td><td>钢化玻璃/
不锈钢/氟素</td><td colspan="3">不锈钢/氟素</td></tr>
<tr><td>灶面颜色</td><td>黑、石纹、
条纹、白/黑、银</td><td>黑、石纹、
条纹</td><td>黑、条纹、
白/银、黑/黑</td><td>银/黑</td><td>银/黑</td><td>银/黑、银</td></tr>
<tr><td>安全装置</td><td colspan="6">热电耦式熄火安全保护装置</td></tr>
<tr><td>不锈钢火盖</td><td colspan="3">不锈钢</td><td colspan="3">铜</td></tr>
<tr><td>双重火力调节</td><td colspan="5">双重火力调节(双喷嘴)</td><td>单喷嘴</td></tr>
<tr><td>外形尺寸,mm</td><td colspan="2">750×450×150</td><td>750×410×150</td><td>700×412×152</td><td>720×390×140</td><td>680×403×122</td></tr>
<tr><td>厨柜台面开孔
尺寸,mm</td><td colspan="2">695×410</td><td>695×350</td><td colspan="3">无</td></tr>
</table>

注:* 为燃气品种。

2. 强制排气式燃气快速热水器（表 10-10）

表 10-10　强制排气式燃气快速热水器的外形及参数

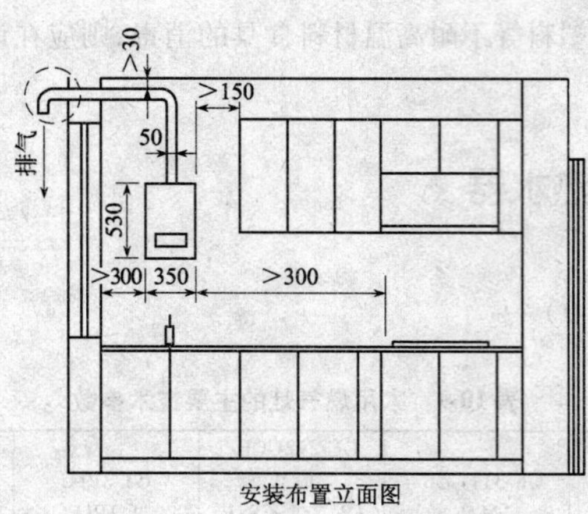

安装布置立面图

<table>
<tr><td colspan="2">型　　号</td><td>JSQ21-QFM1011Q</td><td>JSQ21-QFM1002Q</td></tr>
<tr><td colspan="2">使用燃气种类</td><td>天然气（12T）</td><td>液化石油气（20Y）</td></tr>
<tr><td colspan="2">额定供气压力</td><td>2000Pa</td><td>2800Pa</td></tr>
<tr><td colspan="2">燃气消耗量</td><td>2. 2m³/h</td><td>1. 8kg/h</td></tr>
<tr><td colspan="2">热负荷</td><td colspan="2">21. 2kW</td></tr>
<tr><td colspan="2">热水产率（$\Delta t=25℃$）</td><td colspan="2">10L/min</td></tr>
<tr><td colspan="2">热效率，%</td><td colspan="2">≥80</td></tr>
<tr><td colspan="2">启动水流量，L/min</td><td colspan="2">3 ±0. 5</td></tr>
<tr><td colspan="2">适用水压，MPa</td><td colspan="2">0. 05 ~0. 5</td></tr>
<tr><td colspan="2">最低启动水压，MPa</td><td colspan="2">0. 015</td></tr>
<tr><td colspan="2">电源</td><td colspan="2">220V ±10% ;50 ±5Hz;30W</td></tr>
<tr><td colspan="2">外形尺寸，mm</td><td colspan="2">530 ×350 ×135</td></tr>
<tr><td colspan="2">重量，kg</td><td colspan="2">12</td></tr>
<tr><td colspan="2">排气筒直径、墙距 a，mm</td><td colspan="2">ϕ50、140</td></tr>
<tr><td rowspan="3">接头规格，in</td><td>燃气管</td><td colspan="2">1/2</td></tr>
<tr><td>冷水管</td><td colspan="2">1/2</td></tr>
<tr><td>热水管</td><td colspan="2">1/2</td></tr>
</table>

3. 室外式燃气快速热水器(表 10-11)

表 10-11 室外式燃气快速热水器的外形及参数

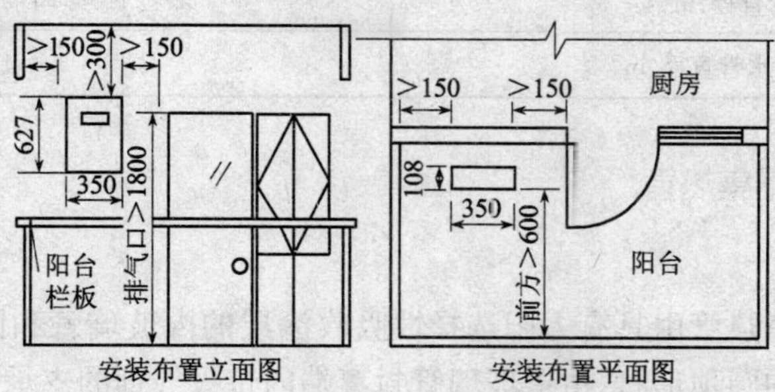

安装布置立面图　　安装布置平面图

项目	指标	项目	指标	项目	指标
热负荷	34kW	使用燃气种类	天然气(12T)	外形尺寸,mm	627×350×108
热水产率	16L,min	额定供气压力	2000Pa	接头规格/in 燃气管	1/2
热效率	≥80%	燃气消耗量	$3.5m^3/h$	接头规格/in 冷水管	1/2
				接头规格/in 热水管	1/2
排气方式	室外式	燃气低热值	$34.4\sim35.6MJ/m^3$	质量,kg	15
点火方式	自动连续电脉冲火	电源	220V±10%;50±5Hz;22W(防冻100W)	—	
控制方式	燃气比例控制方式				
适用水压	0.05~0.5MPa				
启动水压	≤0.03MPa	烟气CO含量($a=1$)	≤0.06%		
启动水流量	3±0.5L/min	熄火自动保护 闭阀时间	≤20s		
适用环境温度	-15℃~40℃	熄火自动保护 开阀时间	≤3s		

4. 燃气容积式热水器(表 10-12)

表 10-12 燃气容积式热水器的主要技术参数

项　目		指　标
额定容量,L		75~380
额定热负荷,MJ/h		21.8~79.0
水温调节范围,℃		50~70(生活热水)
最大给水压力,MPa		0.68
安全阀设定压力,MPa		0.85
电源		220V/50Hz　100W
热效率,%		>75~85
贮水箱	筒径,mm	φ360~φ670
	筒高,mm	1270~1900

续表

项　　目	指　　标
排气筒直径,mm	φ80 ~ φ120
燃气管直径,in	1/2
冷水管、热水管直径,in	3/4、1¼

5. 全玻璃真空太阳集热管

(1)产品结构

全玻璃真空太阳集热管由具有太阳选择性吸收涂层的内玻璃管和同轴的罩玻璃管构成,内玻璃管一端为封闭的圆顶形状,由罩玻璃管封离端内带吸气剂的支承件支承;另一端与罩玻璃管另一端熔封成为环状的开口端。其结构及组成部件的名称见图 10-1。

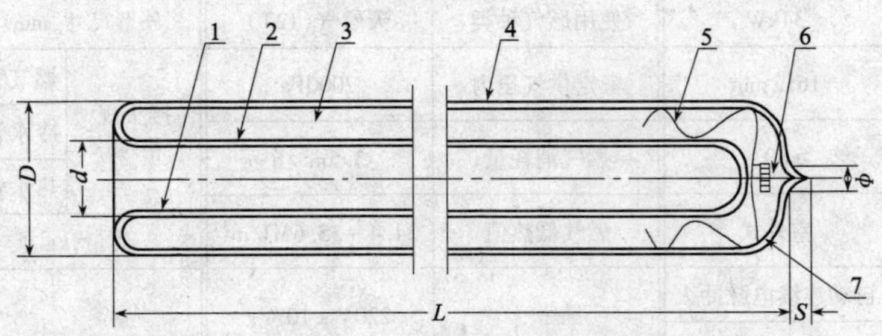

图 10-1　全玻璃真空太阳集热管结构及组成部件

1—内玻璃管;2—太阳选择性吸收涂层;3—真空夹层;
4—罩玻璃管;5—支承件;6—吸气剂;7—吸气镜面

(2)结构尺寸

全玻璃真空太阳集热管的结构尺寸按表 10-13 选取。

表 10-13　全玻璃真空太阳集热管的结构尺寸　mm

内玻璃管外径,d	罩玻璃管外径,D	长度,L	封离部分长度,S
37	47	1200,1500,1800	≤15
47	58	1500,1800,2100	≤15

10.5　换气通风设备

吸油烟机(表 10-14)

表 10-14　吸油烟机主要技术参数

型　号	尺寸,mm	速度	功率,W	排气量,m^3/h	噪声,dB	净重,kg	烟管直径,mm
FV-75HDT1C 全自动不锈钢型	750 × 530 × 400	快档	150 + 40(照明)	1000	48	28.3	φ170
		中档	86 + 40(照明)	650	38		
		慢档	41 + 40(照明)	450	31		

续表

型　号	尺寸，mm	速度	功率，W	排气量，m³/h	噪声，dB	净重，kg	烟管直径，mm
FV-75HDS1C 不锈钢型	750×530×400	快档	142+40(照明)	1000	48	27.4	φ170
		中档	80+40(照明)	650	38		
		慢档	43+40(照明)	450	31		
FV-75HD1C 金属喷涂	750×530×400	快档	142+40(照明)	1000	48	28.0	φ170
		中档	80+40(照明)	650	38		
		慢档	43+40(照明)	450	31		
FV-75HG1C 金属喷涂	750×530×400	快档	136+40(照明)	780	52	18.4	φ150
		慢档	105+40(照明)	540	45		
FV-75HG2C 金属喷涂	750×530×400	快档	136+40(照明)	780	52	18.4	φ150
		慢档	105+40(照明)	540	45		
FV-75HG3C 金属喷涂	750×530×400	快档	120+40(照明)	850	49	22.0	φ170
		慢档	72+40(照明)	560	39		
FV-70HQ1C 金属喷涂	750×530×400	快档	135+40(照明)	720	53	14.4	φ150
		慢档	98+40(照明)	520	47		
FV-70HU1C 金属喷涂	750×530×400	快档	135+40(照明)	720	53	14.2	φ150
		慢档	98+40(照明)	520	47		

10.6 陶瓷便器

1. 产品分类

按吸水率分为瓷质卫生陶瓷和陶质卫生陶瓷。

(1)瓷质卫生陶瓷

瓷质卫生陶瓷产品分类见表10-15。

表10-15 瓷质卫生陶瓷产品分类

种　类	类　型	结　构	安装方式	排污方向	按用水量分	按用途分
坐便器	挂箱式 坐箱式 连体式 冲洗阀式	冲落式 虹吸式 喷射虹吸式 旋涡虹吸式	落地式 壁挂式	下排式 后排式	普通型 节水型	成人型 幼儿型 残疾人/老年人专用型
洗面器	—	—	台式 立柱式 壁挂式	—	—	—
小便器	—	冲落式 虹吸式	落地式 壁挂式	—	普通型 节水型	—

续表

种　类	类　型	结　构	安装方式	排污方向	按用水量分	按用途分
蹲便器	挂箱式 冲洗阀式	—	—	—	普通型 节水型	成人型 幼儿型
净身器	—	—	落地式 壁挂式	—	—	—
洗涤槽	—	—	台式 壁挂式	—	—	住宅用 公共场所用
水箱	高水箱 低水箱	—	壁挂式 坐箱式 隐藏式	—	—	—
小件卫生陶瓷	皂盒、手纸盒等	—	—	—	—	—

(2)陶质卫生陶瓷

陶质卫生陶瓷产品分类见表10-16。

表10-16　陶质卫生陶瓷产品分类

种　类	类　型	安装方式
洗面器	—	台式、立柱式、壁挂式
不带存水弯小便器	—	落地式、壁挂式
净身器	—	落地式、壁挂式
洗涤槽	家庭用、公共场所用	台式、壁挂式
水箱	高水箱、低水箱	壁挂式、坐箱式、隐藏式
浴缸、淋浴盆	—	—
小件卫生陶瓷	皂盒等	—

2. 外观质量

1)卫生陶瓷外观缺陷最大允许范围见表10-17。

表10-17　卫生陶瓷外观缺陷最大允许范围

缺陷名称	单　位	洗净面	可见面		其他区域
			A面	B面	
开裂、坯裂	mm	不允许			不影响使用的允许修补
釉裂、熔洞	mm	不允许			—
大包、大花斑、色斑、坑包	个	不允许			—
棕眼	个	总数2	总数2	2;总数5	—
小包、小花斑	个	总数2	总数2	2;总数6	—
釉泡、斑点	个	1;总数2	2;总数4	2;总数4	—
波纹	mm^2	≤2600			—

续表

缺陷名称	单　位	洗净面	可见面		其他区域
			A 面	B 面	
缩釉、缺釉	mm^2	不允许		4mm² 以下 1 个	—
磕碰	mm^2	不允许			20mm² 以下 2 个
釉缕、橘釉、釉粘、坯粉、落脏、剥边、烟熏、麻面	—	不允许			—

注：1. 数字前无文字或符号时，表示一个标准面允许的缺陷数。
2. 其他面，除表中注明外，允许有不影响使用的缺陷。
3. 0.5mm 以下的不密集棕眼可不计。

2）色差：一件产品或配套产品之间应无明显色差。

3. 最大允许变形

卫生陶瓷产品的最大允许变形量应符合表 10-18 的规定。

表 10-18　最大允许变形　mm

产品名称	安装面	表　面	整　体	边　缘
坐便器	3	4	6	—
洗面器	3	6	20mm/m 最大 12	4
小便器	5	20mm/m 最大 12	20mm/m 最大 12	—
蹲便器	6	5	8	4
净身器	3	4	6	—
洗涤槽	4	20mm/m 最大 12	20mm/m 最大 12	5
水箱	底 3 墙 8	4	5	4
浴缸	—	20mm/m 最大 16	20mm/m 最大 16	—
淋浴盆	—	20mm/m 最大 12	20mm/m 最大 12	—

注：形状为圆形或艺术造型的产品，边缘变形不作要求。

4. 尺寸

尺寸允许偏差

卫生陶瓷的尺寸允许偏差应符合表 10-19 的规定。

表 10-19　尺寸允许偏差　mm

尺寸类型	尺寸范围	允许偏差
外形尺寸	—	规格尺寸 × ±3%
孔眼直径	$\phi<15$ $15\leqslant\phi\leqslant30$ $30<\phi\leqslant80$ $\phi>80$	+2 ±2 ±3 ±5

续表

尺寸类型	尺寸范围	允许偏差
孔眼圆度	$\phi \leqslant 70$ $70 < \phi \leqslant 100$ $\phi > 100$	2 4 5
孔眼中心距	≤100 >100	±3 规格尺寸×±3%
孔眼距产品中心线偏移	≤100 >100	3 规格尺寸×3%
孔眼距边	≤300 >300	±9 规格尺寸×±3%
安装孔平面度	—	2
排污口安装距	—	+5 -20

5. 便器用水量

便器平均用水量应符合表10-20规定坐便器和蹲便器在任一试验压力下，最大用水量不得超过规定值1.5L。

双档坐便器的小档排水量不得大于大档排水量的70%。

表10-20　便器用水量　L

坐便器	普通型（单/双档）	9
	节水型（单/双档）	6
蹲便器	普通型	11
	节水型	8
小便器	普通型	5
	节水型	3

图表索引

准出版社,2006.
[98] 国家标准. 开口型平圆头抽芯铆钉 20、21、22 级(GB/T 12618.5—2006)[S]. 北京:中国标准出版社,2006.
[99] 国家标准. 开口型平圆头抽芯铆钉 40、41 级(GB/T 12618.6—2006)[S]. 北京:中国标准出版社,2006.
[100] 国家标准. 扁圆头击芯铆钉(GB/T 15855.1—1995)[S]. 北京:中国标准出版社,1996.
[101] 国家标准. 圆柱销 不淬硬钢和奥氏体不锈钢(GB/T 119.1—2000)[S]. 北京:中国标准出版社,2001.
[102] 国家标准. 圆柱销 淬硬钢和马氏体不锈钢(GB/T 119.2—2000)[S]. 北京:中国标准出版社,2001.
[103] 国家标准. 内螺纹圆柱销 不淬硬钢和奥氏体不锈钢(GB/T 120.1—2000)[S]. 北京:中国标准出版社,2001.
[104] 国家标准. 内螺纹圆柱销 淬硬钢和马氏体不锈钢(GB/T 120.2—2000)[S]. 北京:中国标准出版社,2001.
[105] 国家标准. 弹性圆柱销 直槽 重型(GB/T 879.1—2000)[S]. 北京:中国标准出版社,2001.
[106] 国家标准. 弹性圆柱销 直槽 轻型(GB/T 879.2—2000)[S]. 北京:中国标准出版社,2001.
[107] 国家标准. 弹性圆柱销 卷制 重型(GB/T 879.3—2000)[S]. 北京:中国标准出版社,2001.
[108] 国家标准. 弹性圆柱销 卷制 标准型(GB/T 879.4—2000)[S]. 北京:中国标准出版社,2001.
[109] 国家标准. 弹性圆柱销 卷制 轻型(GB/T 879.5—2000)[S]. 北京:中国标准出版社,2001.
[110] 国家标准. 圆锥销(GB/T 117—2000)[S]. 北京:中国标准出版社,2001.
[111] 国家标准. 内螺纹圆锥销(GB/T 118—2000)[S]. 北京:中国标准出版社,2001.
[112] 国家标准. 螺尾锥销(GB/T 881—2000)[S]. 北京:中国标准出版社,2001.
[113] 国家标准. 开口销(GB/T 91—2000)[S]. 北京:中国标准出版社,2001.
[114] 国家标准. 不锈钢焊条(GB/T 983—1995)[S]. 北京:中国标准出版社,1996.
[115] 国家标准. 低合金钢焊条(GB/T 5118—1995)[S]. 北京:中国标准出版社,1996.
[116] 国家标准. 堆焊焊条(GB/T 984—2001)[S]. 北京:中国标准出版社,2002.
[117] 国家标准. 铸铁焊条及焊丝(GB/T 10044—2005)[S]. 北京:中国标准出版社,2006.
[118] 国家标准. 镍及镍合金焊条(GB/T 13814—2008)[S]. 北京:中国标准出版社,2008.
[119] 国家标准. 铜及铜合金焊条(GB/T 3670—1995)[S]. 北京:中国标准出版社,1995.
[120] 国家标准. 铝及铝合金焊条(GB/T 3669—2001)[S]. 北京:中国标准出版社,2002.
[121] 国家标准. 铜及铜合金焊丝(GB/T 9460—2008)[S]. 北京:中国标准出版社,2008.
[122] 国家标准. 铝及铝合金焊丝(GB/T 10858—2008)[S]. 北京:中国标准出版社,2008.
[123] 国家标准. 熔化焊用钢丝(GB/T 14957—1994)[S]. 北京:中国标准出版社,1994.

[124] 行业标准. 焊接用不锈钢丝(YB/T 5092—2005)[S]. 北京:人民邮电出版社,2005.
[125] 国家标准. 气体保护电弧焊用碳钢、低合金钢焊丝(GB/T 8110—2008)[S]. 北京:中国标准出版社,2008.
[126] 行业标准. 电焊钳技术条件(QB 1518—1992)[S]. 北京:中国轻工业出版社,1993.
[127] 国家标准. 液化石油气钢瓶(GB 5842—2006)[S]. 北京:中国标准出版社,2006.
[128] 国家标准. 钢丝绳用普通套环(GB/T 5974.1—2006)[S]. 北京:中国标准出版社,2006.
[129] 国家标准. 钢丝绳用重型套环(GB/T 5974.2—2006)[S]. 北京:中国标准出版社,2006.
[130] 行业标准. 手拉葫芦(JB/T 7334—2007)[S]. 北京:机械工业出版社,2008.
[131] 行业标准. 环链手扳葫芦(JB/T 7335—2007)[S]. 北京:机械工业出版社,2008.
[132] 行业标准. 油压千斤顶(JB/T 2104—2002)[S]. 北京:机械工业出版社,2002.
[133] 行业标准. 一般用途圆钢钉(YB/T 5002—1993)[S]. 北京:中国标准出版社,1994.
[134] 国家标准. 开槽圆头木螺钉(GB/T 99—1986)[S]. 北京:中国标准出版社,1987.
[135] 行业标准. 钢板网(QB/T 2959—2008)[S]. 北京:中国轻工业出版社,2008.
[136] 行业标准. 普通型合页(QB/T 3874—1999)[S]. 北京:中国轻工业出版社,1999.
[137] 行业标准. 轻型合页(QB/T 3875—1999)[S]. 北京:中国轻工业出版社,1999.
[138] 行业标准. 抽芯型合页(QB/T 3876—1999)[S]. 北京:中国轻工业出版社,1999.
[139] 行业标准. H 型合页(QB/T 3877—1999)[S]. 北京:中国轻工业出版社,1999.
[140] 行业标准. T 型合页(QB/T 3878—1999)[S]. 北京:中国轻工业出版社,1999.
[141] 行业标准. 双袖型合页(QB/T 3879—1999)[S]. 北京:中国轻工业出版社,1999.
[142] 行业标准. 弹簧合页(铰链)(QB/T 1738—1993)[S]. 北京:中国轻工业出版社,1994.
[143] 行业标准. 弹子插芯门锁(QB/T 2474—2000)[S]. 北京:中国轻工业出版社,2000.
[144] 行业标准. 叶片插芯门锁(QB/T 2475—2000)[S]. 北京:中国轻工业出版社,2000.
[145] 行业标准. 球形门锁(QB/T 2476—2000)[S]. 北京:中国轻工业出版社,2000.
[146] 行业标准. 弹子家具锁(QB/T 1621—1992)[S]. 北京:中国轻工业出版社,1993.
[147] 行业标准. 铝合金门插销(QB/T 3885—1999)[S]. 北京:中国轻工业出版社,1999.
[148] 行业标准. 铝合金窗撑挡(QB/T 3887—1999)[S]. 北京:中国轻工业出版社,1999.
[149] 行业标准. 铝合金窗不锈钢滑撑(QB/T 3888—1999)[S]. 北京:中国轻工业出版社,1999.
[150] 行业标准. 平开铝合金窗执手(QB/T 3886—1999)[S]. 北京:中国轻工业出版社,1999.
[151] 行业标准. 铝合金门窗拉手(QB/T 3889—1999)[S]. 北京:中国轻工业出版社,1999.
[152] 行业标准. 铝合金窗锁(QB/T 3890—1999)[S]. 北京:中国轻工业出版社,1999.
[153] 行业标准. 推拉铝合金门窗用滑轮(QB/T 3892—1999)[S]. 北京:中国轻工业出版社,1999.
[154] 行业标准. 铝合金门锁(QB/T 3891—1999)[S]. 北京:中国轻工业出版社,1999.
[155] 行业标准. 建筑门窗五金件　传动机构用执手(JG/T 124—2007)[S]. 北京:中国标准出版社,2007.

[156] 行业标准．建筑门窗五金件　合页(铰链)(JG/T 125—2007)[S]．北京:中国标准出版社,2007.

[157] 行业标准．建筑门窗五金件　传动锁闭器(JG/T 126—2007)[S]．北京:中国标准出版社,2007.

[158] 行业标准．建筑门窗五金件　滑撑(JG/T 127—2007)[S]．北京:中国标准出版社,2007.

[159] 行业标准．建筑门窗五金件　撑挡(JG/T 128—2007)[S]．北京:中国标准出版社,2007.

[160] 行业标准．建筑门窗五金件　滑轮(JG/T 129—2007)[S]．北京:中国标准出版社,2007.

[161] 行业标准．建筑门窗五金件　单点锁闭器(JG/T 130—2007)[S]．北京:中国标准出版社,2007.

[162] 国家标准．低压流体输送用焊接钢管(GB/T 3091—2008)[S]．北京:中国标准出版社,2008.

[163] 国家标准．冷热水用聚丙烯管道系统　管材(GB/T 18742.2—2002)[S]．北京:中国标准出版社,2003.

[164] 国家标准．给水用硬聚氯乙烯(PVC-U)管材(GB/T 10002.1—2006)[S]．北京:中国标准出版社,2006.

[165] 国家标准．建筑排水用硬聚氯乙烯(PVC-U)管材(GB/T 5836.1—2006)[S]．北京:中国标准出版社,2006.

[166] 行业标准．聚丙烯静音排水管材及管件(CJ/T 273—2008)[S]．北京:中国标准出版社,2008.

[167] 国家标准．给水用聚乙烯(PE)管材(GB/T 13663—2000)[S]．北京:中国标准出版社,2001.

[168] 国家标准．平面、突面板式平焊钢制管法兰(GB/T 9119—2000)[S]．北京:中国标准出版社,2001.

[169] 国家标准．平面、突面带颈平焊钢制管法兰(GB/T 9116.1—2000)[S]．北京:中国标准出版社,2001.

[170] 国家标准．突面带颈螺纹钢制管法兰(GB/T 9114—2000)[S]．北京:中国标准出版社,2001.

[171] 国家标准．带颈螺纹铸铁管法兰(GB/T 17241.3—1998)[S]．北京:中国标准出版社,1998.

[172] 国家标准．平面、突面钢制管法兰盖(GB/T 9123.1—2000)[S]．北京:中国标准出版社,2001.

[173] 国家标准．铸铁管法兰盖(GB/T 17241.2—1998)[S]．北京:中国标准出版社,1998.

[174] 国家标准．可锻铸铁管路连接件(GB/T 3287—2000)[S]．北京:中国标准出版社,2000.

[175] 行业标准．不锈钢铜管路连接件(QB 1109—1991)[S]．北京:中国轻工业出版社,1992.

[176] 行业标准．建筑用铜管管件(承插式)(CJ/T 117—2000)[S]．北京:中国标准出版社,2001.
[177] 国家标准．给水用硬聚氯乙烯(PVC-U)管件(GB/T 10002.2—2003)[S]．北京:中国标准出版社,2004.
[178] 国家标准．建筑排水用硬聚氯乙烯(PVC-U)管件(GB/T 5836.2—2006)[S]．北京:中国标准出版社,2006.
[179] 国家标准．蒸汽疏水阀　术语、标志、结构长度(GB/T 12250—2005)[S]．北京:中国标准出版社,2006.
[180] 国家标准．铁制和铜制螺纹连接阀门(GB/T 8464—2008)[S]．北京:中国标准出版社,2008.
[181] 行业标准．大便器冲洗阀(QB/T 3649—1999)[S]．北京:中国轻工业出版社,1999.
[182] 行业标准．水嘴通用技术条件(QB/T 1334—2004)[S]．北京:中国轻工业出版社,2005.
[183] 行业标准．采暖散热器　灰铸铁柱型散热器(JG 3—2002)[S]．北京:中国标准出版社,2002.
[184] 行业标准．钢制板型散热器(JG 2—2007)[S]．北京:中国标准出版社,2007.
[185] 国家标准．组合式空调机组(GB 14294—2008)[S]．北京:中国标准出版社,2009.
[186] 国家标准．多联式空调(热泵)机组(GB/T 18837—2002)[S]．北京:中国标准出版社,2002.
[187] 国家标准．风管送风式空调(热泵)机组(GB/T 18836—2002)[S]．北京:中国标准出版社,2003.
[188] 国家标准．房间空气调节器(GB/T 7725—2004)[S]．北京:中国标准出版社,2005.
[189] 国家标准．除湿机(GB/T 19411—2003)[S]．北京:中国标准出版社,2004.
[190] 国家标准．加湿器(GB/T 23332—2009)[S]．北京:中国标准出版社,2009.
[191] 行业标准．Y 系列(IP44)三相异步电动机　技术条件(机座号 80～355)(JB/T 10391—2008)[S]．北京:机械工业出版社,2008.
[192] 行业标准．隔爆型三相异步电动机技术条件　第 4 部分:YB2 系列隔爆型(Exd Ⅱ CT1～T4)三相异步电动机(机座号 63～355)(JB/T 7565.4—2004)[S]．北京:机械工业出版社,2005.
[193] 行业标准．分水器性能要求和试验方法(GA 11—1991)[S]．北京:中国标准出版社,1992.
[194] 国家标准．推车式灭火器(GB 8109—2005)[S]．北京:中国标准出版社,2005.
[195] 国家标准．室内消火栓(GB 3445—2005)[S]．北京:中国标准出版社,2006.
[196] 国家标准．室外消火栓通用技术条件(GB 4452—1996)[S]．北京:中国标准出版社,1997.
[197] 国家标准．消防水枪(GB 8181—2005)[S]．北京:中国标准出版社,2006.
[198] 国家标准．无衬里消防水带(GB 4580—1984)[S]．北京:中国标准出版社,1985.
[199] 国家标准．有衬里消防水带性能要求和试验方法(GB 6246—2001)[S]．北京:中国标准出版社,2001.

[200] 行业标准. 消防斧(GA/T 138—1996)[S]. 北京:中国标准出版社,1997.
[201] 行业标准. 消防腰斧(GA 630—2006)[S]. 北京:中国标准出版社,2007.
[202] 国家标准. 消火栓箱(GB 14561—2003)[S]. 北京:中国标准出版社,2004.
[203] 国家标准. 自动喷水灭火系统 第1部分:洒水喷头(GB 5135.1—2003)[S]. 北京:中国标准出版社,2004.
[204] 国家标准. 自动喷水灭火系统 第2部分:湿式报警阀、延迟器、水力警铃(GB 5135.2—2003)[S]. 北京:中国标准出版社,2004.
[205] 国家标准. 自动喷水灭火系统 第3部分:水雾喷头(GB 5135.3—2003)[S]. 北京:中国标准出版社,2004.
[206] 国家标准. 自动喷水灭火系统 第4部分:干式报警阀(GB 5135.4—2003)[S]. 北京:中国标准出版社,2004.
[207] 国家标准. 自动喷水灭火系统 第5部分:雨淋报警阀(GB 5135.5—2003)[S]. 北京:中国标准出版社,2004.
[208] 国家标准. 自动喷水灭火系统 第6部分:通用阀门(GB 5135.6—2003)[S]. 北京:中国标准出版社,2004.
[209] 国家标准. 自动喷水灭火系统 第7部分:水流指示器(GB 5135.7—2003)[S]. 北京:中国标准出版社,2004.
[210] 国家标准. 自动喷水灭火系统 第8部分:加速器(GB 5135.8—2003)[S]. 北京:中国标准出版社,2004.
[211] 国家标准. 火灾报警控制器(GB 4717—2005)[S]. 北京:中国标准出版社,2005.
[212] 国家标准. 点型感烟火灾探测器(GB 4715—2005)[S]. 北京:中国标准出版社,2005.
[213] 国家标准. 点型感温火灾探测器(GB 4716—2005)[S]. 北京:中国标准出版社,2005.
[214] 国家标准. 铝压力锅安全及性能要求(GB 13623—2003)[S]. 北京:中国标准出版社,2004.
[215] 国家标准. 不锈钢压力锅(GB 15066—2004)[S]. 北京:中国标准出版社,2005.
[216] 行业标准. 铝锅(QB/T 1957—1994)[S]. 北京:中国轻工业出版社,1995.
[217] 行业标准. 铝壶(QB/T 1691—1993)[S]. 北京:中国轻工业出版社,1993.
[218] 行业标准. 不锈钢器皿 产品分类(QB/T 1622.2—1992)[S]. 北京:中国轻工业出版社,1993.
[219] 行业标准. 不锈钢厨房设备洗涮台(QB/T 2139.2—1995)[S]. 北京:中国轻工业出版社,1996.
[220] 行业标准. 不锈钢厨房设备操作台(QB/T 2139.3—1995)[S]. 北京:中国轻工业出版社,1996.
[221] 行业标准. 不锈钢厨房设备贮藏柜吊柜(QB/T 2139.4—1995)[S]. 北京:中国轻工业出版社,1996.
[222] 国家标准. 家用燃气灶具(GB 16410—2007)[S]. 北京:中国标准出版社,2008.
[223] 国家标准. 燃气容积式热水器(GB 18111—2000)[S]. 北京:中国标准出版社,2000.
[224] 国家标准. 全玻璃真空太阳集热管(GB/T 17049—2005)[S]. 北京:中国标准出版社,2005.